计算机基础与实训教材系列

# Office 2016 办公软件实例教程（微课版）

欧秀芳　陈秉彬　编著

清华大学出版社
北　京

## 内容简介

本书系统介绍Office软件的相关知识和应用方法，并通过精选的办公实用案例引导读者由浅入深、循序渐进地学习Office 2016。全书共分15章，第1章系统介绍Office组件的工作界面和一些通用设置；第2~5章介绍Word文档的创建和排版，主要内容包括Word的基本操作、在文档中使用表格、制作图文混排的文档、Word高级排版功能等；第6~10章介绍电子表格制作软件Excel，主要内容包括Excel基本操作、公式和函数的使用、数据的分析和管理、图表与数据透视图、表格的美化和打印等；第11~14章介绍演示文稿制作软件PowerPoint，主要内容包括PowerPoint的基本操作、在幻灯片中插入多媒体对象、母版功能、动画与幻灯片切换、演示文稿的放映和打包等；第15章给出几个综合性较高的办公中经常使用的实例，方便读者巩固所学内容。

本书内容丰富、结构清晰、语言简练、图文并茂，具有很强的实用性和可操作性，是一本适用于高等院校及各类社会培训机构的优秀教材，也可用作广大初中级计算机用户的自学参考书。

本书提供实例操作的教学视频，读者扫描封底或前言中的二维码即可观看。本书配套的电子课件、习题答案和实例源文件可以到http://www.tupwk.com.cn/edu网站下载，也可以扫描封底或前言中的二维码推送到指定邮箱。



图书在版编目(CIP)数据

Office 2016办公软件实例教程：微课版 / 欧秀芳，陈秉彬编著. —北京：清华大学出版社，2021.3
计算机基础与实训教材系列
ISBN 978-7-302-57764-5

Ⅰ. ①O… Ⅱ. ①欧… ②陈… Ⅲ. ①办公自动化—应用软件—教材 Ⅳ. ①TP317.1

中国版本图书馆CIP数据核字(2021)第050868号

**责任编辑：** 胡辰浩
**封面设计：** 高娟妮
**版式设计：** 孔祥峰
**责任校对：** 成凤进
**责任印制：** 宋　林

**出版发行：** 清华大学出版社
**网　　址：** http://www.tup.com.cn，http://www.wqbook.com
**地　　址：** 北京清华大学学研大厦A座　　**邮　　编：** 100084
**社 总 机：** 010-62770175　　**邮　　购：** 010-62786544
**投稿与读者服务：** 010-62776969，c-service@tup.tsinghua.edu.cn
**质 量 反 馈：** 010-62772015，zhiliang@tup.tsinghua.edu.cn
**印 装 者：** 三河市龙大印装有限公司
**经　　销：** 全国新华书店
**开　　本：** 190mm×260mm　　**印　　张：** 25　　**插　　页：** 2　　**字　　数：** 675千字
**版　　次：** 2021年5月第1版　　**印　　次：** 2021年5月第1次印刷
**定　　价：** 88.00元

---

产品编号：069423-01

# 前言

随着企业信息化的不断发展，办公软件已经成为企业日常办公中必备的工具。Office办公组件中的Word、Excel、PowerPoint具有强大的文字处理、电子表格制作与数据处理，以及幻灯片制作与设计功能，可以进行各种文档资料的管理、数据的处理与分析、演示文稿的展示等。Word、Excel、PowerPoint 2016目前已经广泛地应用于财务、行政、人事、统计和金融等众多领域，特别是在企业文秘与行政办公中更是得到了广泛的应用，为此我们组织多位办公软件应用专家和资深人士精心编写了本书，以满足企业实现高效、简捷的现代化管理的需求。

本书从教学实际需求出发，合理安排知识结构，从零开始、由浅入深、循序渐进地讲解Office 2016的Word、Excel、PowerPoint的基本知识和使用方法。无论是基础知识的安排还是实际应用能力的训练，本书都充分地考虑了用户的需求，希望用户边学习边练习，最终实现理论知识与应用能力的同步提高。本书共分15章，主要内容如下。

第1章介绍Office 2016的基础知识，内容包括Office 2016的安装与基本操作、Office个性化设置、Office文档的常用设置等。

第2章介绍Word 2016基本操作，内容包括Word工作界面的认识、文档的基本操作、输入和编辑文档内容、设置文本格式、设置段落格式、使用项目符号和编号、使用格式刷、使用Word文档视图、应用样式快速格式化文本等。

第3章介绍表格在文档中的使用，内容包括创建表格、编辑表格、美化表格、表格数据的统计和排序，以及文本和表格之间的转换操作等。

第4章介绍图文混排的文档，内容包括图片、艺术字、文本框、SmartArt图形、自选图形、图表等在文档中的使用。

第5章介绍Word高级功能，内容包括页面设置、页眉和页脚的设置、插入与设置页码、插入分页符和分节符、设置页面背景和主题、提取文档目录、特殊排版方式、文档的打印、加密和保护文档等。

第6章介绍Excel 2016基本操作，内容包括Excel 2016基本对象概述、工作簿的基本操作、工作表的基本操作、单元格的基本操作、数据的输入、数据的快速填充与自动计算等。

第7章介绍公式和函数知识，内容包括公式和函数的概念、运算符的使用、公式和函数的使用、内置的常用函数等。

第8章介绍数据分析与管理，内容包括数据排序、数据筛选、表格数据的分类汇总、数据有效性管理等。

第9章介绍图表和数据透视图，内容包括图表的概念、创建图表、编辑图表、创建趋势线和误差线、制作数据透视表、汇总方式和切片器、制作数据透视图等。

第10章介绍表格的美化和打印，内容包括设置单元格格式、套用单元格格式、设置工作表样式、设置条件格式、预览和打印设置等。

第11章介绍PowerPoint 2016基本操作，内容包括PowerPoint 2016的工作界面、创建演示文稿、幻灯片的基本操作、幻灯片的视图模式、在幻灯片中输入文本、设置占位符和文本框格式、设置文本和段落格式等。

第12章介绍多媒体对象在幻灯片中的使用，内容包括图片、艺术字、表格、图表、SmartArt图形、音频、视频、超链接等。

第13章介绍幻灯片高级操作，内容包括设置幻灯片母版，设置主题和背景，设置幻灯片切换效果等。

第14章介绍演示文稿的放映、打印和打包操作，内容包括放映方式的设置、放映类型的设置、幻灯片放映的控制、演示文稿的打印和输出等。

第15章给出几个综合案例，以便读者能够综合使用所学的Word、Excel、PowerPoint来解决实际工作需求。

本书图文并茂、条理清晰、通俗易懂、内容丰富，在讲解每个知识点时都配有相应的实例，方便读者上机实践，同时，为了方便老师教学，我们免费提供本书对应的电子课件、实例源文件和习题答案。

本书提供实例操作的教学视频，读者扫描下方的二维码即可观看。本书配套的电子课件、习题答案和实例源文件可以到http://www.tupwk.com.cn/edu网站下载，也可以扫描下方的二维码推送到指定邮箱。

扫一扫，看视频

扫码推送配套资源到邮箱

本书的编写分工如下：甘肃中医药大学的欧秀芳编写了第1、3、4、6、7、9、11、15章；西北师范大学的陈秉彬编写了第2、5、8、10、12、13、14章。

由于作者水平有限，本书不足之处在所难免，欢迎广大读者批评指正。我们的邮箱是992116@qq.net，电话是010-62796045。

作　者

2020年12月

# 推荐课时安排

| 章名 | 重点掌握内容 | 教学课时 |
| --- | --- | --- |
| 第1章 初识Office 2016 | 1. Office 2016的安装与基本操作<br>2. Office 2016个性化设置<br>3. Office文档的常用设置 | 2学时 |
| 第2章 Word 2016基本操作 | 1. Word 2016工作界面<br>2. 文档的基本操作<br>3. 输入和编辑文本<br>4. 设置文本和段落格式<br>5. 项目符号、编号、格式刷、样式<br>6. Word文档视图 | 2学时 |
| 第3章 在文档中使用表格 | 1. 创建表格<br>2. 编辑表格<br>3. 美化表格<br>4. 表格数据的统计、排序和转换 | 1学时 |
| 第4章 图文混排 | 1. 插入和编辑图片<br>2. 艺术字和文本框<br>3. SmartArt图形和自选图形<br>4. 图表的插入和编辑 | 3学时 |
| 第5章 Word高级功能 | 1. 页面设置<br>2. 页眉和页脚设置<br>3. 插入页码、分页符和分节符<br>4. 设置页面背景和主题<br>5. 特殊排版方式<br>6. 文档的保护、打印 | 3学时 |
| 第6章 Excel 2016基本操作 | 1. Excel的基本对象<br>2. 工作簿、工作表和单元格的基本操作<br>3. 数据的输入和填充 | 2学时 |
| 第7章 使用公式与函数 | 1. 公式和函数的概念<br>2. 运算符在公式和函数中的应用<br>3. 公式和函数的使用<br>4. 常用的内置函数 | 3学时 |
| 第8章 数据分析与管理 | 1. 数据排序与筛选<br>2. 表格数据的分类汇总<br>3. 数据有效性管理 | 3学时 |

(续表)

| 章名 | 重点掌握内容 | 教学课时 |
|---|---|---|
| 第9章 图表与数据透视图 | 1. 图表的概念和类型<br>2. 图表的创建和编辑<br>3. 创建趋势线和误差线<br>4. 数据透视表和数据透视图<br>5. 汇总方式和切片器 | 3学时 |
| 第10章 表格的美化与打印 | 1. 单元格格式操作<br>2. 设置条件格式<br>3. 预览和打印设置 | 2学时 |
| 第11章 PowerPoint 2016基本操作 | 1. PowerPoint 2016的工作界面<br>2. 创建演示文稿<br>3. 幻灯片的基本操作和视图模式<br>4. 输入文本<br>5. 设置文本和段落格式 | 2学时 |
| 第12章 丰富幻灯片 | 1. 在幻灯片中插入图片和艺术字<br>2. 在幻灯片中插入表格和图表<br>3. 在幻灯片中插入SmartArt图形<br>4. 在幻灯片中插入音频和视频<br>5. 创建互动式演示文稿 | 3学时 |
| 第13章 幻灯片高级操作 | 1. 幻灯片母版<br>2. 主题和背景<br>3. 动画效果的使用<br>4. 幻灯片的切换效果 | 2学时 |
| 第14章 演示文稿的放映、打印和打包 | 1. 设置放映方式和放映类型<br>2. 控制幻灯片放映<br>3. 打印演示文稿<br>4. 输出演示文稿 | 2学时 |
| 第15章 综合应用 | 1. Office之人力资源管理规划<br>2. Office之销售统计表<br>3. Office之协同办公 | 2学时 |

# 目录

## 第 10 章 表格的美化与打印 …… 253



## 第 11 章 PowerPoint 2016 基本操作 …… 274

# 第1章

# 初识 Office 2016

## 学习目标

Office 2016是Microsoft公司推出的Office系列办公软件。在Office的所有版本中，该版本是现下主流版本。Office 2016相对其他版本来说，更轻量级，并且它的一些实用功能，使用起来更加方便且高效。本章作为开篇，首先从整体上介绍Office 2016办公套件，使读者对Office 2016有一个总体上的认识，比如Office 2016提供了哪些应用软件，这些应用软件如何安装、工作界面如何、有哪些通用操作，主要可解决办公中的哪些问题，等等。在对Office 2016建立了总体上的认识之后，再去学习后面章节介绍的各个应用软件，将会更容易掌握。

## 本章重点

- Office 2016的安装、卸载与基本操作
- Office 2016的常用组件
- Office 2016的个性化设置
- Office文档的常用设置

# 1.1 Office 2016的安装与基本操作

在学习和工作中，我们经常需要做的事情有：编写文档，如计划、总结、论文；做表格，如任务安排表、财务表格、销售表格等；汇报演讲；绘制各种流程图；存储数据；收发邮件；制作备忘录等。这些事情如果靠笔和纸来做，效率极低，与快速发展的时代格格不入。

Office套件就是专门用于解决这些办公需求的工具。

下面首先介绍Office各组件的作用，然后介绍Office 2016的安装、基本操作、基本设置、卸载。

## 1.1.1 Office简介

Office是一个套件，之所以称为套件，是因为它是一个应用软件集，包括了办公常用的一系列应用软件，例如用于处理文档的Word，用于制作电子表格的Excel，用于制作演示文稿的PowerPoint，用于开发数据库应用程序的Access，用于绘制图形的Visio，用于收发邮件的Outlook Express，等等。下面是各应用软件的简单介绍。

### 1. Word 简介

Word是一款文档处理软件，主要用来快速创建、编辑、排版各类文档，是工作和学习必备的应用软件。

### 2. Excel 简介

Excel主要用于处理表格类文档，对表格中的数据进行排序、筛选、计算、分析、可视化等。最常用的应用场景如计划进度表、成绩表、销售业绩表、财务报表等，凡是适合用二维表格形式呈现的数据，使用Excel来处理再适合不过了。虽然Office的其他组件也有插入表格功能，但仅仅是静态表格数据的展现和排版，并不具有Excel强大的计算、分析、可视化功能。

### 3. PowerPoint 简介

PowerPoint主要用来制作演示文稿。使用PowerPoint，可以制作出集文字、图片、声音、视频于一体的演示文稿，可以有效辅助演讲、教学、产品演示、商务展示等。

### 4. Office 的其他组件

除了上述常用组件外，Office还包括Outlook、Visio、Access、OneNote、Publisher等组件，这些软件的用途如下。

- Outlook：Microsoft Outlook Express，简称OE，是Office套件中的一款电子邮件客户端，主要用于收发邮件。微软公司将Outlook软件与Windows操作系统、Internet Explorer浏览器捆绑在一起。
- Visio：Visio是一款流程图和矢量绘图软件，是微软公司官方发布的一款世界级领先的针对图表工作的软件工具，可以帮助IT和商务专业人员进行复杂信息、系统和流程、可视化处理、分析交流等日常安排，还可以帮助企业定义流程、编制最佳方案，同时也是建立可视化计划变革的实用工具，是绘制流程图使用率最高的软件之一。

- Access：Access能够存取Access/Jet、Microsoft SQL Server、Oracle，或者任何ODBC兼容数据库内的资料，是一个很好的数据库软件，可以用来开发数据库应用程序。
- OneNote：OneNote使用户能够捕获、组织和重用便携式计算机、台式计算机或Tablet PC上的便笺。它为用户提供了一个存储所有便笺的位置，并允许用户自由处理这些便笺。
- Publisher：Publisher的大部分替代品，除Adobe PageMaker外，都不提供导入Publisher的功能，但是Publisher可以导出EMF(Enhanced Metafile)格式，并可以被其他软件支持。

### 1.1.2 安装Office 2016

安装程序一般都有特殊的名称，其扩展名一般为.exe，名称一般为setup或install。双击该文件，即可启动Office 2016的安装程序，然后按照安装向导的提示，逐步进行安装操作即可。

【例1-1】 安装Office 2016办公软件。 视频

01 首先用户应获取Microsoft Office 2016的安装光盘或者安装包。打开安装包，软件安装程序的文件名一般为setup，如图1-1所示。

02 双击此安装程序，弹出【用户账户控制】对话框，如图1-2所示。

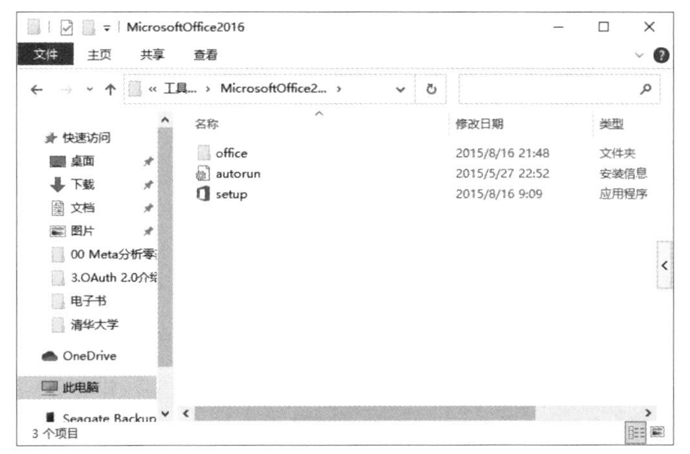

图 1-1 打开安装包

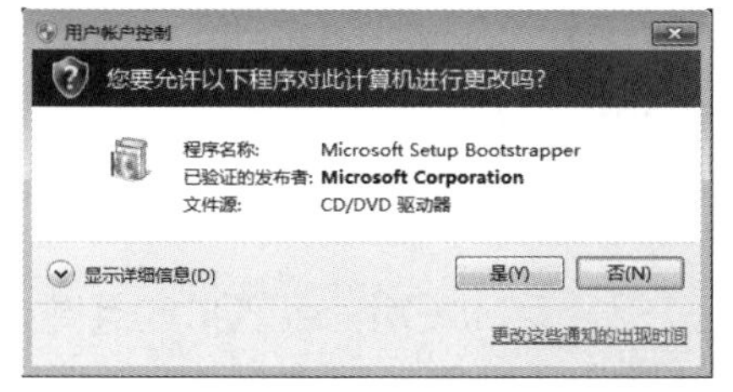


图 1-2 【用户账户控制】对话框

03 单击【是】按钮，系统开始运行安装程序，显示“正在安装Office”界面，如图1-3所示。

04 Office安装完成后，切换界面，显示“一切就绪！Office当前已安装”字样，如图1-4所示，单击【关闭】按钮。

图 1-3　正在安装 Office

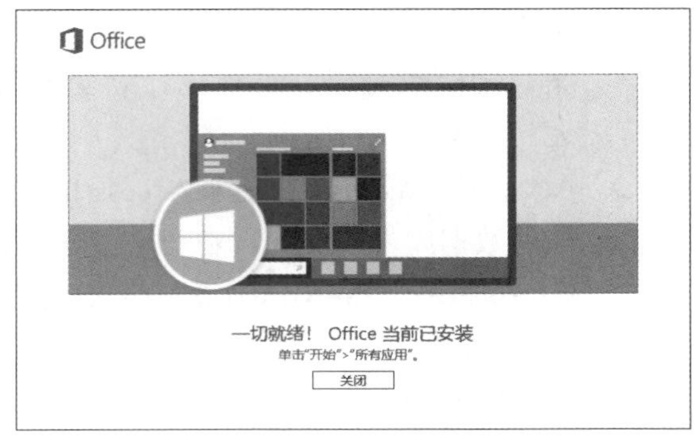


图 1-4　Office 安装完毕

05 Office 2016成功安装后，【开始】菜单和桌面都将自动添加相应的快捷方式，以方便用户使用，如图1-5所示。

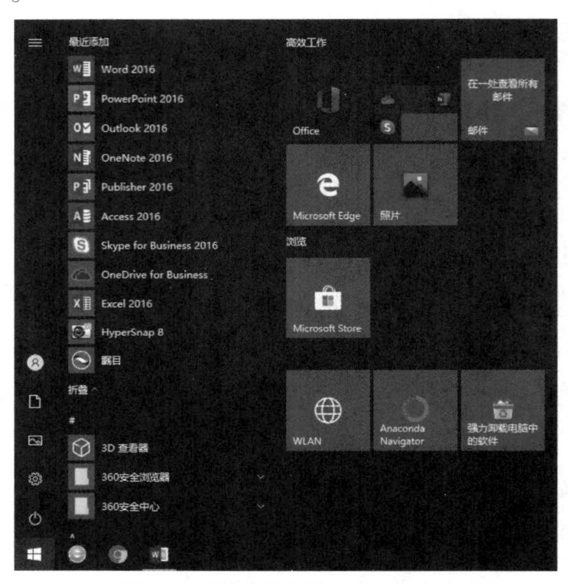


图 1-5　开始菜单中的 Office 启动项

安装完成后，用户可以看到，Office 2016软件主要包括Word、Excel、PowerPoint、Access等组件，它们可分别完成文档处理、表格数据处理、演示文稿制作、数据库应用程序开发等工作。

### 1.1.3　启动Office 2016组件

安装Office 2016后，就可以使用Office 2016的各组件了。Office各组件的启动方法相同，下面以启动Word为例进行介绍，后面章节中不再介绍各组件的启动操作。

- 通过【开始】菜单启动：单击【开始】按钮，从弹出的菜单中找到Word 2016应用程序的启动命令并单击，如图1-5所示。也可以使用同样的方法启动其他Office组件。
- 通过双击快捷方式启动：通常软件安装完成后，会在桌面上建立快捷方式图标，双击这些图标即可启动对应的软件，如图1-6所示。

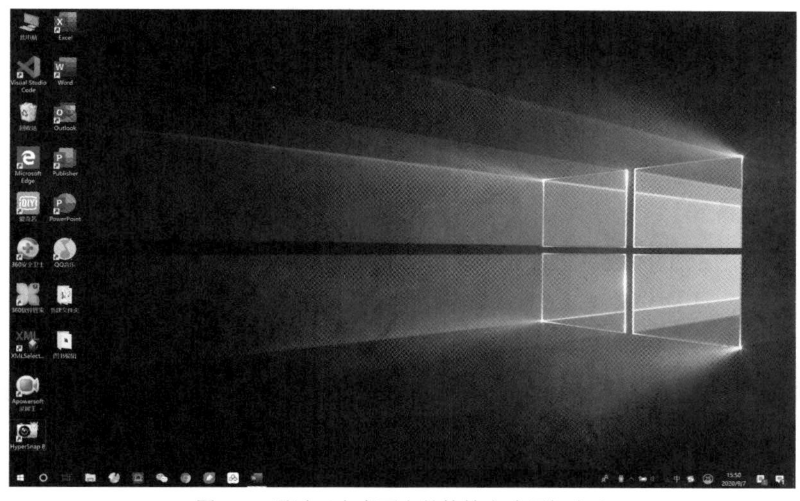

图 1-6　通过双击桌面上的快捷方式图标启动

- 通过【此电脑】窗口启动：如果清楚地知道软件在计算机中安装的位置，可打开【此电脑】窗口，找到安装目录，然后双击可执行文件启动。
- 通过已有的文件启动：如果计算机中已经存在已保存的文件，可双击这些文件启动相应的组件。例如，双击Word文件可启动Word 2016并打开该Word文档，双击Excel文件可启动Excel 2016并打开该工作簿。

### 1.1.4　Office 2016组件的工作界面

Office 2016中各个组件的工作界面大致相同，本书主要介绍Word、Excel和PowerPoint这3款软件，下面以Word 2016为例介绍它们的界面公共元素。

启动Word 2016后，可以看到如图1-7所示的工作界面。该工作界面主要由标题栏、快速访问工具栏、功能区、导航窗格、工作区域、状态栏与视图栏组成。

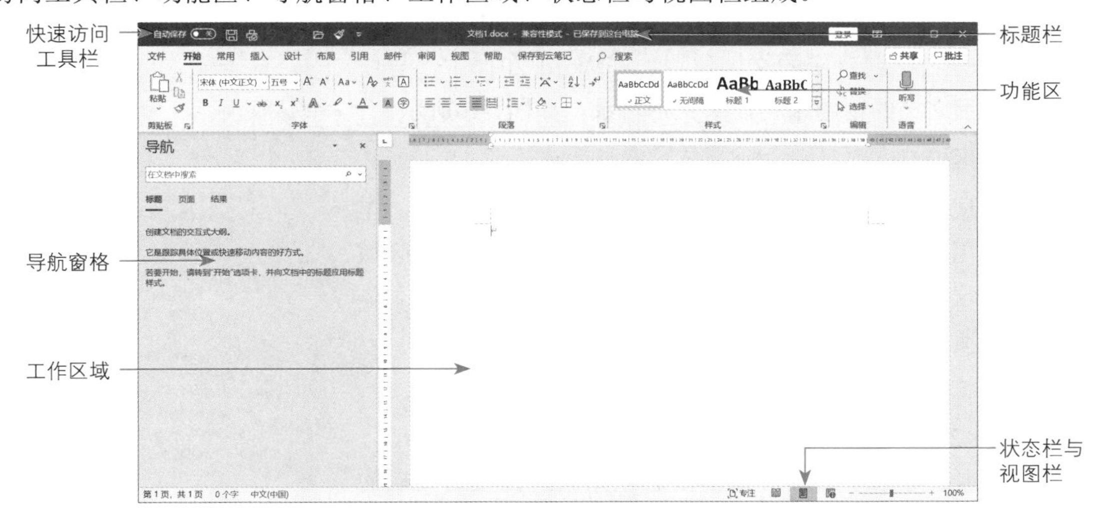


图 1-7　Word 2016 工作界面

1. 标题栏

标题栏位于窗口的顶部，用于显示当前正在运行的程序名及文件名等信息。标题栏最右端有3个按钮 – □ ×，分别用来控制窗口的最小化、最大化/还原和关闭窗口，如图1-8所示的右侧按钮。

2. 快速访问工具栏

快速访问工具栏位于标题栏左侧，用于放置最常用操作的快捷按钮，如【保存】按钮、【快速打印】按钮、【撤销】按钮、【恢复】按钮、【打开】按钮、【格式刷】按钮等，如图1-8所示的左侧按钮。

图 1-8　快速访问工具栏和标题栏

3. 功能区

功能区是完成各种操作的主要功能按钮所在区域。默认状态下，功能区主要包含【文件】【开始】【插入】【设计】【布局】【引用】【邮件】【审阅】【视图】【帮助】【搜索】等多个选项卡，大多数功能都集中在这些选项卡中，如图1-9所示。其中，【帮助】选项卡右侧的【保存到云笔记】选项卡是Office识别到计算机上安装了云笔记软件自动生成的，这是Office 2016的新特性之一。

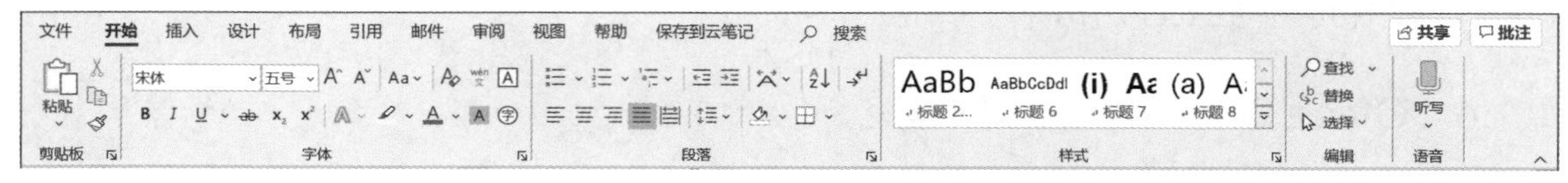

图 1-9　功能区

4. 导航窗格

在Word中，导航窗格主要显示文档的标题级文字，以方便用户浏览文档结构及快速切换文档位置，如单击其中的标题，即可快速跳转到标题对应的文档位置。在Word 2016中，导航窗格主要显示文档的标题结构，即文档目录，如图1-10所示。

图 1-10　导航窗格

5. 工作区域

工作区域就是编辑文档的工作区域。在Word 2016中，工作区域主要用来编辑和排版文档；在Excel 2016中，工作区域主要用来处理电子表格中的内容；在PowerPoint 2016中，工作区域主要用来处理幻灯片中的内容。

6. 状态栏与视图栏

在Word 2016中，状态栏和视图栏位于Word窗口的底部，如图1-11所示，显示了当前文档的信息，如当前位置是文档的第几页、第几节和当前文档的字数等。还显示了一些特定命令的工作状态，如录制宏、当前使用的语言等，当这些命令的按钮为高亮时，表示目前正处于工作状态，若变为灰色，则表示未在工作状态，可通过双击这些按钮来设定对应的工作状态。另外，在视图栏中通过拖动【显示比例滑杆】中的滑块，可以缩放显示文档编辑区。

第 7 页，共 22 页　7588 个字　英语(美国)　专注　－　＋　100%

图 1-11　状态栏与视图栏

## 1.1.5　退出Office 2016组件

当不再使用Office 2016组件时，可以退出这些组件。以Word 2016为例，退出Word的方法有以下几种。

- 单击Word 2016窗口右上角的【关闭】按钮☒。
- 右击标题栏，在弹出的快捷菜单中选择【关闭】命令。
- 单击【文件】按钮，在打开的界面中选择【关闭】命令关闭当前文档，选择【退出】命令，关闭当前文档并退出Word 2016程序。

## 1.1.6　卸载Office 2016

若需要对安装的Office 2016进行卸载，操作方法如下。

【例1-2】卸载Office 2016。视频

01 单击计算机桌面左下角的【开始】按钮，在打开的菜单中选择【设置】命令，如图1-12所示。

02 在打开的【Windows设置】窗口中单击【应用】链接，如图1-13所示。

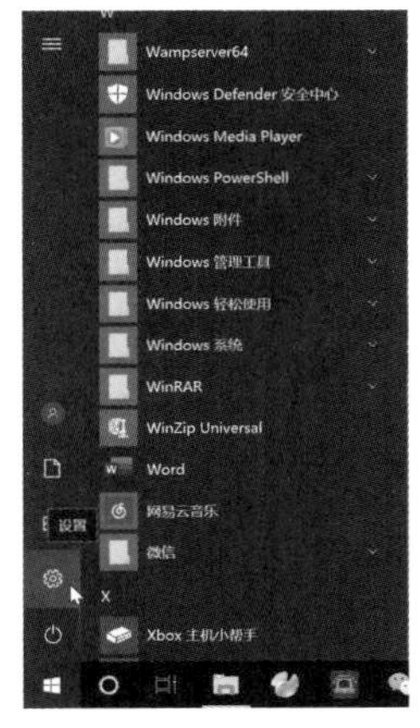


图 1-12　选择【设置】命令

图 1-13　单击【应用】链接

03 打开【应用和功能】窗口，如图1-14所示。找到Office选项并单击选中，系统显示【修改】和【卸载】按钮，单击【卸载】按钮。

04 弹出确认提示框，单击提示框中的【卸载】按钮，即可对Office进行卸载操作，如图1-15所示。

图 1-14　单击【卸载】按钮 1

图 1-15　单击【卸载】按钮 2

# 1.2　Office 2016个性化设置

为了方便用户操作，Office 2016允许用户对各组件进行个性化设置，例如，自定义快速访问工具栏、更改界面颜色、自定义功能区等。本节以Word 2016为例介绍对Office 2016组件的操作界面进行个性化设置的方法。

## 1.2.1　自定义快速访问工具栏

快速访问工具栏包含一组独立于当前所显示选项卡的命令，是一个可自定义的工具栏。用户可以快速地自定义常用的命令按钮(简称按钮)，单击【自定义快速访问工具栏】下拉按钮▾，从弹出的下拉菜单中选择【打开】命令，即可将【打开】按钮添加到快速访问工具栏中，如图1-16所示。

图 1-16　添加命令按钮

如果用户希望快速访问工具栏显示在功能区下方，可单击【自定义快速访问工具栏】下拉按钮，从弹出的下拉菜单中选择【在功能区下方显示】命令，即可将快速访问工具栏移动到功能区下方，如图1-17所示。

**提示**

右击【自定义快速访问工具栏】的空白处，或右击功能区的空白处，从弹出的快捷菜单中选择【在功能区下方显示快速访问工具栏】命令，也可将快速访问工具栏置于功能区下方。

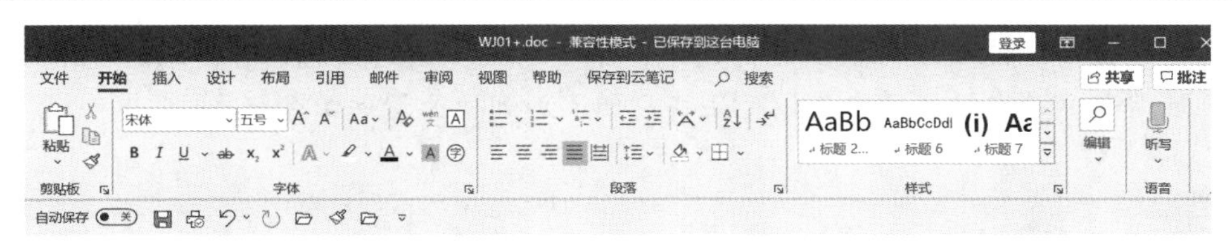


图 1-17　改变快速访问工具栏的位置

【例1-3】 将【快速打印】和【格式刷】按钮添加到Word 2016的快速访问工具栏中。 视频

01 启动Word 2016，在快速访问工具栏中单击【自定义快速访问工具栏】下拉按钮，在弹出的菜单中选择【快速打印】命令，将【快速打印】按钮添加到快速访问工具栏中，如图1-18所示。

02 再次单击【自定义快速访问工具栏】下拉按钮，在弹出的菜单中选择【其他命令】命令，打开【Word选项】对话框。

03 打开【快速访问工具栏】选项卡，在【从下列位置选择命令】下拉列表中选择【常用命令】选项，然后从下方的列表框中选择【格式刷】选项，单击【添加】按钮，将【格式刷】按钮添加到【自定义快速访问工具栏】列表框中，如图1-19所示。

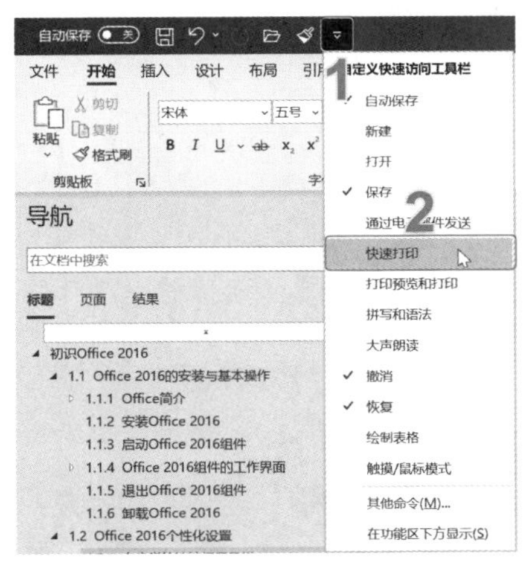


图 1-18　添加【快速打印】按钮

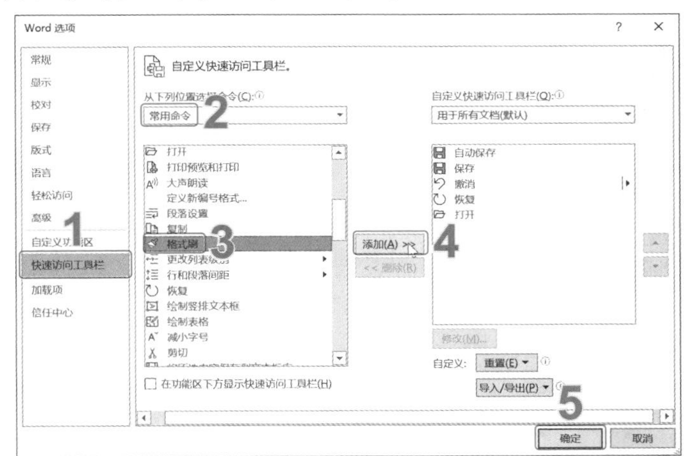


图 1-19　【快速访问工具栏】选项卡

**知识点**

在功能区的选项卡中，右击某个命令按钮，在弹出的快捷菜单中选择【添加到快速访问工具栏】命令，也可以将该按钮添加到快速访问工具栏中。

04 单击【确定】按钮，完成快速访问工具栏的设置。此时，快速访问工具栏如图1-20所示。

图 1-20 自定义快速访问工具栏

**提示**

只有命令按钮才能被添加到快速访问工具栏中，大多数列表的内容如缩进和间距值及各种样式，虽然也显示在功能区中，但无法将它们添加到快速访问工具栏中。

**提示**

在快速访问工具栏中右击某个按钮，在弹出的快捷菜单中选择【从快速访问工具栏删除】命令，即可将该按钮从快速访问工具栏中删除。

### 1.2.2 更改界面颜色

默认情况下，Office 2016工作界面的颜色为彩色。用户可以更改界面颜色。

【例1-4】 更改Word 2016工作界面的颜色。 视频

01 启动Word 2016，单击【文件】按钮，从弹出的菜单中选择【选项】命令，如图1-21所示。

02 打开【Word选项】对话框的【常规】选项卡，在【对Microsoft Office进行个性化设置】选项区域的【Office主题】下拉列表中选择【白色】选项，如图1-22所示。

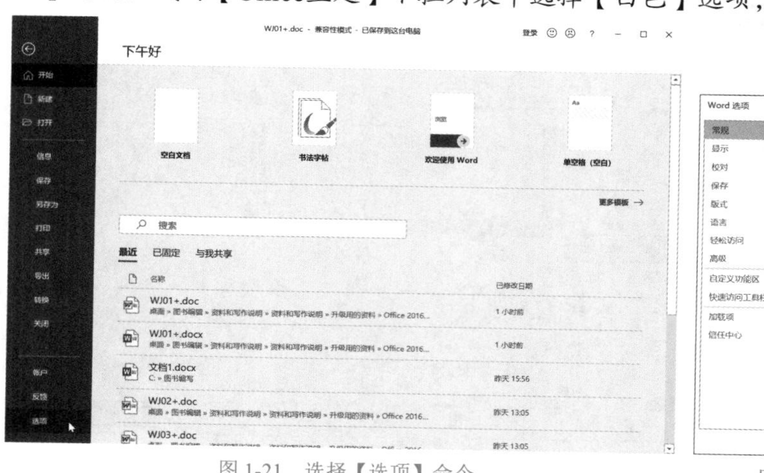

图 1-21 选择【选项】命令

图 1-22 【Word 选项】对话框

03 单击【确定】按钮，此时Word 2016工作界面的颜色变为白色，如图1-23所示。

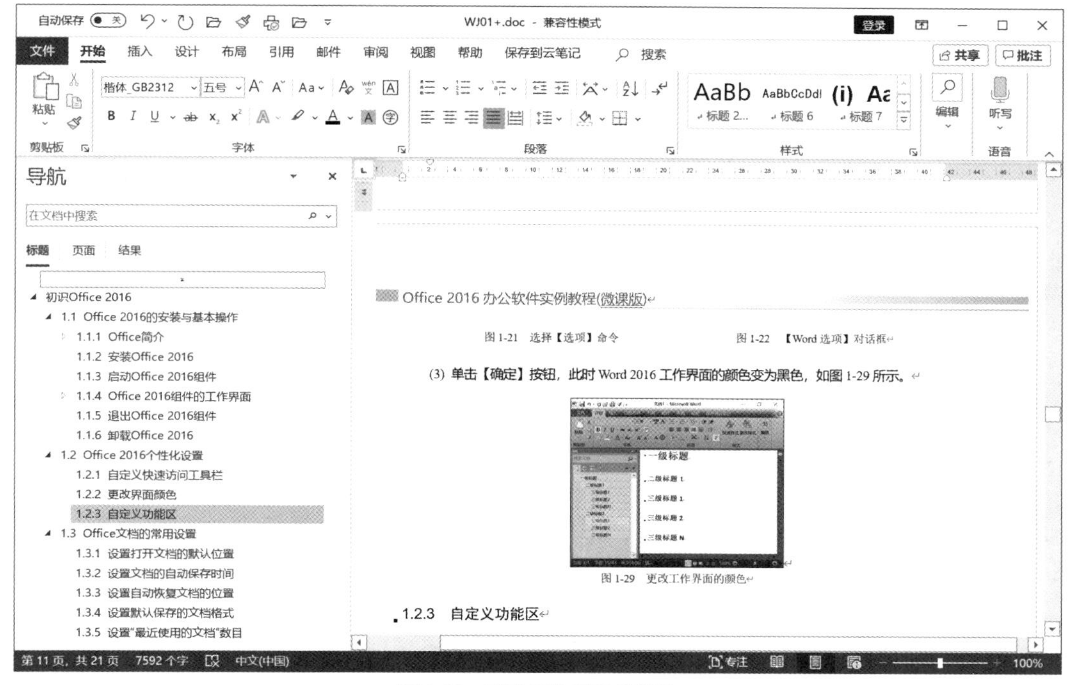

图 1-23　更改工作界面的颜色

## 1.2.3　自定义功能区

功能区是操作最频繁的区域之一，用户可以根据工作需要将最常用的命令按钮进行分类或添加到方便使用的地方。在功能区中可以添加新选项卡和新组，并增加新组中的按钮。

【例1-5】在Word 2016中添加新选项卡、新组和新按钮。视频

01 启动Word 2016，在功能区中的任意位置右击，从弹出的快捷菜单中选择【自定义功能区】命令，如图1-24所示。

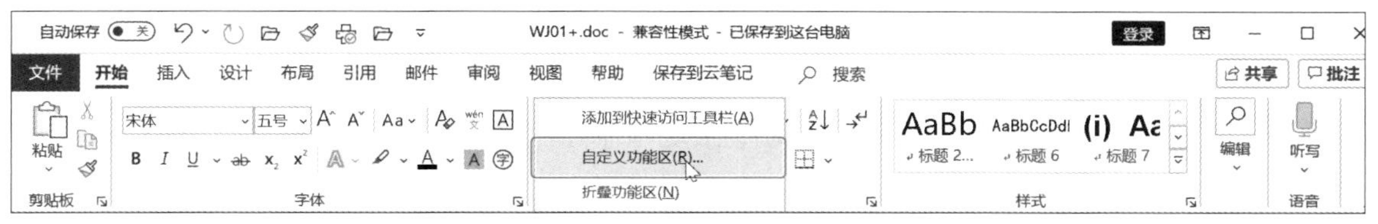

图 1-24　选择【自定义功能区】命令

02 打开【Word选项】对话框，切换至【自定义功能区】选项卡，单击右下方的【新建选项卡】按钮，如图1-25所示。

03 此时在【自定义功能区】选项区域的【主选项卡】列表框中显示【新建选项卡(自定义)】和【新建组(自定义)】选项，选中【新建选项卡(自定义)】选项，单击【重命名】按钮，如图1-26所示。

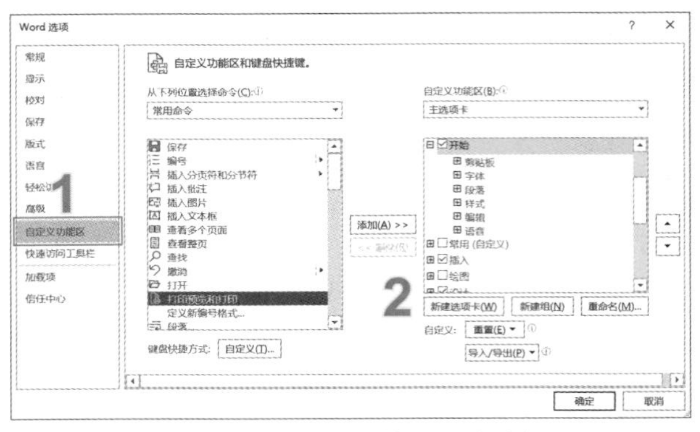


图 1-25 【自定义功能区】选项卡

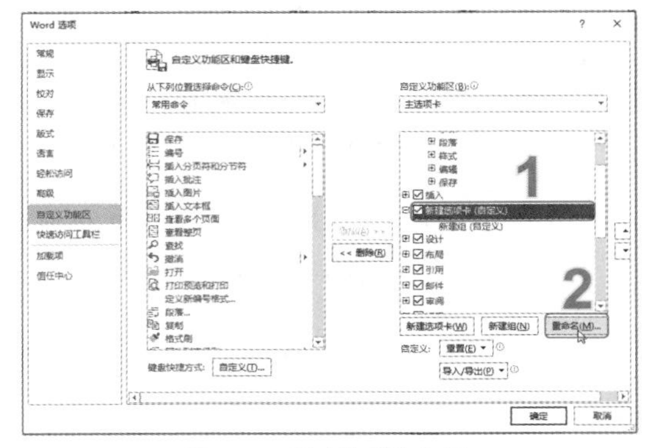


图 1-26 新建选项卡和组

04 打开【重命名】对话框，在【显示名称】文本框中输入“常用”，单击【确定】按钮，如图1-27所示。

05 返回至【Word选项】对话框，在【主选项卡】列表框中显示重命名后的新选项卡，如图1-28所示。

图 1-27 【重命名】对话框

图 1-28 显示重命名后的新选项卡

06 在【自定义功能区】选项区域的【主选项卡】列表框中选中【新建组(自定义)】选项，单击【重命名】按钮。

07 打开【重命名】对话框，在【符号】列表框中选择一种符号，在【显示名称】文本框中输入“数据库”，单击【确定】按钮，如图1-29所示。

08 返回至【Word 选项】对话框，在【主选项卡】列表框中显示重命名后的选项卡和组，如图1-30所示。

09 在【从下列位置选择命令】下拉列表中选择【不在功能区中的命令】选项，并在下方的列表框中选择需要添加的按钮，这里选择【Web组件】选项，单击【添加】按钮，即可将其添加到新建的【数据库】组中，如图1-31所示。

图 1-29　重命名新组

图 1-30　显示重命名后的选项卡和组

**提示**

在【Word选项】对话框右侧的【主选项卡】列表框中取消选中选项卡左侧的复选框，即可隐藏该选项卡，也就是不在工作界面中显示该选项卡。

10 完成自定义设置后，单击【确定】按钮，返回至Word 2016工作界面，此时显示【常用】选项卡，打开该选项卡，即可看到【数据库】组和【Web组件】按钮，如图1-32所示。

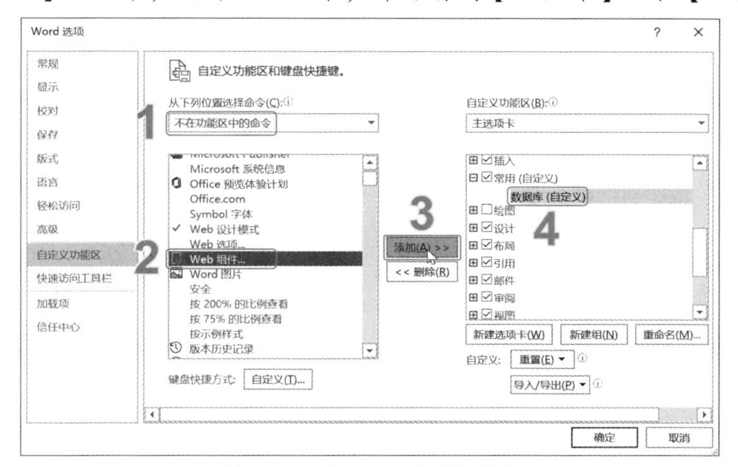


图 1-31　添加【Web 组件】按钮

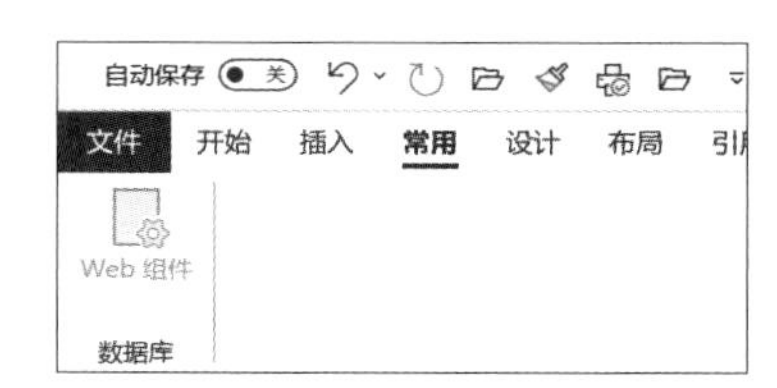


图 1-32　显示【常用】选项卡

# 1.3　Office文档的常用设置

在Office操作过程中，经常需要打开以前的文档进行编辑。为了工作方便，可以设置文档的默认打开位置、文档的自动保存时间和最近使用文档的数目等。下面以Word为例介绍设置打开文档的默认位置、自动保存等操作。

## 1.3.1 设置打开文档的默认位置

在Office中打开文件时会指向默认的位置，用户可以根据个人的使用需要，将默认打开文件的位置设置为经常使用的文件夹。

【例1-6】 修改打开文档的默认位置。 视频

01 单击【文件】按钮，在左侧的菜单中选择【选项】命令，打开【Word选项】对话框，切换至【保存】选项卡，单击【默认本地文件位置】选项右侧的【浏览】按钮，如图1-33所示。

02 在打开的【修改位置】对话框中单击【查找范围】下拉按钮，可以在里面选择打开文档的默认位置，如图1-34所示，设置完成后单击两次【确定】按钮，即可修改打开文档的默认位置。

图 1-33 单击【浏览】按钮

图 1-34 修改打开文档的默认位置

## 1.3.2 设置文档的自动保存时间

在Office操作过程中，为了防止意外事件发生导致数据丢失，可以根据需要设置不同的自动保存时间，定期对文档进行自动保存。

【例1-7】 设置自动保存文档的间隔时间。 视频

01 单击【文件】按钮，在左侧的菜单中选择【选项】命令，打开【Word选项】对话框。

02 在【Word选项】对话框左侧选择【保存】选项卡，在右侧选中【保存自动恢复信息时间间隔】复选框，然后在其右侧的调整框中输入一个数值，如图1-35所示。确定后，Word将每隔指定的时间自动保存文档。

## 1.3.3 设置自动恢复文档的位置

用户不仅可以设置自动保存文档的时间，还可以设置自动恢复文档的位置，具体操作步骤如下。

【例1-8】修改自动恢复文档的位置。视频

01 单击【文件】按钮，在左侧的菜单中选择【选项】命令，打开【Word选项】对话框。

02 切换至【保存】选项卡，单击【自动恢复文件位置】右侧的【浏览】按钮。

03 在打开的【修改位置】对话框中选择好位置后，如图1-36所示，单击两次【确定】按钮，即可设置自动恢复文档的位置。

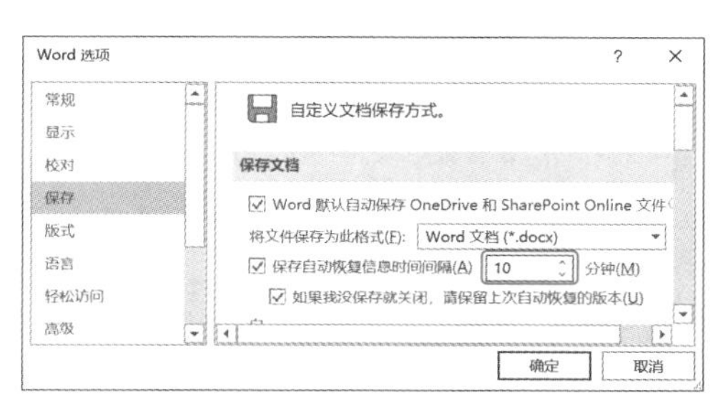

图 1-35　设置文档自动保存时间

图 1-36　设置自动恢复文档的位置

## 1.3.4　设置默认保存的文档格式

Office的文档在保存时可以选择不同的保存格式，以便在早期版本的Office组件中将其打开和编辑。

【例1-9】修改文档保存的默认格式。视频

01 单击【文件】按钮，在左侧的菜单中选择【选项】命令，打开【Word选项】对话框。

02 切换至【保存】选项卡，单击【将文件保存为此格式】右侧的倒三角形按钮，在打开的下拉列表中选择一种默认的文件保存格式，如图1-37所示，然后单击【确定】按钮关闭对话框。

## 1.3.5　设置"最近使用的文档"数目

在Office的组件中，每次打开的文档名称都被记录在【文件】按钮对应的菜单中，下次需要打开时，可以直接选择菜单中的文档名称即可打开该文档，有时为了工作需要，可以更改显示的打开文档的数目。

【例1-10】设置【文件】菜单中最近使用的文档数目。视频

01 单击【文件】按钮，在左侧的菜单中选择【选项】命令，打开【Word选项】对话框。

02 切换至【高级】选项卡，拖动右侧的滚动条到【显示】选项区域中，在【显示此数

目的“最近使用的文档”】的调整框中设置新的数值，如输入25，如图1-38所示，然后单击【确定】按钮关闭对话框。

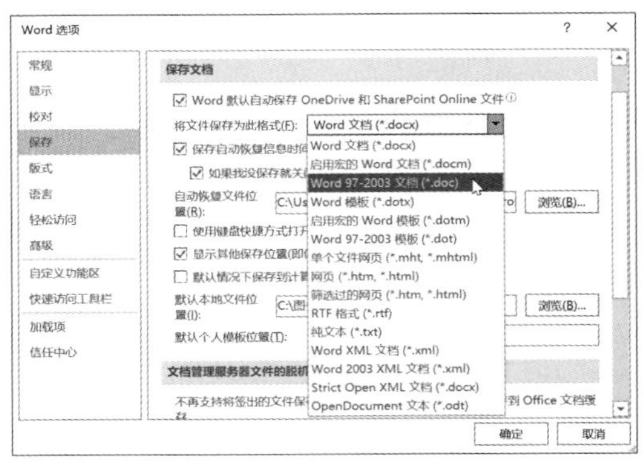


图 1-37　选择 Word 默认的文件保存格式

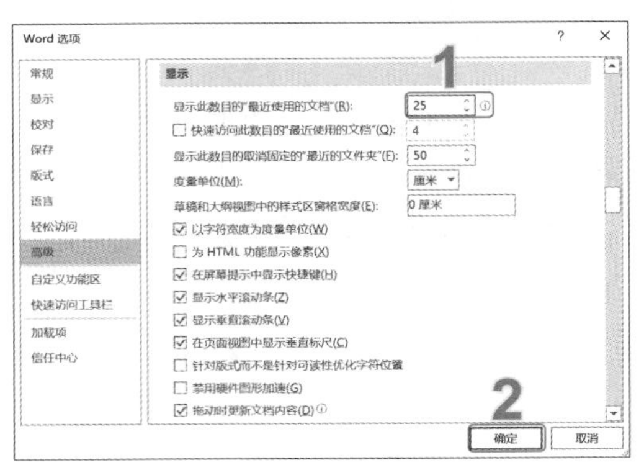


图 1-38　设置最近使用的文档的数目

## 知识点

如果在【显示此数目的“最近使用的文档”】的调整框中设置数值为0，在【文件】菜单中将清除以前打开的文档名称，并不再记录新打开的文档名称。

# 1.4　上机练习

本章用了很大的篇幅讲解了工作界面的定制。本章上机练习就来练习定制PowerPoint 2016的工作界面。

01 单击【开始】按钮，从弹出的【开始】菜单列表中选择PowerPoint 2016命令，启动PowerPoint 2016，打开PowerPoint 2016窗口。

02 单击快速访问工具栏右侧的【自定义快速访问工具栏】下拉按钮，从弹出的菜单中选择【打开】命令，如图1-39所示，将【打开】按钮添加至快速访问工具栏中。

03 单击快速访问工具栏右侧的【自定义快速访问工具栏】下拉按钮，从弹出的菜单中选择【其他命令】命令，如图1-40所示。

图 1-39　选择【打开】命令

图 1-40　选择【其他命令】命令

04 打开【PowerPoint选项】对话框，切换至【快速访问工具栏】选项卡，在【从下列位置选择命令】下拉列表中选择【“文件”选项卡】选项，在其下方的列表框中选择【根据模板新建】选项，单击【添加】按钮，将其添加到右侧的【自定义快速访问工具栏】列表框中，单击【确定】按钮，如图1-41所示。

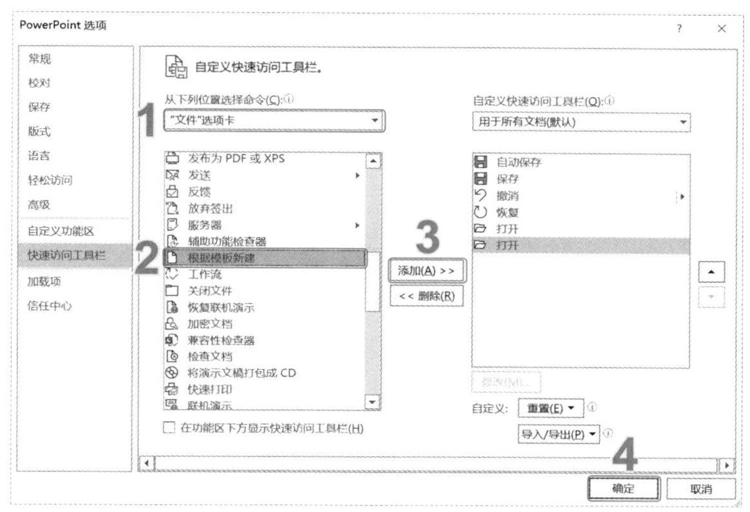

图 1-41 【PowerPoint 选项】对话框

05 返回至PowerPoint 2016文档窗口，在快速访问工具栏中显示【打开】和【根据模板新建】按钮，如图1-42所示。

图 1-42 显示【打开】和【根据模板新建】按钮

06 单击工作界面右上方的【功能区最小化】按钮 ，此时即可将功能区选项板最小化为一行，如图1-43所示。

图 1-43 最小化功能区

07 单击【文件】按钮，从弹出的【文件】菜单中选择【选项】命令，如图1-44所示，打开【PowerPoint选项】对话框。

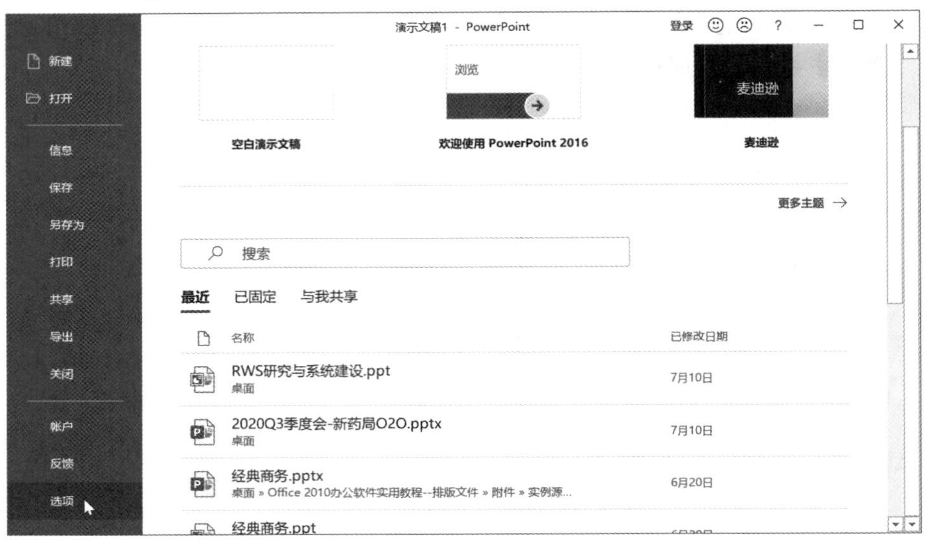


图 1-44　选择【选项】命令

08 打开【常规】选项卡，在【对Microsoft Office进行个性化设置】选项区域的【Office主题】下拉列表中选择【彩色】选项，单击【确定】按钮，如图1-45所示。

图 1-45　【PowerPoint 选项】对话框

09 返回至PowerPoint 2016文档窗口，即可查看工作界面的颜色，如图1-46所示。需要注意的是，此时其他Office组件也变成了彩色风格。

10 右击状态栏，从弹出的【自定义状态栏】下拉列表中取消选中【签名】【信息管理策略】和【权限】选项，如图1-47所示。被取消的选项将不会显示在状态栏上。

11 双击功能区的选项卡名称如【开始】，可使选项卡在显示和隐藏之间来回切换，如图1-48所示。

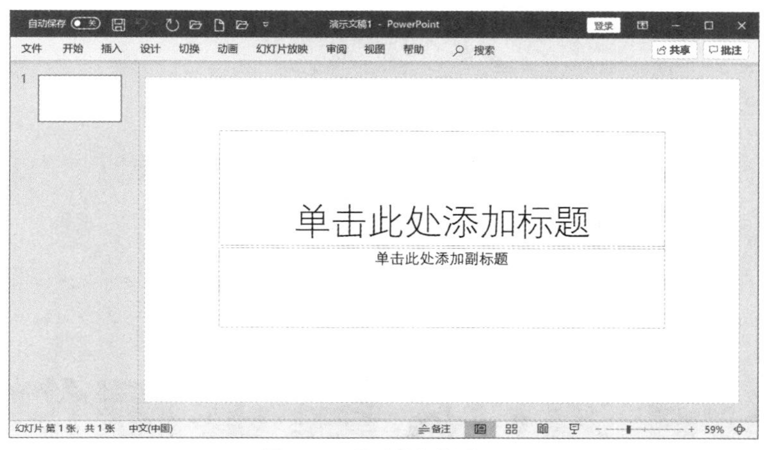


图 1-46　显示彩色界面

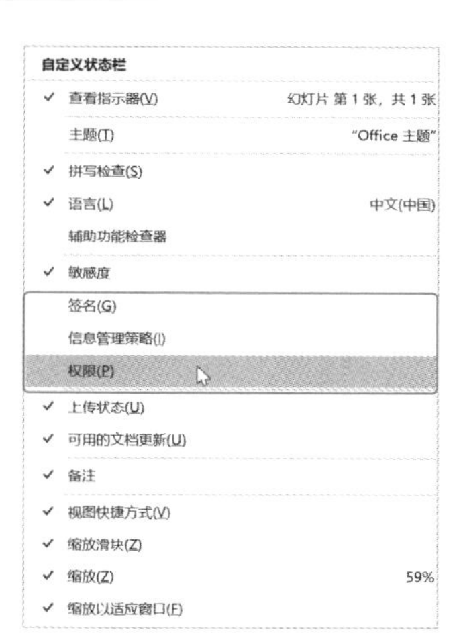


图 1-47　取消选项

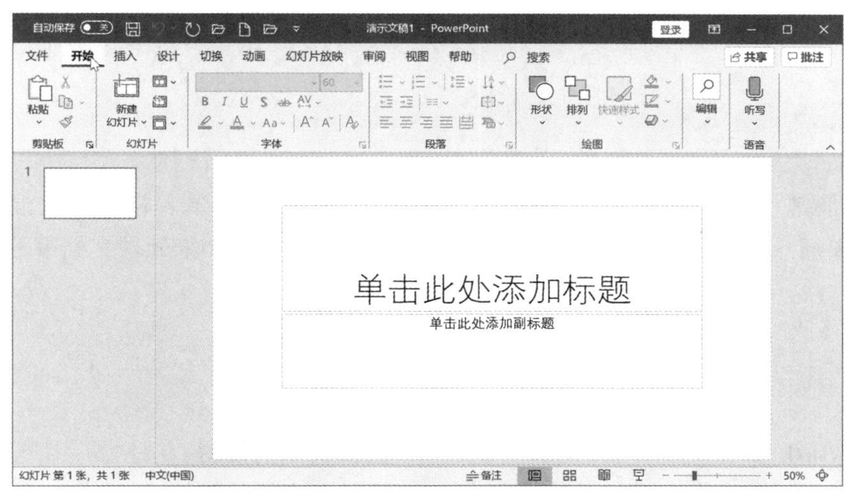


图 1-48　恢复选项卡默认显示状态

# 1.5　习题

1. 练习在计算机中安装和卸载Office 2016。
2. 练习Office 2016常用组件的启动和退出操作。
3. 简述Word 2016工作界面的主要组成部分。
4. 在Excel 2016的快速访问工具栏中添加【另存为】按钮。
5. 设置文档的自动保存时间和“最近使用的文档”的数目。

# 第2章

# Word 2016 基本操作

## 学习目标

Word是最常用的一款Office组件，主要用于文字处理、简单表格与图文混排文档的制作。本章将详细介绍Word的基本操作，使读者基本能够使用Word来处理文档事务。

## 本章重点

- 认识Word
- 输入和编辑文本内容
- 使用项目符号和编号
- 应用样式快速格式化文本
- 文档视图的使用
- 设置文本和段落格式
- 使用格式刷

# 2.1　认识Word

为了能够高效使用Word处理文档，有必要先熟悉Word的工作界面。上一章介绍了启动Word软件的方法。启动Word 2016后，其工作界面如图2-1所示。

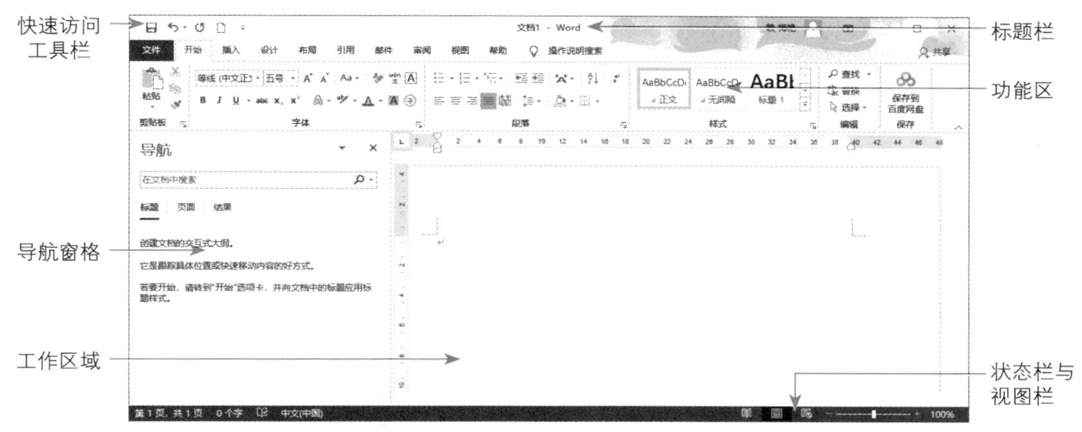


图 2-1　Word 2016 工作界面

从图中可看出，Word 2016工作界面主要由快速访问工具栏、标题栏、功能区、导航窗格、工作区域、状态栏与视图栏等部分组成。各部分的功能第1章已介绍，这里不再赘述。

# 2.2　文档的基本操作

在使用Word编辑文档之前，必须先掌握文档的一些基本操作，主要包括新建、保存、打开和关闭文档。只有熟悉了这些基本操作后，才能更好地使用Word。

## 2.2.1　新建文档

在Word文档中，可以插入文本、表格、图片等对象。要使用Word来工作，首先必须创建文档。Word提供了几种创建文档的方法，可以创建空白文档，也可以根据模板创建文档。

### 1. 创建空白文档

空白文档是指没有任何内容的文档。启动Word后，系统会自动创建一个空白文档。另外，在启动Word后，也可以使用以下方法创建空白文档。

- 单击【文件】按钮，从弹出的菜单中选择【新建】|【空白文档】选项。
- 在快速访问工具栏中单击新添加的【新建】按钮。
- 按Ctrl+N快捷键。

### 2. 根据模板创建文档

根据模板创建新文档时，可以选择本地已存在的模板文件，也可以搜索在线联机模板。创建文档时，若模板文件不存在，计算机将联网下载模板文件，然后根据模板创建文档。

【例2-1】 根据模板新建文档。 视频

01 启动Word 2016，单击【文件】按钮，从弹出的菜单中选择【新建】命令。

02 在【搜索联机模板】搜索框下方选择所需的模板，如图2-2所示。

03 此时系统自动打开模板向导界面，如图2-3所示，单击【创建】按钮。

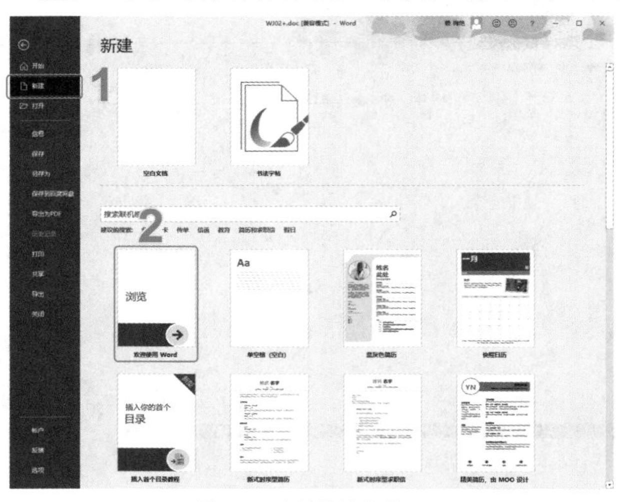


图 2-2　选择模板选项

图 2-3　模板向导界面

04 若在本地没有找到该模板，Word自动下载模板。下载完成后，根据模板文件创建一个文档副本，如图2-4所示。

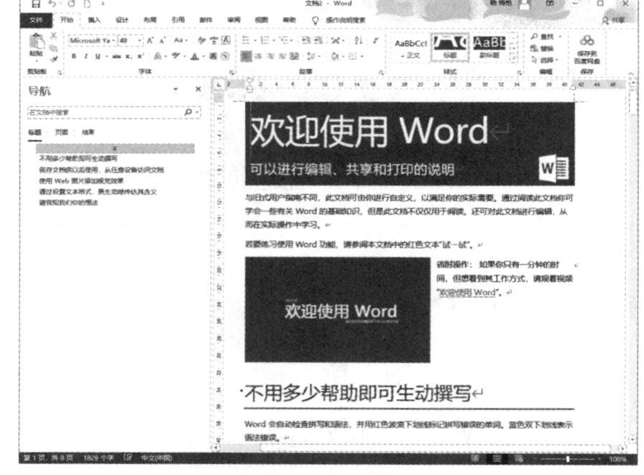


图 2-4　显示创建的文档

**提示**

Word 2016为用户提供了多种文档模板，如传真、信函或简历等，还可以在图2-2所示的【搜索联机模板】中搜索线上模板。

## 2.2.2　保存文档

对于新建的文档，为了日后的使用和避免编辑过程中出现意外丢失，需要将文档进行保存。保存文档分为保存新建的文档、保存已保存过的文档、另存Word文档和自动保存文档4种方式。

### 1. 保存新建的文档

在第一次保存编辑好的文档时，需要指定文件名、文件的保存位置和保存格式等信息。保存新建文档的常用操作如下。

- 单击【文件】按钮，从弹出的菜单中选择【保存】命令。
- 单击快速访问工具栏上的【保存】按钮。
- 按Ctrl+S快捷键。

【例2-2】 保存新建的文档。

01 在新建的文档中，单击【文件】按钮，从弹出的菜单中选择【保存】命令，界面右侧出现【另存为】存储位置列表，选择【浏览】按钮，如图2-5所示。

02 打开【另存为】对话框，选择文档的保存路径，在【文件名】文本框中输入文件名，然后单击【保存】按钮，如图2-6所示。

03 此时将在Word文档窗口的标题栏中显示保存的文档名称。

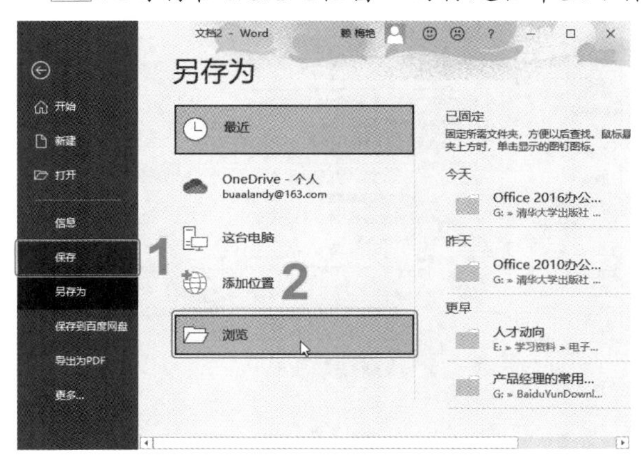


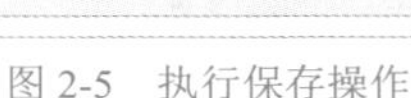
图 2-5　执行保存操作

图 2-6　【另存为】对话框

## 2. 保存已保存过的文档

要对已保存过的文档进行保存，可单击【文件】按钮，在弹出的菜单中选择【保存】命令，或单击快速访问工具栏上的【保存】按钮，此时不会打开【另存为】对话框，而直接将文档的改动保存到原文档上。若修改文档后不进行保存，关闭文档时，Word软件将弹出提示对话框，提示用户是否需要保存修改过的内容。

## 3. 另存 Word 文档

对于已保存在计算机中的文档，若要改变文档保存的位置、文件名或保存类型，可以执行【另存为】操作，操作方法如下。

单击【文件】按钮，选择【另存为】命令，然后单击【浏览】按钮，打开【另存为】对话框。在该对话框中重新设置文档的名称、保存位置和保存类型，单击【保存】按钮。

这种保存方式将文档重新保存为另一个文档，原文档不受影响。当执行【另存为】操作后，当前打开的文档将是保存后的这份文档，而不再是原文档。

## 4. 自动保存文档

为防止编辑过程中的意外事故导致内容丢失，可设置自动保存文档。设置自动保存文档后，无论文档是否进行了修改，系统会根据设置自动保存文档。

【例2-3】 设置自动保存时间间隔。 视频

01 启动Word 2016，打开一个文档。

02 单击【文件】按钮，从弹出的菜单中选择【选项】命令，如图2-7所示。

03 打开【Word选项】对话框的【保存】选项卡，在【保存文档】选项区域中选中【保存自动恢复信息时间间隔】复选框，并在其右侧的微调框中输入2，如图2-8所示。

04 单击【确定】按钮，完成设置。

图 2-7 选择【选项】命令

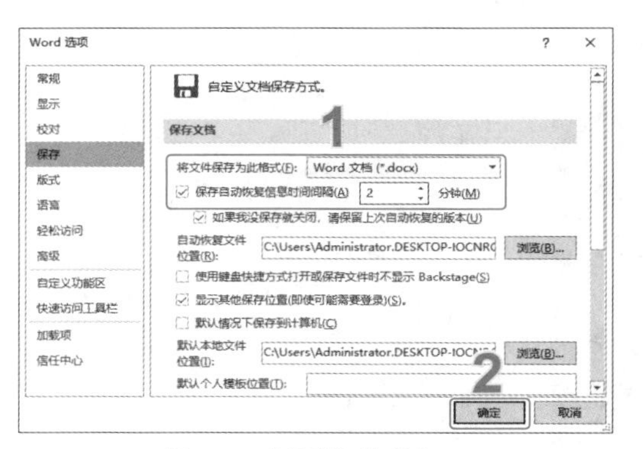

图 2-8 【保存】选项卡

**知识点**

前面已介绍过，在【保存文档】选项区域中，单击【自动恢复文件位置】文本框右侧的【浏览】按钮，打开【修改位置】对话框，更改自动恢复文件位置的路径，单击【确定】按钮，即可设置文档自动保存的路径。

## 2.2.3 打开文档

打开文档是一项频繁的操作。如果用户要对已有的文档进行编辑，首先需要将其打开。打开文档的方法有两种：一种是双击文件直接打开；另一种是通过【打开】对话框打开。

### 1. 直接打开文档

双击已有文档，即可打开该文档，如图2-9所示。

### 2. 通过【打开】对话框打开文档

在Word中，可使用【打开】对话框打开已有文档。单击【文件】按钮，选择【打开】命令，打开【打开】对话框，如图2-10所示。选择已有文档，然后单击【打开】按钮，即可在新的窗口中打开所选文档。

**提示**

在【打开】对话框中，【打开】按钮右侧有一个下拉按钮，其下拉列表中提供了多种文档打开方式。其中，【以只读方式打开】，文档将以只读方式存在，对文档的编辑修改将无法直接保存到原文档上，而需要将编辑修改后的文档另存为一个新的文档；【以副本方式打开】，将不打开原文档，对该副本文档所做的编辑修改将直接保存到副本文档中，对原文档则没有影响。

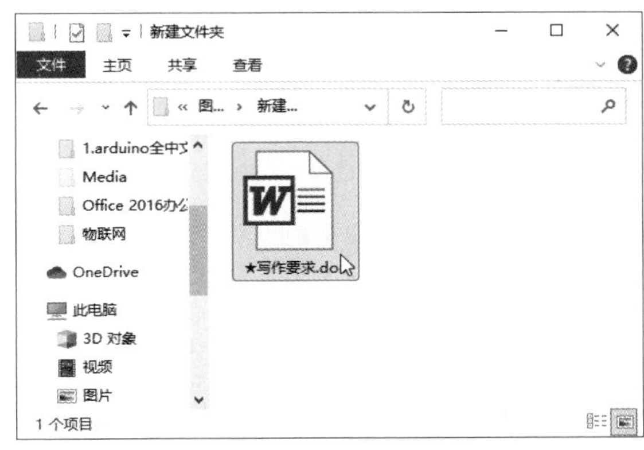

图 2-9　双击打开文档

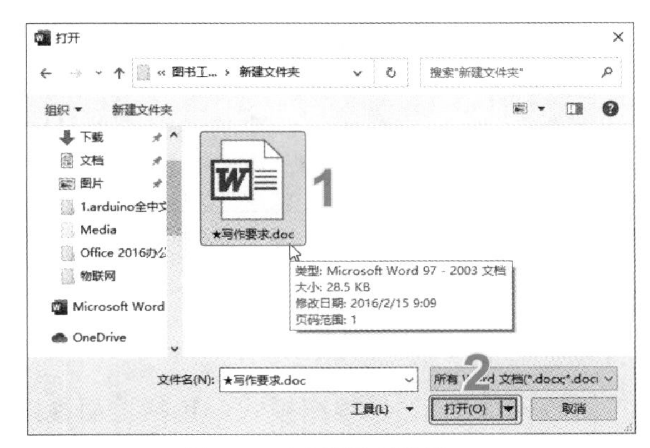


图 2-10　【打开】对话框

### 2.2.4　关闭文档

编辑完文档后，应将文档关闭。常用的关闭文档的方法如下。

- 单击标题栏右侧的【关闭】按钮✕。
- 按Alt+F4快捷键，关闭文档。
- 单击【文件】按钮，从弹出的菜单中选择【关闭】命令，关闭当前文档；选择【退出】命令，关闭当前文档并退出Word程序。
- 右击标题栏，从弹出的快捷菜单中选择【关闭】命令。

**知识点**

如果文档经过了修改，但没有保存，那么在进行关闭文档操作时，将会自动弹出信息提示框，提示用户进行保存。

## 2.3　使用Word文档视图

视图就是文档的显示方式。Word提供了多种视图模式，用户可根据需要设置不同的视图模式，以方便查看文档。

### 2.3.1　设置视图模式

设置文档视图模式有两种方法：一种是单击视图快捷模式图标；另一种是在【视图】选项卡中进行设置。

- 单击视图快捷模式图标：在状态栏的右侧单击视图快捷模式图标，即可选择相应的视图模式，如图2-11所示。
- 在【视图】选项卡中进行设置：单击【视图】选项卡，在【视图】组中单击需要的视图模式按钮，如图2-12所示。

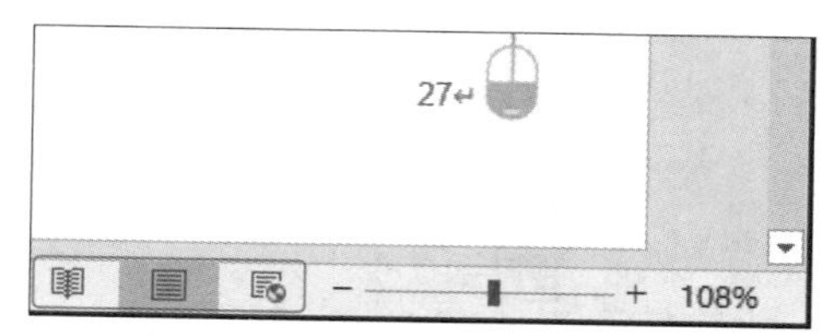


图 2-11　单击视图快捷模式图标

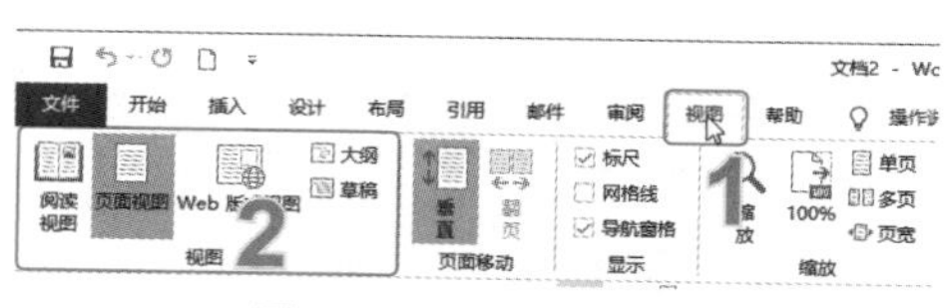


图 2-12　选择视图模式

## 2.3.2　认识各种视图

Word提供了5种视图模式，包括页面视图、阅读视图、Web版式视图、大纲视图和草稿视图，各种视图的功能如下。

- 页面视图：该视图使文档就像在稿纸上一样，在此模式下所看到的内容和最后打印出来的结果几乎完全一样。要对文档对象进行各种操作，如添加页眉、页脚等附加内容，都应在页面视图模式下进行。图2-13所示为页面视图的文档显示效果。
- 阅读视图：在该视图模式下，可在屏幕上分为左右两页显示文档内容，使文档阅读起来清晰、直观。进入阅读版式视图后，按Esc键，即可返回页面视图。图2-14所示为阅读视图的文档显示效果。

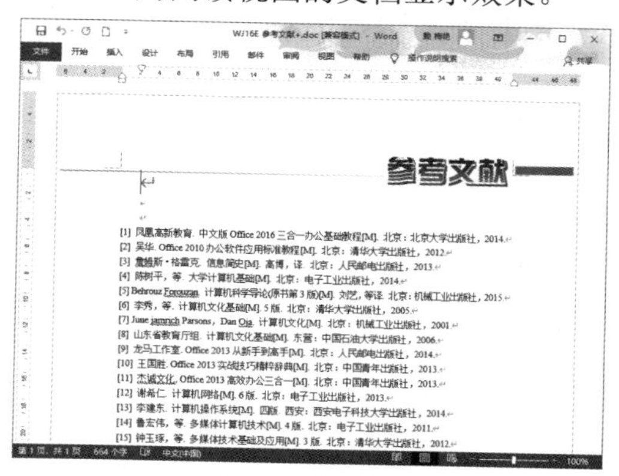


图 2-13　页面视图

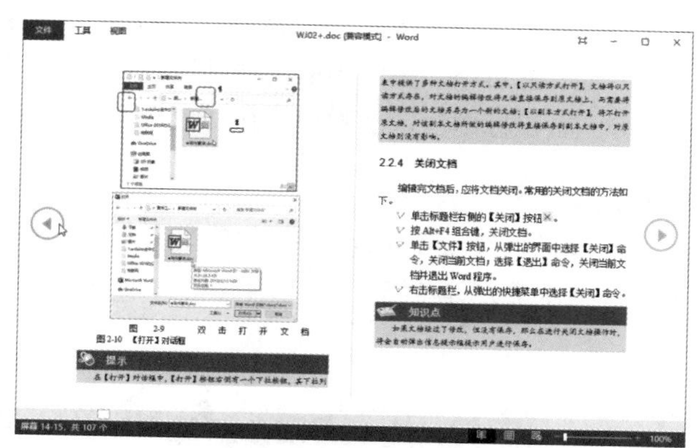


图 2-14　阅读视图

- Web版式视图：该视图以网页的形式显示文档中的内容，文档内容不再是一个页面，而是一个整体的Web页面。Web版式具有专门的Web页编辑功能，在Web版式视图下得到的效果就像在浏览器中显示的一样。如果使用Word编辑网页，就要在Web版式视图下进行，因为只有在该视图下才能完整显示编辑网页的效果。图2-15所示为Web版式视图的文档显示效果。
- 大纲视图：该视图比较适合较多层次的文档，在大纲视图中用户不仅能查看文档的结构，还可以通过拖动标题来移动、复制和重新组织文本。图2-16所示为大纲视图的文档显示效果。

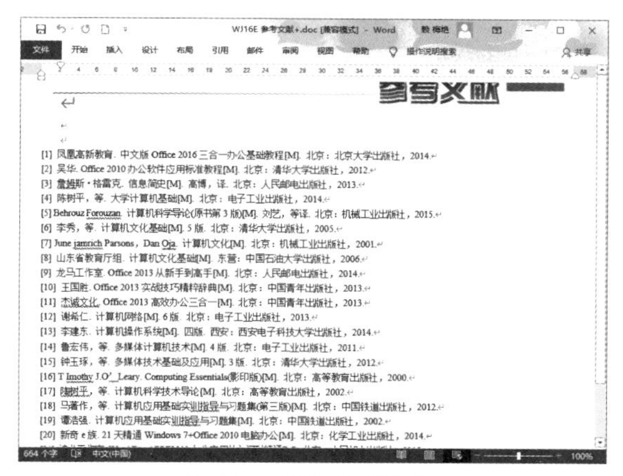

图 2-15　Web 版式视图

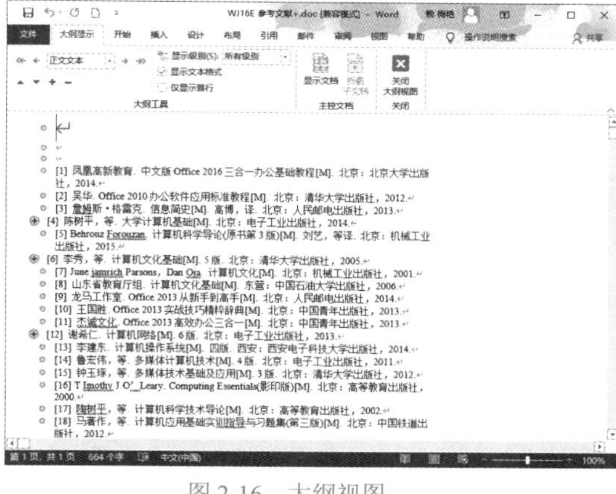

图 2-16　大纲视图

**知识点**

大纲视图可以通过折叠文档来查看主要标题，或者展开文档以查看所有标题和正文。首先将光标放在需要折叠的级别前，然后在【大纲显示】选项卡中单击【折叠】按钮▬，单击一次折叠一级。若要重新显示文本，可单击【展开】按钮✚。

- 草稿视图：该视图取消了页面边距、分栏、页眉页脚和图片等元素，仅显示标题和正文，是最节省计算机系统硬件资源的视图方式。当然，现在计算机系统的硬件配置都比较高，基本上不存在由于硬件配置偏低而使Word运行遇到障碍的问题。图2-17所示为草稿视图的文档显示效果。

## 2.3.3　导航窗格

导航窗格用于显示Word文档的标题大纲，用户单击导航窗格中的标题可以展开或收缩下一级标题，并且可以快速定位到标题对应的正文内容，还可以显示Word文档的缩略图。在【视图】选项卡的【显示】组中选中或取消【导航窗格】复选框，可以显示或隐藏导航窗格。图2-18所示为在文档中显示导航窗格的效果。

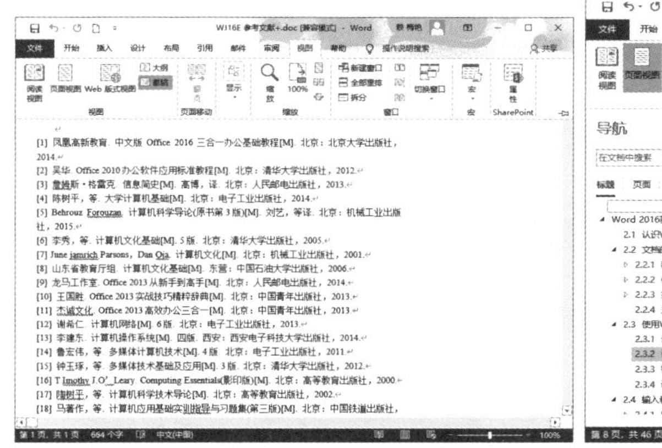

图 2-17　草稿视图

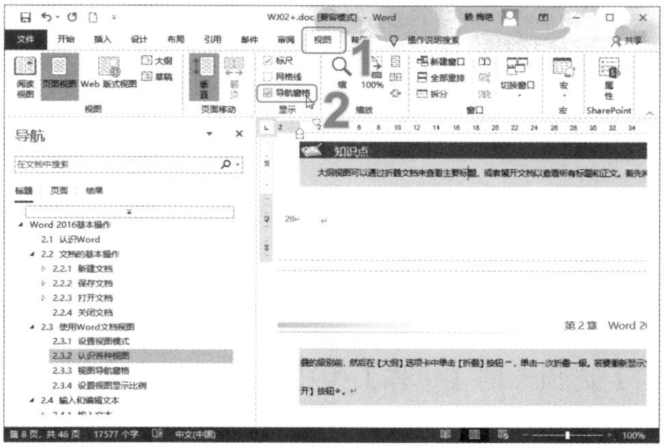

图 2-18　显示导航窗格

### 2.3.4　设置视图显示比例

为了在编辑文档时观察得更加清晰，需要调整文档的显示比例，将文档中的内容放大或缩小。这里的放大并不是将文字或图片本身放大，而是在视觉上变大，打印文档时采用的仍然是原始大小。设置文档显示比例的常用方法有如下两种。

- 直接在文档右下方的状态栏中调节显示比例滑块，设置需要的显示比例即可。
- 单击【视图】选项卡，在【缩放】组中单击【缩放】按钮，如图2-19所示，打开【缩放】对话框，在【显示比例】选项区域中选择需要的比例选项，也可以调节【百分比】数值框，单击【确定】按钮，如图2-20所示。

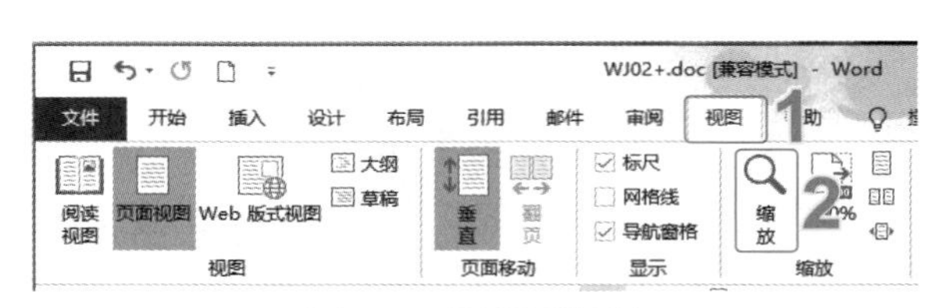


图 2-19　设置显示比例

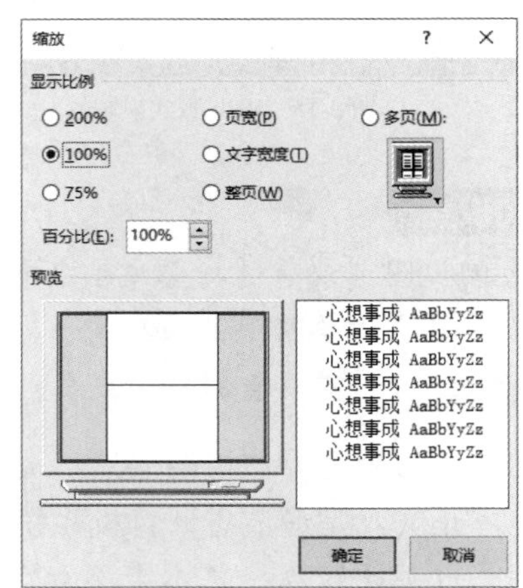


图 2-20　【缩放】对话框

## 2.4　输入和编辑文本

输入和编辑文本是Word最基本也是最频繁的操作。新建一个Word文档后，使用鼠标单击工作区域，将会出现一个闪烁的光标|，称之为“插入点”，这时候在此位置即可输入文本。

### 2.4.1　输入文本

#### 1. 输入英文

在英文状态下通过键盘可以直接输入英文、数字和标点符号。

在输入英文的过程中，想要转换文档中的英文大小写，可选定输入的英文内容，然后在【开始】选项卡的【字体】组中单击【更改大小写】下拉按钮，从弹出的下拉菜单中选择相应的命令即可，如图2-21所示。

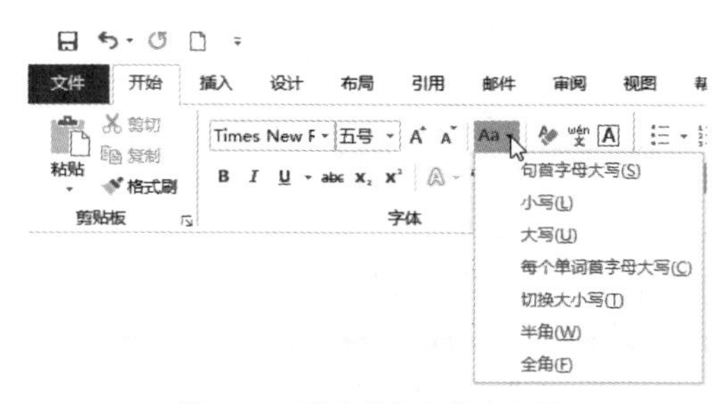


图 2-21　更改英文字母大小写

2. 输入中文

一般情况下，切换到中文输入法后，即可在插入点处开始输入中文文本。

【例2-4】 创建文档，输入诗歌《春晓》并保存。 视频

01 启动Word 2016，新建一个空白文档，选择【文件】|【保存】命令，保存为“春晓.docx”。

02 切换至中文输入法，在插入点处输入标题“春晓”；然后在【开始】选项卡的【段落】组中设置对齐方式为居中对齐，如图2-22所示。

03 按Enter键换行，然后继续输入文本，如图2-23所示。

图 2-22 输入标题文本

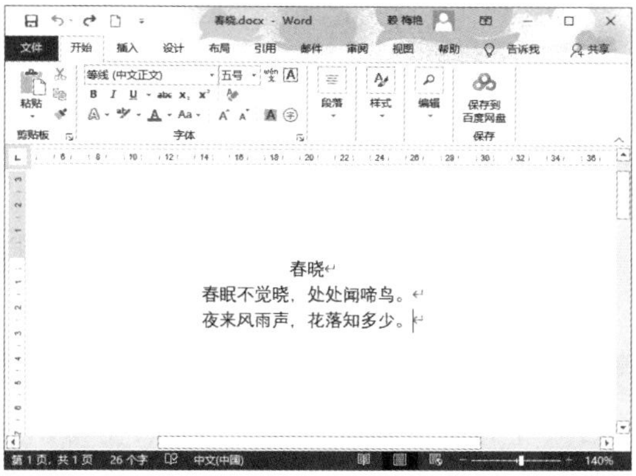

图 2-23 换行输入文本

04 输入完成后，按Ctrl+S快捷键保存。

05 单击窗口右上角的【关闭】按钮，关闭文档。

3. 输入特殊符号

在制作文档时，有时需要插入一些特殊符号，如希腊字母、商标符号、图形符号和数字符号等，而这些特殊符号是无法使用键盘直接输入的。Word提供了插入符号功能。

首先将插入点定位在要插入符号的位置，打开【插入】选项卡，在【符号】组中单击【符号】下拉按钮，在弹出的菜单中选择相应的符号即可，如图2-24所示。

在【符号】下拉菜单中选择【其他符号】命令，可打开【符号】对话框，在其中选择要插入的符号，单击【插入】按钮，如图2-25所示。

在【符号】对话框的【符号】选项卡中，各选项的功能分别如下。

- 【字体】列表框：选择不同的字体集，可以输入不同的字符。
- 【子集】列表框：显示各种不同的符号。
- 【近期使用过的符号】选项区域：显示用户最近使用过的16个符号。
- 【字符代码】文本框：显示所选的符号代码。
- 【来自】下拉列表框：显示符号的进制，如十六进制。
- 【自动更正】按钮：单击该按钮，可打开【自动更正】对话框，在该对话框中可以对一些经常使用的符号使用自动更正。

图 2-24 【符号】下拉菜单

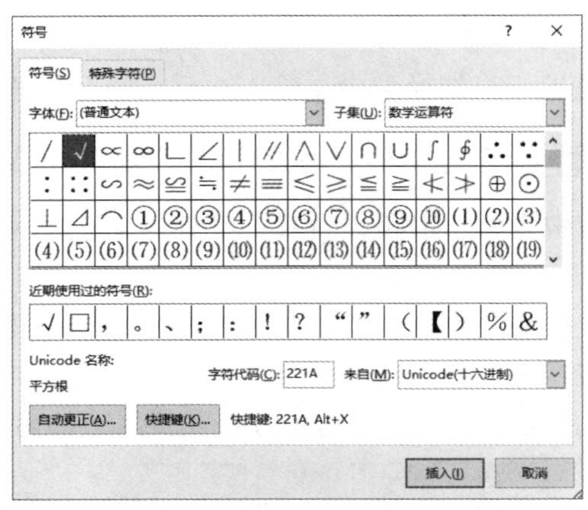

图 2-25 【符号】对话框

- 【快捷键】按钮：单击该按钮，打开【自定义键盘】对话框，将光标置于【请按快捷键】文本框中，在键盘上按下用户设置的快捷键，单击【指定】按钮就可以将快捷键指定给该符号，这样用户就可以在不打开【符号】对话框的情况下，直接按快捷键插入符号。

**提示**

打开【特殊字符】选项卡，在其中可以选择®(注册符)以及™(商标符)等特殊字符，单击【快捷键】按钮，可以为特殊字符设置快捷键。

### 4. 输入日期和时间

在Word中，可以向文档中直接输入日期，输入日期时，Word会检测到用户试图输入日期，将会跳出智能提示，默认插入当前日期，按Enter键即可完成当前日期的输入，如图2-26所示。

如果要输入其他格式的日期，除了可以手动输入外，还可以通过【日期和时间】对话框插入。打开【插入】选项卡，在【文本】组中单击【日期和时间】按钮 日期和时间，打开【日期和时间】对话框，如图2-27所示。

图 2-26 手动输入日期

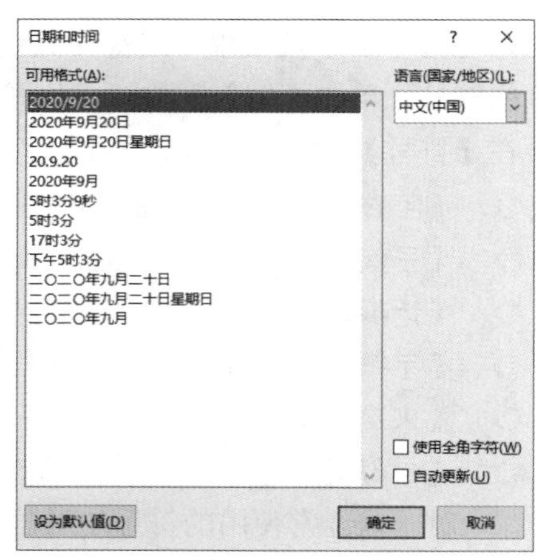

图 2-27 【日期和时间】对话框

**提示**

在【日期和时间】对话框的【可用格式】列表框中显示的日期和时间是系统当前的日期和时间，因此每次打开该对话框，显示的数据都会不同。

【日期和时间】对话框中各选项的功能分别如下。

- 【可用格式】列表框：用来选择日期和时间的显示格式。
- 【语言】下拉列表：用来选择日期和时间应用的语言，如中文或英文。
- 【使用全角字符】复选框：选中该复选框，以全角方式显示插入的日期和时间。
- 【自动更新】复选框：选中该复选框，可对插入的日期和时间格式进行自动更新。
- 【设为默认值】按钮：单击该按钮，可将当前设置的日期和时间格式保存为默认格式。

## 2.4.2　选择文本

在编辑文档内容之前，需要先选择待编辑的内容。本节将介绍如何通过鼠标、键盘以及两者的结合来高效选择文档内容。

### 1. 使用鼠标选择文本

使用鼠标选择文本是最常用的方法。使用鼠标可以方便地改变插入点的位置，它也是最方便的选择文本的方法。

- 拖动选择：将鼠标指针定位在起始位置，按住鼠标左键不放，向目标位置拖动鼠标选择文本。
- 单击选择：将鼠标光标移到要选定行的左侧空白处，当鼠标光标变成↗形状时，单击鼠标选择该行文本内容。
- 双击选择：将鼠标光标移到文本编辑区左侧，当鼠标光标变成↗形状时，双击鼠标，选择该段的文本内容；将鼠标光标定位到词组中间或左侧，双击鼠标选择该单字或词。
- 三击选择：将鼠标光标定位到要选择的段落，三击鼠标选择该段的所有文本；将鼠标光标移到文档左侧空白处，当光标变成↗形状时，三击鼠标选择整篇文档。

### 2. 使用键盘选择文本

使用键盘选择文本时，需先将插入点移动到要选择的文本的开始位置，然后按键盘上相应的快捷键即可。使用键盘上相应的快捷键，可以达到选择文本的目的。选择文本的快捷键及功能如表2-1所示。

表2-1　选择文本的快捷键及功能

| 快捷键 | 功能 |
| --- | --- |
| Shift+→ | 选择光标右侧的一个字符 |
| Shift+← | 选择光标左侧的一个字符 |
| Shift+↑ | 选择光标位置至上一行相同位置之间的文本 |
| Shift+↓ | 选择光标位置至下一行相同位置之间的文本 |

(续表)

| 快捷键 | 功能 |
|---|---|
| Shift+Home | 选择光标位置至行首 |
| Shift+End | 选择光标位置至行尾 |
| Shift+PageDown | 选择光标位置至下一屏之间的文本 |
| Shift+PageUp | 选择光标位置至上一屏之间的文本 |
| Ctrl+Shift+Home | 选择光标位置至文档开始之间的文本 |
| Ctrl+Shift+End | 选择光标位置至文档结尾之间的文本 |
| Ctrl+A | 选择整篇文档 |

**知识点**

F8键的扩展选择功能的使用方法：按一下F8键，可以设置选取的起点；连续按两下F8键，选取一个字或词；连续按3下F8键，可以选取一个句子；连续按4下F8键，可以选取一段文本；连续按6下F8键，可以选取当前节，如果文档没有分节则选中全文；按下Shift+F8快捷键，可以缩小选中范围，即上述系列的“逆操作”。

#### 3. 使用鼠标和键盘结合来选择文本

除了分别使用鼠标或键盘选择文本外，还可以通过将鼠标和键盘结合来选择文本。使用鼠标和键盘结合的方式，不仅可以选择连续的文本，也可以选择不连续的文本。

- 选择连续的较长文本：将插入点定位到要选择区域的开始位置，按住Shift键不放，再移动光标至要选择区域的结尾处，单击左键即可选择该区域之间的所有文本内容。
- 选择不连续的文本：选择任意一段文本，按住Ctrl键，再拖动鼠标选择其他文本，即可同时选择多段不连续的文本。
- 选择整篇文档：按住Ctrl键不放，将光标移到文本编辑区左侧空白处，当光标变成↗形状时，单击左键即可选择整篇文档。
- 选择矩形文本区域：将插入点定位到开始位置，按住Alt键并拖动鼠标，即可选择矩形文本区域。

**提示**

使用命令操作可以选中所有类似于光标处文本格式的所有文本，具体方法为：将光标定位在目标格式下任意文本处，打开【开始】选项卡，在【编辑】组中单击【选择】按钮，在弹出的菜单中选择【选择格式相似的文本】命令即可。

### 2.4.3 复制、移动和删除文本

在编辑文本时，经常需要重复输入文本，可以使用移动或复制文本的方法进行操作。此外，也经常需要对多余或错误的文本进行删除操作。

### 1. 复制文本

复制文本是指将要复制的文本移动到其他位置，而原文本仍然保留在原位置。复制文本的操作方法如下。

- 选择需要复制的文本，按Ctrl+C快捷键，将插入点移动到目标位置，再按Ctrl+V快捷键。
- 选择需要复制的文本，在【开始】选项卡的【剪贴板】组中，单击【复制】按钮，将插入点移到目标位置处，单击【粘贴】按钮。
- 选择需要复制的文本，按下鼠标右键拖动到目标位置，松开鼠标会弹出一个快捷菜单，在其中选择【复制到此位置】命令，如图2-28所示。
- 选择需要复制的文本，右击，从弹出的快捷菜单中选择【复制】命令，把插入点移到目标位置，右击，从弹出的快捷菜单中选择【粘贴选项】命令，如图2-29所示。

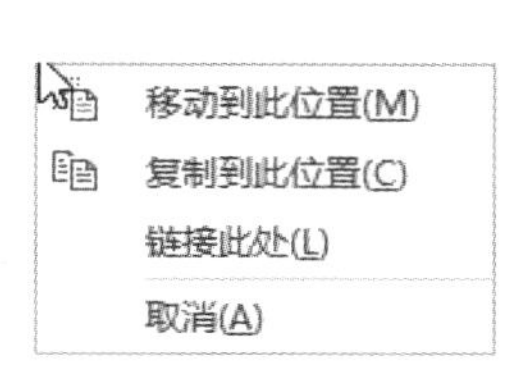


图 2-28　快捷菜单 1

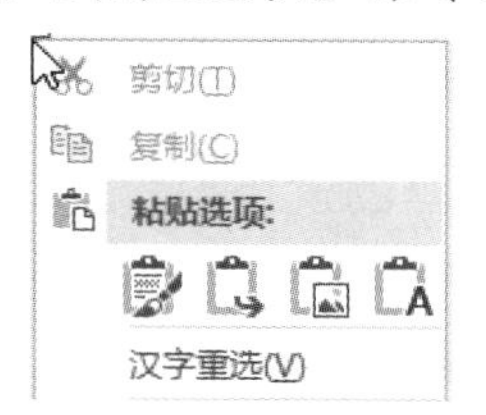


图 2-29　快捷菜单 2

**知识点**

在右键菜单命令中出现的【粘贴选项】命令选项区域中包含4个按钮，单击【保留源格式】按钮，可以保留文本原来的格式；单击【合并格式】按钮，可以使文本与当前文档的格式保持一致；单击【图片】按钮，将以图片对象形式插入内容；单击【只保留文本】按钮，可以去除要复制内容中的图片和其他对象，只保留纯文本内容。

### 2. 移动文本

移动文本是指将当前位置的文本移到另外的位置，在移动的同时，会删除原来位置上的原文本。移动文本后，原位置的文本消失。移动文本有以下几种方法。

- 选择需要移动的文本，按Ctrl+X快捷键，在目标位置处按Ctrl+V快捷键。
- 选择需要移动的文本，在【开始】选项卡的【剪贴板】组中，单击【剪切】按钮，在目标位置处单击【粘贴】按钮。
- 选择需要移动的文本，按下鼠标右键拖动至目标位置，松开鼠标后弹出一个快捷菜单，在其中选择【移动到此位置】命令。
- 选择需要移动的文本后，右击，在弹出的快捷菜单中选择【剪切】命令；在目标位置处右击，在弹出的快捷菜单中选择【粘贴选项】命令。
- 选择需要移动的文本后，按下鼠标左键不放，此时鼠标光标变为形状，并出现一条虚线，移动鼠标光标，当虚线移动到目标位置时，释放鼠标，即可将文本移动到目标位置。
- 选择需要移动的文本，按F2键，在目标位置处按Enter键移动文本。

3. 删除文本

在编辑文档的过程中，经常需要删除一些不需要的文本。删除文本的操作方法如下。

- 按Backspace键，删除光标左侧的文本；按Delete键，删除光标右侧的文本。
- 选择要删除的文本，在【开始】选项卡的【剪贴板】组中，单击【剪切】按钮 剪切 即可。
- 选择文本，按Backspace键或Delete键均可删除所选文本。

## 2.4.4 查找与替换文本

在篇幅较长的文档中，使用Word 2016提供的查找与替换功能可以快速地找到文档中某个文本或更正文档中多次出现的某个词语，从而无须反复地查找文本，使烦琐的操作变得简单快捷，节约办公时间，提高工作效率。

1. 查找文本

在编辑一篇长文档的过程中，要查找一个文本，可以使用【导航】窗格进行查找，也可以使用Word 2016的高级查找功能。

- 使用【导航】窗格查找文本：【导航】窗格(如图2-30所示)中的上方就是搜索框，用于搜索文档中的内容。在下方的列表框中可以浏览文档中的标题、页面和高亮显示搜索结果。
- 使用高级查找功能：在Word中，使用高级查找功能不仅可以在文档中查找普通文本，还可以对特殊格式的文本、符号等进行查找。打开【开始】选项卡，在【编辑】组中单击【查找】下拉按钮，从弹出的下拉菜单中选择【高级查找】命令，打开【查找和替换】对话框中的【查找】选项卡，如图2-31所示。在【查找内容】文本框中输入要查找的内容，单击【查找下一处】按钮，即可将光标定位在文档中第一个查找目标处。单击若干次【查找下一处】按钮，可依次查找文档中对应的内容。

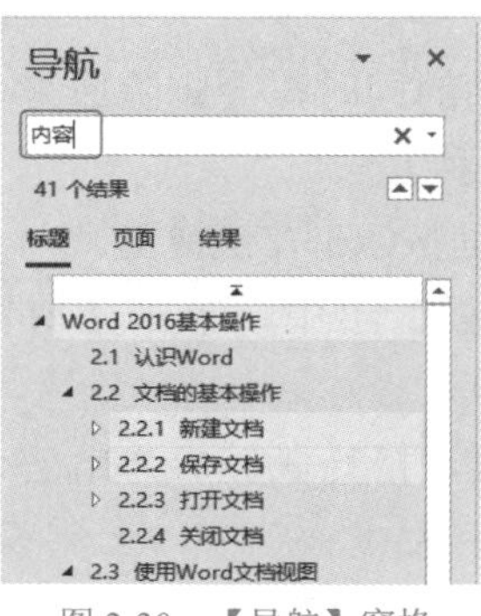


图 2-30 【导航】窗格

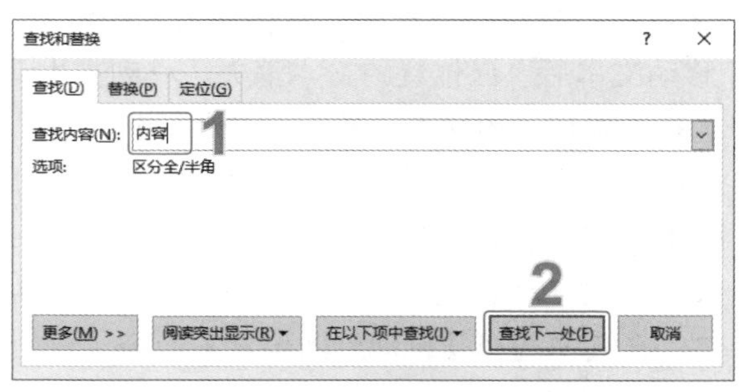


图 2-31 【查找和替换】对话框

**知识点**

在【查找】选项卡中单击【更多】按钮，可展开该对话框的高级设置界面，设置更为精确的查找条件。

### 2. 替换文本

想要在多页文档中找到或找全所需操作的字符，比如要修改某些错误的文字，如果仅依靠用户去逐个寻找并修改，既费事，效率又不高，还可能会发生错漏现象。在遇到这种情况时，就需要使用查找和替换操作来解决。替换和查找操作基本类似，不同之处在于，替换不仅要完成查找，而且要用新的文本覆盖原有内容。准确来说，在查找到文档中特定的内容后，才可以对其进行统一替换。

打开【开始】选项卡，在【编辑】组中单击【替换】按钮，打开【查找和替换】对话框的【替换】选项卡，如图2-32所示。在【查找内容】文本框中输入要查找的内容；在【替换为】文本框中输入要替换为的内容，单击若干次【替换】按钮，依次替换文档中指定的内容。

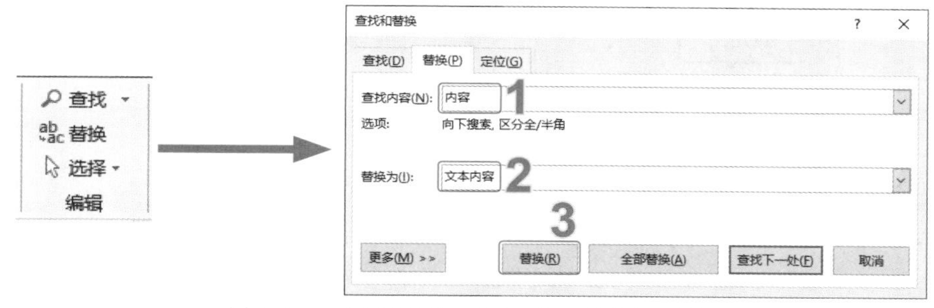


图 2-32 【查找和替换】对话框的【替换】选项卡

【例2-5】 查找和替换。 视频

01 打开已有文档“面试与甄选制度.docx”，在【开始】选项卡的【编辑】组中单击【替换】按钮，打开【查找和替换】对话框。

02 自动打开【替换】选项卡，在【查找内容】文本框中输入文本“面试人员”，在【替换为】文本框中输入文本“应聘人员”，单击【查找下一处】按钮，查找第一处文本，如图2-33所示。

03 单击【替换】按钮，完成第一处文本的替换，此时自动跳转到第二处符合条件的文本“面试人员”处，如图2-34所示。

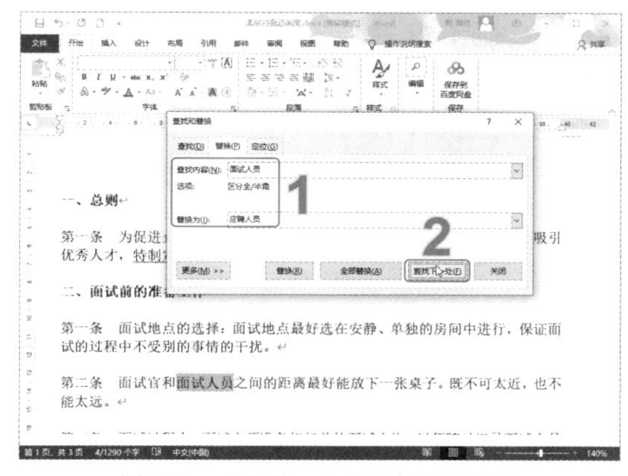


图 2-33 查找第一处符合条件的文本

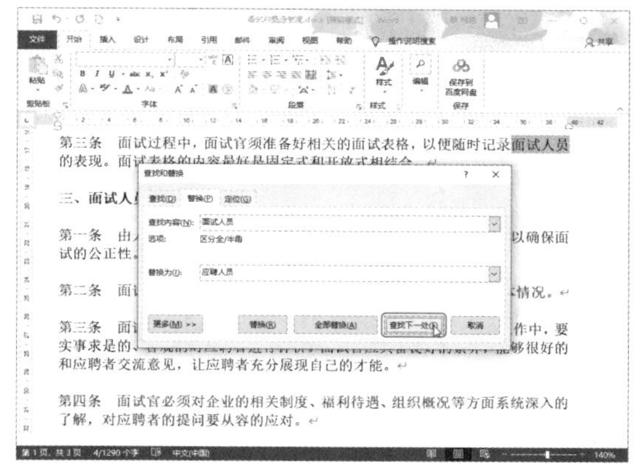

图 2-34 自动跳转到第二处符合条件的文本处

04 单击【替换】按钮，查找到的文本就被替换，然后继续查找。如果不想替换，单击

【查找下一处】按钮，则将继续查找下一处符合条件的文本。

05 单击【全部替换】按钮，文档中所有的文本“面试人员”都将被替换成文本“应聘人员”，并弹出如图2-35所示的提示框，单击【确定】按钮。

06 返回至【查找和替换】对话框，如图2-36所示。单击【关闭】按钮，关闭对话框，返回至Word文档窗口，完成文本替换。

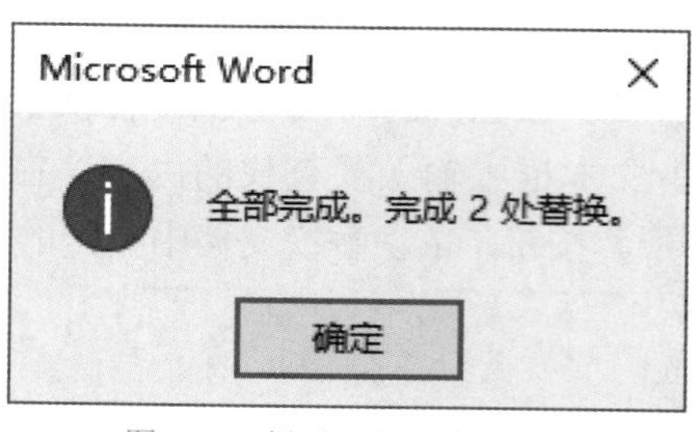


图 2-35　提示已完成替换操作

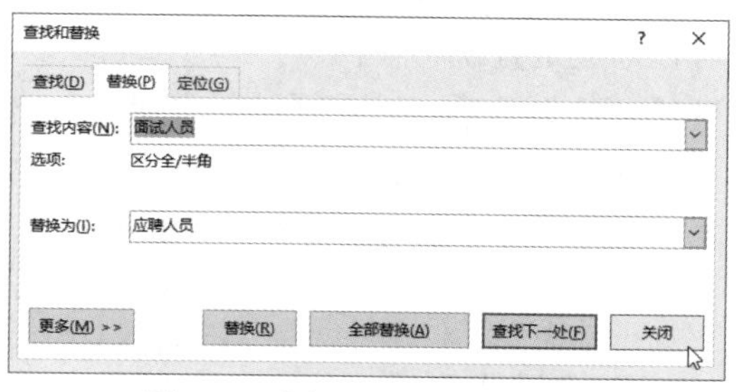


图 2-36　【查找和替换】对话框

**知识点**

状态栏中有【改写】和【插入】两种状态。在改写状态下，输入的文本将会覆盖其后的文本，而在插入状态下，会自动将插入位置后的文本向后移动。Word默认的状态是插入，若要更改状态，可以在状态栏中单击【插入】按钮 插入 ，此时将显示【改写】按钮 改写 ，单击该按钮，返回至插入状态。另外，按Insert键，可以在这两种状态间切换。

## 2.4.5 撤销与恢复操作

在编辑文档时，Word会自动记录最近执行的操作，因此当操作错误时，可以通过撤销功能将错误操作撤销。如果误撤销了某些操作，还可以使用恢复操作将其恢复。

### 1. 撤销操作

在编辑文档时，使用Word提供的撤销功能，可以方便地将更新过的内容恢复到之前的状态。常用的撤销操作主要有以下两种。

- 在快速访问工具栏中单击【撤销】按钮，撤销上一次的操作。单击按钮右侧的下拉按钮，可以在弹出的如图2-37所示的列表中选择要撤销的操作，撤销最近执行的多次操作。
- 按Ctrl+Z快捷键，可撤销最近的操作。

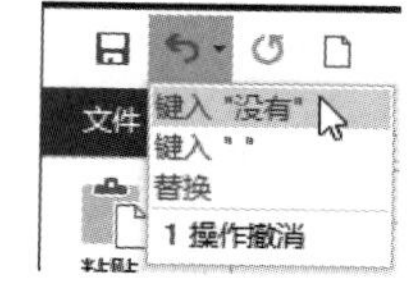


图 2-37　撤销列表

**提示**

连续单击【撤销】按钮，同样可以撤销执行过的多次操作。

### 2. 恢复操作

恢复操作用来还原撤销操作，恢复撤销以前的文档。常用的恢复操作主要有以下两种。

- 在快速访问工具栏中单击【恢复】按钮，恢复操作。

- 按Ctrl+Y快捷键，恢复最近的撤销操作，这是Ctrl+Z快捷键的逆操作。

**提示**

恢复不能像撤销那样一次性还原多个操作，因此在【恢复】按钮右侧也没有可展开列表的下拉按钮。当一次撤销多个操作后，再单击【恢复】按钮时，恢复的是第一次撤销的操作。

# 2.5 设置文本格式

在Word文档中输入的文本默认字体为宋体，默认字号为五号。在实际应用中，为了使文档更加美观，条理更加清晰，通常需要对文本进行格式设置。

## 2.5.1 利用【字体】组设置

打开【开始】选项卡，使用如图2-38所示的【字体】组中提供的按钮即可设置文本格式，如文本的字体、字形、字号、字体颜色、字符缩放等。【字体】组中各个按钮的功能说明如下。

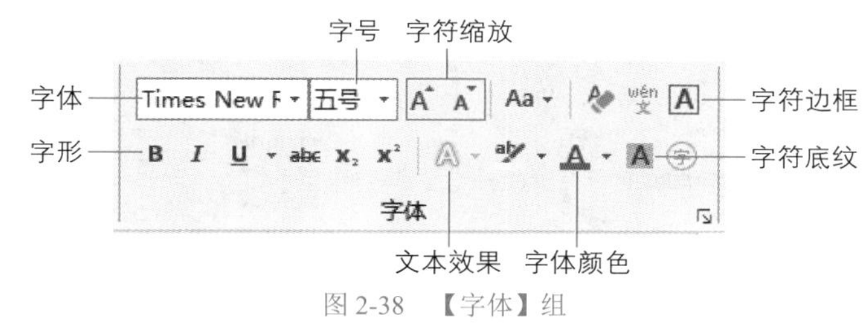


图 2-38　【字体】组

- 字体：文字的外观，Word提供了多种字体，默认字体为宋体。
- 字形：文字的一些特殊外观，例如加粗、倾斜、下画线、上标和下标等，单击【删除线】按钮abc，可以为文本添加删除线效果；单击【下标】按钮$x_2$，可以将文本设置为下标效果；单击【上标】按钮$x^2$，可以将文本设置为上标效果。
- 字号：文字的大小。
- 字符边框：为文本添加边框。单击【带圈字符】按钮，可为字符添加圆圈效果。
- 文本效果：为文本添加特殊效果，单击该按钮，从弹出的菜单中可以为文本设置轮廓、阴影、映像和发光等效果。
- 字体颜色：文字的颜色，单击【字体颜色】按钮右侧的下拉箭头，在弹出的菜单中可选择需要的颜色命令。
- 字符缩放：增大或者缩小字号。
- 字符底纹：为文本添加底纹效果。

## 2.5.2 利用浮动工具栏设置

选中要设置格式的文本，此时选中文本区域的右上角将出现浮动工具栏，如图2-39所示。使用浮动工具栏提供的命令按钮可以进行文本格式的设置。

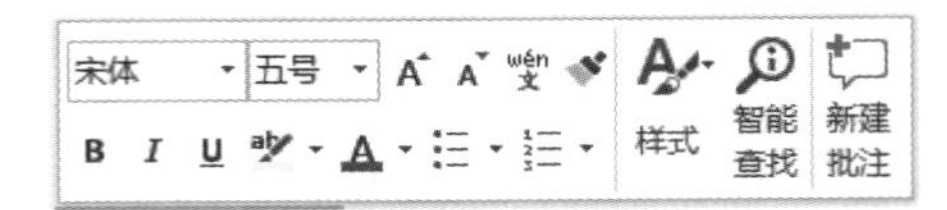


图 2-39　浮动工具栏

**提示**

浮动工具栏中的按钮功能与【字体】组中对应按钮的功能类似，在此不再重复介绍。

## 2.5.3　利用【字体】对话框设置

利用【字体】对话框不仅可以完成【字体】组中所有的设置功能，而且还能为文本添加其他特殊效果和设置字符间距等。

打开【开始】选项卡，单击【字体】对话框启动器，打开【字体】对话框的【字体】选项卡，如图2-40所示。在该选项卡中可对文本的字体、字号、颜色、下画线等属性进行设置。打开【字体】对话框的【高级】选项卡，如图2-41所示，可以设置文字的缩放比例、文字间距和相对位置等参数。

图 2-40　【字体】选项卡

图 2-41　【高级】选项卡

**【例2-6】** 为文本设置格式。

**01** 打开已有文档，选取标题，在【开始】选项卡的【字体】组中单击【字体】下拉按钮，从弹出的下拉列表中选择【微软雅黑】选项，如图2-42所示。

**02** 在【字体】组中单击【字号】下拉按钮，从弹出的下拉列表中选择【二号】选项，如图2-43所示。

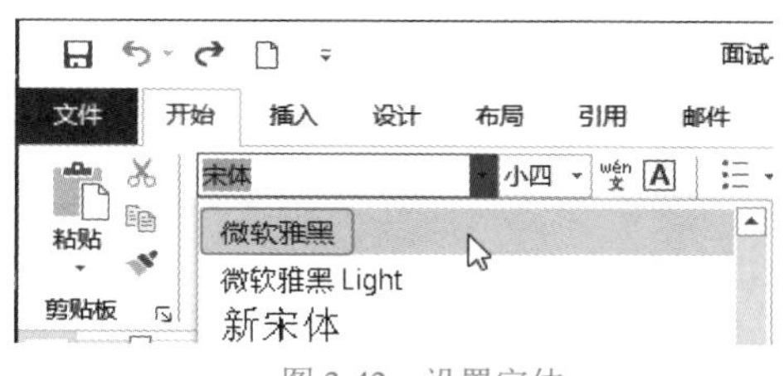

图 2-42　设置字体

图 2-43　设置字号

**03** 在【字体】组中单击【字体颜色】按钮右侧的三角按钮，从弹出的调色板中选择【黑色，文字1】色块，如图2-44所示。

**04** 按Ctrl键，同时选中所有小标题，在【开始】选项卡中单击【字体】对话框启动器 (如图2-45所示)，打开【字体】对话框。

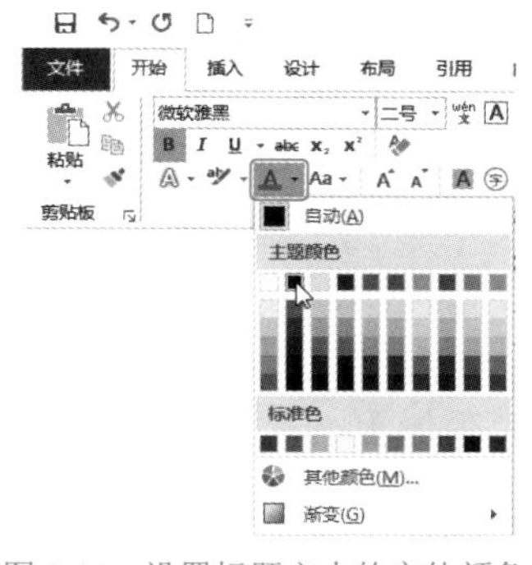

图 2-44　设置标题文本的字体颜色

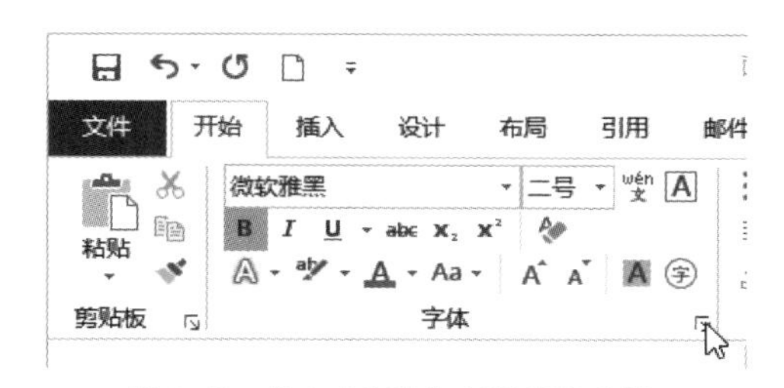

图 2-45　单击【字体】对话框启动器

**05** 打开【字体】选项卡，单击【中文字体】下拉按钮，从弹出的下拉列表中选择【华文中宋】选项，在【字体颜色】下拉面板中选择【深蓝】色块，【字号】为【小四】，如图2-46所示。

**06** 单击【确定】按钮，完成设置，显示设置的文本效果，如图2-47所示。

**07** 在【开始】选项卡的【字体】组中单击【倾斜】按钮，为文本设置倾斜效果，如图2-48所示。

**08** 在快速访问工具栏中单击【保存】按钮，保存文档。

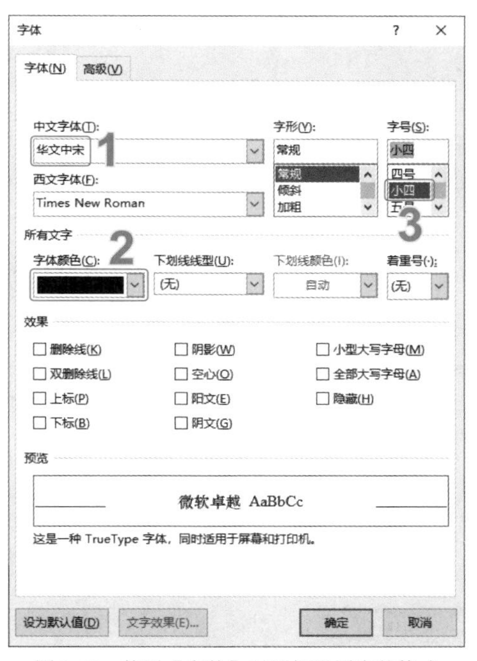

图 2-46　使用【字体】对话框设置字体格式

### 提示

在【字体】选项卡的【效果】选项区域，可为文本设置删除线等效果，在【预览】选项区域可预览文本效果。

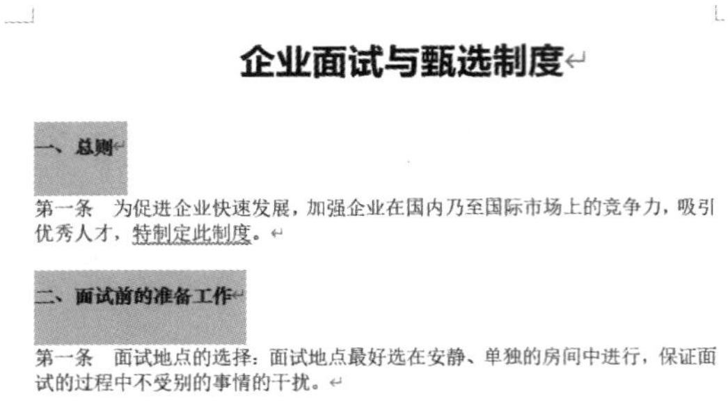

企业面试与甄选制度
一、总则
第一条　为促进企业快速发展，加强企业在国内乃至国际市场上的竞争力，吸引优秀人才，特制定此制度。
二、面试前的准备工作
第一条　面试地点的选择：面试地点最好选在安静、单独的房间中进行，保证面试的过程中不受别的事情的干扰。

图 2-47　设置小标题字体

企业面试与甄选制度
一、总则
第一条　为促进企业快速发展，加强企业在国内乃至国际市场上的竞争力，吸引优秀人才，特制定此制度。
二、面试前的准备工作
第一条　面试地点的选择：面试地点最好选在安静、单独的房间中进行，保证面试的过程中不受别的事情的干扰。
第二条　面试官和面试人员之间的距离最好能放下一张桌子。既不可太近，也不能太远。

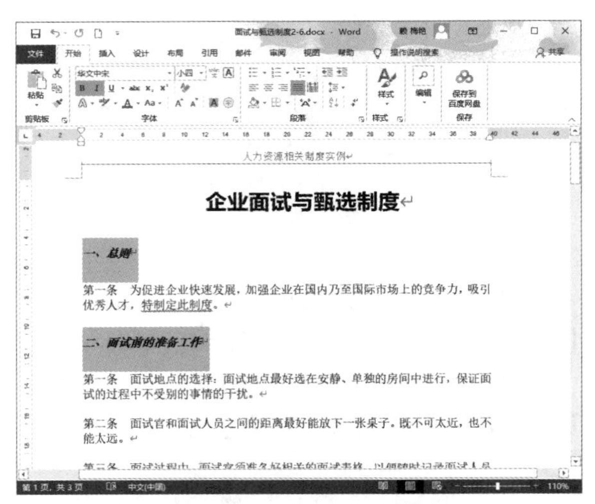

图 2-48　设置倾斜效果

# 2.6　设置段落格式

段落是构成整个文档的骨架，它由正文、图表和图形等加上一个段落标记构成。为了使文档的结构更清晰、层次更分明，Word提供了段落格式设置功能，包括段落对齐方式、段落缩进、段落间距等。

## 2.6.1　设置段落对齐方式

段落对齐指文档边缘的对齐方式，包括两端对齐、居中对齐、左对齐、右对齐和分散对齐。这5种对齐方式的说明如下。

- 两端对齐：默认设置，两端对齐时文本左右两端均对齐，但是段落最后不满一行的文字右边是不对齐的。
- 左对齐：文本的左边对齐，右边参差不齐。
- 右对齐：文本的右边对齐，左边参差不齐。
- 居中对齐：文本居中排列。
- 分散对齐：文本左右两边均对齐，而且每个段落的最后一行不满一行时，将拉开字符间距使该行均匀分布。

设置段落对齐方式时，先选定要对齐的段落，然后可以通过单击【开始】选项卡的【段落】组(或浮动工具栏)中的相应按钮来实现，也可以通过【段落】对话框来实现。使用【段落】组是最快捷方便的，也是最常使用的方法。

**知识点**

Ctrl+E组合键用于设置段落居中对齐；Ctrl+Shift+J组合键用于设置段落分散对齐；Ctrl+L组合键用于设置段落左对齐；Ctrl+R组合键用于设置段落右对齐；Ctrl+J组合键用于设置段落两端对齐。

## 2.6.2 设置段落缩进

段落缩进是指设置段落中的文本与页边距之间的距离。Word提供了以下4种段落缩进的方式。

- 左缩进：设置整个段落左边界的缩进位置。
- 右缩进：设置整个段落右边界的缩进位置。
- 悬挂缩进：设置段落中除首行以外的其他行的起始位置。
- 首行缩进：设置段落中首行的起始位置。

### 1. 使用水平标尺设置缩进量

通过水平标尺可以快速设置段落的缩进方式及缩进量。水平标尺中包括首行缩进、悬挂缩进、左缩进和右缩进4个标记，如图2-49所示。拖动各标记就可以设置相应的段落缩进方式。

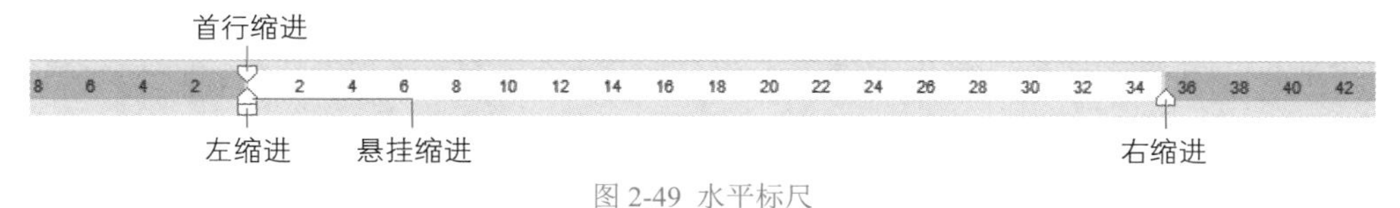


图 2-49 水平标尺

使用水平标尺设置段落缩进时，在文档中选择要改变缩进的段落，然后拖动缩进标记到缩进位置，可以使某些行缩进。在拖动鼠标时，整个页面上出现一条垂直虚线，以显示新边距的位置。

**提示**

在使用水平标尺格式化段落时，按住Alt键不放，使用鼠标拖动标记，水平标尺上将显示具体的度量值。拖动首行缩进标记到缩进位置，将以左边界为基准缩进第一行。拖动左缩进标记的正三角至缩进位置，可以设置除首行外的所有行的缩进。拖动左缩进标记下方的小矩形至缩进位置，可以使所有行均左缩进。

### 2. 使用【段落】对话框设置缩进量

使用【段落】对话框可以准确地设置缩进尺寸。打开【开始】选项卡，单击【段落】对话框启动器，打开【段落】对话框的【缩进和间距】选项卡，在该选项卡中进行相关设置即可设置段落缩进，如图2-50所示。

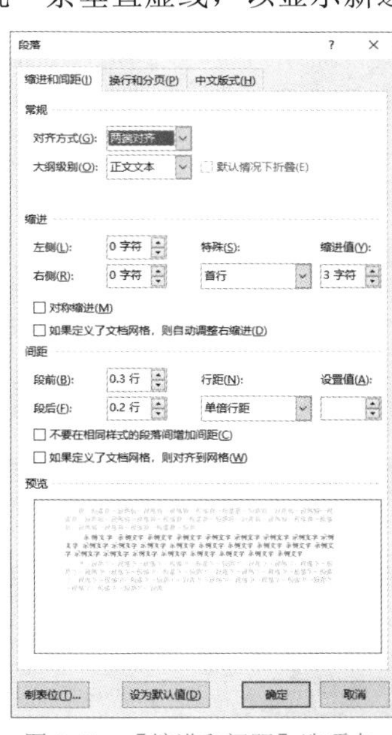


图 2-50 【缩进和间距】选项卡

**提示**

按Ctrl+M组合键可以创建左侧段落缩进；按Ctrl+Shift+M组合键可以取消左侧段落缩进；按Ctrl+T组合键可以创建悬挂缩进；按Ctrl+Shift+T组合键可以减少悬挂缩进；按Ctrl+Q组合键可以取消段落格式。

在【缩进】选项区域的【左侧】文本框中输入左缩进值，则所有行从左边缩进；在【右侧】文本框中输入右缩进值，则所有行从右边缩进；在【特殊】下拉列表中可以选择段落缩进的方式。

**【例2-7】** 设置段落格式。 视频

**01** 启动Word 2016，打开文档。

**02** 选中正文第一段文本，打开【视图】选项卡，在【显示】组中选中【标尺】复选框，设置在编辑窗口中显示标尺。

**03** 向右拖动【首行缩进】标记，将其拖动到标尺2处，释放鼠标，即可将第一段文本设置为首行缩进2个字符，如图2-51所示。

**04** 按Ctrl键的同时，选取多段文本，打开【开始】选项卡，在【段落】组中单击对话框启动器，打开【段落】对话框。

**05** 打开【段落】对话框的【缩进和间距】选项卡，在【缩进】选项区域的【特殊】下拉列表中选择【首行】选项，将【缩进值】设置为【2字符】，如图2-52所示，然后单击【确定】按钮。

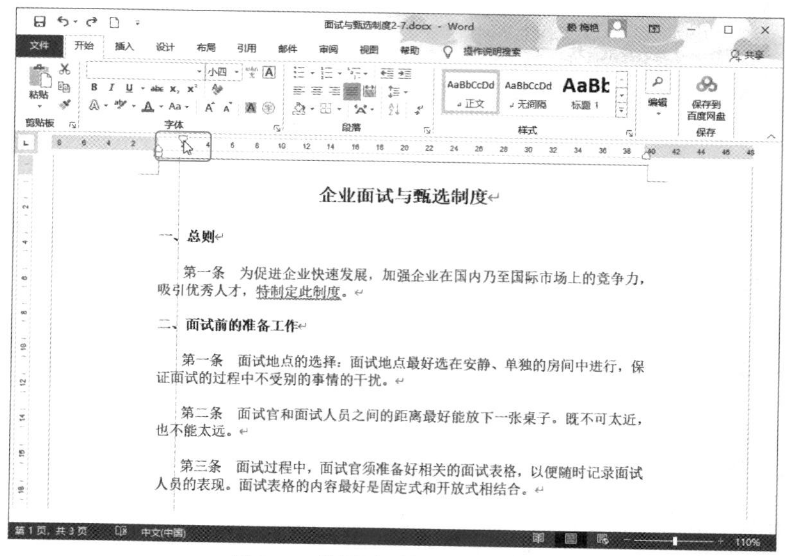

图 2-51　使用标尺设置段落缩进

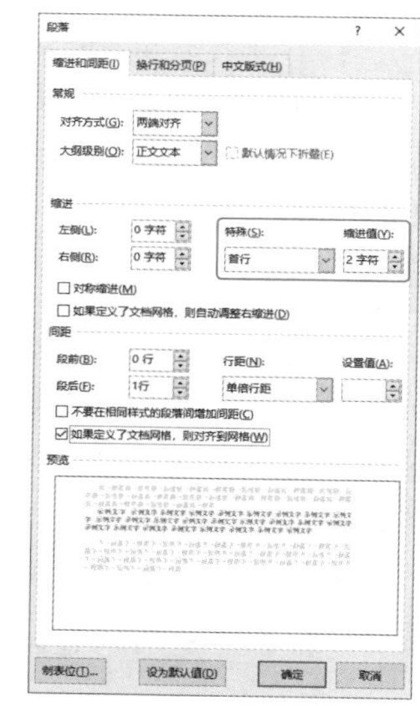

图 2-52　【段落】对话框

**06** 此时，选中的文本段落将以首行缩进2个字符显示，如图2-53所示。

**07** 在快速访问工具栏中单击【保存】按钮，保存文档。

**提示**

在【段落】组或浮动工具栏中，单击【减少缩进量】按钮或【增加缩进量】按钮可以减少或增加缩进量。

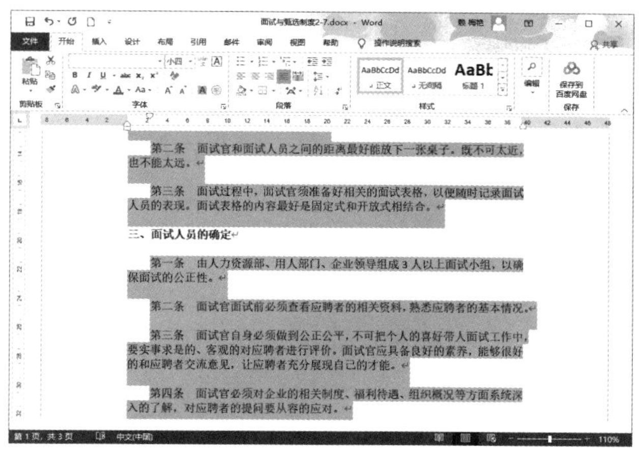

图 2-53　设置缩进后的效果

## 2.6.3　设置段落间距

段落间距的设置包括文档行间距与段间距的设置。行间距是指段落中行与行之间的距离；段间距是指前后相邻的段落之间的距离。

### 1. 设置行间距

行间距决定段落中各行文本之间的垂直距离。Word 2016默认的行间距值是单倍行距，用户可以根据需要重新对其进行设置。在【段落】对话框中，打开【缩进和间距】选项卡，在【行距】下拉列表中选择相应选项，并在【设置值】微调框中输入数值即可，如图2-54所示。

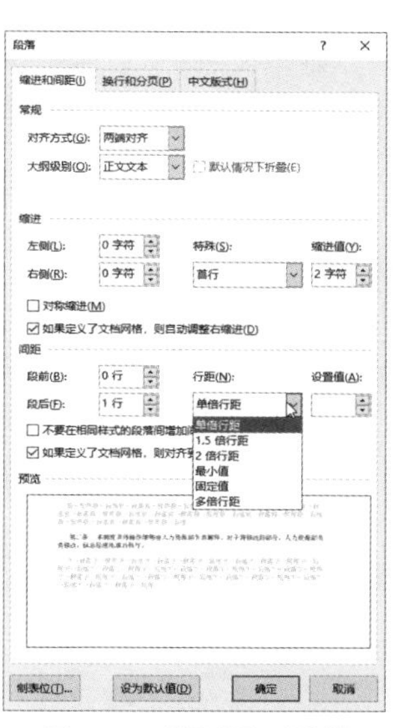

图 2-54　【段落】对话框

**提示**

用户在排版文档时，为了使段落更加紧凑，经常会把段落的行距设置为【固定值】，这样做可能会导致一些高度大于此固定值的图片或文字只能显示一部分。因此，建议设置行距时慎用固定值。

### 2. 设置段间距

段间距决定段落前后空白距离的大小。在【段落】对话框中，打开【缩进和间距】选项卡，在【段前】和【段后】微调框中输入值，就可以设置段间距。

【例2-8】 设置段间距。视频

01 启动Word 2016，打开文档。

02 按Ctrl键，选择正文文本，打开【开始】选项卡，在【段落】组中单击对话框启动器，打开【段落】对话框。

03 打开【缩进和间距】选项卡，在【行距】下拉列表中选择【1.5倍行距】选项，如图2-55所示。

04 单击【确定】按钮，即可完成选中文本的行间距设置，效果如图2-56所示。

图 2-55　设置行间距

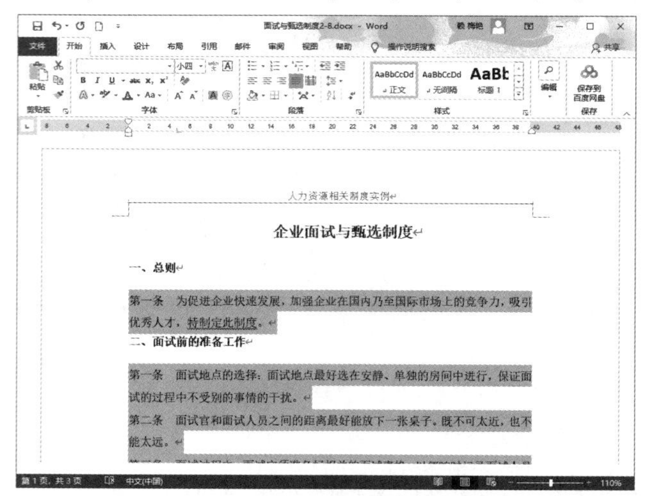

图 2-56　设置行间距后的文档效果

**提示**

按Ctrl+1组合键，可以快速设置单倍行距；按Ctrl+2组合键，可以快速设置双倍行距；按Ctrl+5组合键，可以快速设置1.5倍行距。

05 继续选取正文文本，打开【开始】选项卡，在【段落】组中单击对话框启动器，打开【段落】对话框。

06 打开【缩进和间距】选项卡，在【间距】选项区域中的【段前】和【段后】微调框中分别输入“20磅”，如图2-57所示。

07 单击【确定】按钮，完成段落间距的设置，最终效果如图2-58所示。

08 在快速访问工具栏中单击【保存】按钮保存文档。

图 2-57　设置段前和段后

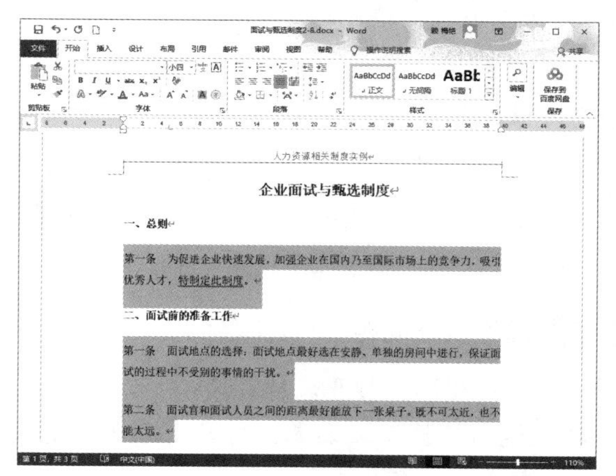

图 2-58　最终效果

## 2.6.4 设置换行和分页

当文字或图形填满一页时，Word会插入一个自动分页符，并开始新的一页。如果要将一页中的文档分为多页，需要在特定位置设定分页符进行分页。同样，可以通过设定分行符将一行文字分行成多行文字。

【例2-9】 换行和分页设置。 视频

01 打开文档。

02 将光标置于需要分页的位置，单击【段落】组中的对话框启动器，打开【段落】对话框，选择【换行和分页】选项卡，选中【分页】选项区域中的【段前分页】复选框，如图2-59所示。

03 单击【确定】按钮返回文档，即可看到光标之后的文本被分到了下一页，如图2-60所示。

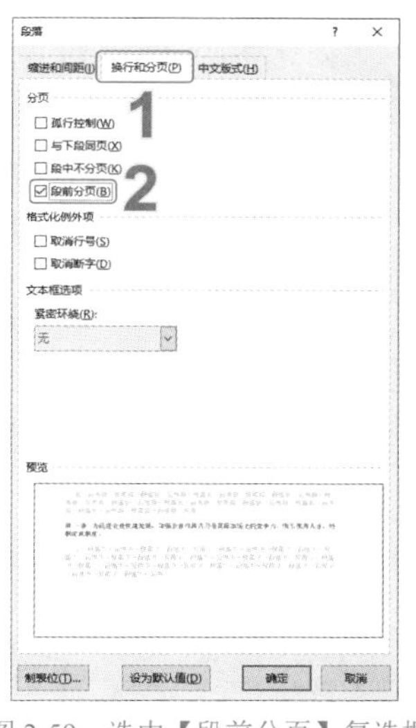


图 2-59 选中【段前分页】复选框

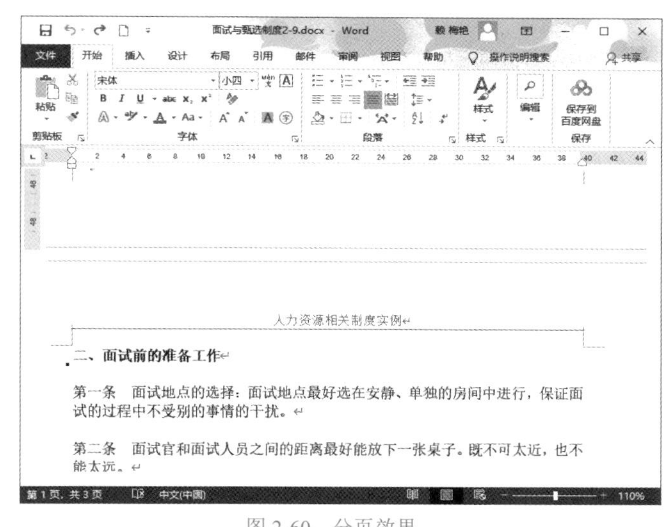


图 2-60 分页效果

04 将光标置于需要换行的文字之前。

05 按Shift+Enter组合键，即可进行换行操作，效果如图2-61所示。

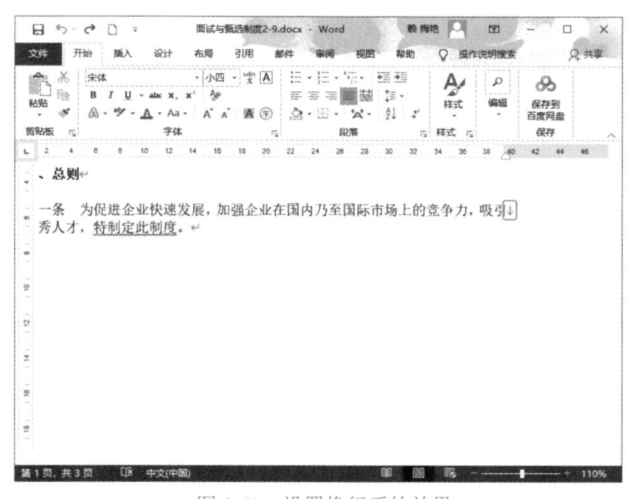


图 2-61 设置换行后的效果

**提示**

按Enter键，不仅是换行操作，也是分段操作，按Shift+Enter键，只是进行换行，但未分段落。另外，打开【插入】选项卡，在【页面】组中单击【分页】按钮，或按Ctrl+Enter组合键，可以将光标后面的文本分到下一页中。

### 2.6.5 设置制表符

制表符是指在水平标尺上的位置，用于指定文字缩进的距离或一栏文字开始之处。制表符的三要素包括制表符位置、制表符的对齐方式和制表符的前导字符。

【例2-10】 设置制表符。 视频

01 新建一个空白文档并显示标尺对象。

02 单击水平标尺最左端的【左对齐式制表符】，开始切换制表符种类，将其切换为【居中式制表符】，如图2-62所示。

03 在水平标尺的“16”位置单击，插入制表符，如图2-63所示。接着在文档的首行输入“遥领医疗科技有限公司”文本。

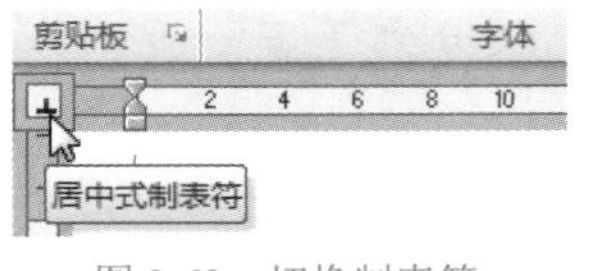

图 2-62 切换制表符

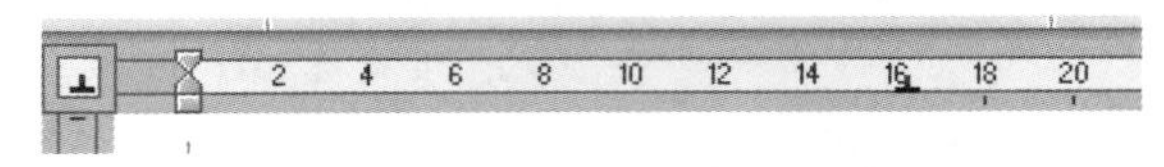

图 2-63 设置制表符位置

04 将光标移动到文字前面，然后按Tab键，这时该段文本就会与已设置的制表符对齐，如图2-64所示。

05 按Enter键进行换行，输入名片的全部内容，并将光标分别移到每行文字前面，并按Tab键将文字与制表符对齐，效果如图2-65所示。

图 2-64 将文字与制表符对齐 1

图 2-65 将文字与制表符对齐 2

## 2.7 设置项目符号和编号

使用项目符号和编号列表，可以对文档中并列的项目进行组织，或者将内容的顺序进行编号，以使这些项目的层次结构更加清晰、更有条理。Word 2016提供了7种标准的项目符号和编号，并且允许用户自定义项目符号和编号。

### 2.7.1 添加项目符号和编号

Word 2016提供了自动添加项目符号和编号的功能。在以1.、(1)、a等字符开始的段落中按Enter键，下一段开始将会自动出现2.、(2)、b等字符。

另外，也可以在输入文本之后，选中要添加项目符号或编号的段落，打开【开始】选项卡，在【段落】组中单击【项目符号】按钮，将自动在每段前面添加项目符号；单击【编号】按钮将以1.、2.、3.的形式进行编号，如图2-66所示。

- 项目符号 1
- 项目符号 2
- 项目符号 3

1. 编号 1
2. 编号 2
3. 编号 3

图 2-66 自动添加项目符号或编号

若用户要添加其他样式的项目符号和编号，可以打开【开始】选项卡，在【段落】组中，单击【项目符号】下拉按钮，从弹出的如图2-67所示的下拉菜单中选择项目符号的样式；单击【编号】下拉按钮，从弹出的如图2-68所示的下拉菜单中选择编号的样式。

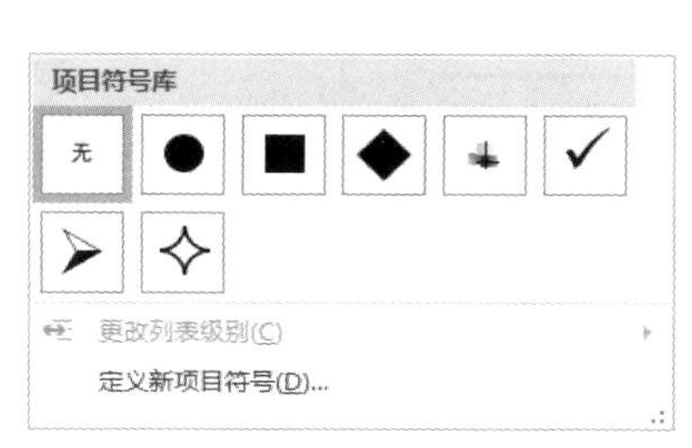

图 2-67 项目符号样式

图 2-68 编号样式

## 2.7.2 自定义项目符号和编号

在使用项目符号和编号功能时，用户除了可以使用系统自带的项目符号和编号样式外，还可以对项目符号和编号进行自定义设置。

### 1. 自定义项目符号

选取项目符号段落，打开【开始】选项卡，在【段落】组中单击【项目符号】下拉按钮，在弹出的下拉菜单中选择【定义新项目符号】命令，打开【定义新项目符号】对话框，在其中自定义一种项目符号即可，如图2-69所示，在该对话框中单击【符号】按钮，打开【符号】对话框，可从中选择合适的符号作为项目符号，如图2-70所示。

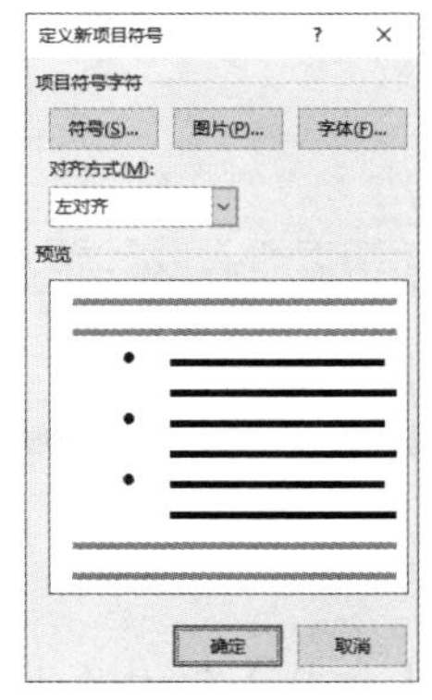

图 2-69 【定义新项目符号】对话框

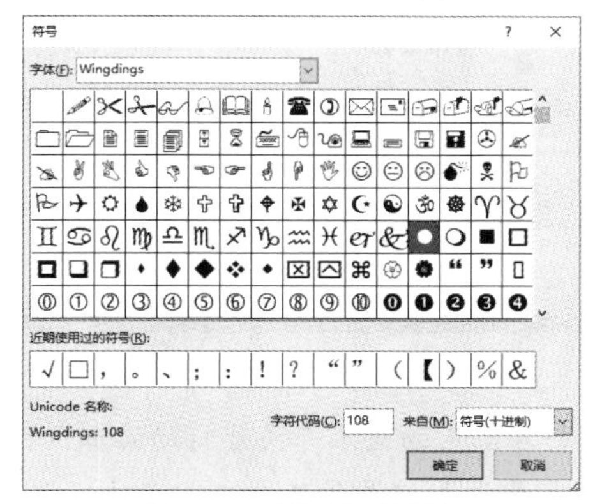

图 2-70 【符号】对话框

2. 自定义编号

选取编号段落，打开【开始】选项卡，在【段落】组中单击【编号】下拉按钮，从弹出的下拉菜单中选择【定义新编号格式】命令，打开【定义新编号格式】对话框，如图2-71所示。在【编号样式】下拉列表中选择其他编号的样式，并在【编号格式】文本框中输入起始编号；单击【字体】按钮，可以在打开的对话框中设置项目编号的字体；在【对齐方式】下拉列表中可选择编号的对齐方式。

另外，在【开始】选项卡的【段落】组中单击【编号】按钮，从弹出的下拉菜单中选择【设置编号值】命令，打开【起始编号】对话框，如图2-72所示，在其中可以自定义编号的起始数值。

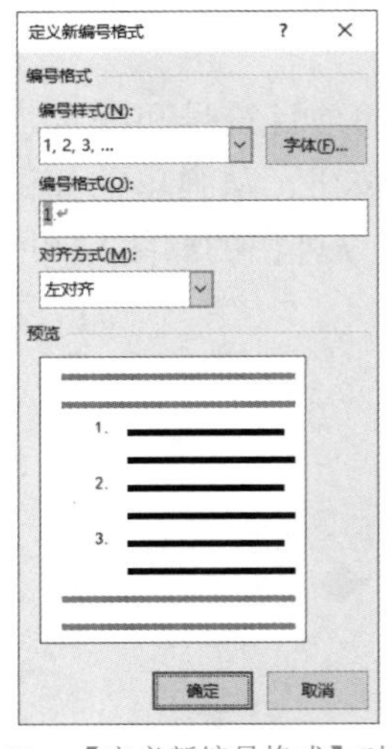


图 2-71 【定义新编号格式】对话框

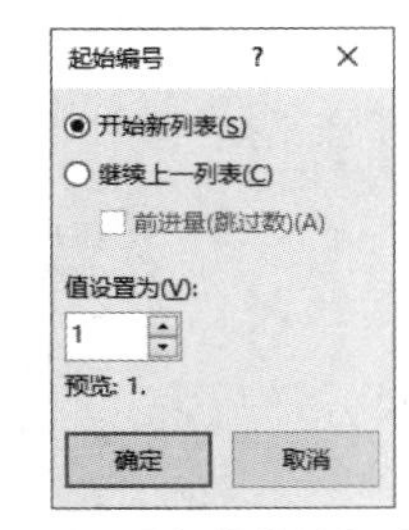


图 2-72 【起始编号】对话框

**提示**

在【段落】组中单击【多级列表】下拉按钮，可以应用多级列表样式，也可以自定义多级符号，从而使文档的条理更加分明。

【例2-11】添加项目符号和编号。

01 启动Word 2016，打开文档，如图2-73所示。

02 选择需要添加项目符号的文本，打开【开始】选项卡，在【段落】组中单击【项目符号】下拉按钮，从弹出的列表框中选择如图2-74所示的项目符号样式。

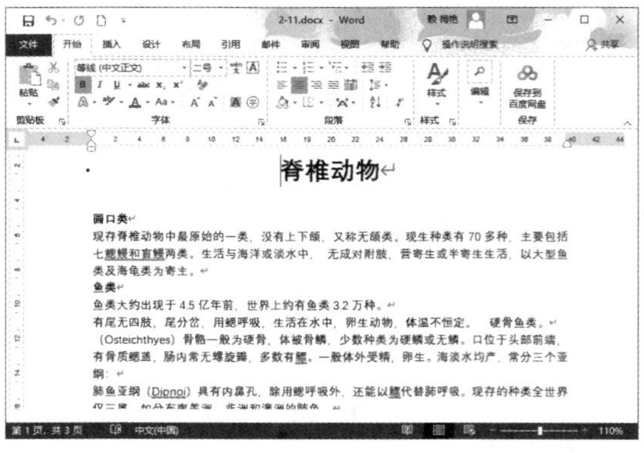

图 2-73 打开文档

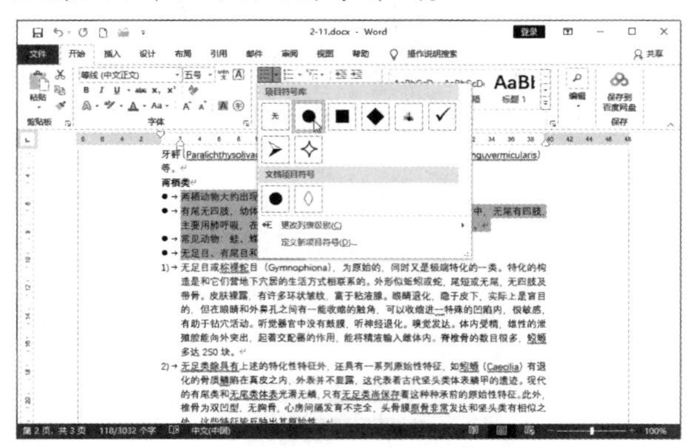

图 2-74 选择项目符号样式

03 此时将在选中的文本开头处自动添加该样式的项目符号。

04 选取需要添加编号的文本，打开【开始】选项卡，在【段落】组中单击【编号】下拉按钮，从弹出的列表框中选择如图2-75所示的编号样式。

05 此时将在选中的文本开头处自动添加该样式的编号，文档最终效果如图2-76所示。

06 在快速访问工具栏中单击【保存】按钮，保存添加项目符号和编号后的文档。

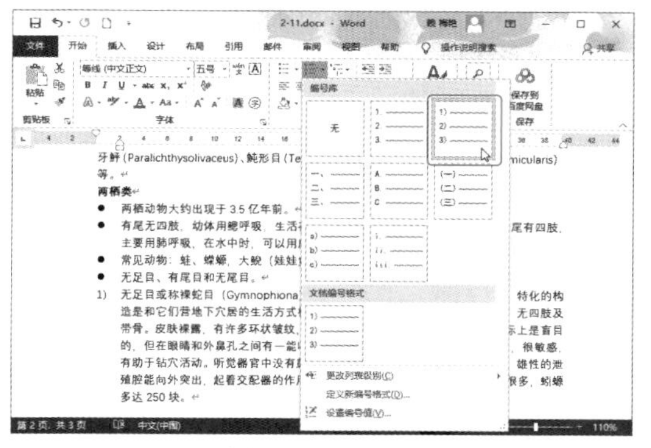

图 2-75　设置编号

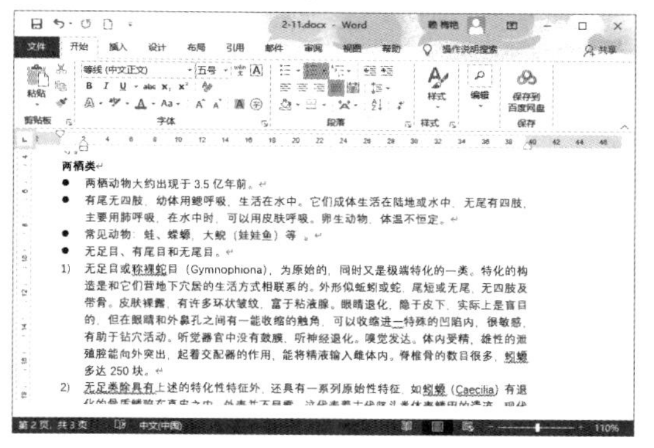

图 2-76　文档最终效果

**提示**

在创建的项目符号或编号段落后，按下Enter键后可以自动生成项目符号或编号，要结束自动创建项目符号或编号，可以连续按两次Enter键，也可以按Backspace键删除新创建的项目符号或编号。

## 2.7.3　删除项目符号和编号

要删除项目符号，可以在【开始】选项卡中单击【段落】组中的【项目符号】下拉按钮，从弹出的【项目符号库】列表框中选择【无】选项即可，如图2-77所示；要删除编号，可以在【开始】选项卡中单击【编号】下拉按钮，从弹出的【编号库】列表框中选择【无】选项即可，如图2-78所示。

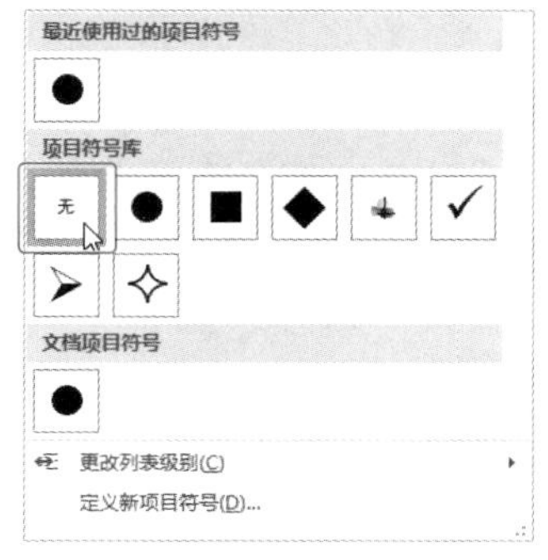


图 2-77　执行清除项目符号操作

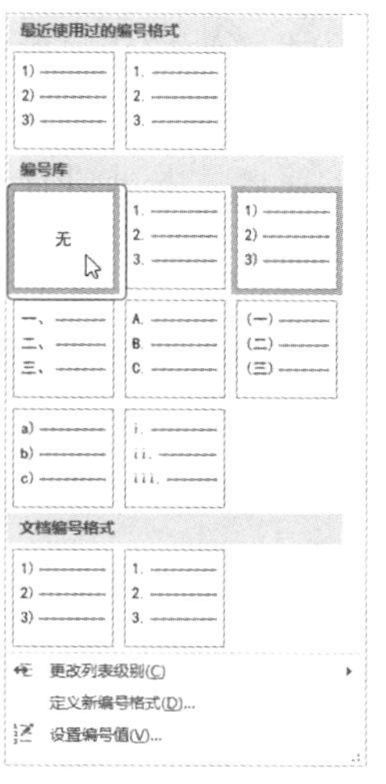


图 2-78　执行清除编号操作

**知识点**

在Word中，可以选中项目符号或编号，然后按 Backspace 键快速删除该项目符号或编号。

# 2.8 使用格式刷

使用【格式刷】功能可以快速地将指定的文本、段落格式复制到目标文本、段落上，可以提高工作效率。

## 2.8.1 应用文本格式

要在文档中不同的位置应用相同的文本格式，可以使用【格式刷】工具快速复制格式，方法很简单，选中要复制其格式的文本，在【开始】选项卡的【剪贴板】组中单击【格式刷】按钮 格式刷，如图2-79所示，当鼠标指针变为形状时，拖动鼠标选中目标文本即可。

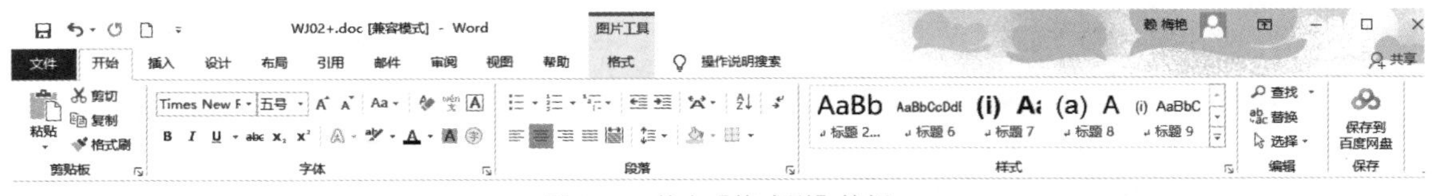


图 2-79 单击【格式刷】按钮

## 2.8.2 应用段落格式

要在文档中不同的位置应用相同的段落格式，可以使用【格式刷】工具快速复制格式。方法很简单，将光标定位在某个将要复制其格式的段落任意位置，在【开始】选项卡的【剪贴板】组中单击【格式刷】按钮 格式刷，当鼠标指针变为形状时，拖动鼠标选中要更改的目标段落即可。移动鼠标指针到目标段落所在的左边距区域内，当鼠标指针变成形状时按下鼠标左键不放，在垂直方向上进行拖动，即可将格式复制给选中的若干个段落。

**知识点**

单击【格式刷】按钮复制一次格式后，系统会自动退出复制状态。如果是双击而不是单击，则可以多次复制格式。要退出格式复制状态，可以再次单击【格式刷】按钮或按Esc键。另外，复制格式的组合键是Ctrl+Shift+C，粘贴格式的组合键是Ctrl+Shift+V。

# 2.9 应用样式快速格式化文本

样式规定了文档中标题、题注以及正文等各个文本元素的形式，使用样式可以使文本格式统一。通过简单的操作即可将样式应用于整个文档或段落，从而极大地提高工作效率。

### 2.9.1　快速应用样式

用户可以通过【样式】组来设置需要的样式，具体操作方法如下。

【例2-12】快速应用样式。视频

01 启动Word 2016，打开文档。

02 选中标题文本，切换到【开始】选项卡，在【样式】组中的样式列表框中单击选择【标题1】样式，如图2-80所示。

03 此时标题文本已经被设置为【标题1】样式，效果如图2-81所示。

图 2-80　选择样式

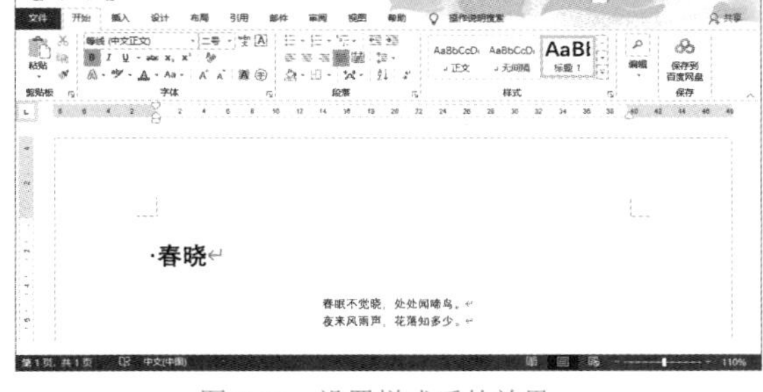

图 2-81　设置样式后的效果

04 继续选中标题，单击【段落】组中的【居中】按钮，使标题居中对齐。此时标题文字将居中对齐，如图2-82所示。

05 按Ctrl+S组合键，保存文档。

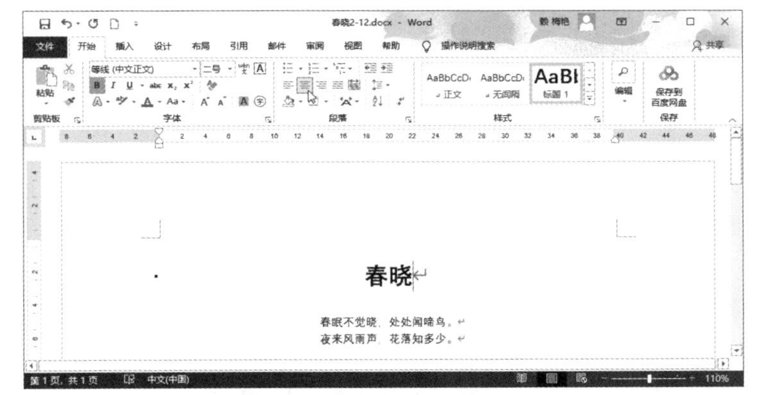

图 2-82　居中对齐

### 2.9.2　更改样式

如果对【样式】组中的样式不满意，用户可以根据自己的需要对其进行修改。

【例2-13】更改标题样式。视频

01 打开文档。

02 在【样式】组中右击【标题1】样式，在弹出的快捷菜单中选择【修改】命令，如图2-83所示。

03 弹出【修改样式】对话框，设置文字对齐方式为【居中对齐】，单击【确定】按钮，如图2-84所示。

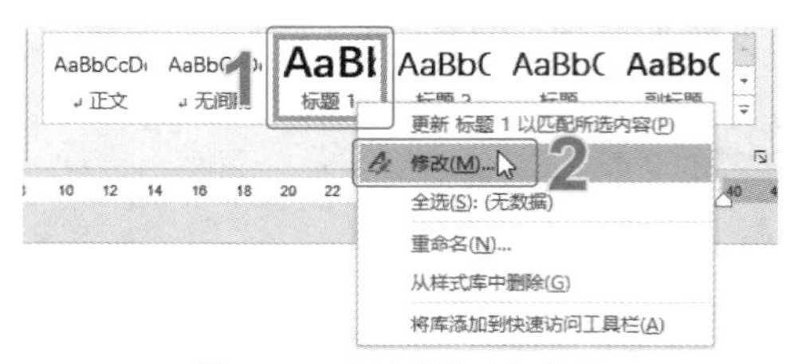

图 2-83　选择【修改】命令

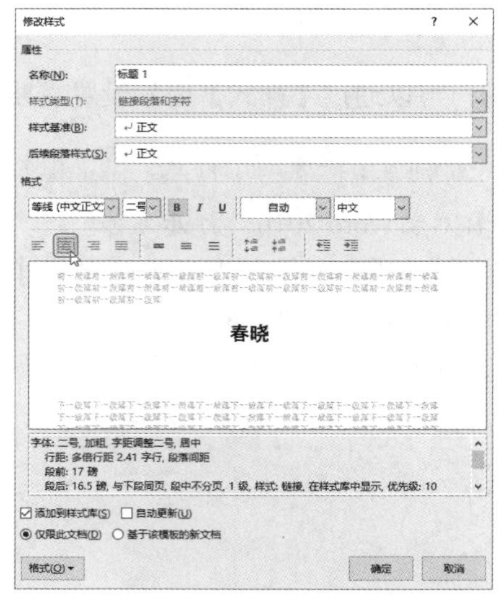

图 2-84　【修改样式】对话框

04 设置完毕后返回文档。在《春晓》之后，再输入诗词《静夜思》，如图2-85所示。

05 使用同样的方法将“静夜思”设置成“标题1”，效果如图2-86所示。可以看到，此时标题1样式自动居中，说明样式修改成功。

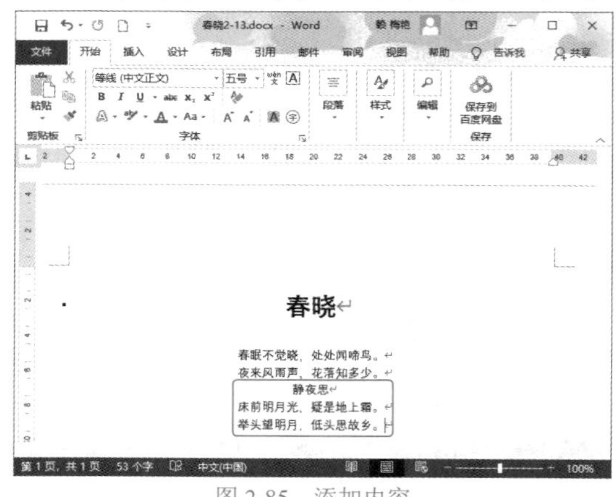

图 2-85　添加内容

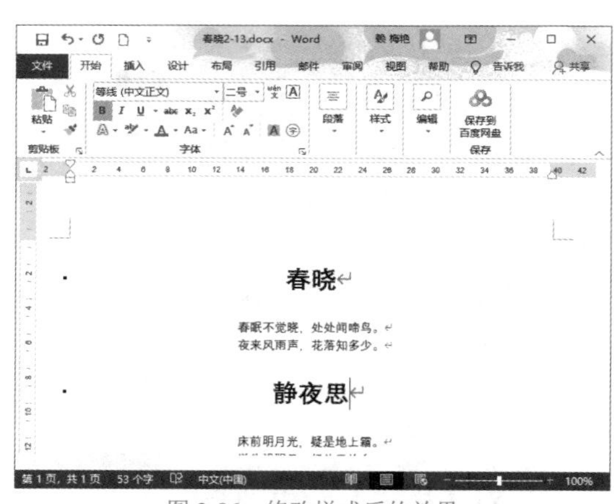

图 2-86　修改样式后的效果

## 2.9.3　创建样式

除了可以使用系统自带的样式外，用户还可以根据需要自定义新样式。

【例2-14】 创建新样式。 视频

01 打开文档。

02 选中正文文本，单击【样式】组右方的扩展按钮，在弹出的下拉列表中选择【创建样式】命令，如图2-87所示。

03 打开【根据格式化创建新样式】对话框，在【名称】文本框中输入“诗歌正文”，如图2-88所示。

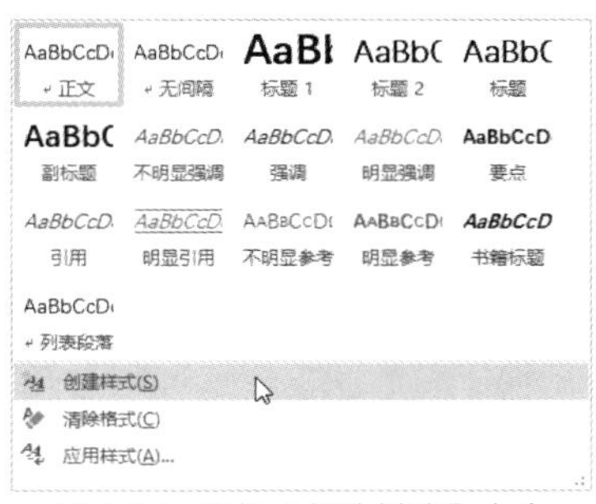


图 2-87 选择【创建样式】命令

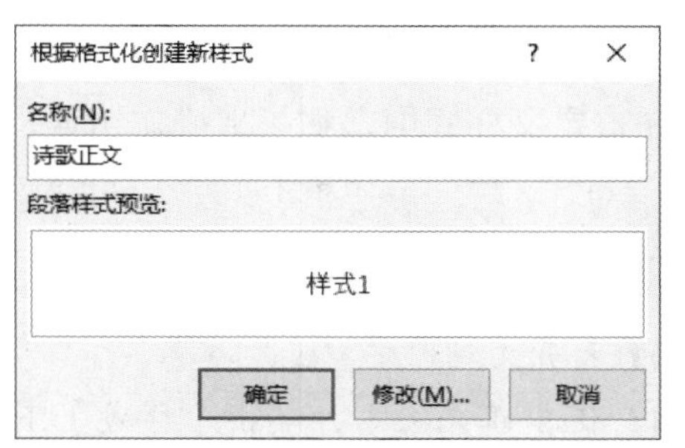


图 2-88 【根据格式化创建新样式】对话框

04 单击【修改】按钮，展开【根据格式化创建新样式】对话框，在【字体】下拉列表中选择【微软雅黑】选项，如图2-89所示。

05 单击【格式】下拉按钮，在弹出的菜单中选择【段落】命令，如图2-90所示。

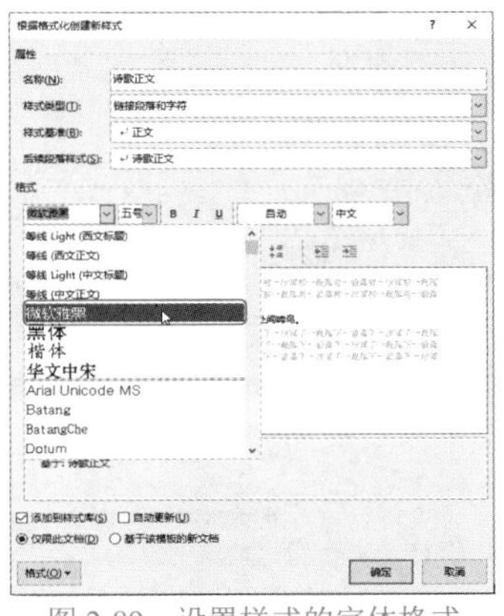

图 2-89 设置样式的字体格式

图 2-90 选择【段落】命令

06 打开【段落】对话框，在【常规】选项区域的【对齐方式】下拉列表中选择【居中】选项，然后单击【确定】按钮，如图2-91所示。

07 若需要使用【诗歌正文】样式，在【样式】组中单击即可应用，例如，选中“夜来风雨声，花落知多少”，然后单击样式列表中的“诗歌正文”样式，即可应用该样式，效果如图2-92所示。

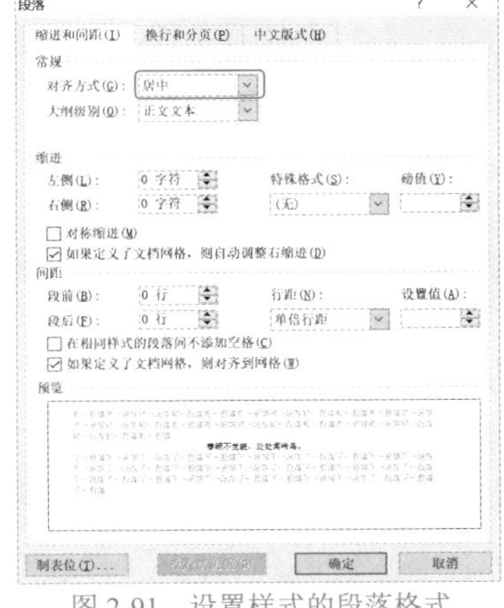

图 2-91 设置样式的段落格式

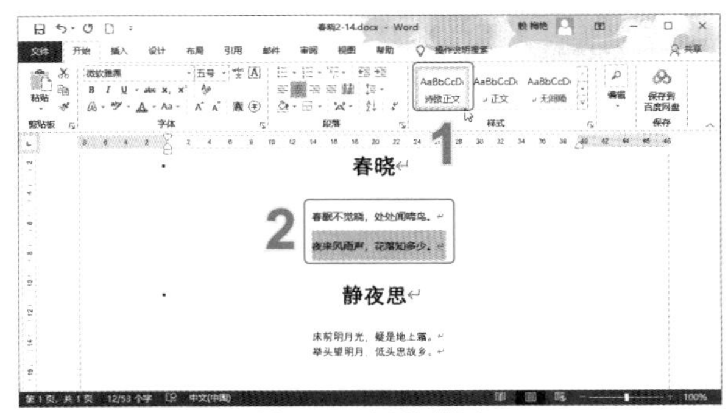


图 2-92 应用新样式

计算机基础与实训教材系列

### 2.9.4 清除样式

在自定义样式中，如果有操作错误，可以清除样式，当有些样式不再需要时，可以将其删除。

【例2-15】清除和删除样式。

01 打开文档。

02 选中正文文本，单击【样式】下拉按钮，在弹出的下拉列表中选择【清除格式】选项，如图2-93所示。

03 此时选中的正文文本已经被清除格式，效果如图2-94所示。

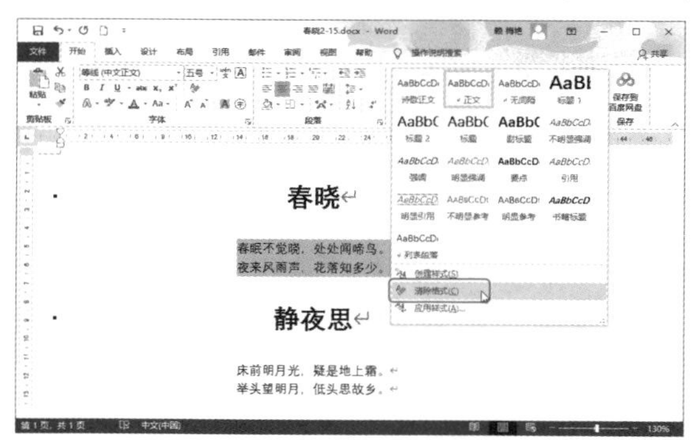

图 2-93 选择【清除格式】命令

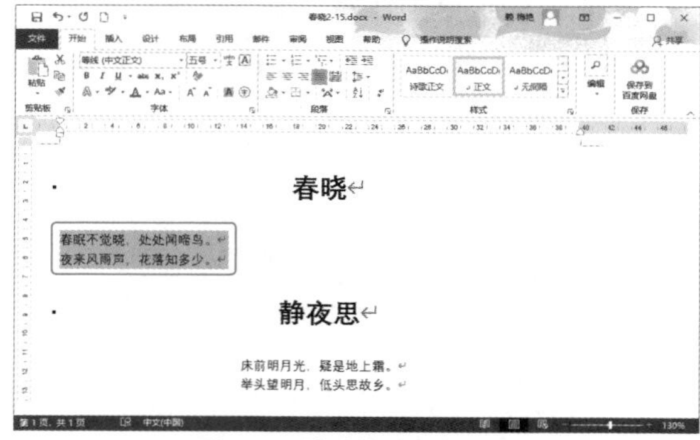

图 2-94 清除格式后的效果

04 下面将创建的“诗歌正文”样式删除掉。在【样式】组中右击“诗歌正文”样式，在弹出的快捷菜单中选择【从样式库中删除】选项，如图2-95所示，即可将“诗歌正文”样式从【样式】组中删除。

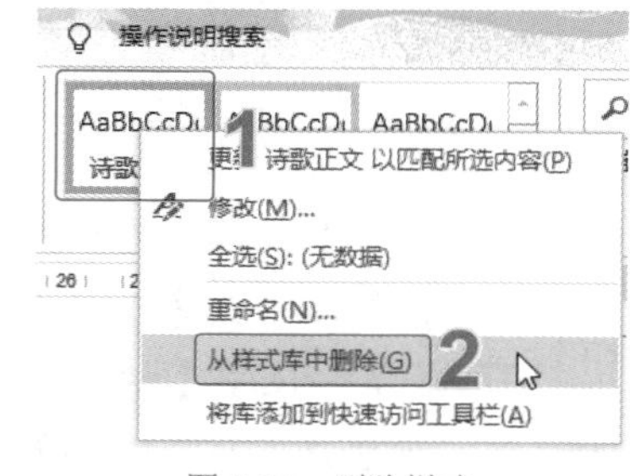


图 2-95 删除样式

提示

在早期版本中删除样式时，系统将给出相应的提示，而在Word 2016中删除样式时，将直接删除指定的样式，如果误删了需要的样式，可以按Ctrl+Z组合键撤销删除操作。

## 2.10 上机练习

本章上机练习主要练习制作一个文档，使用户能够更好地掌握格式化文本和段落、设置项目符号和编号、创建样式和使用样式等操作。

01 启动Word 2016应用程序，新建一个文档，输入文本内容，如图2-96所示。

02 选取标题文本“客户服务管理制度”，设置字体为【宋体】，字号为【小二】，字体颜色为【黑色】，然后在【开始】选项卡的【段落】组中单击【居中】按钮，使标题文本居中，效果如图2-97所示。

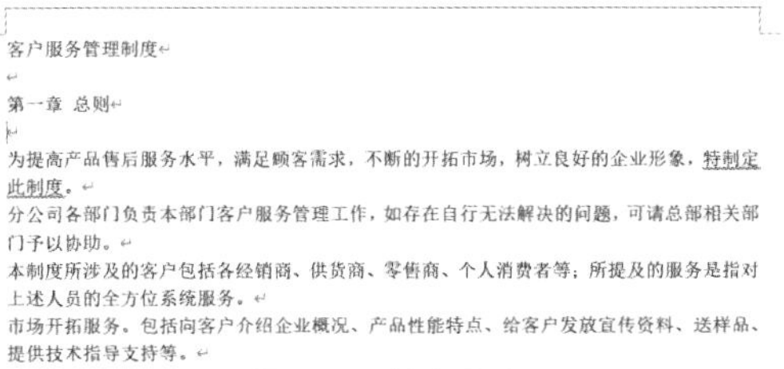

客户服务管理制度
第一章 总则
为提高产品售后服务水平，满足顾客需求，不断的开拓市场，树立良好的企业形象，特制定此制度。
分公司各部门负责本部门客户服务管理工作，如存在自行无法解决的问题，可请总部相关部门予以协助。
本制度所涉及的客户包括各经销商、供货商、零售商、个人消费者等；所提及的服务是指对上述人员的全方位系统服务。
市场开拓服务。包括向客户介绍企业概况、产品性能特点、给客户发放宣传资料、送样品、提供技术指导支持等。

图 2-96　输入文本

客户服务管理制度
第一章 总则
为提高产品售后服务水平，满足顾客需求，不断的开拓市场，树立良好的企业形象，特制定此制度。
分公司各部门负责本部门客户服务管理工作，如存在自行无法解决的问题，可请总部相关部门予以协助。
本制度所涉及的客户包括各经销商、供货商、零售商、个人消费者等；所提及的服务是指对上述人员的全方位系统服务。

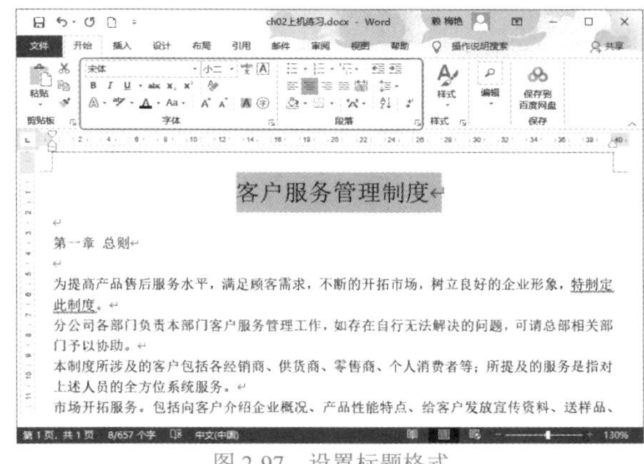

图 2-97　设置标题格式

**03** 选中副标题“第一章 总则”，将字体设置为【宋体】，字号为【小四】，对齐方式为【居中]，效果如图2-98所示。

**04** 选中所有正文文本，将字号设置为【小四】，然后设置编号，如图2-99所示。

客户服务管理制度
第一章 总则

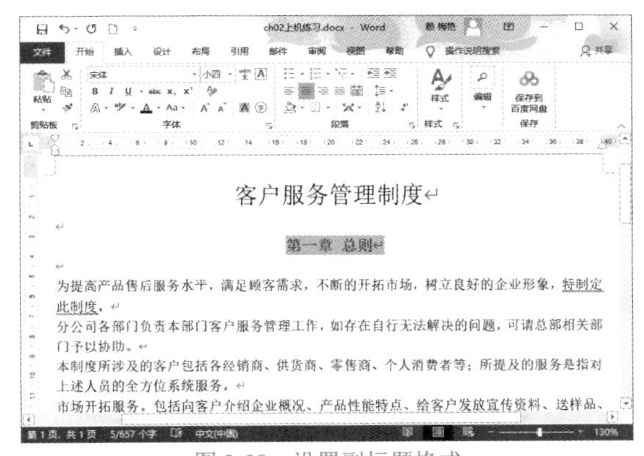

图 2-98　设置副标题格式

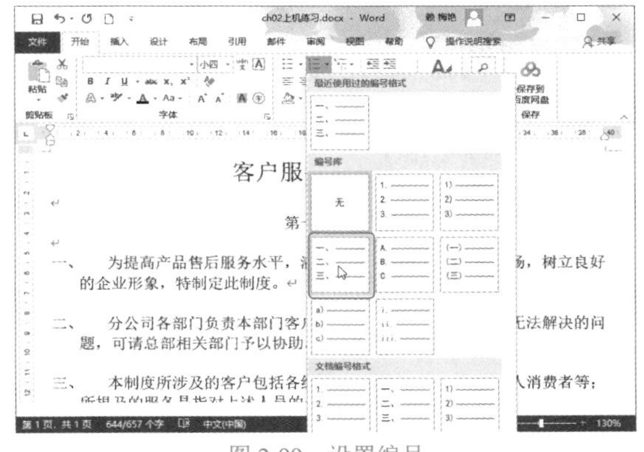

图 2-99　设置编号

**05** 保持选中正文文本，在【开始】选项卡的【段落】组中单击对话框启动器，打开【段落】对话框。打开【缩进和间距】选项卡，在【行距】下拉列表中选择【1.5倍行距】选项，设置【段前】和【段后】为【0行】，如图2-100所示。

**06** 单击【确定】按钮，即可完成正文段落行间距的设置，效果如图2-101所示。

**07** 选中标题文本“客户服务管理制度”，然后单击【开始】选项卡【样式】组中的下拉按钮，在弹出的下拉列表中选择【创建样式】命令，如图2-102所示。

**08** 打开【根据格式化创建新样式】对话框，在【名称】文本框中输入“一级标题”，如图2-103所示。

**09** 单击【修改】按钮，展开的对话框如图2-104所示，设置【样式基准】为【标题1】，【后续段落样式】为【正文】。

**10** 单击【确定】按钮，返回文档，此时在【开始】选项卡的【样式】组中可以看到，多出了一个【一级标题】样式，如图2-105所示。

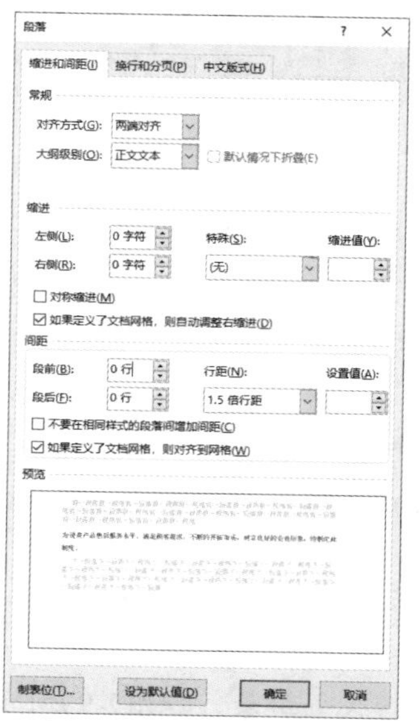


图 2-100　设置段落行间距

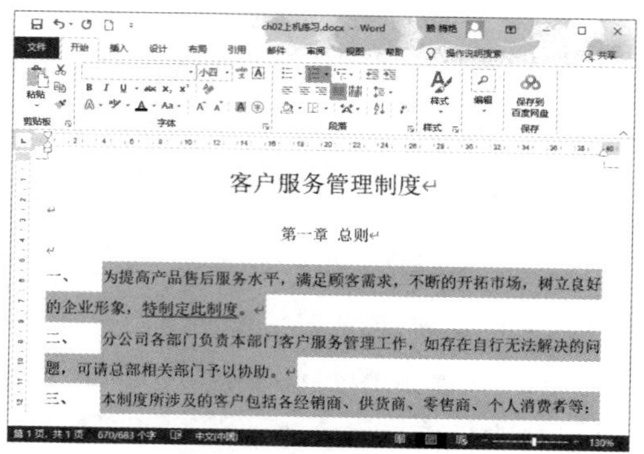


图 2-101　设置后的效果

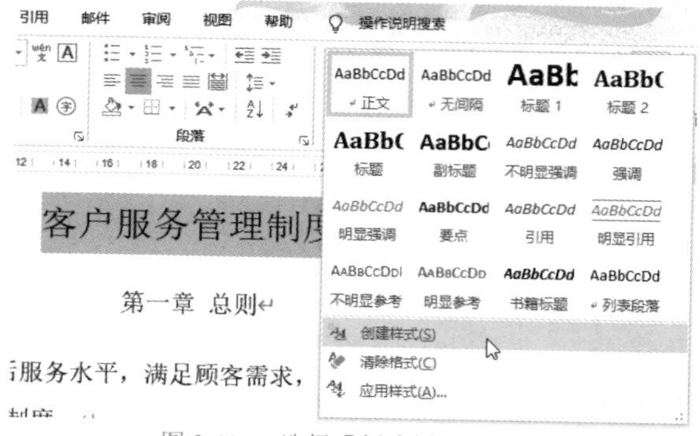


图 2-102　选择【创建样式】命令

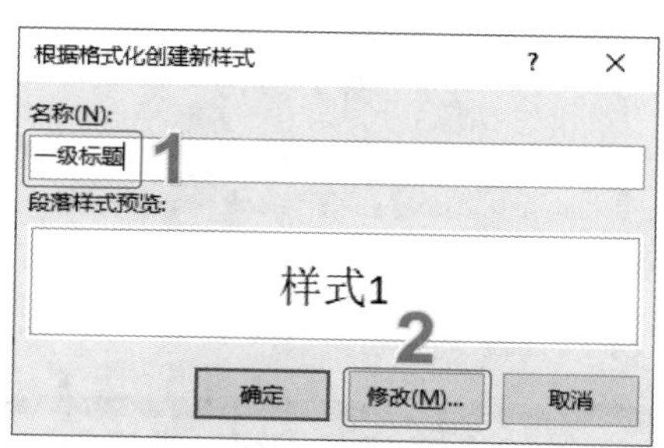


图 2-103　【根据格式化创建新样式】对话框

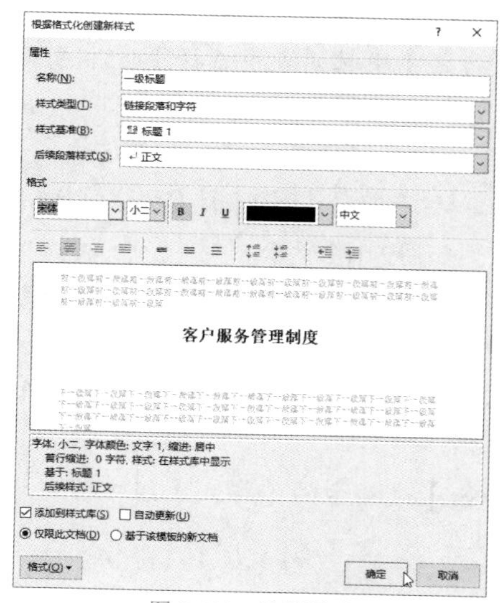


图 2-104　设置样式

图 2-105　创建的新样式

# 2.11　习题

1. 简述文档的新建、保存、打开、关闭等基本操作。

2. 在文档中插入图2-106中的【版权所有】符号和【商标】符号。

版权所有　© 2013-2016 Lihui™

图 2-106　习题 2

3. 新建一个Word文档，在文档中输入内容后，设置文本的字体、颜色和字号等信息，如图2-107所示。

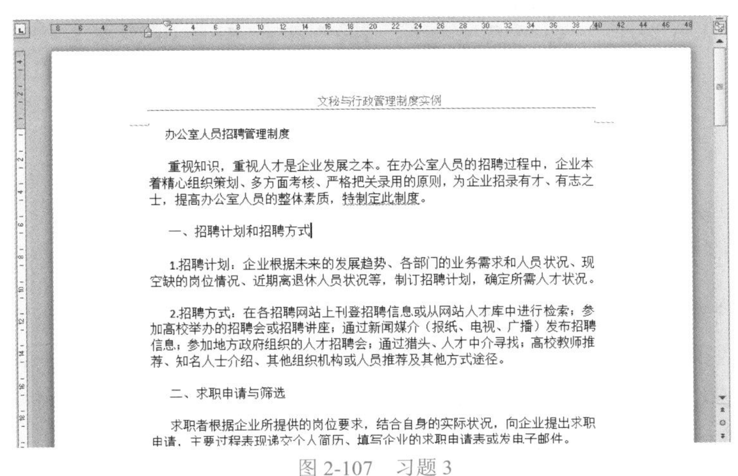

文秘与行政管理制度实例

办公室人员招聘管理制度

重视知识，重视人才是企业发展之本。在办公室人员的招聘过程中，企业本着精心组织策划、多方面考核、严格把关录用的原则，为企业招录有才、有志之士，提高办公室人员的整体素质，特制定此制度。

一、招聘计划和招聘方式

1.招聘计划：企业根据未来的发展趋势、各部门的业务需求和人员状况、现空缺的岗位情况、近期高退休人员状况等，制订招聘计划，确定所需人才状况。

2.招聘方式：在各招聘网站上刊登招聘信息或从网站人才库中进行检索；参加高校举办的招聘会或招聘讲座；通过新闻媒介（报纸、电视、广播）发布招聘信息；参加地方政府组织的人才招聘会；通过猎头、人才中介寻找；高校教师推荐、知名人士介绍、其他组织机构或人员推荐及其他方式途径。

二、求职申请与筛选

求职者根据企业所提供的岗位要求，结合自身的实际状况，向企业提出求职申请，主要过程表现递交个人简历、填写企业的求职申请表或发电子邮件。

图 2-107　习题 3

4. 对第3题中的文档，设置文本的对齐方式，并为相关段落设置段落间距、添加项目符号和编号。

5. 更改系统自带的标题1、标题2、标题3样式，然后应用到文档中，效果如图2-108所示。

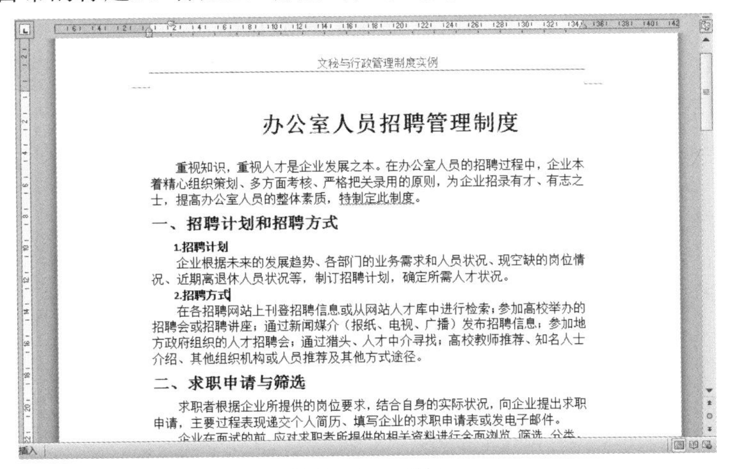

文秘与行政管理制度实例

办公室人员招聘管理制度

重视知识，重视人才是企业发展之本。在办公室人员的招聘过程中，企业本着精心组织策划、多方面考核、严格把关录用的原则，为企业招录有才、有志之士，提高办公室人员的整体素质，特制定此制度。

一、招聘计划和招聘方式

1.招聘计划

企业根据未来的发展趋势、各部门的业务需求和人员状况、现空缺的岗位情况、近期高退休人员状况等，制订招聘计划，确定所需人才状况。

2.招聘方式

在各招聘网站上刊登招聘信息或从网站人才库中进行检索；参加高校举办的招聘会或招聘讲座；通过新闻媒介（报纸、电视、广播）发布招聘信息；参加地方政府组织的人才招聘会；通过猎头、人才中介寻找；高校教师推荐、知名人士介绍、其他组织机构或人员推荐及其他方式途径。

二、求职申请与筛选

求职者根据企业所提供的岗位要求，结合自身的实际状况，向企业提出求职申请，主要过程表现递交个人简历、填写企业的求职申请表或发电子邮件。

图 2-108　习题 5

# 第3章 在文档中使用表格

## 学习目标

表格是Word排版中一个非常有用的工具。在制作文档时，经常需要在文档中插入表格，以组织结构化的数据，如课程表、学生成绩表、求职简历表、商品数据表和财务报表等。本章主要介绍Word表格功能。在Word中可以快速创建表格，对表格进行编辑和美化，对表格中的数据进行汇总统计、排序、筛选等。

## 本章重点

- 创建表格
- 编辑表格
- 美化表格
- 表格数据的汇总统计与排序
- 文本与表格的转换

# 3.1　创建表格

Word中提供了多种创建表格的方法：可以通过命令按钮或对话框方式创建表格，可以根据内置的表格样式模板快速插入表格，还可以直接拖动鼠标自由绘制表格。

## 3.1.1　通过网格框创建表格

使用【插入】选项卡的【表格】按钮，可以快速打开表格网格框来创建表格，在文档中插入一个不大于8行10列的表格。这是最快捷的创建表格的方法。

将光标定位在需要插入表格的位置，然后打开【插入】选项卡，单击【表格】组中的【表格】按钮，在弹出的菜单中会出现如图3-1所示的网格框，拖动鼠标确定要创建表格的列数、行数，然后单击鼠标确认即可完成一个表格的创建。如图3-2所示为插入的5×3表格。

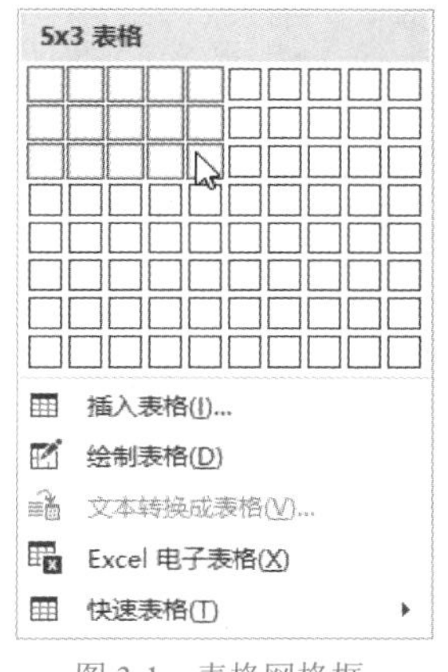


图 3-1　表格网格框

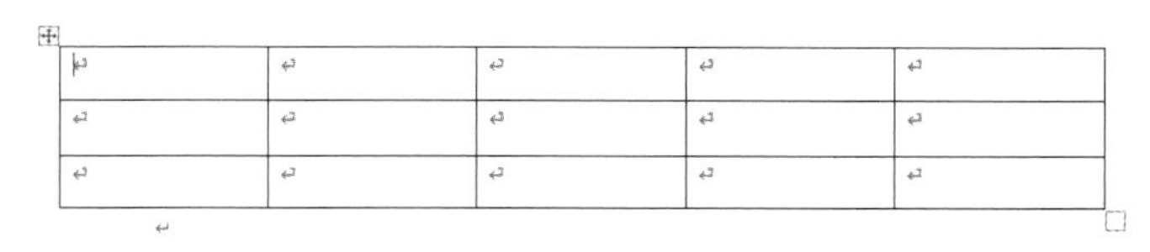

图 3-2　创建的表格

**提示**

图3-1中的“m×n表格”表示要创建m列n行的表格。通过这种方式创建表格虽然方便，但最多只能插入8行10列的表格，并且无法套用任何样式，列宽是按窗口调整的。这种方法只适用于创建行、列数较少的表格。

## 3.1.2　通过对话框创建表格

使用【插入表格】对话框创建表格时，可以同时设置表格的行列数。操作方法为：打开【插入】选项卡，在【表格】组中单击【表格】按钮，在弹出的菜单中选择【插入表格】命令，打开【插入表格】对话框，在【列数】和【行数】数值框中可以指定表格的列数和行数，如图3-3所示。如图3-4所示就是插入的3列2行表格。一些表格的组成部分只有在所有的格式标记都显示出来之后才可以看到，比如表格移动控点、行结束标记、单元格结束标记和表格缩放控点。

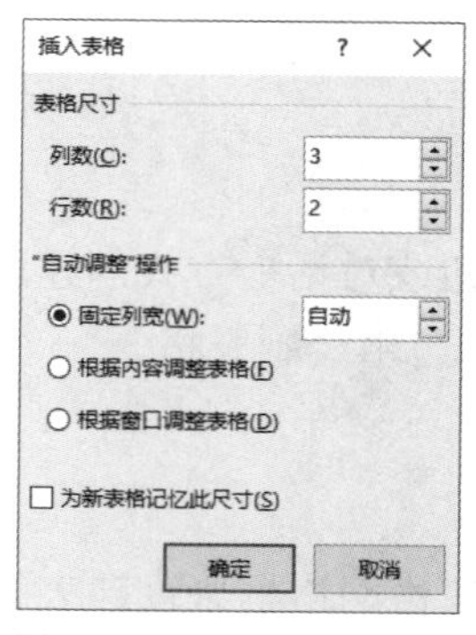


图 3-3 【插入表格】对话框

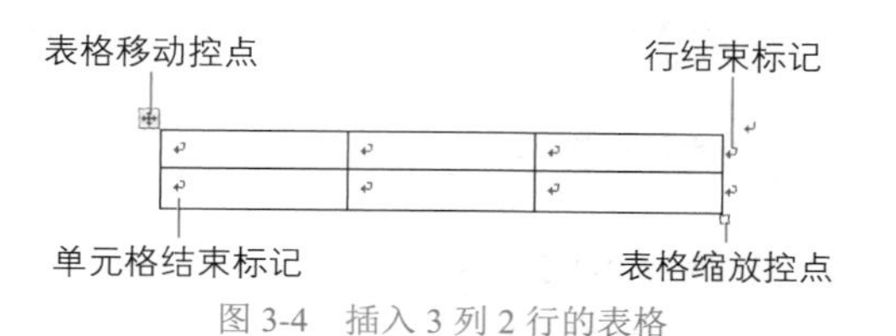


图 3-4 插入 3 列 2 行的表格

【例3-1】 创建表格。 视频

01 启动Word，创建一个文档，在其中输入标题文本，设置样式为【标题1】，对齐方式为【居中】，效果如图3-5所示。

02 将插入点定位在标题下一行，在【开始】选项卡的【字体】组中单击【清除格式】按钮，清除已有格式。

03 打开【插入】选项卡，在【表格】组中单击【表格】按钮，从弹出的菜单中选择【插入表格】命令，如图3-6所示。

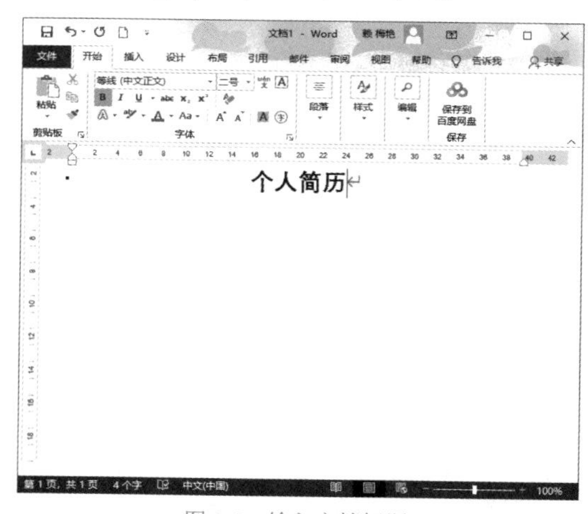


图 3-5 输入文档标题

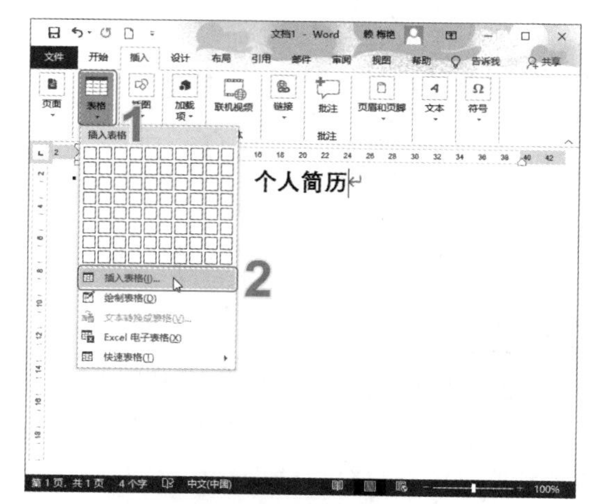


图 3-6 选择【插入表格】命令

04 打开【插入表格】对话框。在【列数】和【行数】文本框中分别输入数值5和7，然后选中【固定列宽】单选按钮，在其后的文本框中选择【自动】选项，如图3-7所示。

05 单击【确定】按钮，关闭对话框。在文档中将插入一个5×7的规则表格，效果如图3-8所示。

**提示**

表格中的每一格叫作单元格，单元格是用来展示信息的，每个单元格中的信息称为一个项目，项目可以是文本、数据或图形。

06 在快速访问工具栏中单击【保存】按钮保存文档。

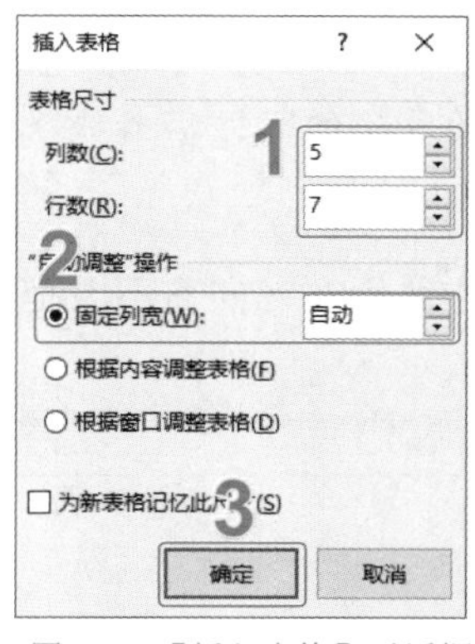


图 3-7　【插入表格】对话框

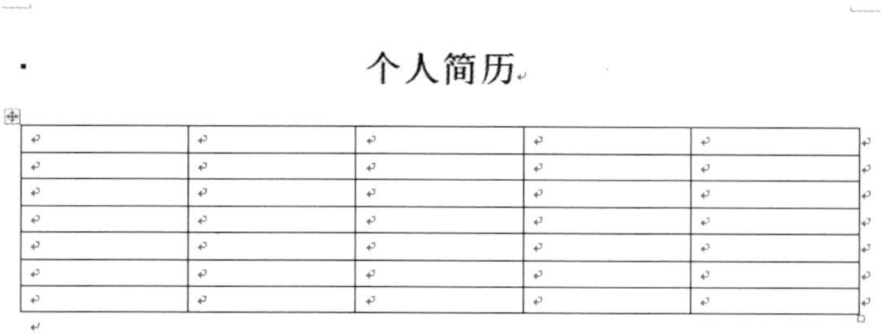

个人简历

图 3-8　插入的规则表格

## 3.1.3　手动绘制表格

在实际应用中，表格的行与行之间以及列与列之间都是等距的情况很少。很多情况下，还需要创建各种列宽、行高都不等的不规则表格。通过Word中的绘制表格功能，可以创建不规则的行列数表格，以及绘制一些带有斜线表头的表格。

打开【插入】选项卡，在【表格】组中单击【表格】按钮，从弹出的菜单中选择【绘制表格】命令，此时鼠标光标变为✎形状，按住鼠标左键不放并拖动鼠标，会出现一个表格的虚框，待大小合适后，释放鼠标即可生成表格，如图3-9所示。

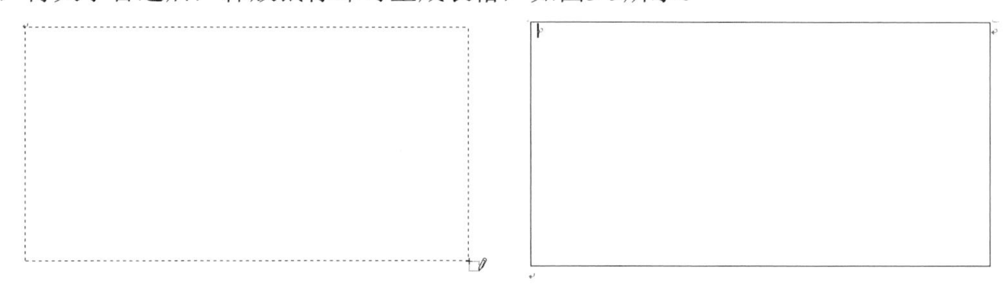

图 3-9　绘制表格边框

在表格边框的任意位置，用鼠标单击选择一个起点，按住鼠标左键不放并向右(或向下)拖动绘制出表格中的横线(或竖线)，如图3-10所示。

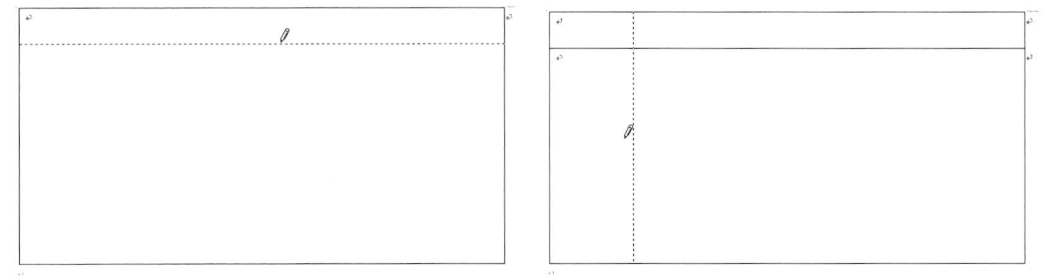

图 3-10　绘制横线和竖线

**知识点**

如果在绘制过程中出现了错误，打开【表格工具】的【布局】选项卡，在【绘图】组中单击【橡皮擦】按钮，待鼠标指针变成橡皮形状时，单击要删除的表格线段，沿着线段的方向拖动鼠标，该线段呈高亮显示，松开鼠标，该线段则被删除。

在表格中的第一个单元格中，用鼠标单击选择一个起点，按住鼠标左键向右下方拖动，即可绘制一个斜线表头，如图3-11所示。

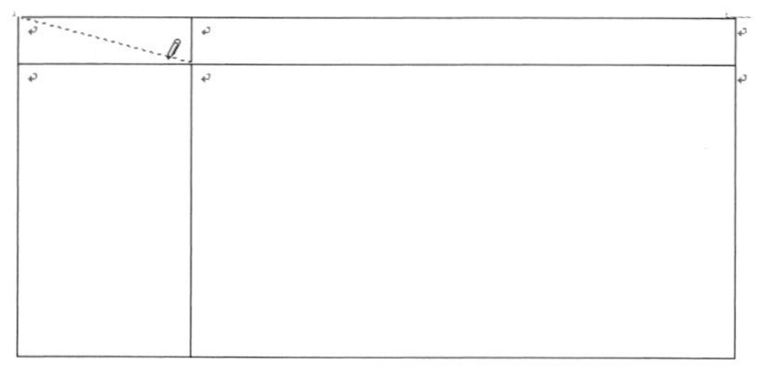

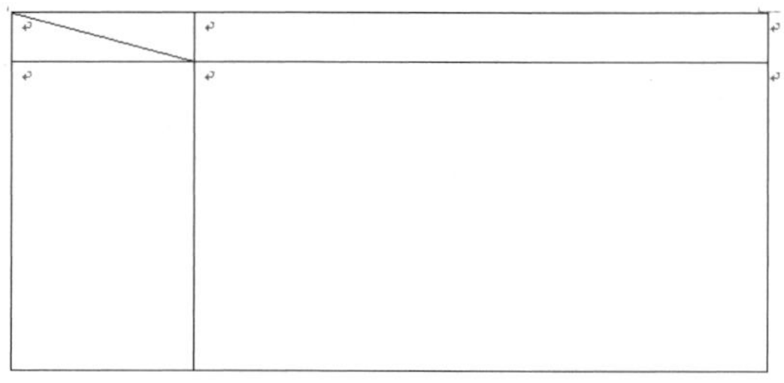

图 3-11　绘制斜线表头

**提示**

手动绘制表格是指用铅笔工具绘制表格的边框。手动绘制的表格的行高和列宽难以做到完全一致，因此这种创建表格的方式不常用。

## 3.1.4　插入带有格式的表格

Word提供了许多内置表格，使用它们，用户可以快速创建出具有预设样式的表格。

打开【插入】选项卡，在【表格】组中单击【表格】按钮，在弹出的菜单中选择【快速表格】命令，弹出一个列表框，从中选择所需的表格样式即可插入表格，如图3-12所示，该表格将具有预设的样式。这时表格创建好了，无须再设置，只需在其中修改数据即可。

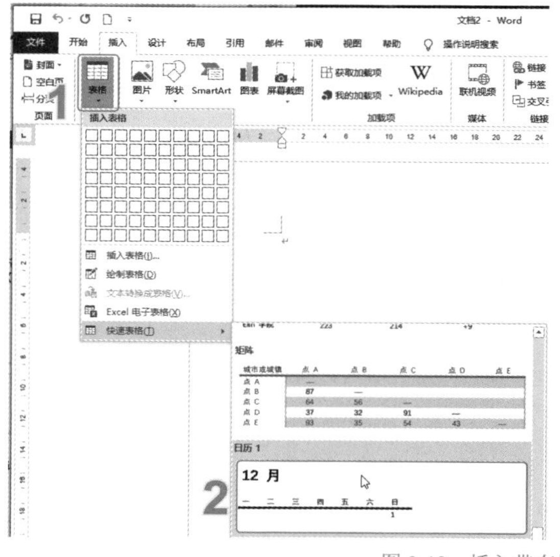


12 月

| 一 | 二 | 三 | 四 | 五 | 六 | 日 |
|---|---|---|---|---|---|---|
| | | | | | | 1 |
| 2 | 3 | 4 | 5 | 6 | 7 | 8 |
| 9 | 10 | 11 | 12 | 13 | 14 | 15 |
| 16 | 17 | 18 | 19 | 20 | 21 | 22 |
| 23 | 24 | 25 | 26 | 27 | 28 | 29 |
| 30 | 31 | | | | | |

图 3-12　插入带有格式的表格

知识点

打开【插入】选项卡，在【表格】组中单击【表格】按钮，在弹出的菜单中选择【Excel电子表格】命令，此时即可在Word编辑窗口中启动Excel应用程序，可在其中编辑表格。当表格编辑完成后，在文档任意处单击，即可退出电子表格的编辑状态，完成表格的创建操作，如图3-13所示。

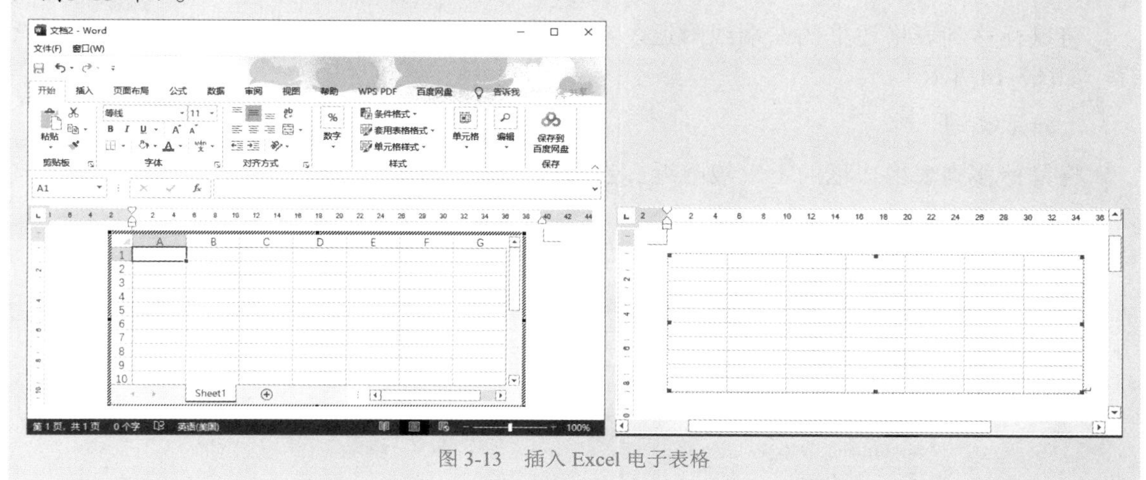

图 3-13　插入 Excel 电子表格

# 3.2　编辑表格

表格创建完成后，往往还需要修改表格，才能满足实际需要。例如，在表格中插入行、列和单元格，删除行、列和单元格，合并与拆分单元格，向表格中添加文本等。

## 3.2.1　选择表格对象

对表格进行编辑之前，首先要选择编辑对象，然后才能进行编辑操作。

### 1. 选取单元格

选取单元格的方法可分为3种：选取单个单元格、选取多个连续的单元格和选取多个不连续的单元格。

- 选取单个单元格：在表格中，移动鼠标到单元格的左端线上，当鼠标光标变为 ↗ 形状时，单击鼠标即可选取该单元格。
- 选取多个连续的单元格：在需要选取的第一个单元格内按下左键不放，拖动鼠标到最后一个单元格。
- 选取多个不连续的单元格：选取第一个单元格后，按住Ctrl键不放，再分别选取其他单元格。

**提示**

在表格中，将鼠标光标定位在任意单元格中，然后按下Shift键，在另一个单元格内单击，则以这两个单元格为对角顶点的矩形区域内的所有单元格都被选中。

### 2. 选取整行

将鼠标移到表格边框的左端线附近，当鼠标光标变为↗形状时，单击鼠标即可选中该行，如图3-14所示。

### 3. 选取整列

将鼠标移到表格边框的上端线附近，当鼠标光标变为⬇形状时，单击鼠标即可选中该列，如图3-15所示。

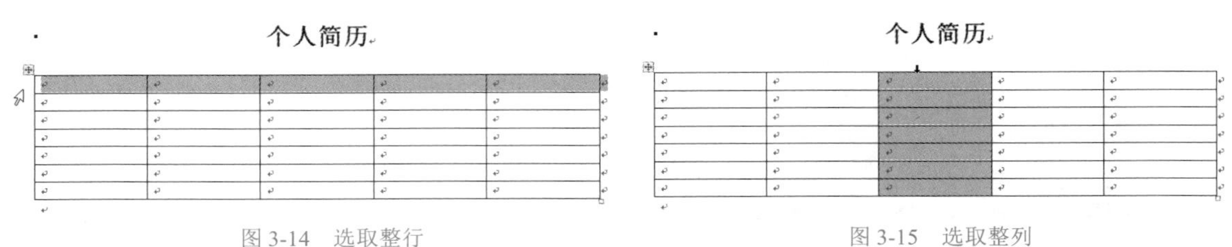


图 3-14　选取整行　　　图 3-15　选取整列

### 4. 选取表格

移动鼠标光标到表格内，表格的左上角会出现一个十字形的小方框⊞，右下角出现一个小方框□，单击这两个符号中的任意一个，就可以选取整个表格，如图3-16所示。

**知识点**

除了使用鼠标选定对象外，还可以使用【布局】选项卡来选定表格、行、列和单元格。方法很简单，将鼠标定位在目标单元格内，打开【表格工具】的【布局】选项卡，在【表】组中单击【选择】按钮，从弹出的如图3-17所示的菜单中选择相应的命令即可。

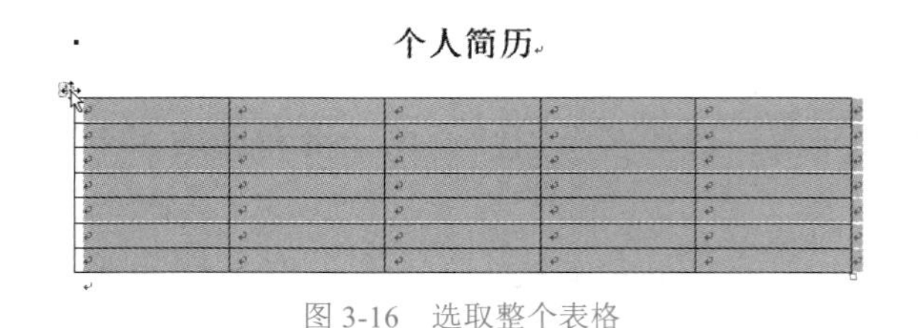


图 3-16　选取整个表格

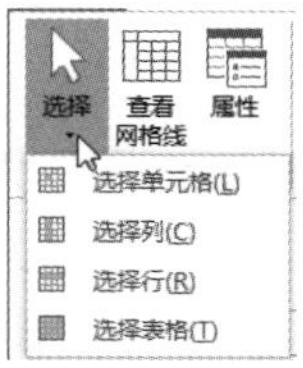

图 3-17　单击【选择】按钮弹出的菜单

**提示**

将鼠标光标移到左上角的⊞上，按住左键不放进行拖动，整个表格将会随着移动。将鼠标光标移到右下角的□上，按住左键不放进行拖动，可以改变表格的大小。

## 3.2.2　插入行、列和单元格

创建好表格后，经常需要根据实际情况，插入一些新的行、列或单元格。

1. 插入行和列

要向表格中添加行，先选定与需要插入行的位置相邻的行，选择的行数和要增加的行数相同，然后打开【表格工具】的【布局】选项卡，在如图3-18所示的【行和列】组中单击【在上方插入】或【在下方插入】按钮即可。插入列的操作与插入行基本类似，只需在【行和列】组中单击【在左侧插入】或【在右侧插入】按钮。

另外，单击【行和列】组中的对话框启动器，打开【插入单元格】对话框，如图3-19所示，选中【整行插入】或【整列插入】单选按钮，同样可以插入行和列。

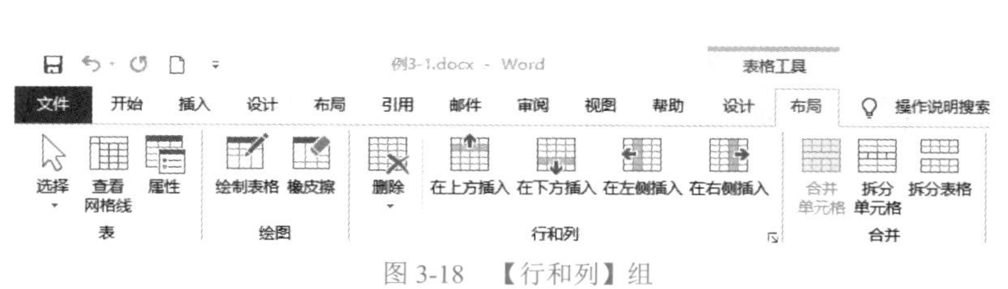


图 3-18　【行和列】组

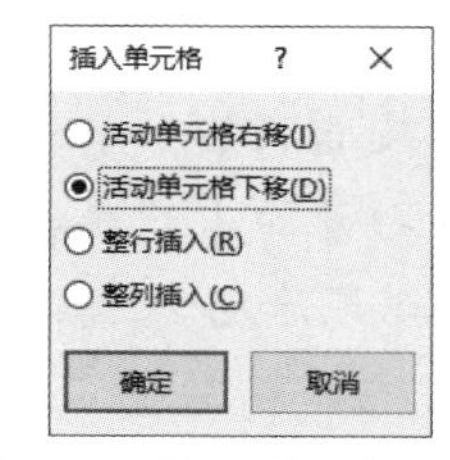


图 3-19　【插入单元格】对话框

**知识点**

*若要在表格后面添加一行，先单击最后一行的最后一个单元格，然后按下Tab键即可；也可以将光标定位在表格末尾结束箭头处，按下Enter键插入新行。*

2. 插入单元格

要插入单元格，可先选定若干个单元格，打开【表格工具】的【布局】选项卡，单击【行和列】组中的对话框启动器，打开【插入单元格】对话框，如图3-19所示。

如果要在选定的单元格左边添加单元格，可选中【活动单元格右移】单选按钮，此时增加的单元格会将选定的单元格和此行中其余的单元格向右移动相应的列数。

如果要在选定的单元格上边添加单元格，可选中【活动单元格下移】单选按钮，此时增加的单元格会将选定的单元格和此列中其余的单元格向下移动相应的行数，而且在表格最下方也增加了相应数目的行。

### 3.2.3　删除行、列和单元格

在实际工作中，有时为了使表格能满足要求，需要删除表格的行、列和单元格。

1. 删除行和列

选定需要删除的行，或将鼠标放置在该行的任意单元格中，在【行和列】组中，单击【删除】按钮，在打开的菜单中选择【删除行】命令即可，如图3-20所示。删除列的操作与删除行基本类似，在弹出的菜单中选择【删除列】命令即可。

2. 删除单元格

要删除单元格，可先选定若干个单元格，然后打开【表格工具】的【布局】选项卡，在【行和列】组中单击【删除】按钮，在弹出的菜单中选择【删除单元格】命令，打开【删除单元格】对话框，如图3-21所示，选择移动单元格的方式并确定即可。

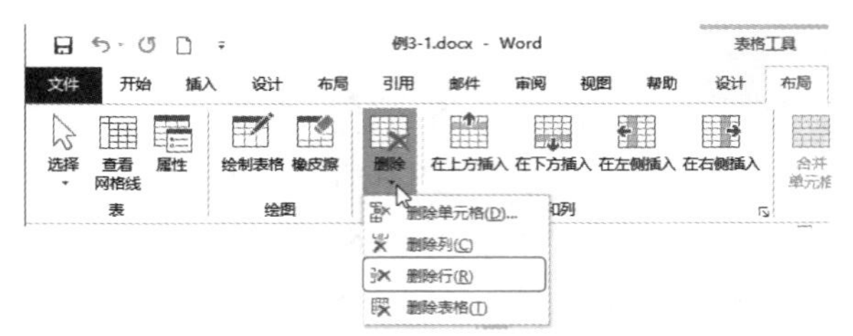

图 3-20　选择【删除行】命令

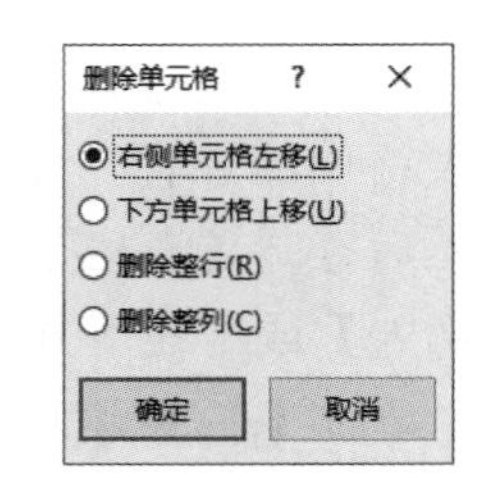


图 3-21　【删除单元格】对话框

**提示**

如果选取某个单元格后，按Delete键，只会删除该单元格中的内容，不会从结构上删除。在打开的【删除单元格】对话框中选中【删除整行】单选按钮或【删除整列】单选按钮，可以删除包含选定的单元格在内的整行或整列。

## 3.2.4　合并与拆分单元格

在Word中，允许将相邻的两个或多个单元格合并成一个单元格，也可以把一个单元格拆分为多个单元格，达到增加行数和列数的目的。

### 1. 合并单元格

在表格中选取要合并的单元格，打开【表格工具】的【布局】选项卡，在【合并】组中单击【合并单元格】按钮，如图3-22所示，或者在选中的单元格中右击，从弹出的快捷菜单中选择【合并单元格】命令，此时Word就会删除所选单元格之间的边界，建立起一个新的单元格，并将原来单元格的列宽和行高合并为当前单元格的列宽和行高，如图3-23所示。

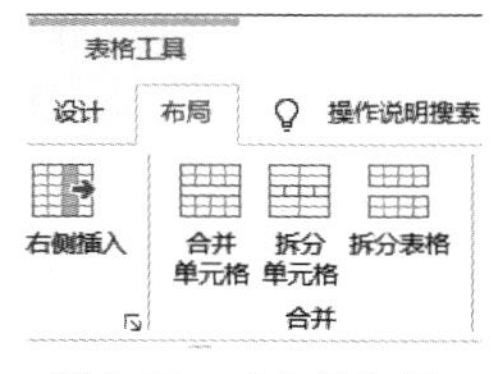


图 3-22　【合并】组

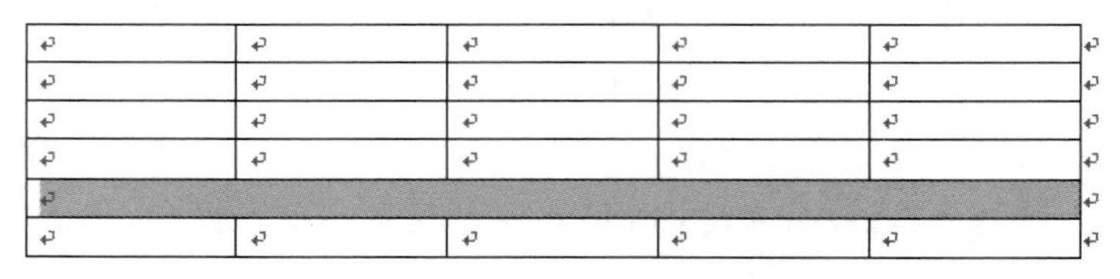

图 3-23　合并单元格

### 2. 拆分单元格

选取要拆分的单元格，打开【表格工具】的【布局】选项卡，在【合并】组中单击【拆分单元格】按钮，或者右击选中的单元格，在弹出的快捷菜单中选择【拆分单元格】命令，打开【拆分单元格】对话框，在【列数】和【行数】文本框中输入列数和行数并确定即可，如图3-24所示。

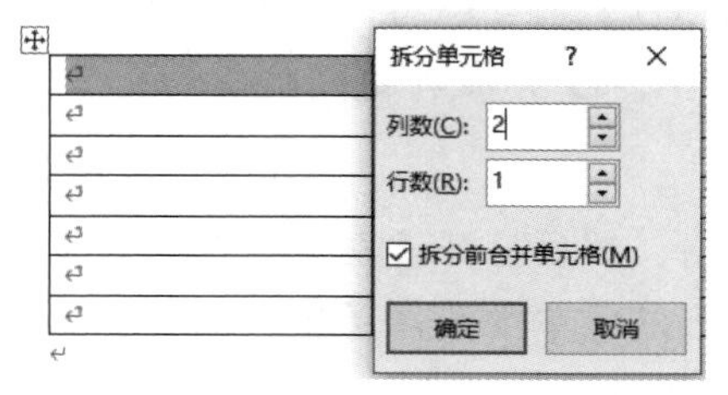


图 3-24　拆分单元格

【例3-2】 合并和拆分单元格。 视频

01 启动Word，打开之前做的个人简历。选中第5列的前3行单元格，打开【表格工具】的【布局】选项卡，在【合并】组中单击【合并单元格】按钮，如图3-25所示，将所选的单元格合并为一个单元格。

02 选中第4行的4、5列，然后右击，从弹出的快捷菜单中选择【合并单元格】命令，如图3-26所示。

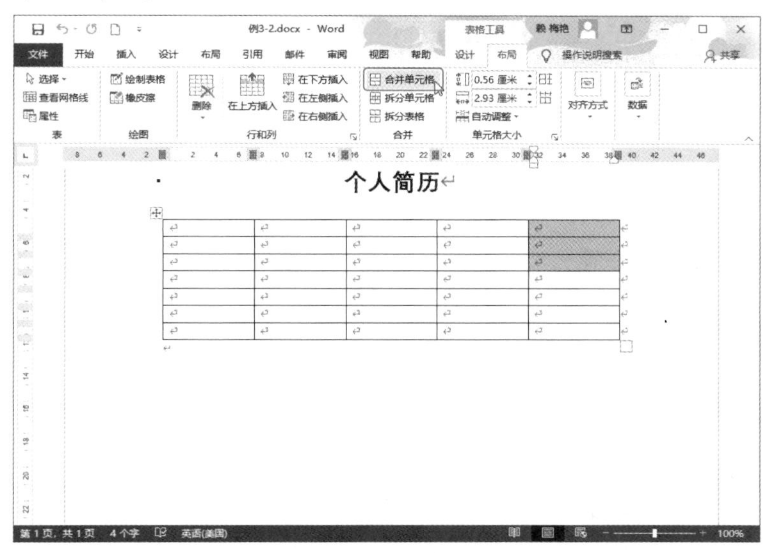


图 3-25 单击【合并单元格】按钮

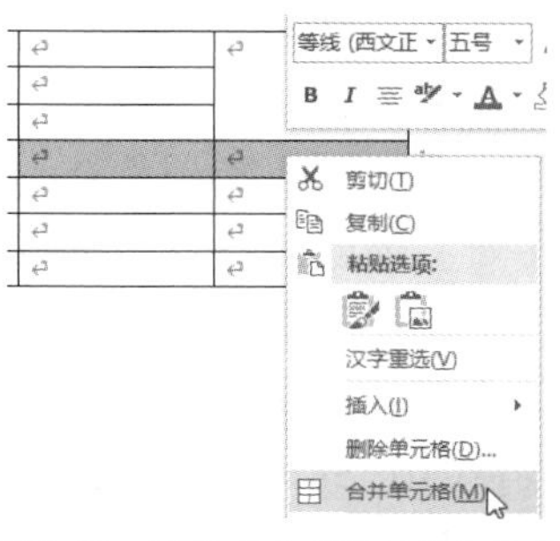


图 3-26 选择【合并单元格】命令

03 然后使用同样的方法，将第5行的4、5列、第6行的4、5列分别进行合并，效果如图3-27所示。

04 使用同样的方法，合并其他单元格，调整单元格大小，效果如图3-28所示。

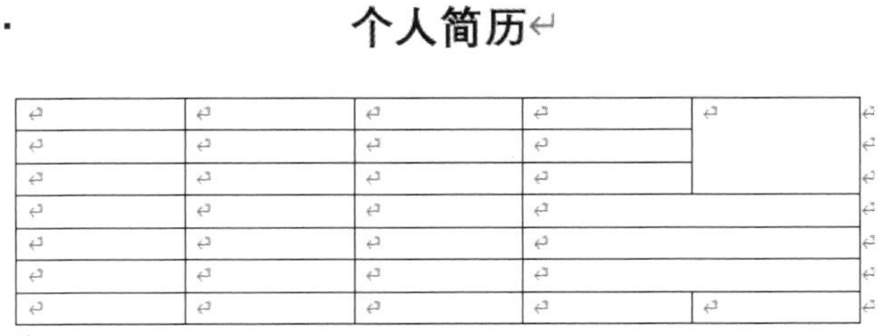

个人简历

图 3-27 合并第5、6行的4、5列单元格

图 3-28 合并其他单元格并调整大小

05 选中第7行单元格，打开【表格工具】的【布局】选项卡，在【合并】组中单击【拆分单元格】按钮，打开【拆分单元格】对话框。

06 在【列数】微调框中输入2，在【行数】微调框中输入2，单击【确定】按钮，如图3-29所示。

07 此时目标单元格将被拆分成2行2列的单元格，适当调整拆分后的单元格大小，如图3-30所示。

08 在快速访问工具栏中单击【保存】按钮保存文档。

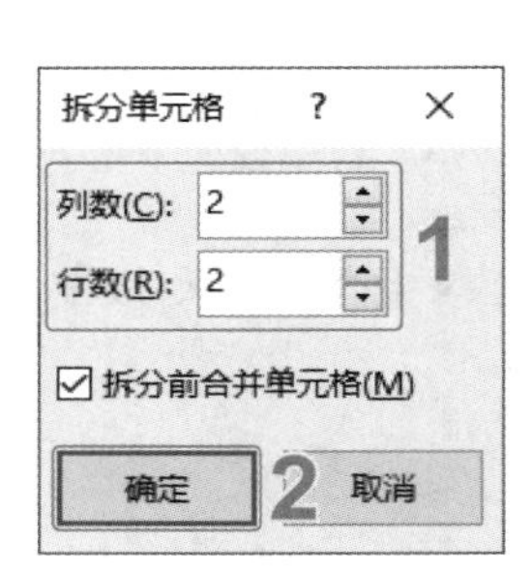


图 3-29 【拆分单元格】对话框

个人简历

| | | | | |
|---|---|---|---|---|
| | | | | |
| | | | | |
| | | | | |
| | | | | |
| | | | | |
| | | | | |
| | | | | |
| | | | | |

图 3-30 拆分单元格

### 3.2.5 拆分表格

拆分表格，就是将一个表格拆分为两个独立的子表格。

拆分表格时，将插入点置于要拆分的行分界处，也就是拆分后形成的第2个表格的第一行处。打开【表格工具】的【布局】选项卡，在【合并】组中单击【拆分表格】按钮，或者按下Ctrl+Shift+Enter组合键，这时，插入点所在行以下的部分就从原表格中分离出来，形成另一个独立的表格。如图3-31所示就是将如图3-30所示的表格拆分为两个独立的子表格。

个人简历

| | | | | |
|---|---|---|---|---|
| | | | | |
| | | | | |
| | | | | |

| | | | |
|---|---|---|---|
| | | | |
| | | | |
| | | | |
| | | | |
| | | | |

图 3-31 拆分表格

**知识点**

当表格跨页时，最好先将表格拆分为两个表格再进行调整。如果不拆分，则可设置后续页的表格中出现标题行的方法来解决，将插入点定位在表格第1行标题任意单元格中，然后打开【表格工具】的【布局】选项卡，在【数据】组中单击【重复标题行】按钮。

### 3.2.6 向表格添加内容

在表格的单元格中可以输入文字、插入图形，也可以对单元格中的内容进行剪切和粘贴等操作，这和Word正文文本中所做的操作基本相同，只需将插入点定位在表格的单元格中，然后直接利用键盘输入文本即可。在文本的输入过程中，Word会根据文本的多少自动调整单元格的大小。

此外，也可以使用Word文本格式的设置方法设置表格中文本的格式。选择单元格区域或整个表格，打开表格工具的【布局】选项卡，在【对齐方式】组中单击相应的按钮即可设置文本对齐方式，如图3-32所示。

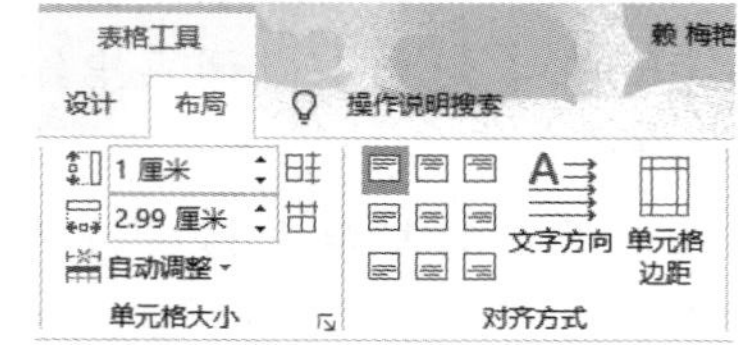


图 3-32 【对齐方式】组

【例3-3】在表格中添加文本。视频

01 启动Word，打开个人简历表格。

02 将插入点定位在第1行第1列的单元格中，输入文本“姓名”。使用同样的方法，在第1行第3列单元格中输入“性别”，如图3-33所示。

03 增加表格行，然后使用同样的方法，依次在其他单元格中输入文本，完成文本输入后的表格效果如图3-34所示。

**个人简历**

| 姓名 | | 性别 | | |
|---|---|---|---|---|
| | | | | |
| | | | | |
| | | | | |
| | | | | |
| | | | | |
| | | | | |
| | | | | |

图 3-33 输入文本

个人简历

| 姓名 | | 性别 | | 贴相片 |
|---|---|---|---|---|
| 出生年月 | | 籍贯 | | |
| 政治面貌 | | 民族 | | |
| 家庭住址 | | 身份证号码 | | |
| 联系电话 | | E-Mail | | |
| 学历 | | 专业 | | |
| 毕业院校 | | | | |
| 求职意向 | | | | |
| 工作技能 | | | | |
| 工作经历 | | | | |
| 单位名称 | 岗位名称 | 薪资 | 联系人 | 其他 |
| | | | | |
| | | | | |
| | | | | |

图 3-34 输入表格内容

04 按Ctrl键的同时，选中所有的文本单元格，打开【开始】选项卡，在【字体】组中单击【字体】下拉按钮，从弹出的下拉列表中选择【华文中宋】选项；单击【字号】下拉按钮，从弹出的下拉列表中选择【小四】选项，此时设置后的文本效果如图3-35所示。

05 单击表格的左上角出现的十字形的小方框，选中整个表格，打开【表格工具】的【布局】选项卡，在【对齐方式】组中单击【水平居中】按钮，设置表格文本水平居中对齐，效果如图3-36所示。

06 在快速访问工具栏中单击【保存】按钮保存文档。

个人简历

| 姓名 | | 性别 | | 贴相片 |
|---|---|---|---|---|
| 出生年月 | | 籍贯 | | |
| 政治面貌 | | 民族 | | |
| 家庭住址 | | 身份证号码 | | |
| 联系电话 | | E-Mail | | |
| 学历 | | 专业 | | |
| 毕业院校 | | | | |
| 求职意向 | | | | |
| 工作技能 | | | | |
| 工作经历 | | | | |
| 单位名称 | 岗位名称 | 薪资 | 联系人 | 其他 |
| | | | | |
| | | | | |
| | | | | |

图 3-35 设置文本格式

**个人简历**

| 姓名 | | 性别 | | 贴相片 |
|---|---|---|---|---|
| 出生年月 | | 籍贯 | | |
| 政治面貌 | | 民族 | | |
| 家庭住址 | | 身份证号码 | | |
| 联系电话 | | E-Mail | | |
| 学历 | | 专业 | | |
| 毕业院校 | | | | |
| 求职意向 | | | | |
| 工作技能 | | | | |
| 工作经历 | | | | |
| 单位名称 | 岗位名称 | 薪资 | 联系人 | 其他 |
| | | | | |
| | | | | |
| | | | | |

图 3-36 设置文本对齐方式

**提示**

默认情况下，表格中的文本都是横向排列的。在【表格工具】的【布局】选项卡的【对齐方式】组中，单击【文字方向】按钮，可以更改表格中文字的方向。

### 3.2.7 绘制单元格斜线

在实际工作中，经常需要为表格绘制斜线表头，以区分表格左侧和上方的标题内容。绘制斜线表头的具体操作如下。

【例3-4】 绘制斜线表头。 视频

(1) 打开个人简历文档。

(2) 将光标置于“学习经历、工作经历”单元格中，单击【设计】选项卡，在【边框】组中单击【边框】下拉按钮，在弹出的下拉列表中选择【斜上框线】选项，如图3-37所示。

(3) 在该单元格中添加斜线后，适当调整文字间距，效果如图3-38所示。

图 3-37 选择【斜上框线】选项

| 学习经历　　工作经历 | | | | |
|---|---|---|---|---|
| 单位名称 | 岗位名称 | 薪资 | 联系人 | 其他 |
| | | | | |
| | | | | |
| | | | | |

图 3-38 调整文字的位置

**提示**

除了可以直接为单元格插入斜线表头外，还可以单击【设计】选项卡，在【边框】组中单击【边框】下拉按钮，选择【绘制表格】选项，这时鼠标光标会变成铅笔状，在单元格中拖动鼠标即可绘制斜线。在绘制表格线段时，绘图工具会自带捕捉顶点的功能，例如，在选择了一点后，它将以画横线、竖线和对角线的方式捕捉另一点。

## 3.3 美化表格

在创建表格并添加完内容后，通常还需对表格进行一定的修饰操作，如调整表格的行高和列宽、设置表格的边框和底纹、套用表格样式等，使表格更加美观。

### 3.3.1 调整行高和列宽

创建表格时，表格的行高和列宽都是默认值。在实际工作中，如果觉得表格的尺寸不合适，可以随时调整表格的行高和列宽。在Word中，可以使用多种方法调整表格的行高和列宽。

#### 1. 自动调整

将插入点定位在表格内，打开【表格工具】的【布局】选项卡，在【单元格大小】组中单击【自动调整】按钮，在弹出的如图3-39所示的菜单中选择相应的命令，即可便捷地调整表格行与列的尺寸。

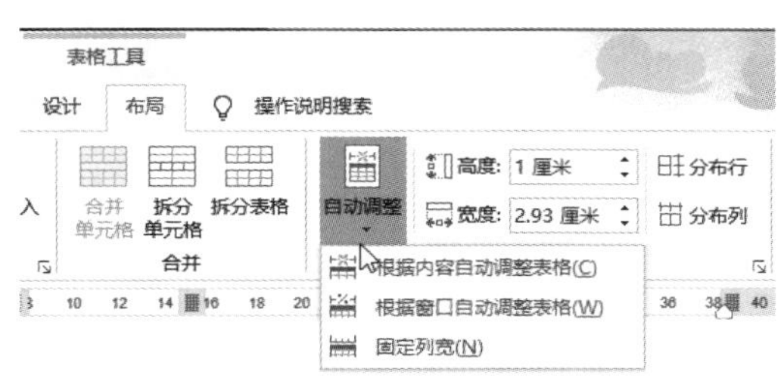


图 3-39 自动调整

> **提示**
> 在【单元格大小】组中，单击【分布行】和【分布行】按钮，可以平均分布行或列。

#### 2. 使用鼠标拖动进行调整

通过拖动鼠标也可以调整表格的行高和列宽。先将鼠标光标指向需调整行的下边框，待鼠标光标变成双向箭头÷时，再拖动鼠标至所需位置，整个表格的高度会随着行高的改变而改变。

在使用鼠标调整列宽时，先将鼠标光标指向表格中需要调整列的边框，待鼠标光标变成双向箭头⇹时，使用下面几种不同的操作方法，可以达到不同的效果。

- 使用鼠标光标拖动边框，边框左右两列的宽度发生变化，而整个表格的总体宽度不变。
- 按下Shift键，然后拖动鼠标，边框左边一列的宽度发生改变，整个表格的总体宽度随之改变。
- 按下Ctrl键，然后拖动鼠标，边框左边一列的宽度发生改变，边框右边各列也发生均匀的变化，而整个表格的总体宽度不变。

#### 3. 使用对话框进行调整

如果表格尺寸要求的精确度较高，可以使用【表格属性】对话框，以输入数值的方式精确调整行高与列宽。

将插入点定位在表格内，在【表格工具】的【布局】选项卡的【单元格大小】组中单击对话框启动器，打开【表格属性】对话框。

打开【行】选项卡，选中【指定高度】复选框，在其后的微调框中输入数值，如图3-40所示。单击【下一行】按钮，将鼠标光标定位在表格的下一行，进行相同的设置即可。

打开【列】选项卡，如图3-41所示，选中【指定宽度】复选框，在其后的微调框中输入数值。单击【后一列】按钮，将鼠标光标定位在表格的下一列，可以进行相同的设置。

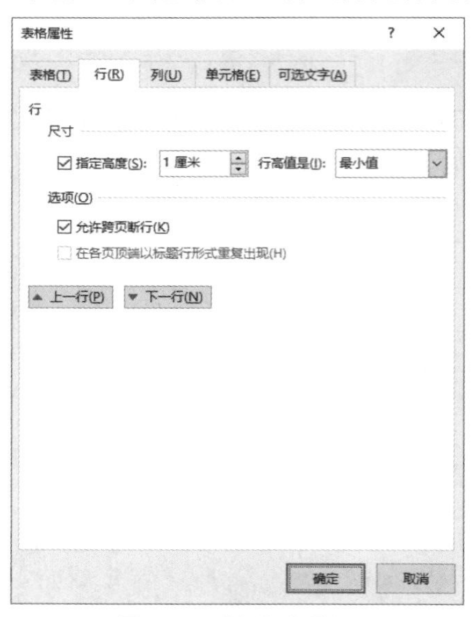

图 3-40 【行】选项卡

图 3-41 【列】选项卡

## 3.3.2 设置表格的边框和底纹

一般情况下，Word 2016会自动设置表格使用0.5磅的单线边框。用户可以根据需要，重新设置表格的边框和底纹，使表格结构更合理、外观更美观。

### 1. 设置表格边框

表格的边框包括整个表格的外边框和表格内部各单元格的边框线，对这些边框线设置不同的样式和颜色可以让表格所表达的内容一目了然。

打开【表格工具】的【设计】选项卡，在【边框】组中单击【边框】下拉按钮，在弹出的下拉菜单中可以为表格设置边框，如图3-42所示。若选择【边框和底纹】命令，则打开【边框和底纹】对话框的【边框】选项卡，如图3-43所示，在【设置】选项区域中可以选择表格边框的样式；在【样式】下拉列表框中可以选择边框线条的样式；在【颜色】下拉列表中可以选择边框的颜色；在【宽度】下拉列表中可以选择边框线条的宽度；在【应用于】下拉列表中可以设定边框应用的对象。

**知识点**

边框添加完成后，可以在【边框】组中设置边框的样式和颜色。单击【笔样式】下拉按钮，在弹出的下拉列表中选择边框样式；单击【笔画粗细】下拉按钮，在弹出的下拉列表中选择边框的粗细；单击【笔颜色】下拉按钮，在弹出的下拉面板中可以选择一种边框颜色。

图 3-42 【边框】下拉菜单

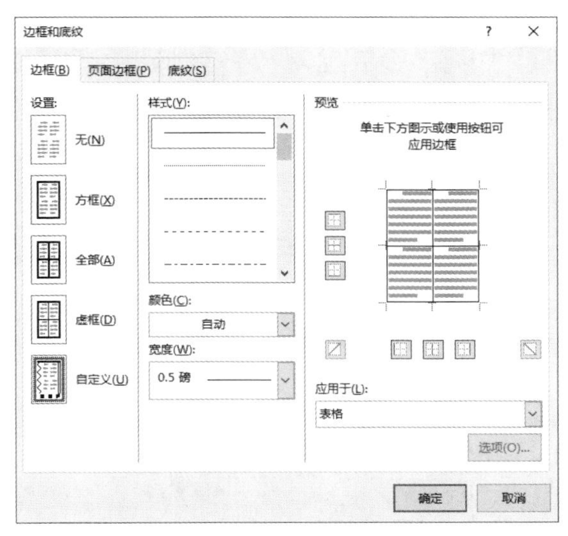

图 3-43 【边框】选项卡

2. 设置单元格和表格底纹

设置单元格和表格底纹就是对单元格和表格填充颜色，起到美化及强调文字的作用。打开【表格工具】的【设计】选项卡，在【表格样式】组中单击【底纹】下拉按钮，在弹出的下拉列表中选择一种底纹颜色，如图3-44所示。其中，在【底纹】下拉列表中还包含两个命令，选择【其他颜色】命令，打开【颜色】对话框，如图3-45所示。在该对话框中可选择底纹的颜色或进行自定义设置。

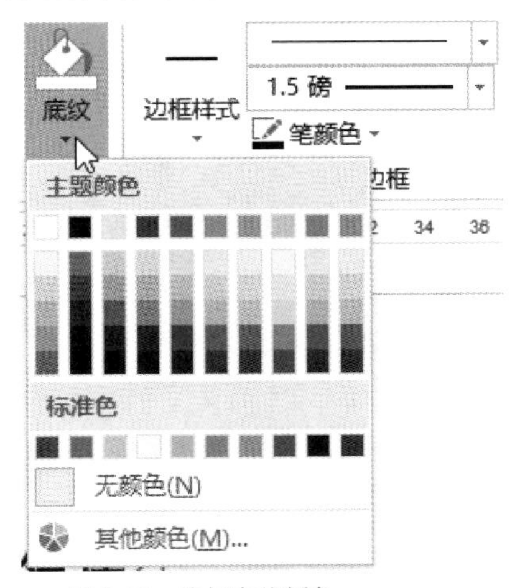

图 3-44 选择底纹颜色

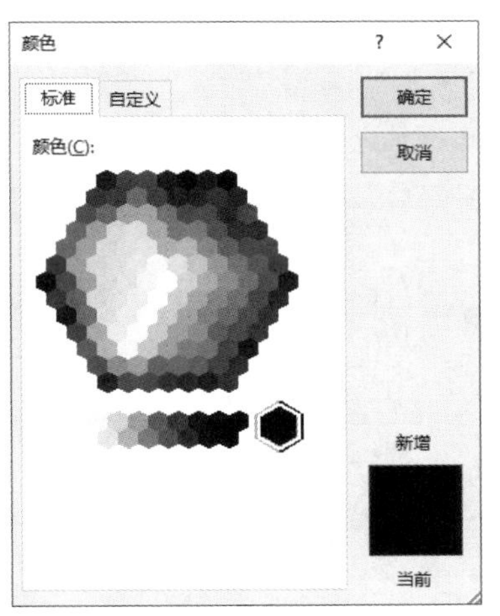

图 3-45 【颜色】对话框

打开【设计】选项卡，单击【页面背景】组中的【页面边框】按钮，打开【边框和底纹】对话框，切换到【底纹】选项卡，在【填充】下拉列表中，可以设置表格底纹的填充颜色，如图3-46所示；在【图案】选项区域中的【样式】下拉列表中可以选择填充图案的其他样式，如图3-47所示；在【应用于】下拉列表中可以设定底纹应用的对象。

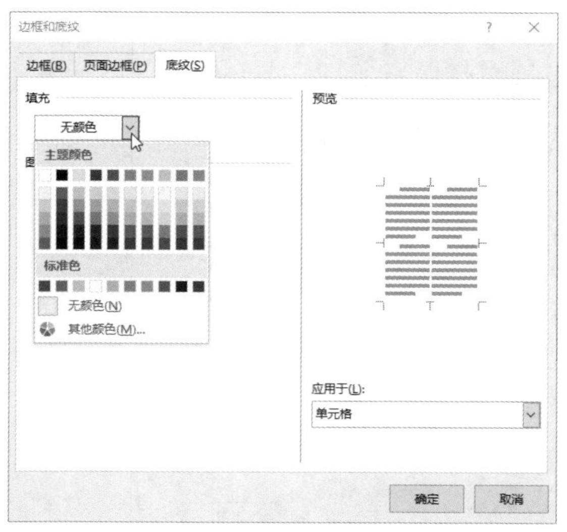

图 3-46　设置填充颜色

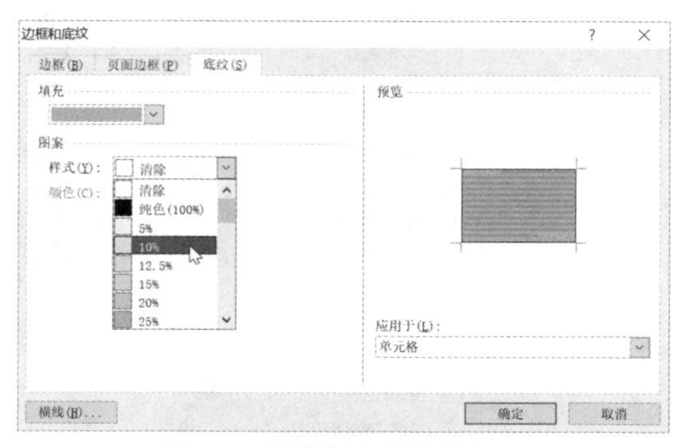

图 3-47　设置填充图案样式

【例3-5】 设置表格的边框和底纹。 视频

01 启动Word，打开个人简历文档。将鼠标指针定位在表格中，打开【表格工具】的【设计】选项卡，在【边框】组中单击【边框】下拉按钮，从弹出的菜单中选择【边框和底纹】命令，打开【边框和底纹】对话框。

02 打开【边框】选项卡，在【设置】区域选择【方框】，在【样式】下拉列表框中选择实线，在【预览】选项区域中设置外框线显示效果，如图3-48所示，单击【确定】按钮，效果如图3-49所示。

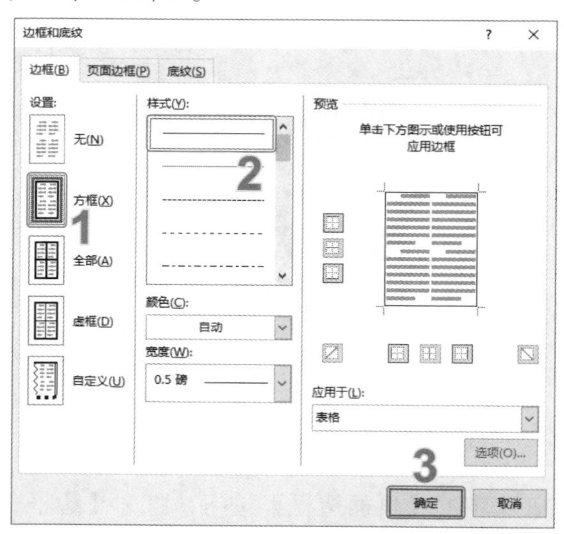

图 3-48　设置表格边框

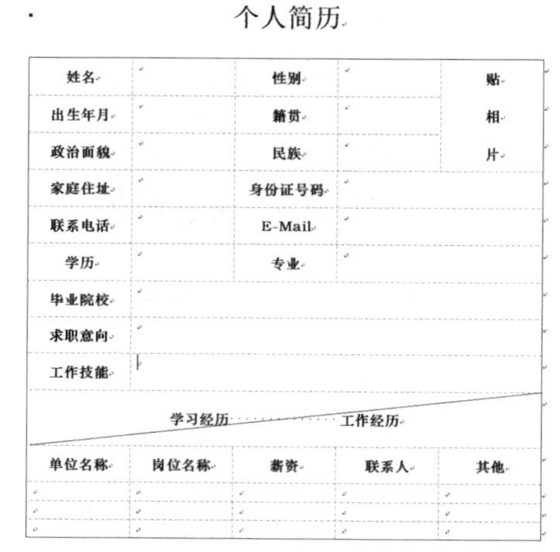

图 3-49　设置后的效果

03 按Ctrl键的同时，选中文本所在的所有单元格，打开【表格工具】的【设计】选项卡，在【表格样式】组中单击【底纹】按钮，从弹出的颜色面板中选择浅灰色色块，如图3-50所示。

04 此时即可为表格中选中的单元格应用设置的底纹颜色，最终效果如图3-51所示。

05 在快速访问工具栏中单击【保存】按钮保存文档。

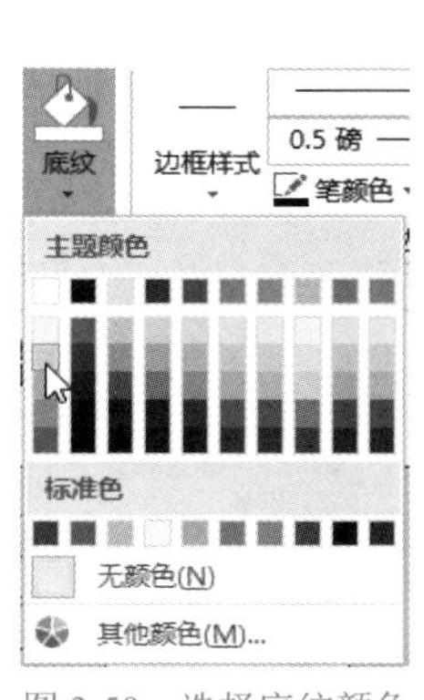


图 3-50　选择底纹颜色

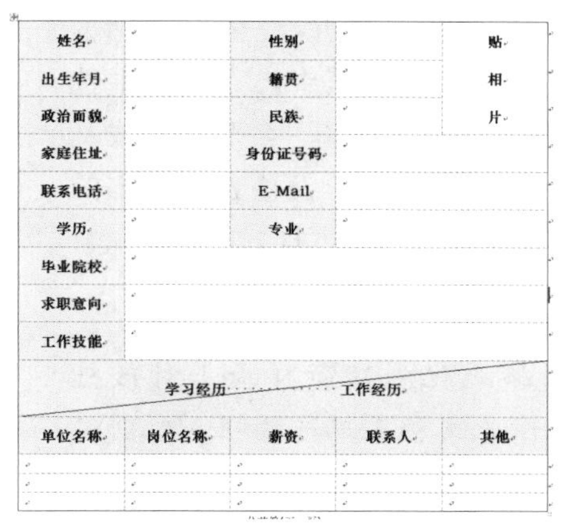

| 姓名 | | 性别 | | 贴相片 |
|---|---|---|---|---|
| 出生年月 | | 籍贯 | | |
| 政治面貌 | | 民族 | | |
| 家庭住址 | | 身份证号码 | | |
| 联系电话 | | E-Mail | | |
| 学历 | | 专业 | | |
| 毕业院校 | | | | |
| 求职意向 | | | | |
| 工作技能 | | | | |
| 学习经历 工作经历 | | | | |
| 单位名称 | 岗位名称 | 薪资 | 联系人 | 其他 |
| | | | | |
| | | | | |

图 3-51　最终效果

## 3.3.3　套用表格样式

Word为用户提供了100多种内置的表格样式，这些内置的表格样式提供了各种现成的边框和底纹设置。使用它们可以快速为表格自动套用样式。

打开【表格工具】的【设计】选项卡，在【表格样式】组中单击【其他】按钮，在弹出的下拉列表中选择需要的外观样式，即可为表格套用样式，如图3-52所示。

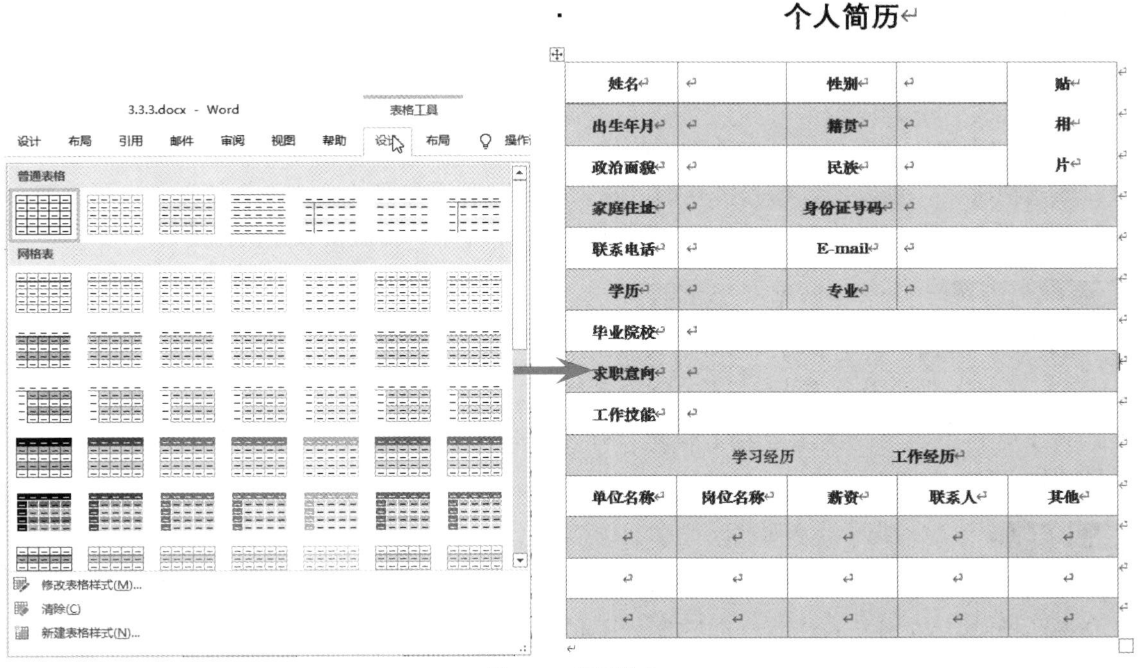


个人简历

| 姓名 | | 性别 | | 贴相片 |
|---|---|---|---|---|
| 出生年月 | | 籍贯 | | |
| 政治面貌 | | 民族 | | |
| 家庭住址 | | 身份证号码 | | |
| 联系电话 | | E-mail | | |
| 学历 | | 专业 | | |
| 毕业院校 | | | | |
| 求职意向 | | | | |
| 工作技能 | | | | |
| 学习经历 工作经历 | | | | |
| 单位名称 | 岗位名称 | 薪资 | 联系人 | 其他 |
| | | | | |
| | | | | |
| | | | | |

图 3-52　套用样式

在如图3-52所示的下拉列表中选择【新建表格样式】命令，打开【根据格式化创建新样式】对话框，如图3-53所示。在该对话框中可以自定义表格样式。其中，【属性】选项区域用于设置样式的名称、类型和样式基准；【格式】选项区域用于设置表格文本的字体、字号、字体颜色、边框样式等。

**提示**

在【根据格式化创建新样式】对话框中，选中【仅限此文档】单选按钮，所创建的样式只能应用于当前的文档；选中【基于该模板的新文档】单选按钮，所创建的样式不仅可以应用于当前文档，还可应用于新建的文档。

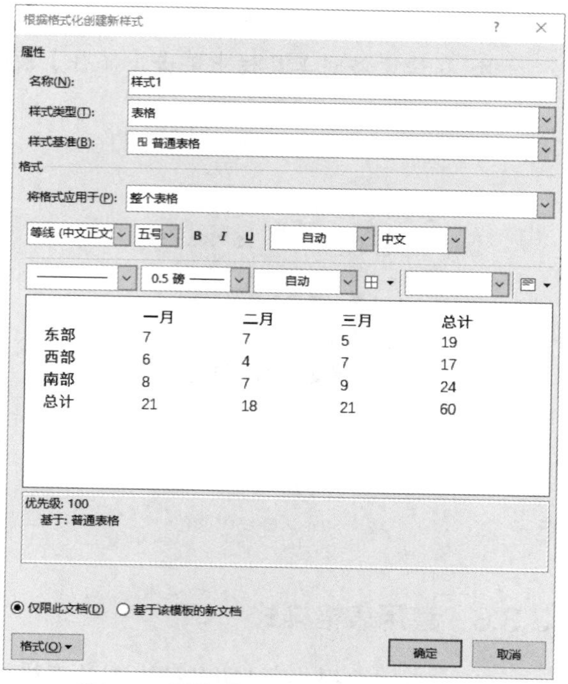

图 3-53 【根据格式化创建新样式】对话框

# 3.4 表格高级操作

在Word中，可以对表格进行一些高级操作，如对表格中的数据进行计算与排序，在表格与文本之间相互转换等。

## 3.4.1 统计表格数据

在Word表格中，可以对其中的数据执行一些简单的运算，可以方便、快捷地得到计算结果。通常情况下，可以通过输入带有加、减、乘、除等运算符的公式进行计算，也可以使用Word附带的函数进行较为复杂的计算。下面以实例来介绍计算表格数据的方法。

【例3-6】 统计表格数据。 视频

01 启动Word，创建如图3-54所示的成绩单。

02 将插入点定位在第2行第6列的单元格中，然后打开【表格工具】的【布局】选项卡，在【数据】组中单击【公式】按钮，打开【公式】对话框，在【公式】文本框中输入=SUM(LEFT)，如图3-55所示。

**提示**

在使用LEFT、RIGHT、ABOVE函数求和时，如果对应的左侧、右侧、上面的单元格有空白单元格时，Word将从最后一个不为空且是数字的单元格开始计算。如果要计算的单元格中存在异常对象，如文本时，Word公式会自动忽略这些文本。

| 姓名 | 语文 | 英语 | 政治 | 数学 | 总分 |
|---|---|---|---|---|---|
| 刘狄 | 95 | 95 | 96 | 99 | |
| 李丹 | 77 | 66 | 55 | 80 | |
| 敏鹏 | 90 | 89 | 99 | 88 | |
| 广鑫 | 80 | 90 | 88 | 91 | |

图 3-54　成绩单

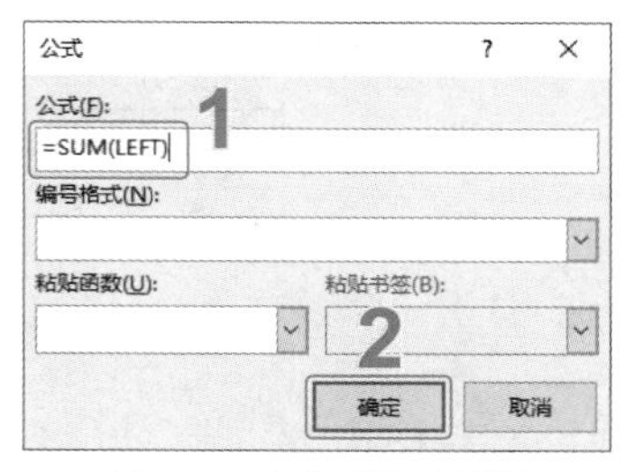


图 3-55　【公式】对话框

03 单击【确定】按钮，此时即可计算出学员“刘狄”的总分，如图3-56所示。

04 使用相同的方法，计算出其他学员的总分，如图3-57所示。

| 姓名 | 语文 | 英语 | 政治 | 数学 | 总分 |
|---|---|---|---|---|---|
| 刘狄 | 95 | 95 | 96 | 99 | 385 |
| 李丹 | 77 | 66 | 55 | 80 | |
| 敏鹏 | 90 | 89 | 99 | 88 | |
| 广鑫 | 80 | 90 | 88 | 91 | |

图 3-56　计算学员“刘狄”的总分

| 姓名 | 语文 | 英语 | 政治 | 数学 | 总分 |
|---|---|---|---|---|---|
| 刘狄 | 95 | 95 | 96 | 99 | 385 |
| 李丹 | 77 | 66 | 55 | 80 | 278 |
| 敏鹏 | 90 | 89 | 99 | 88 | 366 |
| 广鑫 | 80 | 90 | 88 | 91 | 349 |

图 3-57　计算其他学员的总分

**知识点**

在计算结束后，如果修改了表格中的原有数字，则需要首先全选表格，然后按F9键更新域，即可让表格中所有公式的计算结果刷新。

05 在最右侧添加“平均分”列，将插入点定位到第2行第7列的单元格中，打开表格工具的【布局】选项卡，在【数据】组中单击【公式】按钮，打开【公式】对话框。

06 在【粘贴函数】下拉列表中选择AVERAGE选项，将【公式】文本框中的内容修改为“=AVERAGE(B2:B5)”，如图3-58所示。

07 单击【确定】按钮，得到运算结果，计算出学员“刘狄”的平均成绩，如图3-59所示。

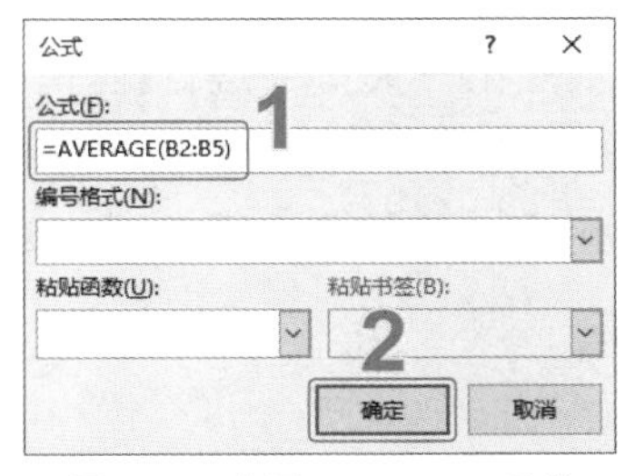


图 3-58　使用 AVERAGE 函数

| 姓名 | 语文 | 英语 | 政治 | 数学 | 总分 | 平均分 |
|---|---|---|---|---|---|---|
| 刘狄 | 95 | 95 | 96 | 99 | 385 | 85.5 |
| 李丹 | 77 | 66 | 55 | 80 | 278 | |
| 敏鹏 | 90 | 89 | 99 | 88 | 366 | |
| 广鑫 | 80 | 90 | 88 | 91 | 349 | |

图 3-59　计算学员“刘狄”的平均成绩

08 使用同样的方法，计算出其他学员的平均成绩，如图3-60所示。

09 在快速访问工具栏中单击【保存】按钮保存文档。

**提示**

Word中对表格的单元格进行范围描述时需要对表格进行编号。编号规定行的代号从上向下依次为1、2、3、…，列的代号从左到右依次为A、B、C、…，组合时，列在前，行在后。

| 姓名 | 语文 | 英语 | 政治 | 数学 | 总分 | 平均分 |
|---|---|---|---|---|---|---|
| 刘狄 | 95 | 95 | 96 | 99 | 385 | 96.25 |
| 李丹 | 77 | 66 | 55 | 80 | 278 | 69.5 |
| 敏鹏 | 90 | 89 | 99 | 88 | 366 | 91.5 |
| 广鑫 | 80 | 90 | 88 | 91 | 349 | 87.25 |

图 3-60　计算其他学员的平均成绩

## 3.4.2　排序表格数据

在Word中，可以方便地将表格中的文本、数字、日期等数据按升序或降序的顺序进行排序。

选中需要排序的表格或单元格区域，打开【表格工具】的【布局】选项卡，在【数据】组中单击【排序】按钮，打开【排序】对话框，如图3-61所示。

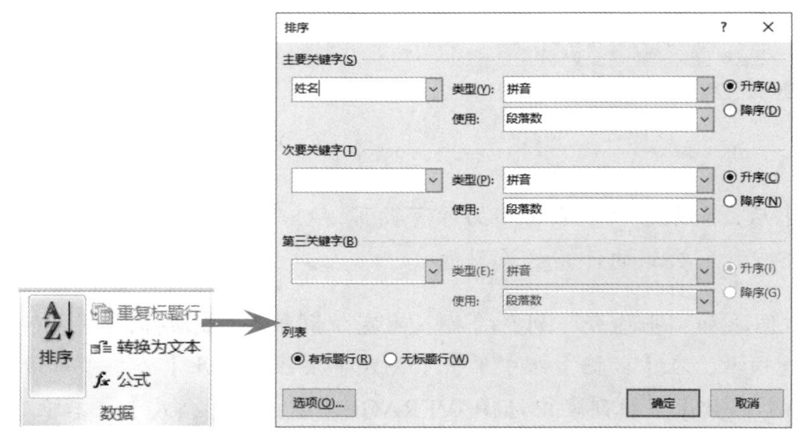


图 3-61　打开【排序】对话框

【排序】对话框中包括3种关键字，分别为主要关键字、次要关键字和第三关键字。在排序过程中，将依照主要关键字进行排序，而当有相同记录时，则依照次要关键字进行排序，最后当主要关键字和次要关键字都有相同记录时，则依照第三关键字进行排序。在关键字下拉列表中，将分别以列1、列2、列3……表示表格中的每个字段列。在每个关键字后的【类型】下拉列表中可以选择【笔画】【数字】【日期】和【拼音】等排序类型；通过选中【升序】或【降序】单选按钮来选择数据的排序方式。

【例3-7】 排序表格数据。 视频

01 启动Word，打开成绩单文档。

02 将插入点定位在“平均分”列的任意单元格中，打开【表格工具】的【布局】选项卡，在【数据】组中单击【排序】按钮，打开【排序】对话框。

03 在【主要关键字】下拉列表中选择【平均分】选项，在【类型】下拉列表中选择【数字】选项，选中【降序】单选按钮，单击【确定】按钮，如图3-62所示。

04 此时表格中的数据按从高到低的顺序排列，效果如图3-63所示。

05 在快速访问工具栏中单击【保存】按钮保存文档。

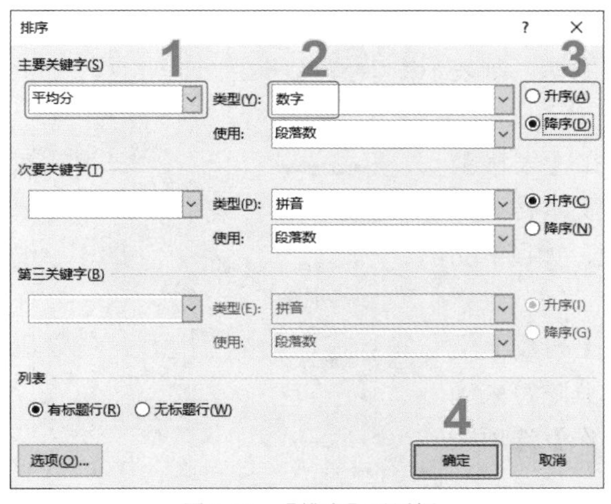


图 3-62　【排序】对话框

| 姓名 | 语文 | 英语 | 政治 | 数学 | 总分 | 平均分 |
|---|---|---|---|---|---|---|
| 刘狄 | 95 | 95 | 96 | 99 | 385 | 96.25 |
| 敏鹏 | 90 | 89 | 99 | 88 | 366 | 91.5 |
| 广鑫 | 80 | 90 | 88 | 91 | 349 | 87.25 |
| 李丹 | 77 | 66 | 55 | 80 | 278 | 69.5 |

图 3-63　排序表格数据

### 3.4.3　表格与文本之间的转换

在Word中，可以将文本转换为表格，也可以将表格转换为文本。要把文本转换为表格，应首先将需要进行转换的文本格式化，即把文本中的每一行用段落标记隔开，每一列用分隔符(如逗号、空格、制表符等)分开，否则系统将不能正确识别表格的行列分隔，从而导致不能正确转换。

#### 1. 将表格转换为文本

将表格转换为文本，可以去除表格线，仅将表格中的文本内容按原来的顺序提取出来，但会丢失一些特殊的格式。

选取表格，打开【表格工具】的【布局】选项卡，在【数据】组中单击【转换为文本】按钮，打开【表格转换成文本】对话框，如图3-64所示。在对话框中选择将原表格中的单元格文本转换成文字后的分隔符的选项，单击【确定】按钮即可。如图3-65所示是将如图3-63所示的表格转换为文本后的效果。

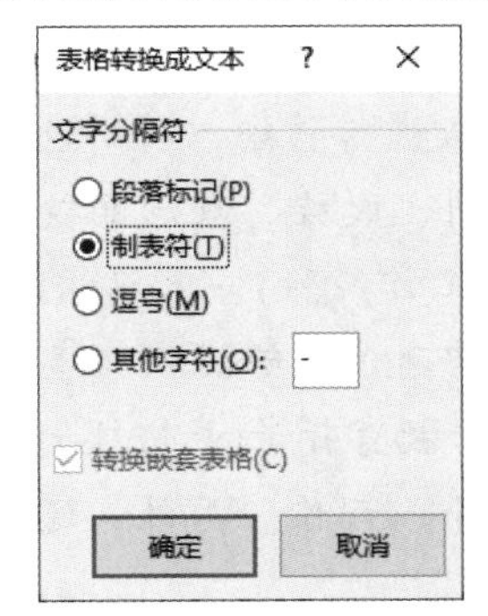


图 3-64　【表格转换成文本】对话框

姓名 → 语文 → 英语 → 政治 → 数学 → 总分 → 平均分
刘狄 → 95 → 95 → 96 → 99 → 385 → 96.25
敏鹏 → 90 → 89 → 99 → 88 → 366 → 91.5
广鑫 → 80 → 90 → 88 → 91 → 349 → 87.25
李丹 → 77 → 66 → 55 → 80 → 278 → 69.5

图 3-65　将表格转换为文本

#### 2. 将文本转换为表格

将文本转换为表格与将表格转换为文本不同，在转换之前必须对要转换的文本进行格式

化。文本中的每一行之间要用段落标记符隔开，每一列之间要用分隔符隔开。列之间的分隔符可以是逗号、空格、制表符等。

将文本格式化后，打开【插入】选项卡，在【表格】组中单击【表格】按钮，在弹出的菜单中选择【文本转换成表格】命令，打开【将文字转换成表格】对话框，如图3-66所示。

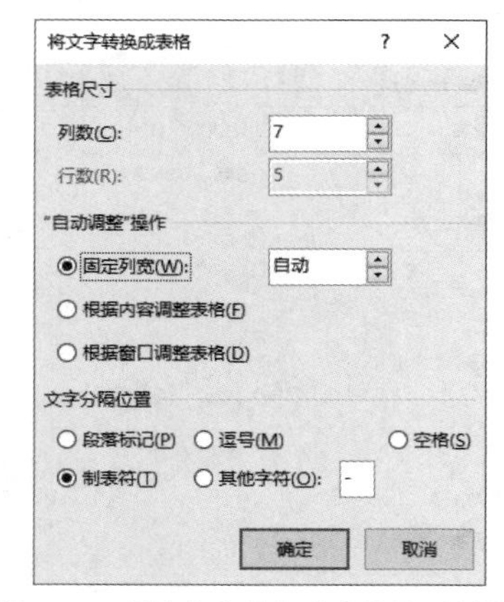


图 3-66　【将文字转换成表格】对话框

在【表格尺寸】选项区域中，【行数】和【列数】文本框中的数值都是根据段落标记符和文字之间的分隔符来确定的，用户也可自己修改。在【“自动调整”操作】选项区域中，可以根据窗口或内容来调整表格的大小。

**知识点**

使用文本创建的表格，与直接创建的表格一样，可进行套用表格样式、编辑表格、设置表格的边框和底纹等操作。

# 3.5 上机练习

本章的上机练习主要介绍“个人简历”的制作，以巩固表格的创建、编辑、样式设置等操作。在编写个人简历的过程中，可以从招聘方的角度去考虑，一份良好的个人求职简历应该如何编写。

## 3.5.1 创建个人简历

本节主要是设计个人简历表格的信息字段和表格结构，主要操作步骤如下。

01 启动Word 2016，新建一个空白文档，将其以“个人简历”为名保存。

02 首先对个人简历所包含的信息进行规划。一般情况下，个人简历中，按照用人单位对求职者所具备条件的期望，经过从各大招聘网站的个人简历模板进行总结，对所包含的信息类别以及优先级从高到低，包括：基本信息(姓名、籍贯、性别、民族、政治面貌、身份证号、家庭住址、联系电话、E-mail、学历、专业)、从业经验(工作经验)、求职意向(期望行业、期望薪资等)、目前状态(在岗、离职)、工作技能(针对应聘岗位能够提供哪些工作技能)、项目经验或工作经验(曾经做过什么和应聘岗位相关的项目)、教育背景(最好从大学开始写)、外语或计算机水平(岗位若对外语有特别要求的需要注意)、个人评价。另外，还有个人的一寸相片。

03 设计表格。个人简历的开篇一般放个人信息、目前职业状态、期望的工作等信息，因此，设计的表格第一部分如图3-67所示。

| 姓名 | | 性别 | | 相片 |
|---|---|---|---|---|
| 民族 | | 身份证号 | | |
| 联系电话 | | 学历 | | |
| 求职意向 | | 籍贯 | | |
| 工作经验 | | 政治面貌 | | |
| 住址 | | E-mail | | |
| 专业 | | 期望薪资 | | |

图 3-67 个人基本信息

04 调整信息项的位置。一般情况下，人们阅读的习惯一般是从左到右，因此，最好将信息按照重要性进行分类，将比较重要的信息放置在左边和靠前的位置，而把次要信息靠右或靠后。按照这个理论，对上面表格中的信息调整如图3-68所示。

| 姓名 | | 籍贯 | | 相片 |
|---|---|---|---|---|
| 性别 | | 工作经验 | | |
| 民族 | | 政治面貌 | | |
| 身份证号 | | 住址 | | |
| 联系电话 | | E-mail | | |
| 专业 | | 学历 | | |
| 求职意向 | | 期望薪资 | | |

图 3-68 调整信息项的位置

05 调整文字间距、对齐方式，合并“相片”单元格，此时表格效果如图3-69所示。

| 姓　　名 | | 籍　　贯 | | 相片 |
|---|---|---|---|---|
| 性　　别 | | 工作经验 | | |
| 民　　族 | | 政治面貌 | | |
| 身份证号 | | 住　　址 | | |
| 联系电话 | | E-mail | | |
| 专　　业 | | 学　　历 | | |
| 求职意向 | | 期望薪资 | | |

图 3-69 调整表格

06 接下来插入两行单元格，输入“工作技能”和“项目经验”，然后合并单元格，效果如图3-70所示。

| 姓　　名 | | 籍　　贯 | | 相片 |
|---|---|---|---|---|
| 性　　别 | | 工作经验 | | |
| 民　　族 | | 政治面貌 | | |
| 身份证号 | | 住　　址 | | |
| 联系电话 | | E-mail | | |
| 专　　业 | | 学　　历 | | |
| 求职意向 | | 期望薪资 | | |
| 工作技能 | | | | |
| 项目经验 | | | | |

图 3-70 添加“工作技能”和“项目经验”

07 接着绘制“教育背景”栏目，如图3-71所示。

| 姓　名 | | 籍　贯 | | 相片 |
| --- | --- | --- | --- | --- |
| 性　别 | | 工作经验 | | |
| 民　族 | | 政治面貌 | | |
| 身份证号 | | 住　址 | | |
| 联系电话 | | E-mail | | |
| 专　业 | | 学　历 | | |
| 求职意向 | | 期望薪资 | | |
| 工作技能 | | | | |
| 项目经验 | | | | |
| 教育背景（专科以上） | 起止时间 | 就读院校 | 专业/学位 | |
| | | | | |
| | | | | |
| | | | | |
| | | | | |

图 3-71　添加“教育背景”栏目

08 最后添加“外语水平”和“个人评价”栏目并合并单元格，效果如图3-72所示。

| 姓　名 | | 籍　贯 | | 相片 |
| --- | --- | --- | --- | --- |
| 性　别 | | 工作经验 | | |
| 民　族 | | 政治面貌 | | |
| 身份证号 | | 住　址 | | |
| 联系电话 | | E-mail | | |
| 专　业 | | 学　历 | | |
| 求职意向 | | 期望薪资 | | |
| 工作技能 | | | | |
| 项目经验 | | | | |
| 教育背景（专科以上） | 起止时间 | 就读院校 | 专业/学位 | |
| | | | | |
| | | | | |
| | | | | |
| | | | | |
| 外语水平 | | | | |
| 个人评价 | | | | |

图 3-72　添加“外语水平”和“个人评价”栏目

## 3.5.2　美化个人简历

本节主要是对上一节制作出来的表格进行美化。

01 选中所有包含文本的单元格，然后打开【开始】选项卡，在【字体】组中设置文本的字体为【华文中宋】，字号为【小四】，如图3-73所示。

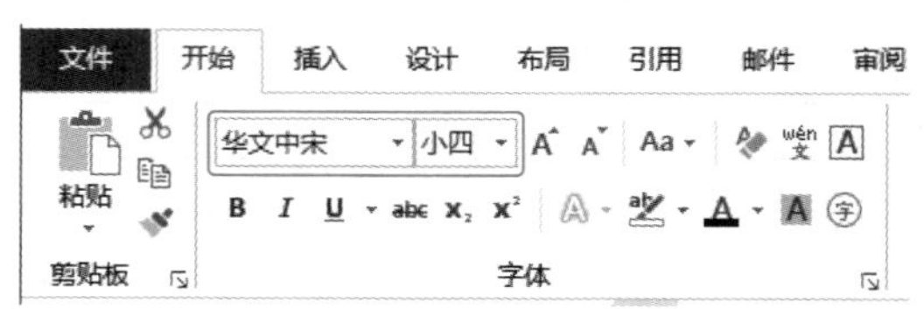


图 3-73　设置文本格式

02 设置单元格的行高和列宽。选中“姓名”～“求职意向”表格行，右击，从弹出的快捷菜单中选择【表格属性】命令，如图3-74所示。

03 打开【表格属性】对话框，切换到【行】选项卡，在【尺寸】选项区域中，选中【指定高度】复选框，设置【指定高度】和【行高值是】选项的值，如图3-75所示。然后切换到【列】选项卡，设置列的宽度，设置方法与行高的设置方法相同，如图3-76所示。

图 3-74 选择命令

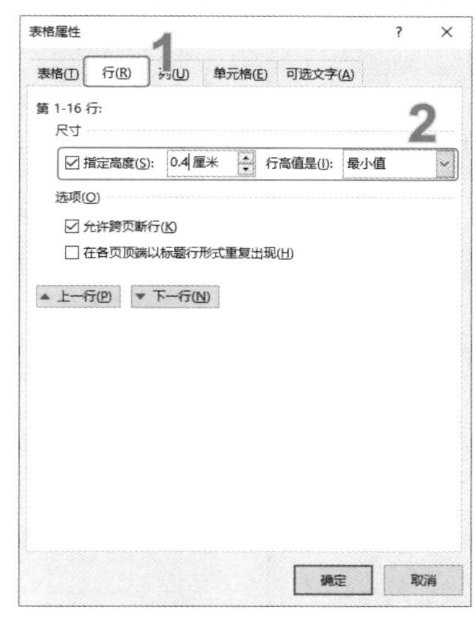


图 3-75 设置行高

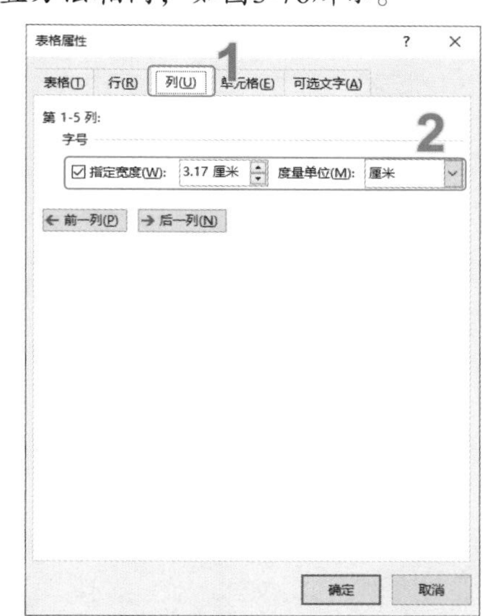


图 3-76 设置列宽

04 此时的表格效果如图3-77所示。接着为表格添加标题“个人简历”，应用“标题1”样式，效果如图3-78所示。

| 姓 名 | | 籍 贯 | | 相 片 |
|---|---|---|---|---|
| 性 别 | | 工作经验 | | |
| 民 族 | | 政治面貌 | | |
| 身份证号 | | 住 址 | | |
| 联系电话 | | E-mail | | |
| 专 业 | | 学 历 | | |
| 求职意向 | | 期望薪资 | | |
| 工作技能 | | | | |
| 项目经验 | | | | |
| 教育背景（专科以上） | 起止时间 | 就读院校 | 专业/学位 | |
| | | | | |
| | | | | |
| | | | | |
| | | | | |
| 外语水平 | | | | |
| 个人评价 | | | | |

图 3-77 表格效果

个人简历

| 姓 名 | | 籍 贯 | | 相 片 |
|---|---|---|---|---|
| 性 别 | | 工作经验 | | |
| 民 族 | | 政治面貌 | | |
| 身份证号 | | 住 址 | | |
| 联系电话 | | E-mail | | |
| 专 业 | | 学 历 | | |
| 求职意向 | | 期望薪资 | | |

图 3-78 添加标题

05 为表格内的文本添加底纹效果。选中所有含有文本的单元格，“相片”单元格除外。然后，打开【设计】选项卡，在【页面背景】组中单击【页面边框】按钮，打开【边框和底纹】对话框，按如图3-79所示进行设置，为单元格添加灰色底纹。单击【确定】按钮，表格效果如图3-80所示。本例就介绍到这里，感兴趣的读者可以再进一步美化个人简历的效果。

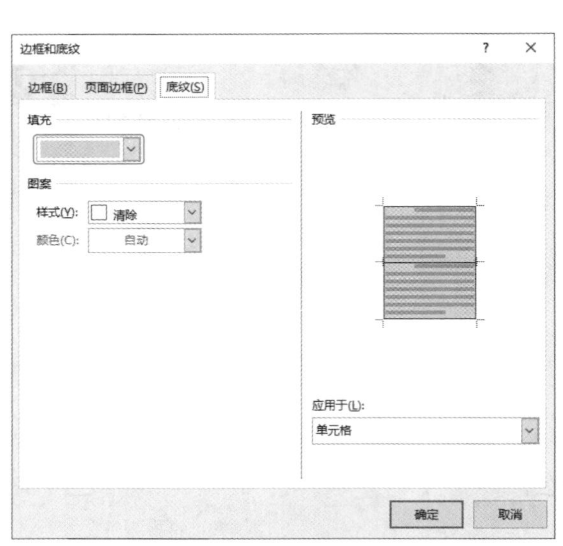


图 3-79 【边框和底纹】对话框

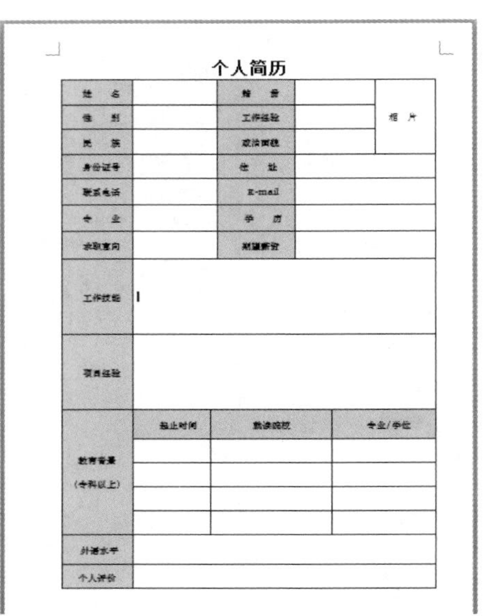


图 3-80 表格效果

# 3.6 习题

1. 创建如图3-81所示的“来宾登记簿”。
2. 为“来宾登记簿”套用表格样式，效果如图3-82所示。

来宾登记簿

| 来访日期 | | 来宾信息 | | 被访问人 | | | 离去时间 | 备注(携带物品) |
|---|---|---|---|---|---|---|---|---|
| 月日 | 时间 | 姓名 | 身份证号码 | 部门 | 姓名 | 访问事宜 | | |
| | | | | | | | | |
| | | | | | | | | |
| | | | | | | | | |
| | | | | | | | | |
| | | | | | | | | |
| | | | | | | | | |
| | | | | | | | | |
| | | | | | | | | |
| | | | | | | | | |
| | | | | | | | | |
| | | | | | | | | |
| | | | | | | | | |
| | | | | | | | | |

图 3-81 习题 1

来宾登记簿

| 来访日期 | | 来宾信息 | | 被访问人 | | | 离去时间 | 备注(携带物品) |
|---|---|---|---|---|---|---|---|---|
| 月日 | 时间 | 姓名 | 身份证号码 | 部门 | 姓名 | 访问事宜 | | |
| | | | | | | | | |
| | | | | | | | | |
| | | | | | | | | |
| | | | | | | | | |
| | | | | | | | | |
| | | | | | | | | |
| | | | | | | | | |
| | | | | | | | | |
| | | | | | | | | |
| | | | | | | | | |
| | | | | | | | | |
| | | | | | | | | |
| | | | | | | | | |

图 3-82 习题 2

# 第4章 图文混排

## 学习目标

通常情况下，文档内容不仅仅是纯文本，更多的是图片和文本混合。图片可提升文档的可读性。试想，如果一篇文章通篇只有文字，而没有任何修饰性的图片、图表、艺术字等内容，在阅读时不仅缺乏吸引力，而且会使读者阅读疲劳。在文章中适当地插入一些图片，可使文档生动有趣，还能帮助读者直观地理解文档内容。本章主要介绍Word的绘图和图形处理功能，从而实现文档的图文混排。

## 本章重点

- 插入和编辑图片
- 使用文本框
- 使用自选图形
- 使用艺术字
- 使用SmartArt图形
- 使用图表

# 4.1 使用图片

图片可以使文档变得更加美观和富有表现力。在Word文档中，不仅可以插入系统自带的联机图片，还可以从其他程序或位置导入图片，甚至可以使用屏幕截图功能直接从屏幕中截取画面插入文档。

## 4.1.1 插入联机图片

在Word文档中，可以插入必应联机图库中的图片，也可以插入OneDrive个人云盘中的图片。Word所提供的必应联机图片库内容非常丰富，能够表达不同的主题，适用于各类文档。

要插入联机图片，可以打开【插入】选项卡，在【插图】组中单击【图片】按钮，从弹出的下拉菜单中选择【联机图片】选项，如图4-1(a)所示，打开【插入图片】窗格，如图4-1(b)所示，单击【必应图像搜索】文本框右侧的放大镜按钮，搜索必应联机图库中的所有图片，打开【联机图片】窗格，按分类显示图片，如图4-1(c)所示。选择需要的图片分类，Office搜索该分类的图片，选择所需图片，单击【插入】按钮。这里需要注意的是，若在【必应图像搜索】文本框中输入要查找的图片名称，再单击放大镜按钮，Word会直接查找必应联机图库中相应的图片并显示出来，而不是显示图片分类。

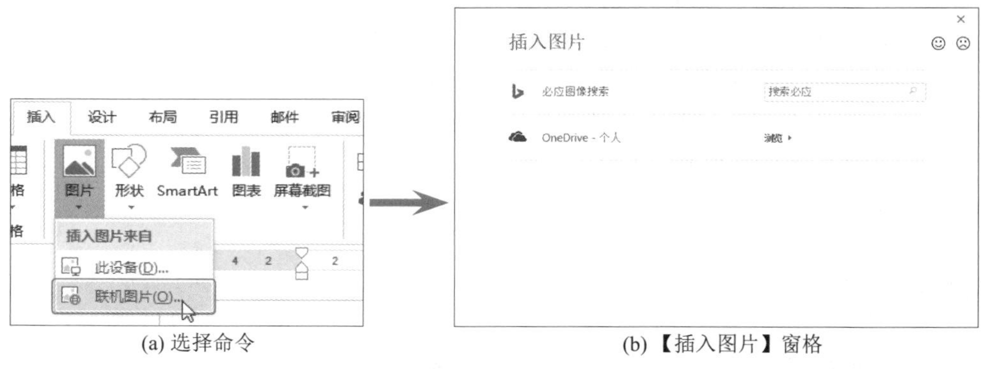


(a) 选择命令　　　　(b) 【插入图片】窗格

(c) 搜索图片

图 4-1　打开【联机图片】窗格并搜索图片

【例4-1】 插入联机图片。 视频

01 启动Word，打开一个空白文档。

**02** 打开【插入】选项卡，在【插图】组中单击【图片】按钮，从打开的下拉菜单中选择【联机图片】命令，打开【插入图片】窗格，在【必应图像搜索】文本框中输入“飞机”，单击放大镜按钮，即可开始搜索必应联机图片文件，如图4-2所示。

**03** 搜索完毕后，将在其下的列表框中显示搜索结果，选中需要插入的联机图片，单击【插入】按钮，即可将图片插入文档中的光标处，如图4-3所示。

**04** 按Ctrl+S快捷键，保存文档。

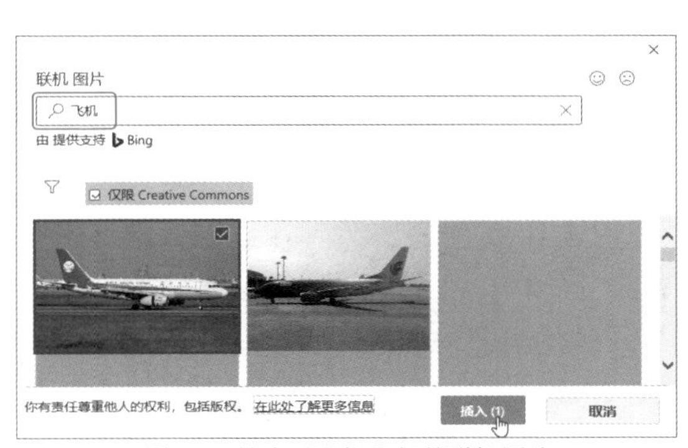


图 4-2　搜索“飞机”相关联机图片

图 4-3　插入联机图片

## 4.1.2　插入来自文件的图片

在文档中除了可以插入联机图片，还可以从磁盘的其他位置选择要插入的图片。这些图片可以是Windows的标准BMP位图，也可以是其他应用程序所创建的图片，如CorelDRAW的CDR格式的矢量图片、JPEG压缩格式的图片、TIFF格式的图片等。

打开【插入】选项卡，在【插图】组中单击【图片】按钮，从打开的下拉菜单中选择【此设备】命令，打开【插入图片】对话框，如图4-4所示，在其中选择要插入的图片，单击【插入】按钮，即可将图片插入文档中。

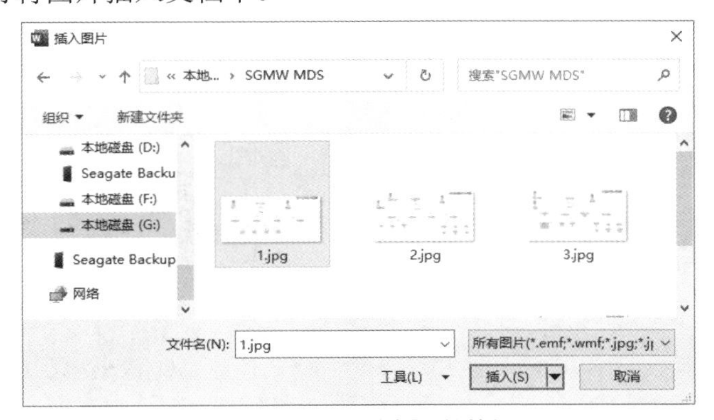


图 4-4　【插入图片】对话框

**提示**

在Word中可以一次插入多幅图片，在打开的【插入图片】对话框中，使用Shift或Ctrl键配合选择多幅图片，再单击【插入】按钮。

【例4-2】 插入图片。 视频

01 启动Word，将插入点定位到要插入图片的位置。

02 打开【插入】选项卡，在【插图】组中单击【图片】按钮，从弹出的下拉菜单中选择【此设备】命令，打开【插入图片】对话框。

03 找到要插入的图片，选中图片，单击【插入】按钮，即可将图片插入文档中，如图4-5所示。

04 在快速访问工具栏中单击【保存】按钮，保存文档。

图 4-5　在文档中插入来自文件的图片

## 4.1.3　插入屏幕截图

如果需要在Word文档中插入屏幕图像，则可以使用Word提供的屏幕截图功能来实现。打开【插入】选项卡，在【插图】组中单击【屏幕截图】按钮，从弹出的菜单中选择【屏幕剪辑】选项，进入屏幕截图状态，拖动鼠标指针截取图片区域即可，如图4-6所示。

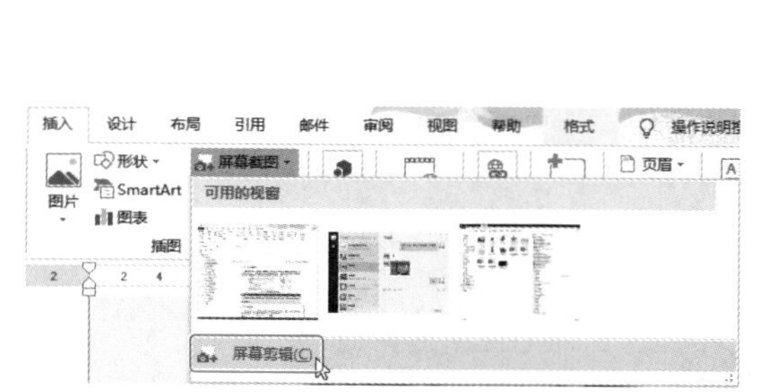

图 4-6　使用屏幕截图功能截取图片

**提示**

在【插图】组中单击【屏幕截图】按钮，在【可用的视图】列表中选择一个窗口，即可在文档插入点处插入所截取的窗口图片。

### 4.1.4 编辑图片

插入图片后，Word会自动打开【图片工具】的【格式】选项卡，如图4-7所示，使用相应的功能工具按钮，可以设置图片的颜色、大小、版式和样式等。

图 4-7 【图片工具】的【格式】选项卡

**【例4-3】** 编辑图片。 视频

01 启动Word，打开文档，插入一张图片。

02 选中图片，打开【图片工具】的【格式】选项卡，在【大小】组中的【高度】和【宽度】微调框中调整图片的高度和宽度，如图4-8所示，按Enter键，即可自动调整图片的宽度和高度。

03 在【图片样式】组中单击【其他】按钮，从弹出的下拉样式表中选择图片样式，如图4-9所示。

裁剪
高度: 7.59 厘米
宽度: 14.06 厘米
大小

图 4-8 调整图片的大小

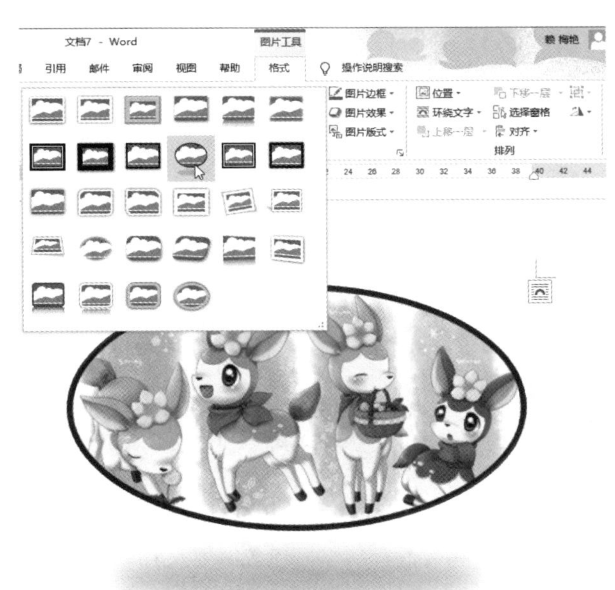

图 4-9 设置图片的样式

04 在【排列】组中，单击【环绕文字】按钮，从弹出的下拉列表中选择【浮于文字上方】命令，设置图片的环绕方式，如图4-10所示。

05 将鼠标指针移至图片上，待鼠标指针变为✥形状时，按住鼠标左键不放，即可将图片拖动到文档的合适位置，如图4-11所示。

图 4-10　设置图片的环绕方式

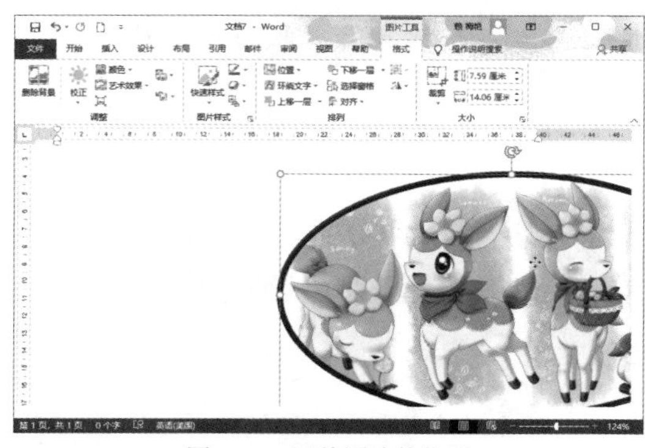

图 4-11　调整图片的位置

06 选择【插入】|【文本框】|【绘制横排文本框】命令，在图片上绘制横排文本框，然后输入文本，效果如图4-12所示。

07 选中文档中的背景图片，打开【图片工具】的【格式】选项卡，在【大小】组中单击【裁剪】下拉按钮，从弹出的下拉菜单中选择【裁剪为形状】|【心形】选项，如图4-13所示，可将该图片裁剪为【心形】形状。

图 4-12　绘制文本框

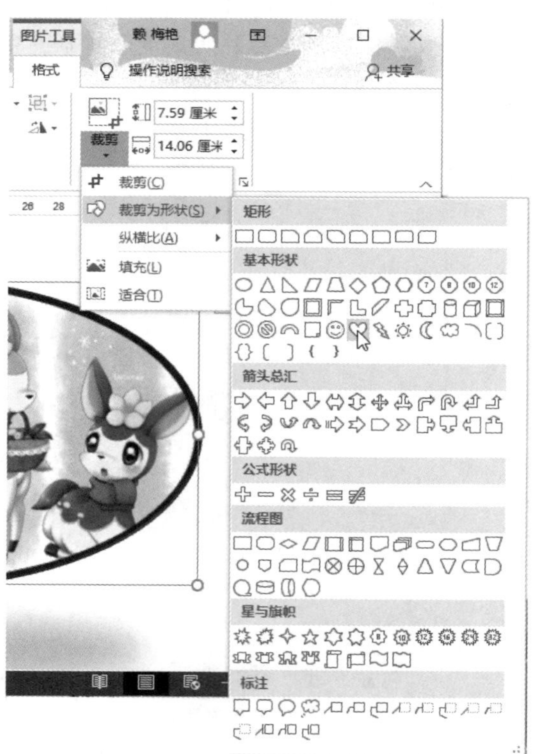


图 4-13　裁剪图片

**知识点**

使用【裁剪为形状】命令并不是对图片进行真正的裁剪，如果应用了一次此命令的图片，再应用第二个裁剪形状后，第一个裁剪形状效果会丧失。如果想真正达到图片裁剪的目的，可以直接单击【裁剪】按钮，此时图片将进入裁剪状态，在图片边缘出现裁剪手柄，拖动图片边缘的裁剪手柄，向要裁剪的方向拖动进行裁剪，然后释放鼠标，即可完成裁剪图片操作。

08 保持选中图片，打开【图片工具】的【格式】选项卡，在【调整】组中单击【颜色】下拉按钮，如图4-14所示，从弹出的列表中选择一种颜色饱和度和色调，效果如图4-15所示。

图 4-14　选择颜色饱和度和色调

图 4-15　为图片设置颜色饱和度和色调

09 在快速访问工具栏中单击【保存】按钮，保存文档。

**提示**

如果想要对图片进行旋转，可以在【格式】选项卡的【排列】组中单击【旋转】按钮，从弹出的菜单中可以选择图片的旋转角度。另外，在弹出的菜单中选择【其他旋转选项】命令，打开【布局】对话框的【大小】选项卡，在【旋转】微调框中可以更准确地设置旋转角度，这里的角度以顺时针方向计算。

## 4.2　使用艺术字

当制作诸如用于品牌宣传的一些文档时，常常需要插入一些酷炫字体，这时候Word提供的常规字体库并不能完全满足，如当需要艺术风格字体时，常规字体库就无法实现这样的效果。Word提供了艺术字功能，可以在文档中插入艺术字，需要强调突出的内容可以用艺术字表达出来。

### 4.2.1 插入艺术字

在Word中可以插入系统预定义的艺术字，操作方法为：打开【插入】选项卡，在【文本】组中单击【艺术字】按钮，在弹出的面板中选择样式即可，如图4-16所示。

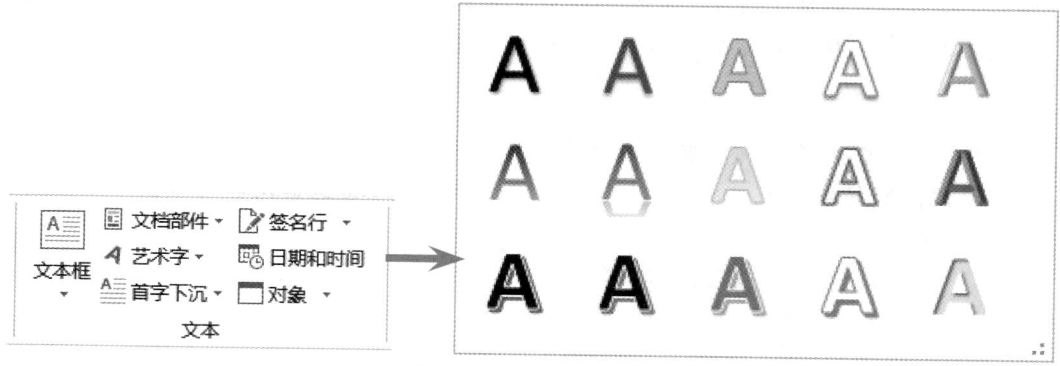


图 4-16 打开艺术字面板

【例4-4】 插入艺术字。 视频

01 启动Word，打开文档。

02 定位到需要插入艺术字的位置，打开【插入】选项卡，在【文本】组中单击【艺术字】按钮，在弹出的面板中选择需要的艺术字样式，如图4-17所示。

03 在如图4-18所示的提示文本“请在此放置您的文字”处输入文本。

04 输入文本内容后保存文档。

图 4-17 选择艺术字样式

图 4-18 提示文本

### 4.2.2 编辑艺术字

选中艺术字，系统自动打开【绘图工具】的【格式】选项卡，如图4-19所示。使用该选项卡，可以设置艺术字的样式、填充效果等，还可以对艺术字进行大小调整、旋转，或添加阴影、三维效果等。

图 4-19 【绘图工具】的【格式】选项卡

【例4-5】编辑艺术字。视频

01 启动Word，打开前面保存有艺术字的文档。

02 选中艺术字，打开【绘图工具】的【格式】选项卡，在【艺术字样式】组中单击【文本效果】按钮，从弹出的菜单中选择【映像】|【映像变体】|【紧密映像，接触】选项，为艺术字应用该映像效果，效果如图4-20所示。

图 4-20 设置艺术字映像效果

03 在【艺术字样式】组中单击【文本效果】按钮，从弹出的菜单中选择【转换】|【弯曲】|【腰鼓】选项，为艺术字应用效果，如图4-21所示。

图 4-21 设置艺术字效果

04 在快速访问工具栏中单击【保存】按钮保存文档。

**知识点**

在【绘图工具】的【格式】选项卡的【艺术字样式】组中单击【文本填充】按钮，可以选择使用纯色、图片或纹理填充文本；单击【文本轮廓】按钮，可以设置文本轮廓的颜色、宽度和线型；单击【文本效果】按钮，可以给艺术字的文本内容添加阴影、三维、发光等效果。另外，在【形状样式】组中单击【形状效果】按钮，可以为艺术字的形状设置阴影、三维和发光等效果；单击【形状填充】按钮，可以为艺术字的形状设置填充色；单击【形状轮廓】按钮，可以为艺术字的形状设置轮廓效果。

# 4.3 使用SmartArt图形

Word提供了SmartArt图形功能，用来说明各种概念性的内容。使用该功能，可以轻松地制作各种流程图，如层次结构图、矩阵图、关系图等，从而使文档更加形象、生动。

## 4.3.1 插入SmartArt图形

SmartArt图形用于在文档中演示流程、层次结构、循环和关系等。打开【插入】选项卡，在【插图】组中单击SmartArt按钮，打开【选择SmartArt图形】对话框，如图4-22所示，在右侧的列表框中选择合适的类型即可。

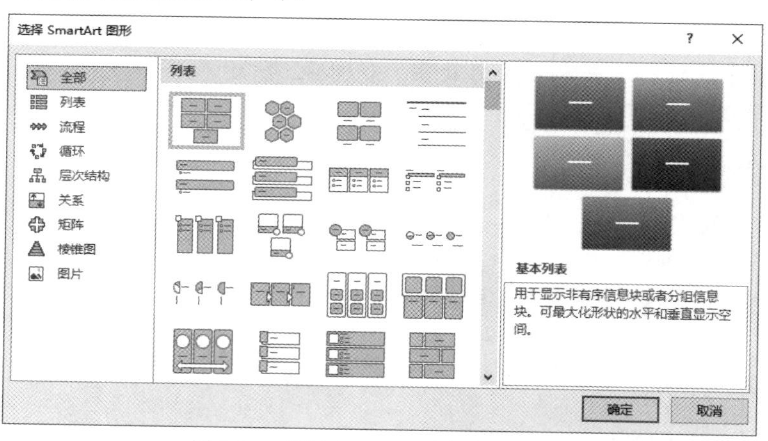


图 4-22 【选择 SmartArt 图形】对话框

在【选择SmartArt图形】对话框中，列出了以下几种SmartArt图形类型。

- 列表：显示无序信息。
- 流程：在流程或时间线中显示步骤。
- 循环：显示连续的流程。
- 层次结构：创建组织结构图，显示决策树。
- 关系：对连接进行图解。
- 矩阵：显示各部分如何与整体关联。
- 棱锥图：显示与顶部或底部最大一部分之间的比例关系。

- 图片：用于显示非有序信息块或者分组信息块。可最大化形状的水平和垂直显示空间。

【例4-6】 插入SmartArt图形。 视频

01 启动Word，打开文档。

02 打开【插入】选项卡，在【插图】组中单击SmartArt按钮，打开【选择SmartArt图形】对话框。

03 打开【列表】选项卡，在右侧的列表框中选择【垂直V形列表】选项，单击【确定】按钮，如图4-23所示。

04 此时即可在文档中插入具有【垂直V形列表】样式的SmartArt图形，如图4-24所示，并同时打开【SmartArt工具】的【设计】和【格式】选项卡。

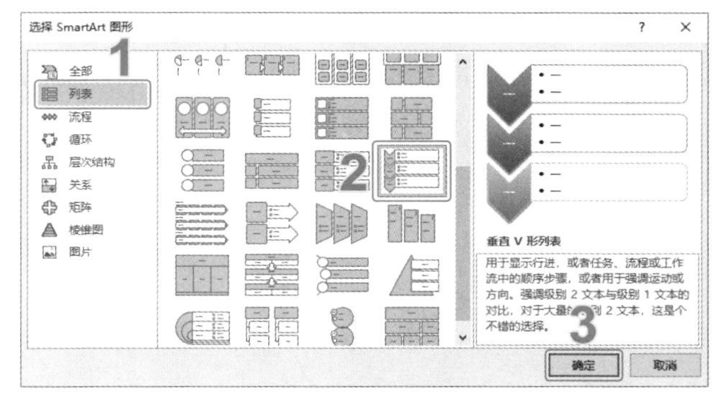


图4-23　选择SmartArt图形样式

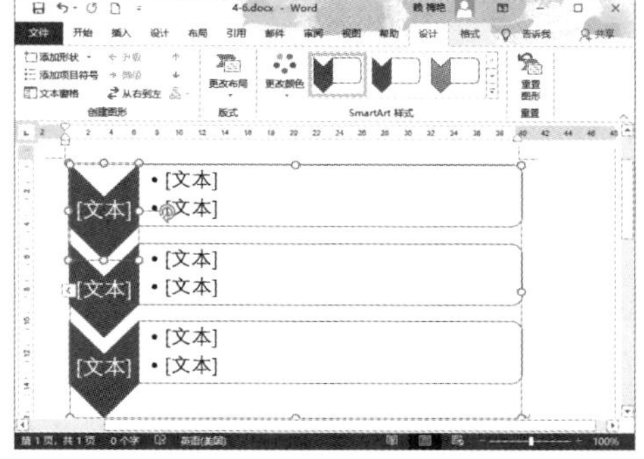


图4-24　插入SmartArt图形

05 可以在“[文本]”占位符中直接输入文本；也可以右击SmartArt图形，选择【显示文本窗格】命令，在打开的文本窗格中输入文本。文本效果如图4-25所示。

06 在快速访问工具栏中单击【保存】按钮，保存文档。

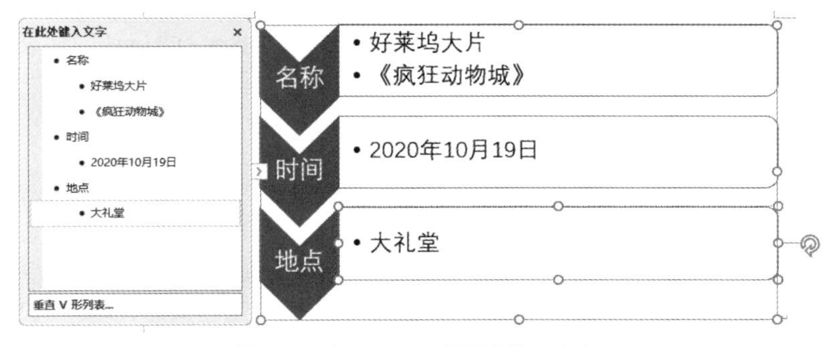


图4-25　在SmartArt图形中输入文字

## 4.3.2　编辑SmartArt图形

插入SmartArt图形后，如果对预设的效果不满意，则可以在如图4-26所示的【SmartArt工具】的【设计】和【格式】选项卡中对其进行编辑操作，如对文本的编辑、添加和删除形状、套用形状样式等。

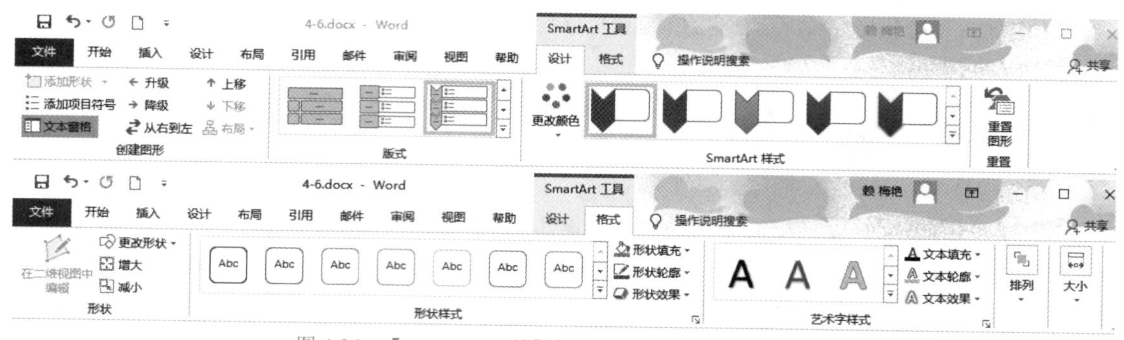

图 4-26 【SmartArt 工具】的【设计】和【格式】选项卡

【例4-7】 编辑SmartArt图形。 视频

01 启动Word，打开包含SmartArt图形的文档。

02 插入艺术字“影讯”。选中SmartArt图形，并在其上右击，在弹出的快捷菜单中选择【环绕文字】|【浮于文字上方】命令，如图4-27所示，即可设置SmartArt图形浮于艺术字上方。

图 4-27 将 SmartArt 图形置于艺术字上层

**提示**

右击【[文本]】占位符，在弹出的快捷菜单中选择【添加形状】|【在后面添加形状】或【在前面添加形状】命令，即可在该占位符后面或前面添加一个形状。另外，打开【SmartArt工具】的【设计】选项卡，在【创建图形】组中单击【添加形状】按钮，从弹出的菜单中选择相应的命令，同样可以实现形状的添加操作。

03 将鼠标指针移至“影讯”艺术字上，待鼠标指针变为形状时，按住鼠标左键不放，向文档中部进行拖动，拖动到合适位置后释放鼠标，即可调节艺术字的位置，如图4-28所示。

04 选中SmartArt图形，打开【SmartArt工具】的【设计】选项卡，在【SmartArt样式】组中单击【更改颜色】按钮，在打开的颜色列表中选择颜色选项，为图形更改颜色，如图4-29所示。

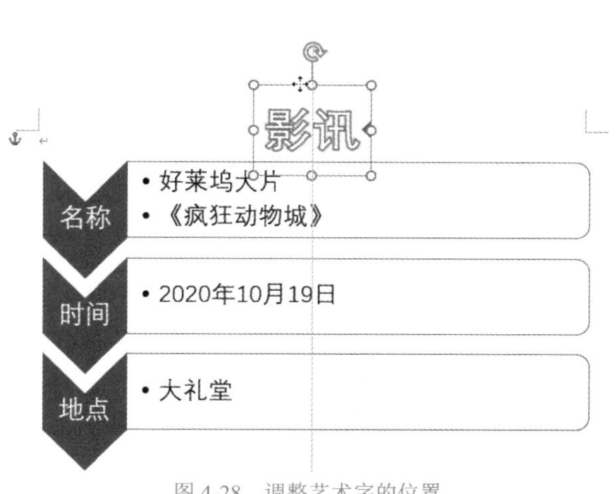

图 4-28 调整艺术字的位置

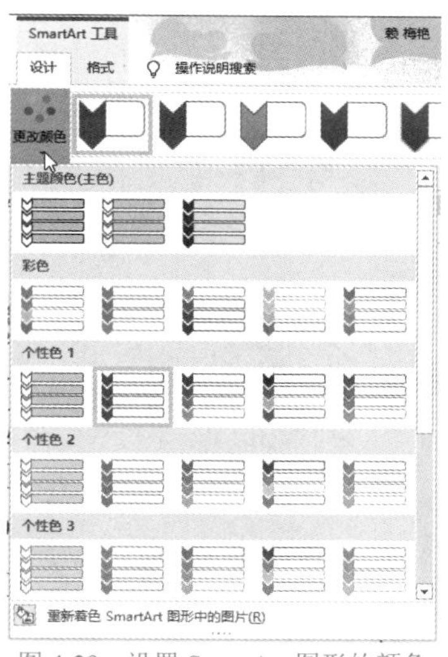


图 4-29 设置 SmartArt 图形的颜色

05 打开【SmartArt工具】的【格式】选项卡，在【艺术字样式】组中单击【其他】按钮，打开艺术字样式面板，选择样式，为SmartArt图形中的文本应用该艺术字样式，如图4-30所示。

06 本例最终效果如图4-31所示。在快速访问工具栏中单击【保存】按钮，保存文档。

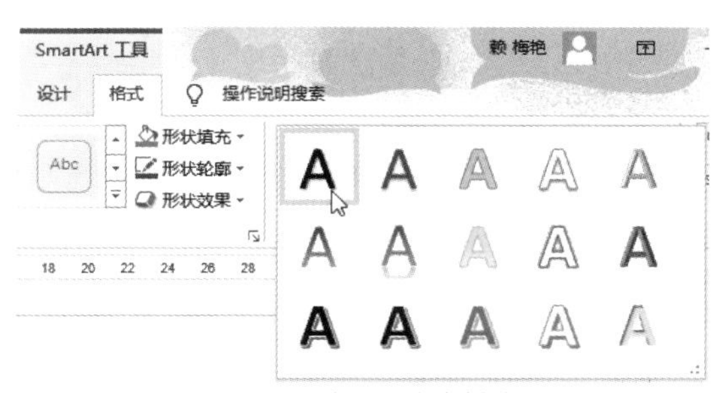


图 4-30 应用艺术字样式

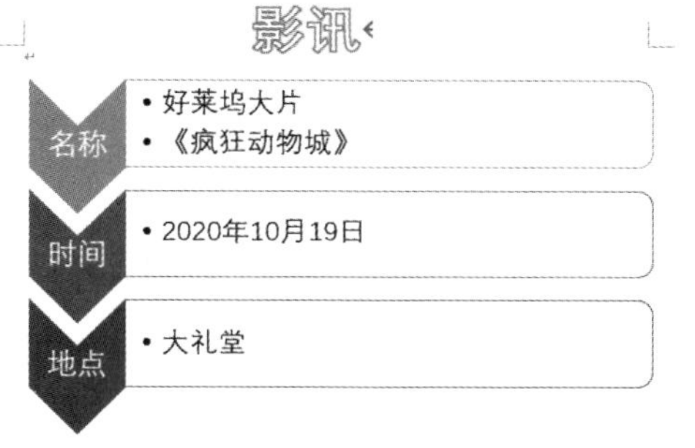


图 4-31 最终效果

**知识点**

如果对SmartArt图形的样式和效果的设置不满意，可以打开【SmartArt工具】的【设计】选项卡，在【重置】组中单击【重置图形】按钮，恢复原来的图形样式和颜色等效果。

## 4.4 使用自选图形

Word提供了一套可用的自选图形，包括直线、箭头、流程图、星与旗帜、标注等。在文档中，用户可以使用这些形状灵活地绘制出各种图形。

## 4.4.1 绘制自选图形

使用Word所提供的功能强大的绘图工具，可以方便地制作各种图形及标志。打开【插入】选项卡，在【插图】组中单击【形状】下拉按钮，在弹出的下拉列表中选择需要绘制的形状，当鼠标指针变为十字形状时，按住鼠标左键拖动，即可绘制出相应的形状，如图4-32所示。

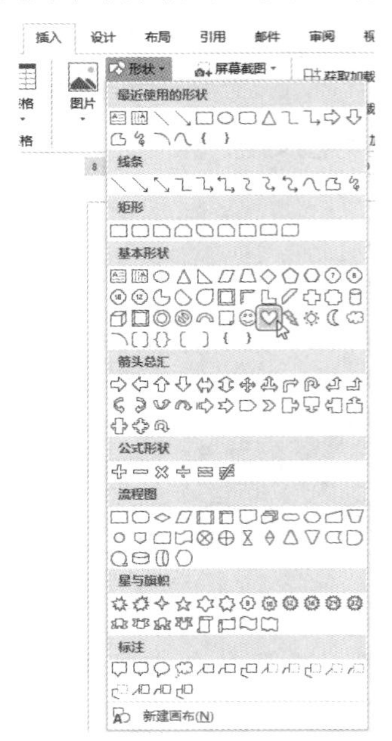


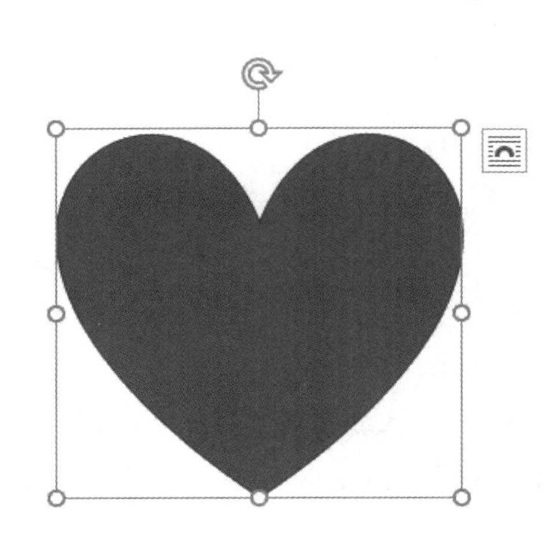

图 4-32　绘制形状

【例4-8】 绘制自选图形。 视频

01 新建一个文档。

02 打开【插入】选项卡，在【插图】组中单击【形状】下拉按钮，从弹出的下拉列表的【基本形状】区域中选择【笑脸】选项，如图4-33所示。

03 将鼠标指针移至文档中，按住鼠标左键并拖动绘制自选图形，效果如图4-34所示。

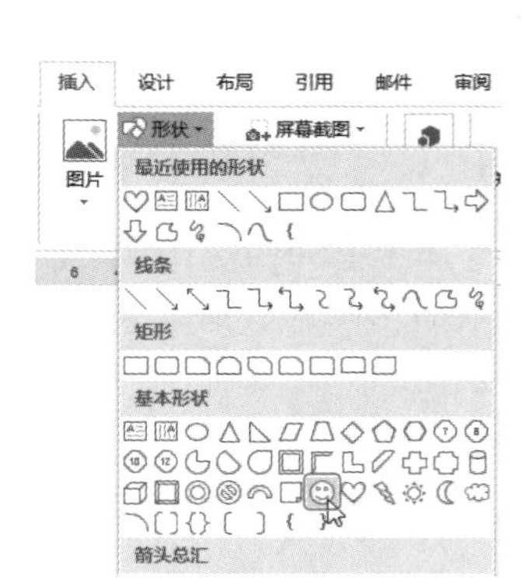


图 4-33　选择【笑脸】选项

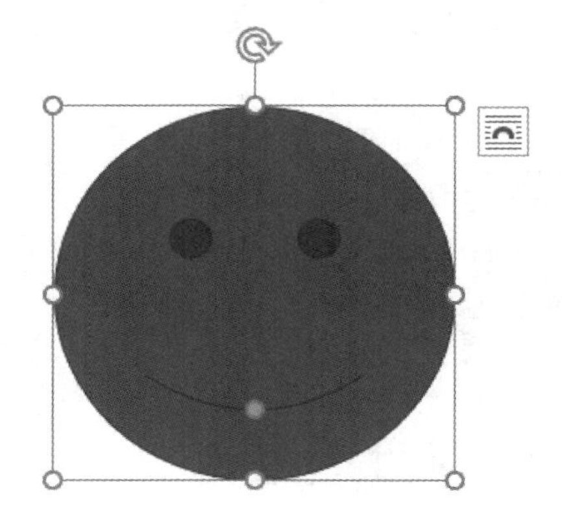

图 4-34　绘制出【笑脸】图形

**04** 选中自选图形并右击，从弹出的快捷菜单中选择【环绕文字】|【浮于文字上方】命令，如图4-35所示。也可以在选中自选图形后单击出现的【布局选项】按钮进行选择。

**05** 选中自选图形，打开【绘图工具】的【格式】选项卡，在【形状样式】组中展开样式列表框，从中选择一种样式，如图4-36所示。

**06** 在快速访问工具栏中单击【保存】按钮，保存文档。

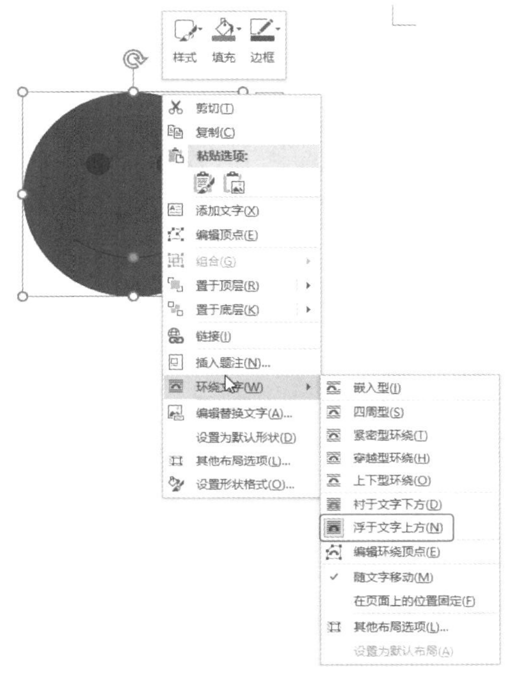


图4-35　选择命令

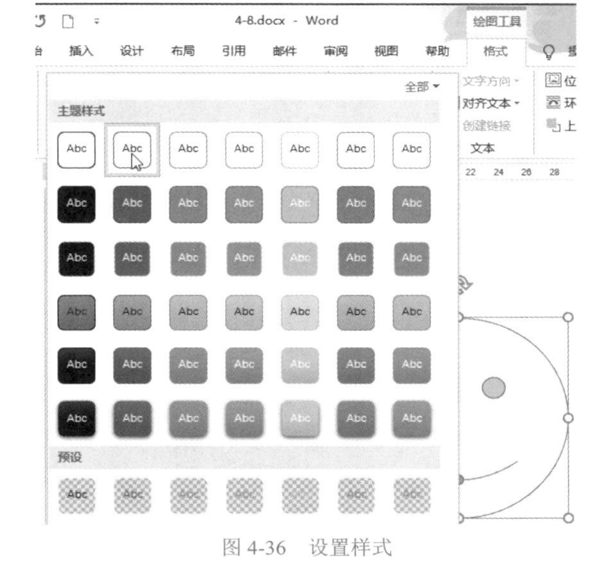


图4-36　设置样式

## 4.4.2　编辑自选图形

实际应用中可能需要反复编辑自选图形，直到效果满足需求为止。要编辑自选图形，可以使用【绘图工具】的【格式】选项卡中相应功能的工具按钮，对自选图形的形状大小和位置进行调整，设置填充颜色和效果，修改样式等。

【例4-9】 编辑自选图形。 视频

**01** 启动Word，打开包含自选图形的文档。

**02** 选中自选图形，打开【绘图工具】的【格式】选项卡，在【形状样式】组中单击【其他】按钮，从弹出的列表框中选择如图4-37所示的选项，为自选图形应用该样式，效果如图4-38所示。

**03** 选中自选图形，打开【绘图工具】的【格式】选项卡，在【形状样式】组中单击【形状效果】下拉按钮，从弹出的菜单中选择【阴影】|【外部】|【偏移：左】选项，如图4-39所示。

**04** 应用该样式后，效果如图4-40所示。在快速访问工具栏中单击【保存】按钮，保存文档。

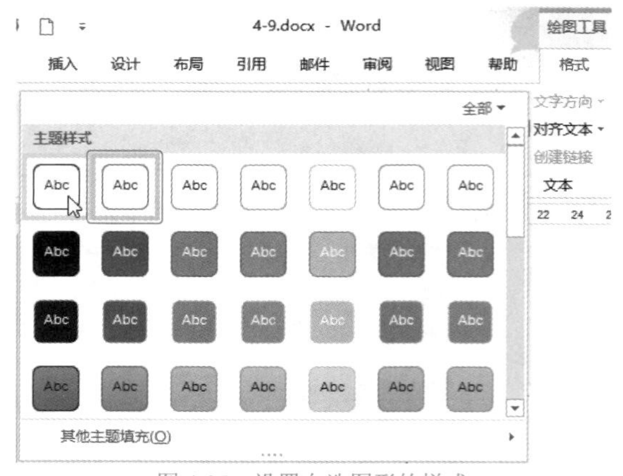

图 4-37　设置自选图形的样式

图 4-38　设置样式后的效果

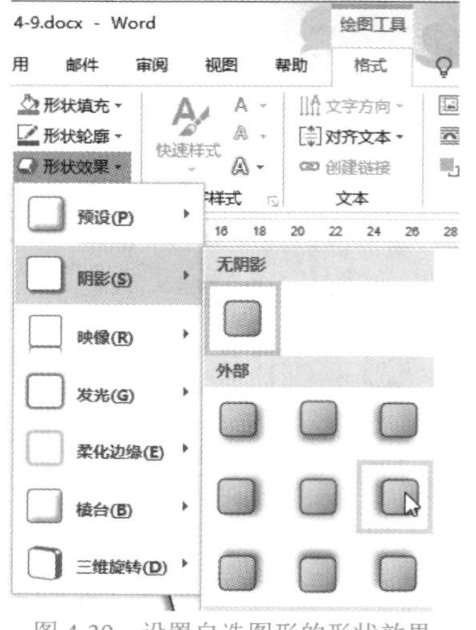

图 4-39　设置自选图形的形状效果

图 4-40　设置形状效果后的效果

## 4.5　使用文本框

文本框是一种图形对象，它作为存放文本或图形的容器，可置于页面中的任何位置，并可随意调整大小。在Word中，文本框用来插入文本和图形，并且可以对其进行一些特殊的处理，如设置边框、颜色、排版位置等。

### 4.5.1　插入内置文本框

Word提供了44种内置文本框，例如，简单文本框、边线型提要栏和大括号型引述等。通过使用这些内置文本框，可快速制作所需的文档，提高了办公效率。

打开【插入】选项卡，在【文本】组中单击【文本框】下拉按钮，从弹出的列表框中选择一种内置的文本框样式，即可快速将其插入文档的指定位置，如图4-41所示。

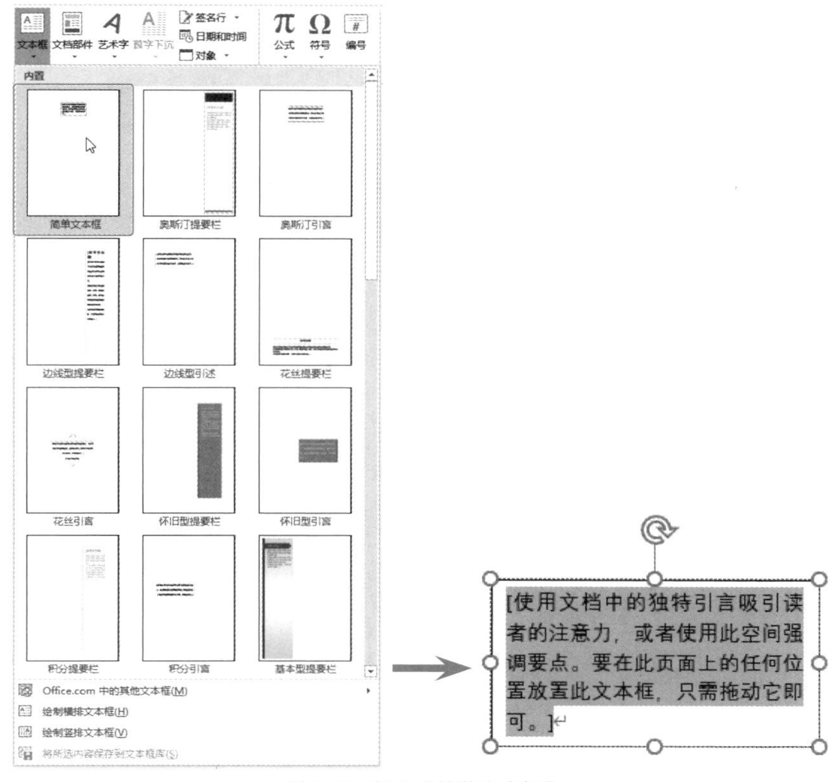


图 4-41　插入【简单文本框】

**提示**

插入内置文本框后，程序会自动选中文本框中的文本，此时输入文本，即可在文本框插入文本内容，无须手动去选取文本。

## 4.5.2　绘制文本框

除了可以通过内置的文本框插入文本框外，还可以手动绘制横排或竖排文本框。

打开【插入】选项卡，在【文本】组中单击【文本框】按钮，从弹出的下拉菜单中选择【绘制横排文本框】或【绘制竖排文本框】命令，当鼠标指针变为十字形状时，在文档的适当位置按住左键不放并拖动鼠标到目标位置，释放鼠标，即可绘制出一个文本框。

**【例4-10】** 插入文本框。视频

01 启动Word，打开文档。

02 打开【插入】选项卡，在【文本】组中单击【文本框】按钮，从弹出的菜单中选择【绘制横排文本框】命令，将鼠标移动到合适的位置，当鼠标指针变成十字形状时，拖动鼠标指针绘制横排文本框，释放鼠标，完成横排文本框的绘制操作，如图4-42所示。

03 在文本框中闪烁的光标处输入文本，设置文本的对齐方式为居中，然后设置字体、字号，效果如图4-43所示。

图 4-42　绘制横排文本框

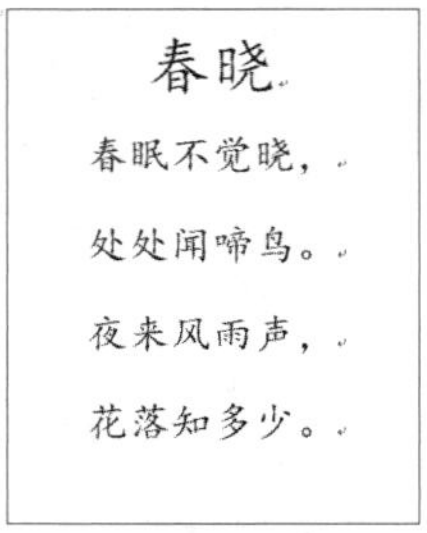

春晓

春眠不觉晓，

处处闻啼鸟。

夜来风雨声，

花落知多少。

图 4-43　设置横排文本框文本内容

04 打开【插入】选项卡，在【文本】组中单击【文本框】按钮，从弹出的菜单中选择【绘制竖排文本框】命令，拖动鼠标绘制出一个竖排文本框，如图4-44所示。

05 在竖排文本框中输入文本，并设置其对齐方式、字体、字号等，然后调整文本框的大小和位置，效果如图4-45所示。

06 在快速访问工具栏中单击【保存】按钮保存文档。

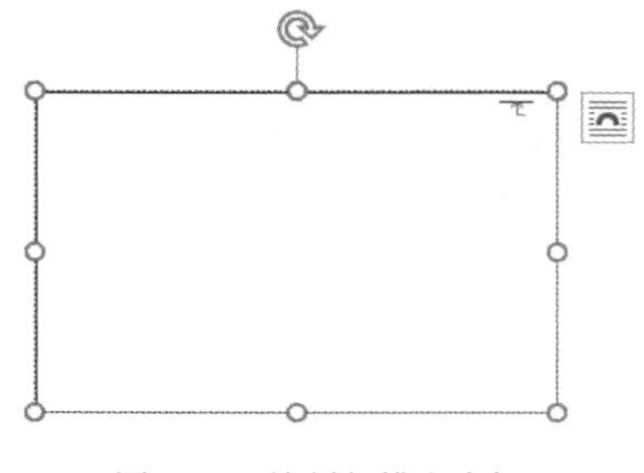

图 4-44　绘制竖排文本框

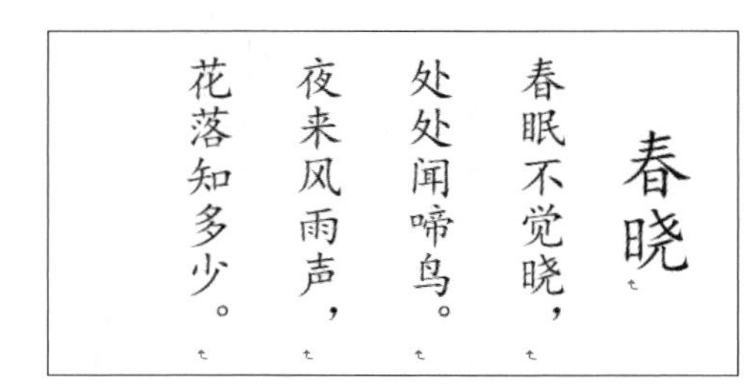


图 4-45　设置竖排文本框文本内容

**提示**

在绘制文本框后，选中文本框，此时文本框边框位置出现8个控制点，拖动这些控制点可以调整文本框的大小。另外，使用鼠标拖动法可以调整文本框的位置。

## 4.5.3　编辑文本框

绘制文本框后，会自动打开如图4-46所示的【绘图工具】的【格式】选项卡，使用该选项卡可以设置文本框的效果。

图 4-46　【绘图工具】的【格式】选项卡

文本框的编辑方法与图形对象的编辑方法类似，下面将通过示例来介绍如何编辑文本框。

【例4-11】 编辑文本框。 视频

01 启动Word，打开上一个文本框示例的文档。

02 选中横排文本框，打开【绘图工具】的【格式】选项卡，在【形状样式】组中单击【其他】按钮，在弹出的形状样式列表框中选择一种样式，如图4-47所示。

03 此时即可为文本框应用该形状样式，效果如图4-48所示。

**提示**

右击文本框，从弹出的快捷菜单中选择【设置形状格式】命令，打开【设置形状格式】对话框，在其中同样可以设置文本框的格式，如填充、线型、阴影、发光效果等。

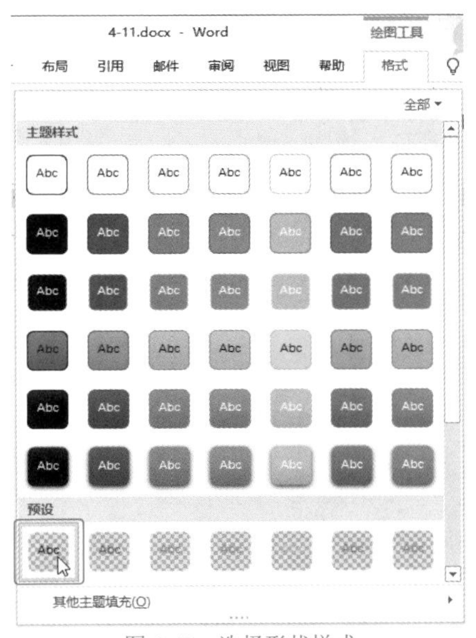


图 4-47 选择形状样式

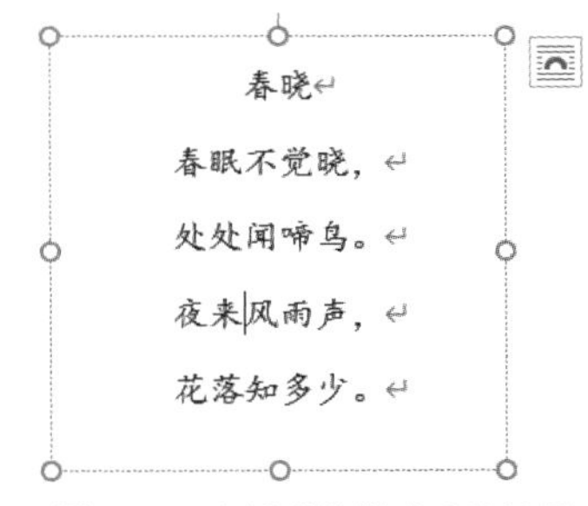


图 4-48 应用形状样式后的效果

04 选中竖排文本框，在【形状样式】组中单击【形状填充】按钮，从弹出的菜单中选择【无填充】选项；单击【形状轮廓】按钮，从弹出的菜单中选择【无轮廓】选项，快速为竖排文本框设置无填充颜色和无轮廓效果，如图4-49所示。

05 按Ctrl+S组合键，保存文档。

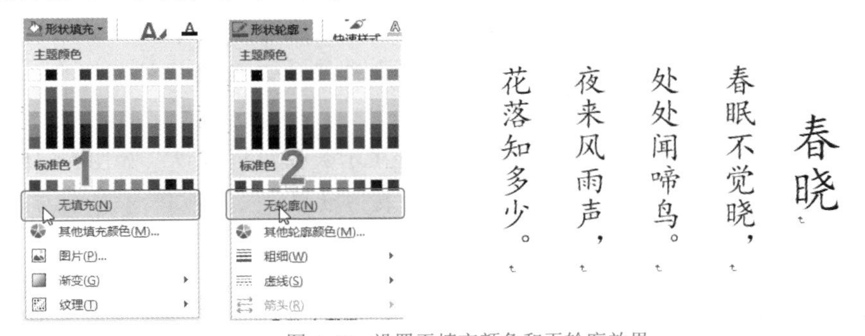


图 4-49 设置无填充颜色和无轮廓效果

# 4.6 使用图表

Word还提供了图表功能。与文本数据相比，图表更容易使读者理解文档要表达的内容。在文档中适当加入图表，可提升可阅读性，使文档更易于理解。

## 4.6.1 插入图表

Word为用户提供了大量预设的图表。使用它们，可以快速地创建常用图表。

要插入图表，可以打开【插入】选项卡，在【插图】组中单击【图表】按钮，打开【插入图表】对话框，如图4-50所示。在对话框左侧选择图表类型后，在对话框右侧选择一种图表，然后单击【确定】按钮，即可在文档中插入图表，同时会启动Excel应用程序，用于编辑图表中的数据，如图4-51所示。在表格中编辑数据的方法，用户可参考本书Excel 2016的介绍。

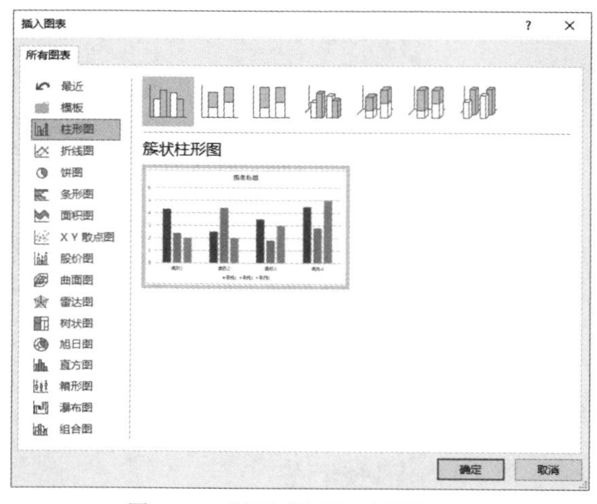


图 4-50 【插入图表】对话框

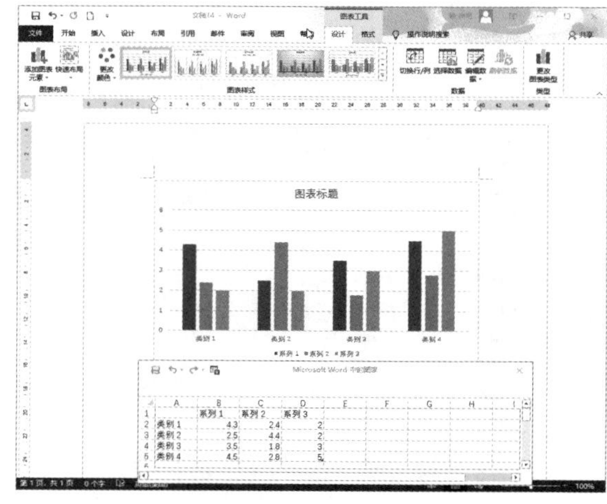


图 4-51 插入图表并启动 Excel 应用程序

【例4-12】创建图表。视频

01 启动Word，新建文档。

02 在文档中输入图表标题“员工销售业绩统计图”，设置样式为系统预设的样式“标题一”，居中对齐，如图4-52所示。

03 将插入点定位到下一行，打开【插入】选项卡，在【插图】组中单击【图表】按钮，打开【插入图表】对话框，在其右侧的列表框中选择【三维簇状柱形图】选项，单击【确定】按钮，如图4-53所示。

04 将图表插入文档中，Excel应用程序被打开，显示数据编辑窗口，如图4-54所示。

05 在Excel数据编辑窗口中输入如图4-55所示的表格数据。

**提示**

在编辑Excel数据表时，可以先在Word文档中插入表格并输入数据，然后将Word文档表格中的数据全部复制并粘贴到Excel表中的蓝色方框内，并通过拖动蓝色方框的右下角，调节区域大小，使之和数据范围一致。

**员工销售业绩统计图**

图 4-52 设置图表标题文字

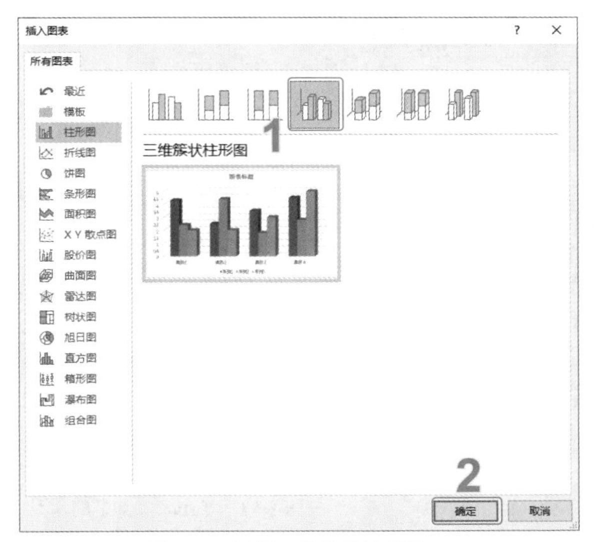


图 4-53 选择三维簇状柱形图

**员工销售业绩统计图**

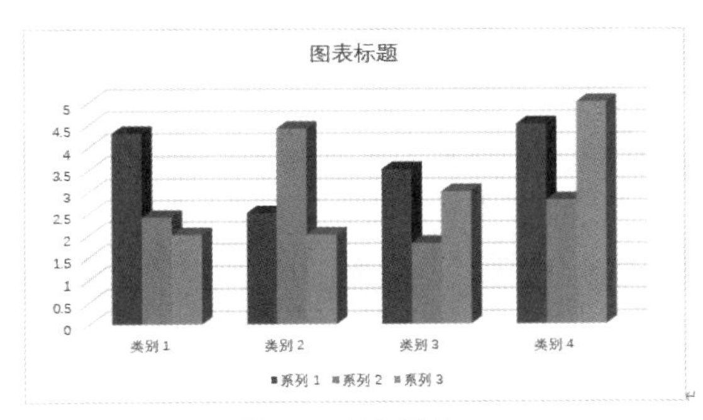


图 4-54 插入图表

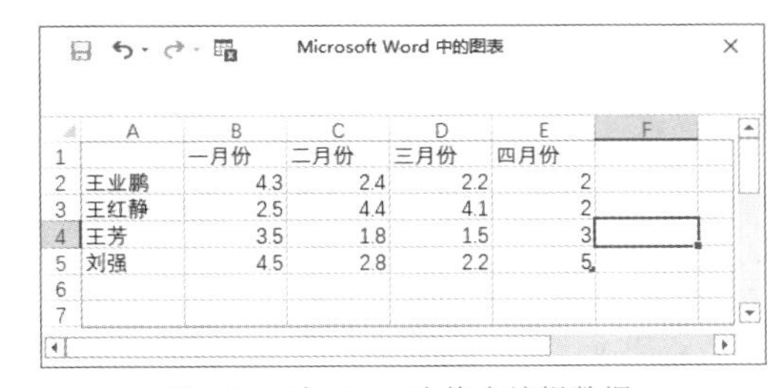
Microsoft Word 中的图表

| | A | B | C | D | E | F |
|---|---|---|---|---|---|---|
| 1 | | 一月份 | 二月份 | 三月份 | 四月份 | |
| 2 | 王业鹏 | 4.3 | 2.4 | 2.2 | 2 | |
| 3 | 王红静 | 2.5 | 4.4 | 4.1 | 2 | |
| 4 | 王芳 | 3.5 | 1.8 | 1.5 | 3 | |
| 5 | 刘强 | 4.5 | 2.8 | 2.2 | 5 | |
| 6 | | | | | | |
| 7 | | | | | | |

图 4-55 在 Excel 表格中编辑数据

06 单击【关闭】按钮，关闭Excel表格，在Word文档中即可看到随着表格数据更新的图表，效果如图4-56所示。

07 在快速访问工具栏中单击【保存】按钮保存文档。

**员工销售业绩统计图**

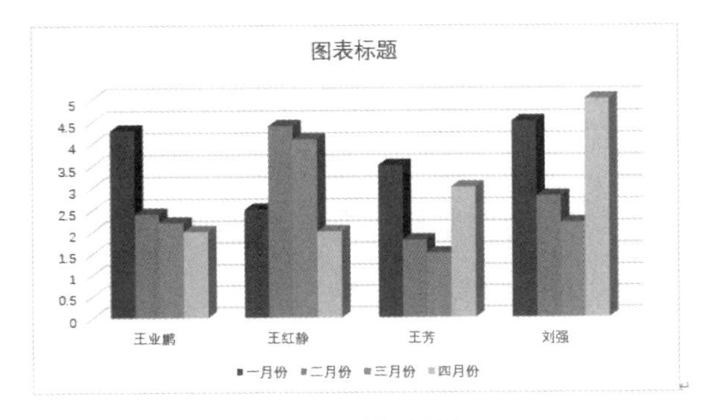


图 4-56 图表效果

## 4.6.2 编辑图表

选中图表，打开【图表工具】的【设计】和【格式】选项卡，如图4-57所示，通过命令按钮可以设置相应图表的样式、布局以及格式等。

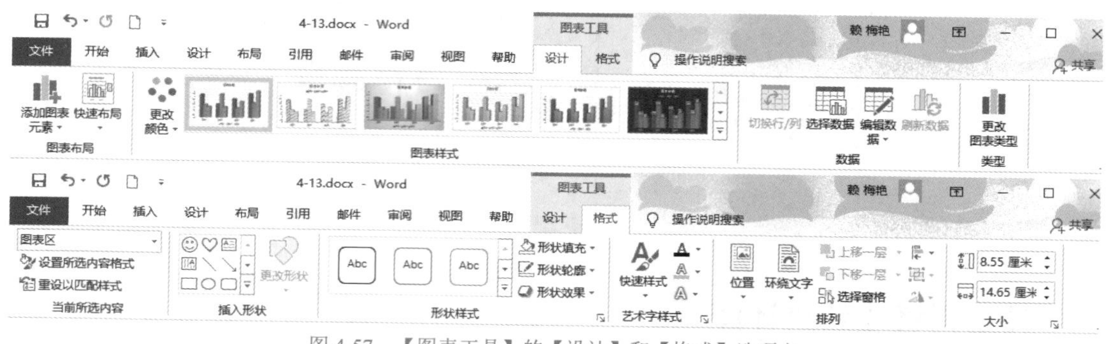

图 4-57 【图表工具】的【设计】和【格式】选项卡

【例4-13】 编辑图表。 视频

01 启动Word，打开4.6.1节创建的文档。

02 选定图表，双击“图表标题”，这时文本变成可编辑状态，输入图表的标题“2020年1-4月业绩统计”，如图4-58所示。

03 选定图表，双击右侧的“图表元素”按钮+，从弹出的菜单中选择【图表标题】|【居中覆盖】选项，如图4-58所示，图表标题将会居中覆盖在图表上。

员工销售业绩统计图

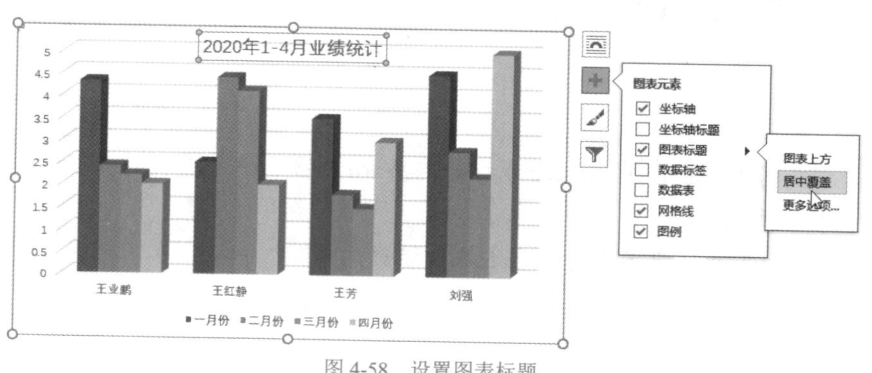


图 4-58 设置图表标题

04 选中图表，单击图表右上角出现的“图表元素”按钮+，选中【坐标轴标题】复选框，如图4-59所示。

05 将纵坐标轴标题设置为“月销售额（万元）”，横坐标轴标题设置为“月份”，如图4-60所示。

06 打开【图表工具】的【设计】选项卡，在【图表样式】组中单击【其他】按钮，在弹出的列表框中选择一种图表样式，为图表应用样式，如图4-61所示。

员工销售业绩统计图

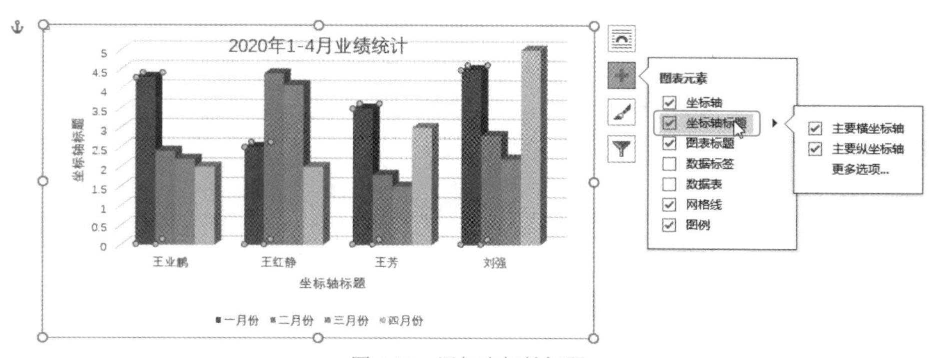


图 4-59 添加坐标轴标题

员工销售业绩统计图

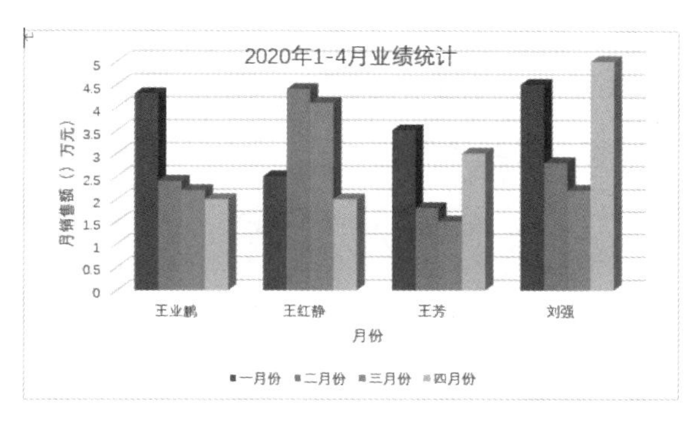


图 4-60 设置坐标轴标题

员工销售业绩统计图

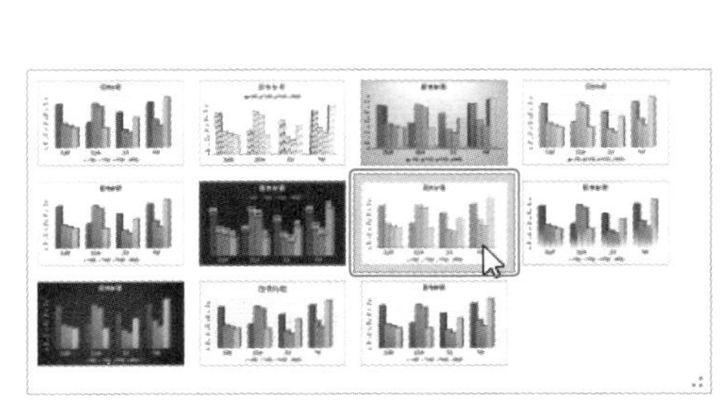

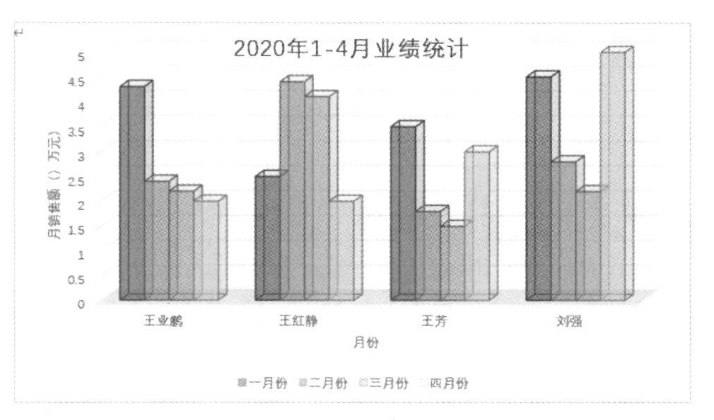


图 4-61 设置图表样式

07 打开【图表工具】的【格式】选项卡，在【形状样式】组中单击【其他】按钮，从弹出的列表框中选择形状样式，为图表应用形状样式，如图4-62所示。

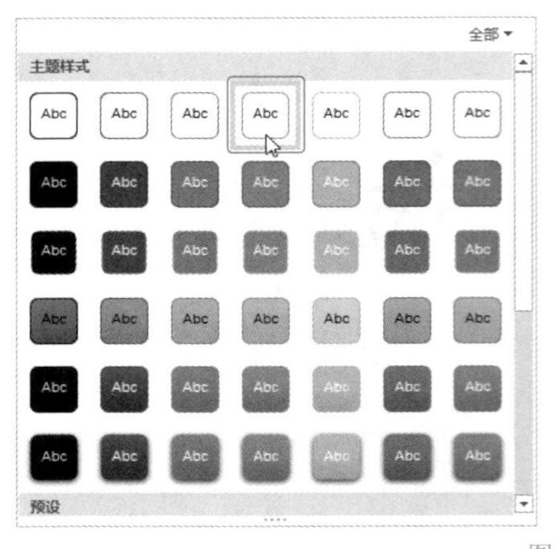


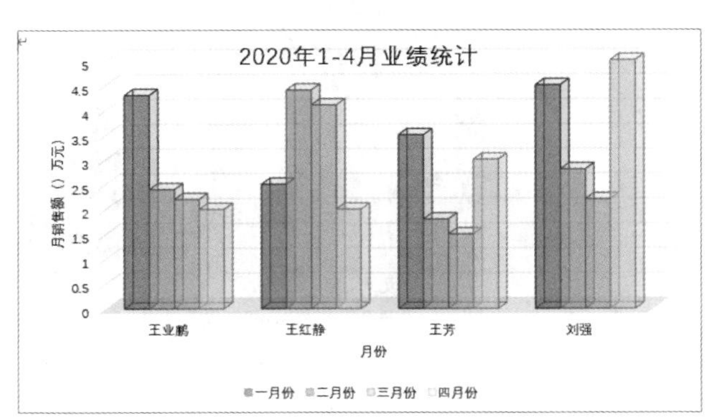


图 4-62　设置图表形状样式

08 选中图表，单击图表右上角出现的“图表元素”按钮，选中【数据表】复选框，图表中将显示相关数据，如图4-63所示。

09 在快速访问工具栏中单击【保存】按钮保存文档。

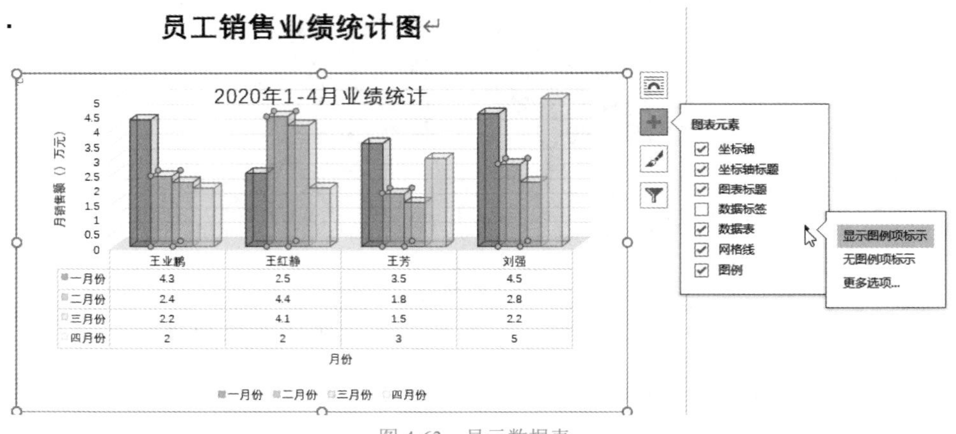


图 4-63　显示数据表

# 4.7 上机练习

使用Word制作各种文档时，如果整篇文档充满文字，可读性相对较差。为了提高文档的可读性，使文档易于阅读、理解，就需要在文档中插入一些增强可读性的图片，例如，街面上的一些宣传海报，都离不开图片的修饰。本节就来制作一个图文并茂的宣传海报。操作步骤如下：

01 输入海报的标题。新建一个空白文档，输入“电子数码产品宣传海报”，打开【文件】选项卡，选择【另存为】|【浏览】命令，如图4-64所示，在弹出的【另存为】对话框中将文档以“电子数码宣传海报”为名进行保存。

02 输入宣传产品的文字说明。按Enter键，换到下一行，然后输入海报内容，如图4-65所示。

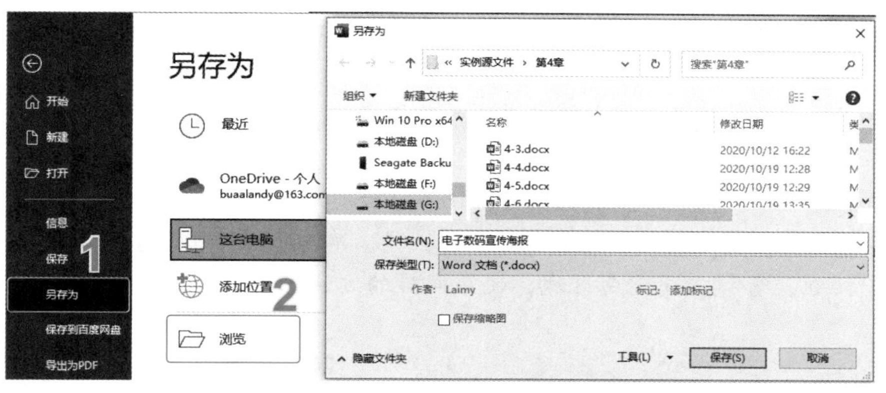


图 4-64 保存文档

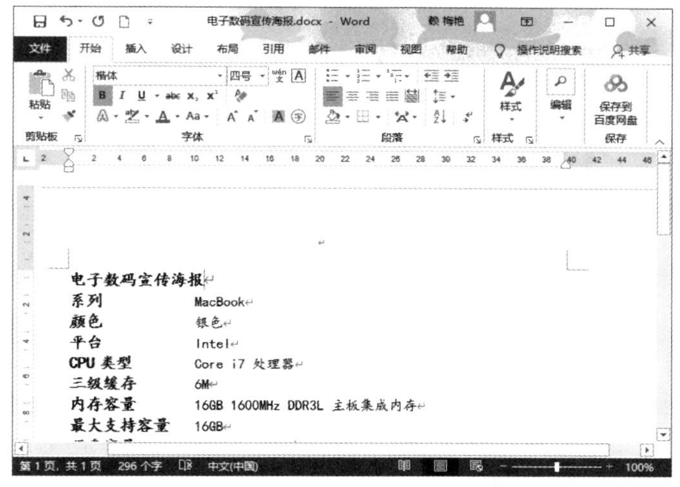


图 4-65 输入内容

03 设置海报标题和内容的格式。输入内容之后，需要设置字体及段落格式，使其美观得体。将标题文本设置成【标题1】快速样式，居中对齐，如图4-66所示；将参数标题设置成楷体、四号、黑色、加粗；各项参数值设置成楷体、小四号、黑色，效果如图4-67所示。

图 4-66 设置标题样式

电子数码宣传海报

| 系列 | MacBook |
|---|---|
| 颜色 | 银色 |
| 平台 | Intel |
| CPU 类型 | Core i7 处理器 |
| 三级缓存 | 6MB |
| 内存容量 | 16GB 1600MHz DDR3L 主板集成内存 |
| 最大支持容量 | 16GB |
| 硬盘容量 | 256GB PCIe 闪存 |
| 显卡类型 | 英特尔核芯显卡 |
| 屏幕尺寸 | 15 英寸 |
| 屏幕规格 | 15.4 英寸 |
| 显示比例 | 宽屏 16：10 |
| 物理分辨率 | 分辨率 2880 x 1800 (220 ppi) |
| 屏幕类型 | LED 背光 |

图 4-67 设置正文文本样式

04 设置好文本后，准备插入图片。单击【插入】选项卡中的【图片】按钮，从弹出的下拉菜单中选择【此设备】命令，弹出对话框后，选择准备好的图片并单击【插入】按钮，效果如图4-68所示。这时可能因为图片大小等原因会影响文本格式，稍后再调整。同样再插入其他产品的图片。

05 设置图片的格式。图片插入后，往往不符合要求，根据具体情况进行格式调整。首先设置图片的大小，图片周围可能有很多空白区域，单击【图片工具】的【格式】选项卡中的【裁剪】按钮，剪掉四周空白区域，使用同样的方法剪掉其他图片的周围区域，效果如图4-69所示。

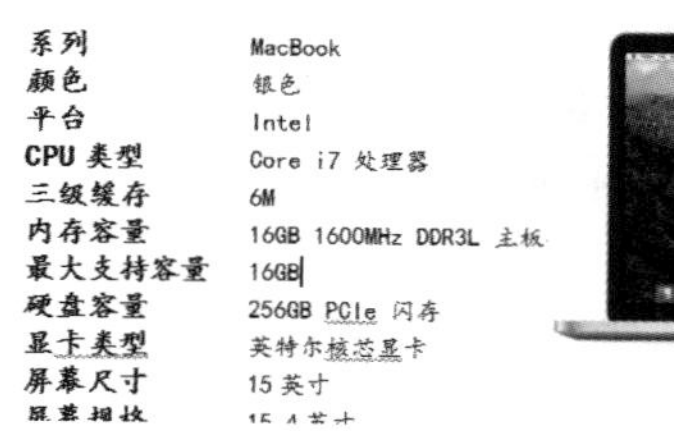

图 4-68 插入图片

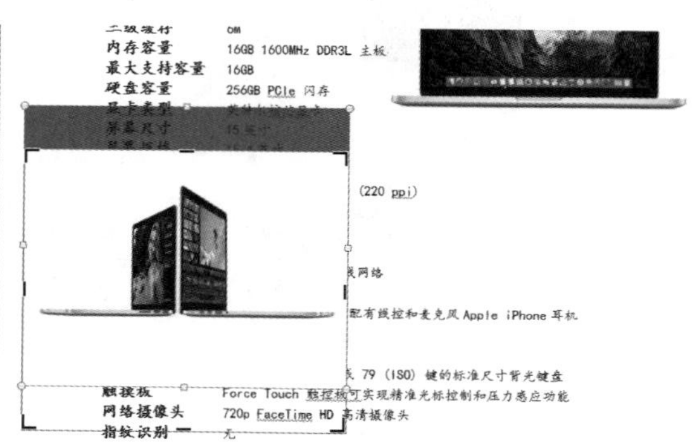


图 4-69 裁剪图片

06 接下来设置文字与图片的关系。选中第一幅图，单击【格式】选项卡中的【排列】组中的【环绕文字】按钮，从弹出的下拉菜单中选择【四周型】命令，如图4-70所示。按照同样的方法设置其他图片。设置好后，稍微调整图片的位置，效果如图4-71所示。

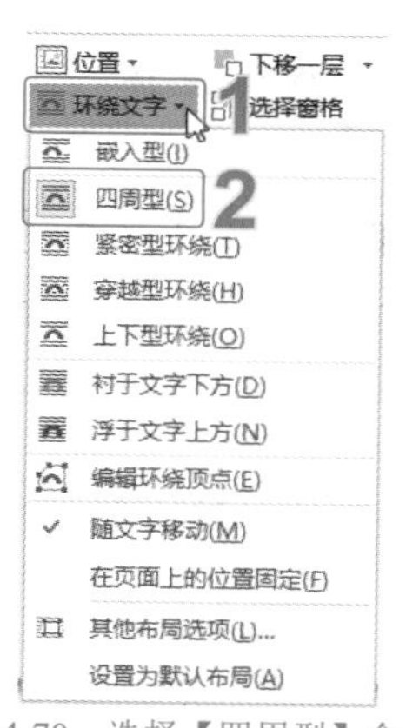


图 4-70 选择【四周型】命令

图 4-71 文档效果

07 为了使海报更加美观，把标题设置为艺术字。选中标题，单击【插入】选项卡中的【艺术字】按钮，这里选择第三种样式，如图4-72所示。

08 还可以在标题和正文之间设置横线。单击艺术字结尾处，按Enter键另起一行，单击【插入】选项卡的【插图】组中的【形状】按钮，绘制一条直线，并设置直线的样式，效果如图4-73所示。

图 4-72 设置艺术字

图 4-73 绘制直线

09 现在做最后的调整。把图片调整至合适的大小，设置文档背景。打开【设计】选项卡，在【页面背景】组的【页面颜色】中设置背景色，最终效果如图4-74所示。至此就完成了这个海报的设计。

图 4-74 海报最终效果

# 4.8 习题

1. 如何向文档中插入来自文件的图片？
2. 如何插入艺术字？如何编辑已有的艺术字？
3. 文本框的类型有哪些？如何绘制一个文本框？
4. 如何向文档中插入SmartArt图形和图表？
5. 制作如图4-75所示的“入场券”。

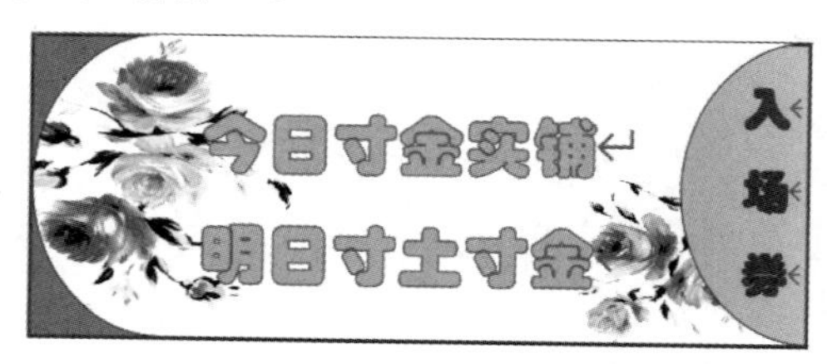


图 4-75　习题 5 最终效果

# 第5章 Word 高级功能

## 学习目标

前面章节主要介绍了有关文本编排和图文混排的内容。除此之外，文档还有页眉、页脚、页码、目录、主题风格等要素，甚至当文档内容有隐私或比较机密时，还涉及文档内容的保护等。本章就来介绍这些内容。

## 本章重点

- 页面设置
- 插入页码和设置页码
- 设置页面背景和主题
- 特殊排版方式
- 加密和保护文档
- 插入分页符和分节符
- 生成文档目录
- 打印文档

# 5.1 页面设置

在处理文档的过程中，为了使文档页面更加美观规范，可以根据需要统一设置文档页面规格，如设置页边距、纸张、版式和文档网格等，从而使文档版面更规范、统一。

## 5.1.1 设置页边距

页边距就是页面上打印区域之外的空白空间。设置页边距，包括调整上、下、左、右边距，调整装订线的距离和纸张的方向。

打开【布局】选项卡，在【页面设置】组中单击【页边距】按钮，从弹出的下拉菜单中选择页边距样式，即可快速为页面应用该页边距样式。若选择【自定义页边距】命令，打开【页面设置】对话框的【页边距】选项卡，如图5-1所示，在其中可以精确设置页面边距和装订线距离。

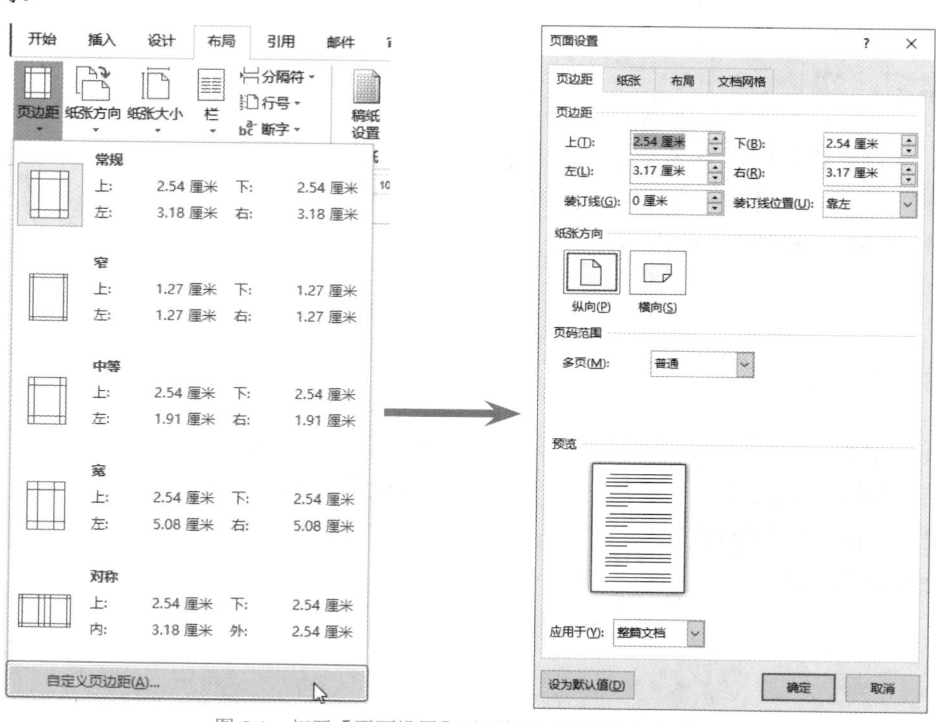


图 5-1　打开【页面设置】对话框的【页边距】选项卡

【例5-1】 设置页边距、装订线和纸张方向。 视频

01 启动Word 2016，打开文档。

02 打开【布局】选项卡，在【页面设置】组中单击【页边距】按钮，从弹出的下拉菜单中选择【自定义页边距】命令，打开【页面设置】对话框。

03 打开【页边距】选项卡，在【纸张方向】选项区域中选择【纵向】选项，在【页边距】选项区域的【上】数值框中输入“3厘米”，在【下】数值框中输入“2.5厘米”，在【左】数值框中输入“3厘米”，在【右】数值框中输入“2厘米”，在【装订线位置】下拉列表中选择【靠上】选项，在【装订线】数值框中输入“0厘米”，如图5-2所示。

04 单击【确定】按钮，为文档应用所设置的页边距样式，效果如图5-3所示。

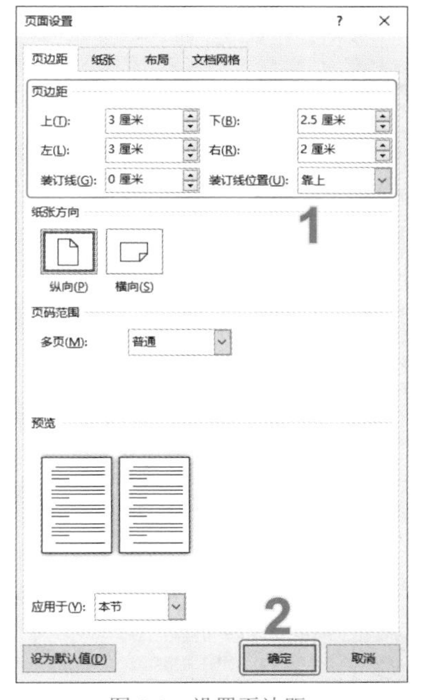


图 5-2 设置页边距

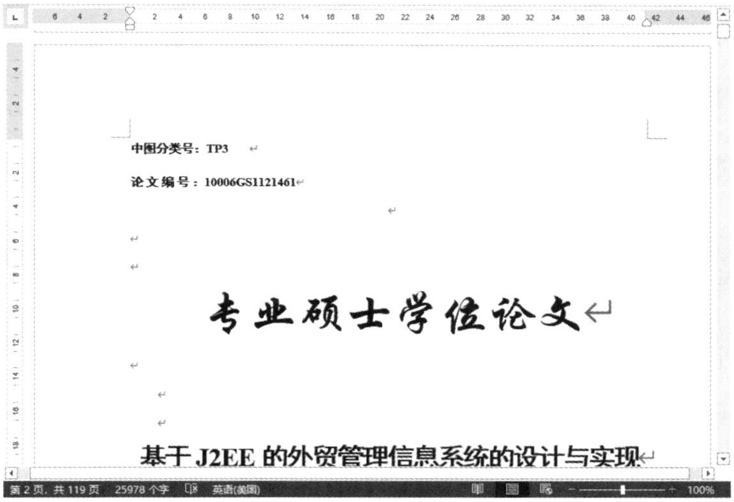

图 5-3 设置页边距后的页面

## 5.1.2 设置纸张

默认情况下，Word文档的默认纸张大小为A4。在制作某些特殊文档(如明信片、名片或贺卡)时，用户可以根据需要调整纸张的大小，从而使文档满足实际需要。

**知识点**

日常使用的纸张大小一般有A4、16开、32开和B5等几种类型，不同的文档，其页面大小也不同，此时就需要对页面大小进行设置，即选择要使用的纸型，每一种纸型的高度与宽度都有标准的规定，但也可以根据需要进行修改。在【页面设置】组中单击【纸张大小】按钮，在弹出的下拉列表中选择设定的规格选项即可快速设置纸张大小。

【例5-2】 设置纸张大小。 视频

01 启动Word，打开文档。

02 打开【布局】选项卡，在【页面设置】组中单击【纸张大小】按钮，从弹出的菜单中选择【其他纸张大小】命令。

03 打开【页面设置】对话框的【纸张】选项卡，在【纸张大小】下拉列表中选择【A4】选项，在【宽度】和【高度】数值框中分别输入“21厘米”和“29.7厘米”，如图5-4所示。

04 单击【确定】按钮，即可为文档应用所设置的纸张大小，效果如图5-5所示。

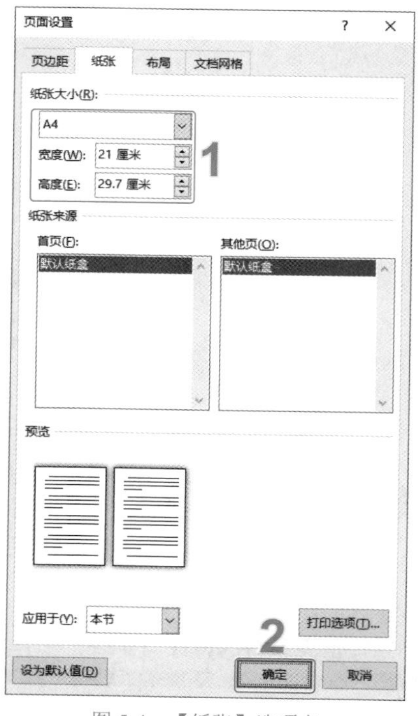


图 5-4 【纸张】选项卡

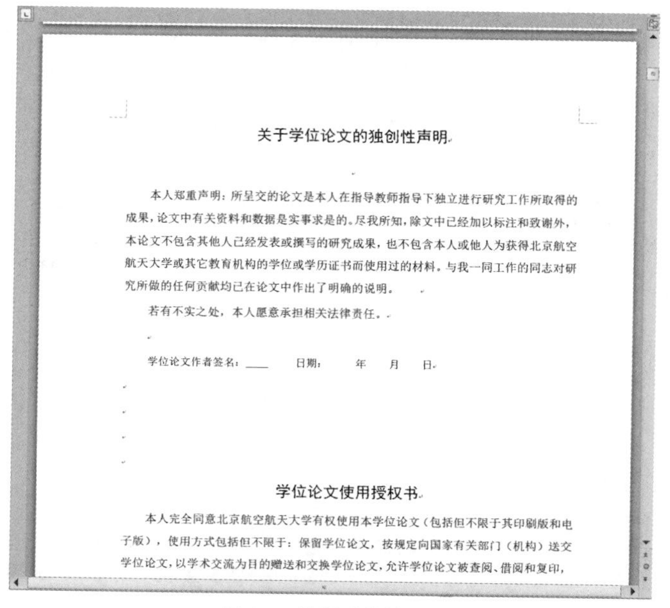

关于学位论文的独创性声明

本人郑重声明：所呈交的论文是本人在指导教师指导下独立进行研究工作所取得的成果，论文中有关资料和数据是实事求是的。尽我所知，除文中已经加以标注和致谢外，本论文不包含其他人已经发表或撰写的研究成果，也不包含本人或他人为获得北京航空航天大学或其它教育机构的学位或学历证书而使用过的材料。与我一同工作的同志对研究所做的任何贡献均已在论文中作出了明确的说明。

若有不实之处，本人愿意承担相关法律责任。

学位论文作者签名：____ 日期： 年 月 日

学位论文使用授权书

本人完全同意北京航空航天大学有权使用本学位论文（包括但不限于其印刷版和电子版），使用方式包括但不限于：保留学位论文，按规定向国家有关部门（机构）送交学位论文，以学术交流为目的赠送和交换学位论文，允许学位论文被查阅、借阅和复印，

图 5-5 设置后的效果

## 5.1.3 设置文档网格

文档网格用于设置文档中文字排列的方向、每页的行数、每行的字数等内容。

【例5-3】 设置文档网格。 视频

01 启动Word，打开文档。打开【布局】选项卡，单击【页面设置】组中的对话框启动器，打开【页面设置】对话框。

02 打开【文档网格】选项卡，在【文字排列】选项区域的【方向】中选中【水平】单选按钮；在【网格】选项区域中选中【指定行和字符网格】单选按钮；在【字符数】选项区域的【每行】数值框中输入40；在【行】选项区域的【每页】数值框中输入43，如图5-6所示。

03 单击【绘图网格】按钮，打开【网格线和参考线】对话框，选中【在屏幕上显示网格线】复选框，在【水平间隔】数值框中设置数值为2，然后单击【确定】按钮，如图5-7所示，返回【页面设置】对话框。

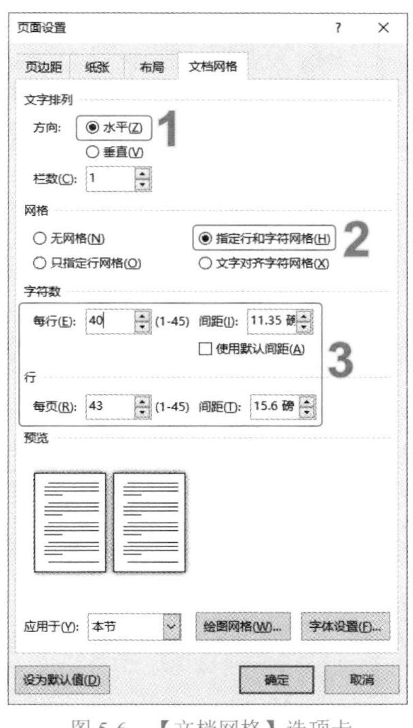


图 5-6　【文档网格】选项卡

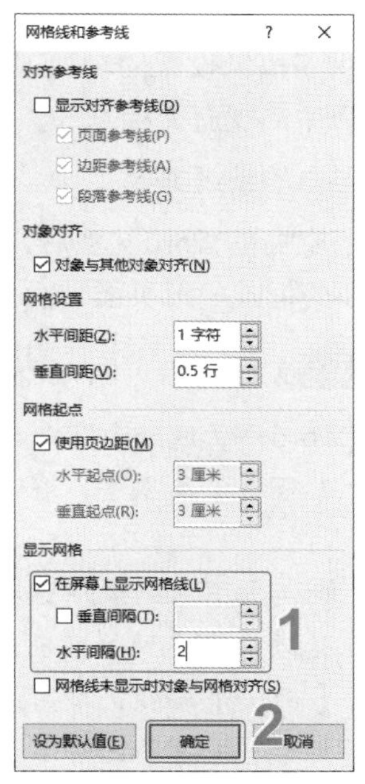


图 5-7　【网格线和参考线】对话框

04 单击【确定】按钮，此时即可为文档应用所设置的文档网格，效果如图5-8所示。

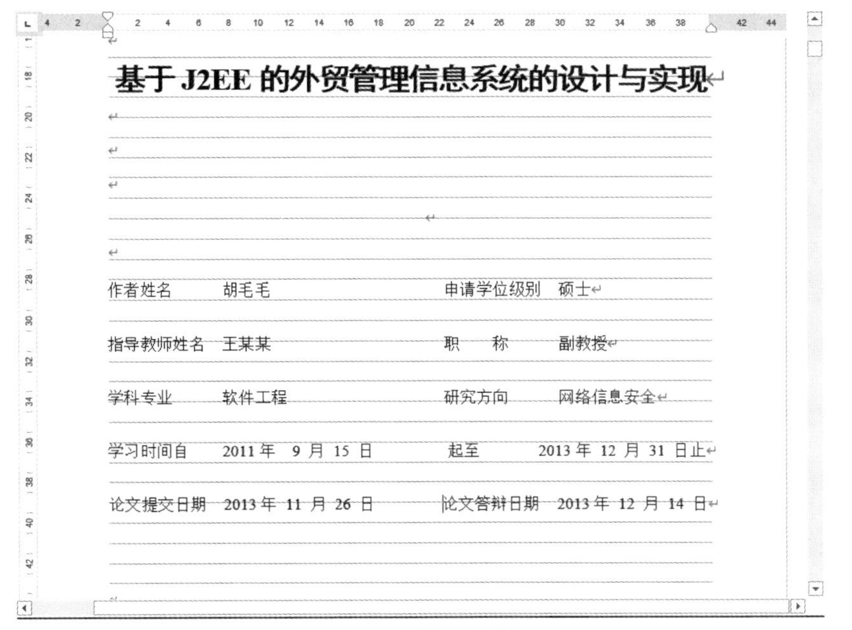


图 5-8　设置文档网格后的页面

**提示**

要隐藏文档页面中的网格线，可以打开【视图】选项卡，在【显示】组中取消选中【网格线】复选框。

### 5.1.4 设置稿纸页面

Word提供了稿纸设置的功能，该功能可以生成空白的稿纸文档，或快速地将稿纸网格应用于Word文档中的现有文档。

#### 1. 创建空白的稿纸文档

打开一个空白的Word文档后，使用Word自带的稿纸功能，可以快速地为用户创建方格式、行线式和外框式稿纸页面。

【例5-4】 创建稿纸页面。 视频

01 启动Word，新建一个空白文档。

02 打开【布局】选项卡，在【稿纸】组中单击【稿纸设置】按钮，打开【稿纸设置】对话框。

03 在【格式】下拉列表中选择【行线式稿纸】选项；在【行数×列数】下拉列表中选择【20×20】选项；在【网格颜色】下拉面板中选择【绿色】选项，如图5-9所示。

04 单击【确认】按钮，即可进行稿纸转换，完成后将显示所设置的稿纸格式，此时稿纸颜色显示为绿色，如图5-10所示。

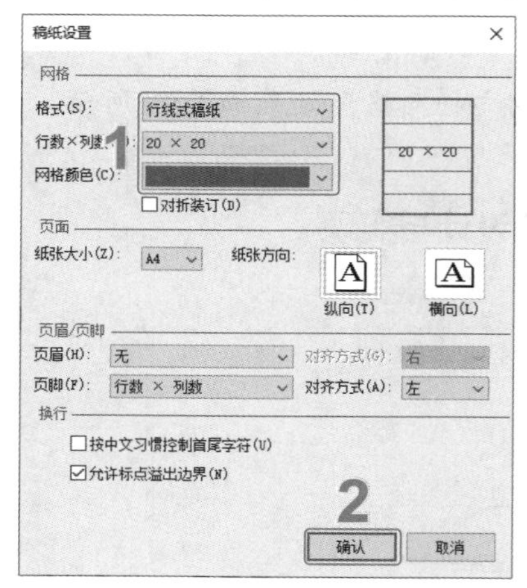


图 5-9 【稿纸设置】对话框

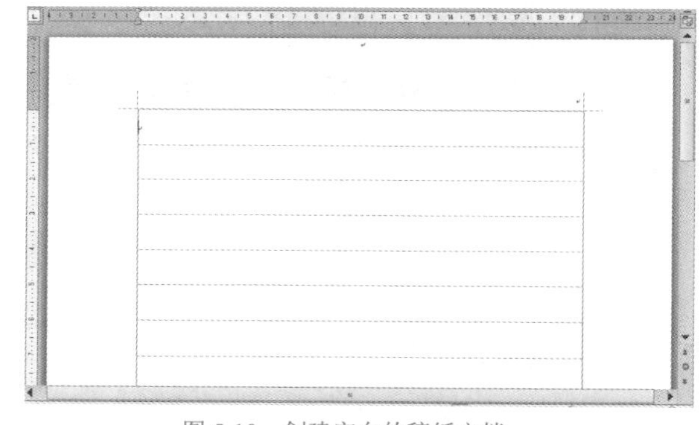

图 5-10 创建空白的稿纸文档

> **提示**
>
> 在【稿纸设置】对话框中，当选择任何有效的稿纸样式后，将启用其属性，可以根据需要对稿纸属性进行任意更改，直到对所有设置都感到满意为止。

#### 2. 为现有文档应用稿纸设置

如果在编辑文档时事先没有创建稿纸，为了让读者更方便、清晰地阅读文档，这时就可以为已有的文档应用稿纸。

【例5-5】 应用方格式稿纸。 视频

01 启动Word，打开创建好的文档，如图5-11所示。

**02** 打开【布局】选项卡，在【稿纸】组中单击【稿纸设置】按钮，打开【稿纸设置】对话框。

**03** 在【格式】下拉列表中选择【方格式稿纸】选项；在【行数×列数】下拉列表中选择20×20选项；在【网格颜色】下拉面板中选择【蓝色】选项，如图5-12所示。

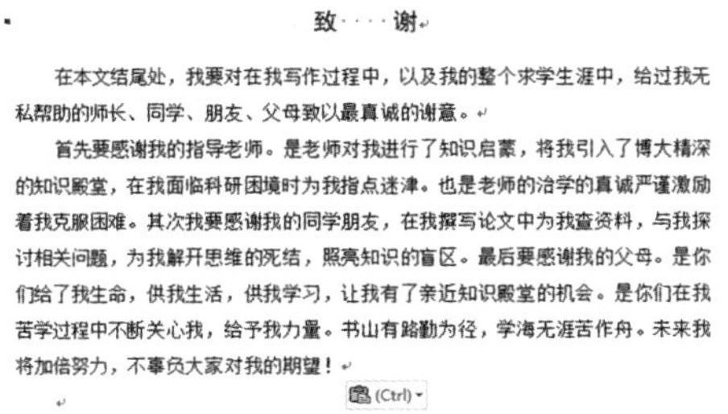

致　谢

在本文结尾处，我要对在我写作过程中，以及我的整个求学生涯中，给过我无私帮助的师长、同学、朋友、父母致以最真诚的谢意。

首先要感谢我的指导老师。是老师对我进行了知识启蒙，将我引入了博大精深的知识殿堂，在我面临科研困境时为我指点迷津。也是老师的治学的真诚严谨激励着我克服困难。其次我要感谢我的同学朋友，在我撰写论文中为我查资料，与我探讨相关问题，为我解开思维的死结，照亮知识的盲区。最后要感谢我的父母。是你们给了我生命，供我生活，供我学习，让我有了亲近知识殿堂的机会。是你们在我苦学过程中不断关心我，给予我力量。书山有路勤为径，学海无涯苦作舟。未来我将加倍努力，不辜负大家对我的期望！

图 5-11 “毕业致谢”文档

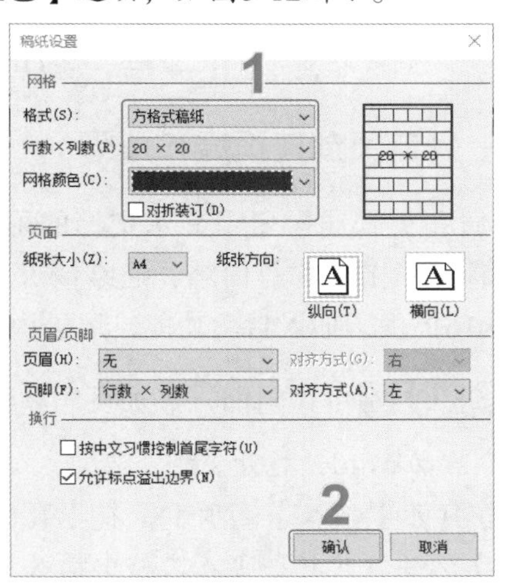


图 5-12 设置稿纸属性

**04** 单击【确认】按钮，此时即可进行稿纸转换，并显示转换进度条，稍等片刻，即可为文档应用所设置的稿纸格式，此时稿纸颜色显示为蓝色，效果如图5-13所示。

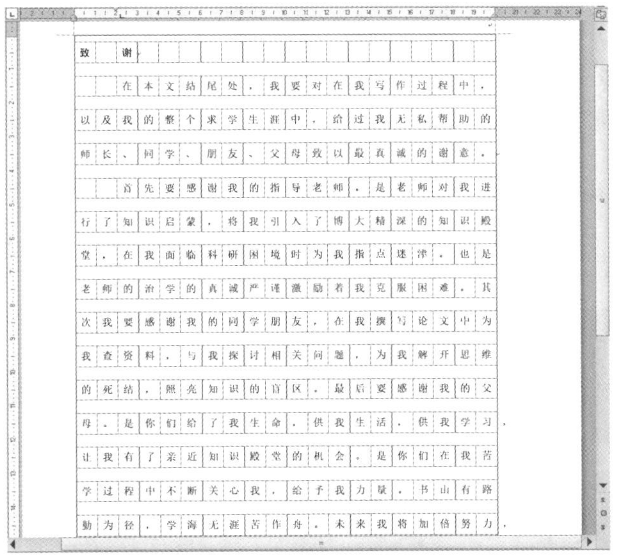
致　谢
在本文结尾处，我要对在我写作过程中，以及我的整个求学生涯中，给过我无私帮助的师长、同学、朋友、父母致以最真诚的谢意。
首先要感谢我的指导老师。是老师对我进行了知识启蒙，将我引入了博大精深的知识殿堂，在我面临科研困境时为我指点迷津。也是老师的治学的真诚严谨激励着我克服困难。其次我要感谢我的同学朋友，在我撰写论文中为我查资料，与我探讨相关问题，为我解开思维的死结，照亮知识的盲区。最后要感谢我的父母。是你们给了我生命，供我生活，供我学习，让我有了亲近知识殿堂的机会。是你们在我苦学过程中不断关心我，给予我力量。书山有路勤为径，学海无涯苦作舟。未来我将加倍努力，

图 5-13 为现有文档应用稿纸设置

**提示**

应用稿纸样式后的文档中的文本都将与网格对齐，字号将进行适当更改，以确保所有字符都限制在网格内并显示良好，但最初的字体名称和颜色不变。

# 5.2 设置页眉和页脚

页眉和页脚是文档中每个页面的顶部、底部和两侧页边距(即页面上打印区域之外的空白空间)中的区域。许多文稿，特别是比较正式的文稿都需要设置页眉和页脚。得体的页眉和页脚，会使文稿更为规范，也会给读者的阅读提供导航性信息。

## 5.2.1 为首页创建页眉和页脚

页眉和页脚通常用于显示文档的附加信息，如页码、时间和日期、作者名称、单位名称、徽标或章节名称等内容。通常情况下，在书籍的章首页，需要创建独特的页眉和页脚。Word 2016提供了插入封面功能，用于说明文档的主要内容和特点。

【例5-6】 制作封面，添加页眉和页脚。 视频

01 启动Word，打开文档。

02 打开【插入】选项卡，在【页面】组中单击【封面】按钮，在弹出的列表框中选择【花丝】选项，此时即可在文档中插入基于该样式的封面，如图5-14所示。

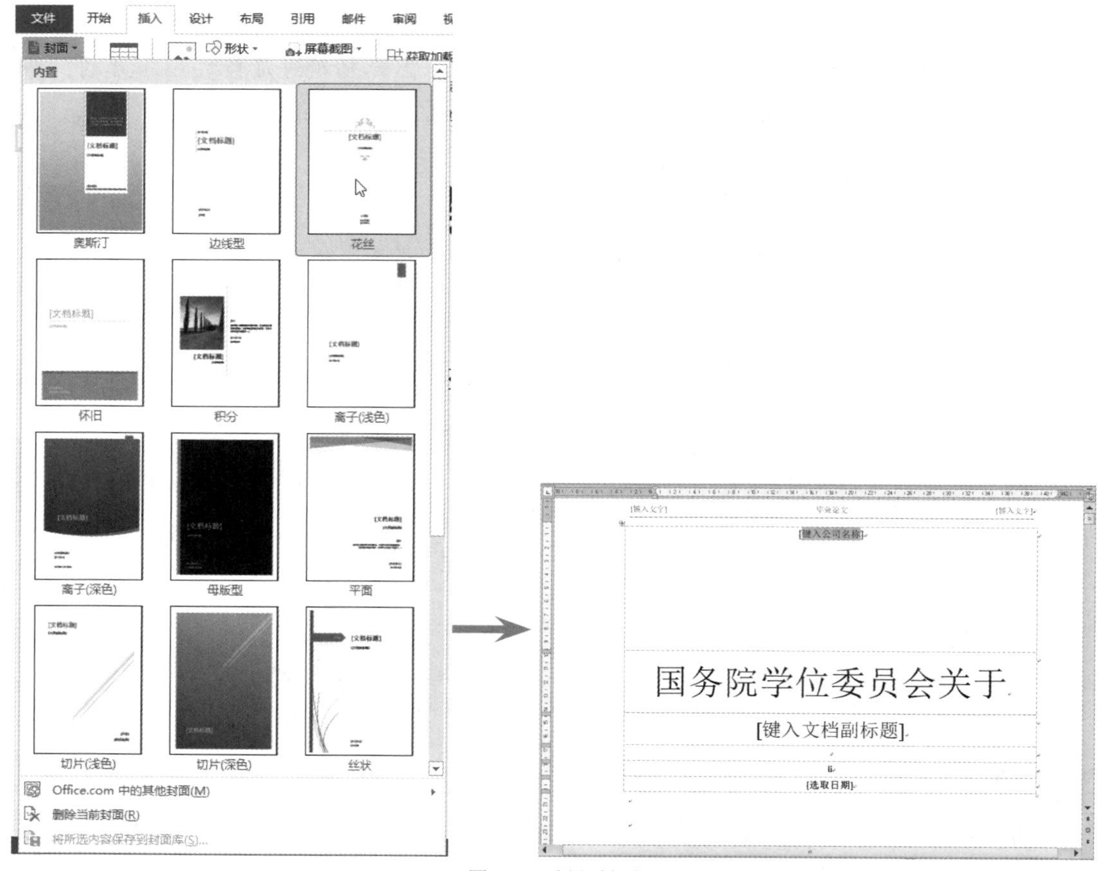


图 5-14 插入封面

03 在封面页的占位符中可以根据提示修改或添加文字，如图5-15所示。

04 打开【插入】选项卡，在【页眉和页脚】组中单击【页眉】按钮，在弹出的列表中选择【空白(三栏)】选项，如图5-16所示。

05 在页眉处插入该页眉样式，并输入页眉文本，如图5-17所示。双击页眉区域外的任何位置，完成页眉的编辑操作。

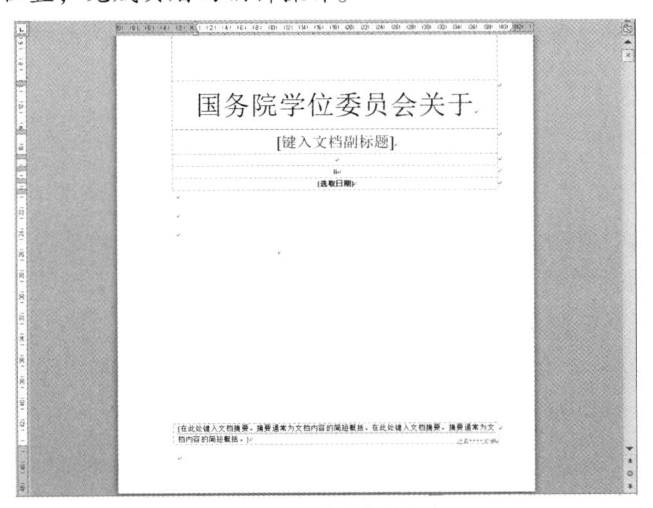


图 5-15 添加占位符文本

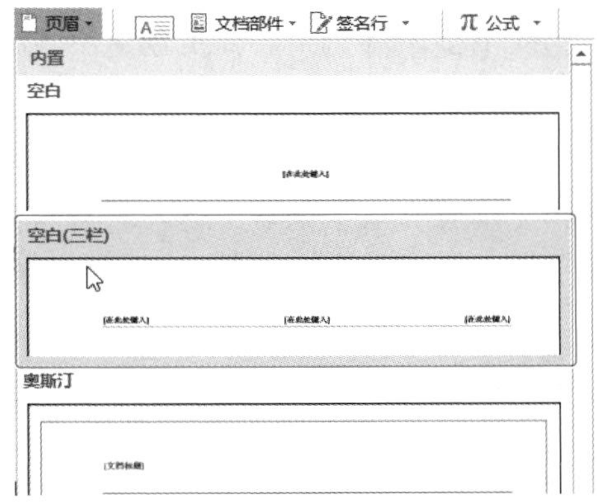


图 5-16 选择首页的页眉样式

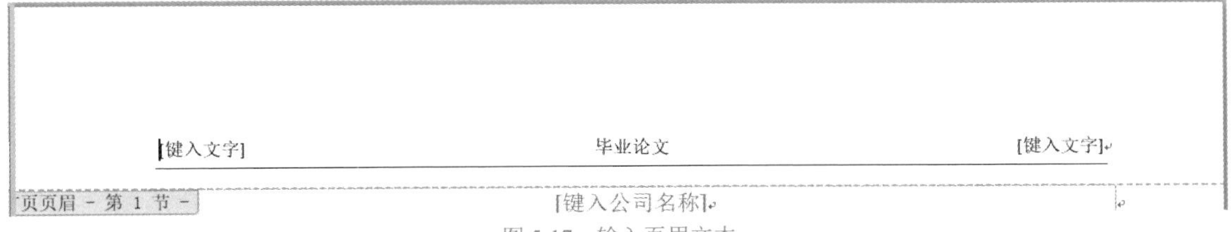


图 5-17 输入页眉文本

06 打开【插入】选项卡，在【页眉和页脚】组中单击【页脚】按钮，在弹出的列表中选择【奥斯汀】选项，如图5-18所示。

07 此时可在页脚处插入该样式的页脚，并在页脚处编辑文本，如图5-19所示。

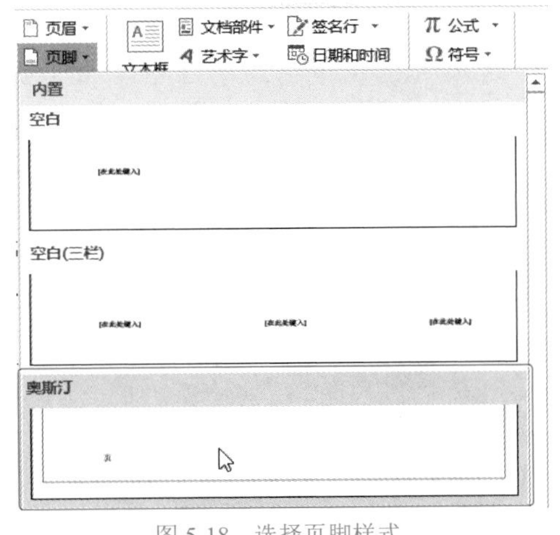


图 5-18 选择页脚样式

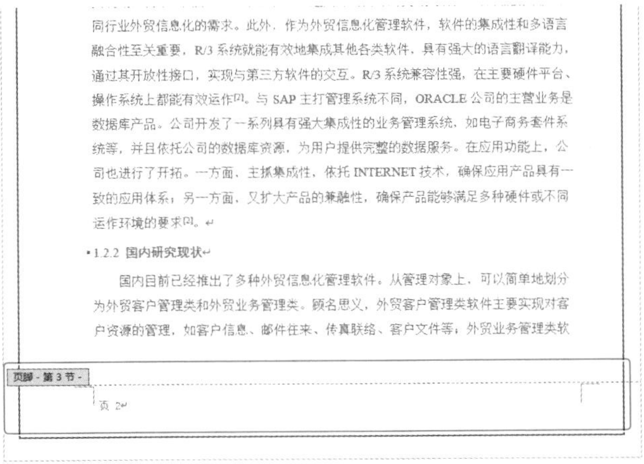

同行业外贸信息化的需求。此外，作为外贸信息化管理软件，软件的集成性和多语言融合性至关重要，R/3 系统就能有效地集成其他各类软件，具有强大的语言翻译能力，通过其开放性接口，实现与第三方软件的交互。R/3 系统兼容性强，在主要硬件平台、操作系统上都能有效运作[2]。与 SAP 主打管理系统不同，ORACLE 公司的主营业务是数据库产品。公司开发了一系列具有强大集成性的业务管理系统，如电子商务套件系统等，并且依托公司的数据库资源，为用户提供完整的数据服务。在应用功能上，公司也进行了开拓。一方面，主抓集成性，依托 INTERNET 技术，确保应用产品具有一致的应用体系；另一方面，又扩大产品的兼融性，确保产品能够满足多种硬件或不同运作环境的要求[3]。

1.2.2 国内研究现状

国内目前已经推出了多种外贸信息化管理软件。从管理对象上，可以简单地划分为外贸客户管理类和外贸业务管理类。顾名思义，外贸客户管理类软件主要实现对客户资源的管理，如客户信息、邮件往来、传真联络、客户文件等；外贸业务管理类软

页脚 - 第 3 节 -

页 2

图 5-19 编辑页脚文本

08 打开【页眉和页脚工具】的【设计】选项卡，在【关闭】组中单击【关闭页眉和页脚】按钮，完成页眉和页脚的添加。

## 5.2.2 为奇、偶页创建页眉和页脚

在文档中，奇、偶页的页眉和页脚通常是不同的。Word 2016可以为文档中的奇、偶页设计不同的页眉和页脚。

【例5-7】 为奇、偶页创建不同的页眉。 视频

01 启动Word，打开文档，将插入点定位在文档正文第一章。

02 打开【插入】选项卡，在【页眉和页脚】组中单击【页眉】按钮，在弹出的菜单中选择【编辑页眉】命令，进入页眉和页脚的编辑状态，自动打开【页眉和页脚工具】的【设计】选项卡，在【选项】组中选中【奇偶页不同】复选框，如图5-20所示。

03 在奇数页的页眉区选中段落标记符，打开【开始】选项卡，在【段落】组中单击【下框线】按钮，选择【无框线】命令，隐藏奇数页页眉的边框线，如图5-21所示。

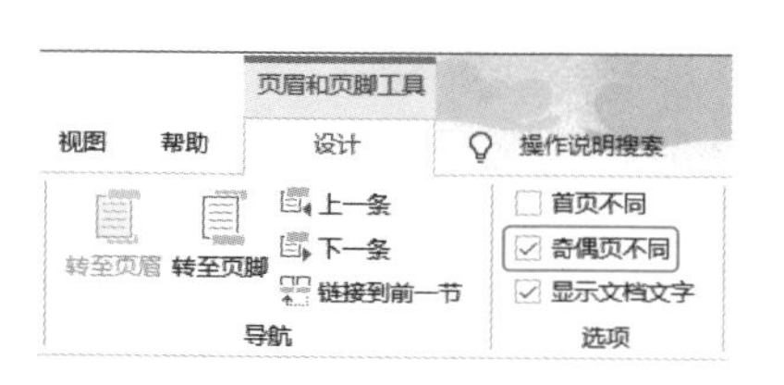

页眉和页脚工具
视图
帮助
设计
操作说明搜索
转至页眉
转至页脚
上一条
下一条
链接到前一节
导航
首页不同
奇偶页不同
显示文档文字
选项

图 5-20 选中【奇偶页不同】复选框

毕业论文.docx - Word
页眉和页脚工具
设计
操作说明搜索
字体
段落
样式
下框线(B)
上框线(P)
左框线(L)
右框线(R)
无框线(N)
所有框线(A)
外侧框线(S)
内部框线(I)
内部横框线(H)
内部竖框线(V)
横线(Z)
绘制表格(D)
查看网格线(G)
边框和底纹(O)...
第一章
1.1 研究背景

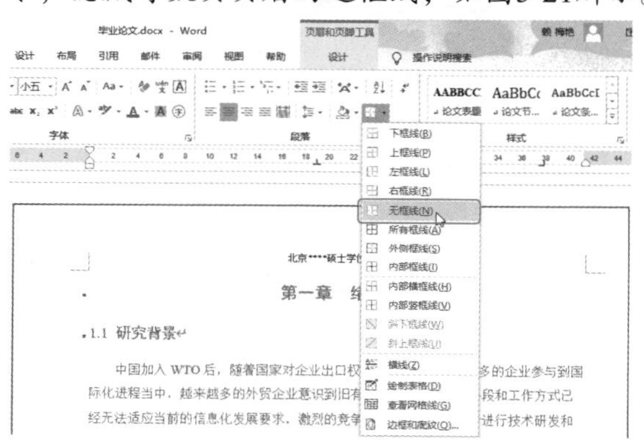

图 5-21 隐藏奇数页页眉的边框线

04 单击【设计】|【下一条】按钮，切换到偶数页，将插入点定位在页眉文本编辑区，输入文字“第一章 绪论”，设置文字字体为【宋体】，字号为【小五】，颜色为【黑色】，常规风格，文本居中对齐显示，效果如图5-22所示。

05 将插入点定位在页眉文本右侧，打开【插入】选项卡，在【插图】组中单击【图片】按钮，选择【此设备】选项，打开【插入图片】对话框，选择图片，单击【插入】按钮，如图5-23所示。

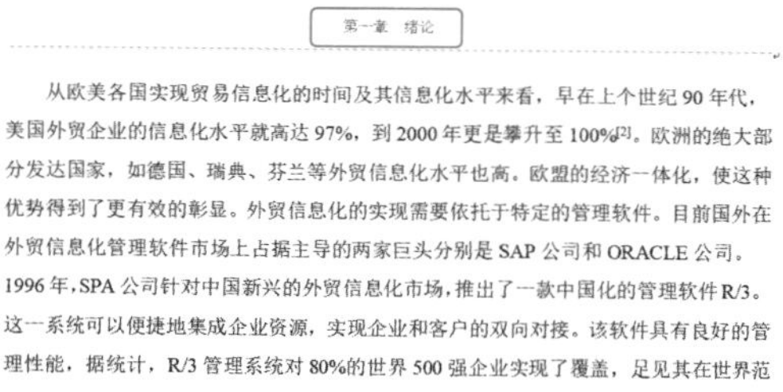

第一章 绪论
从欧美各国实现贸易信息化的时间及其信息化水平来看，早在上个世纪90年代，美国外贸企业的信息化水平就高达97%，到2000年更是攀升至100%[2]。欧洲的绝大部分发达国家，如德国、瑞典、芬兰等外贸信息化水平也高。欧盟的经济一体化，使这种优势得到了更有效的彰显。外贸信息化的实现需要依托于特定的管理软件。目前国外在外贸信息化管理软件市场上占据主导的两家巨头分别是SAP公司和ORACLE公司。1996年，SPA公司针对中国新兴的外贸信息化市场，推出了一款中国化的管理软件R/3。这一系统可以便捷地集成企业资源，实现企业和客户的双向对接。该软件具有良好的管理性能，据统计，R/3管理系统对80%的世界500强企业实现了覆盖，足见其在世界范

图 5-22 编辑偶数页页眉文本

插入图片
图片 › 保存的图片
组织
新建文件夹
此电脑
3D 对象
视频
图片
文档
下载
音乐
桌面
素材文件
dd.jpg
1
2
文件名(N): dd.jpg
工具(L)
插入(S)
取消

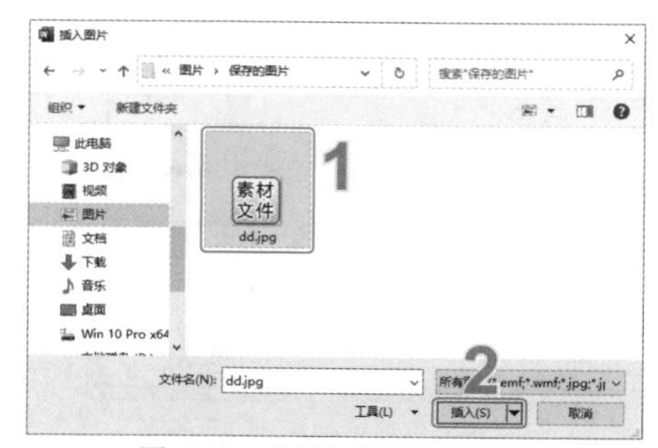

图 5-23 【插入图片】对话框

**06** 此时即可将图片插入偶数页的页眉处，如图5-24所示。

**07** 打开【图片工具】的【格式】选项卡，在【排列】组中单击【环绕文字】按钮，从弹出的菜单中选择【浮于文字上方】命令，为页眉图片设置环绕方式，然后拖动鼠标调节图片大小和位置，效果如图5-25所示。

图 5-24 在偶数页页眉处插入图片　　图 5-25 设置页眉图片的格式

**08** 使用同样的方法，设置奇数页的页眉，效果如图5-26所示。

**09** 打开【页眉和页脚工具】的【设计】选项卡，在【关闭】组中单击【关闭页眉和页脚】按钮，退出页眉和页脚编辑状态，查看为奇、偶页创建的页眉，如图5-27所示。

**10** 在快速访问工具栏中单击【保存】按钮，保存文档。

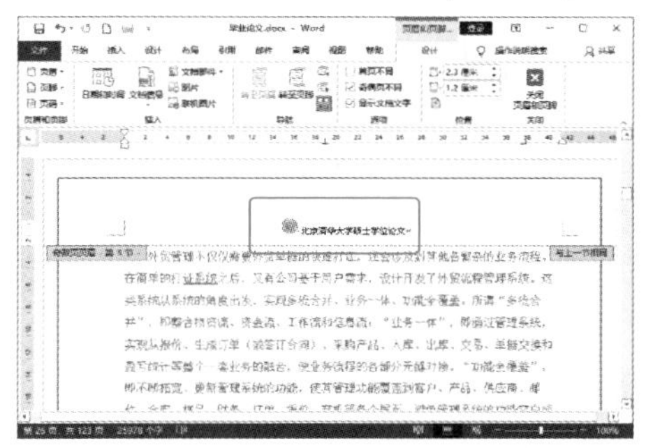

图 5-26 插入奇数页页眉

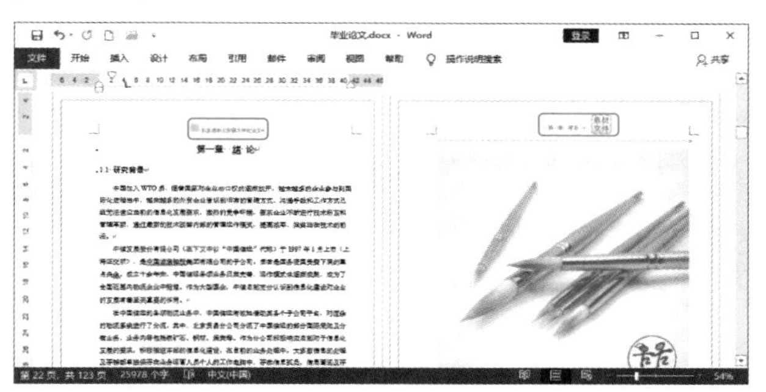

图 5-27 奇、偶页中不同的页眉

# 5.3 插入与设置页码

页码就是书籍每一页面上标明次序的号码或其他数字，用于统计书籍的页数，便于阅读和检索。页码一般添加在页眉或页脚中，也可以添加在其他位置。

## 5.3.1 插入页码

要插入页码，打开【插入】选项卡，在【页眉和页脚】组中单击【页码】按钮，从弹出的菜单中选择页码的位置和样式即可，如图5-28所示。

**知识点**

Word中显示的动态页码的本质就是域，可以通过插入页码域的方式来直接插入页码，例如，将插入点定位在页眉或页脚区域中，按Ctrl+F9组合键，输入PAGE，然后按F9键即可。

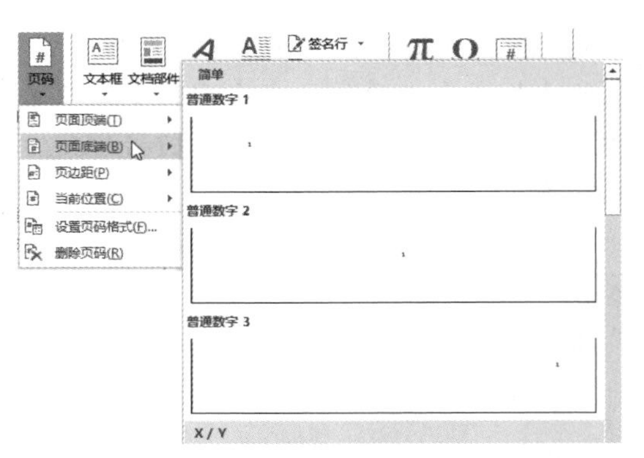


图 5-28 【页码】菜单

## 5.3.2 设置页码格式

在文档中，如果需要使用不同于默认格式的页码，例如i或a等，就需要对页码的格式进行设置。打开【插入】选项卡，在【页眉和页脚】组中单击【页码】按钮，在弹出的菜单中选择【设置页码格式】命令，打开【页码格式】对话框，如图5-29所示，在该对话框中可以进行页码的格式设置。

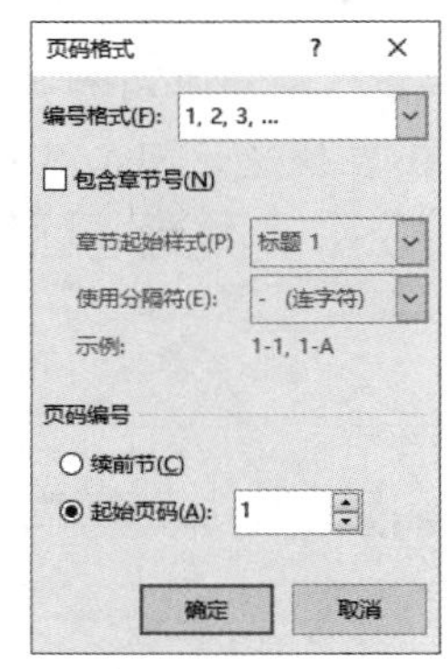


图 5-29 【页码格式】对话框

**提示**

在【页码格式】对话框中，选中【包含章节号】复选框，则添加的页码中包含章节号，还可以设置章节号的样式及分隔符；在【页码编号】选项区域中，可以设置页码的起始页。

【例5-8】 插入页码并设置页码格式。 视频

01 启动Word，打开前面的“毕业论文”文档，将插入点定位在偶数页面中。

02 打开【插入】选项卡，在【页眉和页脚】组中单击【页码】按钮，在弹出的菜单中选择【页面底端】命令，选择【带有多种形状】中的【带状物】选项，插入页码，如图5-30所示。

图 5-30 在偶数页面底端插入页码

**03** 将插入点定位在奇数页，使用同样的方法，在页面底端插入【带状物】样式的页码，效果如图5-31所示。

**04** 打开【页眉和页脚工具】的【设计】选项卡，在【页眉和页脚】组中单击【页码】按钮，从弹出的菜单中选择【设置页码格式】命令，打开【页码格式】对话框。

**05** 在【编号格式】下拉列表中选择【-1-，-2-，-3-，…】选项，保持选中【起始页码】单选按钮，在其后的文本框中输入“-0-”(设置数值为0，表示封面无页码)，如图5-32所示。

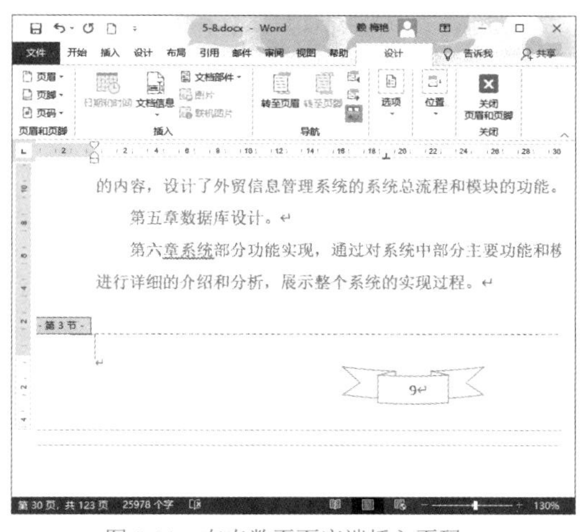

图 5-31　在奇数页面底端插入页码

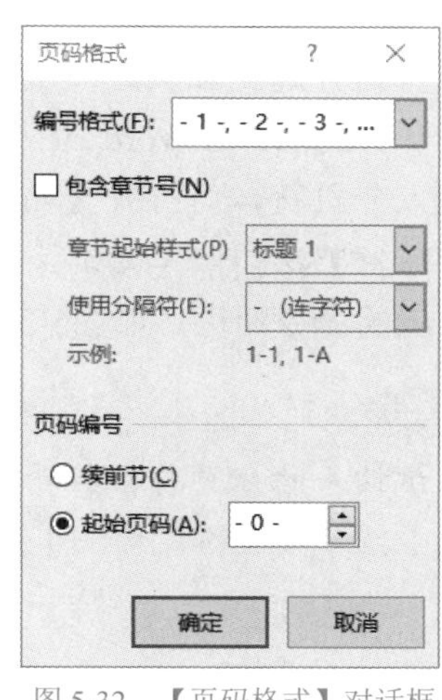


图 5-32　【页码格式】对话框

**06** 单击【确定】按钮，完成页码格式的设置。选中奇数页的页码框，打开【绘图工具】的【格式】选项卡，在【形状样式】组中单击【其他】按钮，从弹出的列表框中选择一种形状样式，为页码文本框设置样式，如图5-33所示。

**07** 使用同样的方法，为偶数页页码文本框设置形状样式，效果如图5-34所示。

**08** 设置完成后，打开【页眉和页脚工具】的【设计】选项卡，在【关闭】组中单击【关闭页眉和页脚】按钮，退出页码编辑状态，然后按Ctrl+S快捷键，保存文档。

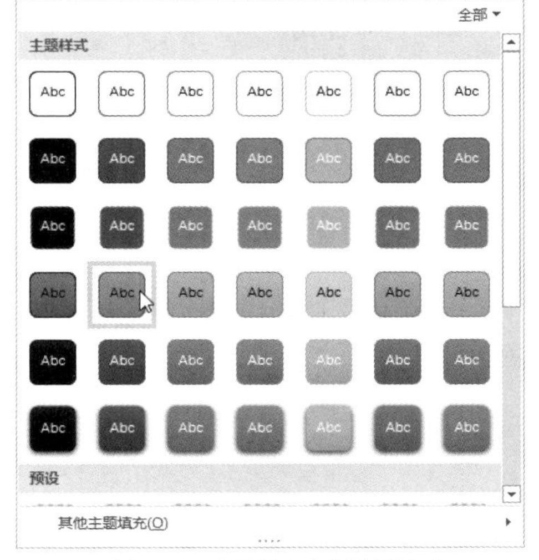


图 5-33　为页码文本框设置样式

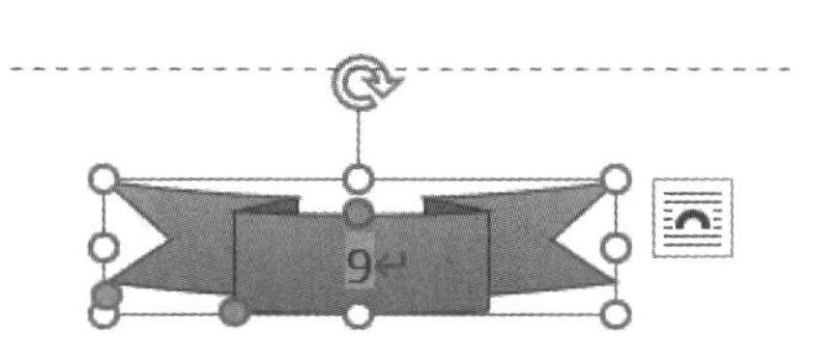

图 5-34　设置偶数页页码格式

# 5.4 插入分页符和分节符

使用正常模板编辑一个文档时，Word将整个文档作为一个大章节来处理，但在一些特殊情况下，例如，要求前后两页、一页中的两部分之间有特殊格式时，操作起来相当不便。此时可在其中插入分页符或分节符。

## 5.4.1 插入分页符

分页符是分隔相邻页之间文档内容的符号，用来标记一页终止并开始下一页的点。在Word 2016中，可以很方便地插入分页符。

要插入分页符，可打开【布局】选项卡，在【页面设置】组中单击【分隔符】按钮 分隔符，从弹出的【分页符】菜单选项区域中选择相应的命令即可，如图5-35所示。

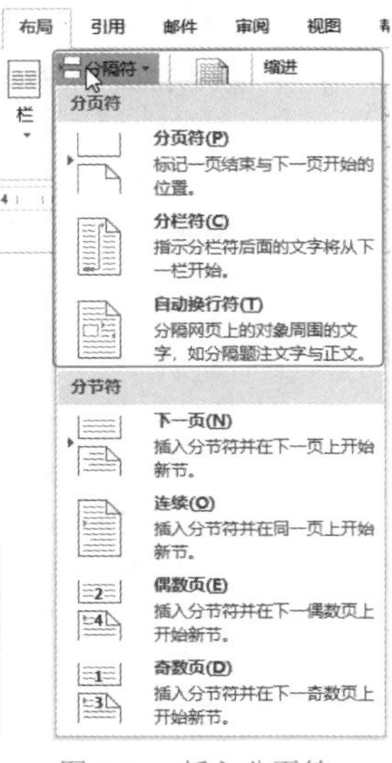

图 5-35 插入分页符

**知识点**

要显示插入的分页符，打开【Word选项】对话框的【显示】选项卡，选中【显示所有格式标记】复选框，单击【确定】按钮即可。

## 5.4.2 插入分节符

如果把一个较长的文档分成几节，就可以单独设置每节的格式和版式，从而使文档的排版和编辑更加灵活。

要插入分节符，可打开【布局】选项卡，在【页面设置】组中单击【分隔符】按钮 分隔符，从弹出的【分节符】菜单选项区域中选择相应的命令即可，如图5-36所示。

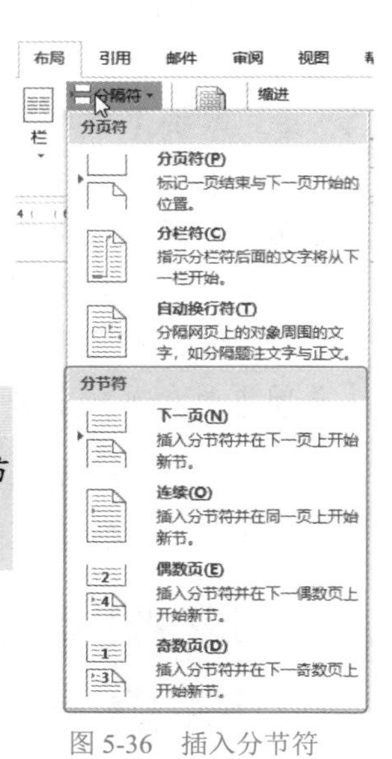

图 5-36 插入分节符

**知识点**

如果要删除分页符或分节符，只需将插入点定位在分页符或分节符之前(或者选中分页符或分节符)，然后按Delete键即可。

# 5.5 设置页面背景和主题

为了使长文档变得更加美观，可以对页面进行美化设计，例如设置页面背景和主题。用户可以在文档的页面背景中添加水印效果和背景色，还可以为文档设置主题。

## 5.5.1 使用纯色背景

Word提供了70多种内置颜色，可以选择这些颜色作为文档背景，也可以自定义其他颜色作为背景。

要为文档设置背景颜色，可以打开【设计】选项卡，在【页面背景】组中单击【页面颜色】按钮，将打开【页面颜色】列表，如图5-37所示。在【主题颜色】和【标准色】选项区域中，单击其中的任何一个色块，就可以把选中的颜色作为背景。

如果对系统提供的颜色不满意，可以选择【其他颜色】命令，打开【颜色】对话框，如图5-38所示。在【标准】选项卡中，选择六边形中的任意色块，即可将选中的颜色作为页面背景。

另外，打开【自定义】选项卡，在【颜色】选项区域中拖动鼠标选择所需的背景色，或者在【颜色模式】选项区域中通过设置颜色的具体数值来选择所需的颜色，如图5-39所示。

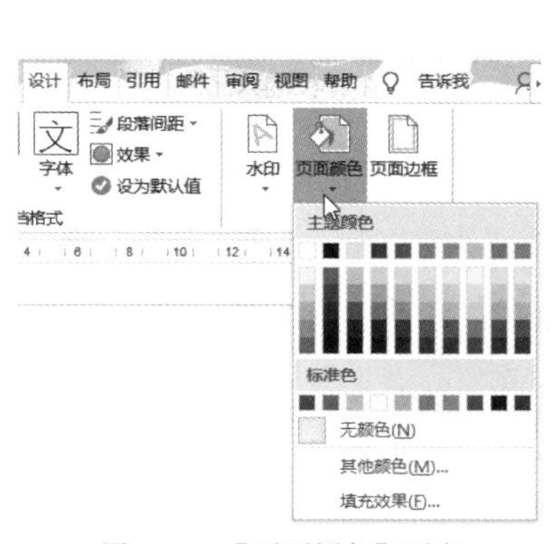


图 5-37 【页面颜色】列表

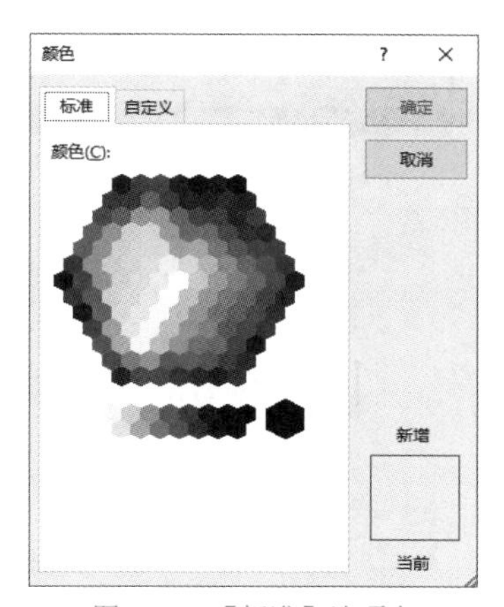


图 5-38 【标准】选项卡

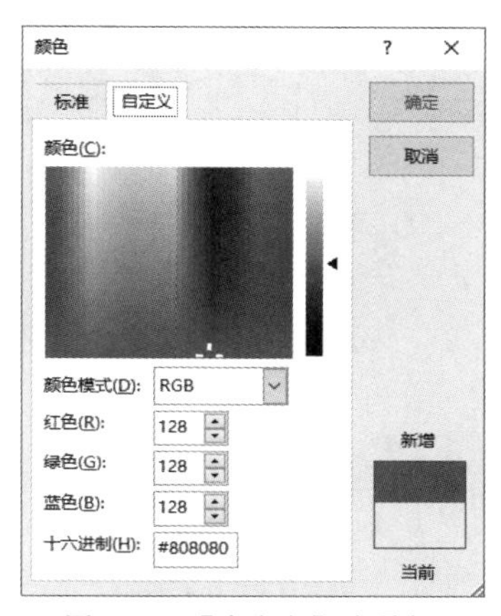


图 5-39 【自定义】选项卡

**知识点**

【颜色模式】下拉列表中提供了RGB和HSL两种颜色模式。RGB模式是工业界的一种颜色标准，通过对红(R)、绿(G)、蓝(B)3种颜色通道的编号以及它们相互之间的叠加作用来得到各种颜色；HSL模式是一种基于人对颜色的心理感受的颜色模式。

**【例5-9】** 设置封面的背景颜色效果。 视频

01 启动Word，打开文档。

02 打开【设计】选项卡，单击【页面背景】组中的【页面颜色】按钮，从弹出的列表选择【其他颜色】命令，打开【颜色】对话框。

03 在【颜色】对话框中，单击选择需要的色块，作为文档的背景色，如图5-40所示。

04 单击【确定】按钮，返回文档，效果如图5-41所示。

05 若要清除已设置的背景色，打开【设计】选项卡，在【页面背景】组中单击【页面颜色】按钮，从弹出的列表中选择【无颜色】命令，如图5-42所示。

06 此时即可在文档中看到去掉背景色后的文档效果，如图5-43所示。

07 按Ctrl+S快捷键，保存文档。

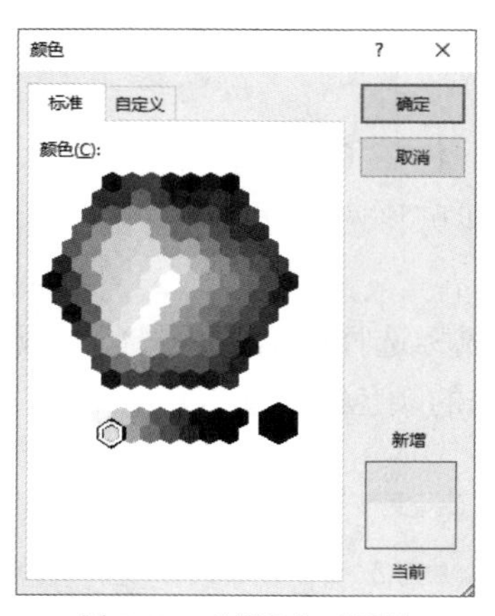

图 5-40　【颜色】对话框

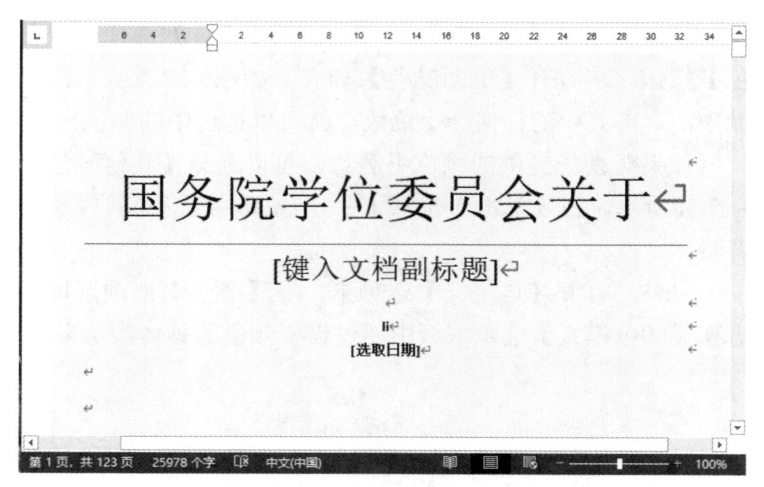

图 5-41　设置页面颜色后的效果

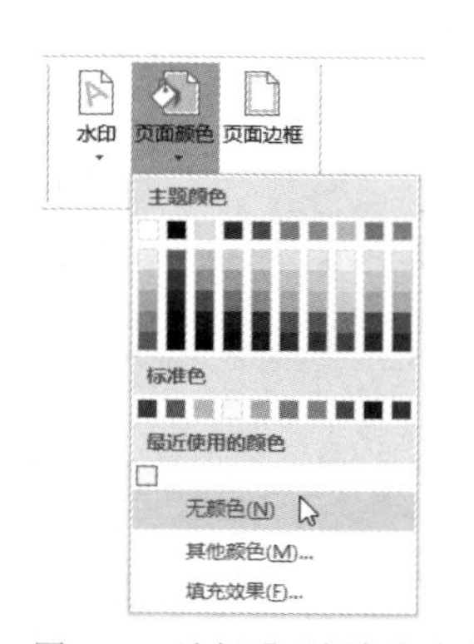

图 5-42　选择【无颜色】命令

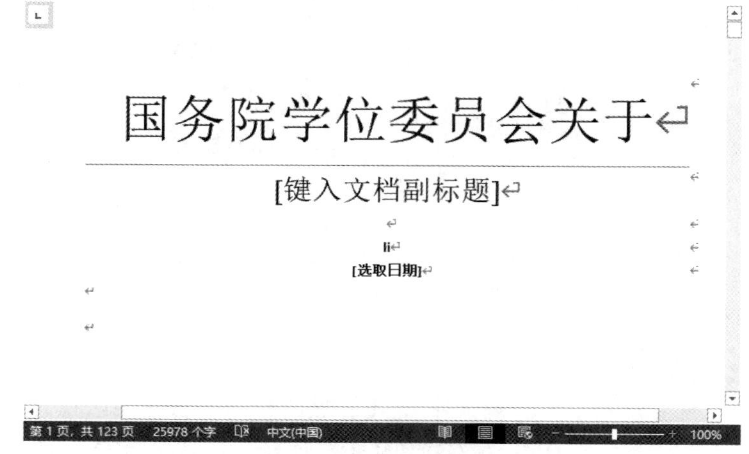

图 5-43　去掉背景色后的效果

## 5.5.2　设置背景填充效果

使用一种颜色(即纯色)作为背景色，对于一些Web页面而言，显得过于单调乏味。Word 2016还提供了其他多种背景填充效果，如渐变背景效果、纹理背景效果、图案背景效果及图片背景效果等。

要设置背景填充效果，可以打开【设计】选项卡，在【页面背景】组中单击【页面颜色】按钮，在弹出的列表中选择【填充效果】命令，打开【填充效果】对话框，其中包括4个选项卡。

- 【渐变】选项卡：可以通过选中【单色】或【双色】单选按钮来创建不同类型的渐变效果，在【底纹样式】选项区域中选择渐变的样式，如图5-44所示。
- 【纹理】选项卡：可以在【纹理】选项区域中，选择一种纹理作为文档页面的背景，如图5-45所示。单击【其他纹理】按钮，可以添加自定义的纹理作为文档的页面背景。

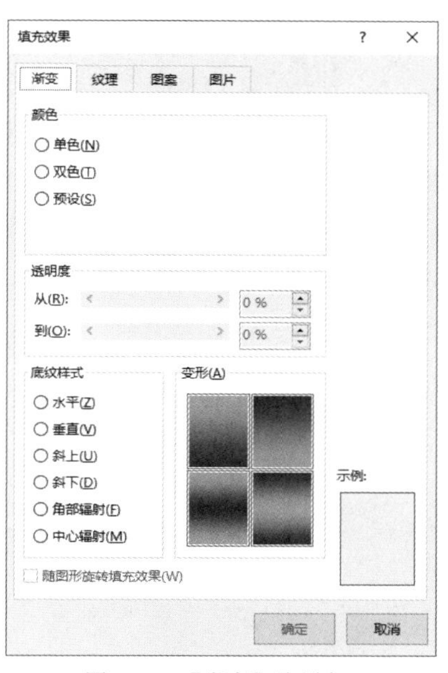

图 5-44 【渐变】选项卡

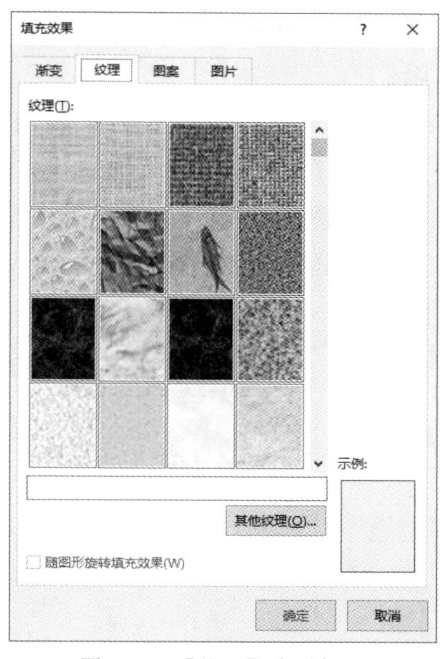


图 5-45 【纹理】选项卡

- 【图案】选项卡：可以在【图案】选项区域中选择一种基准图案，并在【前景】和【背景】下拉列表中选择图案的前景和背景颜色，如图5-46所示。
- 【图片】选项卡：单击【选择图片】按钮，从打开的【选择图片】对话框中选择一幅图片作为文档的背景，如图5-47所示。

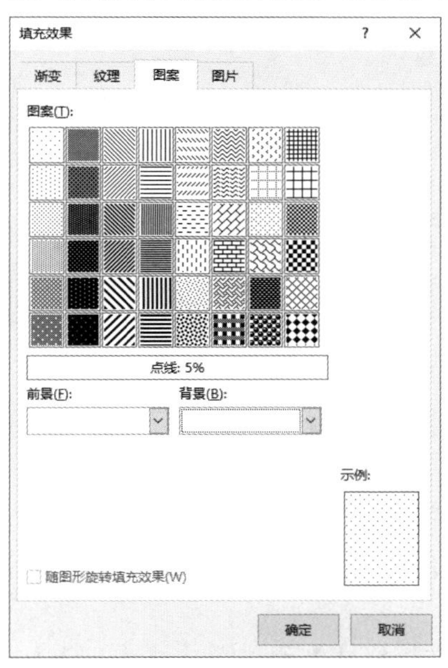


图 5-46 【图案】选项卡

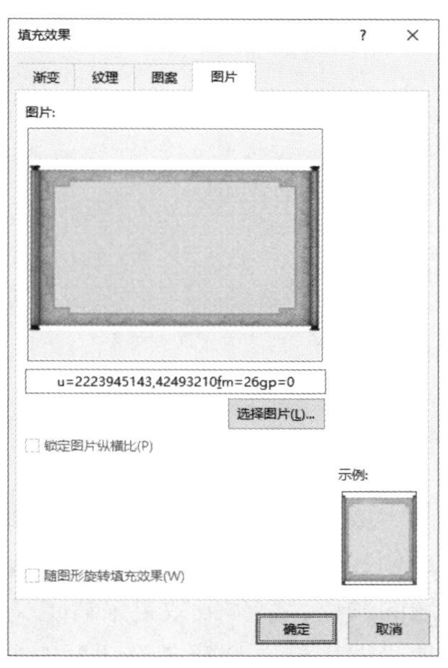


图 5-47 【图片】选项卡

## 5.5.3 添加水印

水印是指印在页面上的一种透明的花纹。水印可以是一幅图片、一个图表或一种艺术

字。当在页面上添加水印之后，水印在页面上是以灰色显示的，成为正文的背景，起到美化文档的作用。

在Word中，不仅可以插入内置的水印样式，也可以插入一个自定义的水印。打开【设计】选项卡，在【页面背景】组中单击【水印】按钮，在弹出的水印样式列表框中可以选择内置的水印，如图5-48所示。若选择【自定义水印】命令，打开【水印】对话框，如图5-49所示，在该对话框中可以自定义水印样式，如图片水印、文字水印等。

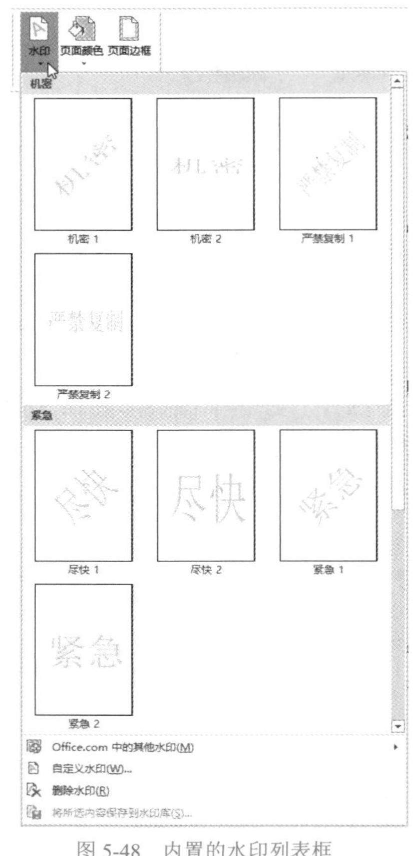


图 5-48　内置的水印列表框

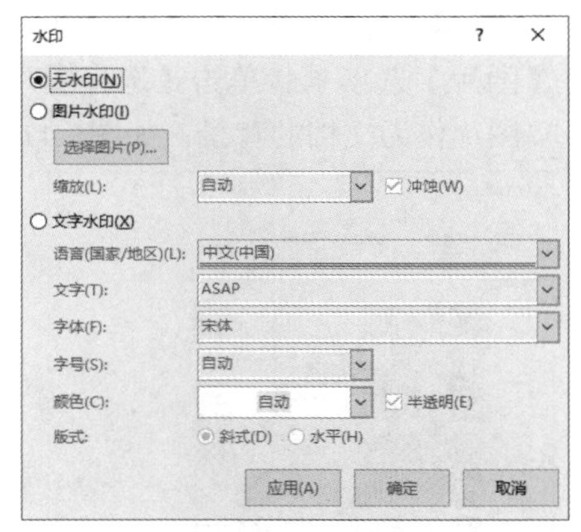


图 5-49　【水印】对话框

## 5.5.4　设置主题

主题是一套统一的元素和颜色设计方案，为文档提供一套完整的格式集合。利用主题，可以轻松地创建专业、美观的文档。在Word中，除了可以使用内置的主题样式外，还可以通过设置主题的颜色、字体或效果来自定义文档主题。

要快速设置主题，打开【设计】选项卡，在【文档格式】组中单击【主题】按钮，在弹出的如图5-50所示的内置列表中选择适当的文档主题样式即可。

### 1. 设置主题颜色

主题颜色包括4种文本和背景颜色、6种强调文字颜色和两种超链接颜色。要设置主题颜色，可在打开的【设计】选项卡的【文档格式】组中，单击【颜色】按钮，在弹出的内置列表中显示了多种颜色组合供用户选择，若选择【自定义颜色】命令，可打开【新建主题颜色】对话框，如图5-51所示，通过该对话框可以自定义主题颜色。

图 5-50　内置的主题列表　　　　图 5-51　自定义主题颜色

2. 设置主题字体

主题字体包括标题字体和正文字体。要设置主题字体，可在打开的【设计】选项卡的【文档格式】组中，单击【字体】按钮，在弹出的内置列表中显示了多种主题字体供用户选择，若选择【自定义字体】命令，可打开【新建主题字体】对话框，如图5-52所示，通过该对话框可以自定义主题字体。

3. 设置主题效果

主题效果包括线条和填充效果。要设置主题效果，在打开的【设计】选项卡的【文档格式】组中，单击【效果】按钮 效果 ，在弹出的内置列表中显示了多种主题效果供用户选择，如图5-53所示。

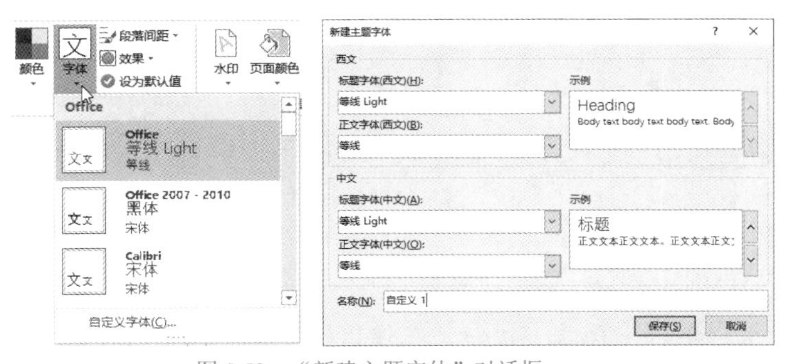


图 5-52　“新建主题字体”对话框

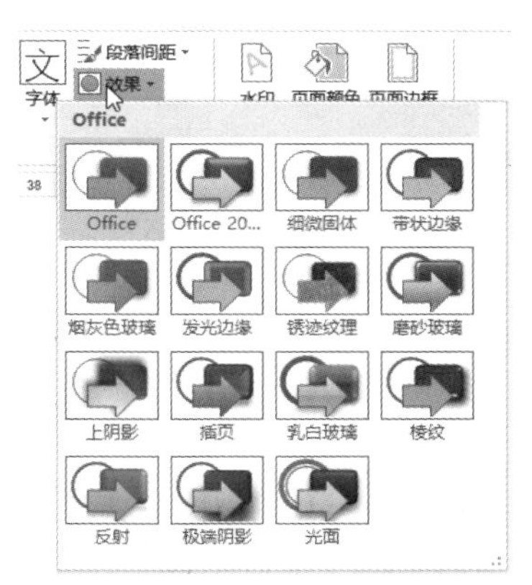


图 5-53　主题效果列表

## 5.6　制作目录

目录犹如一篇文章的纲要，通过它可以了解全文的结构和整个文档所要讨论的内容。在

Word 2016中，可以基于文档的各级标题自动生成目录。

## 5.6.1 创建目录

目录可以帮助用户了解文档的内容组织结构，迅速了解文档内容。Word可以基于文档各级标题方便地创建目录。对于目录，可以进行编辑，就像编辑普通文本一样，如更改字体、字号和对齐方式等。

【例5-10】创建目录。视频

01 启动Word，打开“毕业论文”文档。

02 将插入点定位在文档的最后空白页上，在第1行中输入文本“目录”并换行，如图5-54所示。

03 打开【引用】选项卡，在【目录】组中单击【目录】按钮，从弹出的下拉列表中选择【自定义目录】命令，打开【目录】对话框。

04 打开【目录】选项卡，在【显示级别】数值框中输入3，单击【确定】按钮，如图5-55所示。

图 5-54 输入文本并换行

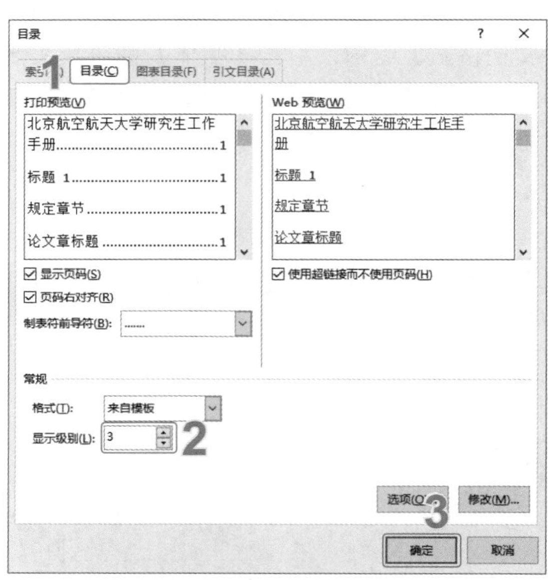


图 5-55 【目录】对话框

**知识点**

在【引用】选项卡的【目录】组中单击【目录】按钮，在弹出的下拉列表中选择目录样式，即可在文档中快速创建具有特殊格式的目录。

05 即可在正文中插入目录，如图5-56所示。

06 选中整个目录，打开【开始】选项卡，在【字体】组的【字体】下拉列表中选择【宋体】，在【字号】下拉列表中选择【五号】，在【段落】组中单击【居中】按钮≡，效果如图5-57所示。

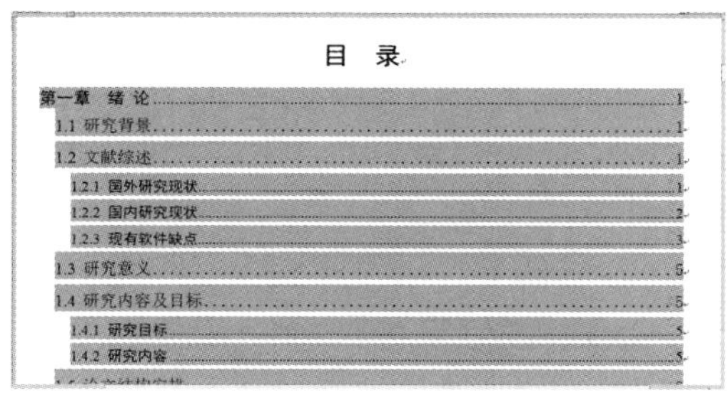


图 5-56 插入目录

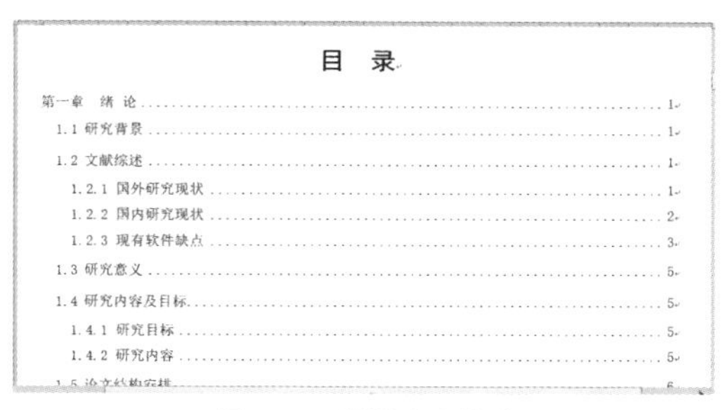


图 5-57 设置文本格式

07 单击【段落】组中的对话框启动器，打开【段落】对话框的【缩进和间距】选项卡，在【间距】选项区域的【行距】下拉列表中选择【1.5倍行距】，如图5-58所示。

08 单击【确定】按钮，完成设置，此时目录将以1.5倍的行距显示，如图5-59所示。

09 选取多余的段落标记符，按Delete键，将选中的段落标记符删除，在快速访问工具栏中单击【保存】按钮，保存文档。

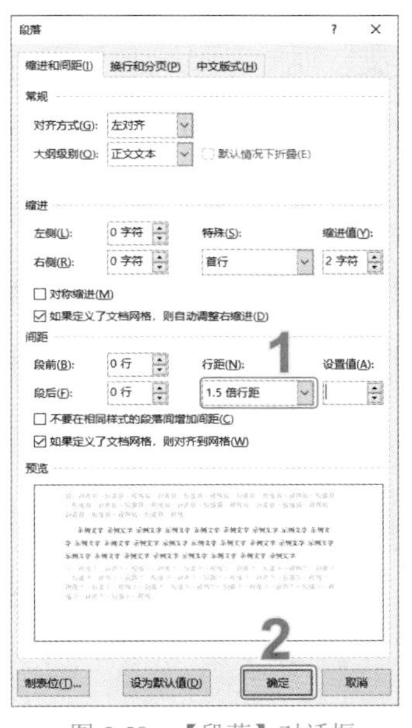


图 5-58 【段落】对话框

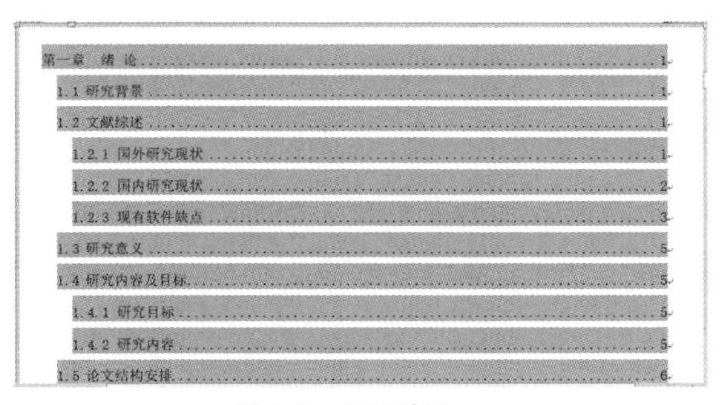


图 5-59 目录效果

**知识点**

要删除目录，可以在【引用】选项卡的【目录】组中单击【目录】按钮，从弹出的菜单中选择【删除目录】命令。

## 5.6.2 更新目录

当创建一个目录后，如果对正文文档进行了编辑修改，那么标题和页码都有可能发生变化，与原始目录中的页码不一致，此时就需要更新目录，以保证目录中页码的正确性。

要更新目录，可以先选择整个目录，然后在【引用】选项卡的【目录】组中单击【更新目录】按钮，如图5-60所示。

打开【更新目录】对话框，如图5-61所示。如果只更新页码，而不想更新已直接应用于目录的格式，可以选中【只更新页码】单选按钮；如果在创建目录以后，对文档作了具体修改，可以选中【更新整个目录】单选按钮，更新整个目录。

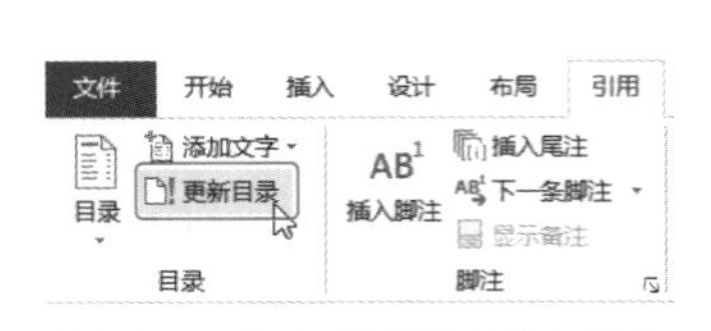

图 5-60　单击【更新目录】按钮

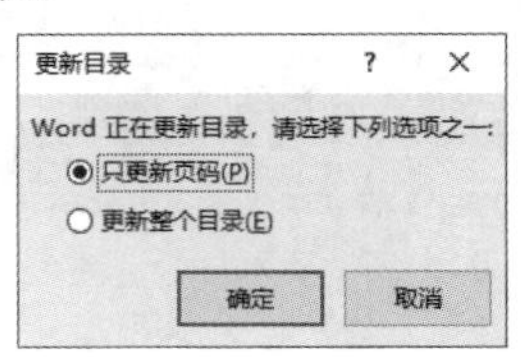

图 5-61　【更新目录】对话框

# 5.7　特殊排版方式

一般报刊都需要创建带有特殊效果的文档，需要配合使用一些特殊的排版方式。Word 2016提供了多种特殊的排版方式，例如，文字竖排、首字下沉、分栏、拼音指南和带圈字符等。

## 5.7.1　文字竖排

古人写字都是以从右至左、从上至下的方式进行竖排书写，但现代人一般都以从左至右的方式书写文字。使用Word的文字竖排功能，可以轻松实现古人书写模式，从而达到复古的效果。竖排排版一般用在诗词及艺术类期刊方面。

【例5-11】文字竖排。视频

01 启动Word，打开文档，在其中输入诗词《春晓》。

02 选中标题，设置样式为“标题2”；按Ctrl+A组合键，选中所有的文本，设置文本的字体为【宋体】，字号为【小二】，字体颜色为【黑色】，对齐方式为【居中对齐】，效果如图5-62所示。

03 选中文本，打开【布局】选项卡，在【页面设置】组中单击【文字方向】按钮，从弹出的菜单中选择【垂直】命令，此时即可以从上至下、从右到左的方式排列内容，如图5-63所示。在快速访问工具栏中单击【保存】按钮保存文档。

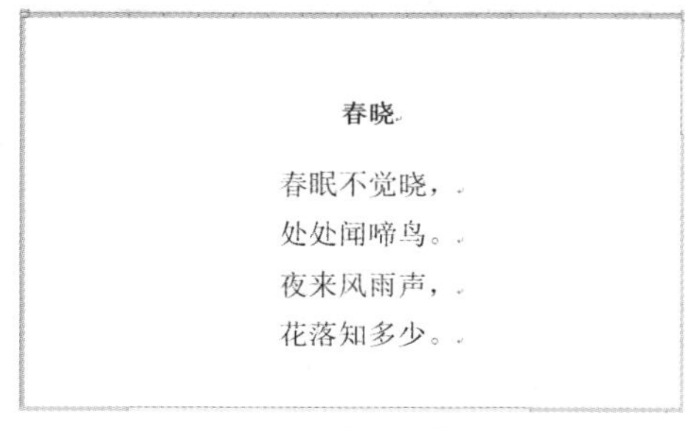

图 5-62　文档原效果

图 5-63　文字竖排效果

**知识点**

在【布局】选项卡的【页面设置】组中单击【文字方向】按钮，从弹出的菜单中选择【文字方向选项】命令，打开【文字方向-主文档】对话框，在【方向】选项区域中可以设置文字的其他排列方式，如从上至下、从下至上等。

### 5.7.2　首字下沉

首字下沉是报刊中较为常用的一种文本修饰方式，使用该方式可以很好地改善文档的外观，使文档更美观、更引人注目。设置首字下沉，就是使第一段开头的第一个字放大。放大的程度用户可以自行设定，一般占据两行或者三行的位置，而其他字符围绕在它的右下方。

在Word 2016中，首字下沉共有两种方式，一种是普通的下沉，另外一种是悬挂下沉。两种方式区别之处在于：【下沉】方式设置的下沉字符紧靠其他文字，而【悬挂】方式设置的下沉字符可以随意地移动其位置。

打开【插入】选项卡，在【文本】组中单击【首字下沉】按钮，在弹出的下拉菜单中选择首字下沉的样式，如图5-64所示。若选择【首字下沉选项】命令，将打开【首字下沉】对话框，如图5-65所示，在其中可进行相关的首字下沉设置。

图 5-64　【首字下沉】下拉菜单

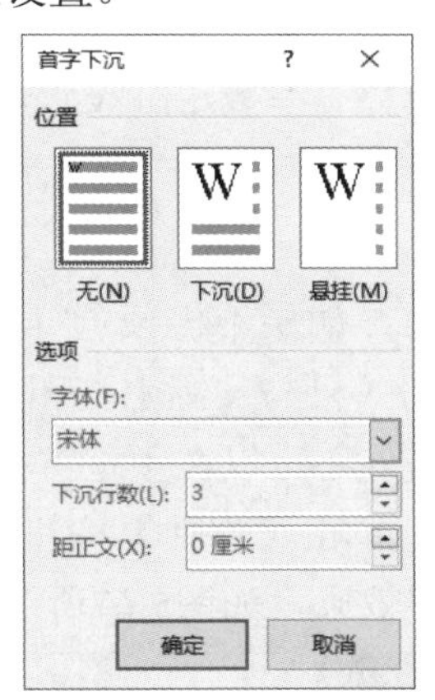

图 5-65　【首字下沉】对话框

### 5.7.3　分栏

分栏是指按实际排版需求将文本分成若干条块，使版面更加简洁整齐。在阅读报刊时，常常会有许多页面被分成多个栏目。这些栏目有的是等宽的，有的是不等宽的，从而使得整个页面布局显得错落有致，易于读者阅读。

Word具有分栏功能，可以把每一栏视为一节，这样就可以对每一栏文本内容单独进行格式化和版面设计。要为文档设置分栏，可打开【布局】选项卡，在【页面设置】组中单击【栏】按钮，在弹出的菜单中选择【更多栏】命令，打开【栏】对话框，如图5-66所示。在其中可进行相关分栏设置，如栏数、宽度、间距和分隔线等。

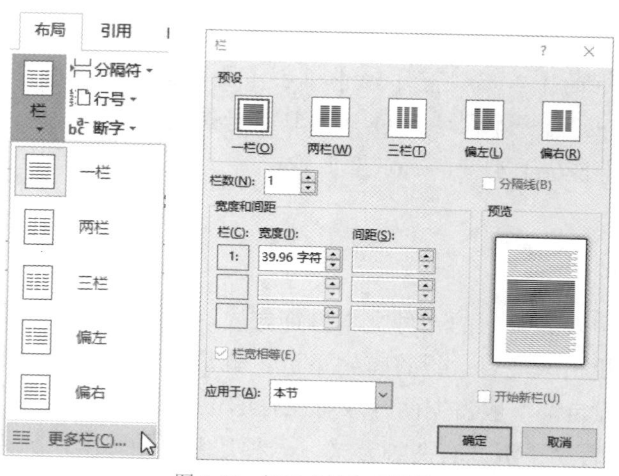

图 5-66　打开【栏】对话框

## 5.8　文档的打印

完成文档的制作后，必须先对其进行打印预览，按照需求进行修改和调整，然后对打印的页面范围、打印份数等参数进行设置，最后将文档打印出来。

### 5.8.1　预览文档

在打印文档之前，如果希望预览打印效果，可以使用打印预览功能，利用该功能查看文档效果。打印预览的效果与实际上打印的真实效果非常相近，使用该功能可以避免打印失误和不必要的损失。另外还可以在预览窗格中对文档进行编辑，以得到满意的打印效果。

在Word窗口中，单击【文件】按钮，从弹出的菜单中选择【打印】命令，在右侧的预览窗格中可以预览打印效果，如图5-67所示。

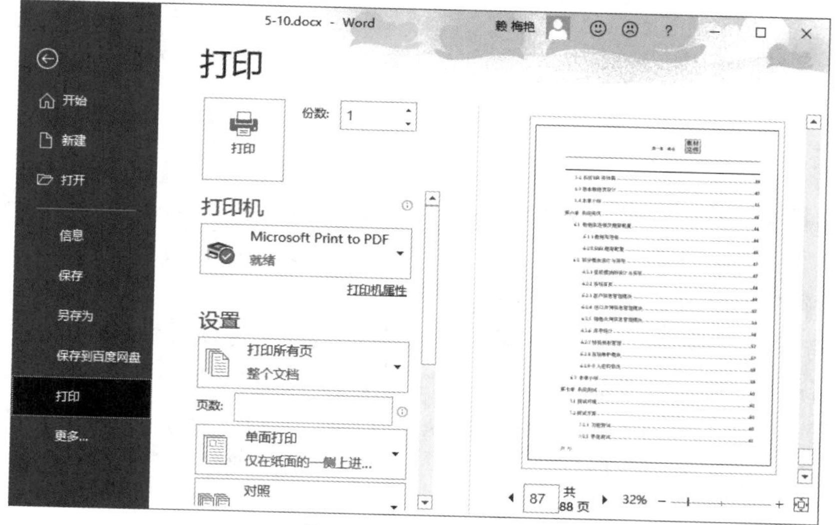

图 5-67　打印预览窗格

**提示**

如果看不清楚预览的文档，可以多次单击预览窗格下方的缩放比例工具右侧的+按钮，以达到合适的缩放比例进行查看。

### 5.8.2 打印文档

如果一台打印机与计算机已正常连接，并且安装了所需的驱动程序，就可以在Word中将文档直接打印出来。

在Word文档中，单击【文件】按钮，在弹出的菜单中选择【打印】命令，打开Microsoft Office Backstage视图，在其中部的【打印】窗格中可以设置打印份数、打印机属性、打印页数和双面打印等内容。

【例5-12】打印文档。 视频

01 启动Word，打开文档，单击【文件】按钮。

02 选择左侧的【打印】命令，在【打印】窗格的【份数】数值框中输入10；在【打印机】列表框中自动显示默认的打印机，状态显示为就绪，表示处于空闲状态，如图5-68所示。

03 单击【打印】按钮，就可以执行打印操作。

**知识点**

在【打印所有页】下拉列表中可以设置仅打印奇数页或仅打印偶数页，甚至可以设置打印所选定的内容或者打印当前页，在输入打印页面的页码时，每个页码之间用“，”分隔，还可以使用“-”符号表示某个范围的页面。

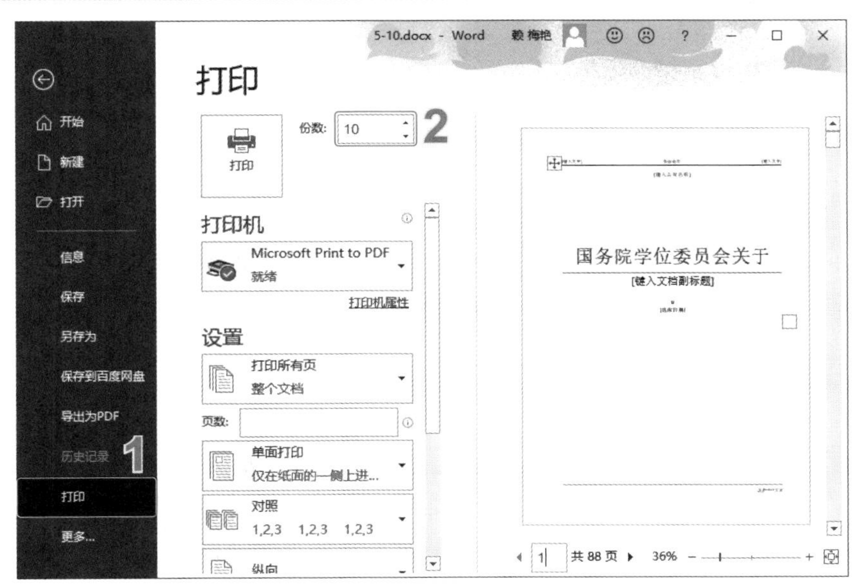


图 5-68 设置打印参数

### 5.8.3 管理打印队列

将文档送向打印机之后，在文档打印结束之前，可通过打印任务队列窗口对发送到打印机中的打印作业进行管理。

需要查看打印队列中的文档，可以单击【开始】按钮，从弹出的【开始】菜单中选择【设备和打印机】选项，打开【设备和打印机】窗口，双击【HP LaserJet Pro MFP M128fw】打印机图标，即可打开打印任务队列窗口。在该窗口中可以查看打印作业的文档名、状态、所有者、页数、提交时间等信息，还可以管理作业，如图5-69所示。

右击打印的任务，从弹出的快捷菜单中选择【暂停】命令，即可暂停某个打印作业的打印，并不影响打印队列中其他文档的打印；选择【重新启动】命令，可以重新启动暂停的打印作业；选择【取消】命令，可以取消该打印作业。

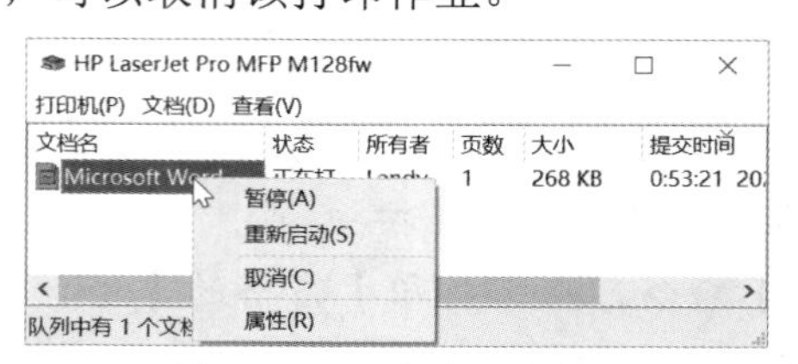


图 5-69 打印任务队列窗口

**提示**

如果要同时将所有打印队列中的打印作业清除，可以选择【打印机】|【取消所有文档】命令，即可清除所有打印文档。

## 5.9 加密和保护文档

如果不想Word文档中的内容被其他人看到，或者不想被其他人修改，可以对文档进行加密保护，或通过【限制编辑】功能限制他人编辑文档。

### 5.9.1 为Word文档加密码

为了防止重要文件被他人窃取，可以在保存文档时对其进行加密设置。对已保存过的文档进行加密时，可以通过另存文档的方式对其进行加密设置。

【例5-13】对文档加密。视频

01 打开“毕业论文”文档，然后对文档进行另存操作。

02 打开【另存为】对话框，单击【工具】下拉按钮，在弹出的下拉列表中选择【常规选项】命令，如图5-70所示。

03 在打开的【常规选项】对话框中设置打开和修改文档时的密码并进行确定，如图5-71所示。

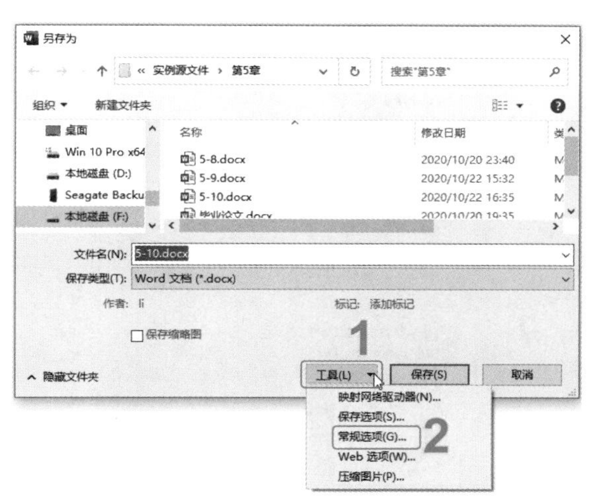


图 5-70　选择【常规选项】命令

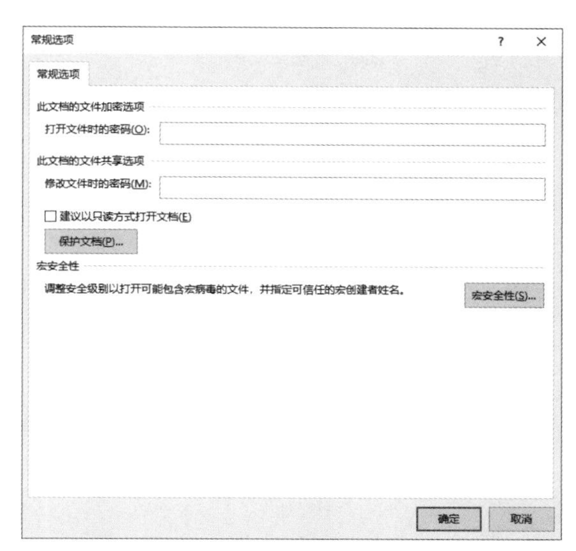


图 5-71　【常规选项】对话框

04 在打开的【确认密码】对话框中再次输入相同的密码进行确认，完成文档密码的设置。

**提示**

在Excel和PowerPoint中对文档进行加密的操作与Word中的操作相似。

### 5.9.2　限制文档编辑

通过Word 的【限制编辑】功能，可以控制其他人对此文档所做的更改类型，例如，限制格式的设置、内容的编辑等。

【例5-14】 限制文档编辑。 视频

01 打开文档。

02 打开【审阅】选项卡，在【保护】组中单击【限制编辑】按钮，如图5-72所示。

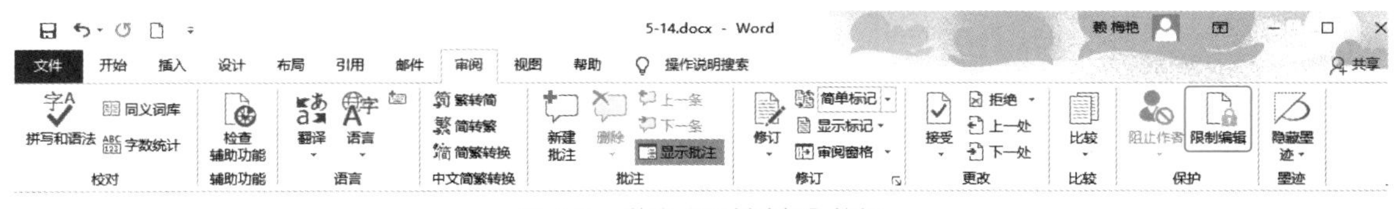


图 5-72　单击【限制编辑】按钮

03 打开【限制编辑】任务窗格，如图5-73所示，选中【限制对选定的样式设置格式】复选框，单击【设置】链接。

04 打开【格式化限制】对话框，选中【限制对选定的样式设置格式】复选框，在【当前允许使用的样式】列表框中选择允许使用的样式，然后单击【确定】按钮，如图5-74所示。

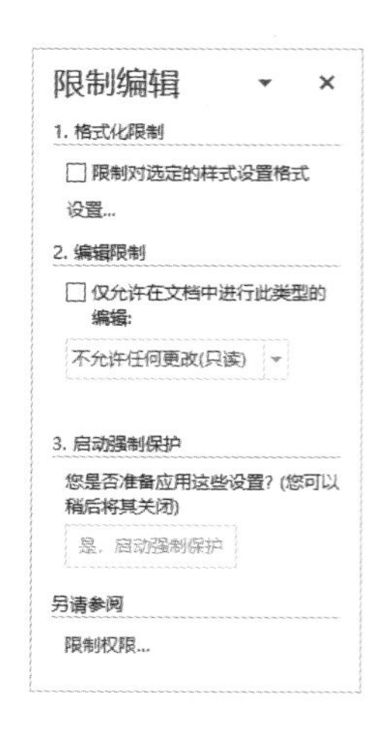


图 5-73 【限制编辑】任务窗格

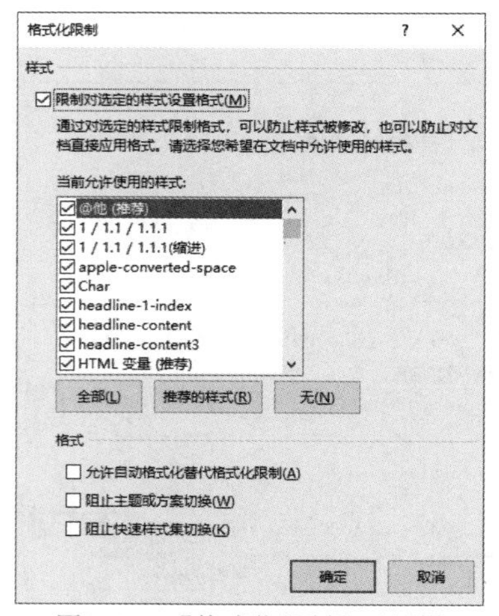


图 5-74 【格式化限制】对话框

05 在【限制编辑】任务窗格中选中【仅允许在文档中进行此类型的编辑】复选框，在下方的下拉列表中选择【不允许任何更改(只读)】选项，如图5-75所示。

06 单击底部的三角形按钮进行滚动，单击【是，启动强制保护】按钮，打开【启动强制保护】对话框，如图5-76所示，输入要强制保护的密码(如“123456”)，单击【确定】按钮，即可对文档的修改权限进行限制。

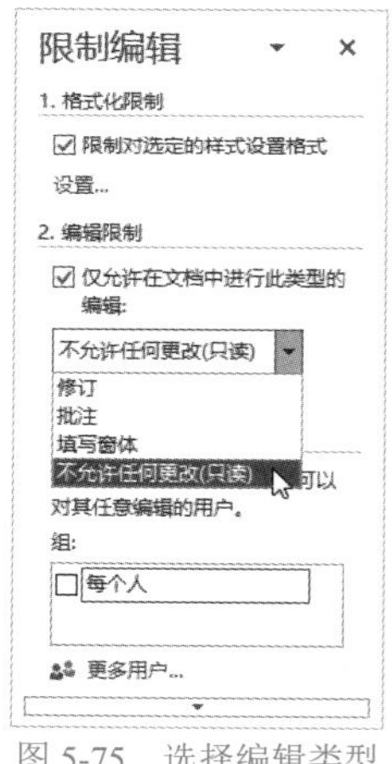


图 5-75 选择编辑类型

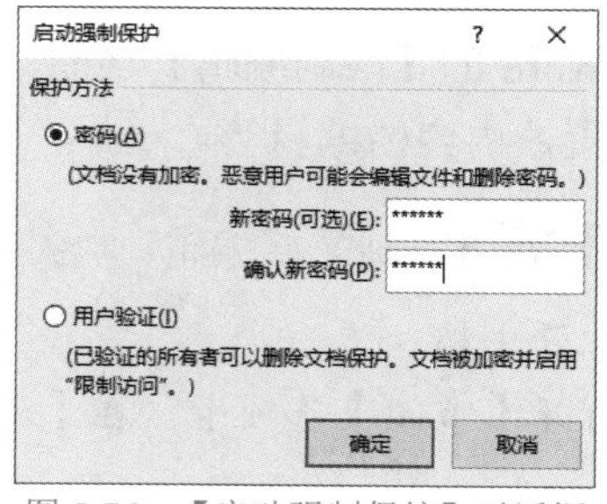


图 5-76 【启动强制保护】对话框

# 5.10 上机练习

一般情况下，有的学校会提供论文模板，而有的学校不提供，那么就需要自己制作。本次上机练习就来介绍毕业论文是如何制作的。

## 5.10.1 毕业论文的结构

在着手写毕业论文之前，首先要知道一篇论文通常包括哪几个部分，也就是论文的结构由哪几个部分组成。一般情况下，毕业论文由封面、内部封面、目录、图录、个人和指导老师信息页、论文信息页、摘要、绪论、正文、参考文献、致谢等几大块组成。

下面我们来制作一个完整的符合一般论文格式的毕业论文。

## 5.10.2　论文封面的制作

01 首先创建一个Word文档，保存为“毕业论文”。

02 打开格式标记。由于对文档格式有严格要求，因此需要打开文档的所有标记。选择【文件】|【选项】命令，打开【Word选项】对话框，在【显示】选项卡中，选中【显示所有格式标记】复选框，如图5-77所示。

03 下面来制作封面。首先为左上角的“中图分类号”和“论文编号”创建一个快速样式，中文字体为黑体、11号字、加粗，行距为1.5倍行距，段前和段后距离为2.5磅，如图5-78所示。

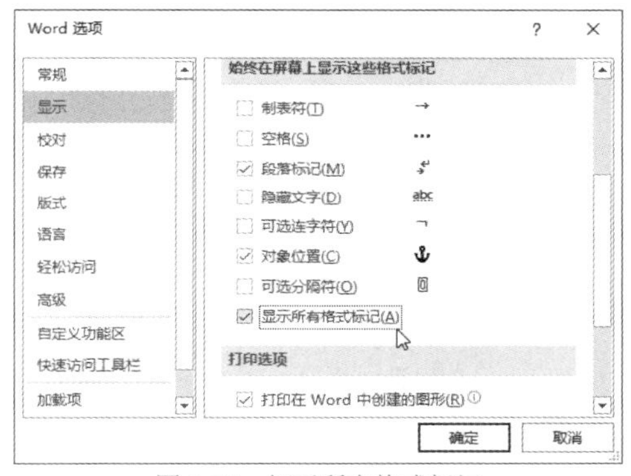


图 5-77　打开所有格式标记

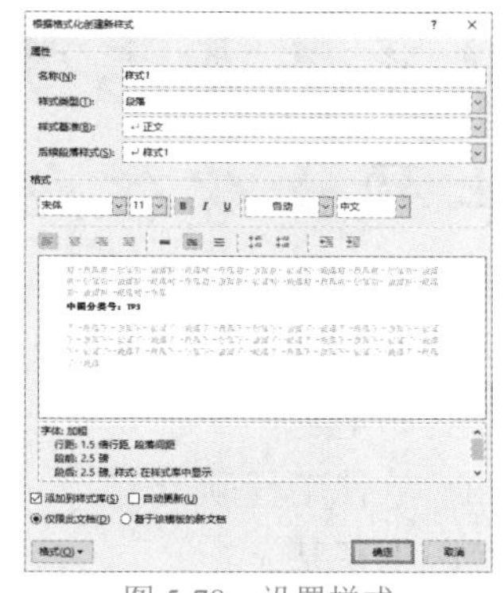

图 5-78　设置样式

04 输入“中图分类号”和“论文编号”，然后应用刚才创建的样式，效果如图5-79所示。

05 为封面中的大标题创建快速样式“专业硕士学位论文”，字体为“华文行楷”，字号为“初号”，行距为1.5倍行距，段前、段后为2.5磅，如图5-80所示。

**中图分类号：TP3**

**论 文 编 号：10006GS1108461**

图 5-79　文本效果

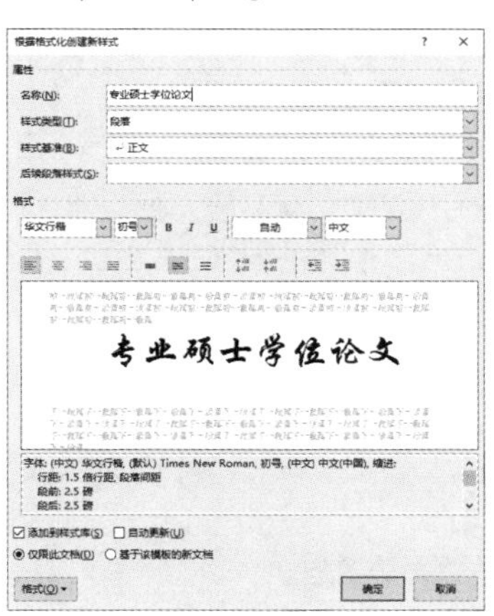


图 5-80　设置标题样式

计算机基础与实训教材系列

**06** 输入标题“北京某某大学”和“专业硕士学位论文”，并应用刚才创建的标题样式，效果如图5-81所示。

**07** 接下来输入论文题目“基于J2EE的外贸管理信息系统的设计与实现”。然后为该标题创建一个“封面论文标题”样式，中文字体为黑体、小一字号、加粗、缩进量为1磅、基于默认段落，如图5-82所示。

北京某某大学

专业硕士学位论文

图 5-81　输入封面标题

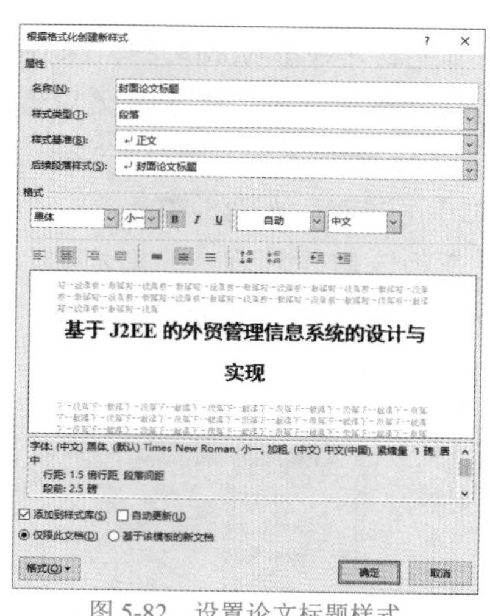


图 5-82　设置论文标题样式

**08** 输入如下个人信息及指导老师信息：

作者姓名　胡毛毛

学科专业　软件工程硕士

指导教师　王某某

培养院系　软件学院

为这些文本创建样式“封面署名”，“样式基准”为“正文”，字体为黑体，字号为四号，加宽量为2磅，行距为1.5倍行距，段前、段后是2.5磅，如图5-83所示。将这个样式应用在刚才输入的文本内容上，到此为止，封面效果如图5-84所示。

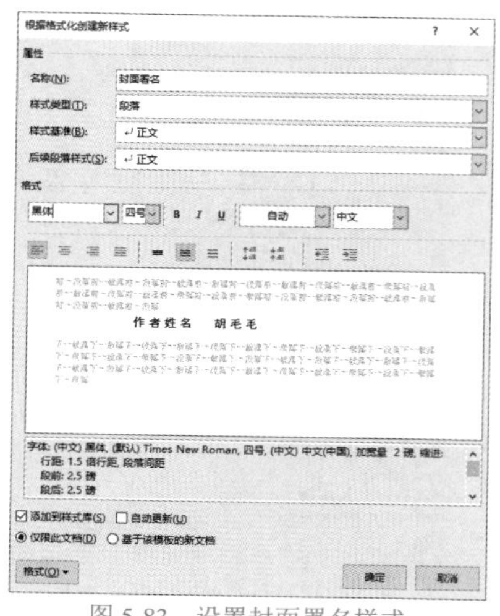


图 5-83　设置封面署名样式

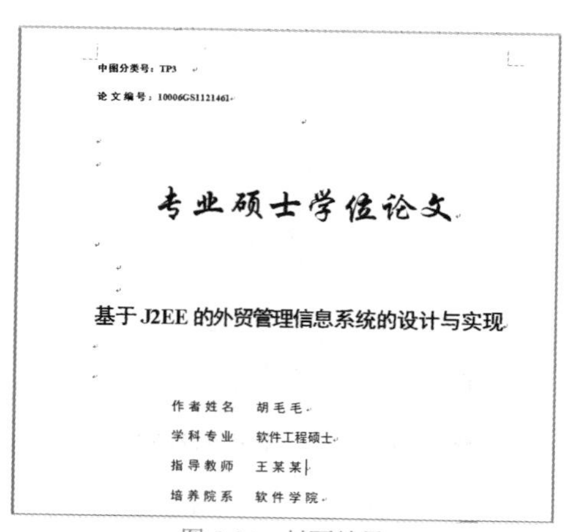


图 5-84　封面效果

09 论文除了中文封面外，一般还需要有英文封面，内容与中文封面差不多。另起一页，首先输入英文标题，然后为英文标题设置样式，默认为Times New Roman字体，小二号字，居中对齐，单倍行距，样式基于正文，加粗，如图5-85所示。应用样式后的英文标题如图5-86所示。

图 5-85　设置英文论文标题的样式

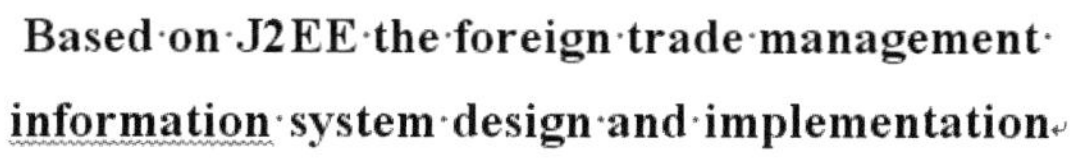

**Based on J2EE the foreign trade management information system design and implementation**

图 5-86　英文标题效果

10 输入其他次要信息，然后为这些信息设置样式，样式和英文标题的样式基本相同，只是字号为四号，不加粗，如图5-87所示。将该样式应用于文本，得到的英文封面效果如图5-88所示。

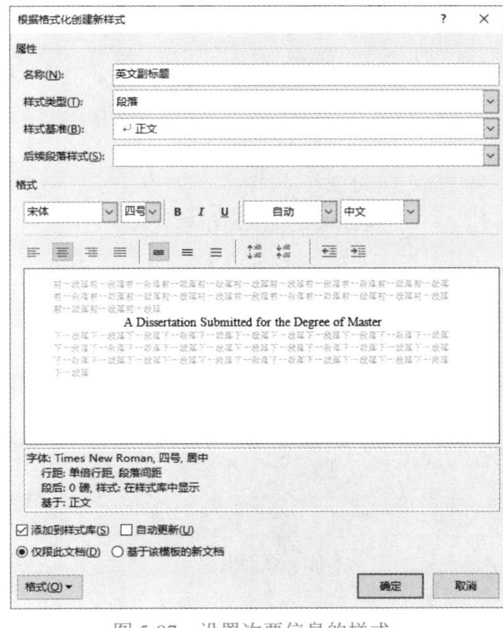


图 5-87　设置次要信息的样式

图 5-88　英文封面效果

11 将鼠标移至最后一行结尾处，打开【插入】选项卡，单击【分页】按钮，插入分页符，页面将显示出分页标记，如图5-89所示。

## 5.10.3　论文内封、说明及授权页的制作

12 创建内部封面，效果如图5-90所示。这个封面的文本信息和用到的样式和外部封面一样，这里不做过多详细介绍。最后插入分页符，跳到下一页。

School of Mechanical Engineering & Automation

Beihang University, Beijing, China

分页符

图 5-89　插入分页符

图 5-90　内部封面

13 制作独创性声明和授权页。该页中的标题字体为黑体、字号为三号，如图5-91所示，页面效果如图5-92所示。其他文本为正文样式，字号为小四号。

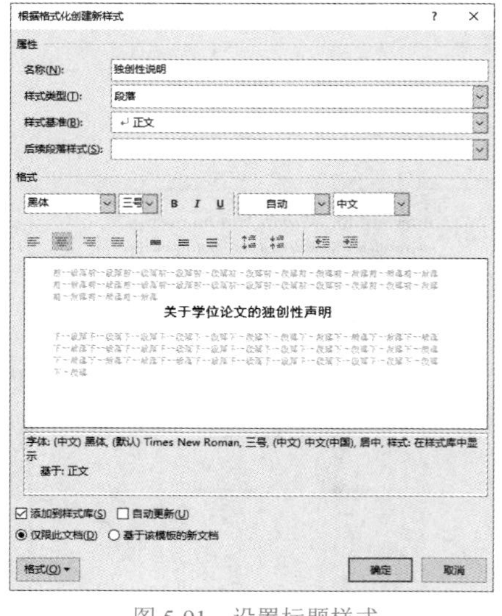


图 5-91　设置标题样式

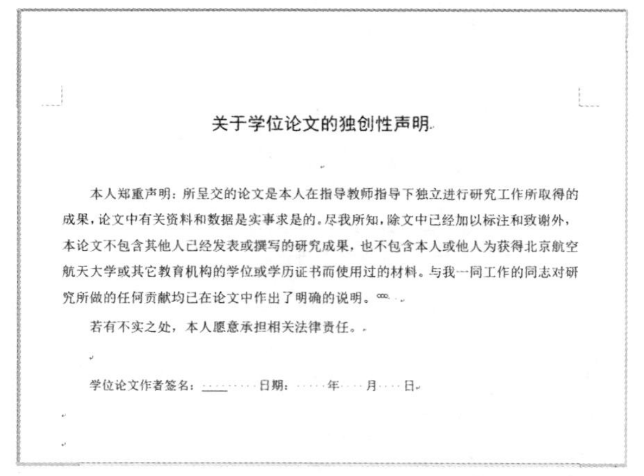
关于学位论文的独创性声明

本人郑重声明：所呈交的论文是本人在指导教师指导下独立进行研究工作所取得的成果，论文中有关资料和数据是实事求是的。尽我所知，除文中已经加以标注和致谢外，本论文不包含其他人已经发表或撰写的研究成果，也不包含本人或他人为获得北京航空航天大学或其它教育机构的学位或学历证书而使用过的材料。与我一同工作的同志对研究所做的任何贡献均已在论文中作出了明确的说明。

若有不实之处，本人愿意承担相关法律责任。

学位论文作者签名：＿＿　日期：　年　月　日

图 5-92　页面效果

## 5.10.4 论文摘要页的制作

14 接下来是摘要信息，分为中文摘要和英文摘要，如图5-93所示。

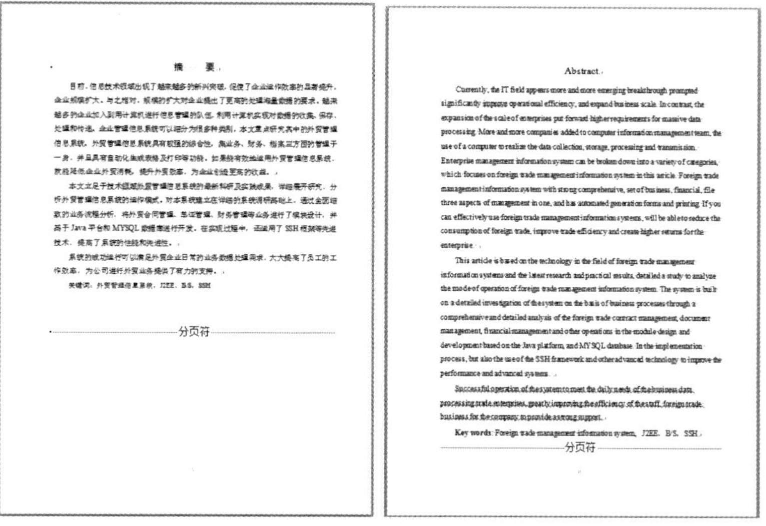

摘 要

目前，信息技术领域出现了越来越多的新兴突破，促使了企业运作效率的显著提升，企业规模扩大。与之相对，规模的扩大对企业提出了更高的处理海量数据的要求。越来越多的企业加入到用计算机进行信息管理的队伍，利用计算机实现对数据的收集、保存、处理和传递。企业管理信息系统可以细分为很多种类别，本文重点研究其中的外贸管理信息系统。外贸管理信息系统具有较强的综合性，集业务、财务、档案三方面的管理于一身，并且具有自动化生成表格及打印等功能。如果能有效地运用外贸管理信息系统，就能降低企业外贸消耗，提升外贸效率，为企业创造更高的收益。

本文立足于技术领域外贸管理信息系统的最新科研及实践成果，详细展开研究，分析外贸管理信息系统的运作模式。对本系统建立在详细的系统调研基础上，通过全面细致的业务流程分析，将外贸合同管理、单证管理、财务管理等业务进行了模块设计，并基于 Java 平台和 MYSQL 数据库进行开发。在实现过程中，还运用了 SSH 框架等先进技术，提高了系统的性能和先进性。

系统的成功运行可以满足外贸企业日常的业务数据处理需求，大大提高了员工的工作效率，为公司进行外贸业务提供了有力的支撑。

关键词：外贸管理信息系统，J2EE，B/S，SSH

分页符

Abstract

Currently, the IT field appears more and more emerging breakthrough prompted significantly improve operational efficiency, and expand business scale. In contrast, the expansion of the scale of enterprises put forward higher requirements for massive data processing. More and more companies added to computer information management team, the use of a computer to realize the data collection, storage, processing and transmission. Enterprise management information system can be broken down into a variety of categories, which focuses on foreign trade management information system in this article. Foreign trade management information system with strong comprehensive, set of business, financial, file three aspects of management in one, and has automated generation forms and printing. If you can effectively use foreign trade management information systems, will be able to reduce the consumption of foreign trade, improve trade efficiency and create higher returns for the enterprise.

This article is based on the technology in the field of foreign trade management information systems and the latest research and practical results, detailed a study to analyze the mode of operation of foreign trade management information system. The system is built on a detailed investigation of the system on the basis of business processes through a comprehensive and detailed analysis of the foreign trade contract management, document management, financial management and other operations in the module design and development based on the Java platform, and MYSQL database. In the implementation process, but also the use of the SSH framework and other advanced technology to improve the performance and advanced systems.

Successful operation of the system to meet the daily needs of the business data processing trade enterprises, greatly improving the efficiency of the staff, foreign trade business for the company to provide a strong support.

Key words: Foreign trade management information system, J2EE, B/S, SSH

分页符

图 5-93 中英文摘要

## 5.10.5 论文主体的制作

15 下面定义各级标题与正文内容的样式。论文的目录一般分为一级标题即章标题、二级标题、三级标题。首先创建“论文章标题”样式，字体为黑体，字号为三号，居中，段前、段后为0.5行，如图5-94所示。章标题样式应用至文本后的效果如图5-95所示。

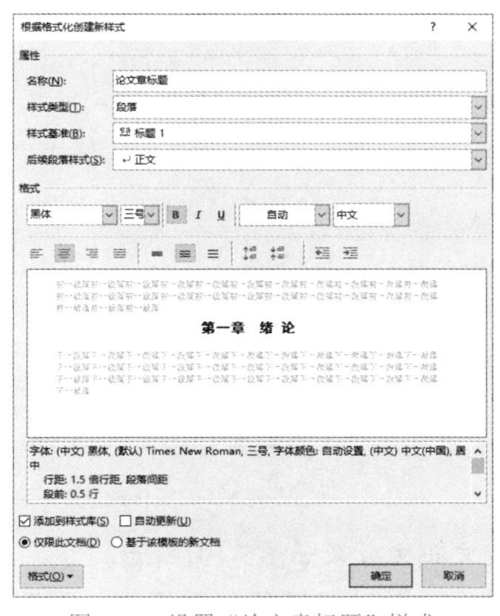


图 5-94 设置“论文章标题”样式

第一章 绪 论

图 5-95 章标题效果

16 接下来设置“论文节标题”样式，字体为黑体，行距为1.5倍行距，段前、段后为0.5行间距，如图5-96所示。将样式应用至节标题后的效果如图5-97所示。

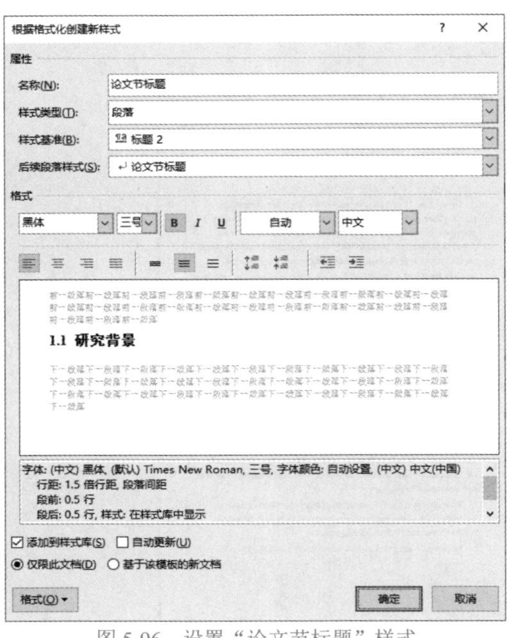


图 5-96　设置“论文节标题”样式

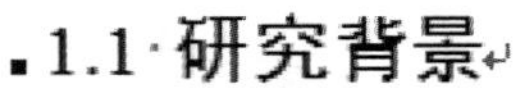

▪1.1 研究背景

图 5-97　节标题效果

**17** 使用同样的方法设置三级标题的样式和效果，分别如图5-98和图5-99所示。

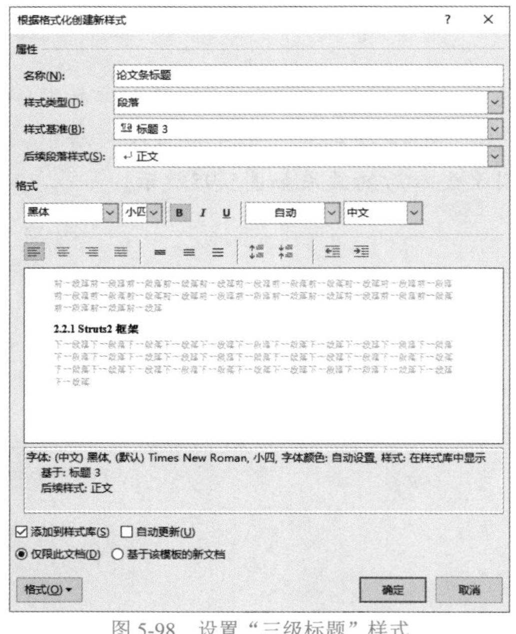


图 5-98　设置“三级标题”样式

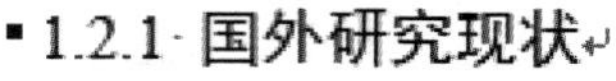

▪1.2.1 国外研究现状

图 5-99　三级标题效果

**18** 设置论文正文样式，如图5-100所示，论文正文效果如图5-101所示。

**19** 论文正文内容结束之后，应该对整个论文工作过程进行一个总结和展望，总结一下论文工作过程中的收获和不足点，然后未来如何去改进工作，展望一下未来。该页的标题使用黑体三号字，居中对齐，正文内容使用小四号字，1.5倍行距，首行缩进2个字符，效果如图5-102所示。

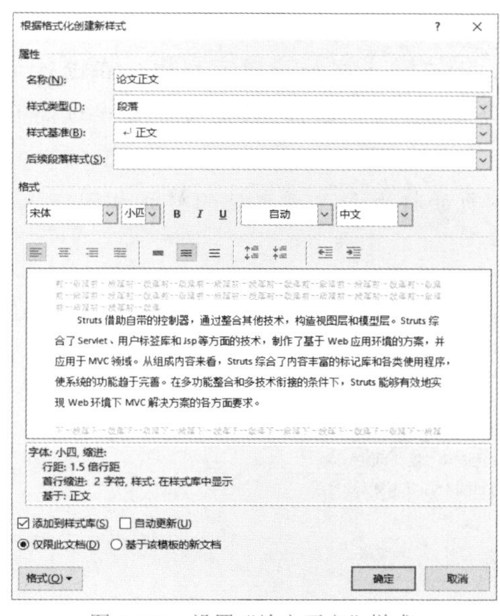


图 5-100　设置“论文正文”样式

中国加入 WTO 后，随着国家对企业出口权的逐渐放开，越来越多的企业参与到国际化进程当中，越来越多的外贸企业意识到旧有的管理方式、沟通手段和工作方式已经无法适应当前的信息化发展要求，激烈的竞争环境，要求企业不断进行技术研发和管理革新，通过最新的技术改善内部的管理运作模式，提高效率，始终站在技术的前沿。

图 5-101　论文正文效果

总结与展望

本论文主要针对中储北分贸易公司的业务信息化需求，设计实现了一个基于 J2EE 的外贸管理系统。论文首先对公司的部分业务流程进行了分析，并对系统实现的目标、需求等进行了分析，并根据需求分析设计了系统功能模块，给出了系统的总体设计思路和详细的功能模块设计，并详细介绍了所采用的 J2EE 架构、SSH 框架以及数据库开发的过程。并展示了相关模块的运行结果。

目前系统运行良好，虽然已经运行，但是还存在许多不完善的地方，比如页面设计较为简单，不够美观，系统目前功能主要是针对公司的进口方面的业务进行设计，随着业务不断的拓展和进步，还需要对出口的流程和模式进行研究，在后续的工作中，对系统不断完善，并使系统可以和公司其他业务系统之间进行数据的共享。就目前而言，对于公司日常进口业务的数据管理，已经可以取得较好的数据管理效果。

图 5-102　总结和展望

## 5.10.6　论文其他页的制作

**20** 接下来另起一页，列出论文工作过程中用到的参考文献，效果如图5-103所示。这里要注意两点，一是参考文献条目的格式问题，一般格式为：

参考文献

[1]孙卫琴. 精通 Struts 基于 MVC 的 Java Web 设计与开发[M]. 北京. 电子工业出版社，2006

[2]符光宝，邵定宏，李兰友. 基于 Struts 框架的档案管理系统应用研究[J]. 计算机工程与设计，2008. 29(13)

[3]李志刚，黄艳. 基于 Internet 的客户关系管理系统 eCRM 分析与设计[J]. 中国管理信息化，2007，(10)：57.

图 5-103　参考文献

[条目序号]作者.书名[刊物类别].出版地：出版社，出版日期

二是知识产权问题，如果书中参考到了某本文献，而在参考文献中没有列出，在进行毕业论文查重的时候，系统会将这类内容视为剽窃，重复率飙升，从而导致论文重复率过高而无法进入答辩环节。

21 接下来制作致谢页面，效果如图5-104所示，该页的样式和参考文献的样式相同。

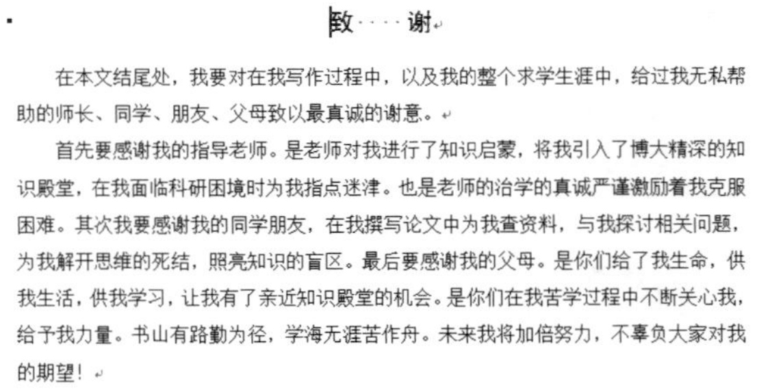

致　谢

在本文结尾处，我要对在我写作过程中，以及我的整个求学生涯中，给过我无私帮助的师长、同学、朋友、父母致以最真诚的谢意。

首先要感谢我的指导老师。是老师对我进行了知识启蒙，将我引入了博大精深的知识殿堂，在我面临科研困境时为我指点迷津。也是老师的治学的真诚严谨激励着我克服困难。其次我要感谢我的同学朋友，在我撰写论文中为我查资料，与我探讨相关问题，为我解开思维的死结，照亮知识的盲区。最后要感谢我的父母。是你们给了我生命，供我生活，供我学习，让我有了亲近知识殿堂的机会。是你们在我苦学过程中不断关心我，给予我力量。书山有路勤为径，学海无涯苦作舟。未来我将加倍努力，不辜负大家对我的期望！

图 5-104　致谢页效果

## 5.10.7　论文页眉和页脚的制作

22 至此，论文基本框架已经制作完毕。接下来设置一些辅助信息，如页眉、页脚等。打开【插入】选项卡，在【页眉和页脚】组中，通过【页眉】【页脚】【页码】命令按钮，如图5-105所示，为论文添加页眉、页脚。注意，一般在页脚中插入当前页码，而页眉奇偶页不同，如偶数页页眉放置章标题，奇数页页眉放置论文标题或系列标题。

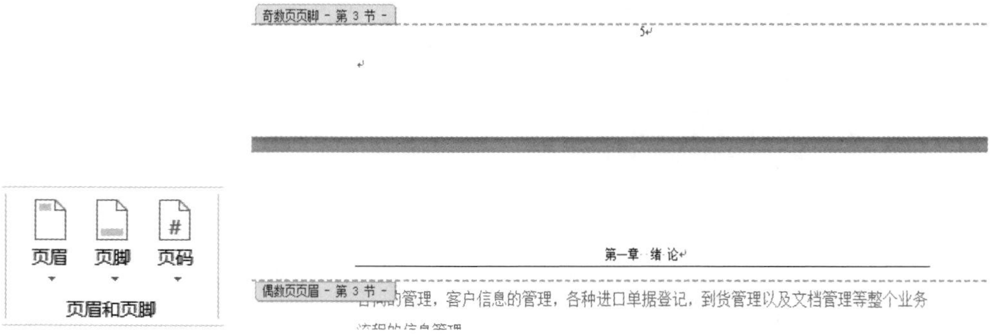

图 5-105　插入页眉和页脚

## 5.10.8　论文目录的提取

23 接下来提取论文目录。论文目录从一二三级标题提取。打开【引用】选项卡，单击【目录】按钮，从弹出的下拉列表中选择【插入目录】命令，打开【目录】对话框，如图5-106所示，选中【显示页码】和【页码右对齐】复选框，设置【显示级别】为3。

24 单击【确定】按钮，系统开始提取目录，并将目录插入光标所在位置，效果如图5-107所示。

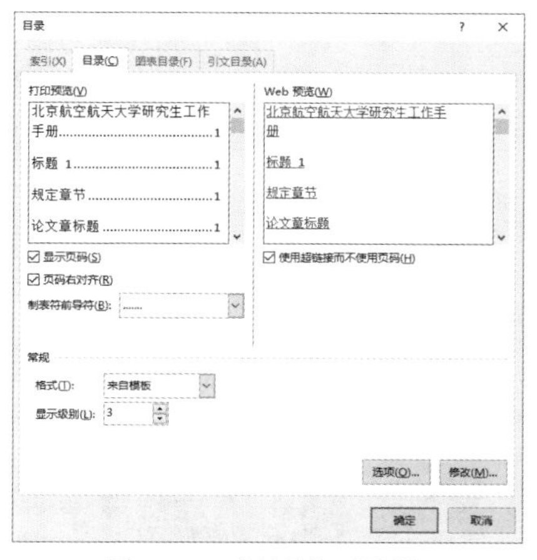

图 5-106　【目录】对话框

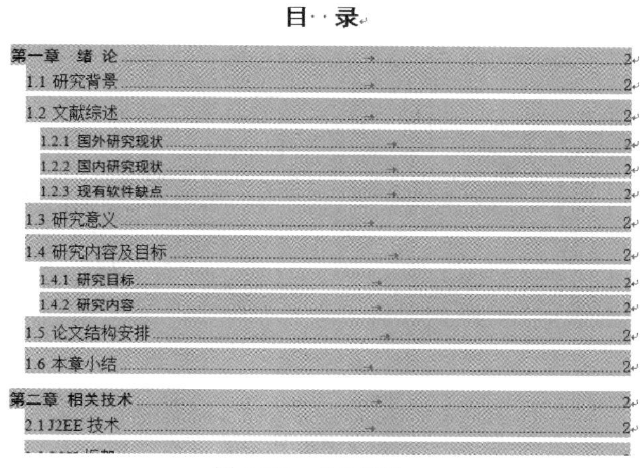

图 5-107　目录效果

最后使用同样的方法提取图表目录，整个论文编写工作就结束了。

# 5.11　习题

1. 新建一个文档“会议请柬”，设置上、下、左、右页边距均为0.5厘米，纸张大小为自定义8.5厘米×11厘米，并自定义设置图片背景填充色。

2. 在上机练习创建的毕业论文文档中添加水印效果。

3. 尝试为毕业论文设置页面背景和主题。

4. 打印制作好的毕业论文。

5. 仿照“上机练习”所介绍的步骤，制作一个自己的论文文档。

# 第6章 Excel 2016基本操作

## 学习目标

Excel是使用最广泛的电子表格制作软件之一，它可以用来制作常见的表格，具有强大的数据组织、计算、分析和统计功能，Excel还提供了图表、图形等多种形式对处理结果加以展示，另外，Excel能够方便地与Office其他组件相互调用数据，实现资源共享。想要使用Excel的强大功能，首先应掌握它的基本操作，包括使用工作簿、工作表、单元格以及输入和编辑数据的基本方法。本章将基于Excel 2016软件来介绍这些内容。

## 本章重点

- 认识Excel基本对象
- 工作簿的基本操作
- 工作表的基本操作
- 单元格的基本操作
- 数据的输入
- 数据的快速填充与自动计算
- 特殊类型数据的输入

# 6.1 认识Excel基本对象

Excel的基本对象包括工作簿、工作表与单元格，它们是构成Excel的基础。本节将详细介绍工作簿、工作表、单元格以及它们之间的关系。

## 6.1.1 Excel的主要功能

使用Excel可以执行计算，分析信息并管理电子表格或网页中的数据信息列表，其作用主要包括以下几个方面。

- 制作数据表格：在Excel中可以制作数据表格，以行和列的形式进行数据存储。
- 绘制图形：在Excel中可以使用绘图工具来创建各种样式的图形，使工作表更加美观。
- 制作图表：在Excel中使用图表工具，可以根据表格数据来创建图表，直观地表达数据含义。
- 自动化处理：在Excel中可以通过宏功能来进行自动化处理。
- 使用外部数据库：Excel能够通过访问不同类型的外部数据库，来增强软件的数据处理功能。
- 分析数据：Excel具备超强的数据分析功能。

## 6.1.2 工作界面

Excel 2016的启动方法和Word 2016一样，这里不再赘述。启动后，Excel 2016和Word 2016以及PowerPoint 2016有着统一的界面风格。本节首先来认识Excel 2016的工作界面，如图6-1所示。在Excel 2016的工作界面中，除了包含与其他Office组件相同的界面元素外，还有许多其特有的组件，如编辑栏、工作表编辑区、工作表标签、行号与列标等，如图6-1所示。

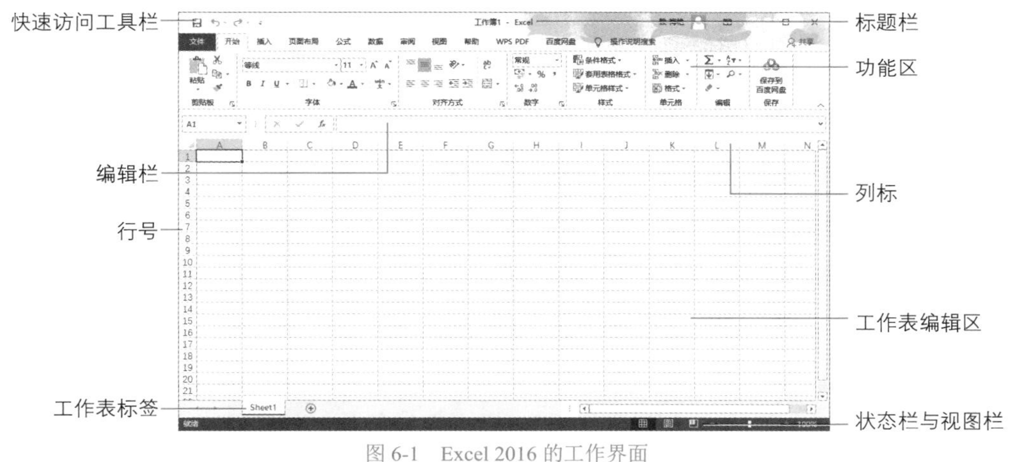


图 6-1 Excel 2016 的工作界面

Excel 2016的工作界面中和Word 2016相似的元素在此不再重复介绍，这里仅介绍一下

Excel特有的编辑栏、工作表编辑区、行号、列标和工作表标签5个元素。

### 1. 编辑栏

编辑栏中主要显示的是当前单元格中的数据，可在编辑框中对数据直接进行编辑，其结构如图6-2所示。

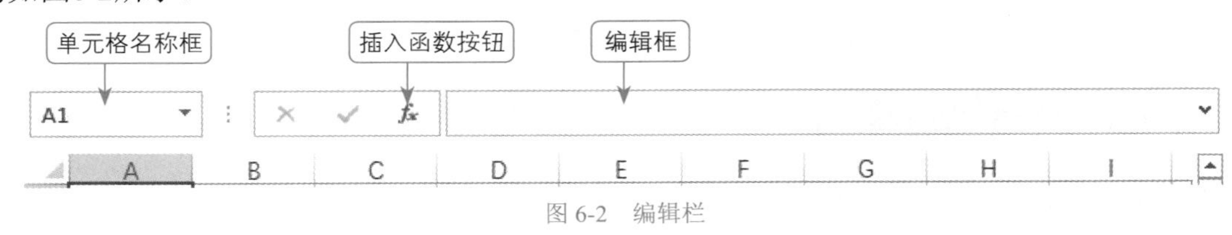


图 6-2　编辑栏

- 单元格名称框：显示当前单元格的名称，这个名称可以是程序默认的，也可以是用户自己设置的。
- 插入函数按钮：默认状态下只有一个按钮，当在单元格中输入数据时会自动出现另外两个按钮和。单击按钮可取消当前在单元格中的设置；单击按钮可确定单元格中输入的公式或函数；单击按钮可在打开的【插入函数】对话框中选择需在当前单元格中插入的函数。
- 编辑框：用来显示或编辑当前单元格中的内容，有公式和函数时则显示公式和函数。

### 2. 工作表编辑区

工作表编辑区相当于Word的文档编辑区，是Excel的工作平台和编辑表格的重要场所，位于操作界面的中间位置，呈网格状。

### 3. 行号和列标

Excel中的行号和列标是确定单元格位置的重要依据，也是显示工作状态的一种导航工具。其中，行号由阿拉伯数字组成，列标由大写的英文字母组成。单元格的命名规则是：列标+行号。例如第B列的第8行即称为B8单元格。

### 4. 工作表标签

在一个工作簿中可以有多个工作表，工作表标签表示的是每个对应工作表的名称。

## 6.1.3　工作簿

工作簿文件是Excel存储在磁盘上的最小独立单位，其扩展名为.xlsx。工作簿窗口是Excel打开的工作簿文档窗口，它由多个工作表组成。刚启动Excel时，系统默认打开一个名为【工作簿1】的空白工作簿，如图6-3所示。

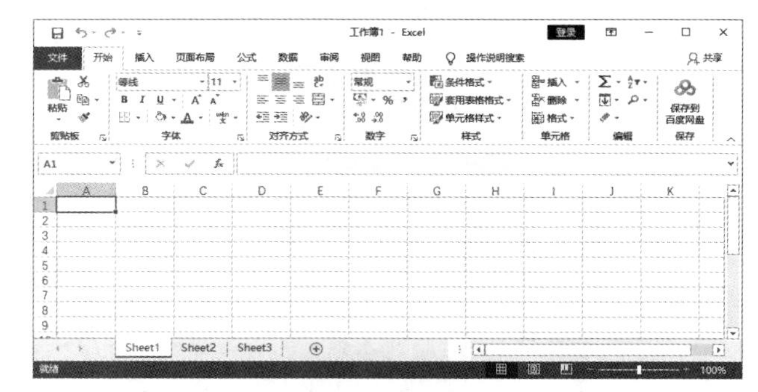


图 6-3　工作簿

**提示**

工作簿的名称即为Excel文件的保存名称。

## 6.1.4　工作表

工作表是在Excel中用于存储和处理数据的主要文档，也是工作簿中的重要组成部分，又称为电子表格。

工作表是Excel的工作平台，若干个工作表构成一个工作簿。在默认情况下，一个工作簿由3个工作表构成，单击不同的工作表标签可以在工作表之间进行切换，在使用工作表时，只有一个工作表处于当前活动状态，如图6-4所示。

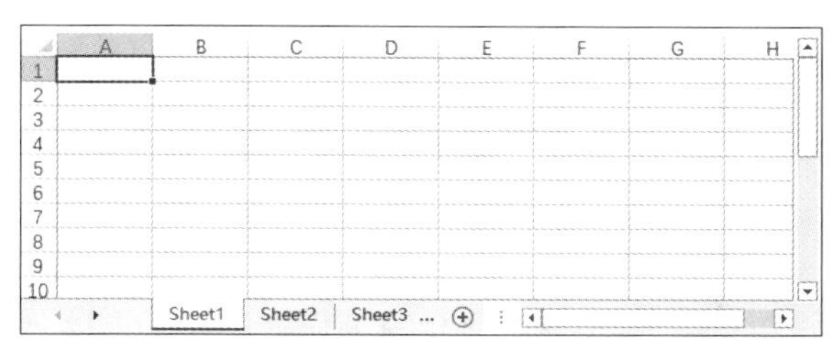


图 6-4　工作表

**提示**

新建工作簿时，系统会默认创建3个工作表，名称分别为Sheet1、Sheet2与Sheet3。

## 6.1.5　单元格

工作表是由单元格组成的。每个单元格的命名由其所处的行号和列标来决定。另外，单元格的命名又分为单个单元格的命名和单元格区域的命名两种。

单个单元格的命名是选取列标＋行号的方法，例如，B2单元格指的是第B列，第2行的单元格，如图6-5所示。

单元格区域的命名规则是，单元格区域中左上角的单元格名称:单元格区域中右下角的单元格名称。例如，在图6-6中，选定的单元格区域的名称为B2:D6。

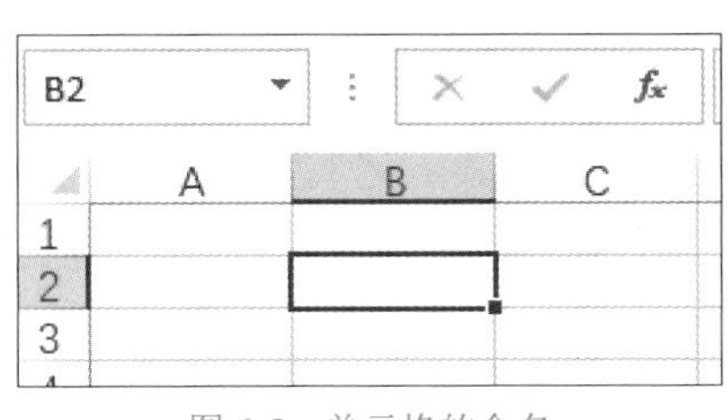


图 6-5　单元格的命名

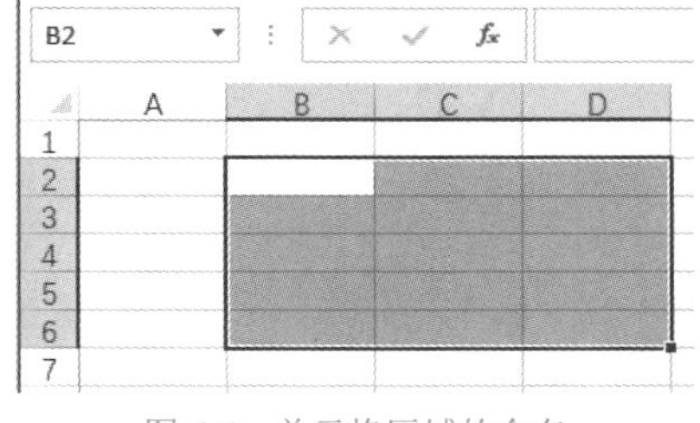


图 6-6　单元格区域的命名

## 6.1.6　工作簿、工作表与单元格的关系

工作簿、工作表与单元格之间的关系是包含与被包含的关系，即工作表由多个单元格组成，而工作簿又包含一个或多个工作表，其关系如图6-7所示。

为了能够使用户更加明白工作簿和工作表的含义，可以把工作簿看成一本书，一本书是由若干页组成的，同样，一个工作簿也是由许多“页”组成的。在Excel 2016中，把“书”称为工作簿，把“页”称为工作表(Sheet)。首次启动Excel 2016时，系统默认的工作簿名称为“工作簿1”，并且显示它的第一个工作表(Sheet1)。

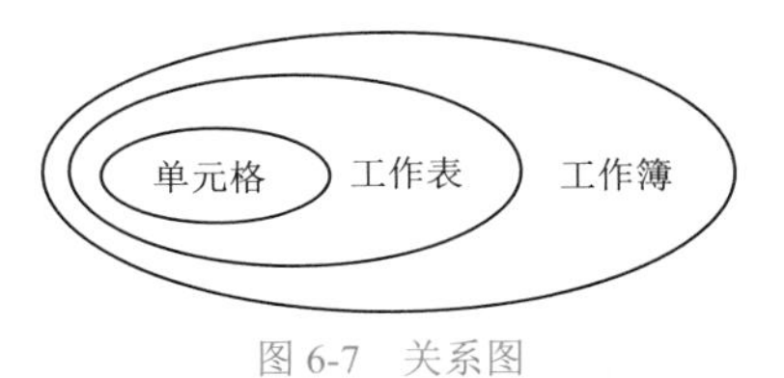


图 6-7　关系图

**提示**

Excel 2016的一个工作簿中理论上可以制作无限张工作表，但受计算机内存大小的限制。

# 6.2 工作簿的基本操作

工作簿是保存Excel文件的基本单位。在Excel 2016中，用户的所有操作都是在工作簿中进行的。本节将详细介绍工作簿的相关基本操作，包括创建新工作簿、保存工作簿、打开工作簿以及改变工作簿视图等。

## 6.2.1 创建新工作簿

启动Excel时，Excel会自动创建一个空白工作簿。除了这种新建工作簿的方法外，在编辑过程中也可以直接创建空白工作簿，也可以根据模板来创建带有样式的新工作簿。

- 新建空白工作簿：单击【文件】按钮，在弹出的【文件】菜单中选择【新建】命令，如图6-8所示，在【新建】界面中选择【空白工作簿】选项，即可新建一个空白工作簿。
- 通过模板新建工作簿：单击【文件】按钮，在打开的【文件】菜单中选择【新建】命令，在【新建】界面中选择一个本地模板；若没有需要的模板，可以通过【搜索联机模板】搜索框查找，或者从该搜索框下方的联机模板列表中进行选择，双击下载选择的模板后，即可根据模板创建文档，如图6-9所示。

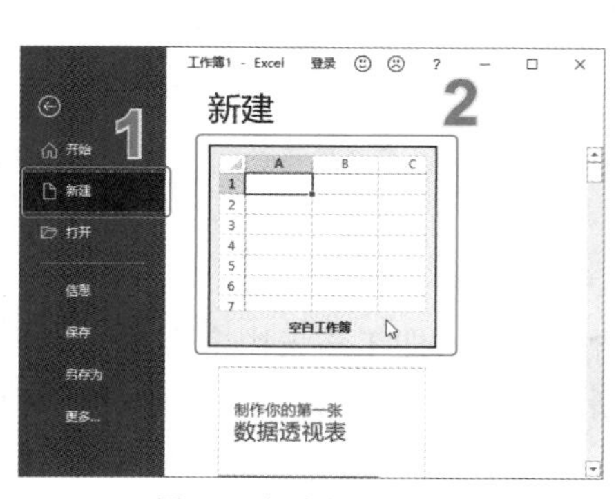


图 6-8　创建空白工作簿

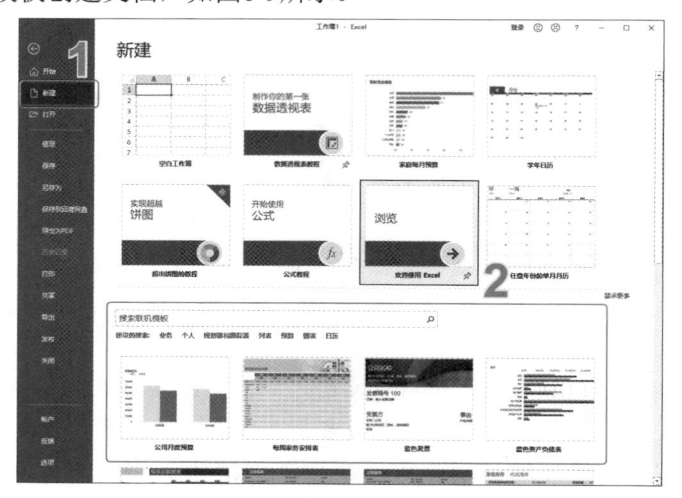


图 6-9　通过模板新建工作簿

## 6.2.2 保存工作簿

编辑过程中，要养成随时保存工作成果的习惯，以免遇到突发状况而丢失数据。Excel 2016中保存操作的方法和Word文档的保存差不多，这里简单介绍一下3种方法。

- 在快速访问工具栏中单击【保存】按钮。
- 单击【文件】按钮，从弹出的菜单中选择【保存】命令。
- 使用Ctrl+S快捷键。

当第一次保存Excel工作簿时，会打开【另存为】对话框，在该对话框中可以设置工作簿的保存名称、位置以及格式等。

## 6.2.3 打开和关闭工作簿

当工作簿被保存并关闭后，需要再次编辑时可在Excel中打开该工作簿。在不需要该工作簿时，可以将其关闭。

### 1. 打开工作簿

要对已经保存的工作簿进行浏览或编辑操作，首先要在Excel中打开该工作簿。要打开已保存的工作簿，最直接的方法就是双击该工作簿图标，另外用户还可在Excel的主界面中单击【文件】按钮，从弹出的菜单中选择【打开】命令，如图6-10所示，或者按Ctrl+O快捷键，然后单击【浏览】按钮，打开【打开】对话框，选择要打开工作簿文件所在的存储空间，单击后选择相应的工作簿文件。

### 2. 关闭工作簿

在对工作簿中的工作表编辑完成以后，可以将工作簿关闭。在Excel 2016中，关闭工作簿主要有以下几种方法：

- 选择【文件】|【关闭】命令。
- 单击工作簿右上角的【关闭】按钮×。
- 按下Ctrl+W组合键。
- 按下Ctrl+F4组合键。

如果工作簿经过了修改但还没有保存，那么Excel在关闭工作簿之前会提示是否保存现有的修改，如图6-11所示。

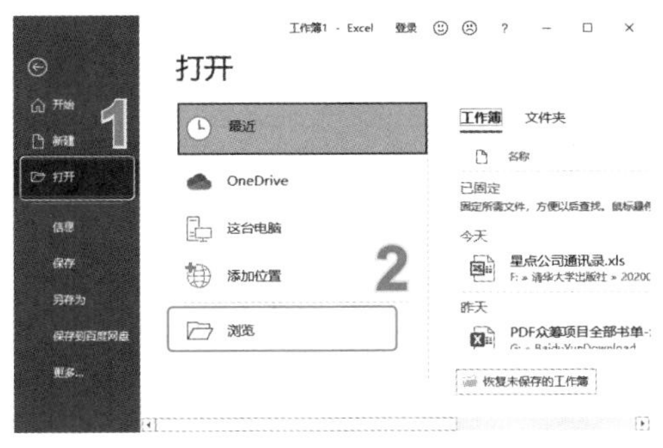


图 6-10 打开工作簿

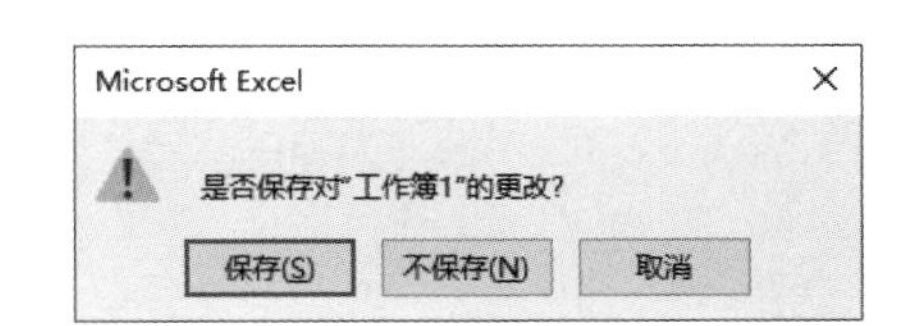


图 6-11 信息提示框

## 6.2.4 保护工作簿

存放在工作簿中的一些数据十分重要，如果由于操作不慎而改变了其中的某些数据，或者被他人篡改或剽窃，将会造成损失。Excel允许为重要的工作簿添加密码，保护工作簿的结构与窗口。

【例6-1】为工作簿设置密码。视频

01 启动Excel 2016，打开工作簿，选择【审阅】选项卡，在【保护】组中单击【保护工作簿】按钮，如图6-12所示。

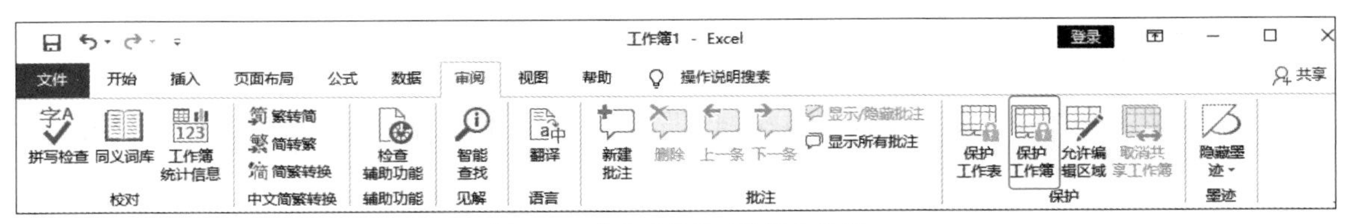

图 6-12　单击【保护工作簿】按钮

02 打开【保护结构和窗口】对话框，在【密码】文本框中输入密码，然后选中要保护的【结构】或【窗口】复选框，然后单击【确定】按钮，如图6-13所示。

03 打开【确认密码】对话框，在【重新输入密码】文本框中再次输入该密码，单击【确定】按钮，如图6-14所示。

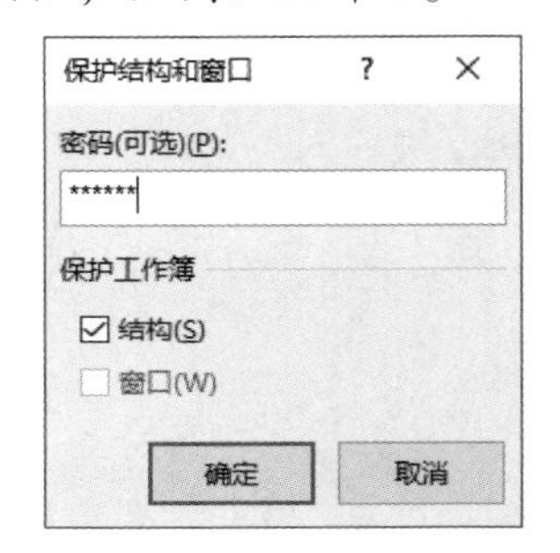

图 6-13　【保护结构和窗口】对话框

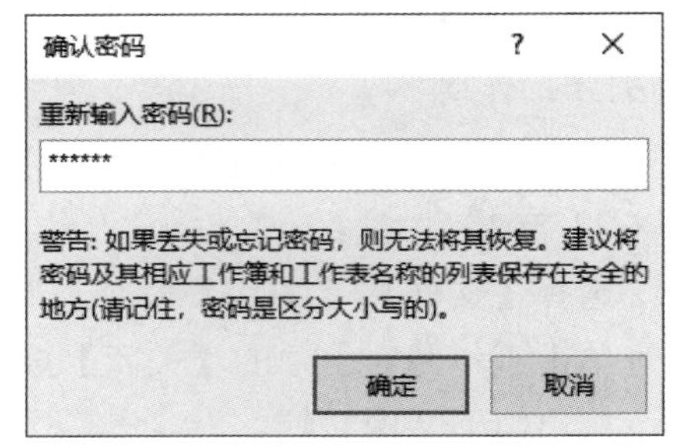

图 6-14　【确认密码】对话框

04 工作簿被保护后，将无法完成调整工作簿结构与窗口的相关操作。

05 若想撤销保护工作簿，在【审阅】选项卡的【保护】组中单击【保护工作簿】按钮，打开【撤销工作簿保护】对话框，在【密码】文本框中输入工作簿的保护密码，然后单击【确定】按钮，即可撤销保护工作簿，如图6-15所示。

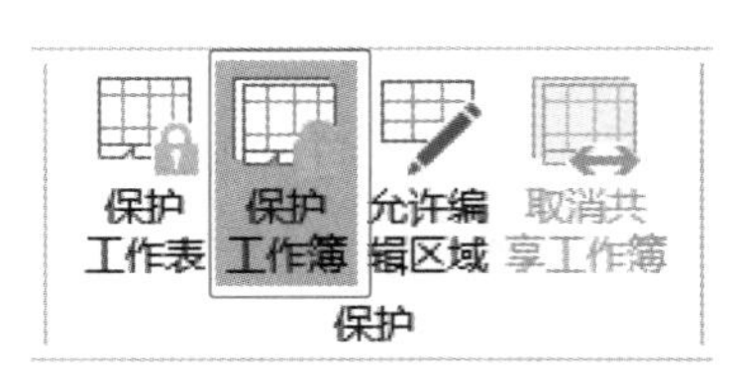

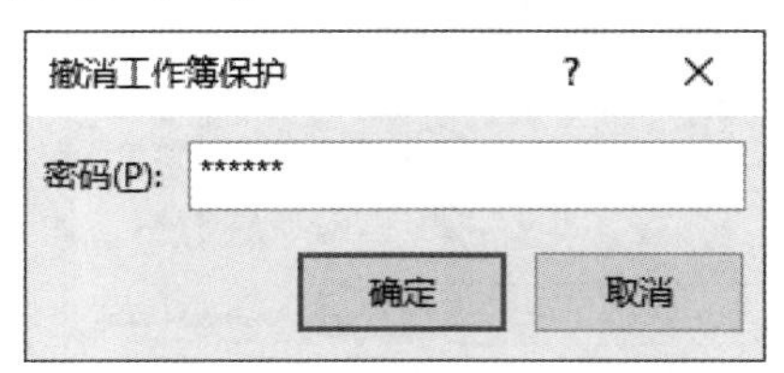

图 6-15　撤销保护工作簿

## 6.2.5　工作簿视图

在使用Excel 2016时，可以调整工作簿的显示方式。打开【视图】选项卡，然后在【工作簿视图】组中选择视图模式，如图6-16所示。另外，单击状态栏右端的视图按钮，同样可以切换工作簿的视图模式，如图6-17所示。

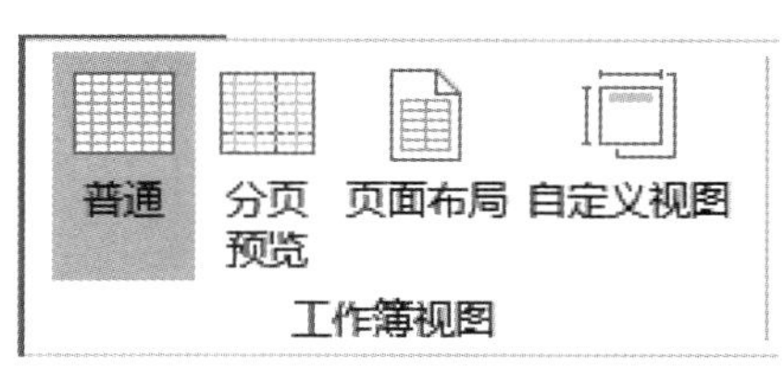

图 6-16　视图模式

图 6-17　状态栏中的视图按钮

# 6.3　工作表的基本操作

在Excel中，新建一个空白工作簿后，会自动在该工作簿中添加3个空白工作表，并依次命名为Sheet1、Sheet2、Sheet3。工作表承载了人们日常制作的电子表格。本节将详细介绍工作表的基本操作。

## 6.3.1　设置工作表数量

一个工作簿可以包含多个工作表。在Excel 2016版本中，新建的工作簿默认包含3个工作表。用户可以通过如下方法设置新建的工作簿包含的工作表数量。

【例6-2】 设置新建工作簿时包含的工作表数量。 视频

01 单击【文件】按钮，在弹出的菜单中选择【选项】命令。

02 打开【Excel选项】对话框，在对话框左侧列表中选择【常规】选项卡，然后在【新建工作簿时】选项区域中设置【包含的工作表数】的值，如1，如图6-18所示。

03 单击【确定】按钮，在下次新建工作簿时，工作簿将只包含1个工作表，如图6-19所示。

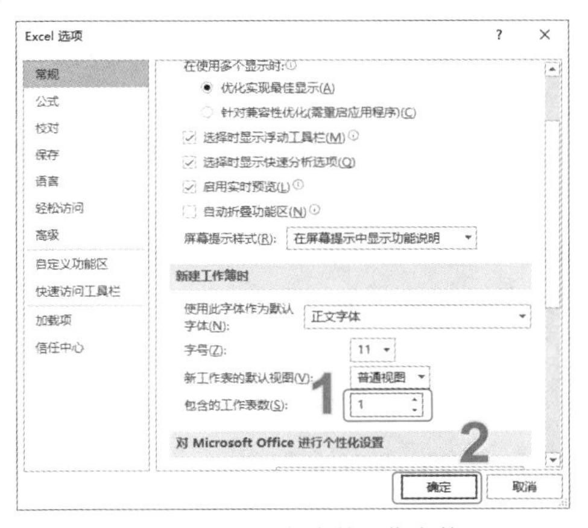


图 6-18　设置包含的工作表数

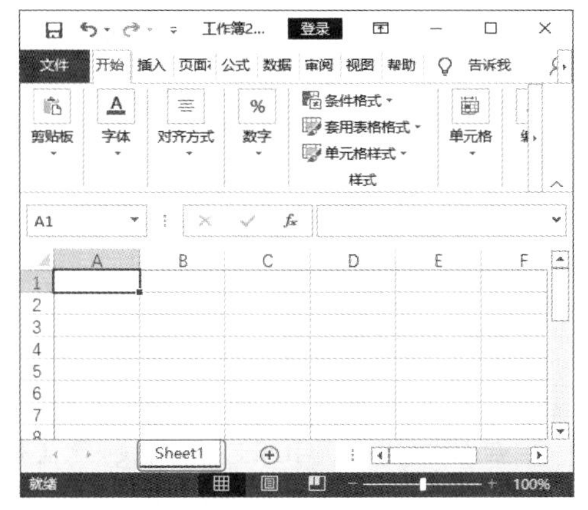


图 6-19　包含 1 个工作表

## 6.3.2　选定工作表

由于一个工作簿中往往包含多个工作表，因此操作前需要先选定工作表。选定工作表的常用操作包括以下几种。

- 选定一张工作表：直接单击该工作表的标签即可，如图6-20所示为选定Sheet2工作表。
- 选定相邻的工作表：首先选定第一张工作表标签，然后按住Shift键不松并单击其他相邻工作表的标签即可。如图6-21所示为同时选定Sheet1与Sheet2工作表。

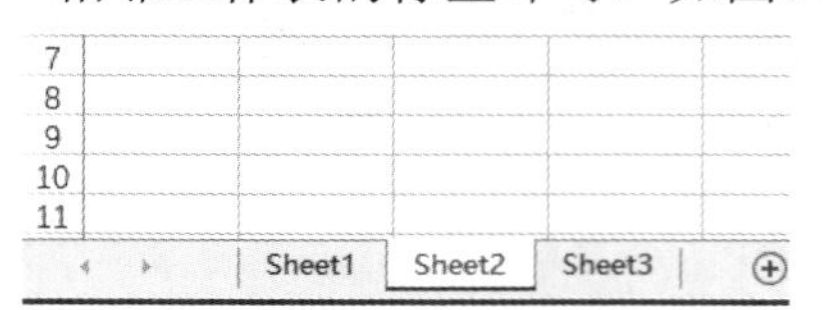


图 6-20　选定一张工作表

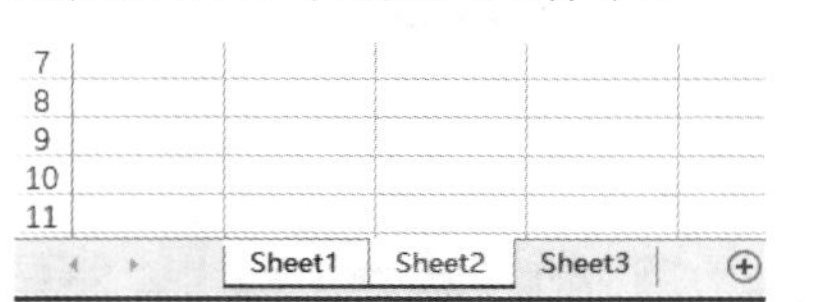


图 6-21　选定相邻的工作表

- 选定不相邻的工作表：首先选定第一张工作表，然后按住Ctrl键不松并单击其他任意的工作表标签即可。如图6-22所示为同时选定Sheet1与Sheet3工作表。
- 选定工作簿中的所有工作表：右击任意一个工作表标签，在弹出的快捷菜单中选择【选定全部工作表】命令即可，如图6-23所示。

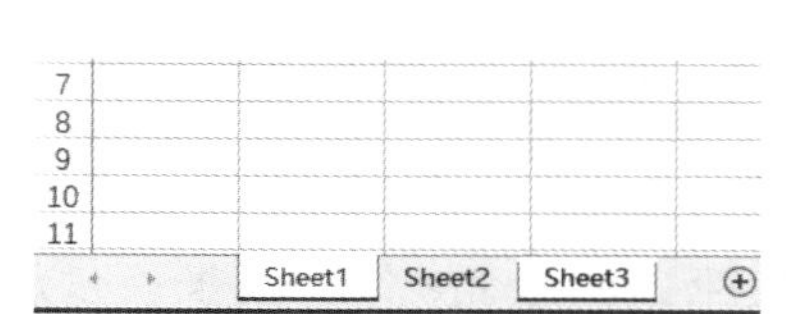


图 6-22　选定不相邻的工作表

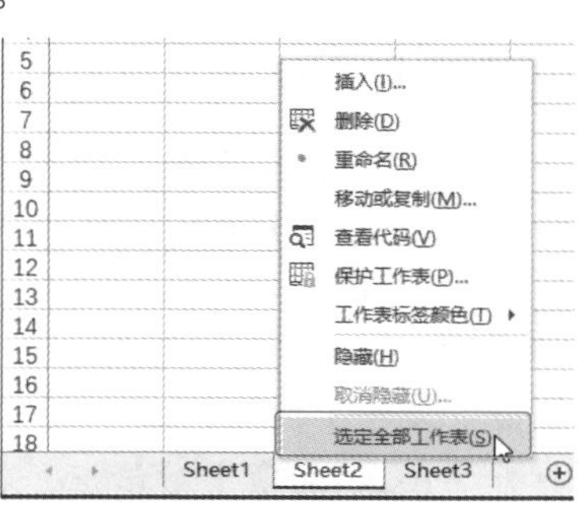


图 6-23　选择【选定全部工作表】命令

## 6.3.3　插入工作表

如果工作簿中的工作表数量不够，用户可以在工作簿中插入工作表，插入工作表的常用方法有以下3种。

- 单击【插入工作表】按钮：工作表切换标签的右侧有一个【插入工作表】按钮⊕，单击该按钮可以快速新建工作表。
- 使用右键快捷菜单：右击当前活动的工作表标签，在弹出的快捷菜单中选择【插入】命令，打开【插入】对话框，在对话框的【常用】选项卡中选择【工作表】选项，然后单击【确定】按钮，如图6-24所示。
- 选择功能区中的命令：选择【开始】选项卡，在【单元格】组中单击【插入】下拉按钮，在弹出的菜单中选择【插入工作表】命令，如图6-25所示，即可插入工作表。插入的新工作表位于当前工作表左侧。

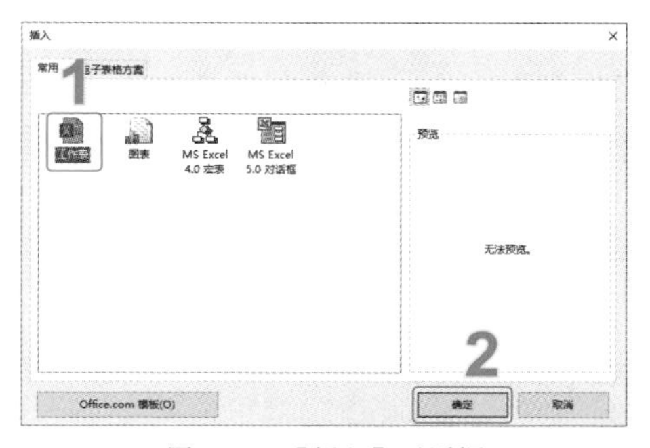

图 6-24　【插入】对话框

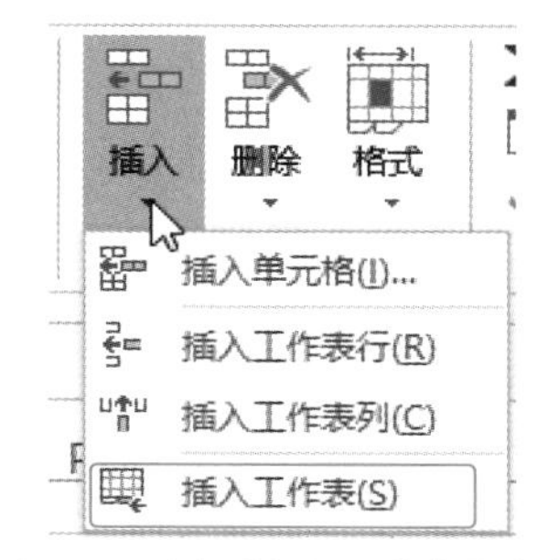


图 6-25　选择【插入工作表】命令

## 6.3.4　删除工作表

根据实际需要，工作簿中不需要的工作表可以删除掉。要删除一个工作表，首先单击工作表标签，选定该工作表，然后在【开始】选项卡的【单元格】组中单击【删除】下拉按钮，在弹出的菜单中选择【删除工作表】命令，如图6-26所示，即可删除该工作表。此时，它右侧的工作表将自动变成当前的活动工作表。

此外还可以在要删除的工作表的标签上右击，在弹出的快捷菜单中选择【删除】命令，如图6-27所示，即可删除选定的工作表。

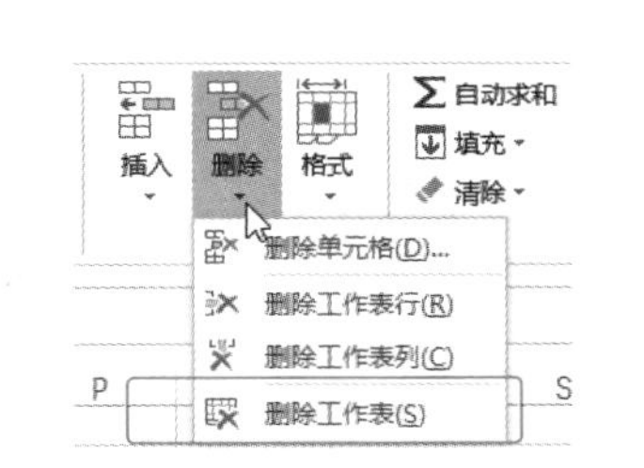


图 6-26　选择【删除工作表】命令

图 6-27　选择【删除】命令

## 6.3.5　重命名工作表

在Excel中，工作表的默认名称为Sheet1、Sheet2、Sheet3……为了便于记忆与使用工作表，可以重命名工作表。

要改变工作表的名称，只需双击选中的工作表标签，这时工作表标签以反白显示，在其中输入新的名称并按下Enter键即可，如图6-28所示。

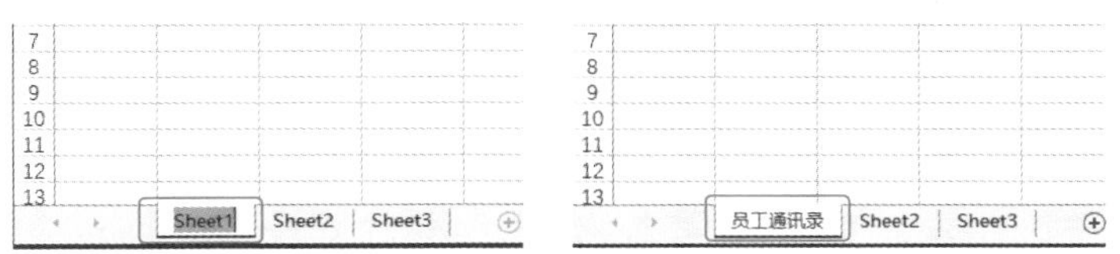


图 6-28　双击并重命名工作表

此外还可以先选中需要改名的工作表，打开【开始】选项卡，在【单元格】组中单击【格式】按钮，从弹出的菜单中选择【重命名工作表】命令，或者右击工作表标签，在弹出的快捷菜单中选择【重命名】命令，此时该工作表标签处于可编辑状态，如图6-29所示，用户输入新的工作表名称即可。

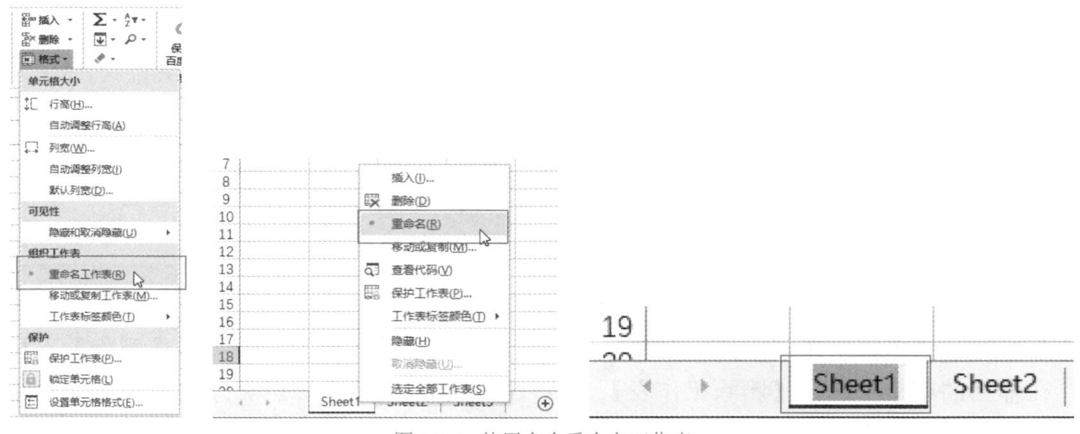


图 6-29　使用命令重命名工作表

## 6.3.6　移动和复制工作表

在使用Excel 2016进行数据处理时，经常把描述同一事物相关特征的数据放在一个工作表中，而把相互之间具有某种联系的不同事物安排在不同的工作表或不同的工作簿中，这时就需要在工作簿内或工作簿间移动或复制工作表。

### 1. 在工作簿内移动或复制工作表

在同一工作簿内移动工作表的操作方法非常简单，只需选定要移动的工作表，然后沿工作表标签行拖动选定的工作表标签即可；如果要在当前工作簿中复制工作表，需要在按住Ctrl键的同时拖动工作表，并在目标位置释放鼠标，然后松开Ctrl键，如图6-30所示。

如果复制工作表，则新工作表的名称会在原来相应工作表名称后附加用括号括起来的数字，表示两者是不同的工作表。例如，源工作表名为Sheet1，则第一次复制的工作表名为Sheet1(2)，命名规则以此类推，如图6-31所示。

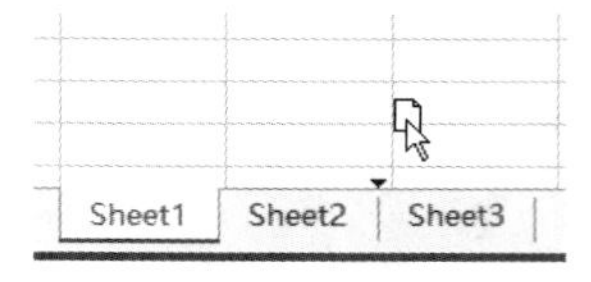


图 6-30　复制工作表

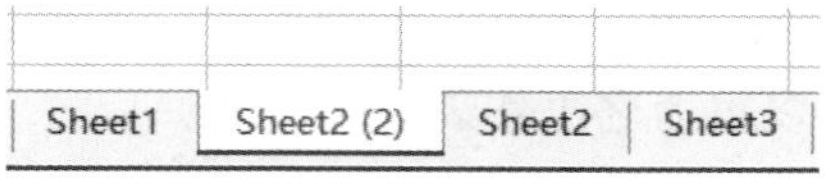

Sheet1　Sheet2 (2)　Sheet2　Sheet3

图 6-31　复制后的效果

### 2. 在工作簿间移动或复制工作表

在两个或多个不同的工作簿间移动或复制工作表时，同样可以通过在工作簿内移动或复制工作表的方法来实现，不过这种方法要求源工作簿和目标工作簿同时打开。

### 6.3.7　隐藏与显示工作表

在某些时候，如果不希望表格中的重要数据外泄，可以将数据所在的工作表进行隐藏，等待需要时再将其显示出来。

【例6-3】隐藏工作表。视频

01 打开工作簿。

02 右击工作表标签，在弹出的快捷菜单中选择【隐藏】命令，如图6-32所示。

03 返回工作簿中，选中的工作表就看不见了，如图6-33所示。

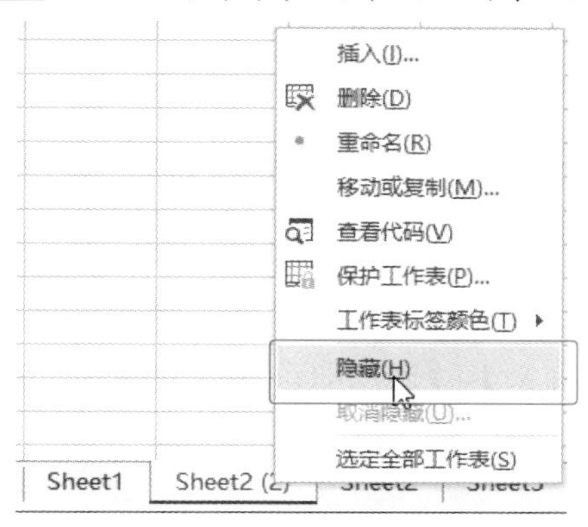


图 6-32　选择【隐藏】命令

图 6-33　隐藏工作表后的效果

【例6-4】显示被隐藏的工作表。视频

01 打开例6-3用到的工作簿。

02 右击工作簿中的任意一个工作表标签，在弹出的快捷菜单中选择【取消隐藏】命令，如图6-34所示。

03 打开【取消隐藏】对话框，在【取消隐藏工作表】列表框中选择要取消隐藏的工作表【Sheet2(2)】选项，然后单击【确定】按钮，如图6-35所示，即可将指定的工作表显示出来。

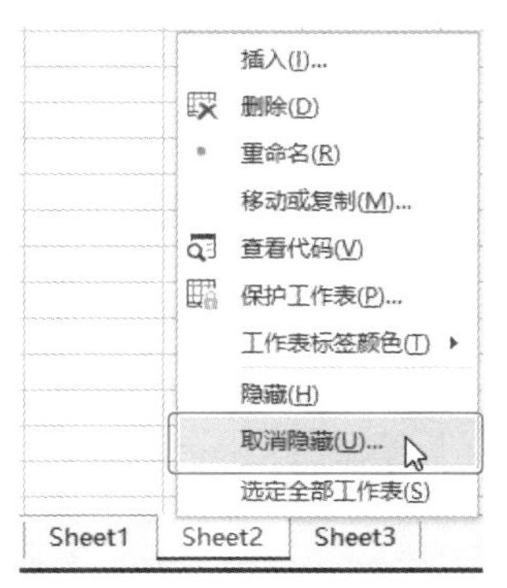


图 6-34　选择【取消隐藏】命令

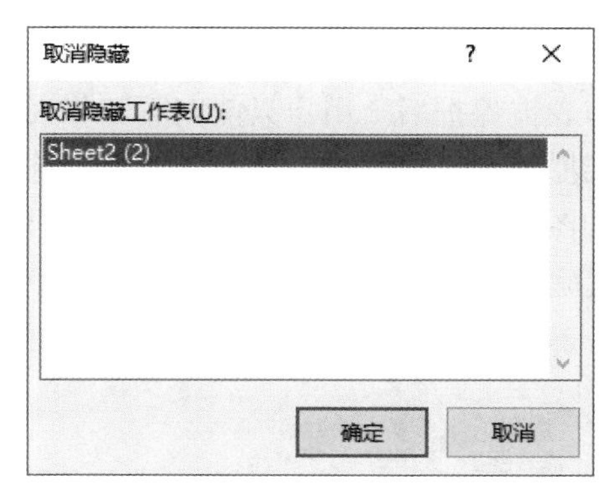


图 6-35　【取消隐藏】对话框

**提示**

切换到【开始】选项卡，在【单元格】组中单击【格式】下拉按钮，在弹出的下拉列表中选择【隐藏和取消隐藏】选项，然后可以在弹出的子选项中分别选择【隐藏列】【隐藏行】【隐藏工作表】【取消隐藏行】【取消隐藏工作表】等命令，对工作表中的指定内容进行隐藏或取消隐藏。

### 6.3.8 保护工作表

在Excel中，可以为工作表设置密码，防止他人私自更改工作表中的部分或全部内容，查看隐藏的数据行或列，查阅公式等。

要为工作表设置密码，首先需选定该工作表，选择【审阅】选项卡，在【保护】组中单击【保护工作表】按钮，打开【保护工作表】对话框，选中【保护工作表及锁定的单元格内容】复选框，在上面的密码文本框中输入密码，在【允许此工作表的所有用户进行】列表框中设置允许用户进行的操作，然后单击【确定】按钮，如图6-36所示。随后打开【确认密码】对话框，在对话框中再次输入密码，单击【确定】按钮，即可完成密码的设置，如图6-37所示。

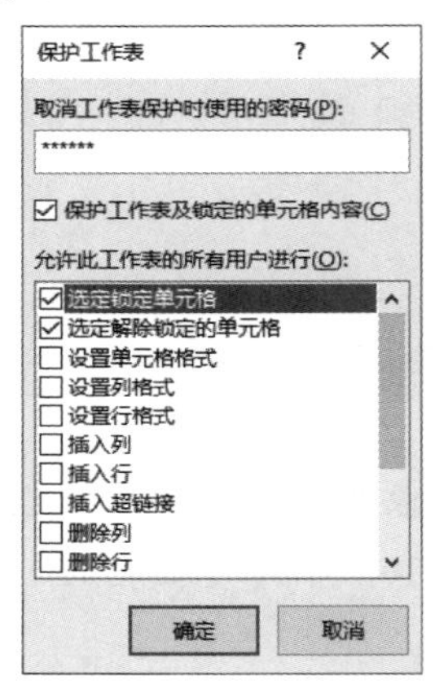


图 6-36 【保护工作表】对话框

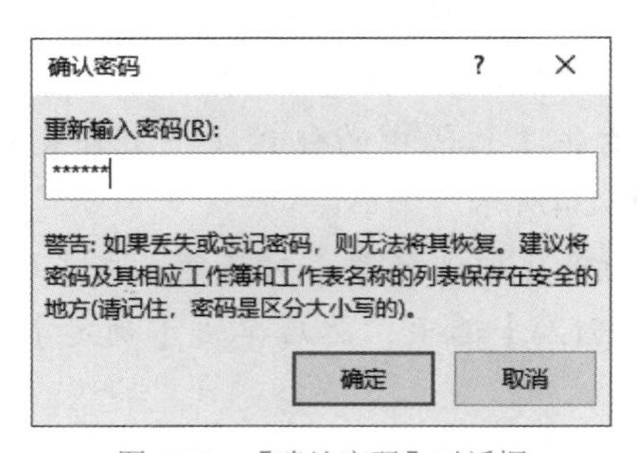


图 6-37 【确认密码】对话框

工作表被保护后，用户只能查看工作表中的数据和选定单元格，而不能进行任何修改操作。若要撤销工作表保护，选择【审阅】选项卡，在【保护】组中单击【撤销工作表保护】按钮，如图6-38所示，打开【撤销工作表保护】对话框，在【密码】文本框中输入密码，然后单击【确定】按钮即可撤销工作表保护，如图6-39所示。

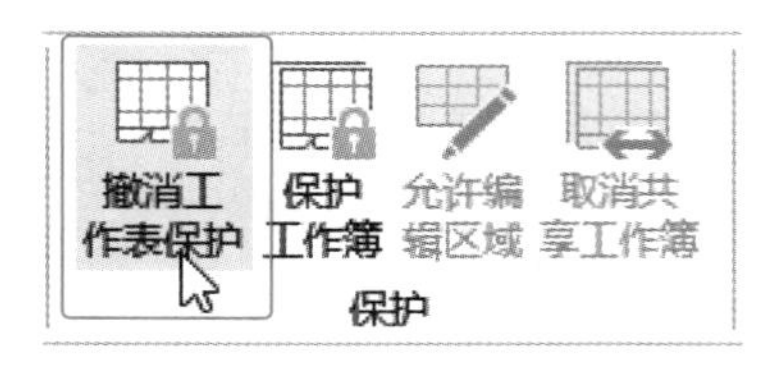


图 6-38 单击【撤销工作表保护】按钮

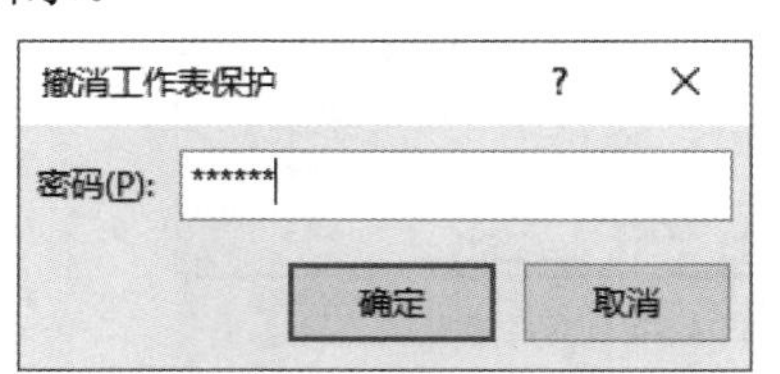


图 6-39 【撤销工作表保护】对话框

# 6.4　单元格的基本操作

单元格是工作表的基本单位，在Excel中，绝大多数的操作都是针对单元格来完成的。对单元格的操作主要包括单元格的选定、合并与拆分等。

## 6.4.1　选择单元格

要对单元格进行操作，首先要选定单元格。选定单元格的操作主要包括选定单个单元格、选定连续的单元格区域和选定不连续的单元格区域。

- 要选定单个单元格，只需单击该单元格即可。
- 按住鼠标左键拖动可选定一个连续的单元格区域，如图6-40所示。
- 按住Ctrl键的同时单击所需的单元格，可选定不连续的单元格或单元格区域，如图6-41所示。

图 6-40　选定连续的单元格区域

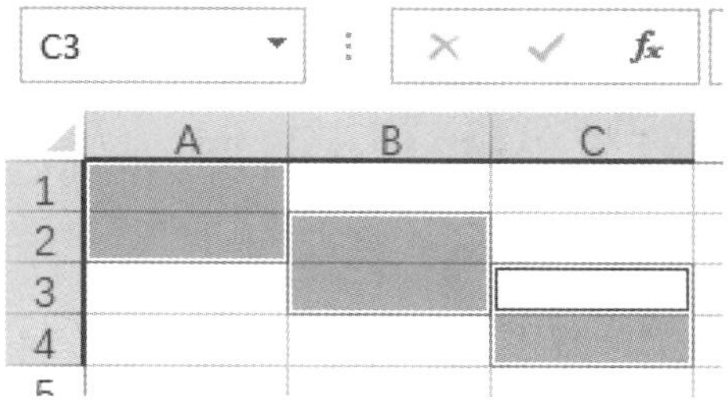

图 6-41　选定不连续的单元格区域

**知识点**

单击工作表中的行号，可选定整行；单击工作表中的列标，可选定整列；单击工作表左上角行号和列标的交叉处，即全选按钮，可选定整个工作表。

## 6.4.2　合并与拆分单元格

在编辑表格的过程中，有时需要对单元格进行合并或者拆分操作。合并单元格是指将选定的连续的单元格区域合并为一个单元格，而拆分单元格则是合并单元格的逆操作。

### 1. 合并单元格

要合并单元格，可采用以下两种方法。

第一种方法：选定需要合并的单元格区域，打开【开始】选项卡，在该选项卡的【对齐方式】组中单击【合并后居中】按钮右侧的倒三角按钮，在弹出的下拉菜单中有4个命令，如图6-42所示。这些命令的含义分别如下。

- 合并后居中：将选定的连续单元格区域合并为一个单元格，并将合并后单元格中的数据居中显示，如图6-43所示。
- 跨越合并：行与行之间相互合并，而上下单元格之间不参与合并。
- 合并单元格：将所选的单元格区域合并为一个单元格。

- 取消单元格合并：合并单元格的逆操作，即拆分单元格。

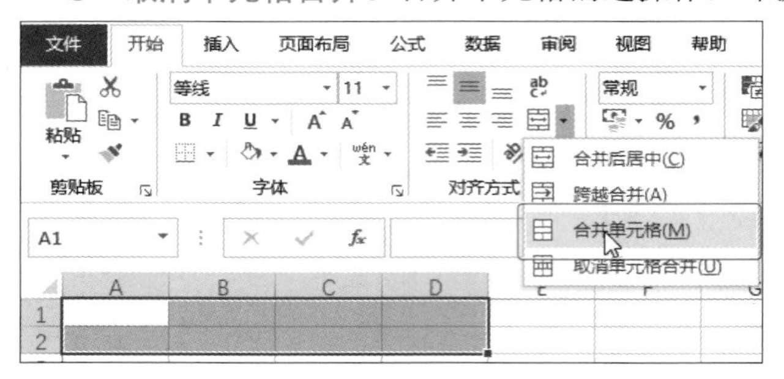


图 6-42　下拉菜单

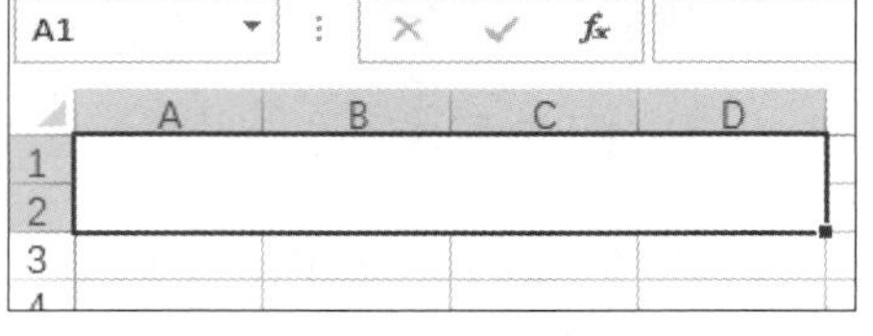


图 6-43　【合并后居中】的效果

第二种方法：选定要合并的单元格区域，在选定区域中右击，在弹出的快捷菜单中选择【设置单元格格式】命令，如图6-44所示。

打开【设置单元格格式】对话框，在该对话框【对齐】选项卡的【文本控制】选项区域中选中【合并单元格】复选框，如图6-45所示，单击【确定】按钮后，即可将选定区域的单元格合并。

图 6-44　右键菜单

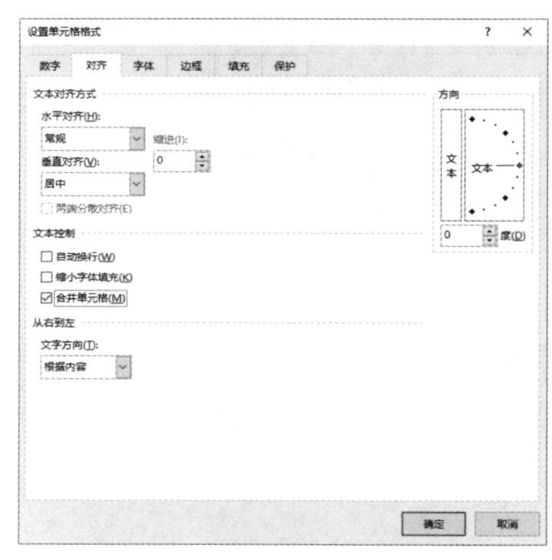


图 6-45　【设置单元格格式】对话框

### 2. 拆分单元格

拆分单元格是合并单元格的逆操作，只有合并后的单元格才能够进行拆分。操作方法为：选定合并后的单元格，再次单击【合并后居中】按钮，或者单击【合并后居中】按钮下拉菜单中的【取消单元格合并】命令，即可将单元格拆分为合并前的状态，如图6-46所示。

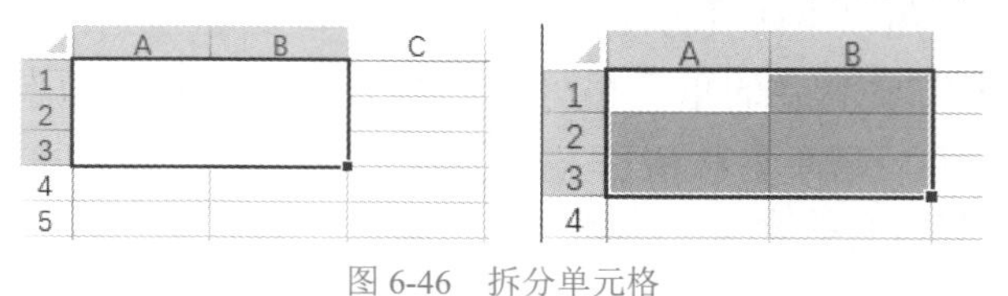

图 6-46　拆分单元格

## 6.4.3　插入与删除单元格

在Excel 2016中，打开【开始】选项卡，在【单元格】组中单击【插入】下拉按钮，在弹出的下拉菜单中选择【插入单元格】命令，如图6-47所示，在弹出的对话框中进行相应设置，即可在目标位置插入单元格。

工作表的某些数据及其位置不再需要时，可以将它们删除。这里的删除与按下Delete键删除单元格或区域的内容不一样，按Delete键仅清除单元格内容，其空白单元格仍保留在工作表中；而删除行、列、单元格或区域，其内容和单元格将一起从工作表中消失，空的位置由周围的单元格补充。

需要在当前工作表中删除单元格时，可选择要删除的单元格，然后在【单元格】组中单击【删除】下拉按钮，在弹出的下拉菜单中选择【删除单元格】命令，如图6-48所示，此时会打开【删除】对话框，如图6-49所示，在该对话框中可以设置删除单元格或区域后其他位置的单元格如何移动。

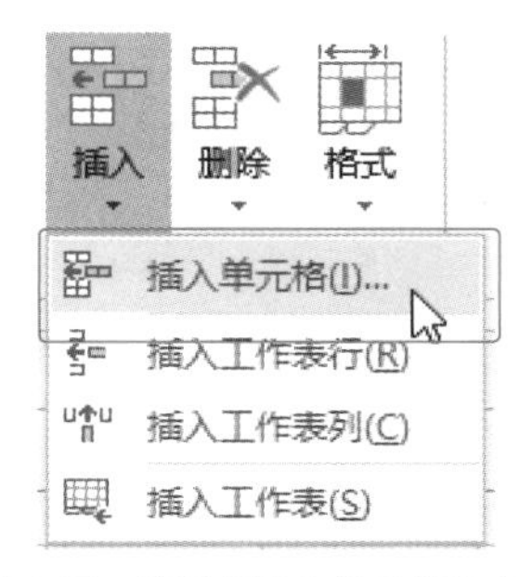


图 6-47 选择【插入单元格】命令

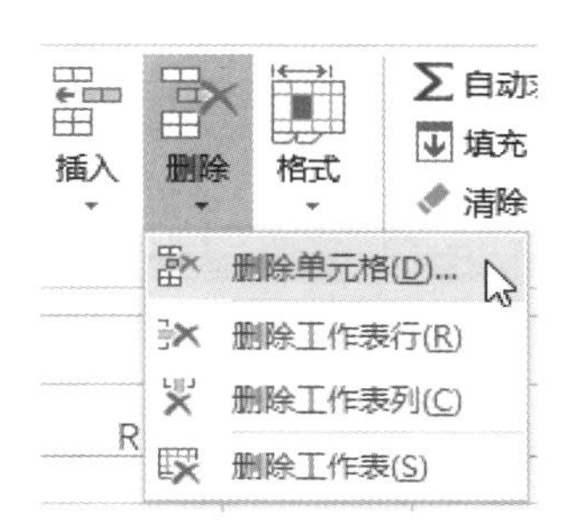


图 6-48 选择【删除单元格】命令

在Excel 2016中，除使用功能区中的命令按钮外，还可以使用鼠标来完成插入行、列、单元格或单元格区域的操作。首先选定行、列、单元格或单元格区域，将鼠标指针指向右下角的区域边框，按住Shift键并向外进行拖动。拖动时，有一个虚框表示插入的区域，释放鼠标左键，即可插入虚框中的单元格区域，如图6-50所示。

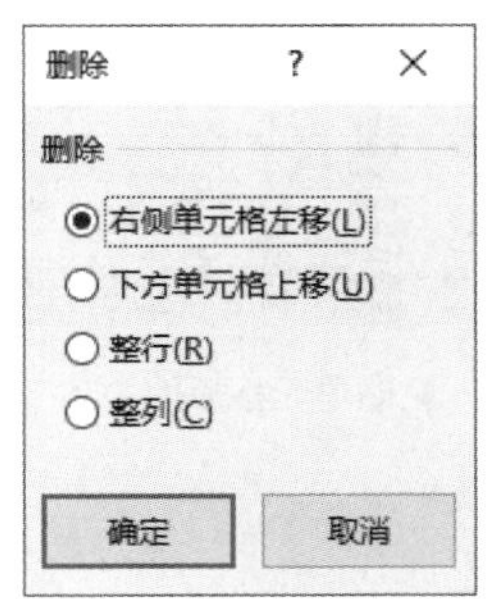


图 6-49 【删除】对话框

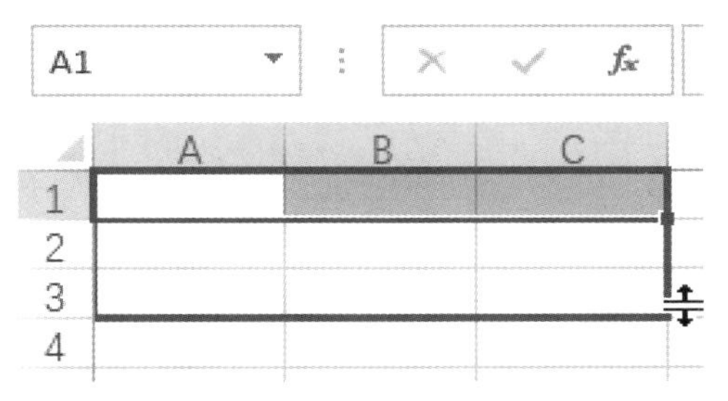


图 6-50 插入单元格区域

## 6.4.4 复制和粘贴单元格

对于工作表中常用的单元格数据，可以使用复制与粘贴的操作方法来简化重复的操作过程。下面介绍复制和粘贴单元格的方法，操作步骤如下。

【例6-5】 通过复制和粘贴单元格的方式快速新增员工的信息。

01 打开“员工通讯录”工作表。

02 选中待复制的单元格区域，切换到【开始】选项卡，在【剪贴板】组中单击【复

制】按钮，如图6-51所示。

03 选中第32行和第33行单元格，在【剪贴板】组中单击【粘贴】下拉按钮，在弹出的下拉列表中选择【选择性粘贴】选项，如图6-52所示。

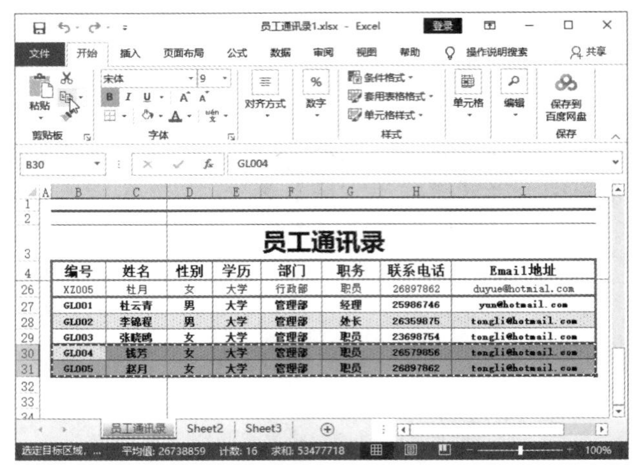

图 6-51　复制单元格

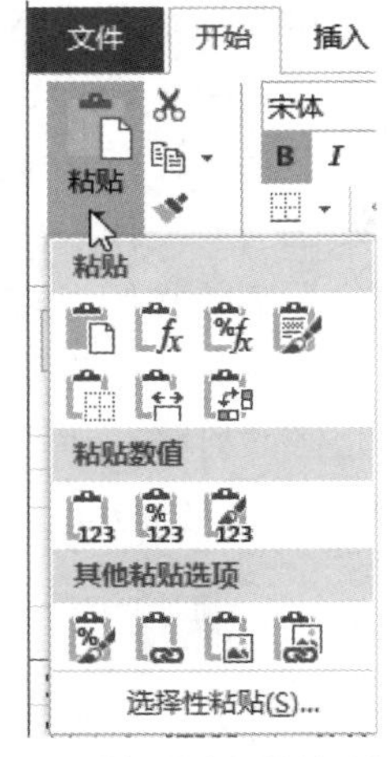


图 6-52　选择【选择性粘贴】选项

04 打开【选择性粘贴】对话框，在【粘贴】选项区域中选中【全部】单选按钮，然后单击【确定】按钮，如图6-53所示。将粘贴前面复制的行的内容，效果如图6-54所示。接下来可以在单元格中进行修改，将新员工的联系方式添加到单元格中。

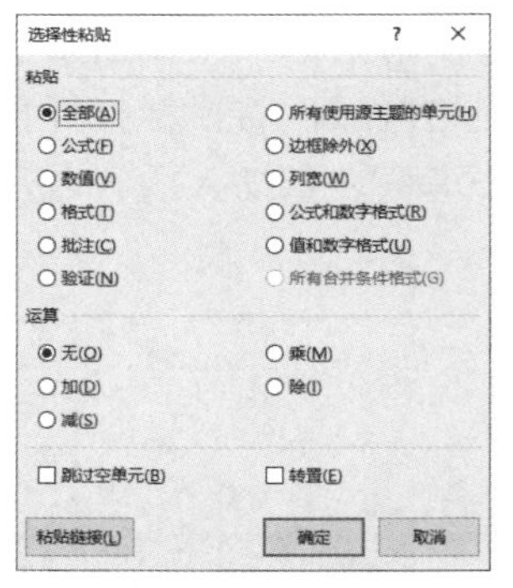


图 6-53　【选择性粘贴】对话框

员工通讯录

| 编号 | 姓名 | 性别 | 学历 | 部门 | 职务 | 联系电话 | Email地址 |
|---|---|---|---|---|---|---|---|
| XZ005 | 杜月 | 女 | 大学 | 行政部 | 职员 | 26897862 | duyue@hotmial.com |
| GL001 | 杜云青 | 男 | 大学 | 管理部 | 经理 | 25986746 | yun@hotmail.com |
| GL002 | 李锦程 | 男 | 大学 | 管理部 | 处长 | 26359875 | tongli@hotmail.com |
| GL003 | 张晓鹏 | 女 | 大学 | 管理部 | 职员 | 23698754 | tongli@hotmail.com |
| GL004 | 钱芳 | 女 | 大学 | 管理部 | 职员 | 26579856 | tongli@hotmail.com |
| GL005 | 赵月 | 女 | 大学 | 管理部 | 职员 | 26897862 | tongli@hotmail.com |
| GL004 | 钱芳 | 女 | 大学 | 管理部 | 职员 | 26579856 | tongli@hotmail.com |
| GL005 | 赵月 | 女 | 大学 | 管理部 | 职员 | 26897862 | tongli@hotmail.com |

图 6-54　粘贴单元格后的效果

**提示**

如果需要快速粘贴复制的内容，可以选择目标单元格后按Ctrl+V组合键，或者单击【剪贴板】组中的【粘贴】按钮，这种粘贴方式将粘贴复制的全部内容，包含格式、公式等。

## 6.4.5　清除单元格数据

删除单元格后，其他单元格会移动位置来补充删除单元格的位置，如果只是想清除单元格中的内容，而不想删除该单元格的位置，可以使用如下3种常用方法。

- 选中要清除单元格内容的单元格区域并右击，在弹出的快捷菜单中选择【清除内容】命令，如图6-55所示。

- 选中要清除单元格内容的单元格区域，切换到【开始】选项卡，单击【编辑】组中的【清除】下拉按钮，在弹出的下拉列表中选择要清除的对象，如图6-56所示。
- 选中要清除单元格内容的单元格区域，按Delete键将内容清除。

图 6-55 选择【清除内容】命令

图 6-56 选择要清除的内容

## 6.4.6 冻结窗格

在Excel 中可以通过冻结窗格命令，使得在工作表滚动时保持行列标志或其他数据可见，下面通过具体实例介绍该功能。

【例6-6】冻结窗格。

01 启动Excel 2016程序，打开“员工通讯录1”工作簿的“员工通讯录”工作表，如图6-57所示。

02 选中D5单元格，打开【视图】选项卡，在【窗口】组中单击【冻结窗格】下拉按钮，在弹出的下拉菜单中选择【冻结窗格】命令，如图6-58所示。

员工通讯录

| 编号 | 姓名 | 性别 | 学历 | 部门 | 职务 | 联系电话 | Email地址 |
|---|---|---|---|---|---|---|---|
| XS001 | 程小丽 | 女 | 大学 | 销售部 | 门市经理 | 24785625 | cheng@hotmail.com |
| XS002 | 张艳 | 女 | 大学 | 销售部 | 经理助理 | 24592468 | zhang@hotmail.com |
| XS003 | 卢红 | 女 | 大专 | 销售部 | 营业员 | 26859756 | lu@hotmial.com |
| XS004 | 李小蒙 | 女 | 大专 | 销售部 | 营业员 | 26895326 | lixiao@hotmial.com |
| XS005 | 杜月 | 女 | 大专 | 销售部 | 营业员 | 26849752 | du@hotmial.com |
| XS006 | 张成 | 男 | 大专 | 销售部 | 营业员 | 23654789 | zhc@hotmial.com |
| XS007 | 李云胜 | 男 | 大专 | 销售部 | 营业员 | 26584965 | liyu@hotmail.com |
| XS008 | 赵小月 | 女 | 大专 | 销售部 | 营业员 | 26598785 | zhaoyue@hotmail.com |
| QH001 | 刘大为 | 男 | 博士 | 企划部 | 经理 | 24598738 | liuwei@hotmail.com |
| QH002 | 唐艳霞 | 女 | 大学 | 企划部 | 处长 | 26587958 | tang@hotmail.com |
| QH003 | 张恬 | 女 | 大学 | 企划部 | 职员 | 25478965 | zhangtian@hotmai.com |
| QH004 | 李丽丽 | 女 | 大学 | 企划部 | 职员 | 24698756 | lili@hotmail.com |
| QH005 | 马小燕 | 女 | 大学 | 企划部 | 职员 | 26985496 | ma@hotmail.com |
| XZ001 | 李长青 | 男 | 大学 | 行政部 | 经理 | 25986746 | chang@hotmail.com |

员工通讯录 Sheet2 Sheet3

图 6-57 打开工作表

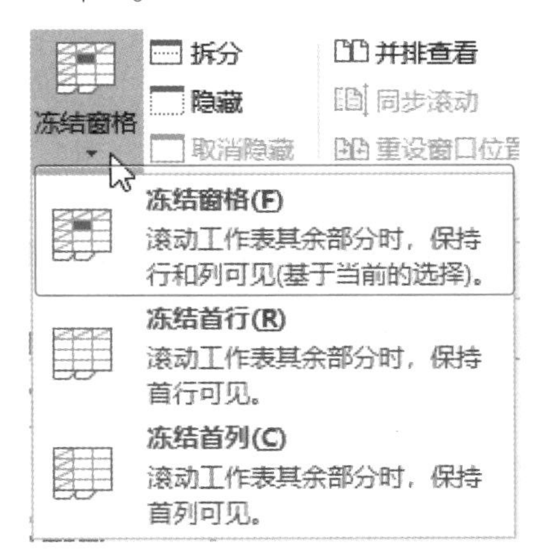


图 6-58 选择【冻结窗格】命令

**知识点**

在该菜单中，如果选择【冻结首行】或【冻结首列】命令，可以快速冻结工作表的第1行与第1列。

03 此时第1~4行与第A、B、C列已经被冻结，当拖动水平或垂直滚动条时，表格的第1~4行和第A、B、C列会始终显示。如图6-59所示，向右拖动滚动条，A、B、C列保持显示在当前窗格，D列显示不下从而被隐藏。

04 如果要取消冻结窗格效果，可再次单击【冻结窗格】下拉按钮，在弹出的下拉菜单中选择【取消冻结窗格】命令，如图6-60所示。

图 6-59　拖动滚动条显示

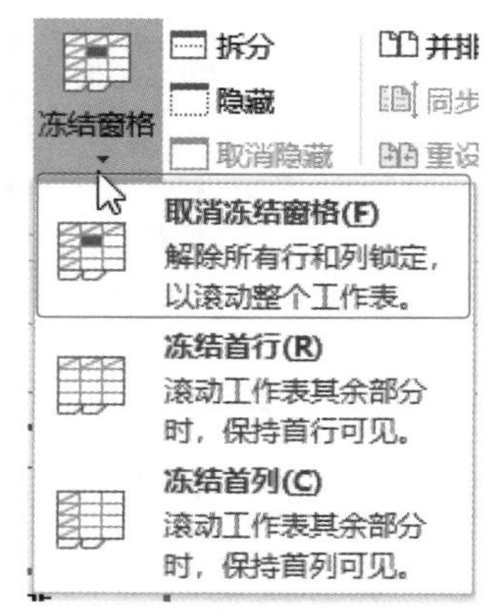


图 6-60　选择【取消冻结窗格】命令

## 6.5　数据的输入

Excel的主要功能是处理结构式数据。在对Excel有了一定的认识并熟悉了单元格的基本操作后，就可以开始使用Excel进行工作了。首先就是输入数据，Excel中接纳3种类型的数据：一类是普通文本，包括中文、英文和标点符号；一类是特殊符号，例如▲、★、◎等；还有一类是各种数字构成的数值数据，如货币型数据、小数型数据等。数据类型不同，其输入方法也不同。

### 6.5.1　输入普通文本

普通文本的输入方法和在Word中输入文本相同，首先选定需要输入文本的单元格，然后直接输入相应的文本即可。另外还可通过编辑框在单元格中输入文本。

【例6-7】输入普通文本。

01 启动Excel，新建一个工作簿，然后单击快速访问工具栏中的【保存】按钮，在打开的【另存为】对话框中，将该工作簿以“星点公司通讯录”为名进行保存，如图6-61所示。

02 合并A1:F1单元格区域，选定该区域，直接输入文本“星点公司通讯录”，在G1单元格中输入“更新日期：”，如图6-62所示。

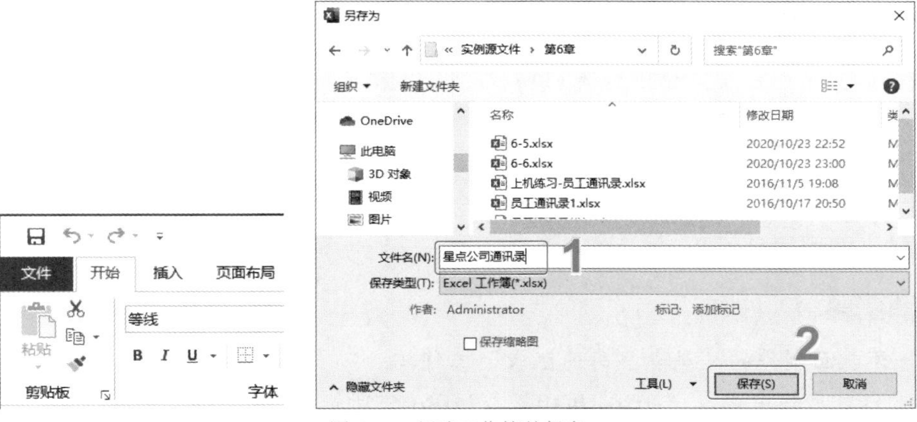


图 6-61　新建工作簿并保存

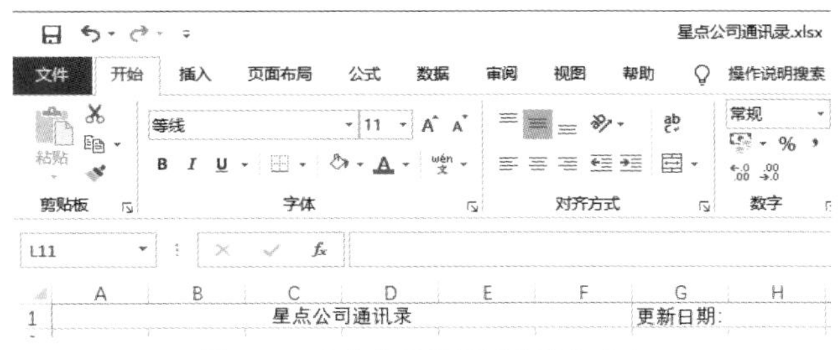


图 6-62　合并单元格区域并输入文本

03 在第2行中的A2~H2单元格中，分别输入“序号”“部门”“姓名”“职务”“手机”“办公电话”“分机号”和“邮箱”，如图6-63所示。

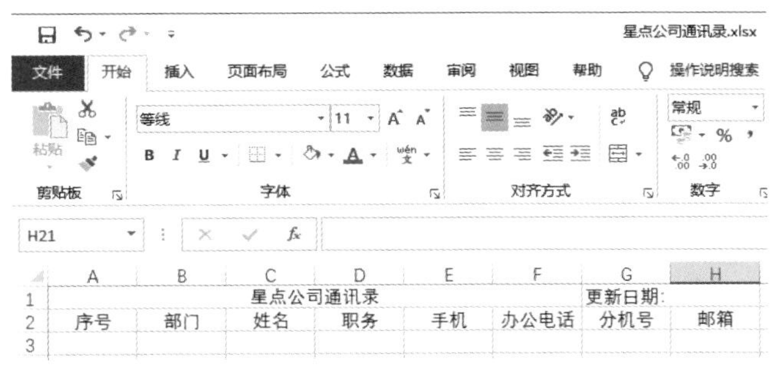


图 6-63　输入文本

04 在B列的“部门”列中，依次从上到下输入公司的部门名称，添加边框线，文字加粗，效果如图6-64所示。

H26

| | A | B | C | D | E | F | G | H |
|---|---|---|---|---|---|---|---|---|
| 1 | | | 星点公司通讯录 | | | | 更新日期： | |
| 2 | 序号 | 部门 | 姓名 | 职务 | 手机 | 办公电话 | 分机号 | 邮箱 |
| 3 | | 主任办公室 | | | | | | |
| 4 | | 工会 | | | | | | |
| 5 | | 关键技术实验室 | | | | | | |
| 6 | | 项目和质量管理部 | | | | | | |
| 7 | | 测评与服务实验室（测评技术研发部） | | | | | | |
| 8 | | 测评与服务实验室（安全服务部） | | | | | | |
| 9 | | | | | | | | |

图 6-64　表格效果

## 6.5.2　输入日期和时间

在默认情况下，在单元格中输入日期或时间数据时，其格式将自动从【常规】格式转换为相应的【日期】或【时间】格式，而不需要设定该单元格为日期和时间格式。

输入日期时，首先输入年份，然后输入1~12数字作为月份，再输入1~31数字作为日。在输入日期时，需要用“/”符号将年、月、日隔开，格式为“年/月/日”；在输入时间时，小时与分及秒之间用冒号隔开。

【例6-8】 输入日期。

01 打开前面制作的“星点公司通讯录”工作簿。

02 在H1单元格中输入“2020/10/20”，如图6-65所示。

H1 　 2020/10/20

| | A | B | C | D | E | F | G | H |
|---|---|---|---|---|---|---|---|---|
| 1 | 星点公司通讯录 | | | | | | 更新日期: | 2020/10/20 |
| 2 | 序号 | 部门 | 姓名 | 职务 | 手机 | 办公电话 | 分机号 | 邮箱 |
| 3 | | 主任办公室 | | | | | | |
| 4 | | 工会 | | | | | | |
| 5 | | 关键技术实验室 | | | | | | |
| 6 | | 项目和质量管理部 | | | | | | |
| 7 | | 测评与服务实验室（测评技术研发部） | | | | | | |
| 8 | | 测评与服务实验室（安全服务部） | | | | | | |

图 6-65　输入日期

03 输入一些员工信息。添加“生日”列，为每个员工添加出生年月，如图6-66所示。

H20

| | A | B | C | D | E | F | G | H | I |
|---|---|---|---|---|---|---|---|---|---|
| 1 | 星点公司通讯录 | | | | | | 更新日期: | 2020/10/20 | |
| 2 | 序号 | 部门 | 姓名 | 职务 | 手机 | 办公电话 | 分机号 | 邮箱 | 生日 |
| 3 | 1 | 主任办公室 | 李杨晓峰 | 主任 | 13511245896 | 010-82984411 | 111 | liyangxiaofeng@163.com | 1980/1/3 |
| 4 | 2 | 主任办公室 | 余温 | 副主任 | 13844558899 | 010-60215689 | 111 | yuwen@163.com | 1981/2/11 |
| 5 | 3 | 主任办公室 | 王景明 | 主编 | 18211456231 | 010-45213695 | 111 | wangjingming@163.com | 1990/10/23 |
| 6 | | 工会 | | | | | | | |
| 7 | | 关键技术实验室 | | | | | | | |
| 8 | | 项目和质量管理部 | | | | | | | |
| 9 | | 测评与服务实验室（测评技术研发部） | | | | | | | |
| 10 | | 测评与服务实验室（安全服务部） | | | | | | | |

图 6-66　输入出生年月

## 6.5.3　输入特殊符号

特殊符号的输入，可使用Excel提供的【符号】对话框实现。方法是：首先选定需要输入特殊符号的单元格，然后打开【插入】选项卡，在【符号】组中单击【符号】按钮，打开【符号】对话框，如图6-67所示。

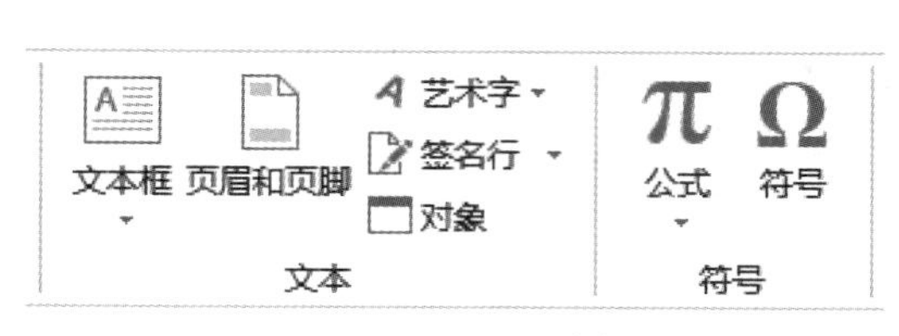


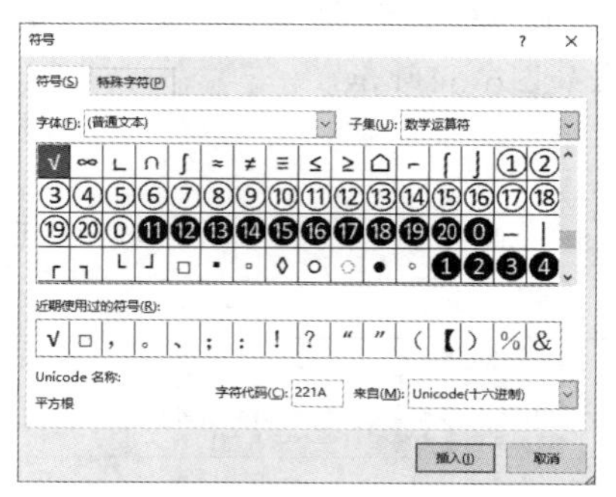


图 6-67　打开【符号】对话框

该对话框中包含【符号】和【特殊字符】两个选项卡，每个选项卡下面又包含很多种不同的符号和字符。选择需要的符号，单击【插入】按钮，即可插入该符号。

## 6.5.4 输入数值型数据

在Excel中输入数值型数据后，数据将自动采用右对齐的方式显示。如果输入的数据长度超过11位，则系统会将数据转换成科学记数法的形式显示(如2.16E＋03)。无论显示的数值位数有多少，只保留15位的数值精度，多余的数字将舍掉取零。

另外，还可在单元格中输入特殊类型的数值型数据，如货币、小数等。当将单元格的格式设置为【货币】时，在输入数字后，系统将自动添加货币符号。

【例6-9】 输入数值型数据。

01 打开“星点公司通讯录”工作簿，添加“津贴总额”列并选中该列，如图6-68所示。

02 在【开始】选项卡的【数字】组中，单击其右下角的对话框启动器按钮，如图6-69所示。打开【设置单元格格式】对话框的【数字】选项卡。

| G | H | I | J |
|---|---|---|---|
| 更新日期： | 2020/10/20 | | |
| 分机号 | 邮箱 | 生日 | 津贴总额 |
| 111 | liyangxiaofeng@163.com | 1980/1/3 | |
| 111 | yuwen@163.com | 1981/2/11 | |
| 111 | wangjingming@163.com | 1990/10/23 | |

图 6-68 输入文本并选定单元格区域

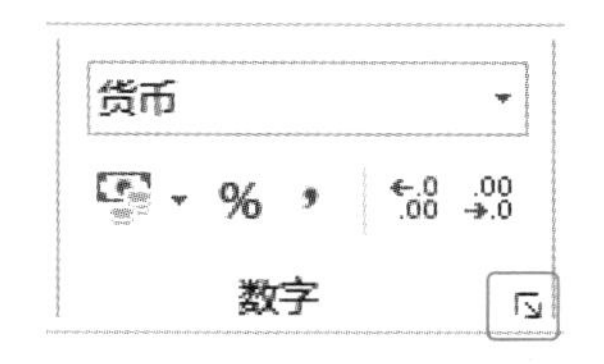


图 6-69 【数字】组

03 在左侧的【分类】列表框中选择【货币】选项，然后在右侧的【小数位数】微调框中设置数值为2，【货币符号】选择¥，在【负数】列表框中选择一种负数格式，如图6-70所示。

04 设置完成后，单击【确定】按钮，完成货币型数据的格式设置。此时当在J列的单元格中输入数字后，系统会自动将其转换为货币型数据，如图6-71所示。

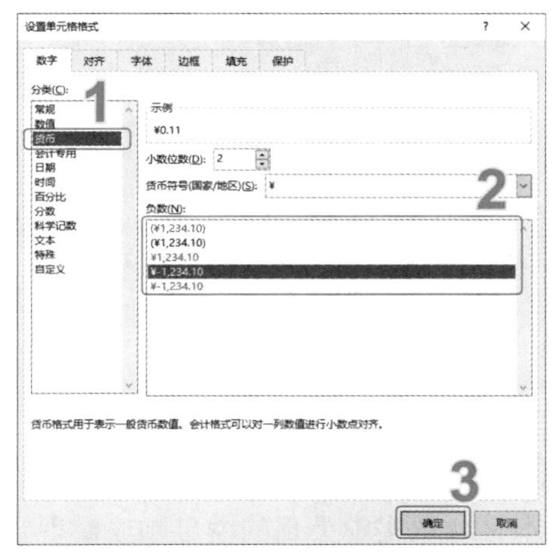


图 6-70 【设置单元格格式】对话框

| H | I | J |
|---|---|---|
| 2020/10/20 | | |
| 邮箱 | 生日 | 津贴总额 |
| liyangxiaofeng@163.com | 1980/1/3 | ¥300.00 |
| yuwen@163.com | 1981/2/11 | ¥200.00 |
| wangjingming@163.com | 1990/10/23 | ¥100.00 |

图 6-71 输入货币型数据

# 6.6 数据的快速填充与自动计算

当需要在连续的单元格中输入相同或者有规律的数据(等差数列、等比数列、年份、月份、星期等，例如图6-72所示)时，可以使用Excel提供的快速填充数据功能来实现。

在使用数据的快速填充功能时，必须先认识一个名词——填充柄。当选择一个单元格时，在这个单元格的右下角会出现一个与单元格黑色边框不相连的黑色小方块，拖动这个小方块即可实现数据的快速填充。这个黑色小方块就称为“填充柄”，如图6-73所示。

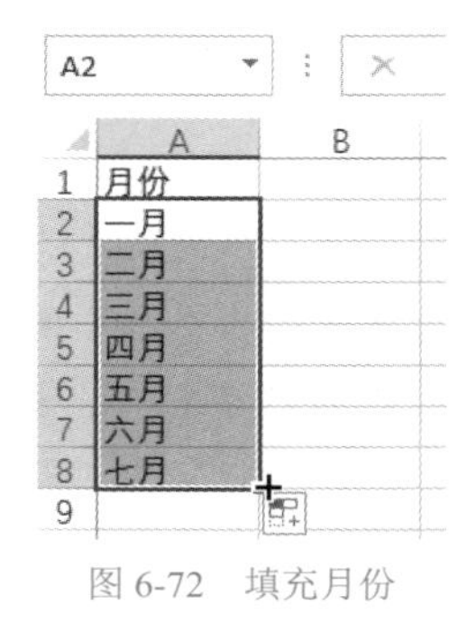


图 6-72 填充月份

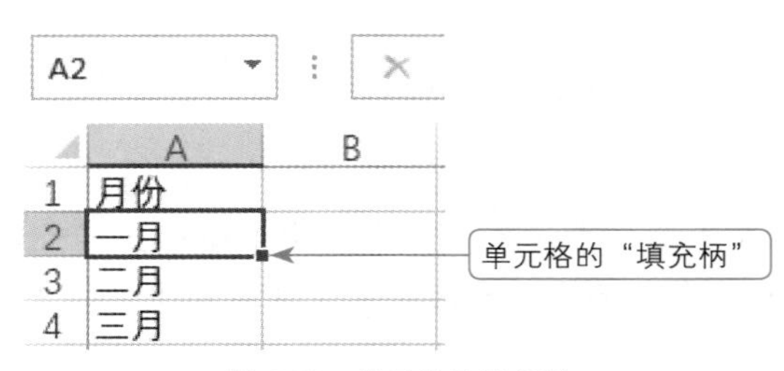


图 6-73 单元格的填充柄

## 6.6.1 填充相同的数据

在处理数据的过程中，有时候需要输入连续且类似的数据，这时可使用数据的快速填充功能来简化操作。

【例6-10】填充相同的内容序列。 视频

01 打开“星点员工通讯录”工作簿，然后选定序号为1的单元格。

02 将鼠标指针移至该单元格右下角的小方块处，当鼠标指针变为+形状时，按住鼠标左键不放并拖动至A10单元格，如图6-74所示。

03 此时释放鼠标左键，在拖曳过的单元格区域中即可填充相同的内容，如图6-75所示。

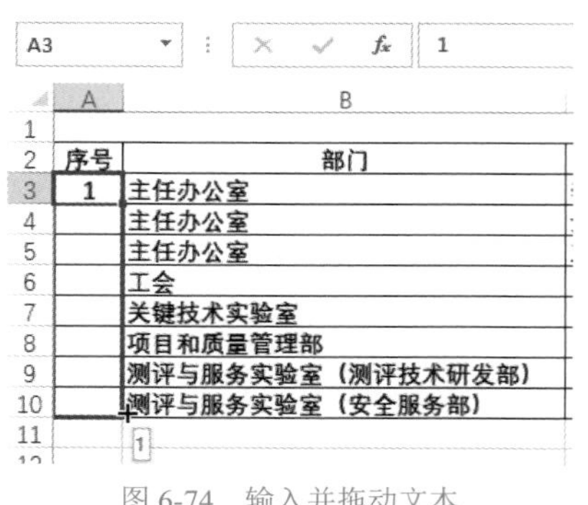


图 6-74 输入并拖动文本

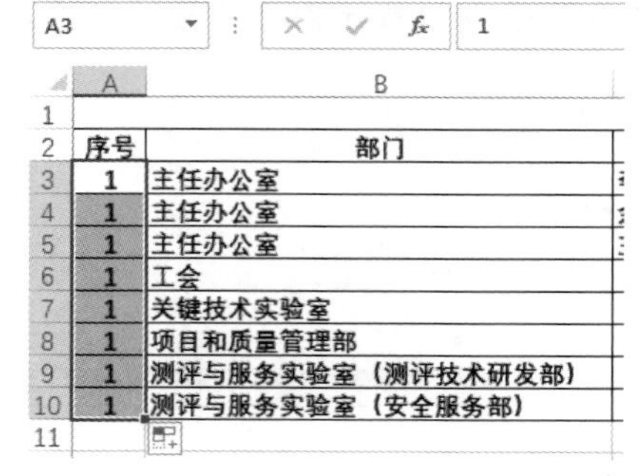


图 6-75 填充文本

## 6.6.2 填充有规律的数据

例6-10的“序号”列填充的数字是相同的，显然不符合现实中员工的编号顺序。现实中像这样的需要输入有规律的数字的情况很多，例如“星期一、星期二……”，或“一员工编

号、二员工编号、三员工编号……”以及天干、地支和年份等。此时可以使用Excel特殊类型数据的填充功能进行快速填充。

例如，在例6-10中选定A3单元格后，将鼠标指针移至该单元格右下角，该单元格右下角出现一个标志，当鼠标指针变为＋形状时，按住鼠标左键不放并拖动鼠标至A10单元格中。释放鼠标左键，从出现的填充菜单中选择“填充序列”选项，即可在A3:A10单元格区域中填充数字序列，如图6-76所示。

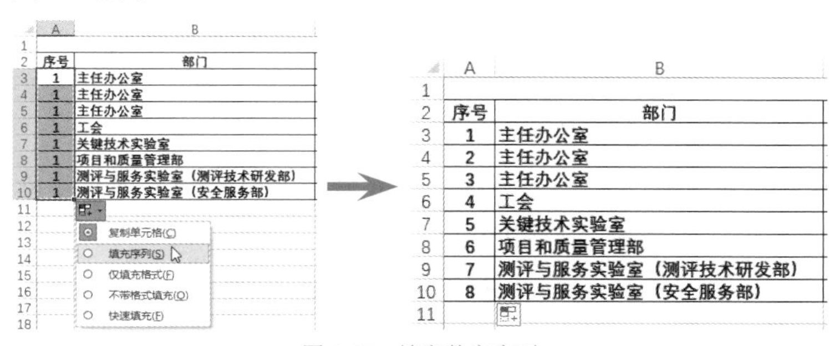


图 6-76　填充数字序列

**提示**

对于星期、月份等常用的规律性数据，Excel会自动对其进行识别，只需输入其中的一个即可使用自动填充功能进行填充。

## 6.6.3　填充等差数列

如果一个数列从第二项起，每一项与它的前一项的差等于同一个常数，这个数列就称为等差数列，这个常数称为等差数列的公差。

在Excel中也经常会遇到填充等差数列的情况，例如，刚介绍过的员工序号1、2、3等，凡是有公差的数据序列，都可以使用Excel的自动填充功能来进行填充。

【例6-11】填充等差数列。视频

01 打开工作簿，清除“津贴总额”列的内容，然后将鼠标指针移至该列第一个单元格，然后输入100，接着再往下一个单元格，输入200。

02 选中100、200所在的单元格，将鼠标移到内容为200的单元格右下角的小方块处，当鼠标指针变为＋形状时，按住鼠标左键不放拖动鼠标至下方的3个单元格中，如图6-77所示。

03 释放鼠标左键，即可在下方的3个单元格区域中填充等差数列：300、400、500，如图6-78所示。

| 生日 | 津贴总额 |
|---|---|
| 1980/1/3 | ¥100.00 |
| 1981/2/11 | ¥200.00 |
| 1990/10/23 | |

¥200.00

图 6-77　拖动单元格数据

| 生日 | 津贴总额 |
|---|---|
| 1980/1/3 | ¥100.00 |
| 1981/2/11 | ¥200.00 |
| 1990/10/23 | ¥300.00 |
| | ¥400.00 |
| | ¥500.00 |

图 6-78　填充等差数列

### 6.6.4 数据的自动计算

当需要即时查看一组数据的某种统计结果时(如和、平均值、最大值或最小值)，可以使用Excel 2016提供的状态栏计算功能。

【例6-12】 使用计算功能。

01 打开“星点员工通讯录”工作簿，选定“津贴总额”下方的所有单元格。

02 如果是首次使用状态栏的计算功能，则此时在状态栏中将默认显示选定区域中所有数据的平均值(平均值)、所选数据的数量(计数)和所有数据总和(求和)，如图6-79所示。其中所有数据的总和即是所有员工当月的津贴总和。

03 要查看最大值，可在状态栏中右击，在弹出的快捷菜单中选择【最大值】命令，表示将在状态栏中添加最大值选项，如图6-80所示。

| G | H | I | J |
|---|---|---|---|
| 更新日期： | 2020/10/20 | | |
| 分机号 | 邮箱 | 生日 | 津贴总额 |
| 111 | liyangxiaofeng@163.com | 1980/1/3 | ¥100.00 |
| 111 | yuwen@163.com | 1981/2/11 | ¥200.00 |
| 111 | wangjingming@163.com | 1990/10/23 | ¥300.00 |
| | | | ¥400.00 |
| | | | ¥500.00 |

平均值: ¥300.00 计数: 5 求和: ¥1,500.00

图 6-79 状态栏

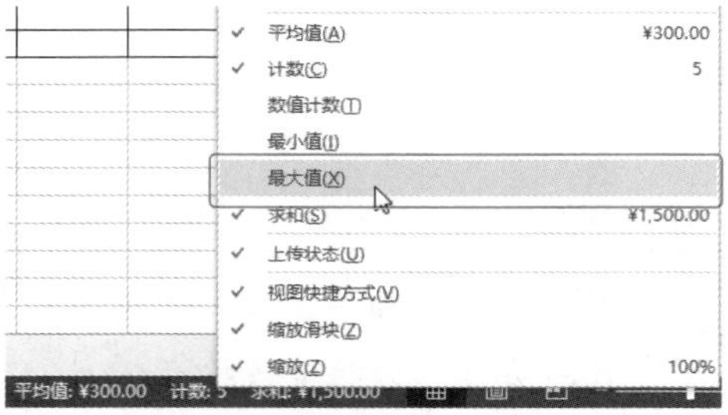

图 6-80 添加【最大值】选项

04 此时，状态栏中将显示【最大值】选项。选中“津贴总额”单元格区域，即可在状态栏中显示所选区域的所有数据的最大值。从图6-81中可以看出，所有员工的津贴总额最大值为500。

| G | H | I | J |
|---|---|---|---|
| 更新日期： | 2020/10/20 | | |
| 分机号 | 邮箱 | 生日 | 津贴总额 |
| 111 | liyangxiaofeng@163.com | 1980/1/3 | ¥100.00 |
| 111 | yuwen@163.com | 1981/2/11 | ¥200.00 |
| 111 | wangjingming@163.com | 1990/10/23 | ¥300.00 |
| | | | ¥400.00 |
| | | | ¥500.00 |

平均值: ¥300.00 计数: 5 最大值: ¥500.00 求和: ¥1,500.00

图 6-81 状态栏中显示的数据



## 6.7 特殊数据的输入

在Excel 2016中，常常需要输入一些特殊数据，比如分数、指数上标、特殊字符、身份证号码等，用户可以用一些非常规的方法进行输入操作。

### 6.7.1 输入分数

要在单元格内输入分数，正确的输入方式是：整数部分+空格+分子+斜杠+分母，整数部分为零时也要输入0进行占位。

比如要输入分数1/6，则可在单元格内输入0 1/6，如图6-82所示。输入完毕后，按Enter键或单击其他单元格，Excel自动显示为1/6，如图6-83所示。

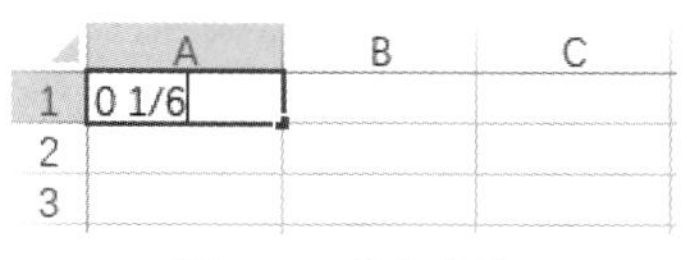


图 6-82 输入分数

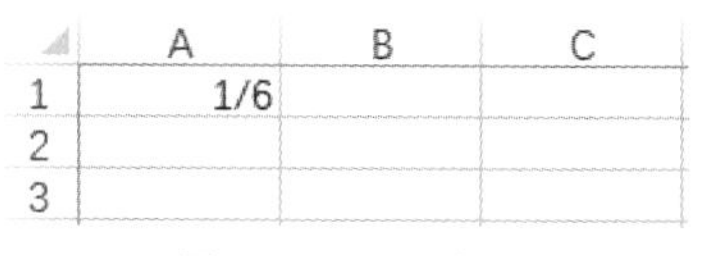


图 6-83 显示结果

此外，Excel会自动对分数进行分子分母的约分，比如输入2 5/10，将会自动转换为“2 1/2”，如图6-84所示。

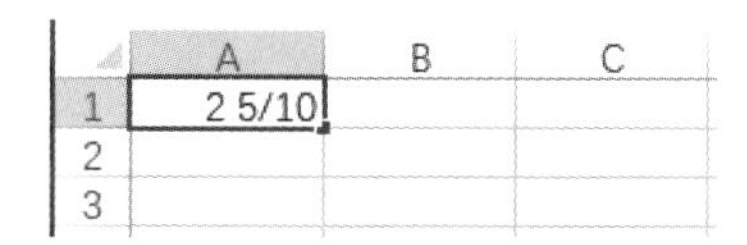


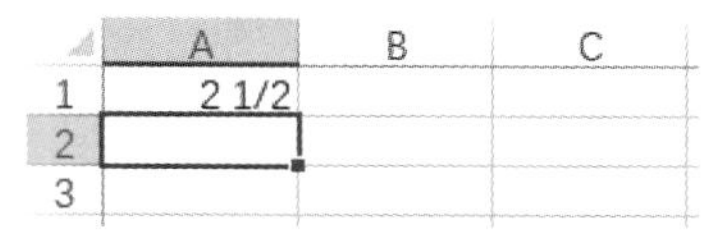


图 6-84 自动约分分数

如果用户输入分数的分子大于分母，Excel会自动进位换算(此时分子前需要加0和空格)。比如输入0 17/4，将会显示为4 1/4，如图6-85所示。

0 17/4     4 1/4

图 6-85 自动进位换算

## 6.7.2 输入指数上标

在数学和工程等应用数据上，有时需要输入带有指数上标的数字或符号。在Excel中可以使用设置单元格格式的方法来改变指数上标的显示。

比如要在单元格中输入$K^n$，可以先在单元格内输入Kn，选中文本中的n，然后按Ctrl+1组合键打开【设置单元格格式】对话框，如图6-86所示。在该对话框中选中【上标】复选框，然后单击【确定】按钮，单元格中的数据将显示为$K^n$，如图6-87所示。需要注意的是，这样输入的含有上标的数据，是以文本形式保存的，并不能参与数值运算。

图 6-86 【设置单元格格式】对话框

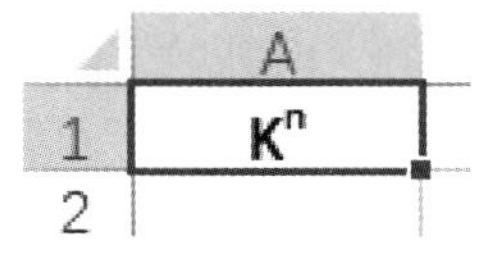


图 6-87 显示上标效果

## 6.7.3 输入身份证号码

我国身份证号码一般是15位到18位，由于Excel能够处理的数字精度最大为15位，因此所

有多于15位的数字会被当作0对待；而大于11位的数字默认以科学记数法来表示。

要正确地显示身份证号码，可以让Excel以文本型数据来显示。一般有以下两种方法来将数字强制转换为文本：

- 在输入身份证号码前，先输入一个半角方式的单引号(')。该符号用来表示其后面的内容为文本字符串，如图6-88所示。
- 单击【开始】选项卡里的【数字格式】下拉按钮，选择【文本】命令，如图6-89所示，然后再输入身份证号码。

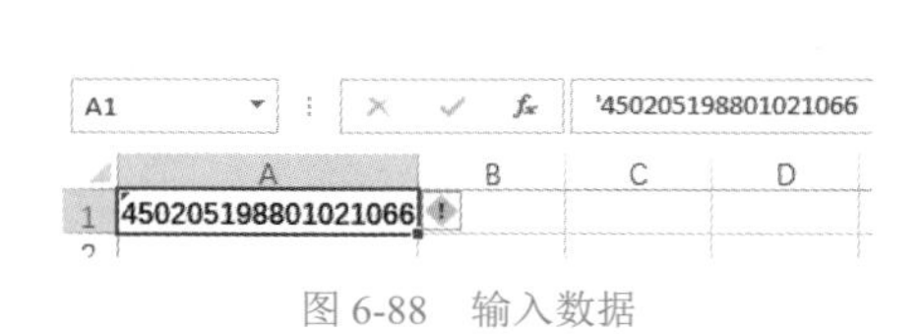


图 6-88　输入数据

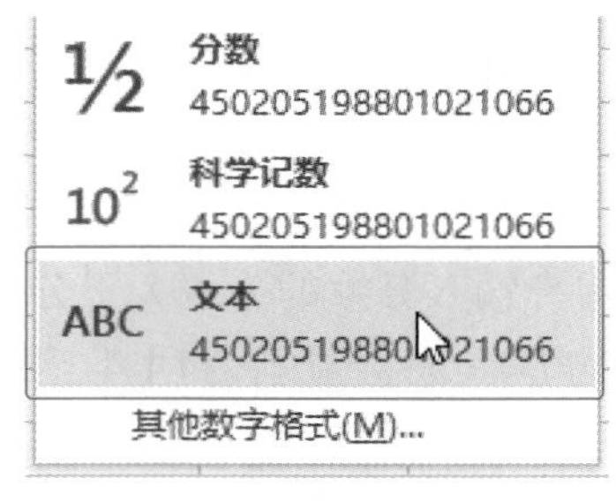


图 6-89　选择【文本】命令

## 6.7.4　自动输入小数点

有一些数据报表有大量的数值数据，如果要求这些数据保留的最大小数位数是相同的，可以使用系统设置来免去小数点的输入操作。

例如，如果希望所有输入数据最大保留2位小数位数，可以选择【文件】|【选项】命令，打开【Excel选项】对话框，选择【高级】选项卡，在【编辑选项】选项区域里选中【自动插入小数点】复选框，在下方的【小位数】微调框内输入2，最后单击【确定】按钮，即可完成设置，如图6-90所示。

用户在输入数据时，只需将原有数据放大100倍输入即可。比如要输入16.8，用户可以实际输入1680，按Enter键后，则会在单元格内显示为16.8，如图6-91所示。此处为何显示的不是16.80呢？因为当最后一位小数是0时，Excel软件会自动不显示。

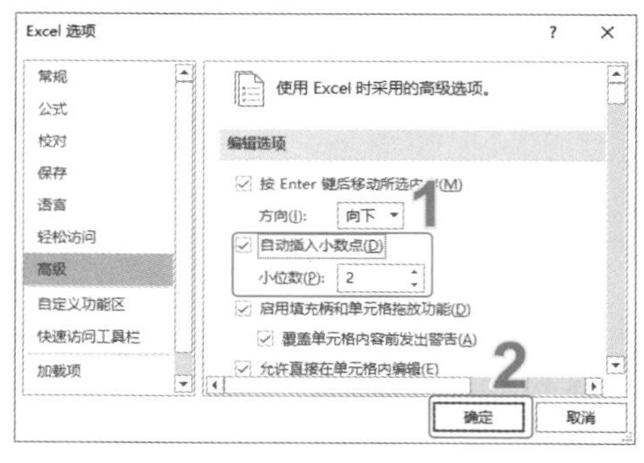


图 6-90　设置自动插入小数点

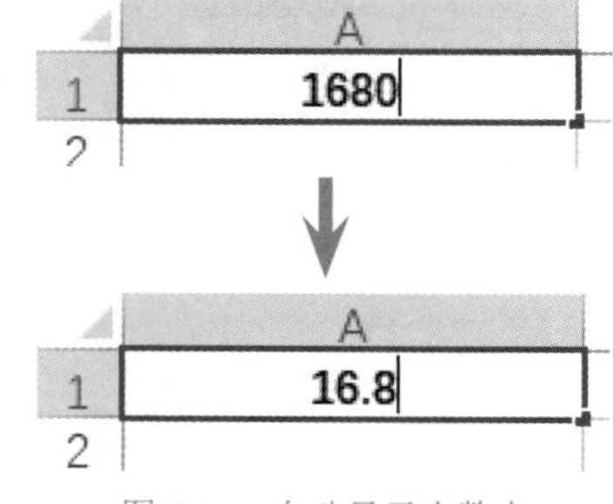


图 6-91　自动显示小数点

# 6.8　上机练习

通讯录用于记录人员及其联系方式，以便相互联络。对于个人、团队组织来说都是必需

的。因此，本章上机练习就来制作一个简洁、实用的通讯录。

## 6.8.1　创建通讯录

01 启动Excel，右击Sheetl工作表标签，然后选择快捷菜单中的【重命名】命令，将Sheetl工作表重命名为“员工通讯录”，如图6-92所示。

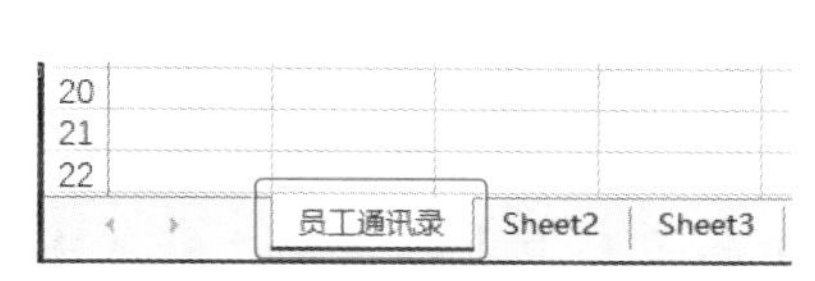


图 6-92　创建工作表并重命名

## 6.8.2　制作通讯录标题和表头

02 在单元格中输入标题信息：“员工通讯录”“部门”“姓名”“职务”“办公电话”“手机”“办公室”以及其他信息，如图6-93所示。

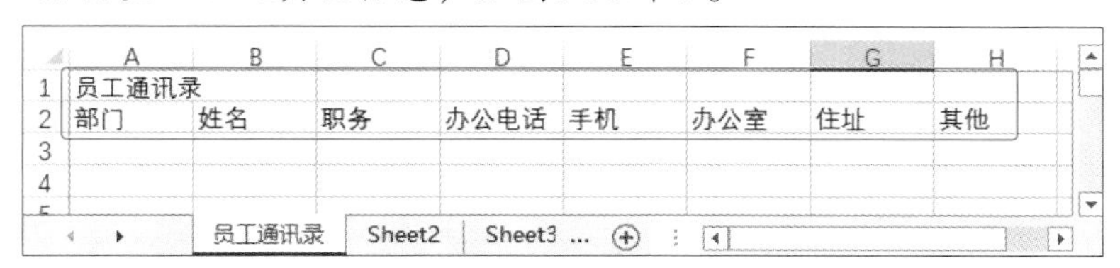


图 6-93　输入标题信息

03 选中Al:Hl单元格区域，单击【开始】选项卡【对齐方式】组中的【合并后居中】按钮，合并选中的单元格区域，然后在【字体】组中设置【字体】为【黑体】、【字号】为【18】，如图6-94所示。

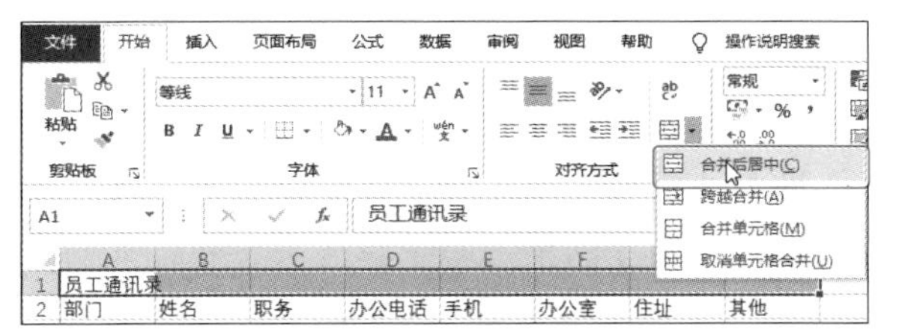


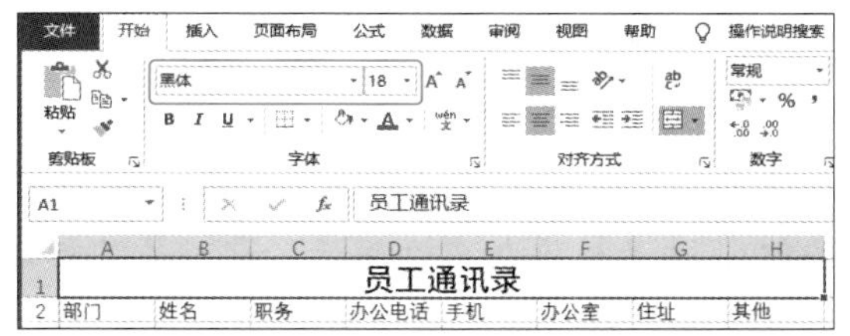


图 6-94　设置通讯录标题的对齐方式和文本格式

04 选中标题行，然后在标题行上右击鼠标，从弹出的快捷菜单中选择【行高】命令，弹出【行高】对话框，调整第一行的行高为39，如图6-95所示。单击【确定】按钮，标题效果如图6-96所示。

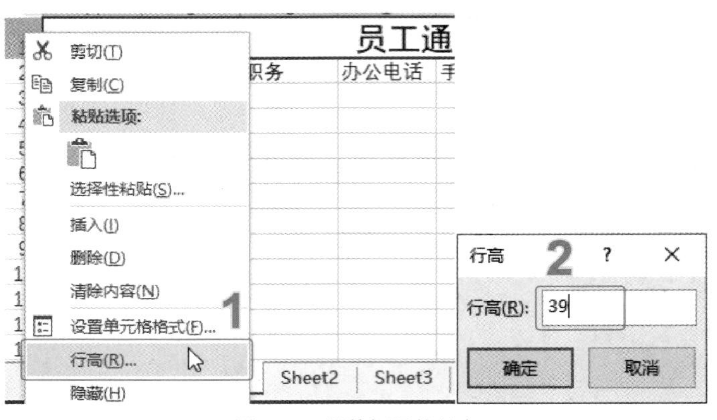


图 6-95 调整标题的行高

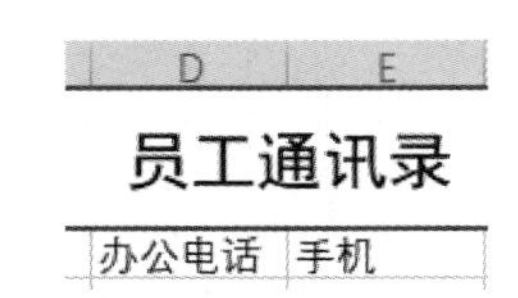


图 6-96 调整行高后的标题效果

## 6.8.3 制作通讯录主体

05 输入员工信息，如图6-97所示。选中A2:H24单元格区域，单击【开始】选项卡【对齐方式】组中的【居中】按钮，这时被选中单元格区域中的文字都居中显示，如图6-98所示。

06 单击第二行行号，选中第二行单元格。单击【开始】选项卡【字体】组中的【加粗】按钮，加粗该行单元格中的文字，如图6-99所示。

员工通讯录

| 部门 | 姓名 | 职务 | 办公电话 | 手机 | 办公室 | 住址 | 其他 |
|---|---|---|---|---|---|---|---|
| 销售部 | 李云胜 | 营业员 | 23654789 | 1.51E+10 | 101 | 海淀区 | 一二休 |
| 销售部 | 赵小月 | 营业员 | 26584965 | 1.71E+10 | 101 | 海淀区 | 一二休 |
| 销售部 | 刘大为 | 营业员 | 26598785 | 1.89E+10 | 101 | 海淀区 | 三四休 |
| 销售部 | 唐艳霞 | 营业员 | 24598738 | 1.89E+10 | 101 | 海淀区 | 三四休 |
| 销售部 | 张恬 | 营业员 | 26587958 | 1.89E+10 | 101 | 海淀区 | 五六休 |
| 销售部 | 李丽丽 | 营业员 | 25478965 | 1.89E+10 | 101 | 海淀区 | 五六休 |
| 销售部 | 杜月 | 门市经理 | 26895326 | 1.35E+10 | 101 | 海淀区 | |
| 销售部 | 张成 | 经理助理 | 26849752 | 1.33E+10 | 101 | 海淀区 | |
| 企划部 | 张锦程 | 职员 | 25986746 | 1.51E+10 | 102 | 朝阳区 | |
| 企划部 | 卢晓鸥 | 职员 | 26359875 | 1.51E+10 | 102 | 朝阳区 | |
| 企划部 | 李芳 | 职员 | 23698754 | 1.51E+10 | 102 | 朝阳区 | |
| 企划部 | 马小燕 | 经理 | 24698756 | 1.51E+10 | 102 | 朝阳区 | |
| 企划部 | 李长青 | 处长 | 26985496 | 1.51E+10 | 102 | 朝阳区 | |
| 行政部 | 卢晓鸥 | 职员 | 26359875 | 1.33E+10 | 103 | 东城区 | |
| 行政部 | 李芳 | 职员 | 23698754 | 1.33E+10 | 103 | 东城区 | |
| 行政部 | 杜月 | 职员 | 26579856 | 1.33E+10 | 103 | 东城区 | |
| 行政部 | 张艳 | 职员 | 26897862 | 1.33E+10 | 103 | 东城区 | |
| 行政部 | 卢红 | 职员 | 26897862 | 1.33E+10 | 103 | 东城区 | |
| 行政部 | 李小蒙 | 职员 | 26897862 | 1.33E+10 | 103 | 东城区 | |
| 行政部 | 杜月 | 经理 | 26579856 | 1.33E+10 | 102 | 东城区 | |
| 行政部 | 张锦程 | 处长 | 26897862 | 1.33E+10 | 103 | 东城区 | |
| 行政部 | 程小丽 | 处长 | 26897862 | 1.33E+10 | 103 | 东城区 | |

图 6-97 输入员工信息

员工通讯录

| 部门 | 姓名 | 职务 | 办公电话 | 手机 | 办公室 | 住址 | 其他 |
|---|---|---|---|---|---|---|---|
| 销售部 | 李云胜 | 营业员 | 23654789 | 1.51E+10 | 101 | 海淀区 | 一二休 |
| 销售部 | 赵小月 | 营业员 | 26584965 | 1.71E+10 | 101 | 海淀区 | 一二休 |
| 销售部 | 刘大为 | 营业员 | 26598785 | 1.89E+10 | 101 | 海淀区 | 三四休 |
| 销售部 | 唐艳霞 | 营业员 | 24598738 | 1.89E+10 | 101 | 海淀区 | 三四休 |
| 销售部 | 张恬 | 营业员 | 26587958 | 1.89E+10 | 101 | 海淀区 | 五六休 |
| 销售部 | 李丽丽 | 营业员 | 25478965 | 1.89E+10 | 101 | 海淀区 | 五六休 |
| 销售部 | 杜月 | 门市经理 | 26895326 | 1.35E+10 | 101 | 海淀区 | |
| 销售部 | 张成 | 经理助理 | 26849752 | 1.33E+10 | 101 | 海淀区 | |
| 企划部 | 张锦程 | 职员 | 25986746 | 1.51E+10 | 102 | 朝阳区 | |
| 企划部 | 卢晓鸥 | 职员 | 26359875 | 1.51E+10 | 102 | 朝阳区 | |
| 企划部 | 李芳 | 职员 | 23698754 | 1.51E+10 | 102 | 朝阳区 | |
| 企划部 | 马小燕 | 经理 | 24698756 | 1.51E+10 | 102 | 朝阳区 | |
| 企划部 | 李长青 | 处长 | 26985496 | 1.51E+10 | 102 | 朝阳区 | |
| 行政部 | 卢晓鸥 | 职员 | 26359875 | 1.33E+10 | 103 | 东城区 | |
| 行政部 | 李芳 | 职员 | 23698754 | 1.33E+10 | 103 | 东城区 | |
| 行政部 | 杜月 | 职员 | 26579856 | 1.33E+10 | 103 | 东城区 | |
| 行政部 | 张艳 | 职员 | 26897862 | 1.33E+10 | 103 | 东城区 | |
| 行政部 | 卢红 | 职员 | 26897862 | 1.33E+10 | 103 | 东城区 | |
| 行政部 | 李小蒙 | 职员 | 26897862 | 1.33E+10 | 103 | 东城区 | |
| 行政部 | 杜月 | 经理 | 26579856 | 1.33E+10 | 102 | 东城区 | |
| 行政部 | 张锦程 | 处长 | 26897862 | 1.33E+10 | 103 | 东城区 | |
| 行政部 | 程小丽 | 处长 | 26897862 | 1.33E+10 | 103 | 东城区 | |

图 6-98 居中对齐信息

## 6.8.4 进行筛选和排序

07 选中A2:H2单元格区域，单击【开始】选项卡【编辑】组中的【排序和筛选】按钮，在弹出的菜单中选择“筛选”命令(或者选择【数据】选项卡【排序和筛选】组中的【筛选】按钮)，为表格添加自动筛选。这时第二行文字旁边会出现可以单击的下拉箭头按钮，表明该行可以进行自动筛选，如图6-100所示。

08 如果要查找所有“销售部”的同事，可以单击“部门”旁边的下三角按钮，此时会打开筛选菜单，如图6-101所示，取消其他列的选中状态，只保留“销售部”为选中状态。此时所有销售部的人员信息就显示出来了，如图6-102所示，其他部门人员信息暂时隐藏。

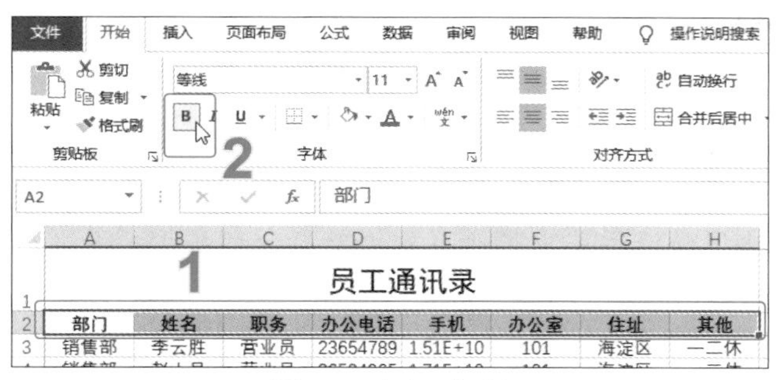


图 6-99　加粗列标题

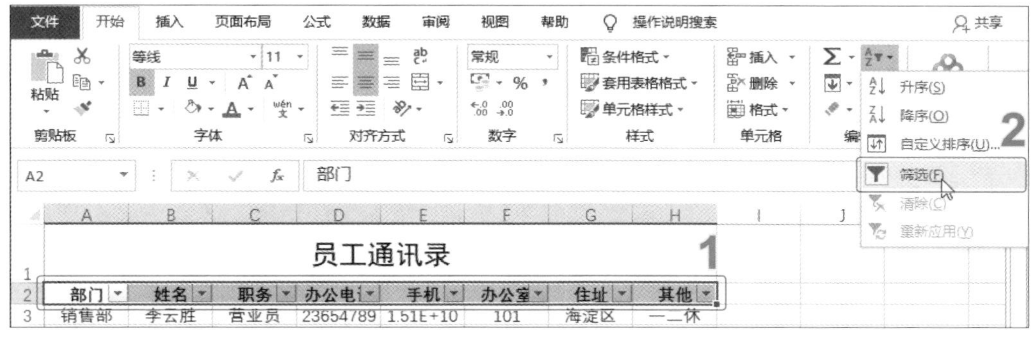


图 6-100　自动筛选

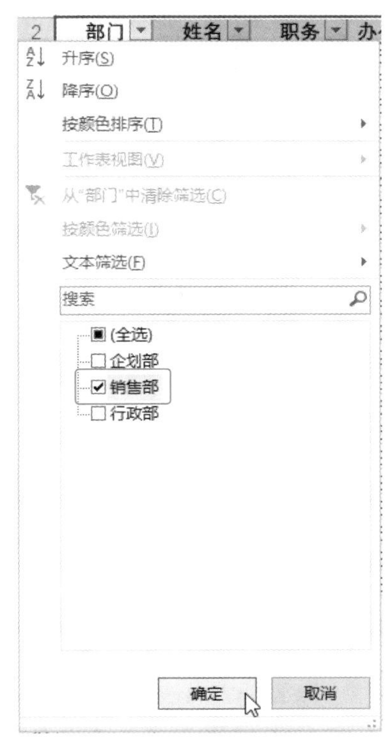


图 6-101　设置筛选列表

| | A | B | C |
|---|---|---|---|
| 1 | | | |
| 2 | 部门 | 姓名 | 职务 |
| 3 | 销售部 | 李云胜 | 营业员 |
| 4 | 销售部 | 赵小月 | 营业员 |
| 5 | 销售部 | 刘大为 | 营业员 |
| 6 | 销售部 | 唐艳霞 | 营业员 |
| 7 | 销售部 | 张恬 | 营业员 |
| 8 | 销售部 | 李丽丽 | 营业员 |
| 9 | 销售部 | 杜月 | 门市经理 |
| 10 | 销售部 | 张成 | 经理助理 |

图 6-102　筛选后的效果

09 继续筛选"销售部"中所有"营业员"的信息。单击"职务"旁边的下拉箭头，打开"职务"筛选菜单，如图6-103所示。

10 取消选择"经理助理"和"门市经理"复选框，然后单击"确定"按钮，此时公司销售部中职务是"营业员"的职工即可筛选出来，如图6-104所示。筛选会使不符合条件的数据暂时隐藏，因此在使用筛选后，应将所有数据重新全部显示，否则很可能会使处理结果不全面，丢掉很多有用的数据。

图 6-103 筛选出"营业员"

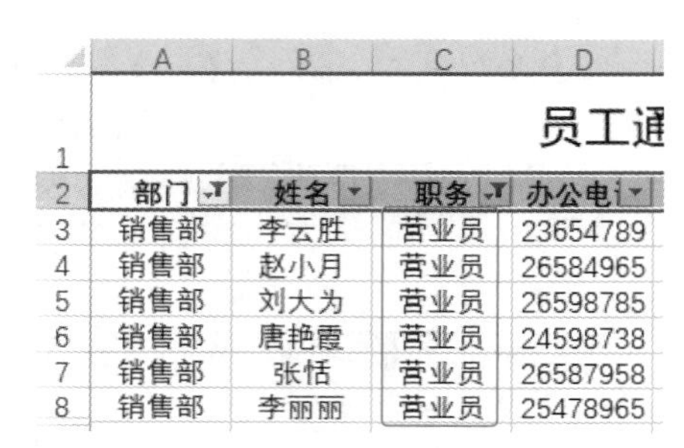

| | A | B | C | D |
|---|---|---|---|---|
| 1 | | | | 员工通 |
| 2 | 部门 | 姓名 | 职务 | 办公电话 |
| 3 | 销售部 | 李云胜 | 营业员 | 23654789 |
| 4 | 销售部 | 赵小月 | 营业员 | 26584965 |
| 5 | 销售部 | 刘大为 | 营业员 | 26598785 |
| 6 | 销售部 | 唐艳霞 | 营业员 | 24598738 |
| 7 | 销售部 | 张恬 | 营业员 | 26587958 |
| 8 | 销售部 | 李丽丽 | 营业员 | 25478965 |

图 6-104 筛选结果

11 筛选完后，要显示所有员工的资料，可以单击【数据】选项卡【排序和筛选】组中的【清除】按钮，如图6-105所示，这样所有员工的信息又会全部显示出来。

12 接下来学习如何为员工通讯录排序。选中A2:H24单元格区域，单击【数据】选项卡【排序和筛选】组中的【排序】按钮，打开【排序】对话框，如图6-106所示。

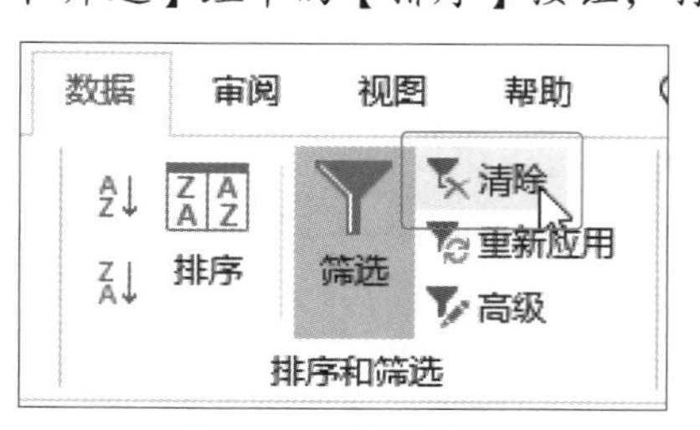


图 6-105 清除筛选

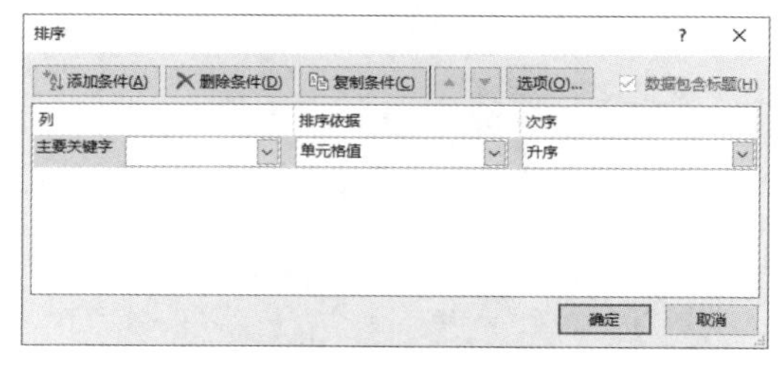


图 6-106 【排序】对话框

13 假设要按"部门"和"职务"为通讯录排序，单击【主要关键字】右侧的下拉箭头，选择"部门"选项，【次序】选择【降序】，如图6-107所示。

14 在【排序】对话框中，单击【添加条件】按钮，然后单击【次要关键字】右侧的下拉箭头，选择"职务"选项，【次序】选择【降序】，如图6-108所示。单击【确定】按钮，这时所有的员工数据就排好序了。

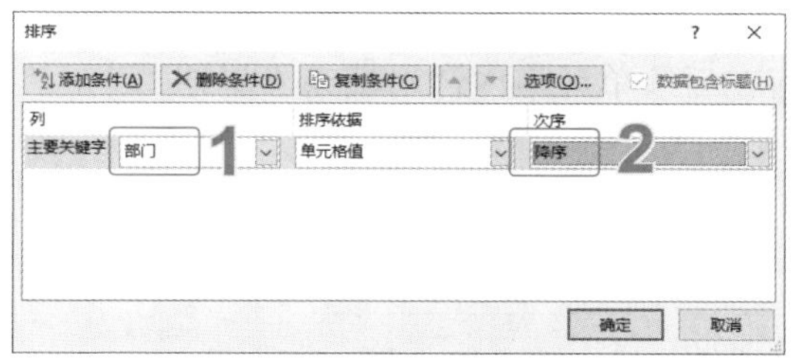
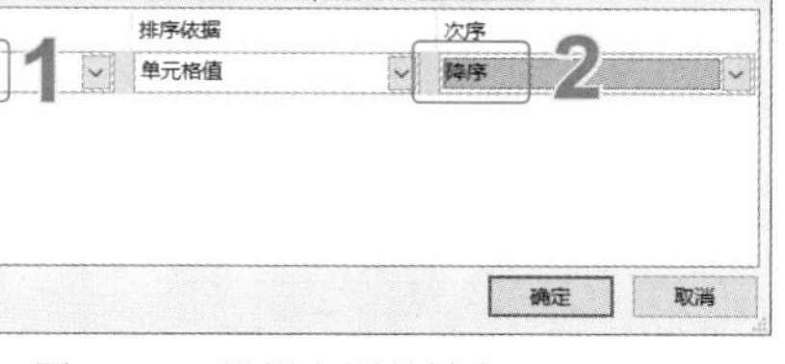


图 6-107 设置主要关键字

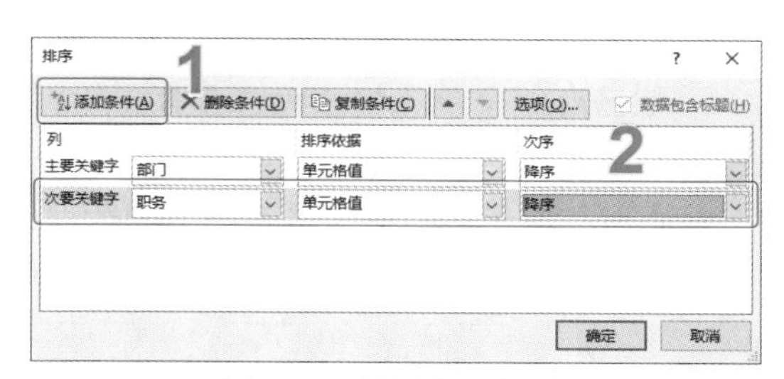


图 6-108 设置次要关键字

### 6.8.5 美化通讯录

15 选中列标题与表格数据，单击【开始】选项卡【样式】组中的【套用表格格式】按钮，在弹出的列表中选择一种表格样式，如图6-109所示，给员工通讯录设置样式，效果如图6-110所示。至此，一张简单实用的员工通讯录就制作完成了。

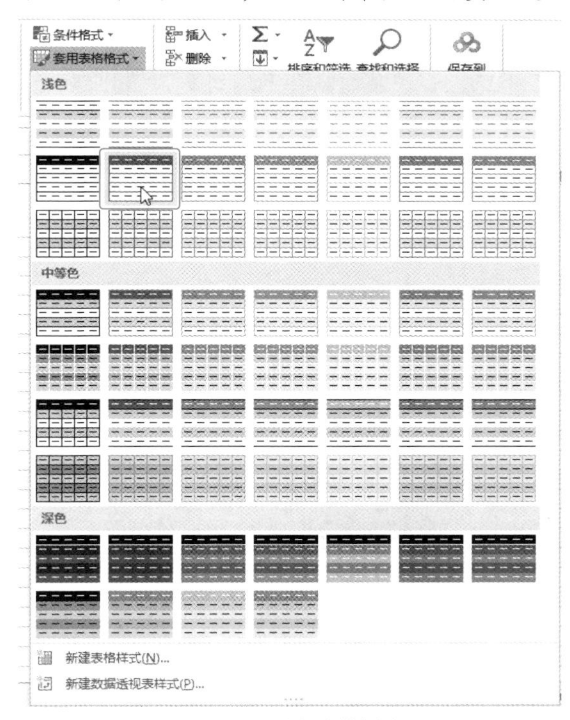


图 6-109 选择表格样式

员工通讯录

| 部门 | 姓名 | 职务 | 办公电话 | 手机 | 办公室 | 住址 | 其他 |
|---|---|---|---|---|---|---|---|
| 行政部 | 卢晓鸥 | 职员 | 26359875 | 13321456791 | 103 | 东城区 | |
| 行政部 | 李芳 | 职员 | 23698754 | 13321456792 | 103 | 东城区 | |
| 行政部 | 杜月 | 职员 | 26579856 | 13321456793 | 103 | 东城区 | |
| 行政部 | 张艳 | 职员 | 26897862 | 13321456795 | 103 | 东城区 | |
| 行政部 | 卢红 | 职员 | 26897862 | 13321456796 | 103 | 东城区 | |
| 行政部 | 李小蒙 | 职员 | 26897862 | 13321456797 | 103 | 东城区 | |
| 行政部 | 杜月 | 经理 | 26579856 | 13321456789 | 102 | 东城区 | |
| 行政部 | 张锦程 | 处长 | 26897862 | 13321456790 | 103 | 东城区 | |
| 行政部 | 程小丽 | 处长 | 26897862 | 13321456794 | 103 | 东城区 | |
| 销售部 | 李云胜 | 营业员 | 23654789 | 15112321245 | 101 | 海淀区 | 一二休 |
| 销售部 | 赵小月 | 营业员 | 26584965 | 17123457689 | 101 | 海淀区 | 一二休 |
| 销售部 | 刘大为 | 营业员 | 26598785 | 18876567908 | 101 | 海淀区 | 三四休 |
| 销售部 | 唐艳霞 | 营业员 | 24598738 | 18876567908 | 101 | 海淀区 | 三四休 |
| 销售部 | 张恬 | 营业员 | 26587958 | 18876567908 | 101 | 海淀区 | 五六休 |
| 销售部 | 李丽丽 | 营业员 | 25478965 | 18876567908 | 101 | 海淀区 | 五六休 |
| 销售部 | 杜月 | 门市经理 | 26895326 | 13521345689 | 101 | 海淀区 | |
| 销售部 | 张成 | 经理助理 | 26849752 | 13321456789 | 101 | 海淀区 | |
| 企划部 | 张锦程 | 职员 | 25986746 | 15112321245 | 102 | 朝阳区 | |
| 企划部 | 卢晓鸥 | 职员 | 26359875 | 15112321245 | 102 | 朝阳区 | |
| 企划部 | 李芳 | 职员 | 23698754 | 15112321245 | 102 | 朝阳区 | |
| 企划部 | 马小燕 | 经理 | 24698756 | 15112321245 | 102 | 朝阳区 | |
| 企划部 | 李长青 | 处长 | 26985496 | 15112321245 | 102 | 朝阳区 | |

员工通讯录 Sheet2 Sheet3

图 6-110 表格最终效果

# 6.9 习题

1. 简述工作簿、工作表与单元格的关系。
2. 简述工作簿的基本操作。
3. 简述工作表的基本操作。
4. 简述单元格的基本操作。

5. 如何在单元格中输入特殊符号和日期时间型数据？

6. 若已有一个单元格值为“星期一”，如何在后续单元格内自动填充“星期二”~“星期日”的数据？

7. 如何在单元格中输入特殊类型的数据？

8. 制作效果如图6-111所示的“商品价格表”。

商品价格表

| 商品编号 | 商品名称 | 出厂日期 | 有效期 | 单价 |
|---|---|---|---|---|
| AC32001 | 水晶润唇膏 | 2020/6/6 | 两年 | ¥90.00 |
| AC32002 | 薄荷润唇膏 | 2020/6/7 | 两年 | ¥11.60 |
| AC32003 | 柔肤全效BB霜 | 2020/6/8 | 两年 | ¥69.00 |
| AC32004 | 搞笑超炫睫毛膏 | 2020/6/9 | 两年 | ¥45.00 |
| AC32005 | 卡兹炫亮胭脂 | 2020/6/10 | 两年 | ¥27.00 |
| AC32006 | 美白莹润粉饼 | 2020/6/11 | 两年 | ¥83.00 |
| AC32007 | 炫彩四色眼底 | 2020/6/12 | 两年 | ¥49.00 |
| AC32008 | 保湿妆前打底霜 | 2020/6/13 | 两年 | ¥118.00 |
| AC32009 | 顾盼流云眼线笔 | 2020/6/14 | 两年 | ¥46.00 |
| AC32010 | 防晒绿色隔离霜 | 2020/6/15 | 两年 | ¥39.00 |
| AC32011 | 3D立体腮红 | 2020/6/16 | 两年 | ¥63.00 |

Sheet1 Sheet2 She ...

图 6-111　商品价格表

# 第7章

# 使用公式与函数

## 学习目标

公式和函数是Excel实现数据自动化管理的主要利器。要分析和处理Excel工作表中的数据，就离不开公式和函数。公式和函数可以帮助用户快速并准确地计算表格中的数据并输出结果。本章就来详细介绍如何使用公式与函数计算电子表格中的数据。

## 本章重点

- 公式和函数的概念
- 运算符的类型与优先级
- 公式的使用
- 函数的使用
- 常用函数的简介

# 7.1 认识公式和函数

Excel中的公式和函数，与数学中的公式和函数意义差不多，但表达方式不同。公式其实就是一个等号开头的式子，它是单元格中的一系列值、单元格引用、名称或运算符的组合，可以生成并输出一个新的值。函数是Excel预定义的内置公式，可以进行数学、文本、逻辑的运算或者查找工作表的信息。

## 7.1.1 认识公式

公式是对工作表中的数据进行计算和处理的计算式。公式遵循一个特定的语法或次序：等号=开头，随后是参与计算的数据对象和运算符，即公式的表达式，如图7-1所示。

数值 运算符

=0.03* B2+AVERAGE(B2:B18)

单元格引用 函数 引用单元格区域

图 7-1 公式

公式主要由以下几个元素构成。

- 运算符：指对公式中的元素进行特定类型的运算，不同的运算符可以进行不同的运算，如加、减、乘、除等。
- 数值或任意字符串：包含数字或文本等各类数据。
- 函数及其参数：函数及函数的参数也是公式中的最基本元素之一，它们也用于进行数值的计算。
- 单元格引用：指定要进行运算的单元格地址，可以是单个单元格或单元格区域，也可以是同一工作簿中其他工作表中的单元格或其他工作簿中某张工作表中的单元格。

## 7.1.2 认识函数

函数是Excel中预定义的一些公式，它将一些特定的计算过程通过程序固定下来，使用一些称为参数的特定数值按特定的顺序或结构进行计算，将其命名后可供用户调用。函数由函数名和参数两部分组成，如图7-2所示。

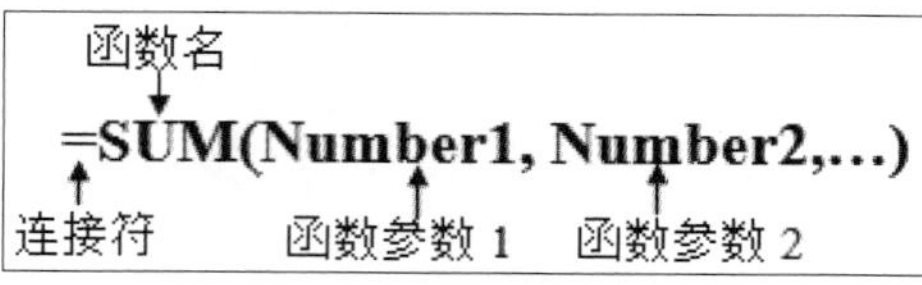


图 7-2 函数

函数主要由如下几个元素构成。

- 连接符：包括“=”“,”“()”等，这些连接符都必须是半角符号。
- 函数名：需要执行运算的函数的名称，一个函数只有唯一的一个名称，它决定了函数的功能和用途。
- 函数参数：函数中最复杂的组成部分，它规定了函数的运算对象、顺序和结构等。参数可以是数字、文本、数组或单元格区域的引用等，参数必须符合相应的函数要求才能产生有效值。

函数与公式既有区别又有联系。函数是公式的一种，是已预先定义计算过程的公式，函数的计算方式和内容已完全固定，用户只能通过改变函数参数的取值来更改函数的计算结果。用户也可以自定义计算过程和计算方式，或更改公式的所有元素来更改计算结果。函数与公式各有优缺点，在实际工作中，两者往往需要结合使用。

**知识点**

任何函数和公式都以“=”开头，输入“=”后，Excel会自动将其后的内容作为公式处理。函数以函数名称开始，其参数则以“(”开始，以“)”结束。每个函数必定对应一对括号。函数中还可以包含其他的函数，即函数的嵌套使用。在多层函数嵌套使用时，尤其要注意一个函数一定要对应一对括号。

# 7.2　运算符

在Excel中，公式的最前面是等号“=”，接着是参与计算的数据对象和运算符，如=A2+A3，这样的式子就是一个公式，表达的意思是当前单元格的值等于A2单元格的值+A3单元格的值。运算符+号用来连接需要运算的数据对象A2和A3，并说明进行了哪种运算。本节将详细介绍公式运算符的类型与优先级。

## 7.2.1　运算符类型

运算符指定对元素进行哪种类型的运算。Excel中的运算符主要包含算术运算符、比较运算符、文本连接运算符与引用运算符4种类型。

### 1. 算术运算符

如果要完成基本的数学运算，如加法、减法和乘法等，可以使用表7-1所示的算术运算符。

表7-1　算术运算符

| 算术运算符 | 含　义 | 示　例 |
| --- | --- | --- |
| +(加号) | 加法运算 | 2+2 |
| –(减号) | 减法运算或负数 | 2-1或-1 |
| *(星号) | 乘法运算 | 2*2 |
| /(正斜线) | 除法运算 | 2/2 |
| %(百分号) | 百分比 | 20% |
| ^(插入符号) | 乘幂运算 | 2^2 |

### 2. 比较运算符

使用表7-2所示的比较运算符可以比较两个值的大小。当用比较运算符比较两个值时，结果为逻辑值，满足比较运算符则为TRUE，反之则为FALSE。

表7-2　比较运算符

| 比较运算符 | 含　义 | 示　例 |
|---|---|---|
| =(等号) | 等于 | A1=B1 |
| >(大于号) | 大于 | A1>B1 |
| <(小于号) | 小于 | A1<B1 |
| >=(大于等于号) | 大于或等于 | A1>=B1 |
| <=(小于等于号) | 小于或等于 | A1<=B1 |
| < >(不等号) | 不等于 | A1< >B1 |

### 3. 文本连接运算符

使用和号(&)加入或连接一个或更多文本字符串以产生一串新的文本，如表7-3所示为文本连接运算符。

表7-3　文本连接运算符

| 文本连接运算符 | 含　义 | 示　例 |
|---|---|---|
| &(和号) | 将两个文本值连接起来产生一个连续的文本值 | 如kb&soft |

### 4. 引用运算符

单元格引用就是用于表示单元格在工作表上所处位置的坐标集。例如，显示在第B列和第3行交叉处的单元格，其引用形式为B3。使用如表7-4所示的引用运算符可以将单元格区域合并计算。

表7-4　引用运算符

| 引用运算符 | 含　义 | 示　例 |
|---|---|---|
| :(冒号) | 区域运算符，产生对包括在两个引用之间的所有单元格的引用 | (A5:A15) |
| ,(逗号) | 联合运算符，将多个引用合并为一个引用 | SUM(A5:A15,C5:C15) |
| (空格) | 交叉运算符，产生对两个引用共有的单元格的引用 | (B7:D7 C6:C8) |

比如，A1＝B1+C1+D1+E1+F1，如果使用引用运算符，就可以把这一运算公式写为：A1＝SUM(B1:F1)。

## 7.2.2　运算符的优先级

如果公式中同时用到多个运算符，Excel 2016将会依照运算符的优先级来依次完成运算。如果公式中包含相同优先级的运算符，例如，公式中同时包含乘法和除法运算符，则Excel将从左到右进行计算。Excel 2016运算符的优先级由高至低如表7-5所示。

表7-5　运算符的优先级

| 运　算　符 | 说　明 |
|---|---|
| :(冒号) (单个空格) ,(逗号) | 引用运算符 |

(续表)

| 运　算　符 | 说　　明 |
| --- | --- |
| － | 负号 |
| % | 百分比 |
| ^ | 乘幂 |
| * 和 / | 乘和除 |
| + 和 － | 加和减 |
| & | 连接两个文本字符串(连接) |
| = < > <= >= < > | 比较运算符 |

如果要更改求值的顺序，可以将公式中要先计算的部分用括号括起来，如公式“＝5＋4*5”的值是25，因为Excel 2016按先乘除后加减进行运算，先将4与5相乘，然后再加上5，即得到结果25。若在公式上添加括号如“＝(5+4)*5”，则Excel 2016先用5加上4，再用结果乘以5，得到结果45。

# 7.3　使用公式

在电子表格中输入数据后，可通过Excel 2016中的公式对这些数据进行自动、精确、高速的运算处理。

## 7.3.1　输入公式

在输入公式前，必须先输入等号，然后依次是运算对象和运算符。例如，要在A3单元格中显示A1和A2两个单元格中数据的和，应先选定A3单元格，然后输入“=A1+A2”，输入完成后按Enter键即可，如图7-3所示。

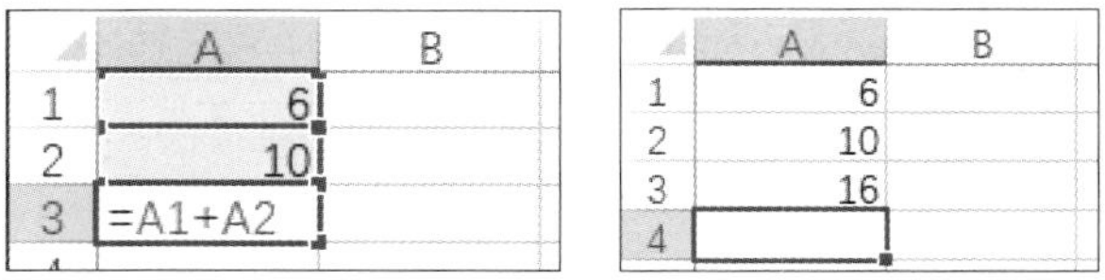

图 7-3　输入公式

## 7.3.2　公式的引用

要想在不同的单元格中使用相同的公式，可以将公式复制或移动，这就涉及公式的引用问题。公式的引用分为相对应用、绝对引用和混合引用3种。本节就来介绍公式的引用。

### 1. 相对引用

相对引用是Excel中最常用的引用方式，也是Excel的默认引用方式。在对单元格中的公式使用相对引用时，单元格的地址会随着公式位置的变化而变化。例如在图7-4中，C1单元格中的公式为=A1+B1，若选中C1单元格，然后拖动C1单元格右下角的填充柄至C4单元格中，则C2单元格中的公式会自动变为=A2+B2，C3单元格中的公式会变为=A3+B3，以此类推，如图7-5所示。

| | A | B | C | D |
|---|---|---|---|---|
| 1 | 6 | 20 | =A1+B1 | |
| 2 | 10 | 22 | | |
| 3 | 12 | 26 | | |
| 4 | 16 | 23 | | |
| 5 | 19 | 25 | | |
| 6 | 21 | 30 | | |

图 7-4　C1 单元格中的公式

| | A | B | C | D |
|---|---|---|---|---|
| 1 | 6 | 20 | 26 | |
| 2 | 10 | 22 | =A2+B2 | |
| 3 | 12 | 26 | 38 | |
| 4 | 16 | 23 | 39 | |
| 5 | 19 | 25 | | |
| 6 | 21 | 30 | | |

图 7-5　相对引用

### 2. 绝对引用

绝对引用，引用的是单元格的绝对地址。在对公式使用绝对引用时，单元格的地址不会随着公式位置的变化而变化。单元格的绝对引用格式需要在行号和列标上加上$符号。例如，在图7-6中的C1单元格中输入“=$A$1＋$B$1”，将此公式使用自动填充的方法填充到其他单元格中时，公式依然会保持原貌，不会发生任何改变，如图7-7所示。

| | A | B | C | D |
|---|---|---|---|---|
| 1 | 6 | 20 | =$A$1 + $B$1 | |
| 2 | 10 | 22 | | |
| 3 | 12 | 26 | | |
| 4 | 16 | 23 | | |
| 5 | 19 | 25 | | |
| 6 | 21 | 30 | | |

图 7-6　C1 单元格中的公式

| | A | B | C | D |
|---|---|---|---|---|
| 1 | 6 | 20 | 26 | |
| 2 | 10 | 22 | =$A$1+$B$1 | |
| 3 | 12 | 26 | 26 | |
| 4 | 16 | 23 | 26 | |
| 5 | 19 | 25 | 26 | |
| 6 | 21 | 30 | 26 | |

图 7-7　绝对引用

### 3. 混合引用

混合引用指的是在单元格引用的行号或列标前加上$符号。例如，$A1表示在对公式进行引用时，列标不变，而行号相对会改变；A$1表示在对公式进行引用时，列标相对改变，而行号不变。

若将图7-6中，C1单元格中的公式改为=$A1+$B$1，如图7-8所示。则使用自动填充的方法将该公式填充到其他单元格中时，C2单元格中的公式会变为=$A2+$B$1，C3单元格中的公式会变为=$A3+$B$1，C4单元格中的公式会变为=$A4+$B$1，以此类推，如图7-9所示。

| | A | B | C | D |
|---|---|---|---|---|
| 1 | 6 | 20 | =$A1+$B$1 | |
| 2 | 10 | 22 | | |
| 3 | 12 | 26 | | |
| 4 | 16 | 23 | | |
| 5 | 19 | 25 | | |
| 6 | 21 | 30 | | |

图 7-8　C1 单元格中的公式

| | A | B | C | D |
|---|---|---|---|---|
| 1 | 6 | 20 | 26 | |
| 2 | 10 | 22 | =$A2+$B$1 | |
| 3 | 12 | 26 | 32 | |
| 4 | 16 | 23 | 36 | |
| 5 | 19 | 25 | 39 | |
| 6 | 21 | 30 | 41 | |

图 7-9　混合引用

**知识点**

默认设置下，在单元格中只显示公式计算的结果，而公式本身则只显示在编辑栏中。为了方便用户检查公式的正确性，可打开【公式】选项卡，在【公式审核】组中单击【显示公式】按钮，即可设置在单元格中显示公式。

**【例7-1】** 利用公式进行计算。 视频

**01** 打开“奖金提成统计”工作簿的“根据销售情况动态统计库存及奖金提成”工作表，选择H3单元格，然后在编辑栏中输入公式“= F3+G3”，如图7-10所示。

**02** 按Enter键，即可在H3单元格中显示公式计算结果，如图7-11所示。

| | E | F | G | H |
|---|---|---|---|---|
| 1-2 | 彩电 | 工作业绩 | 基本工资 | 总工资 |
| 3 | 20 | ￥117,045.40 | ￥600.00 | =F3+G3 |
| 4 | 15 | ￥135,566.11 | ￥600.00 | |
| 5 | 19 | ￥136,243.79 | ￥600.00 | |
| 6 | 31 | ￥195,134.44 | ￥600.00 | |
| 7 | 25 | ￥174,465.16 | ￥600.00 | |
| 8 | 16 | ￥112,987.82 | ￥600.00 | |
| 9 | 10 | ￥206,783.40 | ￥600.00 | |

图 7-10　在编辑栏中输入公式

| | E | F | G | H |
|---|---|---|---|---|
| 1-2 | 彩电 | 工作业绩 | 基本工资 | 总工资 |
| 3 | 20 | ￥117,045.40 | ￥600.00 | ￥117,645.40 |
| 4 | 15 | ￥135,566.11 | ￥600.00 | |
| 5 | 19 | ￥136,243.79 | ￥600.00 | |
| 6 | 31 | ￥195,134.44 | ￥600.00 | |
| 7 | 25 | ￥174,465.16 | ￥600.00 | |
| 8 | 16 | ￥112,987.82 | ￥600.00 | |
| 9 | 10 | ￥206,783.40 | ￥600.00 | |

图 7-11　显示公式计算结果

**03** 将鼠标指针移至H3单元格右下角的小方块处，当鼠标指针变为+形状时，按住鼠标左键不放并拖动至H9单元格，如图7-12所示。

**04** 此时释放鼠标左键，在H3:H9单元格区域中即可使用相对引用的方法引用H3单元格中的公式。每个单元格中计算出的数值就是每个员工的总工资，如图7-13所示。

| | E | F | G | H |
|---|---|---|---|---|
| 1-2 | 彩电 | 工作业绩 | 基本工资 | 总工资 |
| 3 | 20 | ￥117,045.40 | ￥600.00 | ￥117,645.40 |
| 4 | 15 | ￥135,566.11 | ￥600.00 | |
| 5 | 19 | ￥136,243.79 | ￥600.00 | |
| 6 | 31 | ￥195,134.44 | ￥600.00 | |
| 7 | 25 | ￥174,465.16 | ￥600.00 | |
| 8 | 16 | ￥112,987.82 | ￥600.00 | |
| 9 | 10 | ￥206,783.40 | ￥600.00 | |

图 7-12　引用公式

| | E | F | G | H |
|---|---|---|---|---|
| 1-2 | 彩电 | 工作业绩 | 基本工资 | 总工资 |
| 3 | 20 | ￥117,045.40 | ￥600.00 | ￥117,645.40 |
| 4 | 15 | ￥135,566.11 | ￥600.00 | ￥136,166.11 |
| 5 | 19 | ￥136,243.79 | ￥600.00 | ￥136,843.79 |
| 6 | 31 | ￥195,134.44 | ￥600.00 | ￥195,734.44 |
| 7 | 25 | ￥174,465.16 | ￥600.00 | ￥175,065.16 |
| 8 | 16 | ￥112,987.82 | ￥600.00 | ￥113,587.82 |
| 9 | 10 | ￥206,783.40 | ￥600.00 | ￥207,383.40 |
| 10 | | | | |

图 7-13　显示公式计算结果

## 7.3.3　复制公式

若要在其他单元格中输入与某一单元格中相同的公式，可使用Excel的复制公式功能。

【例7-2】复制求积公式。视频

**01** 打开例7-1制作的“奖金提成统计”工作簿的“根据销售情况动态统计库存及奖金提成”工作表，在“工作业绩”列右侧新增“奖金”列。

**02** 选中G3单元格，如图7-14所示，切换到【开始】选项卡，在【剪贴板】组中单击【复制】按钮。

**03** 选中G4单元格，在【剪贴板】组中单击【粘贴】下拉按钮，在弹出的下拉列表中选择【选择性粘贴】选项，如图7-15所示。

G3　=ROUNDUP(F3*10%,0)

| | E | F | G | H | I |
|---|---|---|---|---|---|
| 1-2 | 彩电 | 工作业绩 | 奖金 | 基本工资 | 总工资 |
| 3 | 20 | ￥117,045.40 | ￥11,705.00 | ￥600.00 | ￥117,645.40 |
| 4 | 15 | ￥135,566.11 | | ￥600.00 | ￥136,166.11 |
| 5 | 19 | ￥136,243.79 | | ￥600.00 | ￥136,843.79 |
| 6 | 31 | ￥195,134.44 | | ￥600.00 | ￥195,734.44 |
| 7 | 25 | ￥174,465.16 | | ￥600.00 | ￥175,065.16 |
| 8 | 16 | ￥112,987.82 | | ￥600.00 | ￥113,587.82 |
| 9 | 10 | ￥206,783.40 | | ￥600.00 | ￥207,383.40 |

图 7-14　选中 G3 单元格

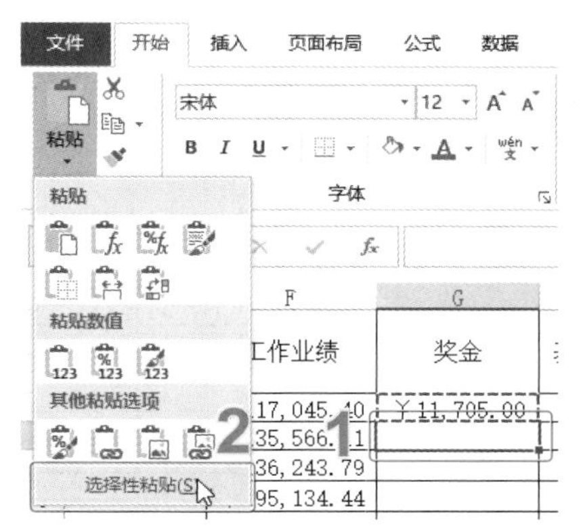


图 7-15　选择【选择性粘贴】选项

**04** 打开【选择性粘贴】对话框，选中【粘贴】选项区域中的【公式】单选按钮，然后单击【确定】按钮，如图7-16所示。

**05** 此时在G4单元格中将显示计算结果，通过编辑栏中的内容，可以看到G3单元格中的公式被复制到了G4单元格中，如图7-17所示。

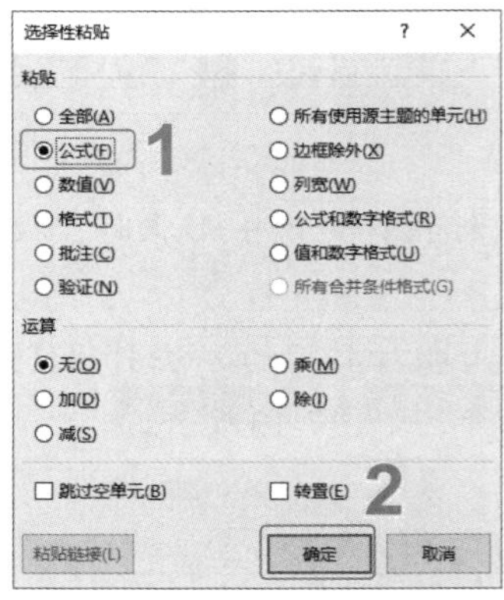


图 7-16　【选择性粘贴】对话框

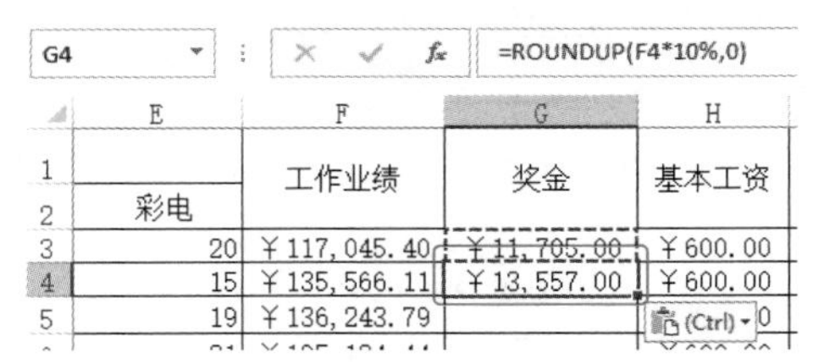


| | E | F | G | H |
|---|---|---|---|---|
| 1 | | 工作业绩 | 奖金 | 基本工资 |
| 2 | 彩电 | | | |
| 3 | 20 | ￥117,045.40 | ￥11,705.00 | ￥600.00 |
| 4 | 15 | ￥135,566.11 | ￥13,557.00 | ￥600.00 |
| 5 | 19 | ￥136,243.79 | | |

图 7-17　粘贴公式后的效果

> **提示**
>
> 选择要复制公式的单元格，按Ctrl+C组合键进行公式的复制，然后选择要粘贴公式的单元格，按Ctrl+V组合键进行公式的粘贴。

## 7.3.4　填充公式

相比公式的复制功能，使用公式的填充功能更能提高工作效率。对于类型相同的计算，Excel可以自动进行填充计算。

【例7-3】 快速创建相同的公式。 视频

**01** 打开例7-2制作的“奖金提成统计”工作簿的“根据销售情况动态统计库存及奖金提成”工作表。

**02** 选中G3单元格，将鼠标移动到单元格右下角的填充柄位置，然后按住鼠标左键向下拖动填充柄到G9单元格中，如图7-18所示。

**03** 拖动到G9单元格时释放鼠标，即可对选中的单元格进行公式填充，并求出公式的结果，效果如图7-19所示。

G3　=ROUNDUP(F3

| | E | F | G |
|---|---|---|---|
| 1 | | 工作业绩 | 奖金 |
| 2 | 彩电 | | |
| 3 | 20 | ￥117,045.40 | ￥11,705.00 |
| 4 | 15 | ￥135,566.11 | ￥13,557.00 |
| 5 | 19 | ￥136,243.79 | |
| 6 | 31 | ￥195,134.44 | |
| 7 | 25 | ￥174,465.16 | |
| 8 | 16 | ￥112,987.82 | |
| 9 | 10 | ￥206,783.40 | |

图 7-18　拖动填充柄填充公式

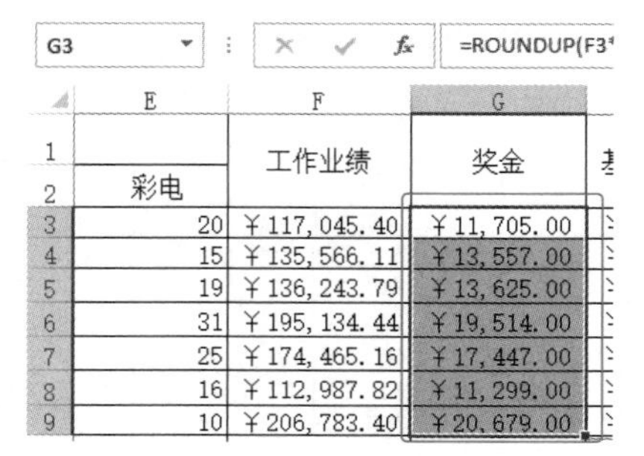


| | E | F | G |
|---|---|---|---|
| 1 | | 工作业绩 | 奖金 |
| 2 | 彩电 | | |
| 3 | 20 | ￥117,045.40 | ￥11,705.00 |
| 4 | 15 | ￥135,566.11 | ￥13,557.00 |
| 5 | 19 | ￥136,243.79 | ￥13,625.00 |
| 6 | 31 | ￥195,134.44 | ￥19,514.00 |
| 7 | 25 | ￥174,465.16 | ￥17,447.00 |
| 8 | 16 | ￥112,987.82 | ￥11,299.00 |
| 9 | 10 | ￥206,783.40 | ￥20,679.00 |

图 7-19　填充公式后的效果

## 7.3.5 隐藏公式

与Word一样，Excel也提供了文件保密性和保护性功能。例如，如果不想让公式被别人轻易更改或者破坏，可以将公式隐藏起来。

【例7-4】 隐藏公式。 视频

01 打开例7-3制作的“奖金提成统计”工作簿的“根据销售情况动态统计库存及奖金提成”工作表。

02 选中需要隐藏公式的I3:I9单元格区域并右击，在弹出的快捷菜单中选择【设置单元格格式】命令，如图7-20所示。

03 弹出【设置单元格格式】对话框，单击【保护】选项卡，选中【隐藏】复选框，然后单击【确定】按钮，如图7-21所示。

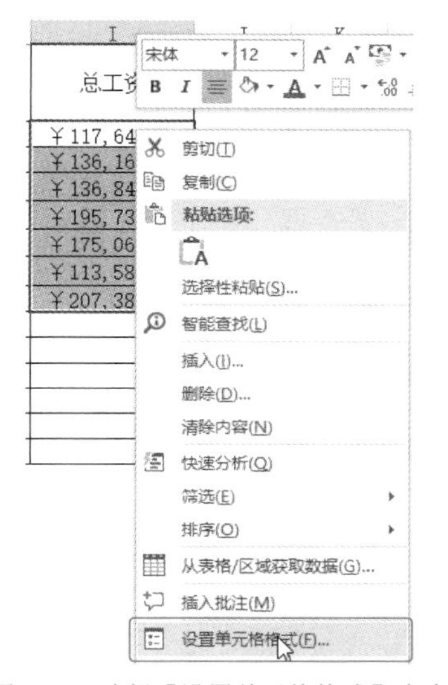

图 7-20 选择【设置单元格格式】命令

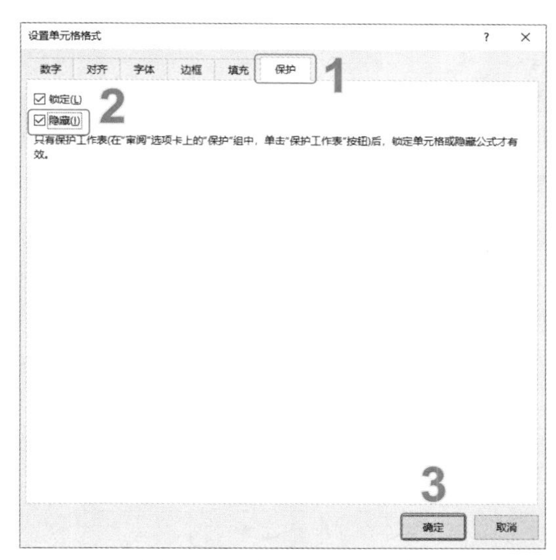


图 7-21 选中【隐藏】复选框

04 返回到工作表中，单击【审阅】选项卡，在【保护】组中单击【保护工作表】按钮，如图7-22所示。

05 打开【保护工作表】对话框，输入密码内容(如“123456”)，然后单击【确定】按钮，如图7-23所示。

图 7-22 单击【保护工作表】按钮

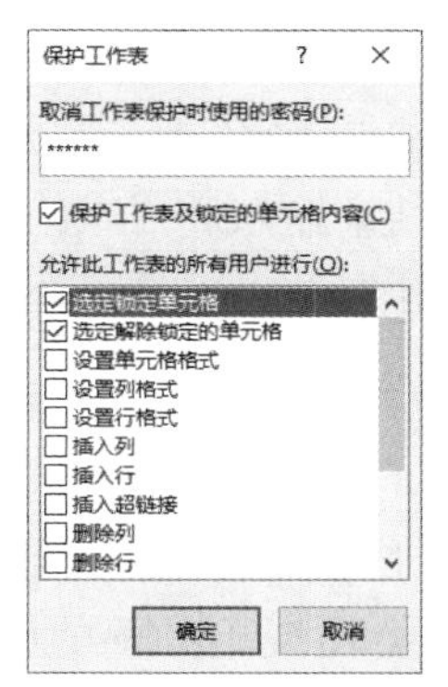


图 7-23 【保护工作表】对话框

**06** 打开【确认密码】对话框，再次输入相同密码并确定，如图7-24所示。

**07** 返回到工作表，单击隐藏公式后的任意单元格，可以看到编辑栏中不再显示公式内容，如图7-25所示。

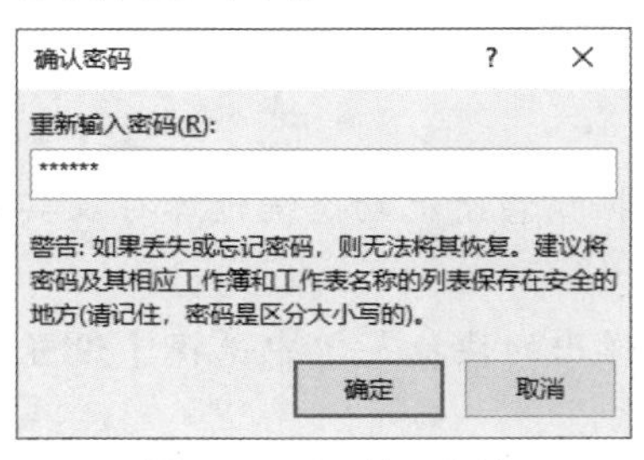


图 7-24　再次输入密码

I3

| | E | F | G | H | I |
|---|---|---|---|---|---|
| 1 | | 工作业绩 | 奖金 | 基本工资 | 总工资 |
| 2 | 彩电 | | | | |
| 3 | 20 | ￥117,045.40 | ￥11,705.00 | ￥600.00 | ￥117,645.40 |
| 4 | 15 | ￥135,566.11 | ￥13,557.00 | ￥600.00 | ￥136,166.11 |
| 5 | 19 | ￥136,243.79 | ￥13,625.00 | ￥600.00 | ￥136,843.79 |
| 6 | 31 | ￥195,134.44 | ￥19,514.00 | ￥600.00 | ￥195,734.44 |
| 7 | 25 | ￥174,465.16 | ￥17,447.00 | ￥600.00 | ￥175,065.16 |
| 8 | 16 | ￥112,987.82 | ￥11,299.00 | ￥600.00 | ￥113,587.82 |
| 9 | 10 | ￥206,783.40 | ￥20,679.00 | ￥600.00 | ￥207,383.40 |

图 7-25　隐藏公式后的效果

## 7.3.6　使用数组公式

数组是一组公式或值的长方形范围，Excel 2016视数组为一个整体。数组是小空间进行大量计算的强有力的方法，可以代替很多重复的公式。

### 1. 输入数组公式

比如要在C1:C6得到A1:A6和B1:B6求和的结果，可以在C1单元格中输入公式“=Al+B1”，然后引用公式到C2:C6单元格区域。

如果使用数组公式的方法，可以首先选择C1:C6单元格区域，然后在编辑栏中输入公式“=A1:A6+B1:B6”，输入完成后按Shift+Ctrl+Enter组合键结束输入，即可使用数组公式计算结果，如图7-26所示。

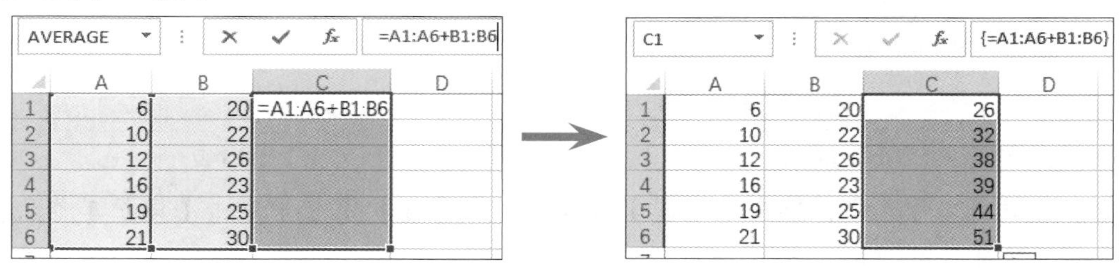


图 7-26　使用数组公式计算结果

数组公式的特点如下。

- 输入公式前，选择单元格区域进行输入。
- 按Shift+Ctrl+Enter组合键结束公式的输入。
- 结束输入后公式的特征为使用{}将公式括起来。
- 计算结果不是单个数值，而是数组。

### 2. 选中数组范围

通常，输入数组公式的范围，其大小与外形应该与作为输入数据的单元格区域范围的大小和外形相同。如果存放结果的范围太小，就看不到所有的结果；如果范围太大，有些单元格中就会出现不必要的#N/A错误。因此，选择的数组公式的范围必须与数组参数的范围一致。

**知识点**

数组公式如果返回的是多个结果，则在删除数组公式时，必须删除整个数组公式，即选中整个数组公式所在单元格区域然后再删除，不能只删除数组公式的一部分。

3. 数组常量

在数组公式中，通常都使用单元格区域引用，也可以直接输入数值数组，这样直接输入的数值数组被称为数组常量。当不想在工作表中一个单元格接一个单元格地输入数值时，可以用这种方法来建立数组常量。

可以用以下的方法来建立数组中的数组常量：直接在公式中输入数值，并且用大括号“{}”括起来，注意把不同列的数值用逗号“，”分开，不同行的数值用分号“；”分开。例如，如果要表示一行中的100、200、300和下一行中的400、500、600，应该输入一个2行3列的数组常量{100，200，300；400，500，600}。数组常量有其输入的规范，因此，无论在单元格中输入数组常量还是直接在公式中输入数组常量，并非随便输入一个数值或者公式就可以了。

在Excel中，使用数组常量时应该注意以下规定：

- 数组常量中不能含有单元格引用，并且数组常量的列或者行的长度必须相等。
- 数组常量可以包括数字、文本、逻辑值FALSE和TRUE以及错误值，如"#NAME?"。
- 数组常量中的数字可以是整数、小数或者科学记数公式。
- 在同一数组中可以有不同类型的数值，如{1，2，"A"，TRUE}。
- 数组常量中的数值不能是公式，必须是常量，并且不能含有“$”“( )”或者“%”。
- 文本必须包含在双引号内，如"CLASSROOMS"。

### 7.3.7 查询公式错误

输入的公式如果出现了错误，会造成公式的计算错误。不同原因造成的公式错误，产生的结果也不一样，如表7-6所示列举了产生错误时相应的提示信息及相应含义。

表7-6 错误信息及相应含义

| 错误信息 | 含 义 |
| --- | --- |
| #####! | 公式计算的结果长度超出了单元格宽度，只需增加单元格列宽即可 |
| #DIV/0 | 除数为0，当单元格里为空时，在进行除法运算时，就会出现该错误 |
| #N/A | 缺少函数参数，或者没有可用的数值，产生这个错误的原因，往往是因为输入的格式不对 |
| #NAME? | 公式中引用了无法识别的成分，当公式中使用的名称被删除时，常会产生这个错误 |
| #NULL | 使用了不正确的单元格或单元格区域引用 |
| #NUM! | 在需要输入数字的函数中，输入了其他格式的参数，或者输入的数字超出了函数范围 |
| #REF! | 引用了一个无效的单元格，当该单元格被删除时，就会产生该错误 |
| #VALUE! | 公式中的参数产生了运算错误，或者参数的类型不正确 |

# 7.4 使用函数

函数是Excel内置的，是公式的特殊形式。函数主要按照特定的语法顺序，使用参数(特定的数值)进行计算。

## 7.4.1 函数类型

Excel 2016内置函数包括常用函数、财务函数、日期与时间函数、数学与三角函数、统计函数、查找与引用函数、数据库函数、文本函数、逻辑函数、信息函数和工程函数等。

### 1. 常用函数

Excel中的常用函数有求和、计算算术平均数等。内置的常用函数有SUM、AVERAGE、ISPMT、IF、HYPERLINK、COUNT、MAX、SIN、SUMIF、PMT，它们的语法和作用如表7-7所示。

在常用函数中，最常用的是SUM函数，其作用是返回某一单元格区域中的所有数字之和，如=SUM(A1:G10)，表示对A1:G10单元格区域内的所有数据求和。SUM函数的语法如下：

```
SUM(number1,number2,…)
```

其中，number1, number2,…为1～30个需要求和的参数。说明如下：

- 直接输入到参数表中的数字、逻辑值及数字的文本表达式将被计算。
- 如果参数为数组或引用，只有其中的数字将被计算。数组或引用中的空白单元格、逻辑值、文本或错误值将被忽略。
- 如果参数为错误值或为不能转换成数字的文本，将会导致错误。

表7-7 常用函数

| 语　法 | 作　用 |
|---|---|
| SUM(number1, number2, …) | 计算单元格区域中所有数值的和 |
| ISPMT(rate, per, nper, pv) | 返回普通(无担保)贷款的利息偿还 |
| AVERAGE(number1, number2, …) | 返回其参数的算术平均值；参数可以是数值或包含数值的名称、数组或引用 |
| IF(logical_test, value_if_true, value_if_false) | 执行真假值判断，根据对指定条件进行逻辑评价的真假而返回不同的结果 |
| HYPERLINK(link_location, friendly_name) | 创建一个快捷方式或链接，以便打开一个存储在硬盘、网络服务器或Internet上的文档 |
| COUNT(value1, value2, …) | 计算区域中包含数字的单元格个数 |
| MAX(number1, number2, …) | 返回一组数值中的最大值，忽略逻辑值和文本 |
| SIN(number) | 返回给定角度的正弦值 |
| SUMIF(range, criteria, sum_range) | 对满足条件的单元格求和 |
| PMT (rate, nper, pv, fv, type) | 计算在固定利率下，贷款的等额分期偿还额 |

2. 财务函数

财务函数用于财务计算，它可以根据利率、贷款金额和期限计算出需要支付的金额，它们的变量相互紧密关联。系统内置的财务函数有DB、DDB、SYD、SLN、FV、PV、NPV、NPER、RATE、PMT、PPMT、IPMT、IRR、MIRR、NOMINAL等。

3. 日期与时间函数

日期与时间函数主要用于分析和处理日期值和时间值，系统内置的日期与时间函数有DATE、DATEVALUE、DAY、HOUR、TIME、TODAY、WEEKDAY、YEAR等。

4. 数学与三角函数

数学与三角函数使Excel不再局限于财务应用领域。系统内置的数学和三角函数有ABS、ASIN、COMBINE、COSLOG、PI、ROUND、SIN、TAN、TRUNC等。

5. 统计函数

统计函数用来对数据区域进行统计分析，其中常用的统计函数有AVERAGE、COUNT、MAX以及MIN等。

6. 查找与引用函数

查找与引用函数用来在数据清单或表格中查找特定数值或查找某一个单元格的引用。系统内置的查找与引用函数有ADDRESS、AREAS、CHOOSE、COLUMN、COLUMNS、GETPIVOTDATA、HLOOKUP、HYPERLINK、INDEX、INDIRECT、LOOKUP、MATCH、OFFSET、ROW、ROWS、TRANSPOSE、VLOOKUP等。

7. 数据库函数

数据库函数用来分析数据清单中的数值是否满足特定的条件，系统内置的数据库函数有DAVERAGE、DCOUNT、DCOUNTA、DGET、DMAX、DMIN、DPRODUCT、DSTDEV、DSTDEVP、DSUM、DVAR、DVARP。

8. 文本函数

文本函数主要用来处理文本字符串，系统内置的文本函数有ASC、CHAR、CLEAN、CODE、CONCATENATE、DOLLAR、EXACT、FIND、FINDB、FIXED、LEFT、LEFTB、LEN、LENB、LOWER、MID、MIDB、PROPER、REPLACE、REPLACEB、REPT、RIGHT、RIGHTB、RMB、SEARCH、SEARCHB、SUBSTITUTE、TEXT、TRIM、UPPER、VALUE、WIDECHAR等。

9. 逻辑函数

逻辑函数用来进行真假值判断或进行复合检验，系统内置的逻辑函数有AND、FALSE、IF、NOT、OR、TRUE等。

10. 信息函数

信息函数用于确定保存在单元格中的数据的类型，信息函数包括一组IS函数，在单元格满足条件时返回TRUE，系统内置的信息函数有CELL、ERROR.TYPE、INFO、ISBLANK、ISERR、ISERROR、ISLOGICAL、ISNA、ISNONTEST、ISNUMBER、ISREF、ISTEXT、

N、NA、PHONETIC、TYPE等。

11. 工程函数

工程函数主要应用于计算机、物理等专业领域，可用于处理贝塞尔函数、误差函数以及进行各种负数计算等，系统内置的工程函数有BESSELI、BESSELJ、BESSELK、BESSELY、BIN2OCT、BIN2DEC、BIN2HEX、OCT2BIN、OCT2DEC、OCT2HEX、DEC2BIN、DEC2OCT、DEC2HEX、HEX2BIN、HEX2OCT、HEX2DEC、ERF、ERFC、GESTEP、DELTA、CONVERT、IMABS、IMAGINARY等。

## 7.4.2 插入函数

在Excel中，使用【插入函数】对话框可以插入Excel内置的任意函数，如图7-27所示。

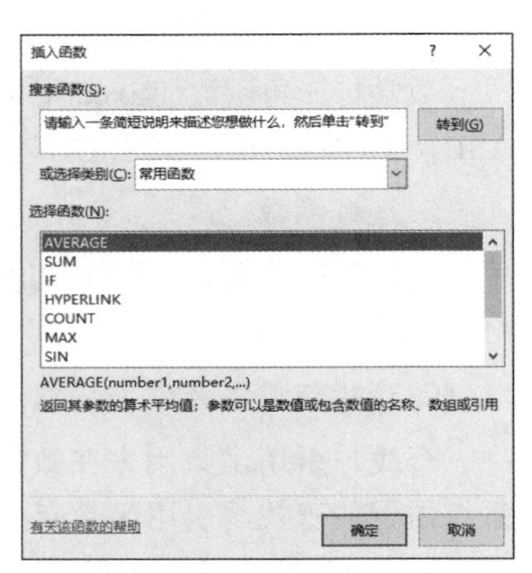


图 7-27 【插入函数】对话框

**提示**

在【或选择类别】下拉列表中可以选择函数类别，然后在下面的【选择函数】列表框中选择要插入的函数。

【例7-5】 使用函数进行计算。

01 启动Excel，打开“产品生产报表”工作簿的“汽车装配事业部”工作表，如图7-28所示。

02 选定N2单元格，打开【公式】选项卡，在【函数库】组中单击【插入函数】按钮，如图7-29所示，打开【插入函数】对话框。

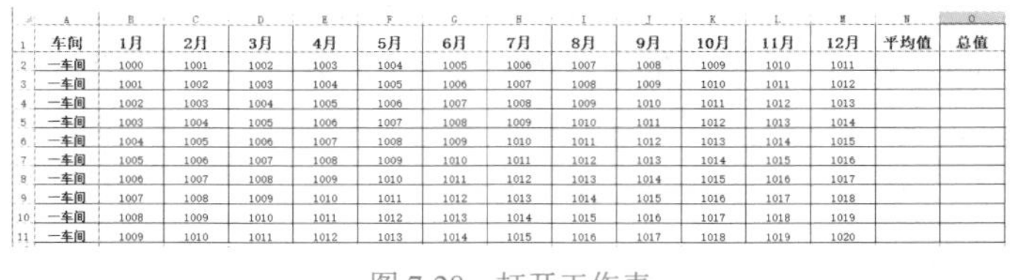

| | A | B | C | D | E | F | G | H | I | J | K | L | M | N | O |
|---|---|---|---|---|---|---|---|---|---|---|---|---|---|---|---|
| 1 | 车间 | 1月 | 2月 | 3月 | 4月 | 5月 | 6月 | 7月 | 8月 | 9月 | 10月 | 11月 | 12月 | 平均值 | 总值 |
| 2 | 一车间 | 1000 | 1001 | 1002 | 1003 | 1004 | 1005 | 1006 | 1007 | 1008 | 1009 | 1010 | 1011 | | |
| 3 | 一车间 | 1001 | 1002 | 1003 | 1004 | 1005 | 1006 | 1007 | 1008 | 1009 | 1010 | 1011 | 1012 | | |
| 4 | 一车间 | 1002 | 1003 | 1004 | 1005 | 1006 | 1007 | 1008 | 1009 | 1010 | 1011 | 1012 | 1013 | | |
| 5 | 一车间 | 1003 | 1004 | 1005 | 1006 | 1007 | 1008 | 1009 | 1010 | 1011 | 1012 | 1013 | 1014 | | |
| 6 | 一车间 | 1004 | 1005 | 1006 | 1007 | 1008 | 1009 | 1010 | 1011 | 1012 | 1013 | 1014 | 1015 | | |
| 7 | 一车间 | 1005 | 1006 | 1007 | 1008 | 1009 | 1010 | 1011 | 1012 | 1013 | 1014 | 1015 | 1016 | | |
| 8 | 一车间 | 1006 | 1007 | 1008 | 1009 | 1010 | 1011 | 1012 | 1013 | 1014 | 1015 | 1016 | 1017 | | |
| 9 | 一车间 | 1007 | 1008 | 1009 | 1010 | 1011 | 1012 | 1013 | 1014 | 1015 | 1016 | 1017 | 1018 | | |
| 10 | 一车间 | 1008 | 1009 | 1010 | 1011 | 1012 | 1013 | 1014 | 1015 | 1016 | 1017 | 1018 | 1019 | | |
| 11 | 一车间 | 1009 | 1010 | 1011 | 1012 | 1013 | 1014 | 1015 | 1016 | 1017 | 1018 | 1019 | 1020 | | |

图 7-28 打开工作表

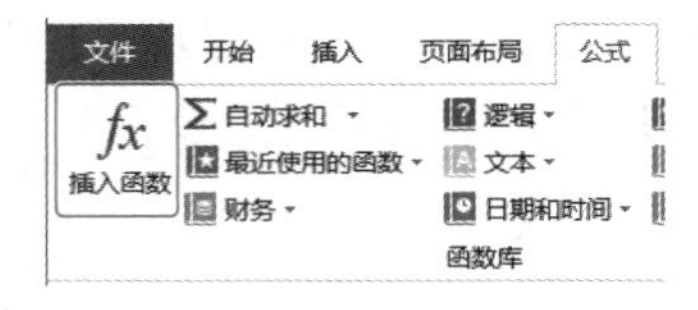


图 7-29 单击【插入函数】按钮

03 在【或选择类别】下拉列表框中选择【常用函数】选项，然后在【选择函数】列表框中选择AVERAGE选项，表示插入平均值函数AVERAGE，如图7-30所示。

04 单击【确定】按钮，打开【函数参数】对话框，在AVERAGE选项区域的Number1文本框中输入计算平均值的范围，这里输入B2:M2，如图7-31所示。

05 单击【确定】按钮，即可在N2单元格中显示计算结果，使用同样的方法，在N3:N11单元格区域中插入平均值函数AVERAGE，计算平均值，效果如图7-32所示。

06 选定O2单元格，在编辑栏中单击【插入函数】按钮$f_x$，打开【插入函数】对话框，在【或选择类别】下拉列表中选择【常用函数】选项，然后在【选择函数】列表框中选择SUM选项，插入求和函数，如图7-33所示。

07 单击【确定】按钮，打开【函数参数】对话框，在SUM选项区域的Number1文本框中输入计算求和的范围，这里输入B2:M2，如图7-34所示。

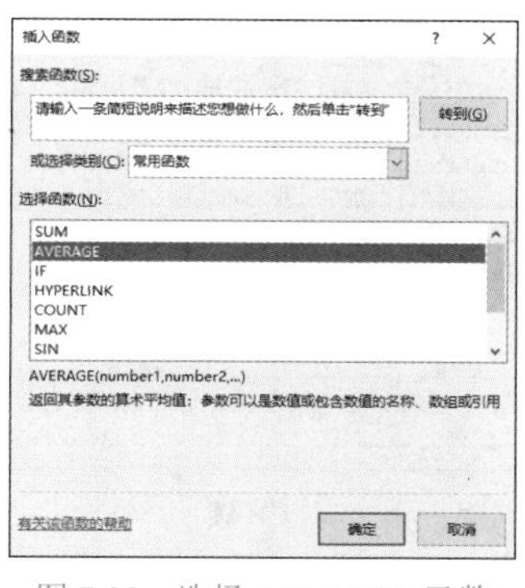


图 7-30　选择 AVERAGE 函数

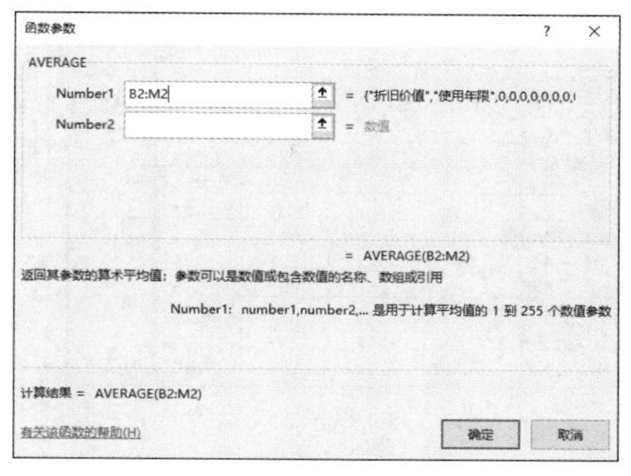


图 7-31　【函数参数】对话框

| | A | B | C | D | E | F | G | H | I | J | K | L | M | N |
|---|---|---|---|---|---|---|---|---|---|---|---|---|---|---|
| 1 | 车间 | 1月 | 2月 | 3月 | 4月 | 5月 | 6月 | 7月 | 8月 | 9月 | 10月 | 11月 | 12月 | 平均值 |
| 2 | 一车间 | 1000 | 1001 | 1002 | 1003 | 1004 | 1005 | 1006 | 1007 | 1008 | 1009 | 1010 | 1011 | 1005.5 |
| 3 | 一车间 | 1001 | 1002 | 1003 | 1004 | 1005 | 1006 | 1007 | 1008 | 1009 | 1010 | 1011 | 1012 | 1006.5 |
| 4 | 一车间 | 1002 | 1003 | 1004 | 1005 | 1006 | 1007 | 1008 | 1009 | 1010 | 1011 | 1012 | 1013 | 1007.5 |
| 5 | 一车间 | 1003 | 1004 | 1005 | 1006 | 1007 | 1008 | 1009 | 1010 | 1011 | 1012 | 1013 | 1014 | 1008.5 |
| 6 | 一车间 | 1004 | 1005 | 1006 | 1007 | 1008 | 1009 | 1010 | 1011 | 1012 | 1013 | 1014 | 1015 | 1009.5 |
| 7 | 一车间 | 1005 | 1006 | 1007 | 1008 | 1009 | 1010 | 1011 | 1012 | 1013 | 1014 | 1015 | 1016 | 1010.5 |
| 8 | 一车间 | 1006 | 1007 | 1008 | 1009 | 1010 | 1011 | 1012 | 1013 | 1014 | 1015 | 1016 | 1017 | 1011.5 |
| 9 | 一车间 | 1007 | 1008 | 1009 | 1010 | 1011 | 1012 | 1013 | 1014 | 1015 | 1016 | 1017 | 1018 | 1012.5 |
| 10 | 一车间 | 1008 | 1009 | 1010 | 1011 | 1012 | 1013 | 1014 | 1015 | 1016 | 1017 | 1018 | 1019 | 1013.5 |
| 11 | 一车间 | 1009 | 1010 | 1011 | 1012 | 1013 | 1014 | 1015 | 1016 | 1017 | 1018 | 1019 | 1020 | 1014.5 |

图 7-32　最终计算结果

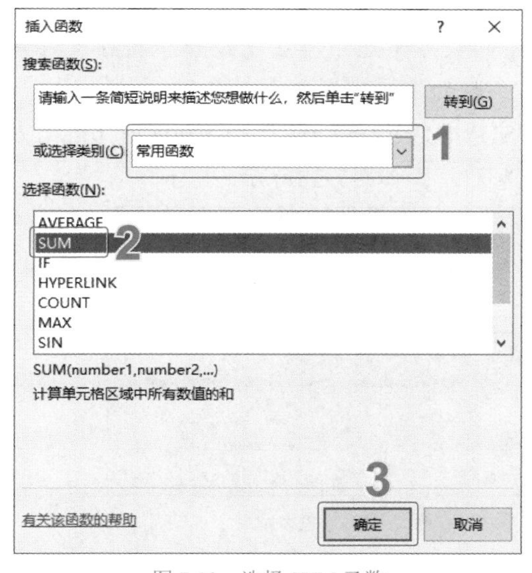


图 7-33　选择 SUM 函数

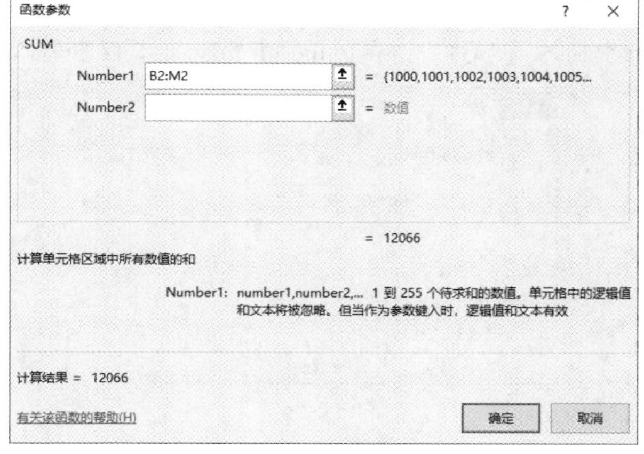


图 7-34　输入参数范围

08 单击【确定】按钮，即可在O2单元格中显示计算结果，如图7-35所示。

09 将鼠标指针移至O2单元格右下角的小方块处，当鼠标指针变为+形状时，按住鼠标左键不放并拖动至O11单元格，此时释放鼠标左键，在O3:O11单元格区域中即可使用相对引用的方法引用O2单元格中的求和函数，结果如图7-36所示。

| | A | K | L | M | N | O |
|---|---|---|---|---|---|---|
| 1 | 车间 | 10月 | 11月 | 12月 | 平均值 | 总值 |
| 2 | 一车间 | 1009 | 1010 | 1011 | 1005.5 | 12066 |
| 3 | 一车间 | 1010 | 1011 | 1012 | 1006.5 | |
| 4 | 一车间 | 1011 | 1012 | 1013 | 1007.5 | |
| 5 | 一车间 | 1012 | 1013 | 1014 | 1008.5 | |
| 6 | 一车间 | 1013 | 1014 | 1015 | 1009.5 | |
| 7 | 一车间 | 1014 | 1015 | 1016 | 1010.5 | |
| 8 | 一车间 | 1015 | 1016 | 1017 | 1011.5 | |
| 9 | 一车间 | 1016 | 1017 | 1018 | 1012.5 | |
| 10 | 一车间 | 1017 | 1018 | 1019 | 1013.5 | |
| 11 | 一车间 | 1018 | 1019 | 1020 | 1014.5 | |

O2 =SUM(B2:M2)

图 7-35　显示求和结果

| | A | K | L | M | N | O |
|---|---|---|---|---|---|---|
| 1 | 车间 | 10月 | 11月 | 12月 | 平均值 | 总值 |
| 2 | 一车间 | 1009 | 1010 | 1011 | 1005.5 | 12066 |
| 3 | 一车间 | 1010 | 1011 | 1012 | 1006.5 | 12078 |
| 4 | 一车间 | 1011 | 1012 | 1013 | 1007.5 | 12090 |
| 5 | 一车间 | 1012 | 1013 | 1014 | 1008.5 | 12102 |
| 6 | 一车间 | 1013 | 1014 | 1015 | 1009.5 | 12114 |
| 7 | 一车间 | 1014 | 1015 | 1016 | 1010.5 | 12126 |
| 8 | 一车间 | 1015 | 1016 | 1017 | 1011.5 | 12138 |
| 9 | 一车间 | 1016 | 1017 | 1018 | 1012.5 | 12150 |
| 10 | 一车间 | 1017 | 1018 | 1019 | 1013.5 | 12162 |
| 11 | 一车间 | 1018 | 1019 | 1020 | 1014.5 | 12174 |

图 7-36　引用函数后的结果

## 7.4.3　嵌套函数

在某些情况下，可能需要将某个公式或函数的返回值作为另一个函数的参数来使用，这就是函数的嵌套使用。本节以在IF函数中嵌套求和函数SUM为例来介绍嵌套函数的用法。

IF函数的语法结构为：IF(logical_test,value_if_true,value_if_false)。其中，logical_test表示计算结果为true或false的任意值或表达式；value_if_true表示当logical_test为true值时返回的值；value_if_false表示当logical_test为false值时返回的值。

【例7-6】使用嵌套函数。视频

01 启动Excel，打开“员工出勤表”工作簿的Sheet1工作表。

02 选中F3单元格，打开【公式】选项卡，在【函数库】组中单击【逻辑】按钮，在弹出的下拉列表中选择IF命令，如图7-37所示，打开IF函数的【函数参数】对话框。

03 在IF选项区域的Logical_test文本框中输入“SUM(B3:E3)>220”，在Value_if_true文本框中输入“"是"”，在Value_if_false文本框中输入“"否"”，如图7-38所示。

图 7-37　选择 IF 函数

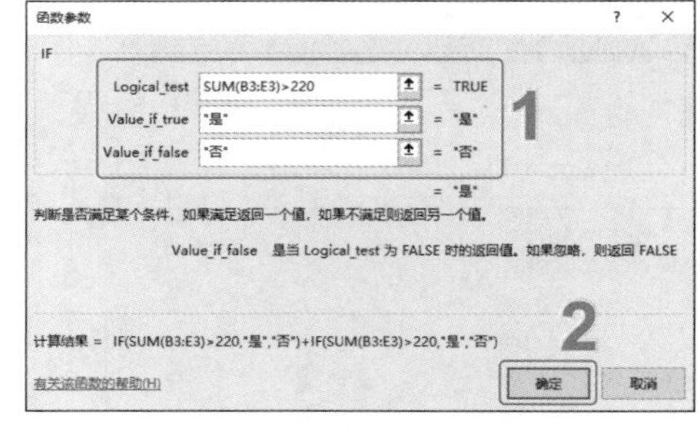


图 7-38　设置参数

04 单击【确定】按钮，即可通过IF函数在F3单元格中显示是否奖励，如图7-39所示。

05 通过相对引用功能，复制函数至F4:F9单元格区域，计算结果如图7-40所示。

F3 =IF(SUM(B3:E3)>220,"是","否")

| | A | B | C | D | E | F |
|---|---|---|---|---|---|---|
| 1 | 员工考勤表 | | | | | |
| 2 | 员工 | 第一季度 | 第二季度 | 第三季度 | 第四季度 | 奖励与否 |
| 3 | 李辰 | 64 | 60 | 61 | 62 | 是 |
| 4 | 刘欣 | 66 | 0 | 66 | 59 | |
| 5 | 杨建国 | 61 | 60 | 63 | 61 | |
| 6 | 王心语 | 66 | 55 | 62 | 58 | |
| 7 | 田宏涛 | 62 | 66 | 59 | 66 | |
| 8 | 张小丽 | 66 | 62 | 60 | 62 | |
| 9 | 刘保国 | 60 | 60 | 61 | 60 | |

图 7-39　显示函数计算结果

| | A | B | C | D | E | F |
|---|---|---|---|---|---|---|
| 1 | 员工考勤表 | | | | | |
| 2 | 员工 | 第一季度 | 第二季度 | 第三季度 | 第四季度 | 奖励与否 |
| 3 | 李辰 | 64 | 60 | 61 | 62 | 是 |
| 4 | 刘欣 | 66 | 0 | 66 | 59 | 否 |
| 5 | 杨建国 | 61 | 60 | 63 | 61 | 是 |
| 6 | 王心语 | 66 | 55 | 62 | 58 | 是 |
| 7 | 田宏涛 | 62 | 66 | 59 | 66 | 是 |
| 8 | 张小丽 | 66 | 62 | 60 | 62 | 是 |
| 9 | 刘保国 | 60 | 60 | 61 | 60 | 是 |

图 7-40　引用函数

# 7.5 常用函数

Excel 2016中包括上百种不同的函数，每个函数的应用各不相同。下面对几种常用的函数进行讲解，包括最大值函数和最小值函数、SUMPRODUCT函数、日期与时间函数等。

## 7.5.1 最大值和最小值函数

最大值和最小值函数可以将选择的单元格区域中的最大值或最小值返回到需要保存结果的单元格中。最大值函数的语法结构为：MAX(number1,number2,…)；最小值函数的语法结构为：MIN(number1,number2,…)。

【例7-7】使用最大值函数、最小值函数。

01 启动Excel，打开“员工出勤表”工作簿的Sheet1工作表，并在工作表的底部添加“出勤最高”和“出勤最低”行。

02 选中B10单元格，在该单元格中输入公式“=MAX(B3:B9)”，如图7-41所示，输入完成后按下Enter键，即可统计出B3:B9单元格区域中的最大值，如图7-42所示。

IF =MAX(B3:B9)

| | A | B | C | D | E | F |
|---|---|---|---|---|---|---|
| 1 | 员工考勤表 | | | | | |
| 2 | 员工 | 第一季度 | 第二季度 | 第三季度 | 第四季度 | 奖励与否 |
| 3 | 李辰 | 64 | 60 | 61 | 62 | 是 |
| 4 | 刘欣 | 66 | 0 | 66 | 59 | 否 |
| 5 | 杨建国 | 61 | 60 | 63 | 61 | 是 |
| 6 | 王心语 | 66 | 55 | 62 | 58 | 是 |
| 7 | 田宏涛 | 62 | 66 | 59 | 66 | 是 |
| 8 | 张小丽 | 66 | 62 | 60 | 62 | 是 |
| 9 | 刘保国 | 60 | 60 | 61 | 60 | 是 |
| 10 | 出勤最高 | =MAX(B3:B9) | | | | |
| 11 | 出勤最低 | | | | | |

图 7-41 输入公式

| | A | B | C | D | E | F |
|---|---|---|---|---|---|---|
| 1 | 员工考勤表 | | | | | |
| 2 | 员工 | 第一季度 | 第二季度 | 第三季度 | 第四季度 | 奖励与否 |
| 3 | 李辰 | 64 | 60 | 61 | 62 | 是 |
| 4 | 刘欣 | 66 | 0 | 66 | 59 | 否 |
| 5 | 杨建国 | 61 | 60 | 63 | 61 | 是 |
| 6 | 王心语 | 66 | 55 | 62 | 58 | 是 |
| 7 | 田宏涛 | 62 | 66 | 59 | 66 | 是 |
| 8 | 张小丽 | 66 | 62 | 60 | 62 | 是 |
| 9 | 刘保国 | 60 | 60 | 61 | 60 | 是 |
| 10 | 出勤最高 | 66 | | | | |
| 11 | 出勤最低 | | | | | |

图 7-42 输出结果

03 选中B11单元格，在该单元格中输入公式“=MIN(B3:B9)”，如图7-43所示，输入完成后按下Enter键，即可统计出B3:B9单元格区域中的最小值，如图7-44所示。

IF =MIN(B3:B9)

| | A | B | C | D | E | F |
|---|---|---|---|---|---|---|
| 1 | 员工考勤表 | | | | | |
| 2 | 员工 | 第一季度 | 第二季度 | 第三季度 | 第四季度 | 奖励与否 |
| 3 | 李辰 | 64 | 60 | 61 | 62 | 是 |
| 4 | 刘欣 | 66 | 0 | 66 | 59 | 否 |
| 5 | 杨建国 | 61 | 60 | 63 | 61 | 是 |
| 6 | 王心语 | 66 | 55 | 62 | 58 | 是 |
| 7 | 田宏涛 | 62 | 66 | 59 | 66 | 是 |
| 8 | 张小丽 | 66 | 62 | 60 | 62 | 是 |
| 9 | 刘保国 | 60 | 60 | 61 | 60 | 是 |
| 10 | 出勤最高 | 66 | | | | |
| 11 | | =MIN(B3:B9) | | | | |

图 7-43 输入公式

F19

| | A | B | C | D | E | F |
|---|---|---|---|---|---|---|
| 1 | 员工考勤表 | | | | | |
| 2 | 员工 | 第一季度 | 第二季度 | 第三季度 | 第四季度 | 奖励与否 |
| 3 | 李辰 | 64 | 60 | 61 | 62 | 是 |
| 4 | 刘欣 | 66 | 0 | 66 | 59 | 否 |
| 5 | 杨建国 | 61 | 60 | 63 | 61 | 是 |
| 6 | 王心语 | 66 | 55 | 62 | 58 | 是 |
| 7 | 田宏涛 | 62 | 66 | 59 | 66 | 是 |
| 8 | 张小丽 | 66 | 62 | 60 | 62 | 是 |
| 9 | 刘保国 | 60 | 60 | 61 | 60 | 是 |
| 10 | 出勤最高 | 66 | | | | |
| 11 | 出勤最低 | 60 | | | | |

图 7-44 输出结果

04 选中B10:B11单元格区域，将鼠标指针移至B11单元格右下角的小方块处，当鼠标指针变为+形状时，按住鼠标左键不放并拖动至E11单元格中，对公式进行引用，最终效果如图7-45所示。

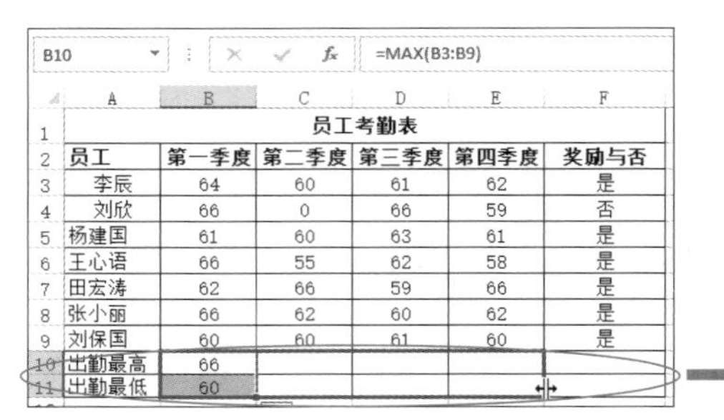

B10 =MAX(B3:B9)

| | A | B | C | D | E | F |
|---|---|---|---|---|---|---|
| 1 | 员工考勤表 | | | | | |
| 2 | 员工 | 第一季度 | 第二季度 | 第三季度 | 第四季度 | 奖励与否 |
| 3 | 李辰 | 64 | 60 | 61 | 62 | 是 |
| 4 | 刘欣 | 66 | 0 | 66 | 59 | 否 |
| 5 | 杨建国 | 61 | 60 | 63 | 61 | 是 |
| 6 | 王心语 | 66 | 55 | 62 | 58 | 是 |
| 7 | 田宏涛 | 62 | 66 | 59 | 66 | 是 |
| 8 | 张小丽 | 66 | 62 | 60 | 62 | 是 |
| 9 | 刘保国 | 60 | 60 | 61 | 60 | 是 |
| 10 | 出勤最高 | 66 | | | | |
| 11 | 出勤最低 | 60 | | | | |

J9

| | A | B | C | D | E | F |
|---|---|---|---|---|---|---|
| 1 | 员工考勤表 | | | | | |
| 2 | 员工 | 第一季度 | 第二季度 | 第三季度 | 第四季度 | 奖励与否 |
| 3 | 李辰 | 64 | 60 | 61 | 62 | 是 |
| 4 | 刘欣 | 66 | 0 | 66 | 59 | 否 |
| 5 | 杨建国 | 61 | 60 | 63 | 61 | 是 |
| 6 | 王心语 | 66 | 55 | 62 | 58 | 是 |
| 7 | 田宏涛 | 62 | 66 | 59 | 66 | 是 |
| 8 | 张小丽 | 66 | 62 | 60 | 62 | 是 |
| 9 | 刘保国 | 60 | 60 | 61 | 60 | 是 |
| 10 | 出勤最高 | 66 | 66 | 66 | 66 | |
| 11 | 出勤最低 | 60 | 0 | 59 | 58 | |

图 7-45　引用函数后的最终效果

## 7.5.2　SUMPRODUCT函数

SUMPRODUCT函数用于在指定的几个数组中，将数组间的元素相乘，并返回乘积之和。其语法结构为：SUMPRODUCT(array1,array2,array3,…)，其中，参数array1,array2,array3,…表示2~255个数组，其元素需要进行相乘并求和。

【例7-8】 使用SUMPRODUCT函数。

01 启动Excel，打开“奖金提成统计”工作簿。

02 选中F3单元格，输入公式“=SUMPRODUCT($B$13:$E$13,B3:E3)”，如图7-46所示。

03 按Enter键，即可计算出李辰的工作业绩，如图7-47所示。

SUMPROD… =SUMPRODUCT($B$13:$E$13,B3:E3)

| | A | B | C | D | E | F |
|---|---|---|---|---|---|---|
| 1 | 员工 | 销售产品 | | | | 工作业绩 |
| 2 | | 冰箱 | 洗衣机 | 空调 | 彩电 | |
| 3 | 李辰 | 12 | 10 | 5 | 20 | T($B$13:$E$13,B3:E3) |
| 4 | 刘欣 | 25 | 9 | 3 | 15 | |
| 5 | 杨建国 | 6 | 21 | 10 | 19 | |
| 6 | 王心语 | 21 | 16 | 9 | 31 | |
| 7 | 田宏涛 | 15 | 14 | 12 | 25 | |
| 8 | 张小丽 | 13 | 8 | 6 | 16 | |
| 9 | 刘保国 | 30 | 20 | 14 | 10 | |
| 10 | | | | | | |
| 11 | | | | | | |
| 12 | | | | | | |
| 13 | 单价 | ￥3,050.50 | ￥1,560.99 | ￥4,489.90 | ￥2,119.00 | |
| 14 | 总库存量 | 200 | 100 | 100 | 150 | |
| 15 | 现库存量 | 78 | 2 | 41 | 14 | |

图 7-46　输入公式

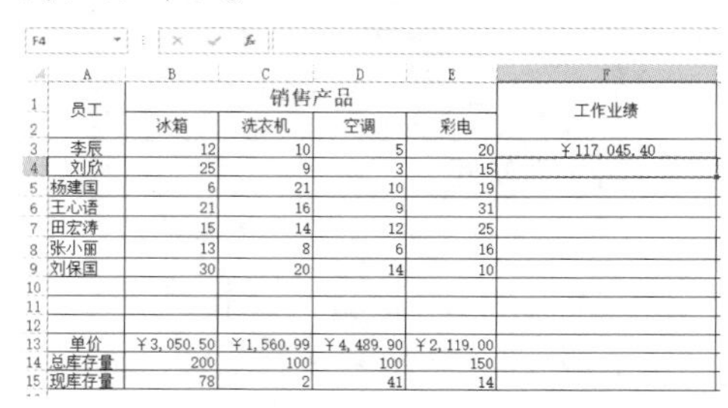

F4

| | A | B | C | D | E | F |
|---|---|---|---|---|---|---|
| 1 | 员工 | 销售产品 | | | | 工作业绩 |
| 2 | | 冰箱 | 洗衣机 | 空调 | 彩电 | |
| 3 | 李辰 | 12 | 10 | 5 | 20 | ￥117,045.40 |
| 4 | 刘欣 | 25 | 9 | 3 | 15 | |
| 5 | 杨建国 | 6 | 21 | 10 | 19 | |
| 6 | 王心语 | 21 | 16 | 9 | 31 | |
| 7 | 田宏涛 | 15 | 14 | 12 | 25 | |
| 8 | 张小丽 | 13 | 8 | 6 | 16 | |
| 9 | 刘保国 | 30 | 20 | 14 | 10 | |
| 10 | | | | | | |
| 11 | | | | | | |
| 12 | | | | | | |
| 13 | 单价 | ￥3,050.50 | ￥1,560.99 | ￥4,489.90 | ￥2,119.00 | |
| 14 | 总库存量 | 200 | 100 | 100 | 150 | |
| 15 | 现库存量 | 78 | 2 | 41 | 14 | |

图 7-47　输出结果

04 使用同样的方法，计算其他员工的工作业绩。

05 选中F11单元格，输入公式“=SUM(F3:F9)”，如图7-48所示。按Enter键，即可计算出本部门的工作业绩总和，如图7-49所示。

IF =SUM(F3:F9)

| | A | B | C | D | E | F |
|---|---|---|---|---|---|---|
| 1 | 员工 | 销售产品 | | | | 工作业绩 |
| 2 | | 冰箱 | 洗衣机 | 空调 | 彩电 | |
| 3 | 李辰 | 12 | 10 | 5 | 20 | ￥117,045.40 |
| 4 | 刘欣 | 25 | 9 | 3 | 15 | ￥135,566.11 |
| 5 | 杨建国 | 6 | 21 | 10 | 19 | ￥136,243.79 |
| 6 | 王心语 | 21 | 16 | 9 | 31 | ￥195,134.44 |
| 7 | 田宏涛 | 15 | 14 | 12 | 25 | ￥174,465.16 |
| 8 | 张小丽 | 13 | 8 | 6 | 16 | ￥112,987.82 |
| 9 | 刘保国 | 30 | 20 | 14 | 10 | ￥206,783.40 |
| 10 | | | | | | |
| 11 | | | | | | =SUM(F3:F9) |

图 7-48　输入公式

G14

| | A | B | C | D | E | F |
|---|---|---|---|---|---|---|
| 1 | 员工 | 销售产品 | | | | 工作业绩 |
| 2 | | 冰箱 | 洗衣机 | 空调 | 彩电 | |
| 3 | 李辰 | 12 | 10 | 5 | 20 | ￥117,045.40 |
| 4 | 刘欣 | 25 | 9 | 3 | 15 | ￥135,566.11 |
| 5 | 杨建国 | 6 | 21 | 10 | 19 | ￥136,243.79 |
| 6 | 王心语 | 21 | 16 | 9 | 31 | ￥195,134.44 |
| 7 | 田宏涛 | 15 | 14 | 12 | 25 | ￥174,465.16 |
| 8 | 张小丽 | 13 | 8 | 6 | 16 | ￥112,987.82 |
| 9 | 刘保国 | 30 | 20 | 14 | 10 | ￥206,783.40 |
| 10 | | | | | | |
| 11 | | | | | | ￥1,078,226.12 |

图 7-49　输出结果

### 7.5.3　DATE和EDATE函数

DATE函数用于将指定的参数转换为日期序列号。其语法结构为：DATE(year,month,day)，其中，参数year表示指定的年份，可以为1~4位的数字；month表示一年中从1月~12月各月的正整数或负整数；day表示一个月中从1日~31日中各天的正整数或负整数。

**知识点**

如果参数month大于12，则month将从指定年份的一月份开始累加该月份；如果参数day大于该月份的最大天数时，则day将从指定月数的第一天开始累加该天数。

EDATE函数用于返回某个日期的序列号，该日期代表指定日期(start_date)之间或之后的月数。其语法结构为：EDATE(start_date,months)，其中，参数start_date表示一个开始日期，参数months表示在start_date之前或之后的月数。正数表示未来日期，负数表示过去日期。其中参数start_date应使用DATE函数输入日期，如果参数months不是整数，将截尾取整。

【例7-9】 使用EDATE和DATE函数。

01 启动Excel，打开“办公用品借用登记”工作簿，然后选中E4单元格，如图7-50所示。

02 打开【公式】选项卡，在【函数库】组中单击【插入函数】按钮，打开【插入函数】对话框。在【或选择类别】下拉列表中选择【日期与时间】选项，在【选择函数】列表框中选择YEAR选项，如图7-51所示。

| | A | B | C | D | E | F | G |
|---|---|---|---|---|---|---|---|
| 1 | 办公用户借用登记 | | | | | | |
| 2 | 统计日期 | 2020/11/2 | | | | | |
| 3 | 员工 | 借用物品 | 借用日期 | 借用期限（月） | 借用年份 | 归还日期 | 归还倒计时 |
| 4 | 李辰 | 投影仪 | 2020/3/3 | 2 | | | |
| 5 | 刘欣 | 录音笔 | 2020/3/5 | 3 | | | |
| 6 | 杨建国 | 插牌 | 2020/3/10 | 1 | | | |
| 7 | 王心语 | 路由器 | 2020/3/11 | 3 | | | |
| 8 | 田宏涛 | 笔记本 | 2020/3/11 | 1 | | | |
| 9 | 张小丽 | 投影仪 | 2020/3/12 | 2 | | | |
| 10 | 刘保国 | 移动硬盘 | 2020/3/13 | 30 | | | |
| 11 | | | | | | | |
| 12 | | | | | | | |

图 7-50　选中 E4 单元格

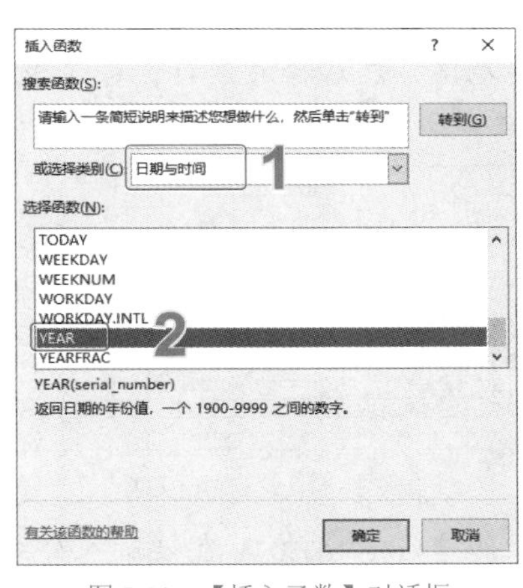


图 7-51　【插入函数】对话框

03 单击【确定】按钮，打开【函数参数】对话框，在Serial_number文本框中输入C4，单击【确定】按钮，如图7-52所示，计算出借用日期所对应的年份。

04 将光标移至E4单元格右下角，当光标变为实心十字形状时，按住鼠标左键向下拖动到E10单元格，然后释放鼠标，即可进行公式填充，并返回计算结果，计算出所有借用日期所对应的年份，如图7-53所示。

05 在“统计日期”列右侧B2单元格按Ctrl+;快捷键，即可刷新当前的系统日期，如图7-54所示。

06 选中F4单元格，在编辑栏中输入公式“=TEXT(EDATE(C4,D4), "YYYY/MM/

DD")”，如图7-55所示。

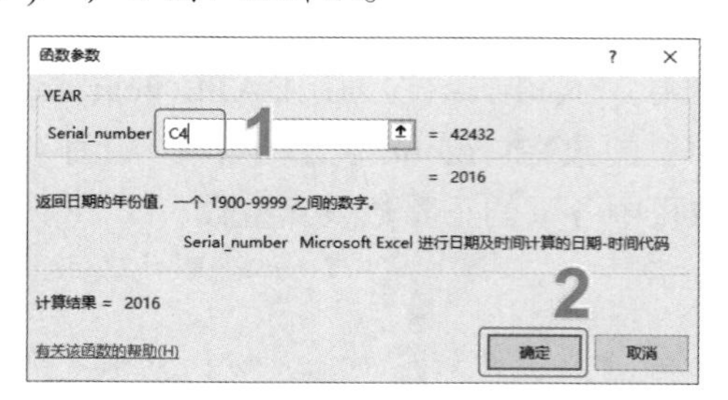

图 7-52 【函数参数】对话框

图 7-53 填充公式

图 7-54 刷新为当前日期

图 7-55 输入公式

## 知识点

先用EDATE函数生成归还日期的序列号，然后用TEXT函数将日期序列号转换为日期样式。

07 按Enter键，即可根据“李辰”的借用日期和借用期限计算出归还日期，如图7-56所示。

08 将光标移至F4单元格右下角，当光标变为实心十字形状时，按住鼠标左键向下拖动到F10单元格，然后释放鼠标，即可进行公式填充，并返回计算结果，统计出所有借用者的归还日期，如图7-57所示。

图 7-56 计算出归还日期

图 7-57 填充公式

09 选中G4单元格，直接输入公式“=DATE(MID(F4,1,4),MID(F4,6,2),MID(F4,9,2))-TODAY()”，如图7-58所示。

10 按Enter键，即可根据“李辰”的归还日期计算出归还倒计时。使用相对引用方式计算出其他借用者的归还倒计时，如图7-59所示。

图 7-58 输入公式

图 7-59 引用公式

在步骤09中，MID函数的主要功能是从一个文本字符串的指定位置开始，截取指定数目的字符。其语法结构为：MID(text,start_num,num_chars)，其中text代表一个文本字符串；start_num表示指定的起始位置；num_chars表示要截取的数目。

### 7.5.4 HOUR、MINUTE和SECOND函数

HOUR函数用于返回某一时间值或代表时间的序列数所对应的小时数，其返回值为0(12:00AM)~23(11:00PM)的整数。其语法结构为：HOUR(serial_number)，其中，参数serial_number表示将要计算小时的时间值，包含要查找的小时数。

MINUTE函数用于返回某一时间值或代表时间的序列数所对应的分钟数，其返回值为0~59的整数。其语法结构为：MINUTE(serial_number)，其中，参数serial_number表示需要返回分钟数的时间，包含要查找的分钟数。

SECOND函数用于返回某一时间值或代表时间的序列数所对应的秒数，其返回值为0~59的整数。其语法结构为：SECOND(serial_number)，其中，参数serial_number表示需要返回秒数的时间值，包含要查找的秒数。

【例7-10】 使用HOUR函数、MINUTE函数和SECOND函数。

01 启动Excel，打开“外出登记表”工作簿，然后选中D3单元格，输入公式“=HOUR(C3-B3)”，如图7-60所示。

02 按Enter键，即可计算出“李辰”的外出所用小时数，如图7-61所示。

图 7-60 输入公式

图 7-61 输出结果

03 选中E3单元格，输入公式“=MINUTE(C3-B3)+D3*60”，如图7-62所示，按Enter键。即可计算出“李辰”的外出所用分钟数，如图7-63所示。

图 7-62 输入公式

图 7-63 输出结果

04 选中F3单元格，输入公式“=SECOND(C3-B3)+E3*60”，如图7-64所示，按Enter键，即可计算出“李辰”的外出所用秒数，如图7-65所示。

05 使用相对引用填充公式至D4:F9单元格区域，计算出所有员工的外出时间，如图7-66所示。

YEAR | =SECOND(C3-B3)+E3*60

| | A | B | C | D | E | F |
|---|---|---|---|---|---|---|
| 1 | 外出登记表 | | | | | |
| 2 | 员工 | 外出时间 | 回来时间 | 小时数 | 分钟数 | 秒数 |
| 3 | 李辰 | 8:30:00 | 12:30:00 | 4.0 | | =SECOND(C3-B3)+E: |
| 4 | 刘欣 | 8:30:00 | 17:00:00 | | | |
| 5 | 杨建国 | 10:00:00 | 16:00:00 | | | |
| 6 | 王心语 | 11:00:00 | 18:00:00 | | | |
| 7 | 田宏涛 | 12:00:00 | 14:00:00 | | | |
| 8 | 张小丽 | 13:00:00 | 17:00:00 | | | |
| 9 | 刘保国 | 13:30:00 | 18:00:00 | | | |
| 10 | | | | | | |

图 7-64　输入公式

F3 | =SECOND(C3-B3)+E3*60

| | A | B | C | D | E | F |
|---|---|---|---|---|---|---|
| 1 | 外出登记表 | | | | | |
| 2 | 员工 | 外出时间 | 回来时间 | 小时数 | 分钟数 | 秒数 |
| 3 | 李辰 | 8:30:00 | 12:30:00 | 4.0 | 240.00 | 14400.00 |
| 4 | 刘欣 | 8:30:00 | 17:00:00 | | | |
| 5 | 杨建国 | 10:00:00 | 16:00:00 | | | |
| 6 | 王心语 | 11:00:00 | 18:00:00 | | | |
| 7 | 田宏涛 | 12:00:00 | 14:00:00 | | | |
| 8 | 张小丽 | 13:00:00 | 17:00:00 | | | |
| 9 | 刘保国 | 13:30:00 | 18:00:00 | | | |
| 10 | | | | | | |

图 7-65　输出结果

| | A | B | C | D | E | F |
|---|---|---|---|---|---|---|
| 1 | 外出登记表 | | | | | |
| 2 | 员工 | 外出时间 | 回来时间 | 小时数 | 分钟数 | 秒数 |
| 3 | 李辰 | 8:30:00 | 12:30:00 | 4.0 | 240.00 | 14400.00 |
| 4 | 刘欣 | 8:30:00 | 17:00:00 | 8.0 | 510.00 | 30600.00 |
| 5 | 杨建国 | 10:00:00 | 16:00:00 | 6.0 | 360.00 | 21600.00 |
| 6 | 王心语 | 11:00:00 | 18:00:00 | 7.0 | 420.00 | 25200.00 |
| 7 | 田宏涛 | 12:00:00 | 14:00:00 | 2.0 | 120.00 | 7200.00 |
| 8 | 张小丽 | 13:00:00 | 17:00:00 | 4.0 | 240.00 | 14400.00 |
| 9 | 刘保国 | 13:30:00 | 18:00:00 | 4.0 | 270.00 | 16200.00 |
| 10 | | | | | | |

图 7-66　引用公式并输出结果

## 7.5.5　SYD和SLN函数

SYD函数用于返回某项资产按年限总和折旧法计算的指定期间的折旧值。其语法结构为：SYD(cost,salvage,life,per)，其中，参数cost表示资产原值；参数salvage表示资产在折旧期末的价值，也称为资产残值；参数life表示折旧期限，也称为资产的使用寿命；参数per表示期间，单位与life相同。

SLN函数用于返回某项资产在一个期间内的线性折旧值。其语法结构为：SLN(cost,salvage,life)，其中，参数cost表示资产原值；参数salvage表示资产在折旧期末的价值，也称为资产残值；参数life表示折旧期限，也称为资产的使用寿命。

【例7-11】使用SYD和SLN函数。视频

01 启动Excel，打开“固定资产折旧登记”工作簿，然后选中B4单元格，打开【公式】选项卡，在【函数库】组中单击【财务】按钮，从弹出的菜单中选择SLN命令，如图7-67所示。

02 打开【函数参数】对话框，在Cost文本框中输入A3；在Salvage文本框中输入B3；在Life文本框中输入C3*365，然后单击【确定】按钮，如图7-68所示。

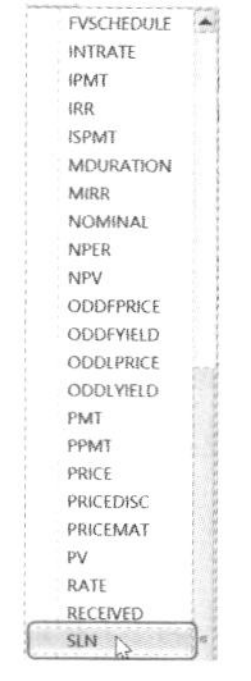


图 7-67　选择函数

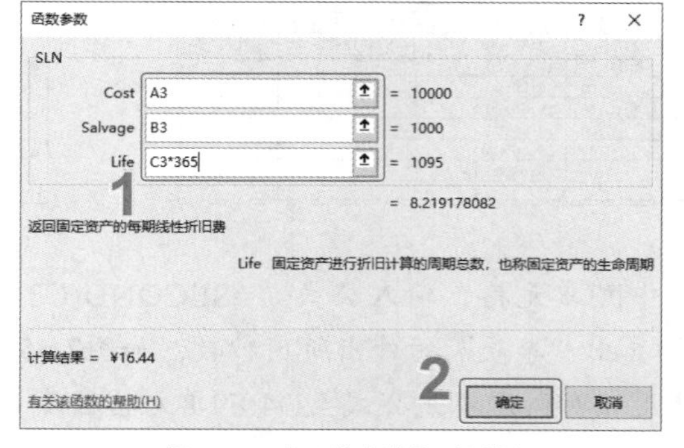


图 7-68　【函数参数】对话框

03 此时可使用线性折旧法计算固定资产每天的折旧值，如图7-69所示。

04 选中B5单元格，输入公式“=SLN(A3,B3,C3*12)”，如图7-70所示，按Enter键，即可使用线性折旧法计算出每月的固定资产折旧值。

| | A | B | C | D |
|---|---|---|---|---|
| 1 | 固定资产折旧登记 | | | |
| 2 | 购买金额 | 折旧价值 | 使用年限 | |
| 3 | 10000 | 1000 | 3 | |
| 4 | 每日折旧 | ¥8.22 | 年数 | 年折旧值 |
| 5 | 每月折旧 | | | |
| 6 | 每年折旧 | | | |
| 7 | | | | |
| 8 | | | | |
| 9 | | | | |
| 10 | | | 累计折旧值 | |

图 7-69　计算每日折旧值

SLN　=SLN(A3,B3,C3*12)

| | A | B | C | D |
|---|---|---|---|---|
| 1 | 固定资产折旧登记 | | | |
| 2 | 购买金额 | 折旧价值 | 使用年限 | |
| 3 | 10000 | 1000 | 3 | |
| 4 | 每日折旧 | ¥8.22 | 年数 | 年折旧值 |
| 5 | 每月折旧 | =SLN(A3, B3, C3*12) | | |
| 6 | 每年折旧 | | | |
| 7 | | | | |
| 8 | | | | |
| 9 | | | | |
| 10 | | | 累计折旧值 | |

图 7-70　输入公式

05 选中B6单元格，输入公式“=SLN(A3,B3,C3)”，如图7-71所示，按Enter键，即可使用线性折旧法计算出固定资产每年的折旧值，如图7-72所示。

SLN　=SLN(A3,B3,C3)

| | A | B | C | D |
|---|---|---|---|---|
| 1 | 固定资产折旧登记 | | | |
| 2 | 购买金额 | 折旧价值 | 使用年限 | |
| 3 | 10000 | 1000 | 3 | |
| 4 | 每日折旧 | ¥8.22 | 年数 | 年折旧值 |
| 5 | 每月折旧 | ¥250.00 | | |
| 6 | 每年折旧 | =SLN(A3, B3, C3) | | |
| 7 | | | | |
| 8 | | | | |
| 9 | | | | |
| 10 | | | 累计折旧值 | |

图 7-71　输入公式

| | A | B | C | D |
|---|---|---|---|---|
| 1 | 固定资产折旧登记 | | | |
| 2 | 购买金额 | 折旧价值 | 使用年限 | |
| 3 | 10000 | 1000 | 3 | |
| 4 | 每日折旧 | ¥8.22 | 年数 | 年折旧值 |
| 5 | 每月折旧 | ¥250.00 | | |
| 6 | 每年折旧 | ¥3,000.00 | | |
| 7 | | | | |
| 8 | | | | |
| 9 | | | | |
| 10 | | | 累计折旧值 | |

图 7-72　计算每年折旧值

06 选中D5单元格，打开【公式】选项卡，在【函数库】组中单击【财务】按钮，从弹出的菜单中选择SYD命令，打开【函数参数】对话框，如图7-73所示。

07 在Cost文本框中输入A3；在Salvage文本框中输入B3；在Life文本框中输入C3；在Per文本框中输入C5，单击【确定】按钮，使用年限总和折旧法计算第1年的年折旧值，如图7-74所示。

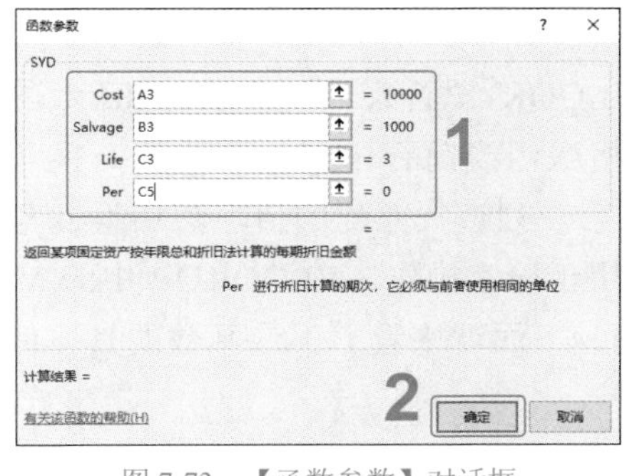


图 7-73　【函数参数】对话框

D5　=SYD(A3,B3,C3,C5)

| | A | B | C | D |
|---|---|---|---|---|
| 1 | 固定资产折旧登记 | | | |
| 2 | 购买金额 | 折旧价值 | 使用年限 | |
| 3 | 10000 | 1000 | 3 | |
| 4 | 每日折旧 | ¥8.22 | 年数 | 年折旧值 |
| 5 | 每月折旧 | ¥250.00 | 1 | ¥4,500.00 |
| 6 | 每年折旧 | ¥3,000.00 | 2 | |
| 7 | | | 3 | |
| 8 | | | | |
| 9 | | | | |
| 10 | | | 累计折旧值 | |

图 7-74　输出第一年的年折旧值

08 在编辑栏中将公式更改为“=SYD($A$3, $B$3,$C$3,C5)”，如图7-75所示，按Enter键，计算公式结果。

09 将光标移动至D5单元格右下角，当指针变为实心十字形状时，按住鼠标左键向下拖动到D7单元格，然后释放鼠标，即可进行公式填充，计算出不同使用年限的年折旧值，如图7-76所示。

SYD | =SYD($A$3, $B$3,$C$3,C5)

| | A | B | C | D |
|---|---|---|---|---|
| 1 | 固定资产折旧登记 | | | |
| 2 | 购买金额 | 折旧价值 | 使用年限 | |
| 3 | 10000 | 1000 | 3 | |
| 4 | 每日折旧 | ¥8.22 | 年数 | 年折旧值 |
| 5 | 每月折旧 | ¥250.00 | 1 | $3, $C$3, C5) |
| 6 | 每年折旧 | ¥3,000.00 | 2 | |
| 7 | | | 3 | |
| 8 | | | | |
| 9 | | | | |
| 10 | | | 累计折旧值 | |

图 7-75　修改公式并计算结果

D7 | =SYD($A$3, $B$3,$C$3,C7)

| | A | B | C | D |
|---|---|---|---|---|
| 1 | 固定资产折旧登记 | | | |
| 2 | 购买金额 | 折旧价值 | 使用年限 | |
| 3 | 10000 | 1000 | 3 | |
| 4 | 每日折旧 | ¥8.22 | 年数 | 年折旧值 |
| 5 | 每月折旧 | ¥250.00 | 1 | ¥4,500.00 |
| 6 | 每年折旧 | ¥3,000.00 | 2 | ¥3,000.00 |
| 7 | | | 3 | ¥1,500.00 |
| 8 | | | | |
| 9 | | | | |
| 10 | | | 累计折旧值 | |

图 7-76　填充公式

10 选中D10单元格，输入公式“=SUM(D5:D7)”，如图7-77所示，按Enter键，计算出累积折旧值，如图7-78所示。

SYD | =SUM(D5:D7)

| | A | B | C | D |
|---|---|---|---|---|
| 1 | 固定资产折旧登记 | | | |
| 2 | 购买金额 | 折旧价值 | 使用年限 | |
| 3 | 10000 | 1000 | 3 | |
| 4 | 每日折旧 | ¥8.22 | 年数 | 年折旧值 |
| 5 | 每月折旧 | ¥250.00 | 1 | ¥4,500.00 |
| 6 | 每年折旧 | ¥3,000.00 | 2 | ¥3,000.00 |
| 7 | | | 3 | ¥1,500.00 |
| 8 | | | | |
| 9 | | | | |
| 10 | | | 累计折旧值 | =SUM(D5:D7) |

图 7-77　输入公式

D10 | =SUM(D5:D7)

| | A | B | C | D |
|---|---|---|---|---|
| 1 | 固定资产折旧登记 | | | |
| 2 | 购买金额 | 折旧价值 | 使用年限 | |
| 3 | 10000 | 1000 | 3 | |
| 4 | 每日折旧 | ¥8.22 | 年数 | 年折旧值 |
| 5 | 每月折旧 | ¥250.00 | 1 | ¥4,500.00 |
| 6 | 每年折旧 | ¥3,000.00 | 2 | ¥3,000.00 |
| 7 | | | 3 | ¥1,500.00 |
| 8 | | | | |
| 9 | | | | |
| 10 | | | 累计折旧值 | ¥9,000.00 |

图 7-78　输出累计折旧值

# 7.6 上机练习

本章主要介绍了Excel中公式和函数的用法。本次上机练习主要实现根据员工档案记载的入职时间，来计算员工的工龄和当年年假天数。通过这个实例，使读者进一步巩固本章所学的公式和函数的内容。

## 7.6.1 VLOOKUP函数介绍

本次上机练习中，在查询员工的档案时将会用到VLOOKUP函数。VLOOKUP函数的功能是在表格数组的首列查找指定的值，并由此返回表格数组当前行中其他列的值。换句话说，对于包含N列的数据区域，VLOOKUP函数可以在第一列查找匹配的值，然后返回与匹配值处于同一行其他列的数值，因此VLOOKUP函数可用于检索操作。VLOOKUP 中的 V 表示垂直方向，指比较值位于需要查找的数据左边的一列。下面就来看一下该函数的具体使用方法。

首先来了解一下VLOOKUP函数的基本语法：

VLOOKUP(lookup_value,table_array,col_index_num,range_lookup)

- lookup_value：指待查找的数值，该数值用于在数据区域第一列中进行匹配查找。其值可以为数值或引用。
- table_array：数据区域，指包含两列或多列的数据区域。其中该数据区域的第一列中的值是由lookup_value搜索的值。

- col_index_num：列标索引，指当满足匹配时所返回的匹配值的列序号。
- range_lookup：为逻辑值，指定希望VLOOKUP查找精确的匹配值还是近似匹配值。如果为TRUE，则返回精确匹配值；如果省略，则返回近似匹配值。

在此需要说明一点：table_array第一列中的值必须以升序排序；否则VLOOKUP可能无法返回正确的值。

## 7.6.2　制作员工档案表

01 首先来创建一个员工档案表。新建一个Excel工作簿，保存为“员工档案表”工作簿。

02 在A1单元格中输入标题“员工档案表”。合并A1到J1单元格，设置标题为黑体、18磅、加粗，效果如图7-79所示。

03 在A2:J2单元格区域中依次输入“编号”“姓名”“性别”“年龄”“部门”“入司时间”“学历”“工资”“手机号码”“档案袋号”。设置字体为宋体、12磅、加粗、居中，效果如图7-80所示。

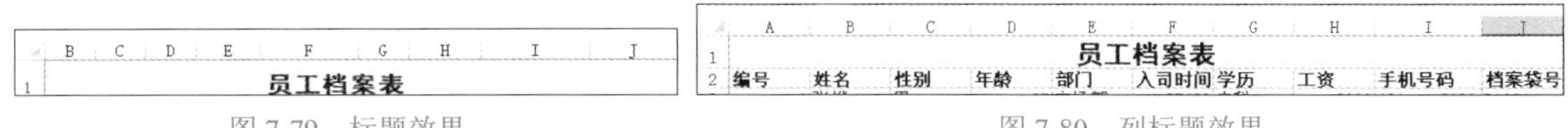

图 7-79　标题效果　　图 7-80　列标题效果

04 输入员工档案数据，如图7-81所示。给表格添加边框线并给列标题添加底纹，使表格效果看起来好一些，如图7-82所示。

员工档案表

| 编号 | 姓名 | 性别 | 年龄 | 部门 | 入司时间 | 学历 | 工资 | 手机号码 | 档案袋号 |
|---|---|---|---|---|---|---|---|---|---|
| 1 | 张烨 | 男 | 27 | 市场部 | 37438 | 专科 | 2000 | 131****3030 | DA001 |
| 2 | 吴畏 | 男 | 25 | 行政部 | 37452 | 本科 | 1800 | 131****3031 | DA002 |
| 3 | 李佳 | 女 | 23 | 办公室 | 38047 | 本科 | 1600 | 131****3032 | DA003 |
| 4 | 王凯 | 男 | 27 | 策划部 | 37052 | 本科 | 1800 | 131****3033 | DA004 |
| 5 | 刘恺 | 男 | 30 | 市场部 | 36581 | 专科 | 2000 | 131****3034 | DA005 |
| 6 | 蔡卓 | 女 | 22 | 办公室 | 38047 | 本科 | 1600 | 131****3035 | DA006 |
| 7 | 曾蒙 | 男 | 29 | 市场部 | 36656 | 专科 | 2000 | 131****3036 | DA007 |
| 8 | 郑文 | 女 | 25 | 服务部 | 37781 | 专科 | 1700 | 131****3037 | DA008 |
| 9 | 黄采 | 男 | 30 | 行政部 | 36395 | 专科 | 1800 | 131****3038 | DA009 |
| 10 | 王柳 | 女 | 24 | 人资部 | 37449 | 本科 | 1900 | 131****3039 | DA010 |
| 11 | 章冬 | 男 | 25 | 人资部 | 37909 | 本科 | 1900 | 131****3040 | DA011 |
| 12 | 孙蕊 | 女 | 23 | 服务部 | 37713 | 专科 | 1700 | 131****3041 | DA012 |
| 13 | 柳风 | 男 | 28 | 市场部 | 37045 | 专科 | 2000 | 131****3042 | DA013 |
| 14 | 李东 | 男 | 25 | 行政部 | 37742 | 本科 | 1800 | 131****3043 | DA014 |

图 7-81　输入数据

员工档案表

| 编号 | 姓名 | 性别 | 年龄 | 部门 | 入司时间 | 学历 | 工资 | 手机号码 | 档案袋号 |
|---|---|---|---|---|---|---|---|---|---|
| 1 | 张烨 | 男 | 27 | 市场部 | 37438 | 专科 | 2000 | 131****3030 | DA001 |
| 2 | 吴畏 | 男 | 25 | 行政部 | 37452 | 本科 | 1800 | 131****3031 | DA002 |
| 3 | 李佳 | 女 | 23 | 办公室 | 38047 | 本科 | 1600 | 131****3032 | DA003 |
| 4 | 王凯 | 男 | 27 | 策划部 | 37052 | 本科 | 1800 | 131****3033 | DA004 |
| 5 | 刘恺 | 男 | 30 | 市场部 | 36581 | 专科 | 2000 | 131****3034 | DA005 |
| 6 | 蔡卓 | 女 | 22 | 办公室 | 38047 | 本科 | 1600 | 131****3035 | DA006 |
| 7 | 曾蒙 | 男 | 29 | 市场部 | 36656 | 专科 | 2000 | 131****3036 | DA007 |
| 8 | 郑文 | 女 | 25 | 服务部 | 37781 | 专科 | 1700 | 131****3037 | DA008 |
| 9 | 黄采 | 男 | 30 | 行政部 | 36395 | 专科 | 1800 | 131****3038 | DA009 |
| 10 | 王柳 | 女 | 24 | 人资部 | 37449 | 本科 | 1900 | 131****3039 | DA010 |
| 11 | 章冬 | 男 | 25 | 人资部 | 37909 | 本科 | 1900 | 131****3040 | DA011 |
| 12 | 孙蕊 | 女 | 23 | 服务部 | 37713 | 专科 | 1700 | 131****3041 | DA012 |
| 13 | 柳风 | 男 | 28 | 市场部 | 37045 | 专科 | 2000 | 131****3042 | DA013 |
| 14 | 李东 | 男 | 25 | 行政部 | 37742 | 本科 | 1800 | 131****3043 | DA014 |

图 7-82　美化表格

## 7.6.3　制作员工年假表

05 新建一个Excel工作簿，保存为“员工年假表”工作簿。注意，必须和“员工档案表”存放在一个目录下。

06 制作如图7-83所示的表头，表头为“员工年假表”，列标题有“编号”“姓名”“性别”“部门”“入司时间”“工龄”“年假天数”，以及“日期”字段。注意，“日期”字段的内容G2为当前时间，即用=NOW()公式返回。

07 首先在A4单元格中输入编号0001，注意，此处的编号要作为查询员工信息的依据，因此必须和员工档案表中的“编号”字段一致。然后，在B4单元格中输入公式：=VLOOKUP(A4,'[员工档案表.xlsx]员工档案表'!$A$3:$F$16,2)，如图7-84所示。其中，A4为查询条件，即查询编号为0001的员工，“员工档案表.xlsx!$A$3:$F$16”表示从“员工档案表”的A3:F16的单元格区域中查询编号为0001的数据，2表示返回取查询结果中的第2列信息，即姓名字段，按Enter键。

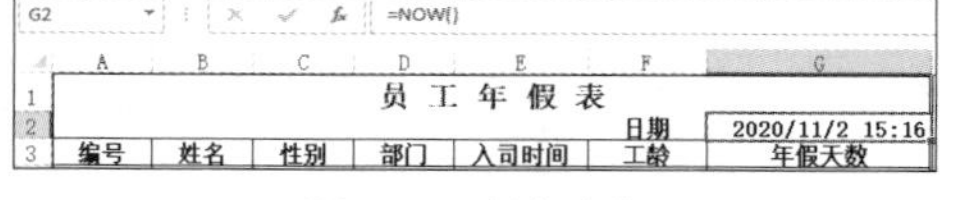


图 7-83　制作表头

图 7-84　查询编号为 0001 的姓名

**08** 使用同样的方法填充B4:E4单元格区域的其他单元格，单元格及相应公式如表7-8所示。

表7-8　单元格及公式

| 单　元　格 | 公　　式 |
|---|---|
| C4 | =VLOOKUP(A4,'[员工档案表.xlsx]员工档案表'!$A$3:$F$16,3) |
| D4 | =VLOOKUP(A4,'[员工档案表.xlsx]员工档案表'!$A$3:$F$16,5) |
| E4 | =VLOOKUP(A4,'[员工档案表.xlsx]员工档案表'!$A$3:$F$16,6) |

**09** 使用同样的方法，填充B5:E17单元格区域，效果如图7-85所示。

## 7.6.4　计算工龄与年假天数

**10** 计算员工工龄。将鼠标定位到“工龄”列的第一个单元格F4，输入公式“=YEAR($G$2-E4)-1900”，即取当前年份减去入司时间的年份，然后减去1900，就是员工的入职时间。按Enter键，即可计算出员工“张烨”的工龄，如图7-86所示。然后使用填充功能，拖动鼠标填充计算出其他员工的工龄，如图7-87所示。

员 工 年 假 表

| 编号 | 姓名 | 性别 | 部门 | 入司时间 |
|---|---|---|---|---|
| 0001 | 张烨 | 男 | 市场部 | 2002/7/1 |
| 0002 | 吴畏 | 男 | 行政部 | 2002/7/15 |
| 0003 | 李佳 | 女 | 办公室 | 2004/3/1 |
| 0004 | 王凯 | 男 | 策划部 | 2001/6/10 |
| 0005 | 刘恺 | 男 | 市场部 | 2000/2/25 |
| 0006 | 蔡卓 | 女 | 办公室 | 2004/3/1 |
| 0007 | 曾蒙 | 男 | 市场部 | 2000/5/10 |
| 0008 | 郑文 | 女 | 服务部 | 2003/6/9 |
| 0009 | 黄采 | 男 | 行政部 | 1999/8/23 |
| 0010 | 王柳 | 女 | 人资部 | 2002/7/12 |
| 0011 | 章冬 | 男 | 人资部 | 2003/10/15 |
| 0012 | 孙蕊 | 女 | 服务部 | 2003/4/2 |
| 0013 | 柳风 | 男 | 市场部 | 2001/6/3 |
| 0014 | 李东 | 男 | 行政部 | 2003/5/1 |

图 7-85　查询并填充数据

图 7-86　计算员工的工龄

11 计算员工的年假天数。首先要清楚公司的年假规则，该公司的年假规则为：入职时间满一年以上两年以下(包括两年)，可以享受5天的带薪休假；工龄多出一年，年假就多出一天。基于此，将鼠标定位到G4单元格，首先求第一个员工的年假天数，在编辑栏中输入公式：=IF(F4>=1,IF(F4<=2,5,5+(F4-1)),0)。公式含义为：F4>=1，说明工龄必须满1年；IF(F4<=2,5,5+(F4-1))表示2年及2年以下的，享受5天带薪休假，否则年假为5天+工龄减1天；不满1年的员工无带薪休假福利。按Enter键即可计算出编号0001员工的年假天数。

12 拖动鼠标，填充计算其他员工的年假天数，最后计算结果如图7-88所示。

员 工 年 假 表

日期

| 编号 | 姓名 | 性别 | 部门 | 入司时间 | 工龄 |
|---|---|---|---|---|---|
| 0001 | 张烨 | 男 | 市场部 | 2002/7/1 | 18 |
| 0002 | 吴畏 | 男 | 行政部 | 2002/7/15 | 18 |
| 0003 | 李佳 | 女 | 办公室 | 2004/3/1 | 16 |
| 0004 | 王凯 | 男 | 策划部 | 2001/6/10 | 19 |
| 0005 | 刘恺 | 男 | 市场部 | 2000/2/25 | 20 |
| 0006 | 蔡卓 | 女 | 办公室 | 2004/3/1 | 16 |
| 0007 | 曾蒙 | 男 | 市场部 | 2000/5/10 | 20 |
| 0008 | 郑文 | 女 | 服务部 | 2003/6/9 | 17 |
| 0009 | 黄采 | 男 | 行政部 | 1999/8/23 | 21 |
| 0010 | 王柳 | 女 | 人资部 | 2002/7/12 | 18 |
| 0011 | 章冬 | 男 | 人资部 | 2003/10/15 | 17 |
| 0012 | 孙蕊 | 女 | 服务部 | 2003/4/2 | 17 |
| 0013 | 柳风 | 男 | 市场部 | 2001/6/3 | 19 |
| 0014 | 李东 | 男 | 行政部 | 2003/5/1 | 17 |

图 7-87　计算其他员工的工龄

员 工 年 假 表

日期　2020/11/2 15:26

| 编号 | 姓名 | 性别 | 部门 | 入司时间 | 工龄 | 年假天数 |
|---|---|---|---|---|---|---|
| 0001 | 张烨 | 男 | 市场部 | 2002/7/1 | 18 | 22 |
| 0002 | 吴畏 | 男 | 行政部 | 2002/7/15 | 18 | 22 |
| 0003 | 李佳 | 女 | 办公室 | 2004/3/1 | 16 | 20 |
| 0004 | 王凯 | 男 | 策划部 | 2001/6/10 | 19 | 23 |
| 0005 | 刘恺 | 男 | 市场部 | 2000/2/25 | 20 | 24 |
| 0006 | 蔡卓 | 女 | 办公室 | 2004/3/1 | 16 | 20 |
| 0007 | 曾蒙 | 男 | 市场部 | 2000/5/10 | 20 | 24 |
| 0008 | 郑文 | 女 | 服务部 | 2003/6/9 | 17 | 21 |
| 0009 | 黄采 | 男 | 行政部 | 1999/8/23 | 21 | 25 |
| 0010 | 王柳 | 女 | 人资部 | 2002/7/12 | 18 | 22 |
| 0011 | 章冬 | 男 | 人资部 | 2003/10/15 | 17 | 21 |
| 0012 | 孙蕊 | 女 | 服务部 | 2003/4/2 | 17 | 21 |
| 0013 | 柳风 | 男 | 市场部 | 2001/6/3 | 19 | 23 |
| 0014 | 李东 | 男 | 行政部 | 2003/5/1 | 17 | 21 |

图 7-88　计算员工的年假天数

## 7.7　习题

1. 简述公式和函数的主要组成元素。
2. 公式和函数有什么区别和联系？
3. 简述相对引用和绝对引用的区别。
4. 新建一个表格，使用COMBIN函数来计算赛事完成时间，效果如图7-89所示。
5. 新建一个表格，实现员工工资查询，效果如图7-90所示。

棋类比赛时间表

| 比赛项目 | 中国象棋 | 军旗 | 围棋 | 五子棋 |
|---|---|---|---|---|
| 参赛总人数 | 20 | 12 | 26 | 18 |
| 每局比赛人数 | 2 | 2 | 2 | 2 |
| 平均每局时间（分钟） | 30 | 45 | 50 | 20 |
| 同时进行比赛场数 | 3 | 5 | 2 | 6 |
| 预计完成时间（小时） | 31.66667 | 9.9 | 135.4167 | 8.5 |

图 7-89　习题 4 效果

员工工资明细查询

| 员工姓名 | 白小蝶 | | |
|---|---|---|---|
| 基本工资 | 3000 | 绩效工资 | 3000 |
| 餐饮补贴 | 320 | 实发工资 | 6320 |

图 7-90　习题 5 效果

# 第8章

# 数据分析与管理

## 学习目标

使用Excel不仅可以制作出日常办公中常用的电子表格，对表格数据进行计算和统计，还可以对数据进行排序、筛选和分类汇总等高级操作，并对数据进行有效性管理。本章就来介绍Excel提供的这些功能。

## 本章重点

- 数据排序
- 数据筛选
- 表格数据的分类汇总
- 数据有效性管理

# 8.1 数据排序

在工作表中，可以按照记录为单位对数据进行排序。数据排序是指对工作表中的数据按行或列，或根据一定的次序重新组织数据的顺序，排序后的数据可以方便用户查看，还能够反映出数据的趋势。

## 8.1.1 对单个字段排序

对单个字段排序是指只对表格中的一行或一列数据进行排序，是比较简单也比较常用的排序方式，具体操作方法如下。

【例8-1】对单列降序排列。视频

01 打开“产品生产报表”工作簿的“汽车装配事业部”工作表。

02 选择“总值”列中的任意数据单元格，打开【数据】选项卡，在【排序和筛选】组中单击【降序】按钮，如图8-1所示。

03 此时可以看到工作表中的“总值”列已经按照降序进行排列，效果如图8-2所示。

图 8-1　单击【降序】按钮

| 员工 | 10月 | 11月 | 12月 | 平均值 | 总值 |
|---|---|---|---|---|---|
| 毕福 | 1018 | 1019 | 1020 | 1014.5 | 12174 |
| 凤飞飞 | 1017 | 1018 | 1019 | 1013.5 | 12162 |
| 美美 | 1016 | 1017 | 1018 | 1012.5 | 12150 |
| 程程 | 1015 | 1016 | 1017 | 1011.5 | 12138 |
| 胡雅间 | 1014 | 1015 | 1016 | 1010.5 | 12126 |
| 飞刀 | 1013 | 1014 | 1015 | 1009.5 | 12114 |
| 飞飞 | 1012 | 1013 | 1014 | 1008.5 | 12102 |
| 沈梦 | 1011 | 1012 | 1013 | 1007.5 | 12090 |
| 李晨 | 1010 | 1011 | 1012 | 1006.5 | 12078 |
| 一车间 | 1009 | 1010 | 1011 | 1005.5 | 12066 |

图 8-2　按降序排列后的效果

## 8.1.2 对多个字段排序

对多个字段排序是指按多个关键字对数据进行排序，在【排序】对话框的【主要关键字】和【次要关键字】选项区域中设置排序的条件来实现对数据的复杂排序。

【例8-2】对多列进行排序。视频

01 打开“产品生产报表”工作簿的“汽车装配事业部”工作表。

02 打开【数据】选项卡，在【排序和筛选】组中单击【排序】按钮，如图8-3所示。

03 打开【排序】对话框，单击【主要关键字】下拉按钮，在弹出的下拉列表中选择【总值】选项，如图8-4所示。

04 单击【添加条件】按钮添加次要关键字，然后单击【次要关键字】下拉按钮，在弹出的下拉列表中选择【12月】选项，如图8-5所示。

05 单击【确定】按钮，可以看到已经对【总值】和【12月】所在列的数据进行了排序，此时先对【总值】进行排序，若【总值】列的数值相等，再对【12月】所在列的数据排序，否则不再对【12月】的值进行排序，如图8-6所示。

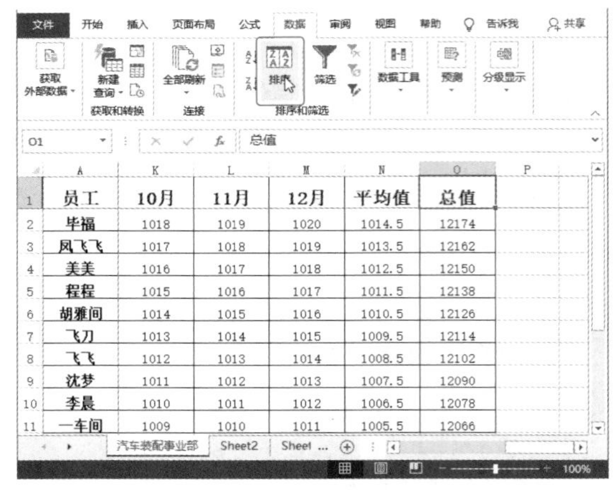

图 8-3　单击【排序】按钮

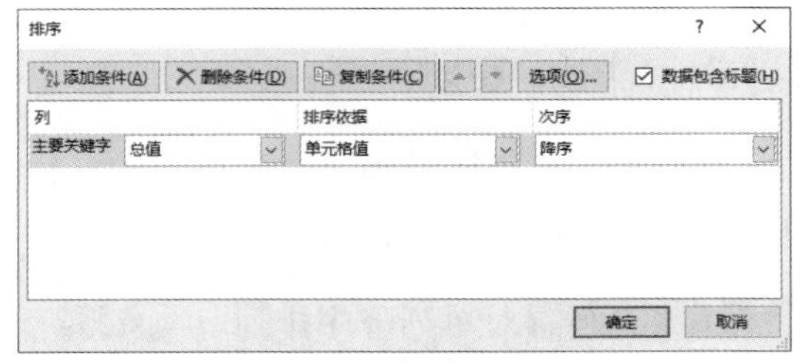

图 8-4　设置主要关键字

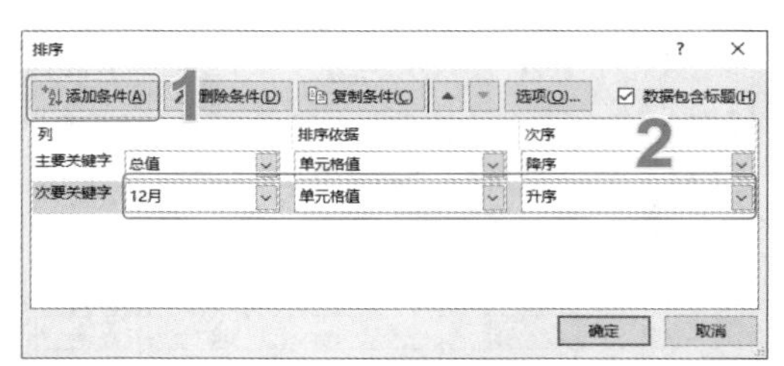

图 8-5　设置次要关键字

图 8-6　对多个字段排序后的效果

## 8.1.3　默认的排序次序

在Excel中，可以对数值进行排序，也可以对文本、日期、逻辑值等字段进行排序。这些排序的方法是按照一定的顺序进行的。默认情况下，Excel将按照表8-1所示的顺序进行升序排列，并使用相反的顺序进行降序排列。

表8-1　默认的排序次序

| 数据类型 | 含　义 |
|---|---|
| 数字 | 按照从最小的负数到最大的正数进行排序 |
| 文本 | 按照汉字拼音的首字母进行排序，如果第一个汉字相同，则按照第二个汉字拼音的首字母进行排序 |
| 日期 | 按照从最早的日期到最晚的日期进行排序 |
| 逻辑值 | False排在True之前 |
| 空白单元格 | 无论是升序排列，还是降序排列，空白单元格总是放在最后 |

## 8.1.4　自定义排序次序

Excel允许用户对数据进行自定义排序，通过【自定义序列】对话框可对排序的次序进行设置，具体的操作方法如下。

【例8-3】 自定义排序。 视频

01 打开“汽车零部件销售表”工作簿的“零部件销售”工作表，如图8-7所示。

02 单击【数据】选项卡，在【排序和筛选】组中单击【排序】按钮。

03 打开【排序】对话框，单击【主要关键字】下拉按钮，在弹出的下拉列表中选择【员工】选项，单击【次序】下拉按钮，从弹出的下拉列表中选择【自定义序列】选项，如图8-8所示。

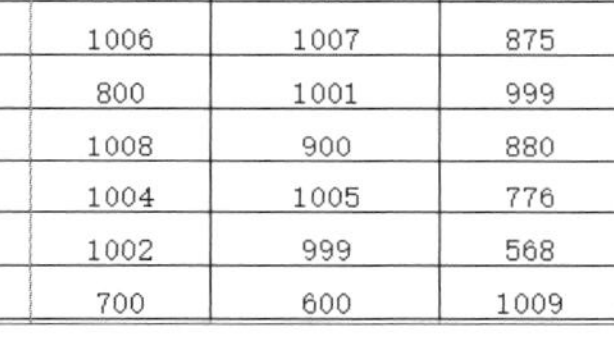

|  | A | C | D | E |
|---|---|---|---|---|
| 1 | 员工 | 排气管 | 挡风玻璃 | 轮胎 |
| 2 | 胡雅间 | 1005 | 1006 | 1007 |
| 3 | 李晨 | 1001 | 1002 | 1003 |
| 4 | 飞飞 | 1003 | 888 | 1005 |
| 5 | 程程 | 1006 | 1007 | 875 |
| 6 | 毕福 | 800 | 1001 | 999 |
| 7 | 凤飞飞 | 1008 | 900 | 880 |
| 8 | 飞刀 | 1004 | 1005 | 776 |
| 9 | 沈梦 | 1002 | 999 | 568 |
| 10 | 美美 | 700 | 600 | 1009 |

图 8-7　打开工作簿

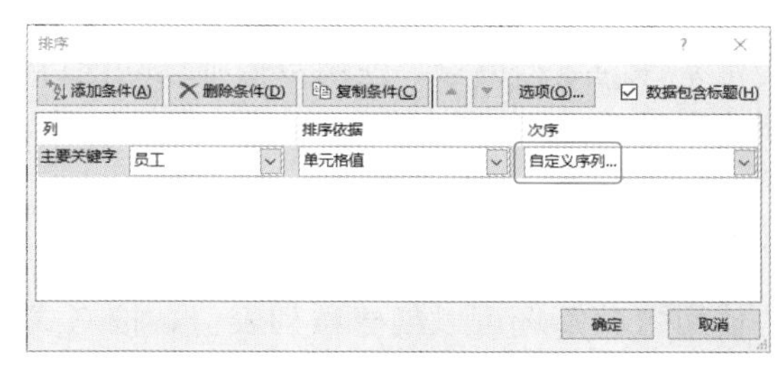


图 8-8　选择【自定义序列】选项

04 打开【自定义序列】对话框，在【输入序列】列表框中输入自定义序列内容，然后单击【添加】按钮，如图8-9所示。

05 单击【确定】按钮返回【排序】对话框，在【次序】下拉列表中选择自定义的序列，如图8-10所示。

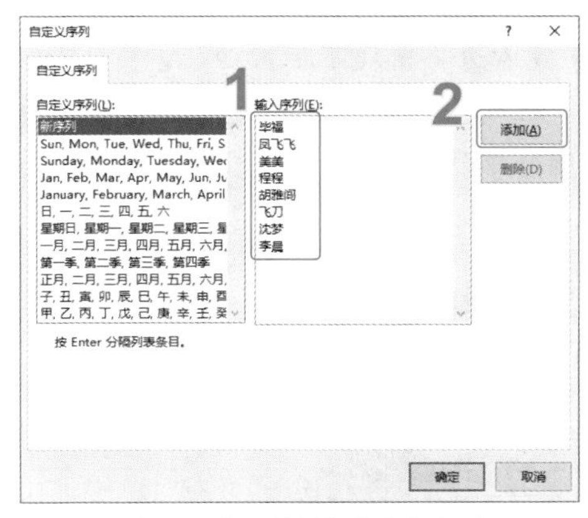


图 8-9　输入并添加自定义序列

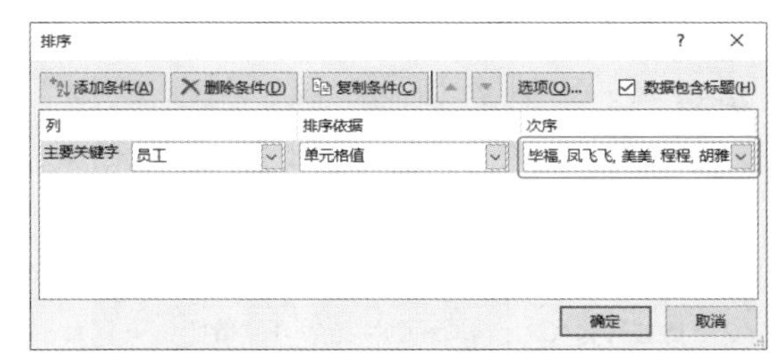


图 8-10　选择自定义序列方式

06 单击【确定】按钮返回表格中，可以看到【员工】列中的数据已按自定义序列的次序进行排序，如图8-11所示。

| | A | C | D | E |
|---|---|---|---|---|
| 1 | 员工 | 排气管 | 挡风玻璃 | 轮胎 |
| 2 | 毕福 | 800 | 1001 | 999 |
| 3 | 风飞飞 | 1008 | 900 | 880 |
| 4 | 美美 | 700 | 600 | 1009 |
| 5 | 程程 | 1006 | 1007 | 875 |
| 6 | 胡雅间 | 1005 | 1006 | 1007 |
| 7 | 飞刀 | 1004 | 1005 | 776 |
| 8 | 沈梦 | 1002 | 999 | 568 |
| 9 | 李晨 | 1001 | 1002 | 1003 |
| 10 | 飞飞 | 1003 | 888 | 1005 |

图 8-11　自定义排序后的效果

**提示**

如果这里不设置自定义排序，在对【姓名】列中的数据进行排序时，将按照姓名中第一个字的拼音字母进行排序。

# 8.2 数据筛选

若要将符合一定条件的数据记录找出来，可以使用Excel提供的数据筛选功能，筛选出符合指定条件的数据记录。使用数据筛选功能可以从大量数据中选择某些符合条件的数据，并隐藏无用的数据，使表格变得简洁，易于查看。

## 8.2.1 自动筛选

使用自动筛选可以创建按列表值、按格式和按条件3种筛选类型。对于每个单元格区域或列而言，这3种筛选都是互斥的。对数据记录进行自动筛选的具体操作步骤如下。

【例8-4】 自动筛选数据。 视频

01 打开例8-3制作的“汽车零部件销售表”工作簿的“零部件销售”工作表，增加“总销量”列，该列的值为“排气管”“挡风玻璃”和“轮胎”列的值的和。

02 在数据表中选择任意单元格，然后打开【数据】选项卡，单击【排序和筛选】组中的【筛选】按钮，如图8-12所示，在数据标题行的字段右边将出现下拉按钮。

03 单击标题行字段的下拉按钮，会弹出相应的下拉列表，在下拉列表中可对数据进行各种方式的自动筛选。例如，单击【总销量】标题右侧的下拉按钮，然后选择【数字筛选】|【前10项】选项，如图8-13所示。

| | A | C | D | E | F |
|---|---|---|---|---|---|
| 1 | 员工 | 排气管 | 挡风玻璃 | 轮胎 | 总销量 |
| 2 | 毕福 | 800 | 1001 | 999 | 2800 |
| 3 | 风飞飞 | 1008 | 900 | 880 | 2788 |
| 4 | 美美 | 700 | 600 | 1009 | 2309 |
| 5 | 程程 | 1006 | 1007 | 875 | 2888 |
| 6 | 胡雅间 | 1005 | 1006 | 1007 | 3018 |
| 7 | 飞刀 | 1004 | 1005 | 776 | 2785 |
| 8 | 沈梦 | 1002 | 999 | 568 | 2569 |
| 9 | 李晨 | 1001 | 1002 | 1003 | 3006 |
| 10 | 飞飞 | 1003 | 888 | 1005 | 2896 |

图 8-12　单击【筛选】按钮

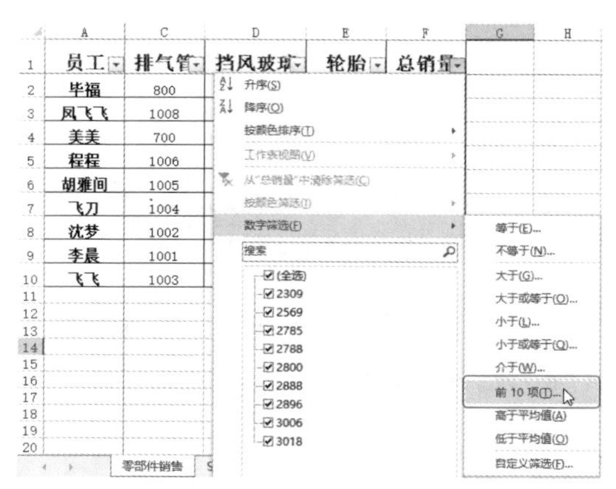


图 8-13　进行筛选操作

04 打开【自动筛选前10个】对话框，设置最大的项数为3，如图8-14所示。

05 在【自动筛选前10个】对话框中单击【确定】按钮，即可自动筛选出总销量排在前3名的员工，如图8-15所示。

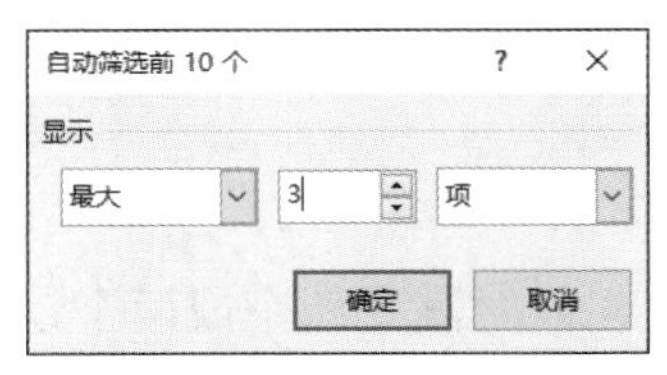


图 8-14 设置自动筛选参数

| | A | C | D | E | F |
|---|---|---|---|---|---|
| 1 | 员工 | 排气管 | 挡风玻璃 | 轮胎 | 总销量 |
| 6 | 胡雅间 | 1005 | 1006 | 1007 | 3018 |
| 9 | 李晨 | 1001 | 1002 | 1003 | 3006 |
| 10 | 飞飞 | 1003 | 888 | 1005 | 2896 |

图 8-15 自动筛选结果

## 8.2.2 自定义筛选

通过自定义筛选功能，可以使用多种条件来设置筛选数据，从而更加灵活地筛选数据。自定义筛选的具体操作如下。

【例8-5】 自定义筛选数据。 视频

01 打开“汽车零部件销售表”工作簿的“零部件销售”工作表。

02 在数据表中选择任意单元格，然后打开【数据】选项卡，单击【排序和筛选】组中的【筛选】按钮，进入筛选状态。

03 单击【总销量】下拉按钮，在弹出的下拉列表中选择【数字筛选】|【自定义筛选】选项，如图8-16所示。

04 打开【自定义自动筛选方式】对话框，在【总销量】选项区域中的第一个下拉列表中选择【等于】选项，在其右侧的文本框中输入3000，然后选中【或】单选按钮，在第二个下拉列表中选择【大于】选项，在其右侧的文本框中输入3000，如图8-17所示。

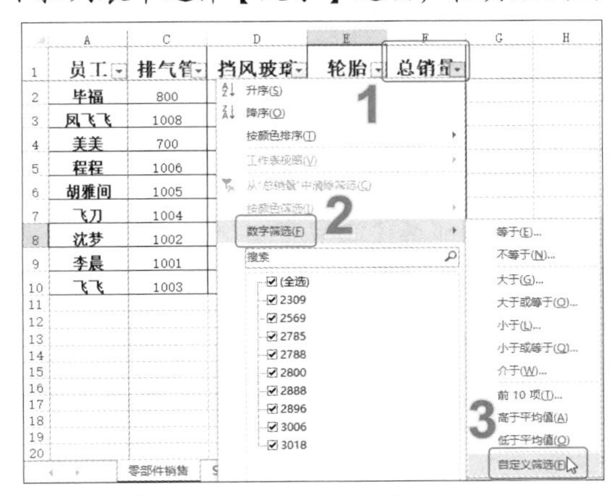


图 8-16 选择【自定义筛选】选项

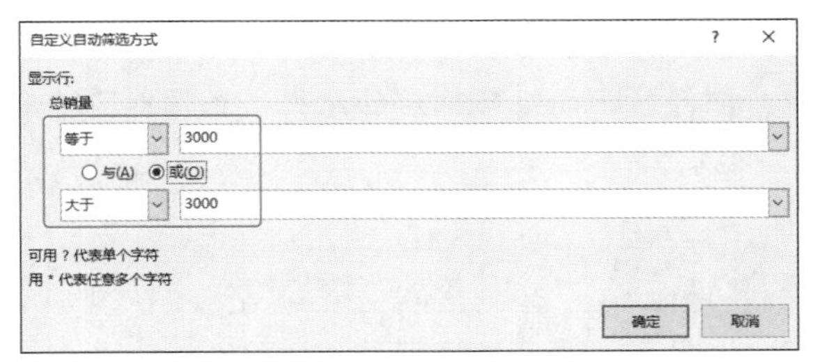


图 8-17 设置筛选的参数

05 在【自定义自动筛选方式】对话框中单击【确定】按钮，即可筛选出总销量等于或大于3000的员工，如图8-18所示。

| | A | C | D | E | F |
|---|---|---|---|---|---|
| 1 | 员工 | 排气管 | 挡风玻璃 | 轮胎 | 总销量 |
| 6 | 胡雅间 | 1005 | 1006 | 1007 | 3018 |
| 9 | 李晨 | 1001 | 1002 | 1003 | 3006 |

图 8-18 显示筛选后的结果

**提示**

如果需要同时满足两个条件时，就应该在【自定义自动筛选方式】对话框中选中【与】单选按钮；如果只需要满足其中一个条件时，就应该选中【或】单选按钮。

## 8.2.3 高级筛选

高级筛选是按用户设定的条件对数据进行筛选，可以筛选出同时满足两个或两个以上条件的数据，高级筛选的具体操作如下。

【例8-6】 使用高级筛选功能。 视频

01 打开“汽车零部件销售表”工作簿的“零部件销售”工作表。

02 在工作表中任意的空白单元格区域输入筛选条件(本例设置排气管、挡风玻璃和轮胎都大于或等于1000)，如图8-19所示。

03 打开【数据】选项卡，单击【排序和筛选】组中的【高级】按钮，打开【高级筛选】对话框，在【列表区域】中输入要筛选的数据区域$A$1:$E$10，单击【条件区域】右侧的按钮，如图8-20所示。

| | A | B | C | D | E |
|---|---|---|---|---|---|
| 1 | 员工 | 排气管 | 挡风玻璃 | 轮胎 | 总销量 |
| 2 | 毕福 | 800 | 1001 | 999 | 2800 |
| 3 | 凤飞飞 | 1008 | 900 | 880 | 2788 |
| 4 | 美美 | 700 | 600 | 1009 | 2309 |
| 5 | 程程 | 1006 | 1007 | 875 | 2888 |
| 6 | 胡雅间 | 1005 | 1006 | 1007 | 3018 |
| 7 | 飞刀 | 1004 | 1005 | 776 | 2785 |
| 8 | 沈梦 | 1002 | 999 | 568 | 2569 |
| 9 | 李晨 | 1001 | 1002 | 1003 | 3006 |
| 10 | 飞飞 | 1003 | 888 | 1005 | 2896 |
| 11 | | | | | |
| 12 | 排气管 | 挡风玻璃 | 轮胎 | | |
| 13 | >=1000 | >=1000 | >=1000 | | |

图 8-19 输入条件

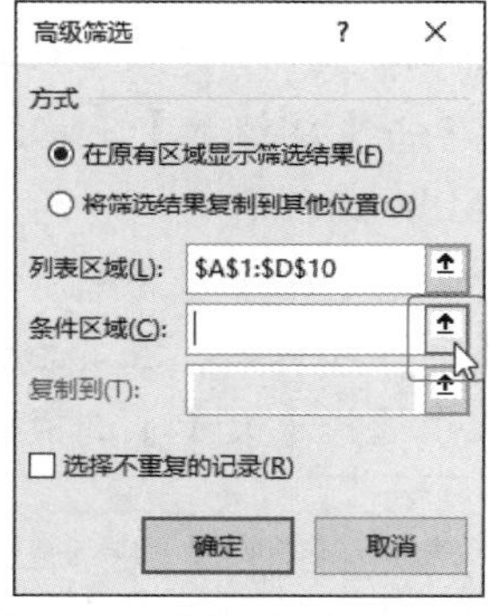


图 8-20 【高级筛选】对话框

04 在工作表中选择筛选条件所在的单元格区域，如图8-21所示。

05 单击【高级筛选】对话框中的按钮，返回【高级筛选】对话框，单击【确定】按钮，即可显示高级筛选后的结果，如图8-22所示。

| | A | B | C | D | E |
|---|---|---|---|---|---|
| 1 | 员工 | 排气管 | 挡风玻璃 | 轮胎 | 总销量 |
| 2 | 毕福 | 800 | 1001 | 999 | 2800 |
| 3 | 凤飞飞 | 1008 | 900 | 880 | 2788 |
| 4 | 美美 | 700 | 600 | 1009 | 2309 |
| 5 | 程程 | 1006 | 1007 | 875 | 2888 |
| 6 | 胡雅间 | 1005 | 1006 | 1007 | 3018 |
| 7 | 飞刀 | 1004 | 1005 | 776 | 2785 |
| 8 | 沈梦 | 1002 | 999 | 568 | 2569 |
| 9 | 李晨 | 1001 | 1002 | 1003 | 3006 |
| 10 | 飞飞 | 1003 | 888 | 1005 | 2896 |
| 11 | | | | | |
| 12 | 排气管 | 挡风玻璃 | 轮胎 | | |
| 13 | >=1000 | >=1000 | >=1000 | | |

图 8-21 指定条件单元格区域

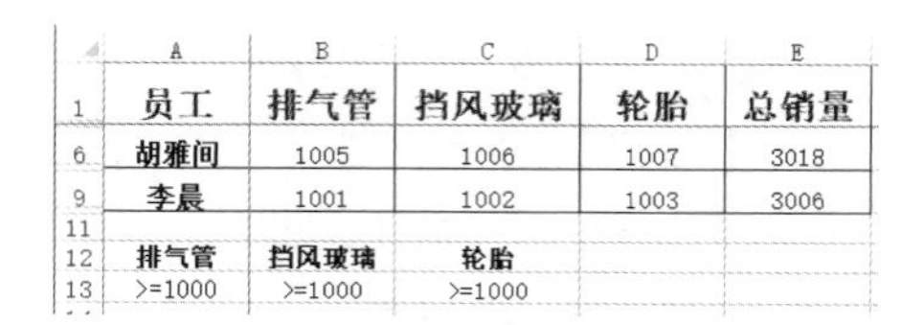

| | A | B | C | D | E |
|---|---|---|---|---|---|
| 1 | 员工 | 排气管 | 挡风玻璃 | 轮胎 | 总销量 |
| 6 | 胡雅间 | 1005 | 1006 | 1007 | 3018 |
| 9 | 李晨 | 1001 | 1002 | 1003 | 3006 |
| 11 | | | | | |
| 12 | 排气管 | 挡风玻璃 | 轮胎 | | |
| 13 | >=1000 | >=1000 | >=1000 | | |

图 8-22 显示高级筛选后的结果

在【高级筛选】对话框中提供了两种筛选方式，它们的功能如下。

- 在原有区域显示筛选结果：选中该单选按钮，将筛选的结果显示在原有的数据区域上。
- 将筛选结果复制到其他位置：选中该单选按钮，将筛选的结果显示在其他单元格区域中，并通过【复制到】后面的按钮指定单元格区域。

### 8.2.4 取消筛选

当用户不需要对数据进行筛选时，可以取消工作表的筛选效果，取消自动筛选和高级筛选的操作如下。

- 取消自动筛选：打开【数据】选项卡，单击【排序和筛选】组中的【筛选】按钮。
- 取消高级筛选：打开【数据】选项卡，单击【排序和筛选】组中的【清除】按钮。

## 8.3 分类汇总

分类汇总是指根据数据库中的某一列数据将所有记录分类，然后对每一类记录进行汇总统计。在数据管理过程中，有时需要对数据进行统计汇总，以便进行某种决策。这时可以使用Excel提供的分类汇总功能完成这项工作。

### 8.3.1 创建单个分类汇总

对数据进行分类汇总之前，需要先对分类字段进行排序，然后再对该字段进行分类汇总。具体操作如下。

【例8-7】 创建单个分类汇总。 视频

01 打开“汽车零部件销售表”工作簿的“零部件销售”工作表，在“员工”列右侧插入“部门”列。

02 对“部门”列进行排序，选中需要分类汇总的列，然后打开【数据】选项卡，单击【分级显示】组中的【分类汇总】按钮，如图8-23所示。

03 打开【分类汇总】对话框，在【分类字段】下拉列表中选择【部门】选项，在【汇总方式】下拉列表中选择【求和】选项，并根据需要设置其他选项，如图8-24所示。

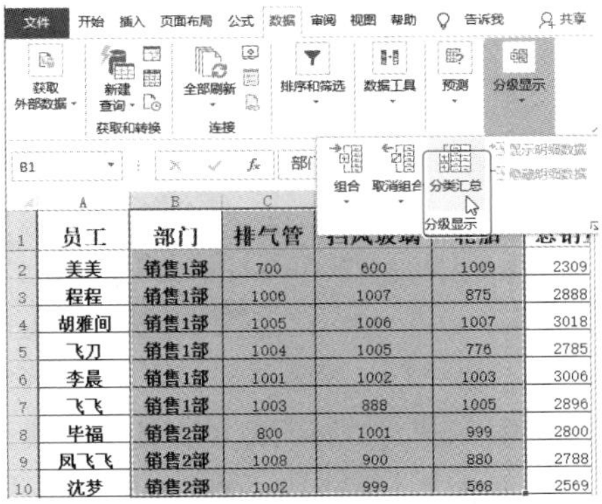

图 8-23 单击【分类汇总】按钮

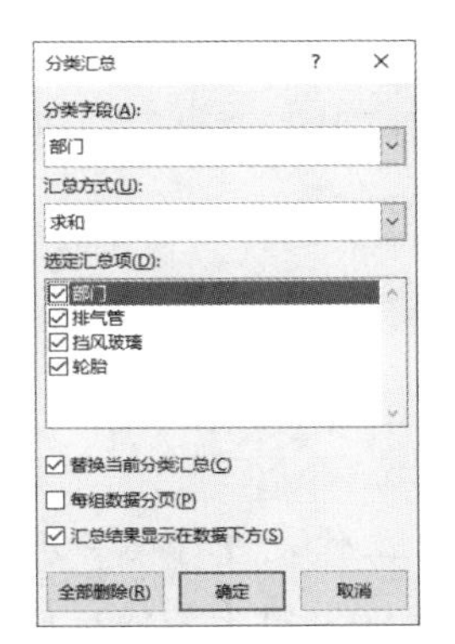


图 8-24 【分类汇总】对话框

04 单击【分类汇总】对话框中的【确定】按钮，即可得到如图8-25所示的汇总效果。

05 如果要对商品进行分类汇总，需要先对商品名进行排序，然后在【分类汇总】对话框的【分类字段】下拉列表中选择商品名选项，对商品进行分类汇总后的效果如图8-26所示。

| | A | B | C | D | E | F | G |
|---|---|---|---|---|---|---|---|
| 1 | 员工 | | 部门 | 排气管 | 挡风玻璃 | 轮胎 | 总销量 |
| 2 | 美美 | | 销售1部 | 700 | 600 | 1009 | 2309 |
| 3 | 程程 | | 销售1部 | 1006 | 1007 | 875 | 2888 |
| 4 | 胡雅间 | | 销售1部 | 1005 | 1006 | 1007 | 3018 |
| 5 | 飞刀 | | 销售1部 | 1004 | 1005 | 776 | 2785 |
| 6 | 李晨 | | 销售1部 | 1001 | 1002 | 1003 | 3006 |
| 7 | 飞飞 | | 销售1部 | 1003 | 888 | 1005 | 2896 |
| 8 | | 销售1部 汇总 | 0 | 5719 | 5508 | 5675 | |
| 9 | 毕福 | | 销售2部 | 800 | 1001 | 999 | 2800 |
| 10 | 凤飞飞 | | 销售2部 | 1008 | 900 | 880 | 2788 |
| 11 | 沈梦 | | 销售2部 | 1002 | 999 | 568 | 2569 |
| 12 | | 销售2部 汇总 | 0 | 2810 | 2900 | 2447 | |
| 13 | | 总计 | 0 | 8529 | 8408 | 8122 | |

图 8-25　对部门分类汇总

| | A | B | C | D | E | F | G | H |
|---|---|---|---|---|---|---|---|---|
| 1 | 员工 | | 部门 | | 排气管 | 挡风玻璃 | 轮胎 | 总销量 |
| 2 | 沈梦 | | 销售1部 | | 700 | 600 | 1009 | 2309 |
| 3 | | | | 700 汇总 | 700 | | | |
| 4 | 美美 | | 销售2部 | | 800 | 1001 | 999 | 2800 |
| 5 | | | | 800 汇总 | 800 | | | |
| 6 | 李晨 | | 销售1部 | | 1001 | 1002 | 1003 | 3006 |
| 7 | | | | 1001 汇总 | 1001 | | | |
| 8 | 胡雅间 | | 销售2部 | | 1002 | 999 | 568 | 2569 |
| 9 | | | | 1002 汇总 | 1002 | | | |
| 10 | 凤飞飞 | | 销售1部 | | 1003 | 888 | 1005 | 2896 |
| 11 | | | | 1003 汇总 | 1003 | | | |
| 12 | 飞飞 | | 销售1部 | | 1004 | 1005 | 776 | 2785 |
| 13 | | | | 1004 汇总 | 1004 | | | |
| 14 | 飞刀 | | 销售1部 | | 1005 | 1006 | 1007 | 3018 |
| 15 | | | | 1005 汇总 | 1005 | | | |
| 16 | 程程 | | 销售1部 | | 1006 | 1007 | 875 | 2888 |
| 17 | | | | 1006 汇总 | 1006 | | | |
| 18 | 毕福 | | 销售2部 | | 1008 | 900 | 880 | 2788 |
| 19 | | | | 1008 汇总 | 1008 | | | |

图 8-26　对“排气管”分类汇总

在【分类汇总】对话框中，有3个指定汇总结果位置的选项，含义分别如下。

- 替换当前分类汇总：选择该复选框，如果是在分类汇总的基础上又进行分类汇总操作，则清除前一次的汇总结果。
- 每组数据分页：选择该复选框，在打印工作表时，每一类将分开打印。
- 汇总结果显示在数据下方：在默认情况下，分类汇总的结果放在本类的第一行。选择该复选框后，分类汇总的结果将显示在本类的最后一行。

## 8.3.2　创建嵌套分类汇总

在现有的分类汇总数据中，可以为更小的类别分类汇总，即嵌套分类汇总，创建嵌套分类汇总的具体操作如下。

【例8-8】 创建嵌套分类汇总。 视频

01 打开工作簿，对工作表进行多字段排序，设置【部门】为主要关键字，设置【排气管】为次要关键字，如图8-27所示。

02 打开【数据】选项卡，单击【分级显示】组中的【分类汇总】按钮，打开【分类汇总】对话框，设置【分类字段】为【部门】，然后单击【确定】按钮，如图8-28所示。

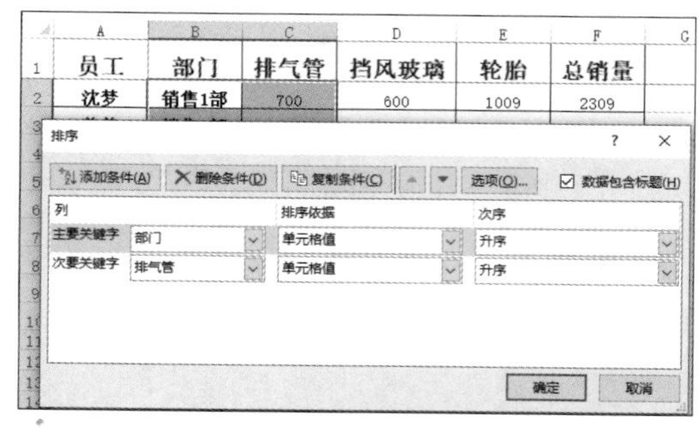


图 8-27　进行多字段排序

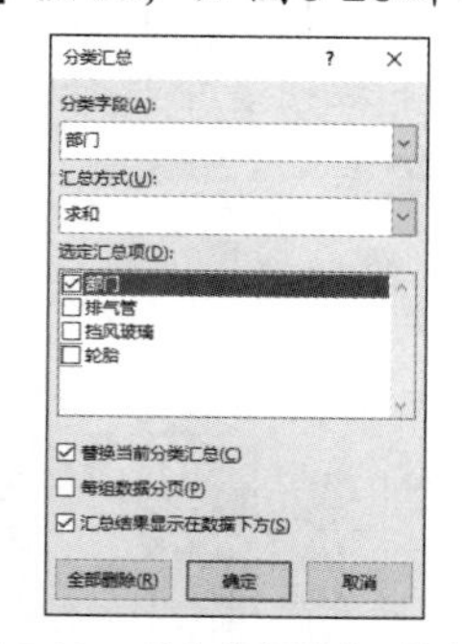


图 8-28　【分类汇总】对话框

03 对工作表进行第一次汇总后，继续打开【分类汇总】对话框，设置【分类字段】为【排气管】，取消【替换当前分类汇总】复选框的选中状态，如图8-29所示。

04 单击【分类汇总】对话框中的【确定】按钮，即可对工作表进行第二次汇总，完成后的汇总结果如图8-30所示。

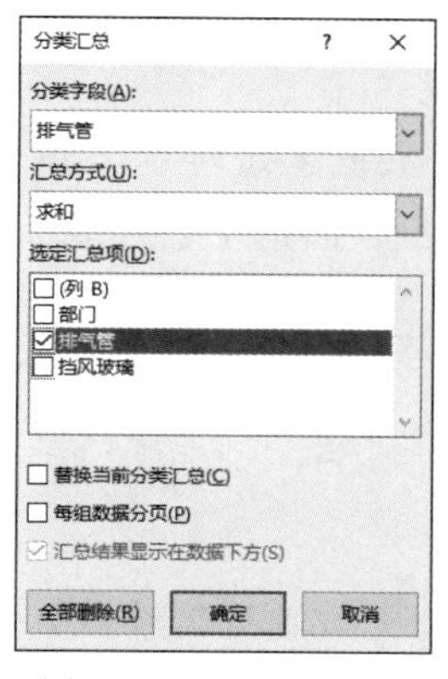


图 8-29　设置分类汇总

| | A | B | C | D | E | F | G |
|---|---|---|---|---|---|---|---|
| 1 | 员工 | | 部门 | 排气管 | 挡风玻璃 | 轮胎 | 总销量 |
| 2 | 沈梦 | | 销售1部 | 700 | 600 | 1009 | 2309 |
| 3 | | | 700 汇总 | 700 | | | |
| 4 | 美美 | | 销售1部 | 1001 | 1001 | 999 | 3001 |
| 5 | | | 1001 汇总 | 1001 | | | |
| 6 | 李晨 | | 销售1部 | 1003 | 1002 | 1003 | 3008 |
| 7 | | | 1003 汇总 | 1003 | | | |
| 8 | 胡雅间 | | 销售1部 | 1004 | 999 | 568 | 2571 |
| 9 | | | 1004 汇总 | 1004 | | | |
| 10 | 风飞飞 | | 销售1部 | 1005 | 888 | 1005 | 2898 |
| 11 | | | 1005 汇总 | 1005 | | | |
| 12 | 飞飞 | | 销售1部 | 1006 | 1005 | 776 | 2787 |
| 13 | | | 1006 汇总 | 1006 | | | |
| 14 | | 销售1部 汇总 | 0 | | | | |

图 8-30　嵌套分类汇总

创建嵌套分类汇总需要经过以下3个步骤。

- 对需要分类汇总的列数据进行排序。
- 对第一个分类字段进行汇总。
- 对第二个字段进行汇总，以此类推。

## 8.3.3　显示或隐藏汇总数据

在显示分类汇总结果时，分类汇总表的左侧将自动显示一些分级显示的按钮+、-和1234，使用这些分级显示按钮可以控制数据的显示。

例如，单击各个汇总前面的二级【折叠细节】按钮-，即可隐藏各分类中的详细内容，如图8-31所示。再次单击三级【展开细节】按钮+，即可显示各条记录的详细内容，如图8-32所示。

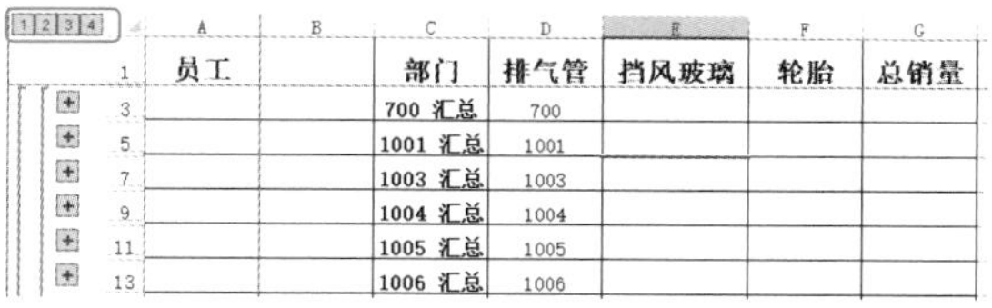

| | A | B | C | D | E | F | G |
|---|---|---|---|---|---|---|---|
| 1 | 员工 | | 部门 | 排气管 | 挡风玻璃 | 轮胎 | 总销量 |
| 3 | | | 700 汇总 | 700 | | | |
| 5 | | | 1001 汇总 | 1001 | | | |
| 7 | | | 1003 汇总 | 1003 | | | |
| 9 | | | 1004 汇总 | 1004 | | | |
| 11 | | | 1005 汇总 | 1005 | | | |
| 13 | | | 1006 汇总 | 1006 | | | |

图 8-31　隐藏汇总数据

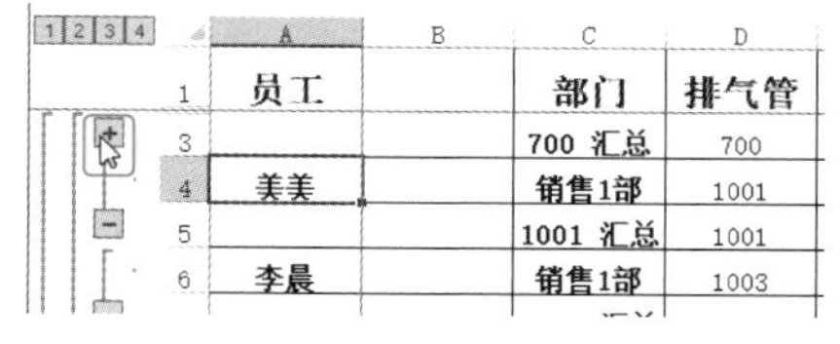


图 8-32　显示汇总数据

对数据清单分类汇总后，可以对不同级别的数据进行隐藏或显示。隐藏和显示分级明细数据的方法如下。

- 隐藏分组中的明细数据：单击相应的级别符号或隐藏明细数据符号-。
- 隐藏指定级别的分级：单击上一级的行或列级别符号1234。
- 隐藏整个分级显示中的明细数据：单击第一级显示级别符号1。
- 显示分组中的明细数据：单击明细数据符号+。
- 显示指定级别：单击相应的行或列级别符号1234。
- 显示整个分级中的明细数据：单击与最低级别的行或列对应的级别符号。例如，如果分级显示中包括3个显示级别，则单击3。

### 8.3.4 删除分类汇总

在Excel中，可以将创建的分类汇总删除，而不影响数据清单中的数据记录。当在数据清单中删除分类汇总时，同时会删除对应的分级显示。

在含有分类汇总的数据清单中选择任意单元格，然后打开【数据】选项卡，单击【分级显示】组中的【分类汇总】按钮，在打开的【分类汇总】对话框中单击【全部删除】按钮，即可删除分类汇总。

## 8.4 数据有效性管理

数据有效性主要用来限制单元格中数据的类型和范围，以防止无效数据的输入。此外还可以使用数据有效性定义帮助信息或圈释无效数据等。

### 8.4.1 设置数据有效性

选中单元格，单击【数据】选项卡的【数据工具】组中的【数据验证】按钮，从弹出的菜单中选择【数据验证】选项，打开【数据验证】对话框，可以在该对话框中进行数据有效性验证相关设置，如图8-33所示。

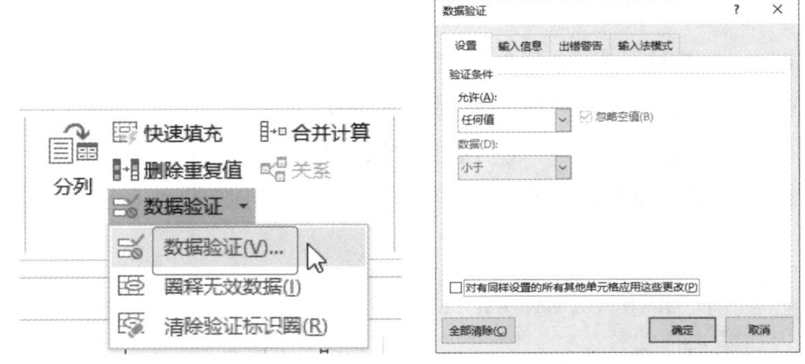


图 8-33 打开【数据验证】对话框

【例8-9】 设置数据有效性。 视频

01 启动Excel，打开“汽车零部件销售表”工作簿的“零部件销售”工作表，在表格中添加“联系电话”列，然后选中G2:G10单元格区域，如图8-34所示。

02 在【数据】选项卡中单击【数据验证】按钮，从弹出的菜单中选择【数据验证】选项，打开【数据验证】对话框，在【允许】下拉列表中选择【整数】，在【数据】下拉列表中选择【介于】，在【最小值】文本框中输入13000000000，在【最大值】文本框中输入19000000000，如图8-35所示。

03 单击【确定】按钮，完成设置。此时，如果在G2:G10单元格区域里输入不符合要求的数字，如在G2单元格内输入111111，如图8-36所示。

04 此时会弹出提示框，提示输入值非法，无法输入该数值。这里单击【取消】按钮即可取消刚才输入的数值，如图8-37所示。

|  | A | B | C | D | E | F | G |
|---|---|---|---|---|---|---|---|
| 1 | 员工 | 部门 | 排气管 | 挡风玻璃 | 轮胎 | 总销量 | 联系电话 |
| 2 | 胡雅间 | 销售1部 | 1005 | 1006 | 1007 | 3018 |  |
| 3 | 李晨 | 销售1部 | 1001 | 1002 | 1003 | 3006 |  |
| 4 | 飞飞 | 销售1部 | 1003 | 888 | 1005 | 2896 |  |
| 5 | 程程 | 销售1部 | 1006 | 1007 | 875 | 2888 |  |
| 6 | 毕福 | 销售2部 | 800 | 1001 | 999 | 2800 |  |
| 7 | 风飞飞 | 销售2部 | 1008 | 900 | 880 | 2788 |  |
| 8 | 飞刀 | 销售1部 | 1004 | 1005 | 776 | 2785 |  |
| 9 | 沈梦 | 销售2部 | 1002 | 999 | 568 | 2569 |  |
| 10 | 美美 | 销售1部 | 700 | 600 | 1009 | 2309 |  |

图 8-34　选中相关单元格区域

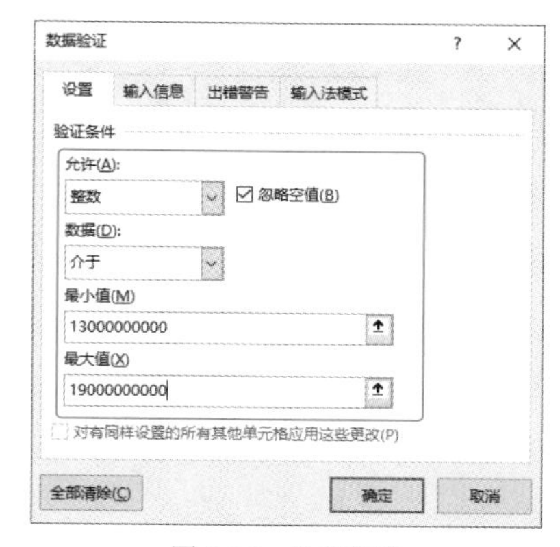


图 8-35　设置参数

| E | F | G |
|---|---|---|
| 轮胎 | 总销量 | 联系电话 |
| 1007 | 3018 | 111111 |
| 1003 | 3006 |  |

图 8-36　输入 6 位数字

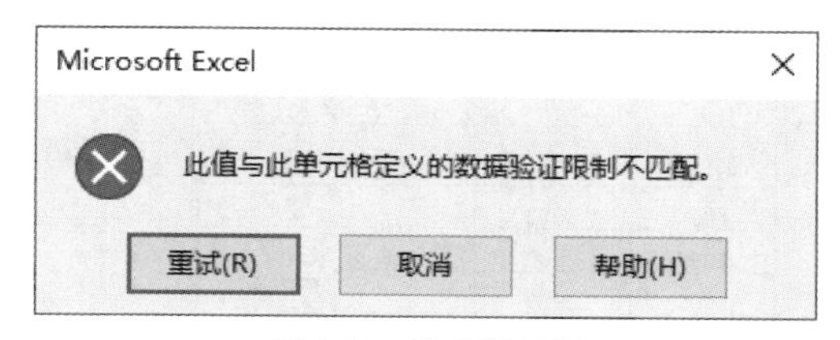


图 8-37　弹出提示框

## 8.4.2　设置提示和警告

除了可以对数据进行有效性验证之外，还可以利用数据有效性为单元格区域设置输入信息提示，或者自定义警告提示内容。

【例8-10】设置提示和警告。视频

01 启动Excel，打开“汽车零部件销售表”工作簿的“零部件销售”工作表。

02 选中准备设置提示信息的单元格，这里选定G2单元格，单击【数据】选项卡中的【数据验证】按钮，从弹出的菜单中选择【数据验证】选项。

03 打开【数据验证】对话框，将对话框切换到【输入信息】选项卡，在【标题】文本框中输入提示信息的标题“提示：”，在【输入信息】框中输入提示信息的内容“请输入正确的手机号”，如图8-38所示。

04 选择【设置】选项卡，在【允许】下拉列表中选择【整数】，在【数据】下拉列表中选择【介于】，在【最小值】文本框中输入13000000000，在【最大值】文本框中输入19000000000，如图8-39所示。

05 返回工作簿窗口，单击G2单元格，会出现设置的提示信息，如图8-40所示。

06 重新打开【数据验证】对话框，将对话框切换到【出错警告】选项卡，在【样式】下拉列表中选择【停止】选项，在【标题】文本框中输入提示信息的标题，在【错误信息】框中输入提示信息，然后单击【确定】按钮，如图8-41所示。

07 此时，在设置好的单元格内输入的数值不符合要求时，比如输入111111111，然后按Enter键，将会弹出错误提示信息，如图8-42所示。

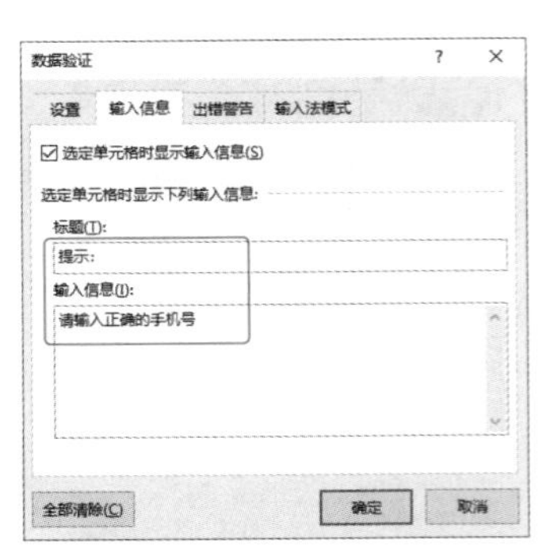


图 8-38 【输入信息】选项卡

图 8-39 【设置】选项卡

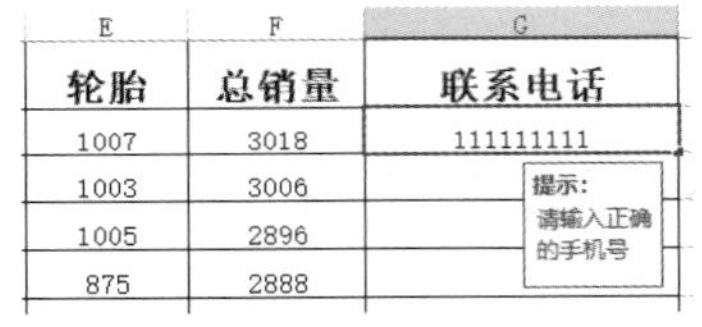


图 8-40 显示提示信息

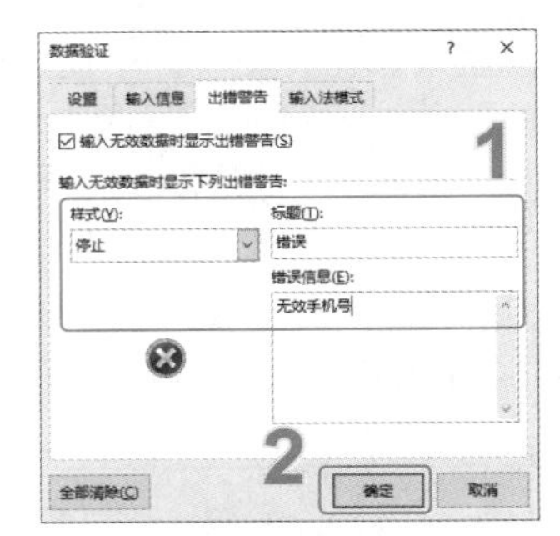


图 8-41 【出错警告】选项卡

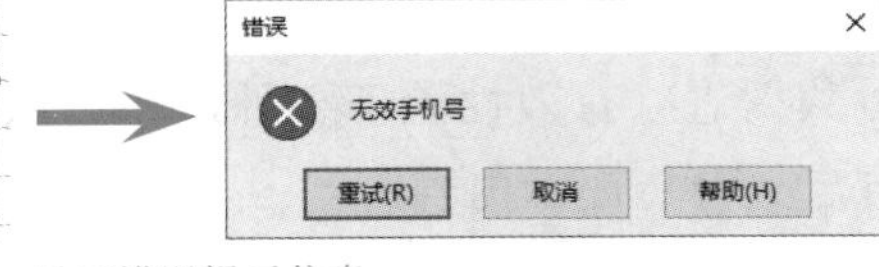


图 8-42 显示错误提示信息

## 8.4.3 圈释无效数据

Excel的数据有效性还具有圈释无效数据的功能，可以方便地查找出错误或不符合条件的数据。

【例8-11】 使用“圈释无效数据”功能。 视频

01 启动Excel，打开“汽车零部件销售表”工作簿的“零部件销售”工作表。

02 选中“总销量”列中的F2:F10单元格区域，单击【数据】选项卡中的【排序和筛选】组中的降序排列图标，将该列数据降序排列。

03 单击【数据】选项卡中的【数据验证】按钮，在弹出的菜单中选择【数据验证】选项，如图8-43所示，打开【数据验证】对话框。选择【设置】选项卡，在【允许】下拉列表中选择【整数】选项，在【数据】下拉列表中选择【小于】选项，在【最大值】文本框中输入2889，然后单击【确定】按钮，如图8-44所示。

04 返回工作表，在【数据】选项卡中单击【数据验证】按钮旁的下拉按钮，在弹出的菜单中选择【圈释无效数据】选项，如图8-45所示。

05 此时，表格内大于2889的数据都会被红圈圈出，如图8-46所示。

图 8-43 选择【数据验证】选项

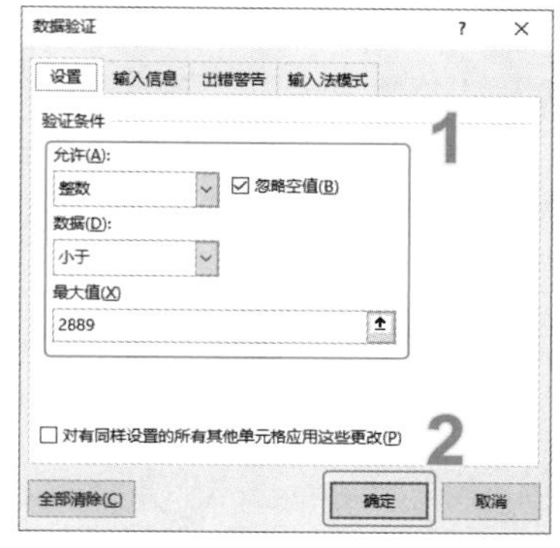


图 8-44 【设置】选项卡

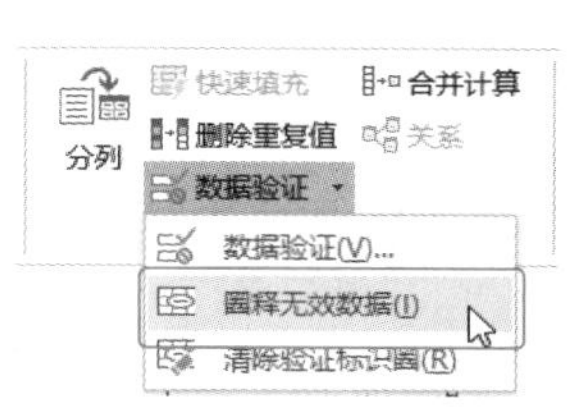


图 8-45 选择【圈释无效数据】选项

| | A | B | C | D | E | F | G |
|---|---|---|---|---|---|---|---|
| 1 | 员工 | 部门 | 排气管 | 挡风玻璃 | 轮胎 | 总销量 | 联系电话 |
| 2 | 胡雅间 | 销售1部 | 1005 | 1006 | 1007 | 3018 | |
| 3 | 李晨 | 销售1部 | 1001 | 1002 | 1003 | 3006 | |
| 4 | 飞飞 | 销售1部 | 1003 | 888 | 1005 | 2896 | |
| 5 | 程程 | 销售1部 | 1006 | 1007 | 875 | 2888 | |
| 6 | 毕福 | 销售2部 | 800 | 1001 | 999 | 2800 | |
| 7 | 风飞飞 | 销售2部 | 1008 | 900 | 880 | 2788 | |
| 8 | 飞刀 | 销售1部 | 1004 | 1005 | 776 | 2785 | |
| 9 | 沈梦 | 销售2部 | 1002 | 999 | 568 | 2569 | |
| 10 | 美美 | 销售1部 | 700 | 600 | 1009 | 2309 | |

图 8-46 显示红圈

# 8.5 上机练习

本节上机练习将制作“汇总表”和“利润表”工作表，帮助读者进一步掌握Excel数据分析管理和分类汇总的操作与应用。

## 8.5.1 制作汇总表

01 新建一个工作簿，保存为“利润表”。

02 将Sheet1重命名为“汇总表”，如图8-47所示。

03 输入标题“日记账”和表格列标题“年、月、日、凭证号码、科目代码、科目名称、摘要、借方金额、贷方金额”，如图8-48所示。

图 8-47 新建工作簿和重命名工作表

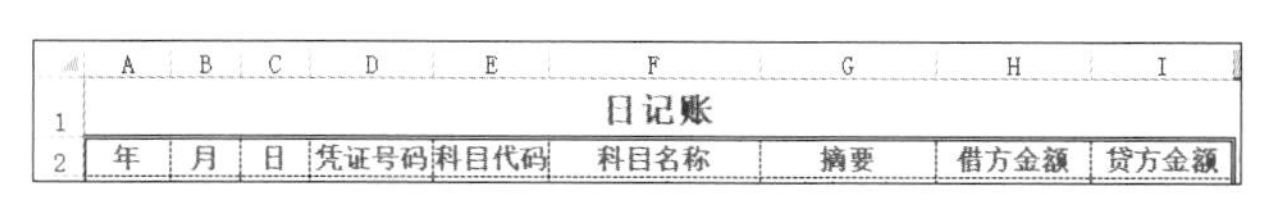

| | A | B | C | D | E | F | G | H | I |
|---|---|---|---|---|---|---|---|---|---|
| 1 | 日记账 | | | | | | | | |
| 2 | 年 | 月 | 日 | 凭证号码 | 科目代码 | 科目名称 | 摘要 | 借方金额 | 贷方金额 |

图 8-48 输入标题

04 首先输入当月“现金”科目的数据，如图8-49所示。

05 然后输入“银行存款”“应收账款”“存货”“办公设备”“低值易耗品”“营业收入”“销货成本”“运费”“修理费”和“利息费用”等科目的数据，如图8-50所示。

日记账

| 年 | 月 | 日 | 凭证号码 | 科目代码 | 科目名称 | 摘要 | 借方金额 | 贷方金额 |
|---|---|---|---|---|---|---|---|---|
| 2006 | 1 | 1 | 1 | 1110 | 现金 | 提备用金 | 5000.00 | |
| | | | | 1110 | 现金 | | | 2000.00 |
| | | | | 1110 | 现金 | | | 200.00 |
| | | | | 1110 | 现金 | | | 500.00 |

图 8-49 输入“现金”科目的数据

| 年 | 月 | 日 | 凭证号码 | 科目代码 | 科目名称 | 摘要 | 借方金额 | 贷方金额 |
|---|---|---|---|---|---|---|---|---|
| 2006 | 1 | 1 | 1 | 1110 | 现金 | 提备用金 | 5000.00 | |
| | | | | 1110 | 现金 | | | 2000.00 |
| | | | | 1110 | 现金 | | | 200.00 |
| | | | | 1110 | 现金 | | | 500.00 |
| | | | | 1120 | 银行存款 | | | 5000.00 |
| 2006 | 1 | 5 | 2 | 1120 | 银行存款 | 收回货款 | 2000.00 | |
| 2006 | 1 | 8 | 3 | 1120 | 银行存款 | 销售收入 | 8000.00 | |
| | | | | 1120 | 银行存款 | | | 10000.00 |
| | | | | 1120 | 银行存款 | | | 20.00 |
| 2006 | 1 | 28 | 11 | 1120 | 银行存款 | 收回货款 | 5000.00 | |
| 2006 | 1 | 29 | 12 | 1120 | 银行存款 | 销售收入 | 6200.00 | |
| | | | | 1150 | 应收账款 | | | 2000.00 |
| 2006 | 1 | 12 | 5 | 1150 | 应收账款 | 销售 | 5000.00 | |
| | | | | 1150 | 应收账款 | | | 5000.00 |
| | | | | 1170 | 存货 | | | 6000.00 |
| | | | | 1170 | 存货 | | | 5000.00 |
| 2006 | 1 | 15 | 6 | 1440 | 办公设备 | 购买办公用品 | 10000.00 | |
| 2006 | 1 | 18 | 7 | 1457 | 低值易耗品 | 购买低值易耗品 | 2000.00 | |
| | | | | 4100 | 营业收入 | | | 8000.00 |
| | | | | 4100 | 营业收入 | | | 5000.00 |
| | | | | 4100 | 营业收入 | | | 6200.00 |
| 2006 | 1 | 10 | 4 | 5110 | 销货成本 | 结转成本 | 6000.00 | |
| 2006 | 1 | 31 | 13 | 5110 | 销货成本 | 结转成本 | 5000.00 | |
| 2006 | 1 | 20 | 8 | 6150 | 运费 | 运输费用 | 200.00 | |
| 2006 | 1 | 21 | 9 | 6170 | 修理费 | 修理费用 | 500.00 | |
| 2006 | 1 | 25 | 10 | 7210 | 利息费用 | 财务费用 | 20.00 | |

图 8-50 输入其他科目的数据

06 对表格数据按科目进行分类汇总。选中A2:I28单元格区域，然后打开【数据】选项卡，在【分级显示】组中单击【分类汇总】按钮，如图8-51所示。

07 打开【分类汇总】对话框，如图8-52所示，在【分类字段】下拉列表中选择【科目代码】，在【汇总方式】下拉列表中选择【求和】，在【选定汇总项】列表框中选中【借方金额】和【贷方金额】复选框，选中【替换当前分类汇总】和【汇总结果显示在数据下方】复选框，然后单击【确定】按钮。

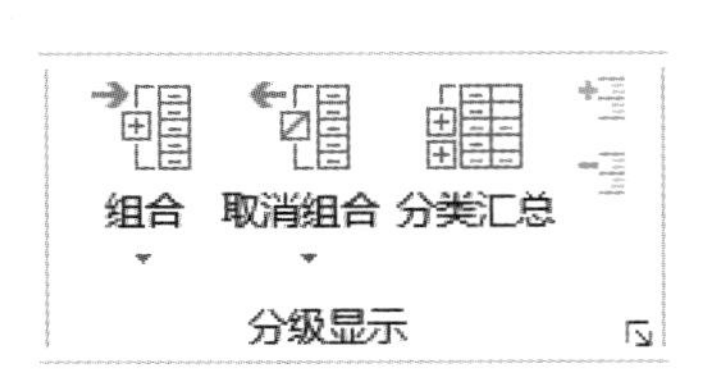


图 8-51 单击【分类汇总】按钮

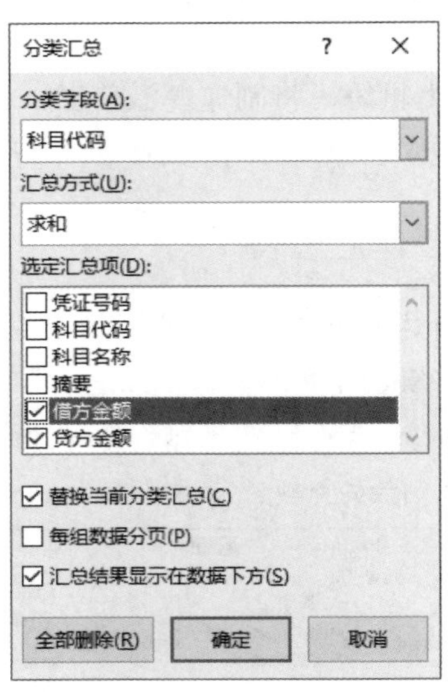


图 8-52 【分类汇总】对话框

08 此时的表格效果如图8-53所示。

## 8.5.2 制作利润表

01 将“利润表”工作簿的Sheet2工作重命名为“利润表”，制作的表格如图8-54所示。

| | 年 | 月 | 日 | 凭证号码 | 科目代码 | 科目名称 | 摘要 | 借方金额 | 贷方金额 |
|---|---|---|---|---|---|---|---|---|---|
| 1 | | | | | 日记账 | | | | |
| 18 | | | | | 1150 | 应收账款 | | | 5000.00 |
| 19 | | | | | 1150 汇总 | | | 5000.00 | 7000.00 |
| 20 | | | | | 1170 | 存货 | | | 6000.00 |
| 21 | | | | | 1170 | 存货 | | | 5000.00 |
| 22 | | | | | 1170 汇总 | | | 0.00 | 11000.00 |
| 23 | 2006 | 1 | 15 | 6 | 1440 | 办公设备 | 购买办公用品 | 10000.00 | |
| 24 | | | | | 1440 汇总 | | | 10000.00 | 0.00 |
| 25 | 2006 | 1 | 18 | 7 | 1457 | 低值易耗品 | 购买低值易耗品 | 2000.00 | |
| 26 | | | | | 1457 汇总 | | | 2000.00 | 0.00 |
| 27 | | | | | 4100 | 营业收入 | | | 8000.00 |
| 28 | | | | | 4100 | 营业收入 | | | 5000.00 |
| 29 | | | | | 4100 | 营业收入 | | | 6200.00 |
| 30 | | | | | 4100 汇总 | | | 0.00 | 19200.00 |
| 31 | 2006 | 1 | 10 | 4 | 5110 | 销货成本 | 结转成本 | 6000.00 | |
| 32 | 2006 | 1 | 31 | 13 | 5110 | 销货成本 | 结转成本 | 5000.00 | |
| 33 | | | | | 5110 汇总 | | | 11000.00 | 0.00 |
| 34 | 2006 | 1 | 20 | 8 | 6150 | 运费 | 运输费用 | 200.00 | |
| 35 | | | | | 6150 汇总 | | | 200.00 | 0.00 |
| 36 | 2006 | 1 | 21 | 9 | 6170 | 修理费 | 修理费用 | 500.00 | |
| 37 | | | | | 6170 汇总 | | | 500.00 | 0.00 |
| 38 | 2006 | 1 | 25 | 10 | 7210 | 利息费用 | 财务费用 | 20.00 | |
| 39 | | | | | 7210 汇总 | | | 20.00 | 0.00 |
| 40 | | | | | 总计 | | | 54920.00 | 54920.00 |

图 8-53　分类汇总后的效果

| | A | B | C | D | E |
|---|---|---|---|---|---|
| 1 | | 损益表 | | | |
| 2 | 编制单位：XX公司 | 2006年1月 | | | 单位：元 |
| 3 | 项目 | | 行次 | 本月数 | 本年累计数 |
| 4 | 一、主营业务收入 | | 1 | | |
| 5 | 减：主营业务成本 | | 2 | | |
| 6 | 主营业务税金及附加 | | 4 | | |
| 7 | 二、主营业务利润（亏损以“-”填列） | | 5 | | |
| 8 | 加：其他业务利润（亏损以“-”填列） | | 6 | | |
| 9 | 减：管理费用 | | 7 | | |
| 10 | 财务费用 | | 8 | | |
| 11 | 营业费用 | | 3 | | |
| 12 | 三、营业利润（亏损以“-”填列） | | 9 | | |
| 13 | 加：投资收益（亏损以“-”填列） | | 10 | | |
| 14 | 补贴收入 | | 11 | | |
| 15 | 营业外收入 | | 12 | | |
| 16 | 减：营业外支出 | | 13 | | |
| 17 | 加：以前年度损益调整 | | 14 | | |
| 18 | 四、利润总额（亏损以“-”填列） | | 15 | | |
| 19 | 减：所得税 | | 16 | | |
| 20 | 五、净利润（亏损以“-”填列） | | 17 | | |
| 21 | 单位负责人： | 财务负责人： | | 制表人： | |

图 8-54　创建“利润表”工作表

02 选中D4单元格，输入内容“=汇总表!I30”，即主营业务收入等于“汇总表”中的营业收入总和。

03 选中D5单元格，输入内容“=汇总表!H33”，即主营业务成本等于“汇总表”中的“销货成本”。此时效果如图8-55所示。

04 其他单元格的内容分别为：E4=D4、E5=D5、E6=D6、D7=D4-D5-D6、E7=D7、E8=D8、E9=D9、D10=汇总表!H39、E10=D10、D11=汇总表!H35+汇总表!H37、E11=D11、D12=D7+D8-D9-D10-D11、E12=D12、E13=D13、E14=D14、E15=D15、E16=D16、E17=D17、D18=D12+D13+D14+D15-D16+D17、E18=D18、E19=D19、D20=D18-D19、E20=D20。最后的表格效果如图8-56所示。

| | A | B | C | D | E |
|---|---|---|---|---|---|
| 1 | | 损益表 | | | |
| 2 | 编制单位：XX公司 | 2006年1月 | | | 单位：元 |
| 3 | 项目 | | 行次 | 本月数 | 本年累计数 |
| 4 | 一、主营业务收入 | | 1 | 19200 | |
| 5 | 减：主营业务成本 | | 2 | 11000 | |
| 6 | 主营业务税金及附加 | | 4 | | |
| 7 | 二、主营业务利润（亏损以“-”填列） | | 5 | | |
| 8 | 加：其他业务利润（亏损以“-”填列） | | 6 | | |
| 9 | 减：管理费用 | | 7 | | |
| 10 | 财务费用 | | 8 | | |
| 11 | 营业费用 | | 3 | | |
| 12 | 三、营业利润（亏损以“-”填列） | | 9 | | |
| 13 | 加：投资收益（亏损以“-”填列） | | 10 | | |
| 14 | 补贴收入 | | 11 | | |
| 15 | 营业外收入 | | 12 | | |
| 16 | 减：营业外支出 | | 13 | | |
| 17 | 加：以前年度损益调整 | | 14 | | |
| 18 | 四、利润总额（亏损以“-”填列） | | 15 | | |
| 19 | 减：所得税 | | 16 | | |
| 20 | 五、净利润（亏损以“-”填列） | | 17 | | |
| 21 | 单位负责人： | 财务负责人： | | 制表人： | |

图 8-55　引用数据

| | A | B | C | D | E |
|---|---|---|---|---|---|
| 1 | | 损益表 | | | |
| 2 | 编制单位：XX公司 | 2006年1月 | | | 单位：元 |
| 3 | 项目 | | 行次 | 本月数 | 本年累计数 |
| 4 | 一、主营业务收入 | | 1 | 19200 | 19200 |
| 5 | 减：主营业务成本 | | 2 | 11000 | 11000 |
| 6 | 主营业务税金及附加 | | 4 | | 0 |
| 7 | 二、主营业务利润（亏损以“-”填列） | | 5 | 8200 | 8200 |
| 8 | 加：其他业务利润（亏损以“-”填列） | | 6 | | 0 |
| 9 | 减：管理费用 | | 7 | | 0 |
| 10 | 财务费用 | | 8 | 20 | 20 |
| 11 | 营业费用 | | 3 | 700 | 700 |
| 12 | 三、营业利润（亏损以“-”填列） | | 9 | 7480 | 7480 |
| 13 | 加：投资收益（亏损以“-”填列） | | 10 | | 0 |
| 14 | 补贴收入 | | 11 | | 0 |
| 15 | 营业外收入 | | 12 | | 0 |
| 16 | 减：营业外支出 | | 13 | | 0 |
| 17 | 加：以前年度损益调整 | | 14 | | 0 |
| 18 | 四、利润总额（亏损以“-”填列） | | 15 | 7480 | 7480 |
| 19 | 减：所得税 | | 16 | | 0 |
| 20 | 五、净利润（亏损以“-”填列） | | 17 | 7480 | 7480 |
| 21 | 单位负责人： | 财务负责人： | | 制表人： | |

图 8-56　最终的利润表效果

# 8.6　习题

1. 在Excel 2016中，可以对哪些类型的数据进行排序？如何进行数据排序操作？
2. 如果要对多种字段进行排列，应该如何操作？
3. 筛选的作用是什么？Excel提供了哪几种主要筛选方式？
4. 分类汇总的作用是什么？进行分类汇总前需要进行什么操作？
5. 如何圈释无效数据？
6. 使用函数和分类汇总，制作如图8-57所示的工资汇总表。

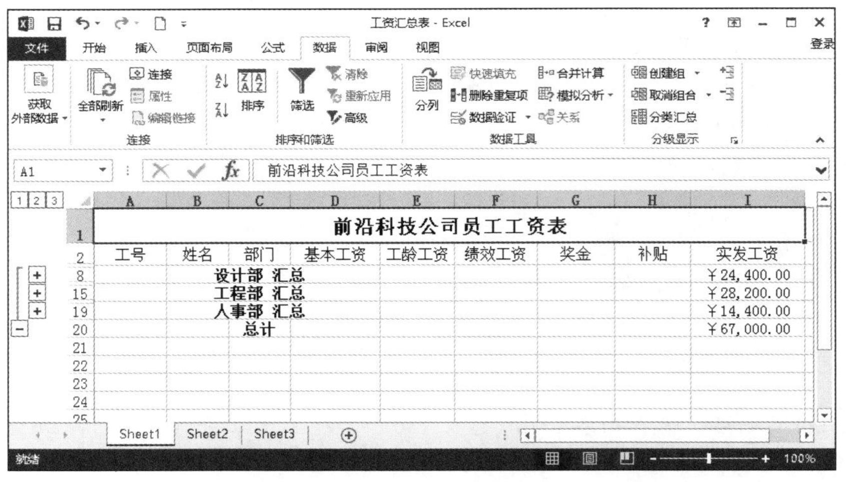
工资汇总表 - Excel
文件
开始
插入
页面布局
公式
数据
审阅
视图
登录
获取外部数据
全部刷新
连接
属性
编辑链接
排序
筛选
清除
重新应用
高级
排序和筛选
分列
快速填充
删除重复项
数据验证
合并计算
模拟分析
关系
数据工具
创建组
取消组合
分类汇总
分级显示
A1
前沿科技公司员工工资表
工号
姓名
部门
基本工资
工龄工资
绩效工资
奖金
补贴
实发工资
设计部 汇总
￥24,400.00
工程部 汇总
￥28,200.00
人事部 汇总
￥14,400.00
总计
￥67,000.00
Sheet1
Sheet2
Sheet3
就绪
100%

图 8-57　习题 6 效果

# 第9章 图表与数据透视图

## 学习目标

文字是最原始的资料，当人们阅读文字的时候，还需要在大脑中经过加工分析处理之后，才能理解文字传达的含义。而图表和数据透视图可以很好地从多维视角传达文字蕴含的信息。图表可以使数据易于理解，更容易体现出数据之间的相互关系，并有助于用户发现数据的发展趋势。数据透视表具有十分强大的数据重组和数据分析能力，它不仅能够改变数据表的行、列布局，而且能够快速汇总大量数据。本章就来介绍图表和数据透视图的知识。

## 本章重点

- 图表的概念和类型
- 创建趋势线与误差线
- 汇总方式和切片器
- 创建和编辑图表
- 制作数据透视表
- 制作数据透视图

# 9.1 图表简介

为了能更加直观地表达电子表格中的数据，可将数据以图表的形式来表示，因此，图表在制作电子表格时具有重要的作用。

## 9.1.1 图表结构

图表的基本结构包括：图表区、绘图区、图表标题、数据系列、网格线、图例等，如图9-1所示。

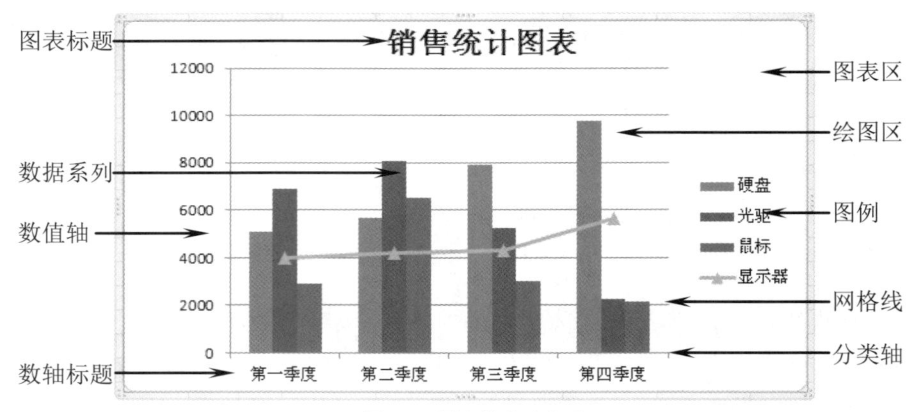


图 9-1　图表的基本构成

图表的主要组成部分介绍如下。

- 图表标题：图表标题在图表中起到说明性的作用，是图表性质的大致概括和内容总结，它相当于一篇文章的标题，用来定义图表的名称。它可以自动与坐标轴对齐或居中排列于图表坐标轴的外侧。
- 图表区：在Excel中，图表区指的是包含绘制的整张图表及图表中元素的区域。
- 绘图区：图表中的整个绘制区域。二维图表和三维图表的绘图区有所区别。在二维图表中，绘图区是以坐标轴为界并包括全部数据系列的区域；而在三维图表中，绘图区是以坐标轴为界并包含数据系列、分类名称、刻度线和坐标轴标题的区域。
- 数据系列：在Excel中，数据系列又称为分类，它指的是图表上的一组相关数据点。在图表中，每个数据系列都用不同的颜色和图案加以区分。每一个数据系列分别来自工作表的某一行或某一列。在同一张图表中(除了饼图外)，可以绘制多个数据系列。
- 网格线：和坐标纸类似，网格线是图表中从坐标轴刻度线延伸并贯穿整个绘图区的可选线条系列。网格线的形式有多种：水平的、垂直的、主要的、次要的，还可以对它们进行组合。网格线使用户对图表中的数据进行观察和估计更为准确和方便。
- 图例：在图表中，图例是包围图例项和图例项标示的方框，每个图例项左边的图例项标示和图表中相应数据系列的颜色与图案相一致。
- 数轴标题：数轴标题用于标记分类轴和数值轴的名称，默认设置下其位于图表的下面和左边。

## 9.1.2　图表类型

Excel提供了多种图表，如柱形图、折线图、饼图、条形图、面积图和散点图等，各种图表各有优点，适用于不同的场合。

- 柱形图：柱形图可直观地对数据进行对比分析以得出结果。在Excel中，柱形图又可细分为二维柱形图、三维柱形图等，如图9-2所示为三维柱形图。
- 折线图：折线图可直观地显示数据的走势情况。折线图又分为二维折线图与三维折线图，如图9-3所示为二维折线图。

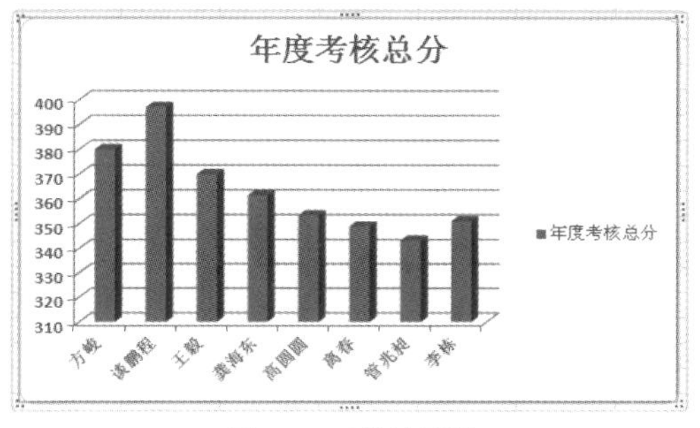


图 9-2　三维柱形图

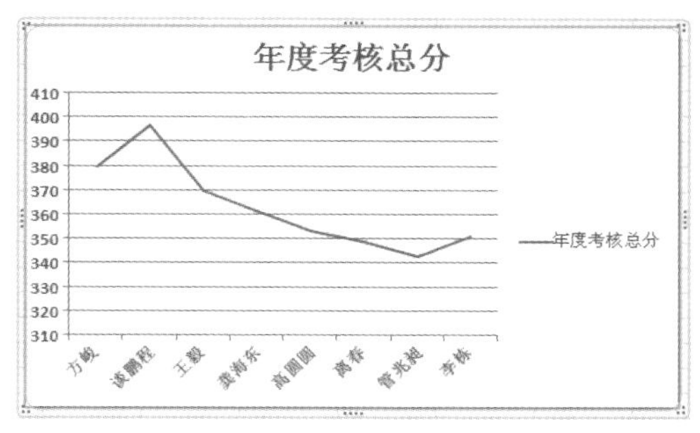


图 9-3　二维折线图

- 饼图：饼图能直观地显示数据所占比例，而且比较美观。饼图又可细分为二维饼图与三维饼图，如图9-4所示为三维饼图。
- 条形图：条形图就是横向的柱形图，其作用也与柱形图相同，可直观地对数据进行对比分析。条形图又可细分为二维条形图、三维条形图、圆柱图、圆锥图以及棱锥图，如图9-5所示为圆柱图。

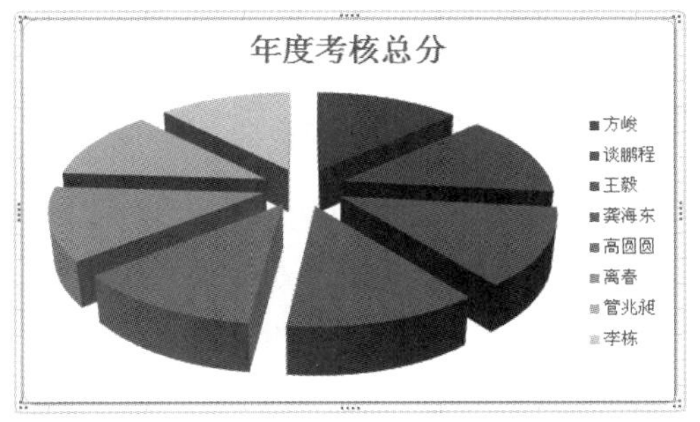


图 9-4　三维饼图

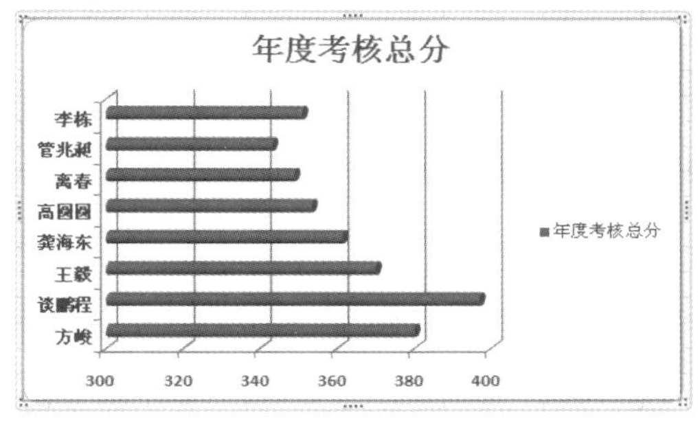


图 9-5　圆柱图

- 面积图：面积图能直观地显示数据的大小与走势范围。面积图又可分为二维面积图与三维面积图，如图9-6所示为三维面积图。
- 散点图：散点图可以直观地显示图表数据点的精确值，帮助用户对图表数据进行统计分析，如图9-7所示。

**知识点**

除了上面介绍的图表外，Excel还包括股价图、曲面图、圆环图、气泡图以及雷达图等类型的图表。

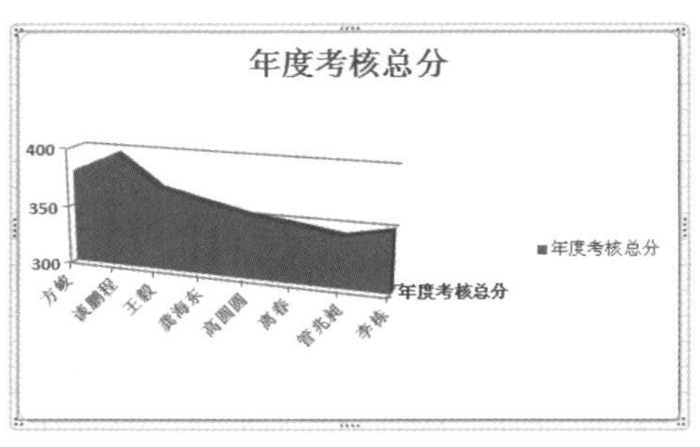


图 9-6　三维面积图

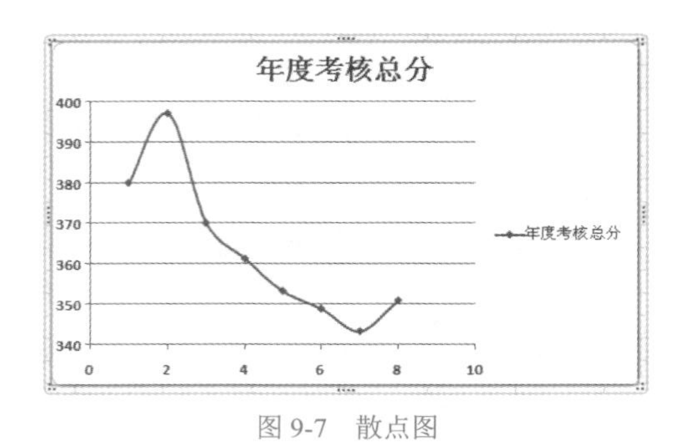


图 9-7　散点图

# 9.2　插入图表

在Excel中，创建图表有3种方法：使用快捷键创建、使用功能区创建和使用图表向导创建。本节主要介绍如何使用图表向导来插入图表，此外，在Excel中，还可以创建组合图表以及在图表中添加注释。

## 9.2.1　创建图表

使用Excel提供的图表向导，可以快速地创建一个标准类型或自定义类型的图表。创建完成后，仍然可以修改其各种属性，以使图表更加完善。

【例9-1】 创建图表。 视频

01 启动Excel，打开“产品生产报表”工作簿，然后选中表格中任意一个有数据的单元格，如图9-8所示。

02 选择【插入】选项卡，在【图表】组中单击对话框启动器按钮，如图9-9所示，打开【插入图表】向导对话框。

|  | A | B | C | D | E |
|---|---|---|---|---|---|
| 1 | 2015年度产品生产报表 |  |  |  |  |
| 2 | 产品 | 第一季度 | 第二季度 | 第三季度 | 第四季度 |
| 3 | 发动机盖板 | 1009 | 1500 | 1600 | 2001 |
| 4 | 机油尺 | 500 | 700 | 1010 | 900 |
| 5 | 真空助力管 | 2000 | 2500 | 2400 | 2600 |
| 6 | 空调低压管 | 1006 | 1200 | 1300 | 1400 |
| 7 | 制动液壶 | 1005 | 800 | 900 | 1008 |
| 8 | 空调高压管 | 900 | 1005 | 1006 | 1200 |
| 9 | 发动机支架 | 500 | 600 | 700 | 800 |
| 10 | 前保险杠支撑 | 1002 | 990 | 1004 | 1232 |
| 11 | 前减震支撑架 | 1001 | 1123 | 1522 | 1500 |
| 12 | 发动机仓横拉杆 | 1000 | 1187 | 1568 | 1544 |

图 9-8　打开工作簿

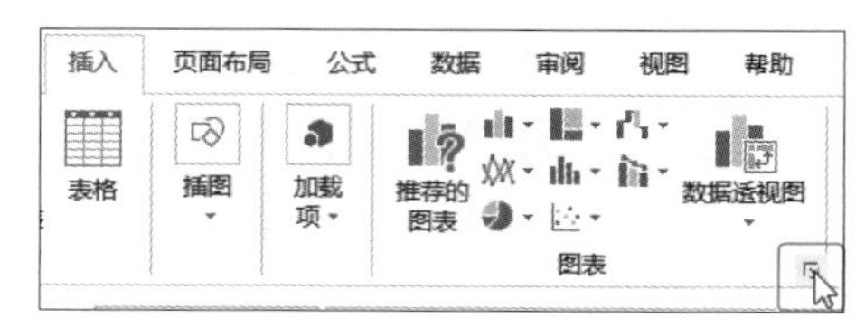


图 9-9　单击对话框启动器按钮

03 在向导对话框中切换到【所有图表】选项卡，在左侧列表框中选择图表类型，并在右侧的列表框中选择一种图表类型，单击【确定】按钮，如图9-10所示。

04 此时，即可基于工作表中的数据创建一个图表，如图9-11所示。

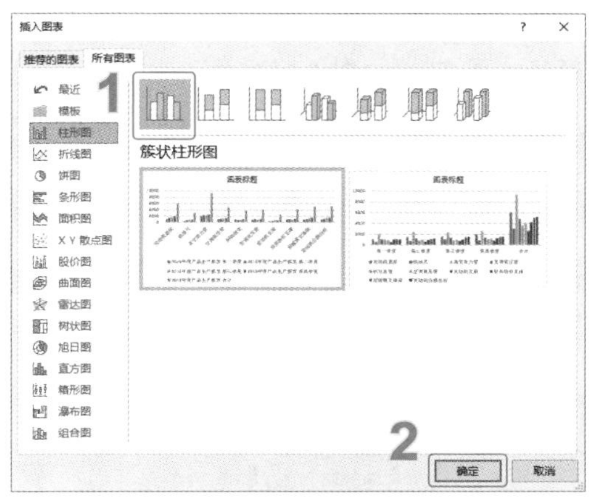


图 9-10　【插入图表】对话框

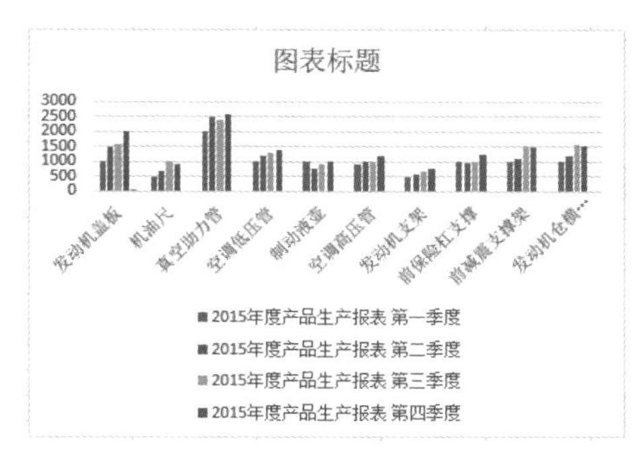


图 9-11　创建图表

**提示**

在Excel中，按Alt+F1组合键或者按F11键可以快速创建图表。其中使用Alt+F1快捷键创建的是嵌入式图表，而使用F11快捷键创建的是图表工作表。在功能区中，打开【插入】选项卡，使用【图表】组中的图表按钮，可以方便地创建各种图表。

## 9.2.2　创建组合图表

有时在同一个图表中需要同时使用两种图表类型，即为组合图表，比如由二维柱状图和折线图组成的线柱组合图表。

【例9-2】 创建组合图表。 视频

01 启动Excel，打开“产品生产报表”工作簿的“产品生产报表”工作表。

02 单击图表中表示第一季度的任意一个蓝色柱体，则会选中所有关于第一季度的数据柱体，被选中的数据柱体4个角上显示小圆圈符号，如图9-12所示。

03 在【图表工具】的【设计】选项卡的【类型】组中单击【更改图表类型】按钮，如图9-13所示。

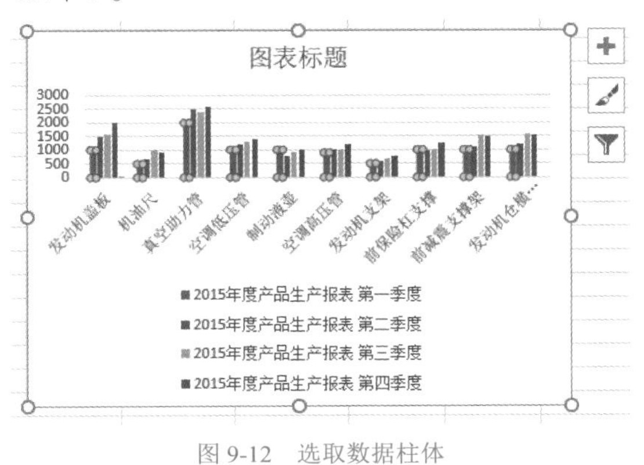


图 9-12　选取数据柱体

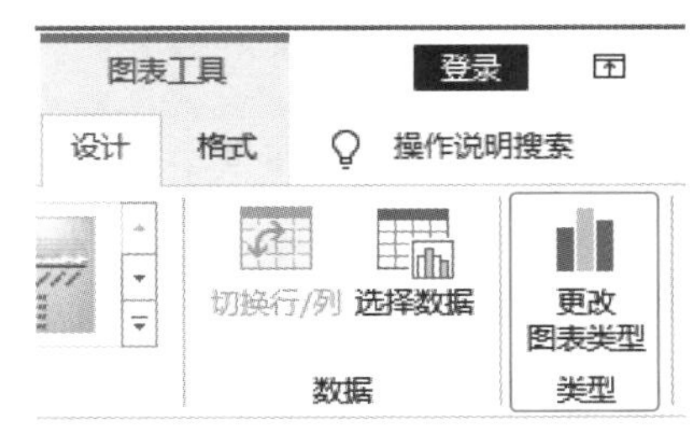


图 9-13　单击【更改图表类型】按钮

04 打开【更改图表类型】对话框，在左侧列表框中选择【组合图】，然后在右侧窗格上方选择【自定义组合】，在【为您的数据系列选择图表类型和轴】中，为第一季度的数据选择【带数据标记的折线图】选项，然后单击【确定】按钮，如图9-14所示。

05 此时原来的“第一季度”柱体变为折线，完成线柱组合图表的绘制，如图9-15所示。

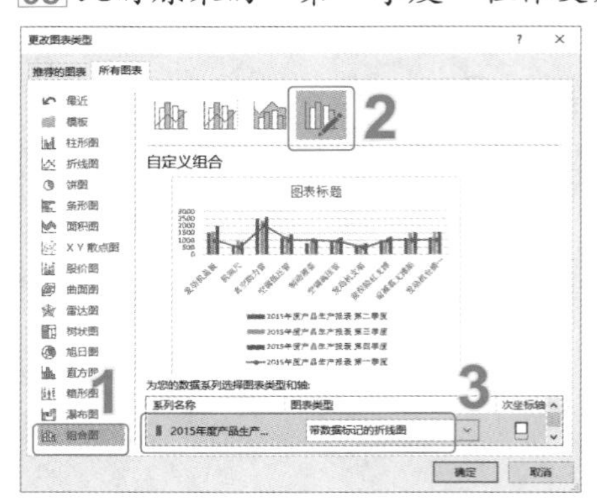


图 9-14 【更改图表类型】对话框

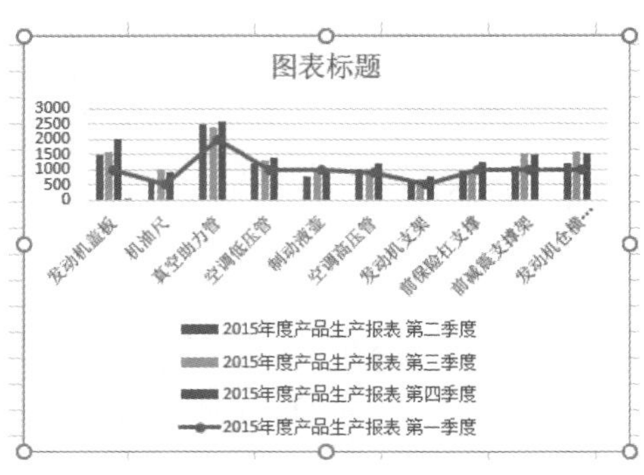


图 9-15 显示组合图表

## 9.2.3 添加图表注释

制作图表时，为了方便查看，在创建图表时，可以添加注释来解释图表内容。图表的注释是一种浮动的文字，可以使用【文本框】功能来实现注释功能。

首先选中图表，在【插入】选项卡里，选择【文本】组中的【文本框】|【横排文本框】命令，在图表中单击插入文本框，并在文本框内输入文字，如图9-16所示。当选中文本框时，还可以在【绘图工具】的【格式】选项卡中设置文本和文本框的格式。

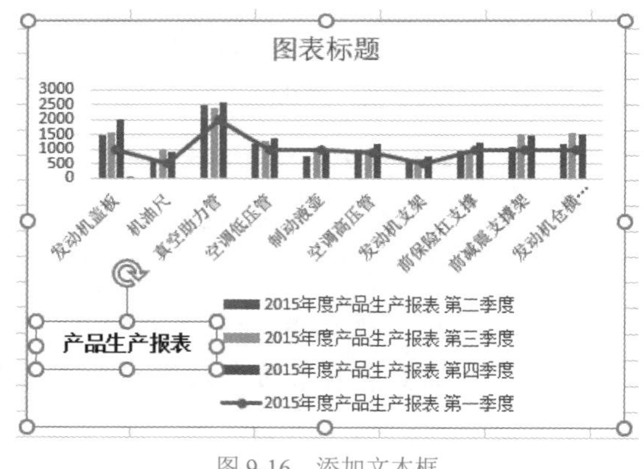


图 9-16 添加文本框

**提示**

如果没有选中图表就选择【文本框】命令，插入的文本框将会放在图表的上面而不是在图表内部。而文本框不在图表内部时，当移动图表时，文本框不会跟随移动。

# 9.3 编辑图表

已经创建好的图表如果不符合需求，可以再次对其进行编辑。当选中图表时，Excel会自动打开【图表工具】的【设计】和【格式】选项卡，这时可以设置图表类型、图表位置和大小、图表样式等。

## 9.3.1 更改图表类型

如果图表的类型和要表达的信息、含义不够贴切，可以更改图表的类型。首先选中图表，然后打开【图表工具】的【设计】选项卡，在【类型】组中单击【更改图表类型】按钮，打开【更改图表类型】对话框，选择其他类型的图表选项，比如选择【堆积条形图】选项，单击【确定】按钮，效果如图9-17所示。

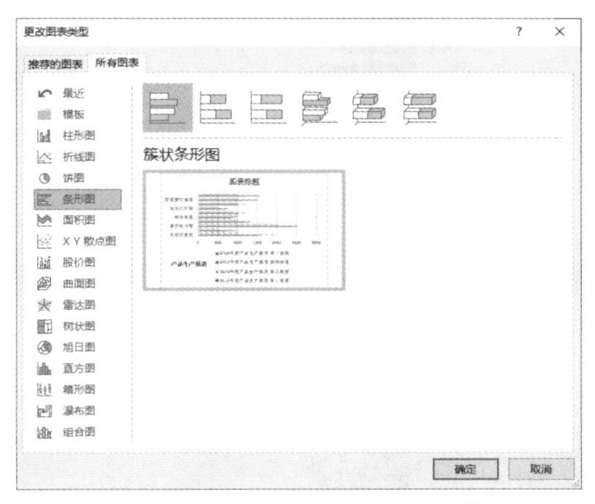


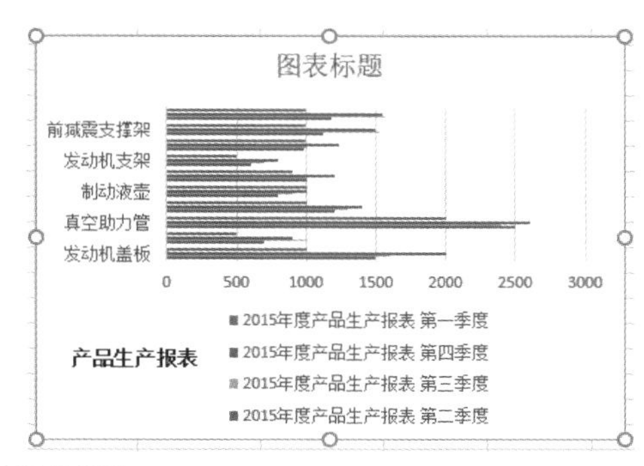


图 9-17　更改图表类型

## 9.3.2　更改图表数据源

在Excel图表中，可以通过增加或减少图表数据系列，来控制图表中显示的数据内容。

【例9-3】 更改图表的数据源。

01 启动Excel，打开“产品生产报表”工作簿的“产品生产报表”工作表。

02 选中图表，打开【图表工具】的【设计】选项卡，在【数据】组中单击【选择数据】按钮，如图9-18所示。

03 打开【选择数据源】对话框，单击【图表数据区域】右侧的按钮，如图9-19所示。

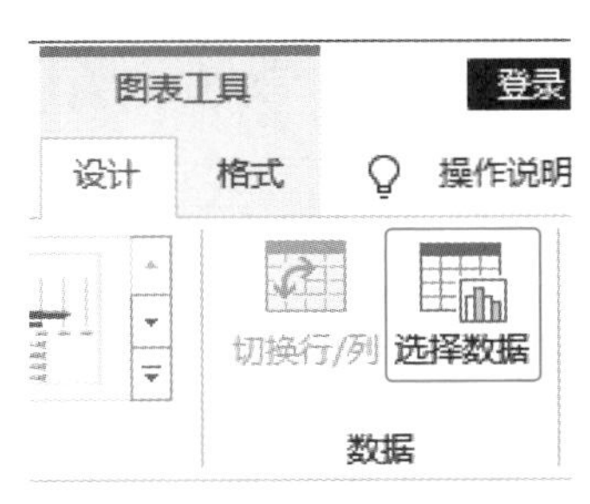


图 9-18　单击【选择数据】按钮

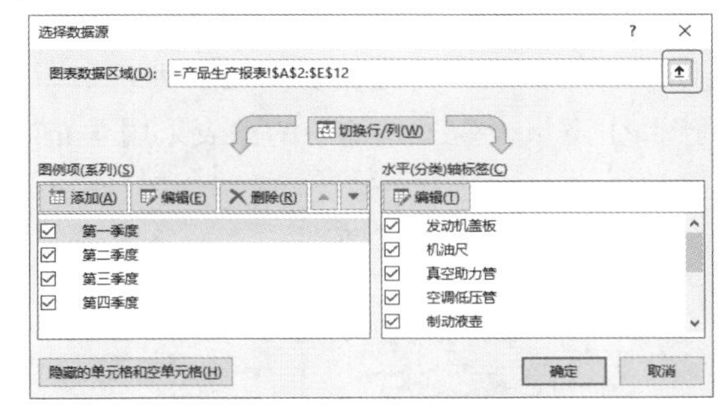


图 9-19　单击按钮

04 返回工作表，选择A2:C12单元格区域，如图9-20所示，然后单击按钮。

05 返回【选择数据源】对话框，单击【确定】按钮，此时数据源发生变化，图表也随之发生变化，如图9-21所示。

| | A | B | C | D | E |
|---|---|---|---|---|---|
| 1 | 2015年度产品生产报表 | | | | |
| 2 | 产品 | 第一季度 | 第二季度 | 第三季度 | 第四季度 |
| 3 | 发动机盖板 | 1009 | 1500 | 1600 | 2001 |
| 4 | 机油尺 | 500 | 700 | 1010 | 900 |
| 5 | 真空助力管 | 2000 | 2500 | 2400 | 2600 |
| 6 | 空调低压管 | 1006 | 1200 | 1300 | 1400 |
| 7 | 制动液壶 | 1005 | 800 | 900 | 1008 |
| 8 | 空调高压管 | 900 | 1005 | 1006 | 1200 |
| 9 | 发动机支架 | 500 | 600 | 700 | 800 |
| 10 | 前保险杠支撑 | 1002 | 990 | 1004 | 1232 |
| 11 | 前减震支撑架 | 1001 | 1123 | 1522 | 1500 |
| 12 | 发动机仓横拉杆 | 1000 | 1187 | 1568 | 1544 |

图 9-20　选定数据源单元格区域

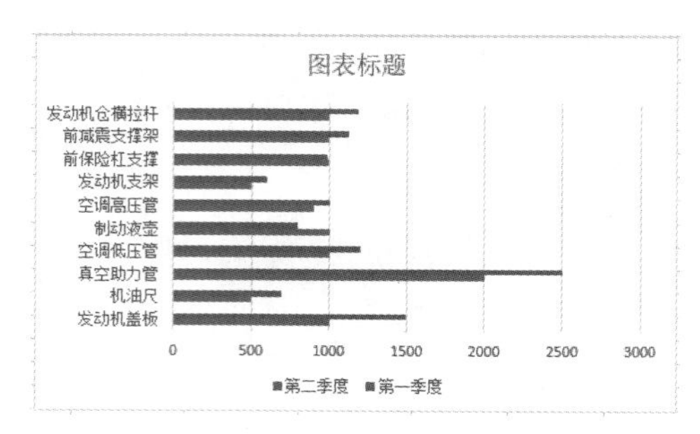


图 9-21　改变数据源后的图表

## 9.3.3　套用图表预设样式和布局

Excel为所有类型的图表预设了多种样式。打开【图表工具】的【设计】选项卡的【图表样式】组，在【图表样式】列表中即可为图表套用预设的图表样式。如图9-22所示为“产品生产报表”工作簿中的图表采用【样式26】后的效果。

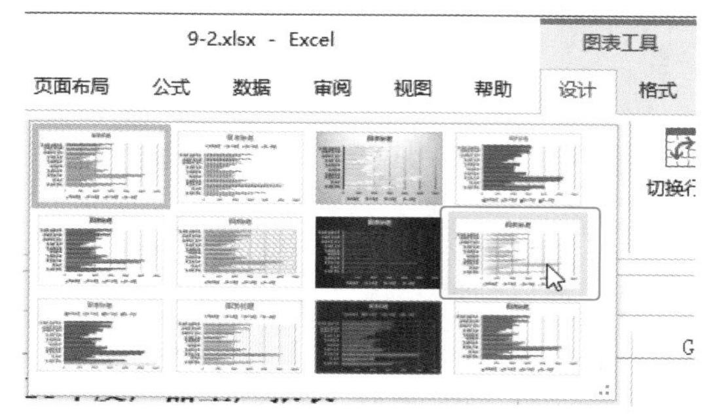


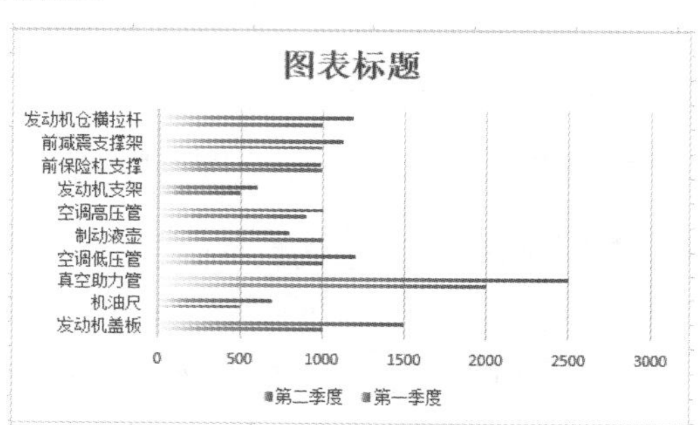


图 9-22　套用预设样式

Excel 2016为所有类型的图表预设了多种布局效果，打开【图表工具】的【设计】选项卡的【图表布局】组，在【图表布局】列表中即可为图表套用预设的图表布局。如图9-23所示为“产品生产报表”工作簿中的图表采用【布局2】后的效果。

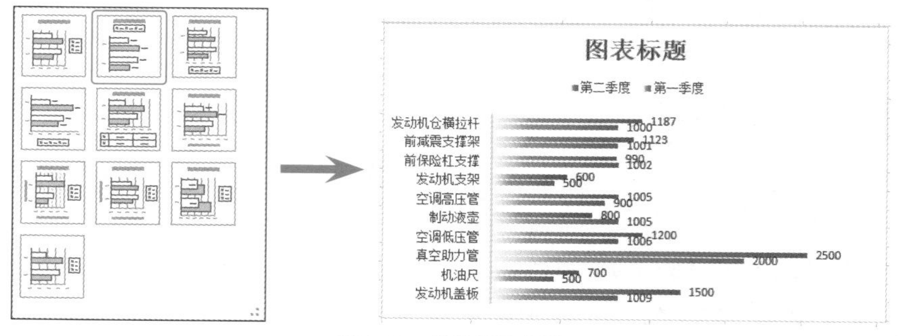


图 9-23　套用预设布局

## 9.3.4　设置图表标题

在【设计】选项卡的【图表布局】组中，单击【添加图表元素】按钮，弹出下拉菜单，

如图9-24所示。在菜单中可以选择图表标题的显示位置与是否显示图表标题。如图9-25所示为设置标题为【居中覆盖】的效果，显然看起来效果不太好，图例覆盖了标题，可以恢复到显示在上方。

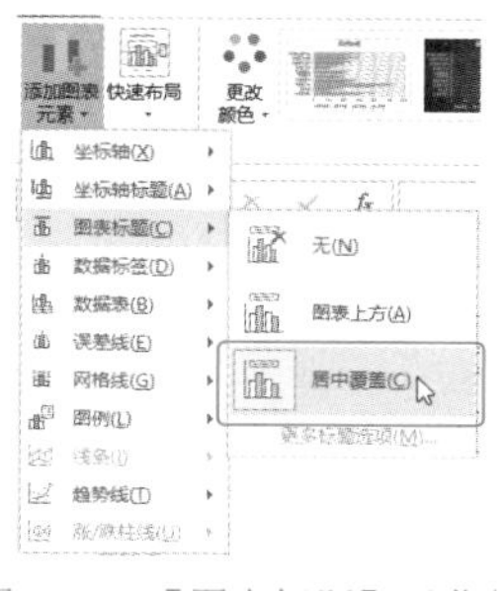

图 9-24 【图表标题】子菜单

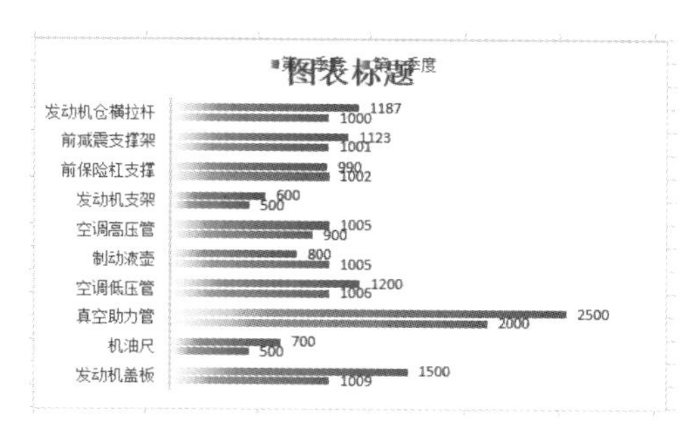

图 9-25 在图表上方添加图表标题

也可以选中图表，然后在图表右上角会出现若干快捷按钮，单击【图表元素】按钮+，也可以对图表标题等元素的布局进行设置。

## 9.3.5 设置坐标轴标题

在【设计】选项卡的【图表布局】组中，单击【添加图表元素】按钮，从弹出的菜单中可以选择【坐标轴标题】选项，如图9-26所示，可以分别设置横坐标轴标题与纵坐标轴标题。如图9-27所示为设置图表显示横坐标轴的标题且标题显示在横坐标轴下方。

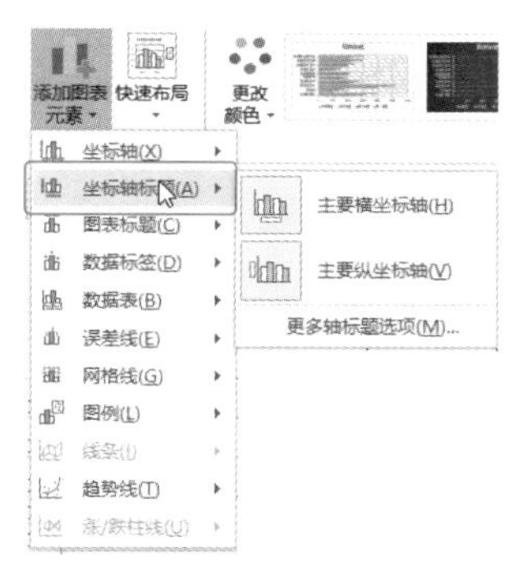

图 9-26 【坐标轴标题】子菜单

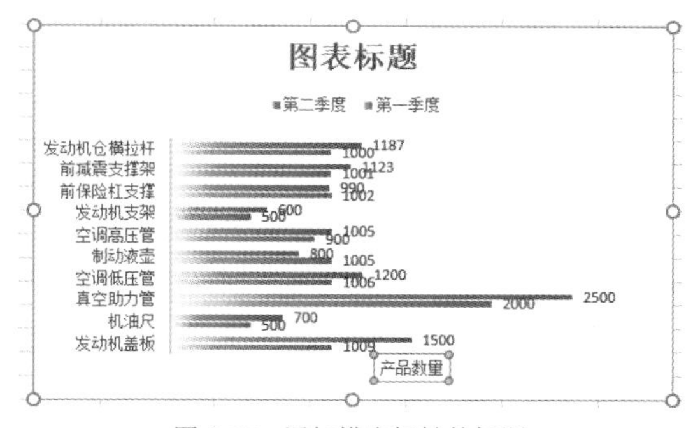

图 9-27 添加横坐标轴的标题

## 9.3.6 设置绘图区背景

在Excel中，可以为图表的绘图区设置背景，选中图表的绘图区，打开【图表工具】的【格式】选项卡，在【形状样式】组中，单击【形状填充】按钮，在打开的菜单中选择背景颜色，如图9-28所示。

也可以在【形状样式】组中单击【设置形状格式】按钮，打开【设置图表区格式】任务窗格，如图9-29所示，在其中可以进行纯色、渐变色和图片背景的设置。选中【纯色填充】单选按钮，单击【颜色】下拉按钮，从弹出的颜色面板中可以选择一种颜色，单击【关闭】按钮。

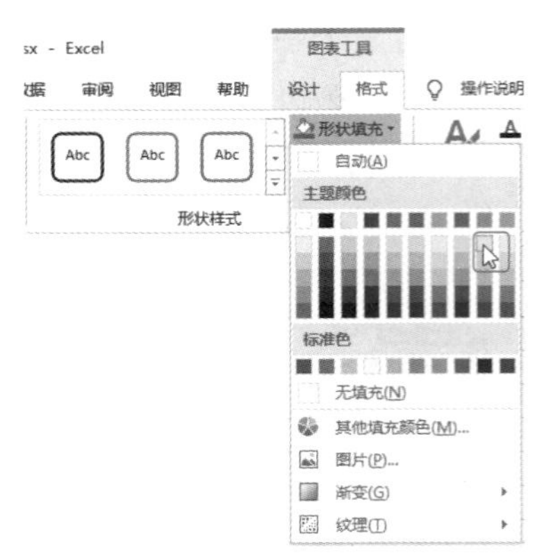

图 9-28 【形状填充】菜单

图 9-29 【设置图表区格式】任务窗格

此时，即可在图表中显示所设置的绘图区背景色，效果如图9-30所示。

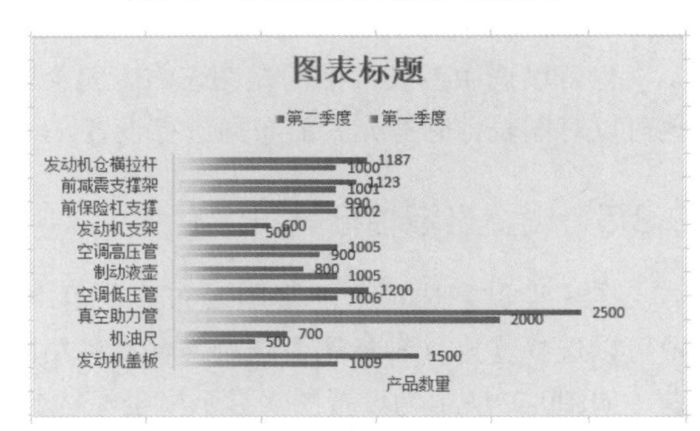


图 9-30 显示绘图区背景色

**提示**

要清除设置好的绘图区背景色，可在【形状填充】菜单中选择【无填充】命令。

## 9.3.7 设置图表各元素样式

在表格中插入图表后，可以根据需要调整图表中任意元素的样式，如图表区的样式、绘图区的样式以及数据系列的样式等。

【例9-4】设置图表元素的样式。

01 启动Excel，打开“产品生产报表”工作簿。

02 选中图表，打开【图表工具】的【格式】选项卡，在【形状样式】组中单击【其他】按钮，在弹出的【形状样式】下拉列表框中选择一种预设样式，如图9-31所示。

03 返回工作簿窗口，即可查看新设置的图表区样式，如图9-32所示。

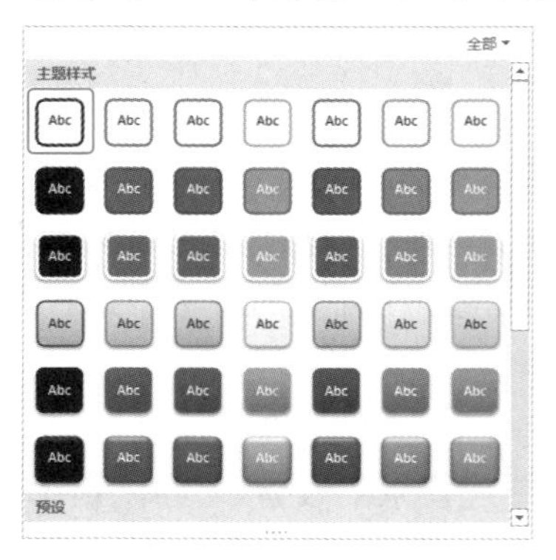

图 9-31 选择预设样式

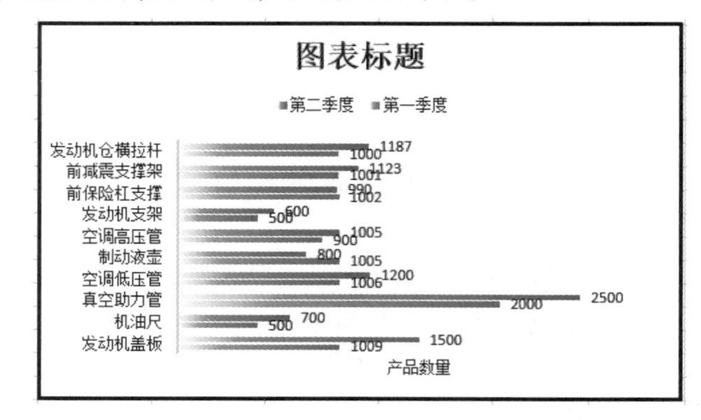


图 9-32 图表区的新样式

04 选定图表中第一季度的数据系列，在【格式】选项卡的【形状样式】组中，单击【形状填充】按钮，在弹出的菜单中选择【纹理】|【水滴】选项，如图9-33所示。

05 返回工作簿窗口，此时第一季度数据系列的条形图将会被填充为【水滴】样式，效果如图9-34所示。

**提示**

单击【形状填充】下拉按钮，在弹出的菜单中选择【图片】命令，打开【插入图片】对话框，选择一幅图片，然后单击【插入】按钮，可为选择的条形形状添加图片填充效果。

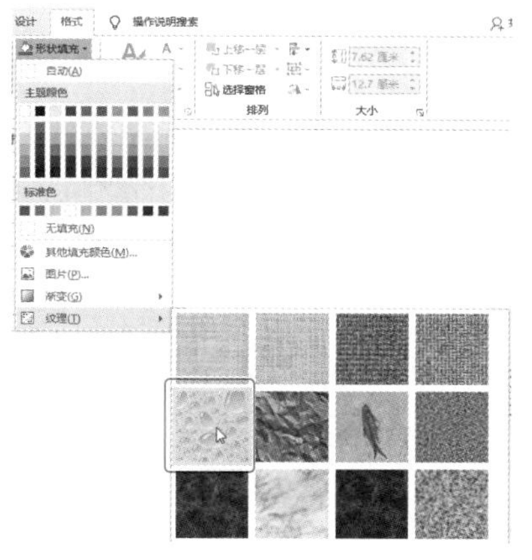


图 9-33　选择填充样式

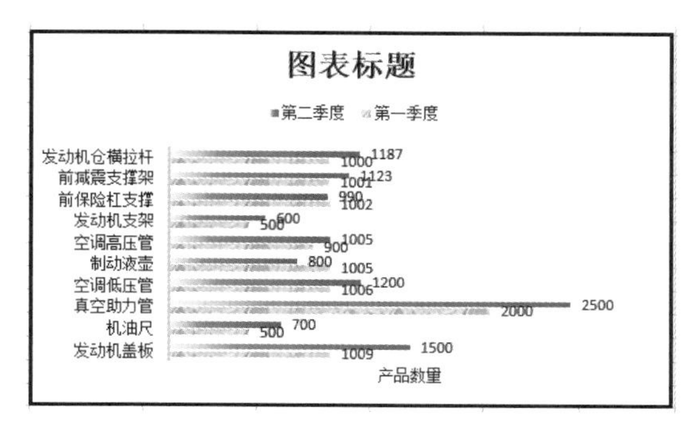


图 9-34　数据系列的新样式

06 选择图表，然后在【格式】选项卡的【形状样式】组中，单击【形状效果】下拉按钮，从弹出的菜单中选择【阴影】|【内部左上角】选项，如图9-35所示。

07 返回工作簿窗口，即可查看添加了阴影效果后的图表样式，如图9-36所示。

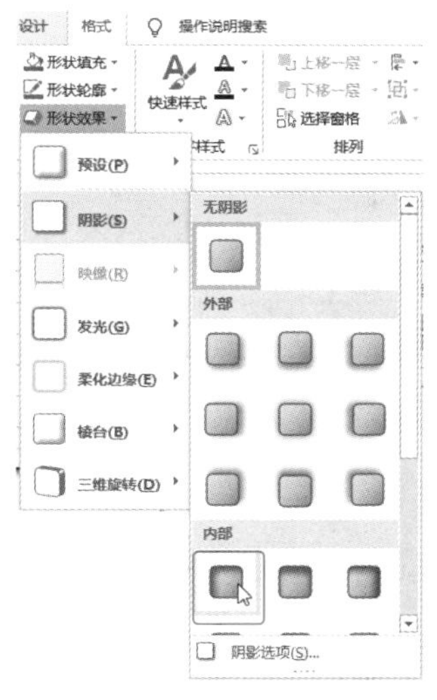


图 9-35　选择阴影效果

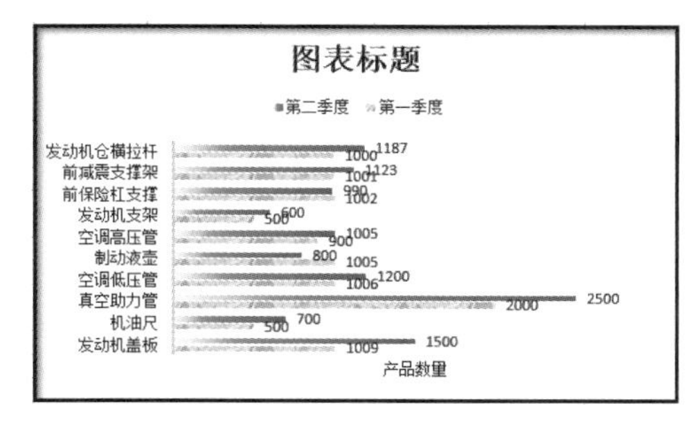


图 9-36　添加阴影后的图表

## 9.3.8 调整图表的位置和大小

在默认情况下，创建的图表和关联数据在同一工作表上，可以将创建的图表移动到其他工作表中，也可以调整图表的位置和大小。

【例9-5】 调整图表的位置和大小。

01 打开例9-4制作的“产品生产报表”工作簿。

02 选中工作簿中的图表对象，选择【设计】选项卡，在【位置】组中单击【移动图表】按钮，如图9-37所示。

03 打开【移动图表】对话框，选中【对象位于】单选按钮，在下拉列表中选择要移动到的标签名称【Sheet2】选项，如图9-38所示。

04 单击【确定】按钮，即可将图表移动到选择的Sheet2工作表中，如图9-39所示。

05 拖动图表四周的控制点可以放大或缩小图表，效果如图9-40所示。

06 单击图表中的绘图区，即可看到绘图区四周出现8个控制点。拖动绘图区四周的控制点即可调整绘图区的大小，效果如图9-41所示。

07 将鼠标放在图表中，当鼠标指针变成十字形状时按下鼠标左键拖动，即可在工作表中移动图表的位置，效果如图9-42所示。

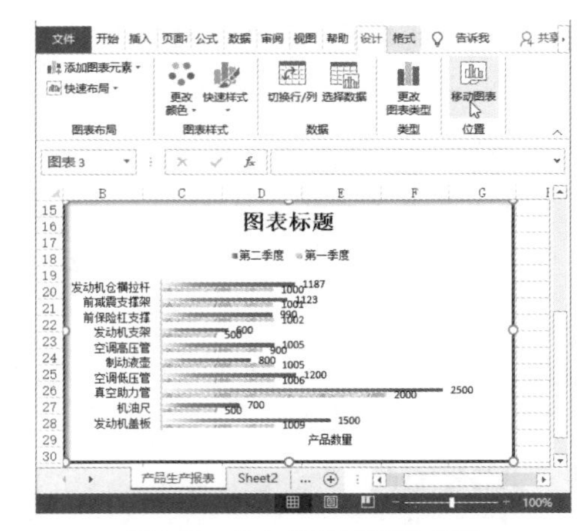


图 9-37 单击【移动图表】按钮

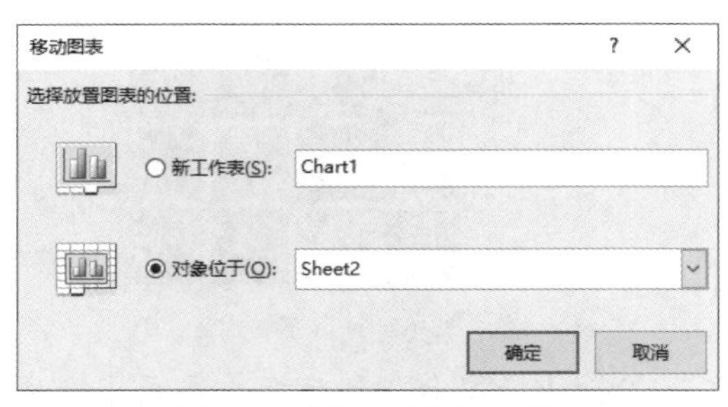


图 9-38 【移动图表】对话框

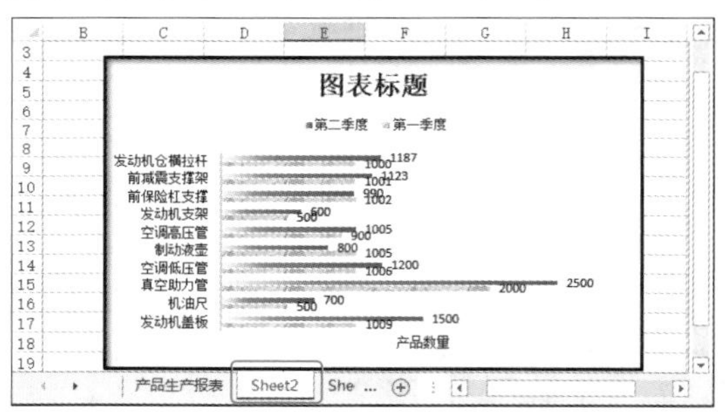


图 9-39 移动图表后的效果

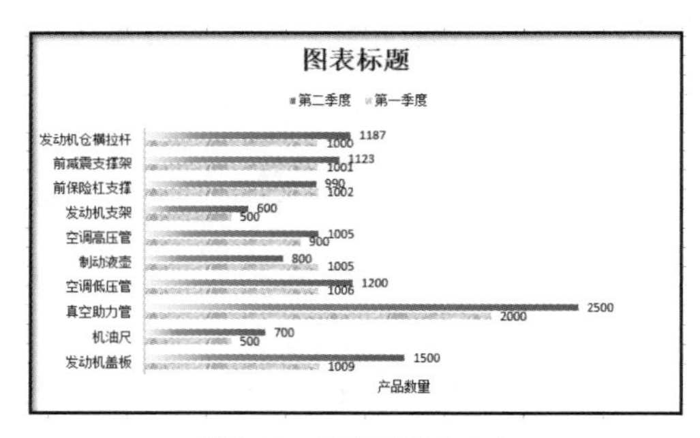


图 9-40 调整图表的大小

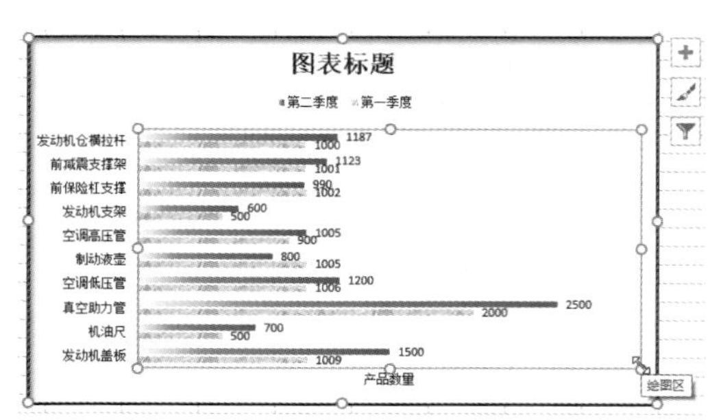


图 9-41 调整绘图区的大小

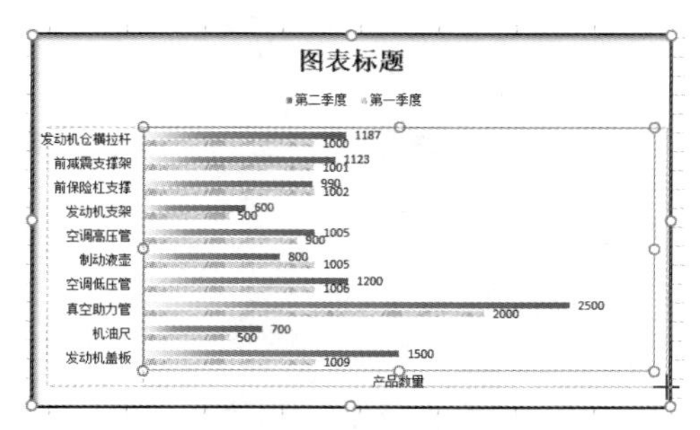


图 9-42 移动图表的位置

# 9.4　创建趋势线与误差线

由于图表能够轻易地表达出信息要表达的含义，因此，它具有很强的分析预测功能，用户可以使用图表发现数据的运动规律并预测未来趋势。其中，趋势线和误差线分析是工作中经常使用的两种分析方法。

## 9.4.1　添加趋势线

趋势线可以帮助用户更好地观察数据的发展趋势。虽然趋势线与图表中的数据系列有关联，但趋势线并不表示该数据系列的数据。

【例9-6】 为图表数据添加趋势线。 视频

01 打开“产品生产报表”工作簿。

02 选中图表，然后单击【设计】选项卡，在【图表布局】组中单击【添加图表元素】下拉按钮，在弹出的下拉菜单中选择【趋势线】|【指数】选项，如图9-43所示。

03 将弹出一个【添加趋势线】对话框，在【添加基于系列的趋势线】中选择第一个选项。单击【确定】按钮，此时即可看到为选中图表添加趋势线后的效果，如图9-44所示。

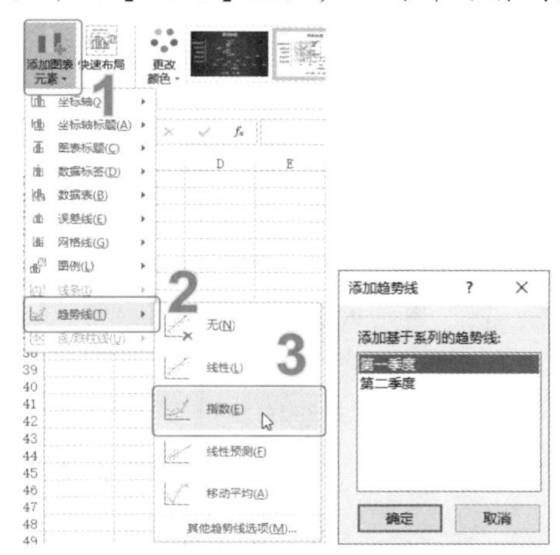


图 9-43　选择【趋势线】|【指数】选项

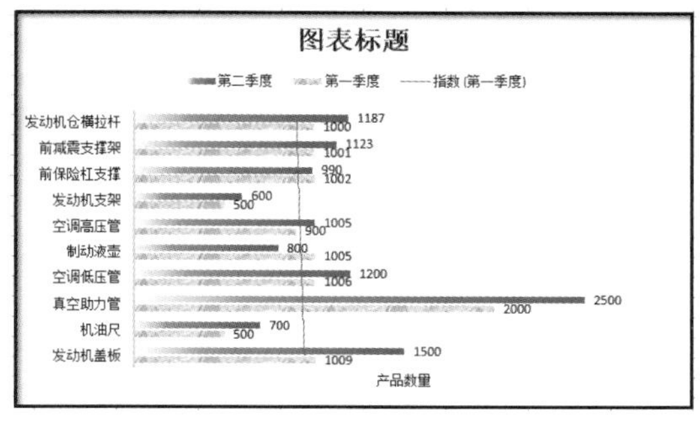


图 9-44　添加趋势线后的效果

## 9.4.2　添加误差线

误差线通常用在统计或科学记数法数据中。误差线显示相对序列中的每个数据标记的潜在误差或不确定精度。

【例9-7】 为图表数据添加误差线。 视频

01 打开“产品生产报表”工作簿的“产品生产报表”工作表，添加“合计”列。选中表格中的第一季度到第四季度各产品的合计数据，然后插入二维柱形图表，如图9-45所示。

02 选中图表，打开【设计】选项卡，在【图表布局】组中单击【添加图表元素】下拉按钮，从弹出的下拉菜单中选择【数据标签】|【数据标签外】命令，如图9-46所示，在图表

的每根柱形图上添加相对应的数据标签。

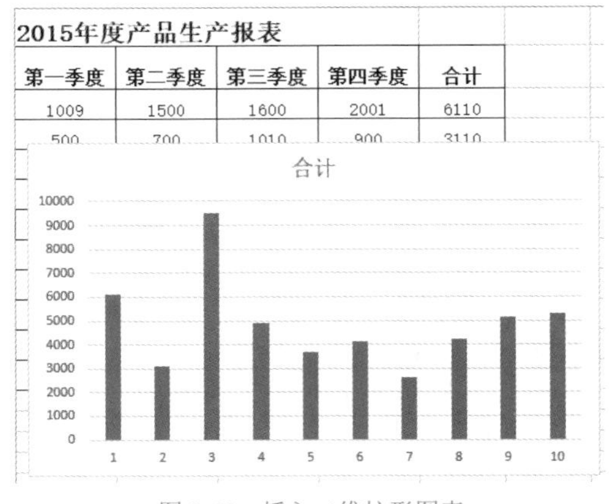


图 9-45 插入二维柱形图表

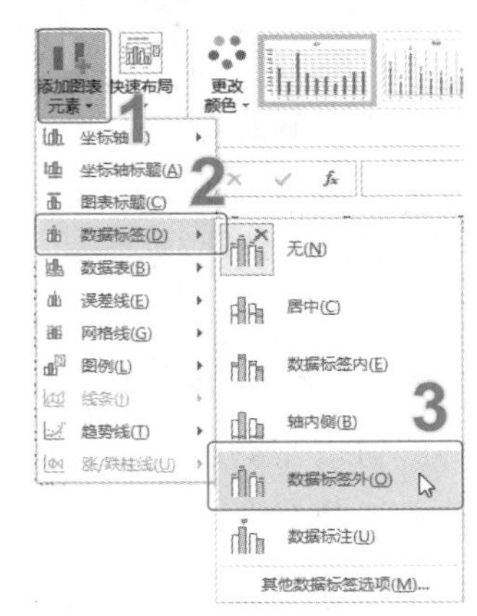


图 9-46 选择【数据标签】|【数据标签外】选项

03 选中图表，然后单击【设计】选项卡，在【图表布局】组中单击【添加图表元素】下拉按钮，在弹出的下拉菜单中选择【误差线】|【百分比】选项，如图9-47所示。

04 此时即可看到为选中数据系列添加误差线后的效果，如图9-48所示。

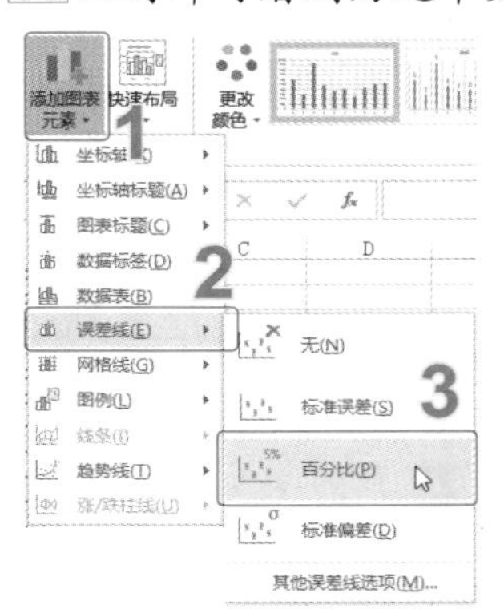


图 9-47 选择【误差线】|【百分比】选项

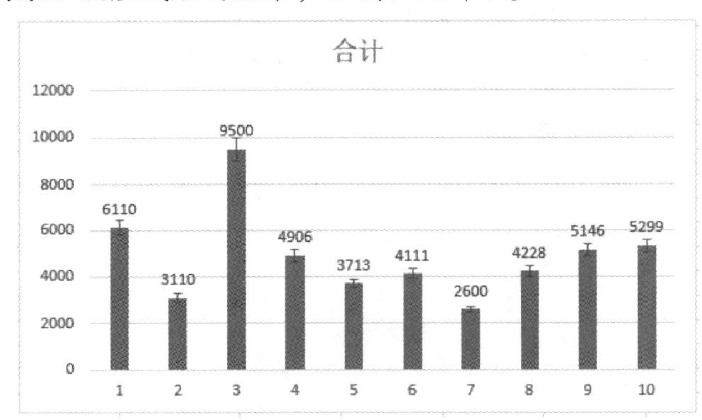


图 9-48 添加误差线后的效果

# 9.5 制作数据透视表

数据透视表是一种对大量数据快速汇总和建立交叉列表的交互式表格。它不仅可以转换行和列以查看源数据的不同汇总结果，也可以显示不同页面以筛选数据，还可以根据需要反映区域中的细节数据，本节介绍制作数据透视表的方法。

## 9.5.1 创建数据透视表

要创建数据透视表，必须连接一个数据来源并输入报表的位置，本节以“产品生产报表”工作表为数据源来创建数据透视表。

【例9-8】 创建数据透视表。 视频

01 启动Excel，打开“产品生产报表”工作簿的“产品生产报表”工作表。

02 选择【插入】选项卡，在【表格】组中单击【数据透视表】按钮，如图9-49所示。

03 打开【创建数据透视表】对话框，选中【选择一个表或区域】单选按钮，然后单击按钮，选取A2:E12单元格区域。继续选中【新工作表】单选按钮，然后单击【确定】按钮，如图9-50所示。

图 9-49　单击【数据透视表】按钮

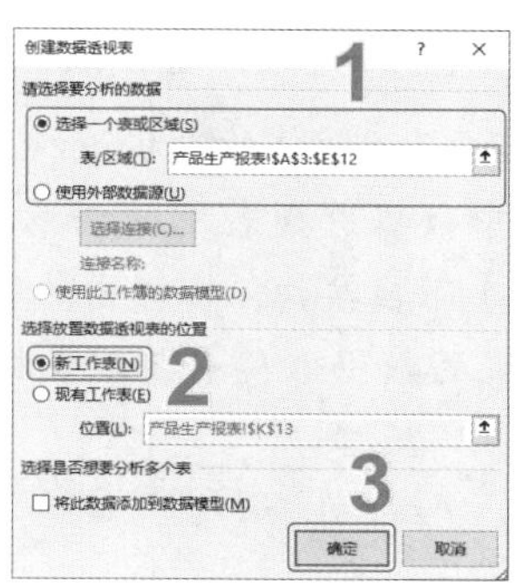

图 9-50　【创建数据透视表】对话框

04 此时，在工作簿中添加一个新工作表，同时插入数据透视表，如图9-51所示。

05 在【数据透视表字段】任务窗格的【选择要添加到报表的字段】列表中分别选中【产品】【第一季度】【第二季度】【第三季度】和【第四季度】复选框，此时，可以看到各字段已经添加到数据透视表中，如图9-52所示。

图 9-51　插入数据透视表

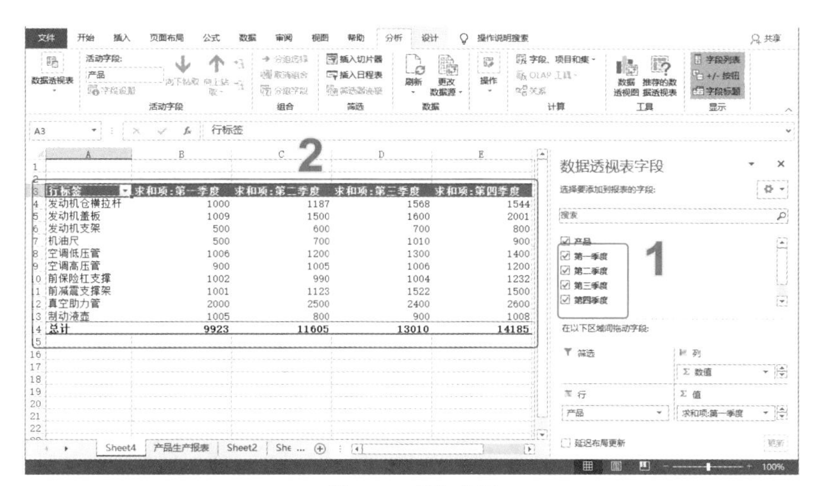

图 9-52　添加字段

### 9.5.2 设置透视表布局和样式

选择不同的布局，数据透视表的表现形式也不同，但不会影响数据计算的结果。用户可以根据需要选择合适的数据透视表布局，还可以设置数据透视表的样式。

【例9-9】设置数据透视表的布局和样式。

01 打开例9-8制作的数据透视表。

02 选中数据透视表中的任意数据单元格，单击【设计】选项卡，在【布局】组中单击【报表布局】下拉按钮，在弹出的下拉列表中选择【以表格形式显示】选项，如图9-53所示。

03 设置的数据透视表将以表格形式显示，如图9-54所示。

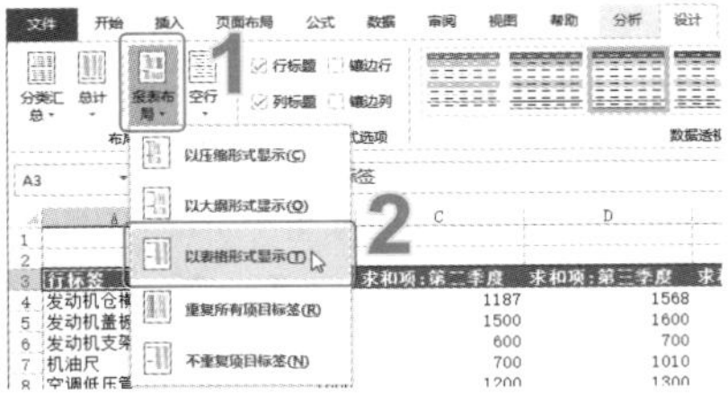

图 9-53 选择【以表格形式显示】选项

| 产品 | 求和项:第一季度 | 求和项:第二季度 | 求和项:第三季度 | 求和项:第四季度 |
|---|---|---|---|---|
| 发动机仓横拉杆 | 1000 | 1187 | 1568 | 1544 |
| 发动机盖板 | 1009 | 1500 | 1600 | 2001 |
| 发动机支架 | 500 | 600 | 700 | 800 |
| 机油尺 | 500 | 700 | 1010 | 900 |
| 空调低压管 | 1006 | 1200 | 1300 | 1400 |
| 空调高压管 | 900 | 1005 | 1006 | 1200 |
| 前保险杠支撑 | 1002 | 990 | 1004 | 1232 |
| 前减震支撑架 | 1001 | 1123 | 1522 | 1500 |
| 真空助力管 | 2000 | 2500 | 2400 | 2600 |
| 制动液壶 | 1005 | 800 | 900 | 1008 |
| 总计 | 9923 | 11605 | 13010 | 14185 |

图 9-54 以表格形式显示的效果

04 选中数据透视表，单击【设计】选项卡，在【数据透视表样式】列表框中选择【数据透视表样式中等深浅15】选项，如图9-55所示。

05 此时即可看到应用数据透视表样式后的效果，如图9-56所示。

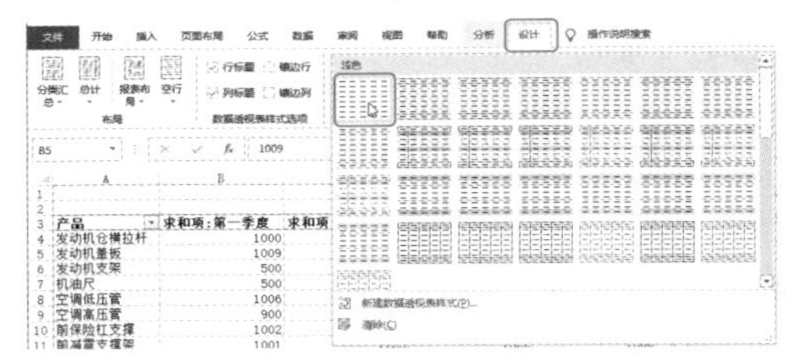

图 9-55 选择数据透视表样式

| 产品 | 求和项:第一季度 | 求和项:第二季度 | 求和项:第三季度 | 求和项:第四季度 |
|---|---|---|---|---|
| 发动机仓横拉杆 | 1000 | 1187 | 1568 | 1544 |
| 发动机盖板 | 1009 | 1500 | 1600 | 2001 |
| 发动机支架 | 500 | 600 | 700 | 800 |
| 机油尺 | 500 | 700 | 1010 | 900 |
| 空调低压管 | 1006 | 1200 | 1300 | 1400 |
| 空调高压管 | 900 | 1005 | 1006 | 1200 |
| 前保险杠支撑 | 1002 | 990 | 1004 | 1232 |
| 前减震支撑架 | 1001 | 1123 | 1522 | 1500 |
| 真空助力管 | 2000 | 2500 | 2400 | 2600 |
| 制动液壶 | 1005 | 800 | 900 | 1008 |
| 总计 | 9923 | 11605 | 13010 | 14185 |

图 9-56 更改数据透视表样式

## 9.6 汇总方式和切片器

在创建数据透视表后，打开【数据透视表工具】的【分析】和【设计】选项卡，在其中可以对数据透视表进行设置。比如设置数据透视表的汇总方式、使用切片器等。

### 9.6.1 设置汇总方式

默认情况下，数据透视表的汇总方式为求和汇总。Excel提供了多种汇总方式，如平均值、最大值、最小值以及计数等，用户可以根据需要自行设置汇总方式。

【例9-10】设置汇总方式。

01 启动Excel，打开例9-9制作的数据透视表。

02 在数据透视表中选中【求和项：第一季度】单元格，右击，从弹出的快捷菜单中选择【值汇总依据】|【平均值】命令，如图9-57所示，即可更改汇总方式。

03 或者在【数据透视表字段】任务窗格中的【数值】列表框中单击【求和项：第一季度】下拉按钮，从弹出的菜单中选择【值字段设置】命令，如图9-58所示。

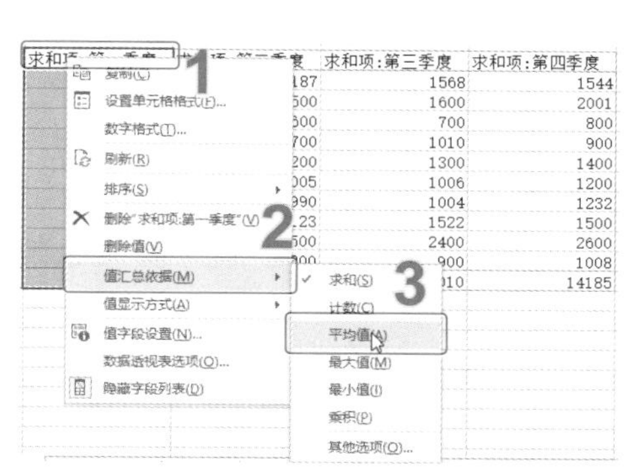


图 9-57　选择【值汇总依据】|【平均值】命令

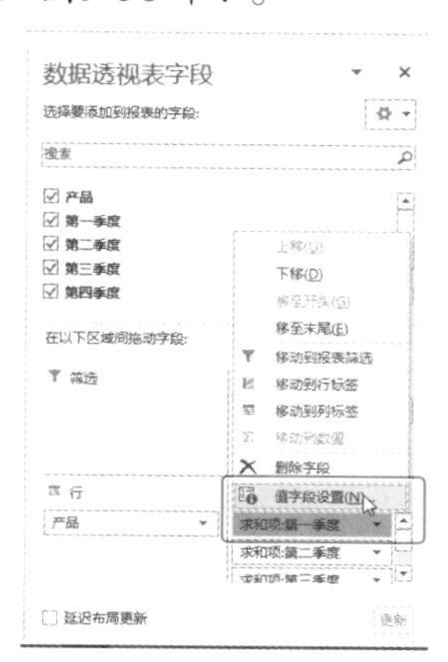


图 9-58　选择【值字段设置】命令

04 打开【值字段设置】对话框，在【计算类型】列表框中也可选择汇总方式为【平均值】选项，然后单击【确定】按钮，如图9-59所示。

05 改变汇总方式后的数据透视表如图9-60所示。

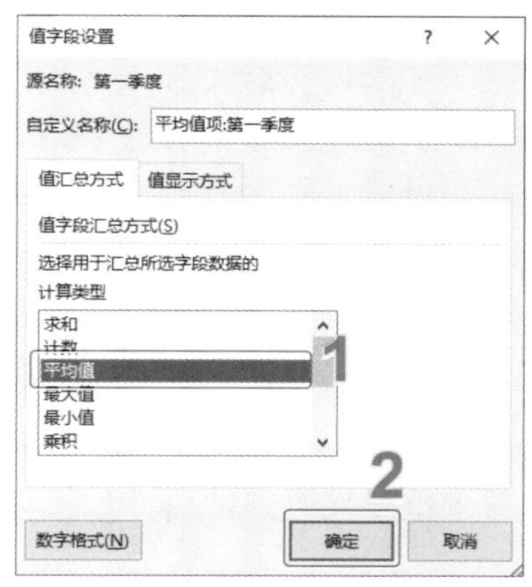


图 9-59　【值字段设置】对话框

|  | A | B | C |
|---|---|---|---|
| 1 |  |  |  |
| 2 |  |  |  |
| 3 | 产品 | 平均值项:第一季度 | 求和项:第二季度 |
| 4 | 发动机仓横拉杆 | 1000 | 1187 |
| 5 | 发动机盖板 | 1009 | 1500 |
| 6 | 发动机支架 | 500 | 600 |
| 7 | 机油尺 | 500 | 700 |
| 8 | 空调低压管 | 1006 | 1200 |
| 9 | 空调高压管 | 900 | 1005 |
| 10 | 前保险杠支撑 | 1002 | 990 |
| 11 | 前减震支撑架 | 1001 | 1123 |
| 12 | 真空助力管 | 2000 | 2500 |
| 13 | 制动液壶 | 1005 | 800 |
| 14 | 总计 | 992.3 | 11605 |

图 9-60　改变汇总方式后的数据透视表

## 9.6.2　插入切片器

切片器是一种使用简便的筛选组件，包含一组按钮。使用切片器可以方便地筛选出数据表中的数据。

要在数据透视表中筛选数据，首先需要插入切片器，选中数据透视表中的任意单元格，打开【数据透视表工具】的【分析】选项卡，在【筛选】组中单击【插入切片器】按钮，如图9-61所示，打开【插入切片器】对话框。选中字段前面的复选框，单击【确定】按钮，如图9-62所示，即可显示插入的切片器。

图 9-61　单击【插入切片器】按钮

图 9-62　【插入切片器】对话框

插入的切片器像卡片一样显示在工作表内，在切片器中单击需要筛选的字段，如在【第四季度】切片器里按住Ctrl键，选择数据800、900、1008、1200选项，则在数据透视表中就会筛选出这些数据，如图9-63所示。

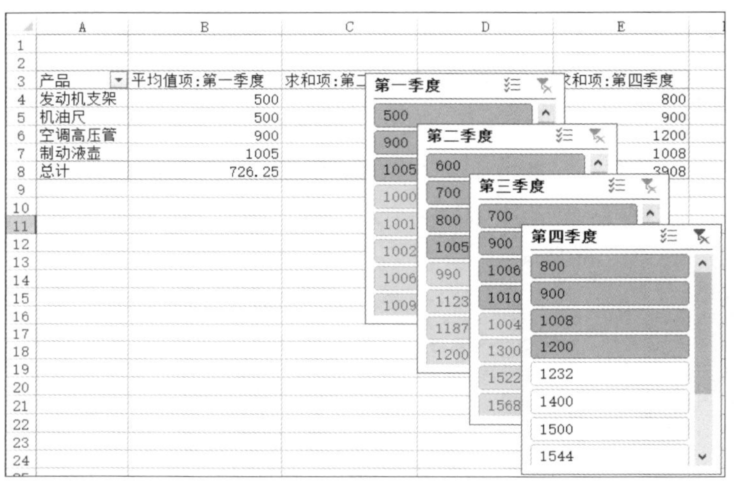


图 9-63　选择切片器数据

> **知识点**
>
> 单击切片器右上角的【清除筛选器】按钮，即可清除对字段的筛选。另外，选中切片器后，将光标移动到切片器边框上，当光标变成形状时，按住鼠标左键进行拖动，可以调节切片器的位置；打开【切片器工具】的【选项】选项卡，在【大小】组中还可以设置切片器的大小。

## 9.6.3　设置切片器

切片器以层叠方式显示在数据透视表中。可以根据需求重新设置切片器，如排列切片器、设置切片器按钮以及应用切片器样式等。

### 1. 排列切片器

选中切片器，打开【切片器工具】的【选项】选项卡，在【排列】组中单击【对齐】按钮，从弹出的菜单中选择一种排列方式，如选择【垂直居中】对齐方式，此时，切片器将垂直居中显示在数据透视表中，可使用鼠标拖动的方式调整各个切片器，使它们相互之间没有重叠，效果如图9-64所示。

> **知识点**
>
> 选中某个切片器，在【排列】组中单击【上移一层】和【下移一层】按钮，可以上下移动切片器，或者将切片器置于顶层或底层。可以按Ctrl键选中多个切片器；在切片器内，也可以按Ctrl键选中多个字段项进行筛选。

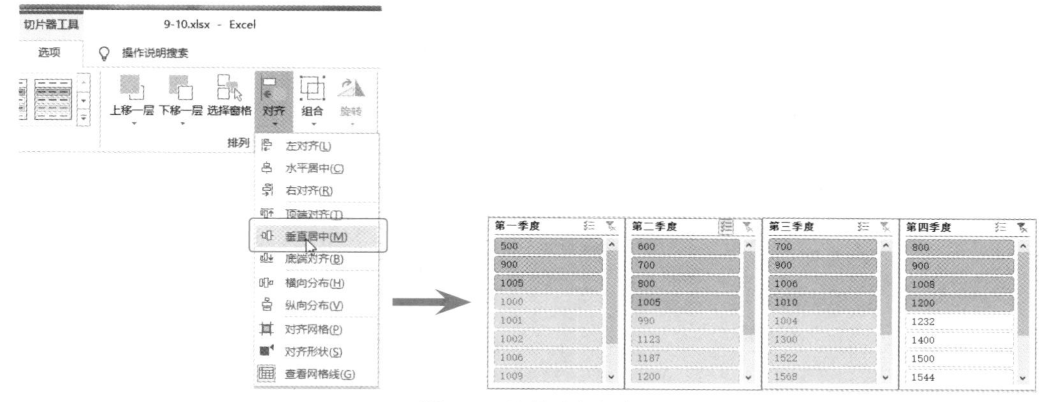


图 9-64　选择对齐方式

2. 设置切片器按钮

切片器中包含多个按钮(即记录或数据)，可以设置按钮大小和排列方式。选中切片器后，打开【切片器工具】的【选项】选项卡，在【按钮】组的【列】微调框中输入按钮的排列方式，在【高度】和【宽度】文本框中输入按钮的高度和宽度，如图9-65所示。

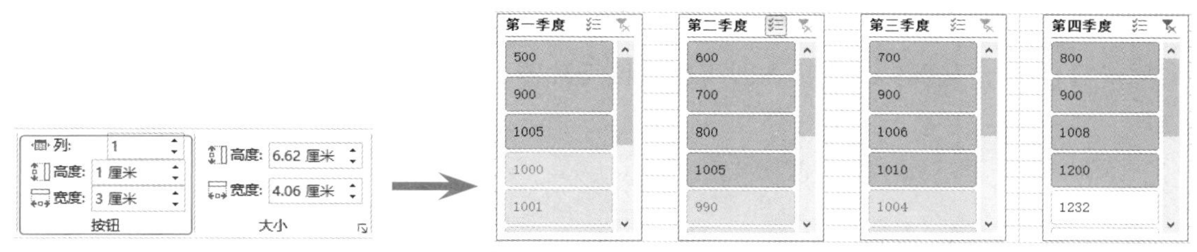


图 9-65　设置切片器按钮

3. 应用切片器样式

Excel提供了多种内置的切片器样式。选中切片器后，打开【切片器工具】的【选项】选项卡，在【切片器样式】组中单击【其他】按钮，从弹出的列表框中选择一种样式，即可快速为切片器应用该样式，如图9-66所示。

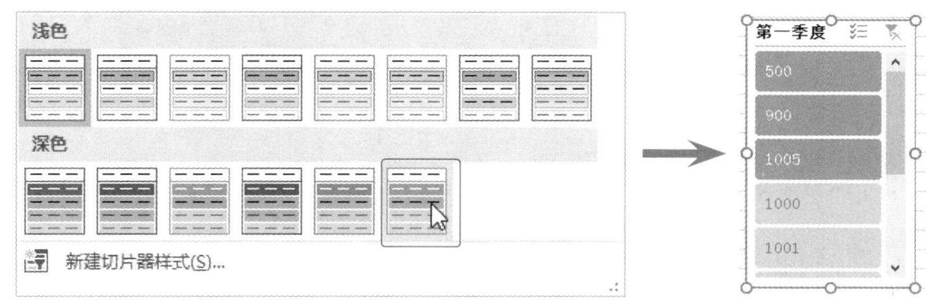


图 9-66　应用切片器样式

4. 进行详细设置

选中一个切片器后，打开【切片器工具】的【选项】选项卡，在【切片器】组中单击【切片器设置】按钮，打开【切片器设置】对话框，如图9-67所示。在该对话框中可以重新

设置切片器的名称、排序方式以及页眉标题等。

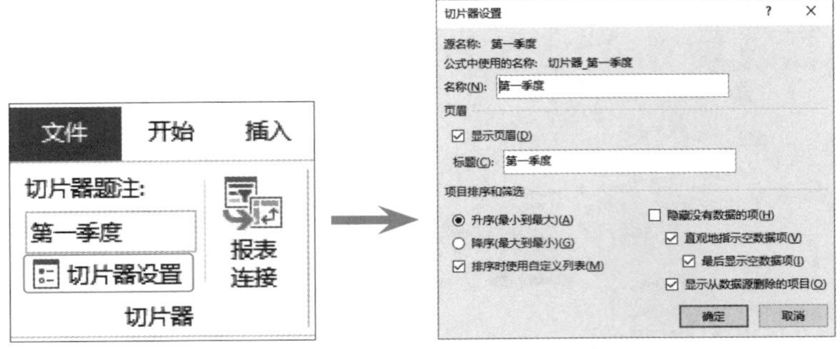


图 9-67　打开【切片器设置】对话框

## 9.6.4　清除和删除切片器

要清除切片器的筛选器，可以直接单击切片器右上方的【清除筛选器】按钮，如图9-68左图所示，或者在切片器内右击，在弹出的快捷菜单中选择【从“(切片器名称)”中清除筛选器】命令，如图9-68右图所示，即可清除筛选器。

要彻底删除切片器，只需在切片器内右击鼠标，在弹出的快捷菜单中选择【删除“(切片器名称)”】命令，如图9-69所示，即可删除该切片器。

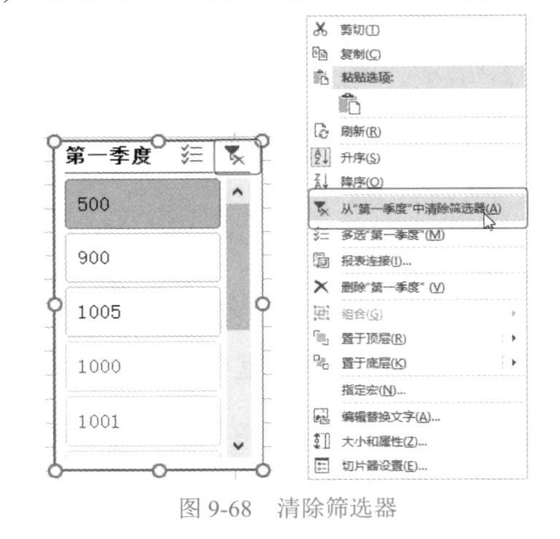


图 9-68　清除筛选器

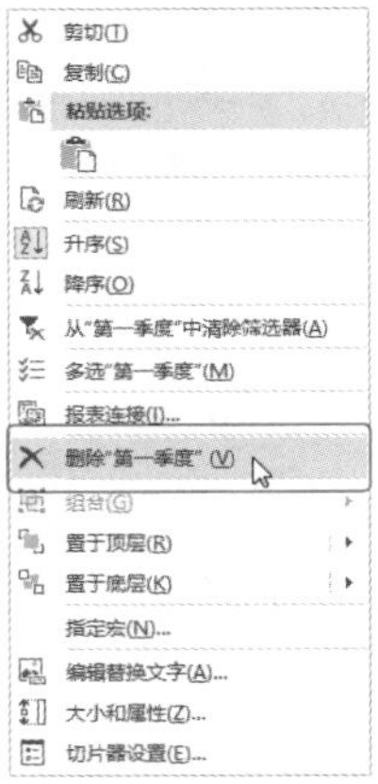

图 9-69　删除切片器

# 9.7　制作数据透视图

在Excel中，可以将数据透视图看作是数据透视表和图表的结合，它以图形的形式表示数据透视表中的数据。在Excel中，可以根据数据透视表快速创建数据透视图并对其进行设置。

## 9.7.1　创建数据透视图

通过创建好的数据透视表，可以快速、简单地创建数据透视图。

【例9-11】创建数据透视图。视频

01 启动Excel，打开“产品生产报表”工作簿的“产品生产报表”工作表，如图9-70所示。

02 以A2:F12单元格区域为数据源创建一个数据透视表，如图9-71所示。

| | A | B | C | D | E | F |
|---|---|---|---|---|---|---|
| 1 | 2015年度产品生产报表 | | | | | |
| 2 | 产品 | 第一季度 | 第二季度 | 第三季度 | 第四季度 | 合计 |
| 3 | 发动机盖板 | 1009 | 1500 | 1600 | 2001 | 6110 |
| 4 | 机油尺 | 500 | 700 | 1010 | 900 | 3110 |
| 5 | 真空助力管 | 2000 | 2500 | 2400 | 2600 | 9500 |
| 6 | 空调低压管 | 1006 | 1200 | 1300 | 1400 | 4906 |
| 7 | 制动液壶 | 1005 | 800 | 900 | 1008 | 3713 |
| 8 | 空调高压管 | 900 | 1005 | 1006 | 1200 | 4111 |
| 9 | 发动机支架 | 500 | 600 | 700 | 800 | 2600 |
| 10 | 前保险杠支撑 | 1002 | 990 | 1004 | 1232 | 4228 |
| 11 | 前减震支撑架 | 1001 | 1123 | 1522 | 1500 | 5146 |
| 12 | 发动机仓横拉杆 | 1000 | 1187 | 1568 | 1544 | 5299 |

图 9-70　打开工作表

| 行标签 | 求和项:第一季度 | 求和项:第二季度 | 求和项:第三季度 | 求和项:第四季度 | 求和项:合计 |
|---|---|---|---|---|---|
| 发动机仓横拉杆 | 1000 | 1187 | 1568 | 1544 | 5299 |
| 发动机盖板 | 1009 | 1500 | 1600 | 2001 | 6110 |
| 发动机支架 | 500 | 600 | 700 | 800 | 2600 |
| 机油尺 | 500 | 700 | 1010 | 900 | 3110 |
| 空调低压管 | 1006 | 1200 | 1300 | 1400 | 4906 |
| 空调高压管 | 900 | 1005 | 1006 | 1200 | 4111 |
| 前保险杠支撑 | 1002 | 990 | 1004 | 1232 | 4228 |
| 前减震支撑架 | 1001 | 1123 | 1522 | 1500 | 5146 |
| 真空助力管 | 2000 | 2500 | 2400 | 2600 | 9500 |
| 制动液壶 | 1005 | 800 | 900 | 1008 | 3713 |
| 总计 | 9923 | 11605 | 13010 | 14185 | 48723 |

图 9-71　创建数据透视表

03 选定数据透视表中的任意单元格，打开【数据透视表工具】的【分析】选项卡，在【工具】组中单击【数据透视图】按钮，如图9-72所示。

04 打开【插入图表】对话框，在【柱形图】选项卡中选择【三维簇状柱形图】选项，然后单击【确定】按钮，如图9-73所示。

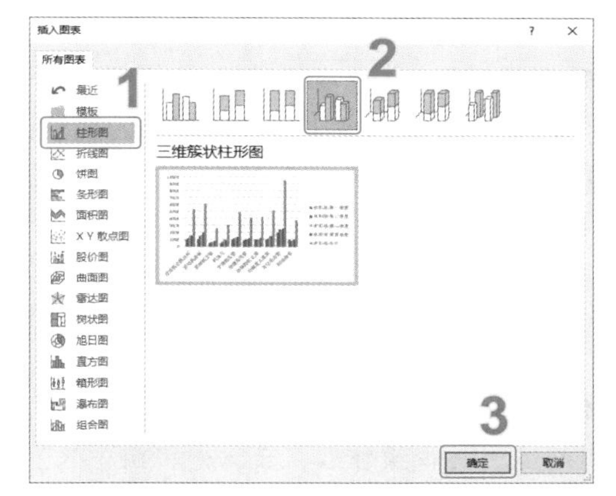


图 9-72　单击【数据透视图】按钮

图 9-73　【插入图表】对话框

05 此时，在数据透视表中插入一个数据透视图，如图9-74所示。

06 打开【数据透视图工具】的【设计】选项卡，在【位置】组中单击【移动图表】按钮，如图9-75所示。

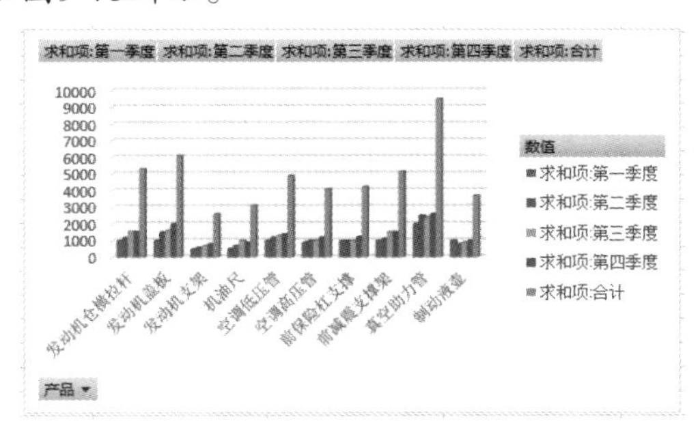


图 9-74　插入数据透视图

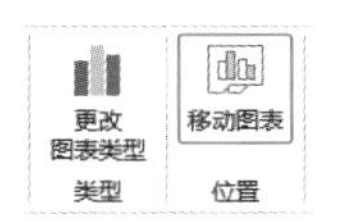


图 9-75　单击【移动图表】按钮

07 打开【移动图表】对话框，选中【新工作表】单选按钮，在其中的文本框中输入工作表的名称“数据透视图”，然后单击【确定】按钮，如图9-76所示。

08 此时即可在工作簿中添加一个新工作表，同时插入数据透视图，如图9-77所示。将工作簿另存为“产品生产报表-数据透视图”。

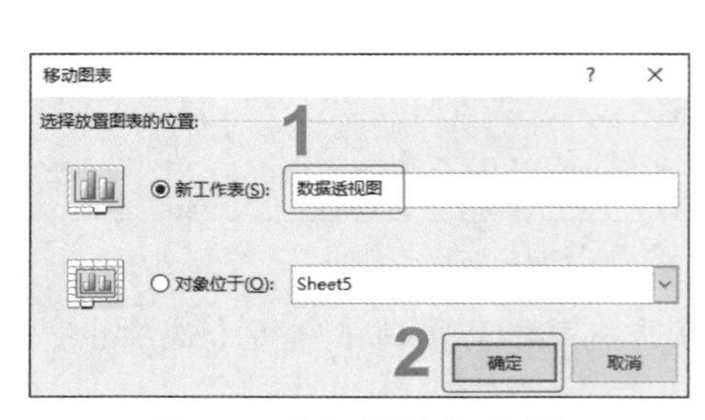

图 9-76 【移动图表】对话框

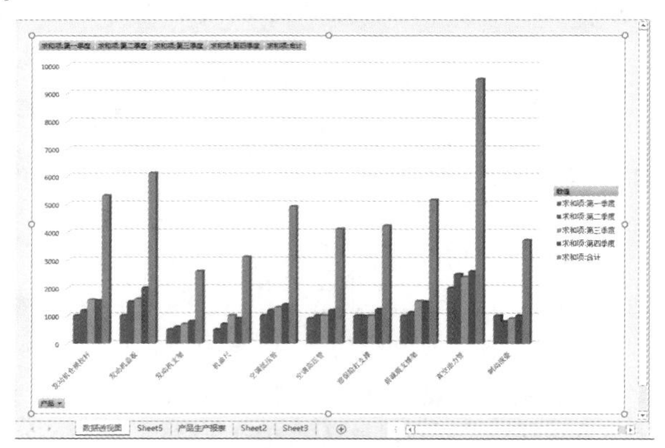
图 9-77 移动数据透视图

## 9.7.2 筛选透视图数据

与数据透视表一样，在数据透视图中也可以进行筛选操作。在数据透视图中显示了很多筛选字段，用户可根据需要筛选出需要的数据。

【例9-12】筛选数据透视图数据。视频

01 打开例9-11制作的“产品生产报表-数据透视图”工作簿。

02 打开“数据透视图”工作表，选择数据透视图，打开【数据透视图字段】任务窗格，在【选择要添加到报表的字段：】列表框中，选中【产品】【第一季度】复选框，取消选中其他字段的复选框，如图9-78所示。

03 经过上一步操作后，数据透视图中只显示第一季度的产品情况，如图9-79所示。

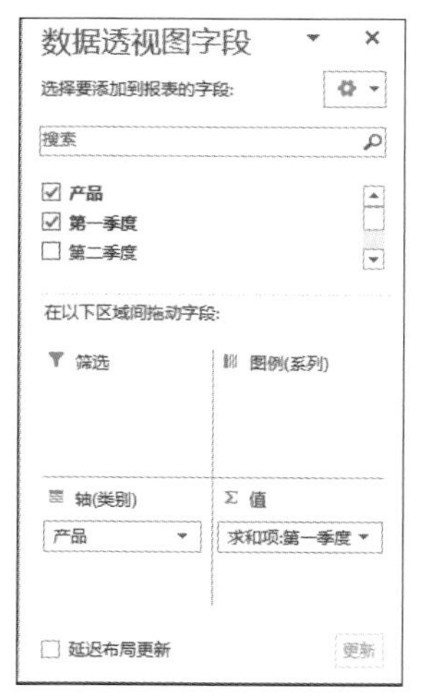

图 9-78 【数据透视图字段】任务窗格

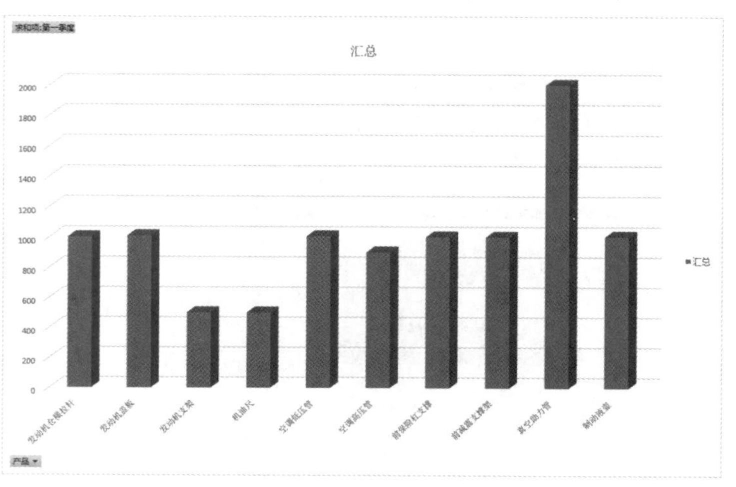

图 9-79 按季度筛选后的效果

# 9.8　上机练习

## 9.8.1　甘特图介绍

本章的上机练习来制作一个甘特图。甘特图以图示的方式通过活动列表和时间刻度形象地表示出任何特定项目的活动顺序与持续时间。甘特图的横轴表示时间，纵轴表示活动(项目)，线条表示在整个期间计划和实际的活动完成情况。它直观地表明任务计划在什么时候进行，以及实际进展与计划要求的对比。管理者由此可方便地弄清一项任务(项目)还剩下哪些工作要做，并可评估工作进度。

## 9.8.2　整理任务计划表

01 打开Excel，准备好要整理的数据，如图9-80所示。

02 调整单元格格式，一般单元格格式为时间格式的，需要调整成常规格式。选中【开始时间】列下的所有数据，右击，从弹出的快捷菜单中选择【设置单元格格式】命令，如图9-81所示。

|  | A | B | C |
|---|---|---|---|
| 1 | 任务 | 开始时间 | 持续时间 |
| 2 | 需求调研 | 2020/5/3 | 1 |
| 3 | 需求分析 | 2020/5/4 | 11 |
| 4 | 概要设计 | 2020/5/18 | 9 |
| 5 | 详细设计 | 2020/5/21 | 15 |
| 6 | 制作原型 | 2020/5/21 | 18 |
| 7 | 原型审核 | 2020/6/8 | 4 |
| 8 | 系统开发 | 2020/6/14 | 12 |
| 9 | 系统测试 | 2020/6/28 | 2 |
| 10 | 系统试运行 | 2020/6/29 | 5 |
| 11 | 提交文档 | 2020/7/5 | 6 |
| 12 | 系统上线 | 2020/7/20 | 2 |

图 9-80　初始数据

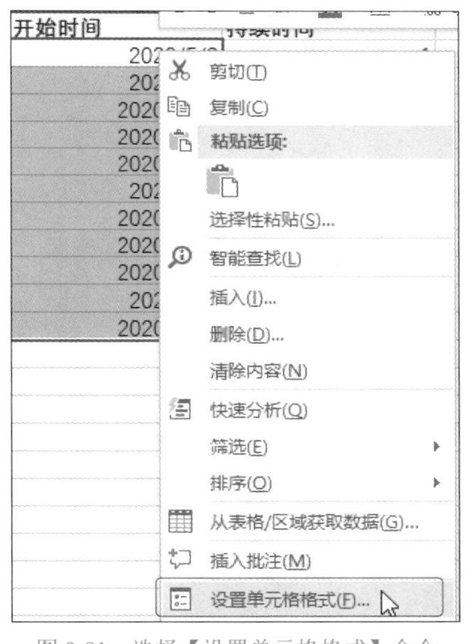


图 9-81　选择【设置单元格格式】命令

03 打开【设置单元格格式】对话框，单元格格式默认为【日期】格式，如图9-82所示。在【分类】里选中【常规】选项，将日期格式改为常规格式，单击【确定】按钮，如图9-83所示。

04 修改格式后的数据如图9-84所示。

图 9-82　单元格默认为日期格式

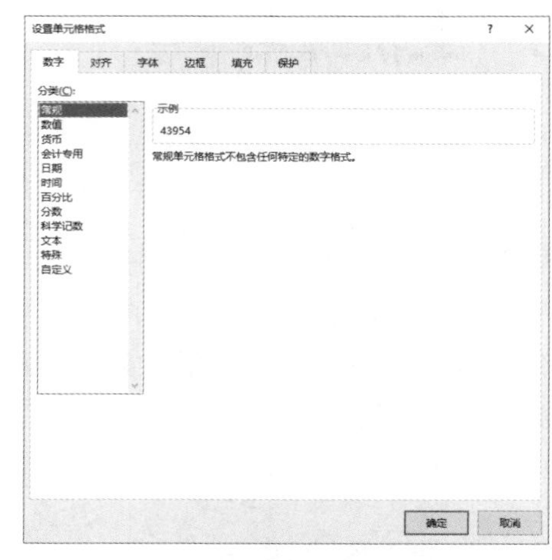


图 9-83　将日期格式改为常规格式

### 9.8.3　制作甘特图

05 选中所有数据，打开【插入】选项卡，然后单击【图表】组中的【查看所有图表】按钮，打开【插入图表】对话框，找到【条形图】→【二维条形图】→【堆积条形图】，如图9-85所示，单击该按钮。

| | A | B | C |
|---|---|---|---|
| 1 | 任务 | 开始时间 | 持续时间 |
| 2 | 需求调研 | 43954 | 1 |
| 3 | 需求分析 | 43955 | 11 |
| 4 | 概要设计 | 43969 | 9 |
| 5 | 详细设计 | 43972 | 15 |
| 6 | 制作原型 | 43972 | 18 |
| 7 | 原型审核 | 43990 | 4 |
| 8 | 系统开发 | 43996 | 12 |
| 9 | 系统测试 | 44010 | 2 |
| 10 | 系统试运行 | 44011 | 5 |
| 11 | 提交文档 | 44017 | 6 |
| 12 | 系统上线 | 44032 | 2 |

图 9-84　常规格式的数据

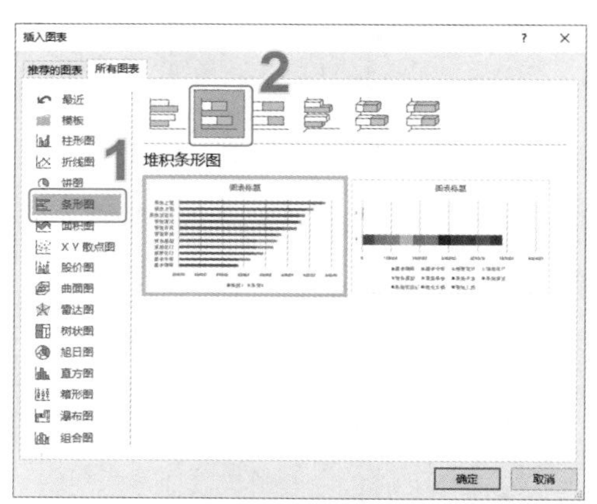


图 9-85　【插入图表】对话框

06 生成的图表如图9-86所示。接下来将时间条显示在上方，以方便查看。单击生成的图表的Y轴，右击，从弹出的快捷菜单中选择【设置坐标轴格式】命令，如图9-87所示。

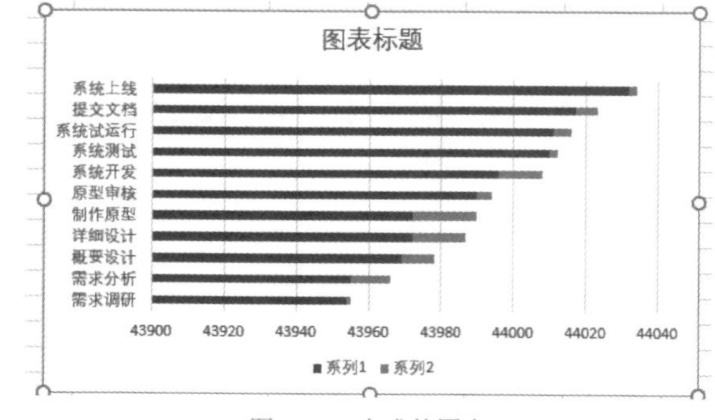


图 9-86　生成的图表

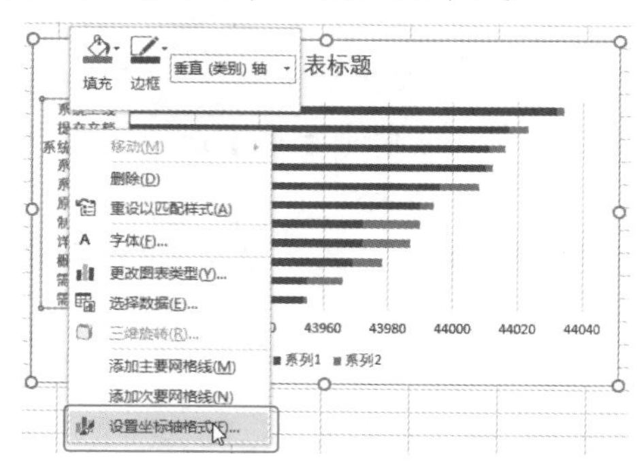


图 9-87　选择【设置坐标轴格式】命令

07 打开【设置坐标轴格式】任务窗格，选中【逆序类别】复选框，如图9-88所示。

08 使用同样的方法，设置X轴属性，使起始位置显示在原点，适当调节间距，如图9-89所示。

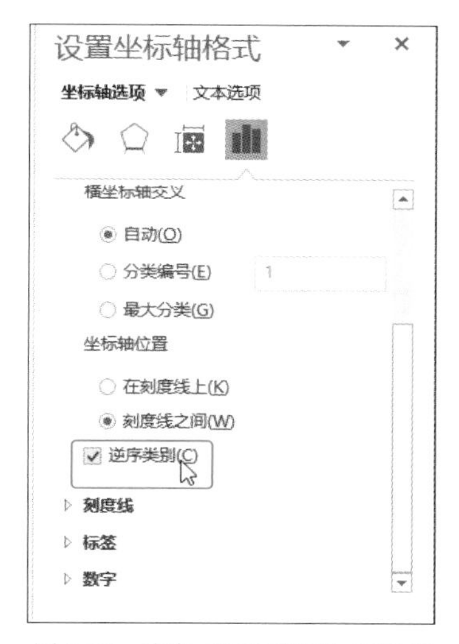


图 9-88　选中【逆序类别】复选框

图 9-89　设置 X 轴格式

09 选择图表中的数据系列，右击，在弹出的快捷菜单中选择【设置数据系列格式】命令，如图9-90所示。

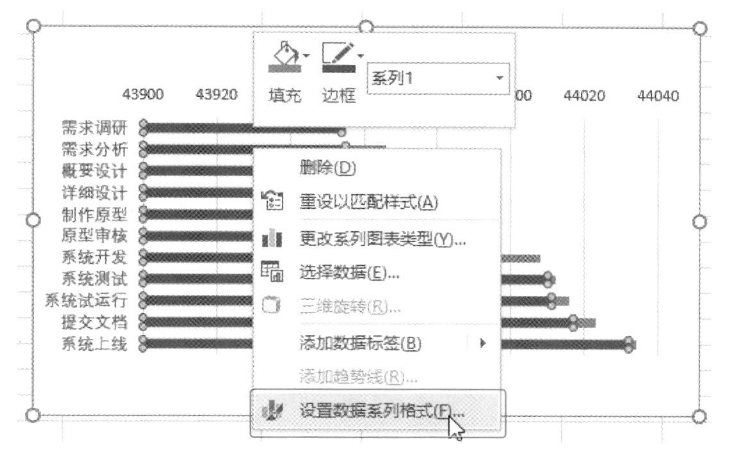


图 9-90　选择【设置数据系列格式】命令

10 打开【设置数据系列格式】任务窗格，切换到【填充】选项卡，选择【无填充】单选按钮，如图9-91所示。

11 还原之前设置的日期的单元格格式，即可完成甘特图效果，适当拖动并调整，最终效果如图9-92所示。

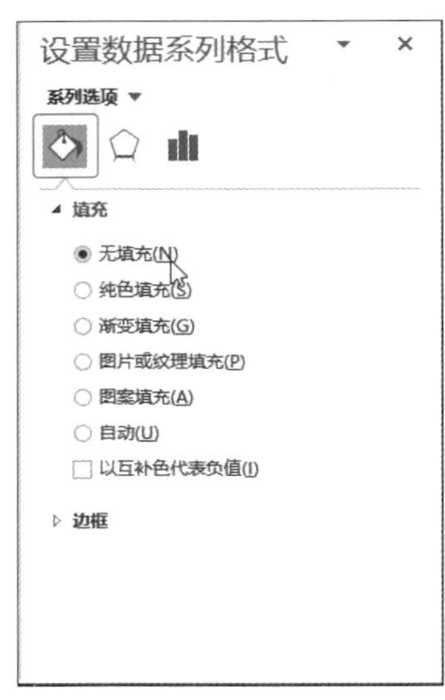


图 9-91　选择【无填充】单选按钮

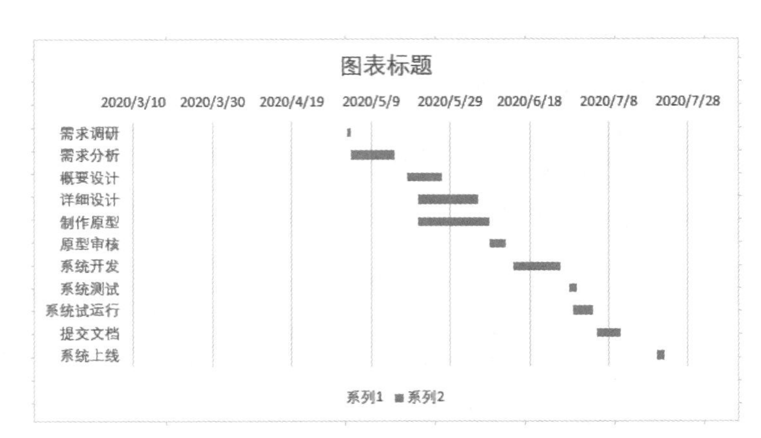


图 9-92　最终的甘特图效果

# 9.9　习题

1. 图表主要有哪几种类型？

2. 如何创建一个图表？

3. 可以对已存在的图表进行哪些编辑操作？

4. 如何制作数据透视表？

5. 如何制作数据透视图？

6. 将自己下月要做的事项及所需时间列成一个计划表，然后仿照“上机练习”所介绍的甘特图的制作方法，制作一个甘特图。

# 第10章

# 表格的美化与打印

## 学习目标

使用Excel创建表格后，还可以对表格进行格式化操作。Excel提供了丰富的格式化命令，利用这些命令可以对工作表与单元格的格式进行设置，以创建更加美观的电子表格。此外用户还可根据需要将制作好的表格打印出来以方便查看和保存。

## 本章重点

- 设置单元格格式
- 设置条件格式
- 设置工作表样式
- 预览和打印

# 10.1 设置单元格格式

在Excel中，用户可以根据需要设置不同的单元格格式，如设置单元格字体格式、单元格中数据的对齐方式以及单元格的边框和底纹等，从而达到美化单元格的目的。

## 10.1.1 设置字体格式

在制作电子表格的过程中，可以对单元格设置字体，以满足工作需要。

使用【开始】选项卡【字体】组提供的命令按钮，可以完成基础的字体格式设置工作。如果对字体格式有更高的需求，可以单击字体组的【字体设置】按钮，打开【设置单元格格式】对话框的【字体】选项卡，进行字体、字形、字号等设置。

【例10-1】设置单元格的字体格式。

01 启动Excel，打开“星点公司通讯录”工作簿的“通讯录”工作表，如图10-1所示。

02 选定A1单元格，在【开始】选项卡【字体】组的【字体】下拉列表中选择【华文新魏】，在【字号】下拉列表中选择22，在【字体颜色】面板中选择【水绿色，强调文字颜色5，深色50%】色块，然后单击【加粗】按钮，各项设置如图10-2所示。

| | A | B | C | D | E | F | G |
|---|---|---|---|---|---|---|---|
| 1 | 工通讯录 | | | | | | |
| 2 | 序号 | 部门 | 姓名 | 职务 | 手机 | 办公电话 | 分机号 |
| 3 | 1 | 主任办公室 | 索肖 | 副总经理 | 13232124567 | 1082982234 | 811 |
| 4 | 2 | | 程小丽 | 专员 | 13232124568 | 1082982235 | 811 |
| 5 | 3 | | 张艳 | 专员 | 13232124569 | 1082982236 | 811 |
| 6 | 4 | | 卢红 | 专员 | 13232124570 | 1082982237 | 811 |
| 7 | 5 | 工会 | 李小蒙 | 主任 | 13232124571 | 1082982238 | 811 |
| 8 | 6 | 关键技术实验室 | 杜月 | 经理 | 13232124572 | 1082982239 | 811 |
| 9 | 7 | | 张成 | 专员 | 13232124573 | 1082982240 | 811 |
| 10 | 8 | | 李云胜 | 专员 | 13232124574 | 1082982241 | 811 |
| 11 | 9 | | 赵小月 | 专员 | 13232124575 | 1082982242 | 811 |

图 10-1 打开工作簿

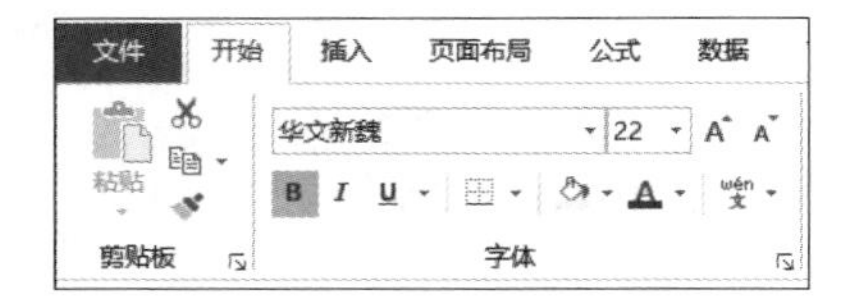


图 10-2 设置字体

03 选定表格的标题与内容区域，右击，在打开的快捷菜单中选择【设置单元格格式】命令，打开【设置单元格格式】对话框。

04 打开【字体】选项卡，在【字体】列表框中选择【华文中宋】，在【字号】列表框中选择12，如图10-3所示。

05 单击【确定】按钮，完成设置，此时表格效果如图10-4所示。

图 10-3 【字体】选项卡

| | A | B | C | D | E | F | G |
|---|---|---|---|---|---|---|---|
| 1 | 员工通讯录 | | | | | | |
| 2 | 序号 | 部门 | 姓名 | 职务 | 手机 | 办公电话 | 分机号 |
| 3 | 1 | 主任办公室 | 索肖 | 副总经理 | 13232124567 | 1082982234 | 811 |
| 4 | 2 | | 程小丽 | 专员 | 13232124568 | 1082982235 | 811 |
| 5 | 3 | | 张艳 | 专员 | 13232124569 | 1082982236 | 811 |
| 6 | 4 | | 卢红 | 专员 | 13232124570 | 1082982237 | 811 |
| 7 | 5 | 工会 | 李小蒙 | 主任 | 13232124571 | 1082982238 | 811 |
| 8 | 6 | 关键技术实验室 | 杜月 | 经理 | 13232124572 | 1082982239 | 811 |
| 9 | 7 | | 张成 | 专员 | 13232124573 | 1082982240 | 811 |
| 10 | 8 | | 李云胜 | 专员 | 13232124574 | 1082982241 | 811 |
| 11 | 9 | | 赵小月 | 专员 | 13232124575 | 1082982242 | 811 |
| 12 | 10 | | 刘大为 | 专员 | 13232124576 | 1082982243 | 811 |
| 13 | 11 | 质量管理部 | 唐艳霞 | 经理 | 13232124577 | 1082982244 | 811 |

通讯录

图 10-4　设置字体后的效果

## 10.1.2　设置对齐方式

对齐是指单元格中的内容在显示时，相对单元格上下左右的位置。默认情况下，单元格中的文本靠左对齐，数字靠右对齐，逻辑值和错误值居中对齐。通过【开始】选项卡的【对齐方式】组中的命令按钮，可以快速设置单元格的对齐方式，如合并后居中、旋转单元格中的内容等，各种对齐效果如图10-5所示。

如果要进行较复杂的对齐操作，可以使用【设置单元格格式】对话框的【对齐】选项卡来完成，如图10-6所示。

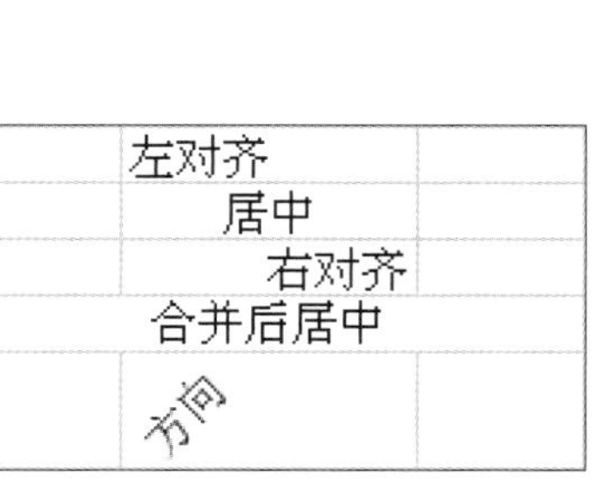


图 10-5　各种对齐方式

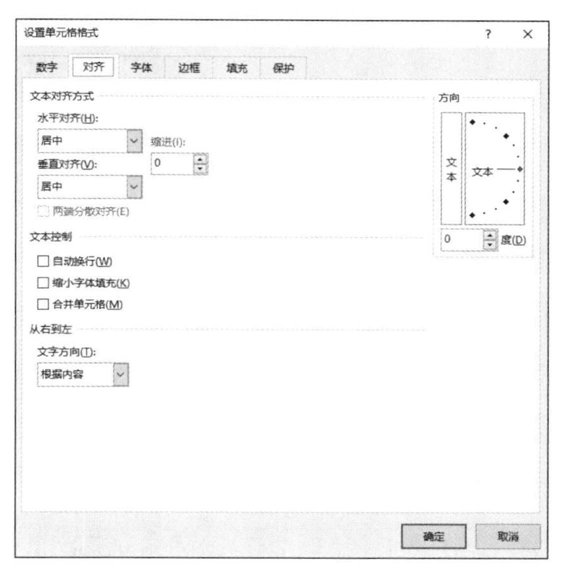


图 10-6　【对齐】选项卡

【例10-2】设置列标题自动换行和垂直居中显示。

01 启动Excel，打开“星点公司通讯录”工作簿的“通讯录”工作表。

02 选择要合并的A1:I1单元格区域，在【对齐方式】组中单击【合并后居中】按钮，即可居中对齐标题并合并，如图10-7所示。

03 选择所有列标题，然后在【对齐方式】组中单击【垂直居中】按钮和【居中】按钮，将列标题单元格中的内容水平并垂直居中显示，如图10-8所示。

图 10-7　合并后居中

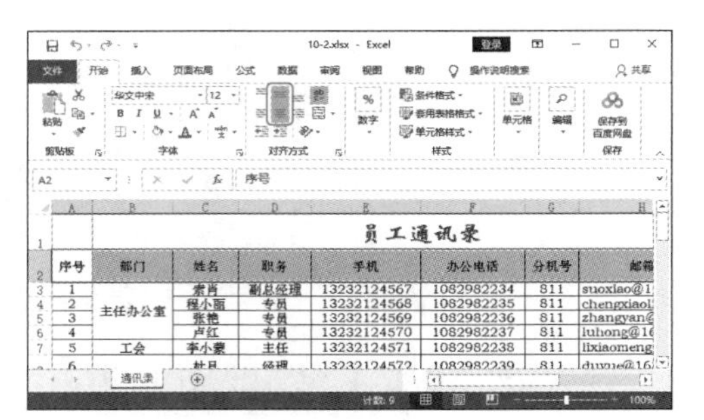


图 10-8　水平和垂直居中

04 选中所有标题，右击，在打开的快捷菜单中选择【设置单元格格式】命令，打开【设置单元格格式】对话框的【对齐】选项卡，在【文本控制】选项区域选中【自动换行】复选框，然后单击【确定】按钮，如图10-9所示。

05 在I2单元格中添加文本，并调整行高和相关字体大小，最终效果如图10-10所示。

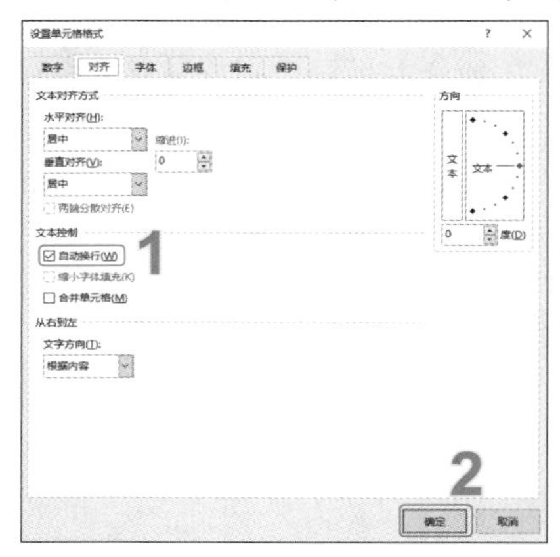


图 10-9　【对齐】选项卡

图 10-10　本例最终效果

### 10.1.3　设置边框

默认情况下，单元格没有边框，单元格打印出来时没有边框线。但一般情况下，在打印工作表或需要突出显示单元格时，需要为单元格添加边框线，以使显示和打印效果更佳。

【例10-3】设置边框。视频

01 启动Excel，打开“星点公司通讯录”工作簿的“通讯录”工作表。

02 选中A1:I40单元格区域，打开【开始】选项卡，在【字体】组中单击【边框】下拉按钮田▾，从弹出的下拉菜单中选择【其他边框】命令，如图10-11所示。

03 打开【设置单元格格式】对话框的【边框】选项卡，在【直线】选项区域的【样式】列表框中保持默认设置，在【预置】选项区域中分别单击【外边框】和【内部】按钮，然后单击【确定】按钮，如图10-12所示。

04 此时即可为选定的单元格区域添加外边框和内边框，效果如图10-13所示。

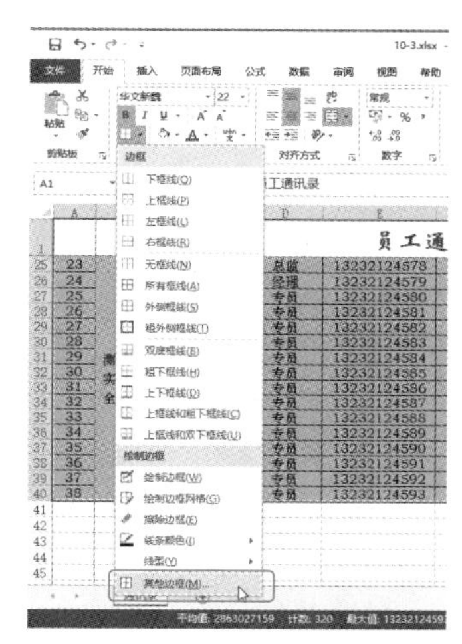

图 10-11　选择【其他边框】命令

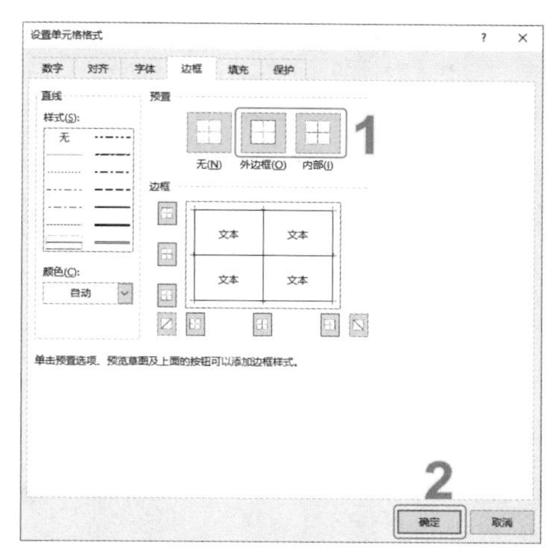


图 10-12　【边框】选项卡

| | A | B | C | D | E | F | G | H | I |
|---|---|---|---|---|---|---|---|---|---|
| 1 | | 员工通讯录 | | | | | | | |
| 26 | 24 | 测评与服务实验室（安全服务部） | 杜月 | 经理 | 13232124579 | 1082982246 | 811 | zhangcheng@163.c | 1977/1/25 |
| 27 | 25 | | 张成 | 专员 | 13232124580 | 1082982247 | 811 | liyunsheng@163.c | 1977/1/26 |
| 28 | 26 | | 李云胜 | 专员 | 13232124581 | 1082982248 | 811 | zhaoxiaoyue@163. | 1977/1/27 |
| 29 | 27 | | 赵小月 | 专员 | 13232124582 | 1082982249 | 811 | liudawei@163.com | 1977/1/28 |
| 30 | 28 | | 刘大为 | 专员 | 13232124583 | 1082982250 | 811 | tangyanxia@163.c | 1977/1/29 |
| 31 | 29 | | 唐艳霞 | 专员 | 13232124584 | 1082982251 | 811 | zhangtian@163.co | 1977/1/30 |
| 32 | 30 | | 张恬 | 专员 | 13232124585 | 1082982252 | 811 | lilili@163.com | 1977/1/31 |
| 33 | 31 | | 李丽丽 | 专员 | 13232124586 | 1082982234 | 811 | lixiaomeng@163.c | 1977/2/1 |
| 34 | 32 | | 马小燕 | 专员 | 13232124587 | 1082982234 | 811 | duyue@163.com | 1977/2/2 |
| 35 | 33 | | 李长青 | 专员 | 13232124588 | 1082982234 | 811 | zhangcheng@163. | 1977/2/3 |
| 36 | 34 | | 张锦程 | 专员 | 13232124589 | 1082982234 | 811 | liyunsheng@163.c | 1977/2/4 |
| 37 | 35 | | 卢晓鸥 | 专员 | 13232124590 | 1082982234 | 811 | zhaoxiaoyue@163. | 1977/2/5 |
| 38 | 36 | | 李芳 | 专员 | 13232124591 | 1082982234 | 811 | liudawei@163.com | 1977/2/6 |
| 39 | 37 | | 杜月 | 专员 | 13232124592 | 1082982234 | 811 | tangyanxia@163.c | 1977/2/7 |
| 40 | 38 | | 张锦程 | 专员 | 13232124593 | 1082982234 | 811 | zhangtian@163.co | 1977/2/8 |

图 10-13　添加边框

**提示**

在【视图】选项卡的【显示】组中取消选中【网格线】复选框，可以隐藏电子表格中的网格线，以便更加清楚地显示边框效果。

### 10.1.4　设置背景颜色和底纹

为单元格添加背景颜色与底纹，可以使电子表格突出显示重点内容，区分工作表的不同部分，使工作表更加美观和容易阅读。

**【例10-4】** 设置背景颜色和底纹。

**01** 启动Excel，打开“星点公司通讯录”工作簿的“通讯录”工作表。

**02** 选定“员工通讯录”单元格区域，右击，弹出快捷菜单，选择【设置单元格格式】命令，打开【设置单元格格式】对话框，切换到【填充】选项卡，在【图案样式】下拉列表中选择一种底纹样式，在【图案颜色】下拉列表中选择蓝色颜色条的第一个颜色块，然后单击【确定】按钮，如图10-14所示。

**03** 返回电子表格，即可查看标题单元格添加底纹后的效果，如图10-15所示。

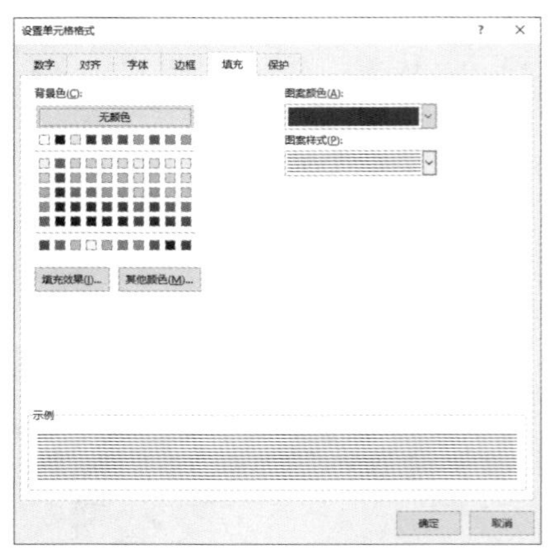


图 10-14 【填充】选项卡

员工通讯录

| 序号 | 部门 | 姓名 | 职务 | 手机 | 办公电话 | 分机号 | 邮箱 | 出生日期（年/月/ |
|---|---|---|---|---|---|---|---|---|
| 1 | 主任办公室 | 索肖 | 副总经理 | 13232124567 | 1082982234 | 811 | suoxiao@163.com | 1977/1/1 |
| 2 | | 程小丽 | 专员 | 13232124568 | 1082982235 | 811 | chengxiaoli@163.c | 1977/1/2 |
| 3 | | 张艳 | 专员 | 13232124569 | 1082982236 | 811 | zhangyan@163.co | 1977/1/3 |
| 4 | | 卢红 | 专员 | 13232124570 | 1082982237 | 811 | luhong@163.com | 1977/1/4 |
| 5 | 工会 | 李小蒙 | 主任 | 13232124571 | 1082982238 | 811 | lixiaomeng@163.c | 1977/1/5 |
| 6 | 关键技术实验室 | 杜月 | 经理 | 13232124572 | 1082982239 | 811 | duyue@163.com | 1977/1/6 |
| 7 | | 张成 | 专员 | 13232124573 | 1082982240 | 811 | zhangcheng@163. | 1977/1/7 |
| 8 | | 李云胜 | 专员 | 13232124574 | 1082982241 | 811 | liyunsheng@163.c | 1977/1/8 |
| 9 | | 赵小月 | 专员 | 13232124575 | 1082982242 | 811 | zhaoxiaoyue@163. | 1977/1/9 |
| 10 | | 刘大为 | 专员 | 13232124576 | 1082982243 | 811 | liudawei@163.com | 1977/1/10 |
| 11 | 质量管理部 | 唐艳霞 | 经理 | 13232124577 | 1082982244 | 811 | tangyanxia@163.c | 1977/1/11 |
| 12 | 测评与服务实验室（测评技术研发 | 张恬 | 总监 | 13232124578 | 1082982245 | 811 | zhangtian@163.co | 1977/1/12 |
| 13 | | 李丽丽 | 专员 | 13232124567 | 1082982234 | 811 | lilili@163.com | 1977/1/13 |
| 14 | | 李长青 | 专员 | 13232124569 | 1082982236 | 811 | lichangqing@163.c | 1977/1/15 |
| 15 | | 张锦程 | 专员 | 13232124570 | 1082982237 | 811 | zhangjincheng@16 | 1977/1/16 |
| 16 | | 卢晓鸥 | 专员 | 13232124571 | 1082982238 | 811 | luxiaoou@163.com | 1977/1/17 |
| 17 | | 李芳 | 专员 | 13232124572 | 1082982239 | 811 | lifang@163.com | 1977/1/18 |
| 18 | | 杜月 | 专员 | 13232124573 | 1082982240 | 811 | duyue@163.com | 1977/1/19 |

图 10-15 填充底纹

04 选定并右击A2:I2单元格区域，打开快捷菜单，选择【设置单元格格式】命令，打开【设置单元格格式】对话框，切换到【填充】选项卡，在【背景色】选项区域中为列标题单元格选择深蓝色，设置【图案颜色】和【图案样式】选项，如图10-16所示；然后打开对话框的【字体】选项卡，将字体颜色设置为白色，单击【确定】按钮。

05 返回电子表格，即可查看列标题单元格添加背景颜色后的效果，如图10-17所示。

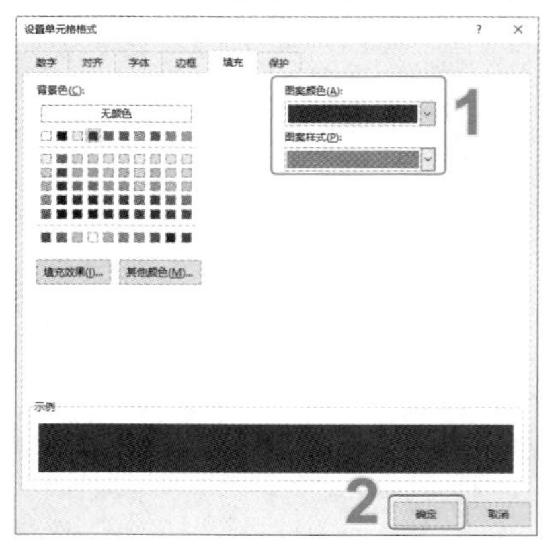


图 10-16 【填充】选项卡

| | 序号 | 部门 | 姓名 | 职务 | 手机 | 办公电话 | 分机号 | 邮箱 | 出生日期（年/月/ |
|---|---|---|---|---|---|---|---|---|---|
| 1 | 员工通讯录 | | | | | | | | |
| 3 | 1 | 主任办公室 | 索肖 | 副总经理 | 13232124567 | 1082982234 | 811 | suoxiao@163.com | 1977/1/1 |
| 4 | 2 | | 程小丽 | 专员 | 13232124568 | 1082982235 | 811 | chengxiaoli@163.c | 1977/1/2 |
| 5 | 3 | | 张艳 | 专员 | 13232124569 | 1082982236 | 811 | zhangyan@163.co | 1977/1/3 |
| 6 | 4 | | 卢红 | 专员 | 13232124570 | 1082982237 | 811 | luhong@163.com | 1977/1/4 |
| 7 | 5 | 工会 | 李小蒙 | 主任 | 13232124571 | 1082982238 | 811 | lixiaomeng@163.c | 1977/1/5 |
| 8 | 6 | 关键技术实验室 | 杜月 | 经理 | 13232124572 | 1082982239 | 811 | duyue@163.com | 1977/1/6 |
| 9 | 7 | | 张成 | 专员 | 13232124573 | 1082982240 | 811 | zhangcheng@163. | 1977/1/7 |
| 10 | 8 | | 李云胜 | 专员 | 13232124574 | 1082982241 | 811 | liyunsheng@163.c | 1977/1/8 |
| 11 | 9 | | 赵小月 | 专员 | 13232124575 | 1082982242 | 811 | zhaoxiaoyue@163. | 1977/1/9 |
| 12 | 10 | | 刘大为 | 专员 | 13232124576 | 1082982243 | 811 | liudawei@163.com | 1977/1/10 |
| 13 | 11 | 质量管理部 | 唐艳霞 | 经理 | 13232124577 | 1082982244 | 811 | tangyanxia@163.c | 1977/1/11 |
| 14 | 12 | 测评与服务实验室（测评技术研发 | 张恬 | 总监 | 13232124578 | 1082982245 | 811 | zhangtian@163.co | 1977/1/12 |
| 15 | 13 | | 李丽丽 | 专员 | 13232124567 | 1082982234 | 811 | lilili@163.com | 1977/1/13 |
| 16 | 14 | | 李长青 | 专员 | 13232124569 | 1082982236 | 811 | lichangqing@163.c | 1977/1/15 |
| 17 | 15 | | 张锦程 | 专员 | 13232124570 | 1082982237 | 811 | zhangjincheng@16 | 1977/1/16 |
| 18 | 16 | | 卢晓鸥 | 专员 | 13232124571 | 1082982238 | 811 | luxiaoou@163.com | 1977/1/17 |
| 19 | 17 | | 李芳 | 专员 | 13232124572 | 1082982239 | 811 | lifang@163.com | 1977/1/18 |
| 20 | 18 | | 杜月 | 专员 | 13232124573 | 1082982240 | 811 | duyue@163.com | 1977/1/19 |

图 10-17 添加背景颜色

## 10.1.5 设置行高和列宽

在向单元格输入文字或数据时，经常会出现这样的现象：有的单元格中的文字只显示一半；有的单元格中显示的是一串#符号，而在编辑栏中却能看见对应单元格的文字或数据。出现这些现象的原因在于单元格的宽度或高度不够，不能将其中的文字正确显示。

此时，用户就需要对工作表中的单元格高度和宽度进行适当的调整，以使单元格中的内容能够正常显示。设置行高和列宽主要有以下几种方法。

### 1. 使用鼠标拖动改变行高和列宽

当将鼠标指针移动到两个行号(列标)之间时，鼠标指针会变成+形状，此时按住鼠标左键不放，上下(左右)移动鼠标，即可调整相应单元格的行高(列宽)，如图10-18和图10-19所示。

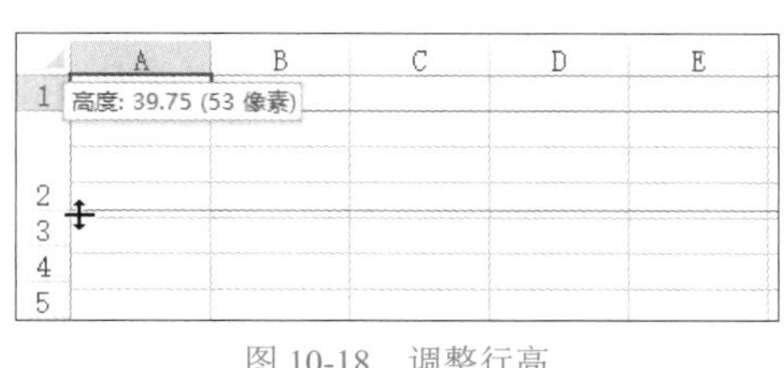


图 10-18　调整行高

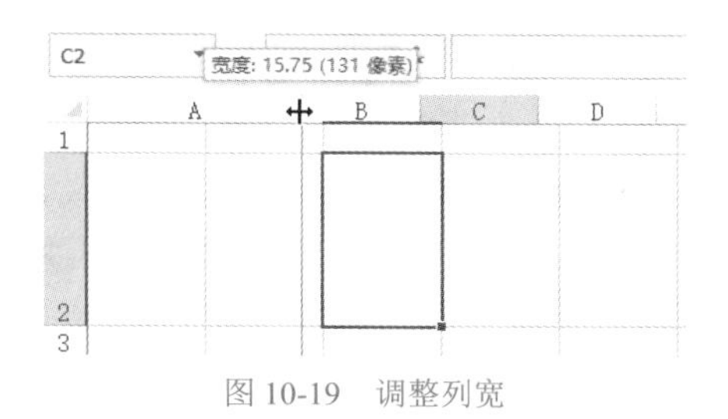


图 10-19　调整列宽

### 2. 使用对话框调整行高和列宽

使用鼠标拖动的方法，一次只能调整一行或一列的大小。要想一次调整多行或多列的大小，就需要用到【行高】和【列宽】对话框来完成。

例如，要调整A1:C3单元格区域中所有单元格所在行的行高，可先选定A1:C3单元格区域，如图10-20所示。然后在【开始】选项卡的【单元格】组中单击【格式】下拉按钮，在弹出的下拉菜单中选择【行高】命令，如图10-21所示。

在打开的如图10-22所示的【行高】对话框中设置相应的值后，单击【确定】按钮，即可完成行高的调整，效果如图10-23所示。

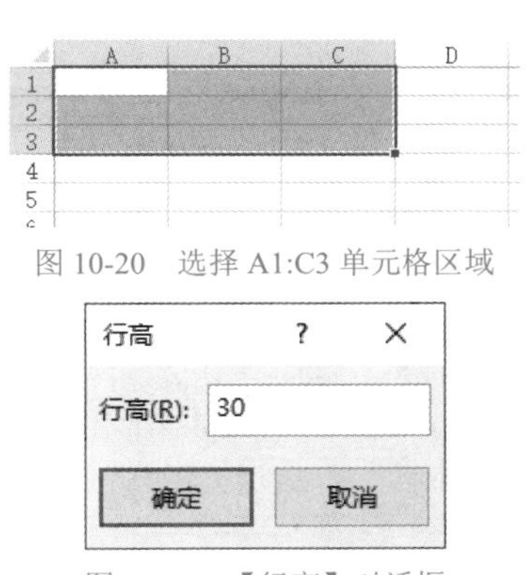

图 10-20　选择 A1:C3 单元格区域

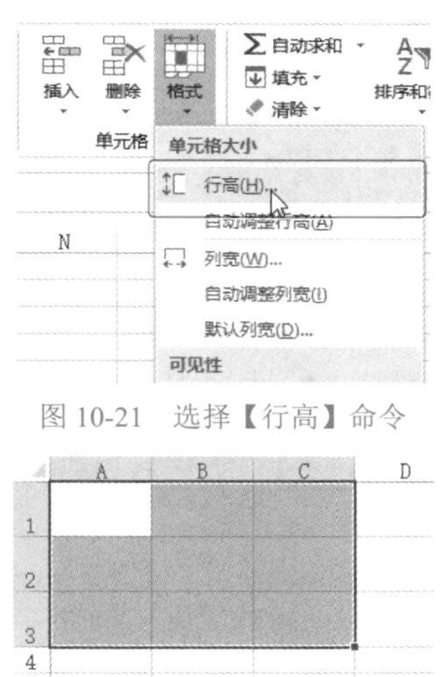


图 10-21　选择【行高】命令

行高 ? ×

行高(R): 30

确定　取消

图 10-22　【行高】对话框

图 10-23　调整行高后的效果

### 3. 设置最适合的行高和列宽

有时表格中多种数据内容长短不一，看上去较为凌乱，用户可以设置最适合的行高和列宽来匹配表格。

在【开始】选项卡中单击【格式】下拉按钮，选择下拉菜单中的【自动调整行高】命令或【自动调整列宽】命令即可调整所选内容最适合的行高或列宽，如图10-24所示。

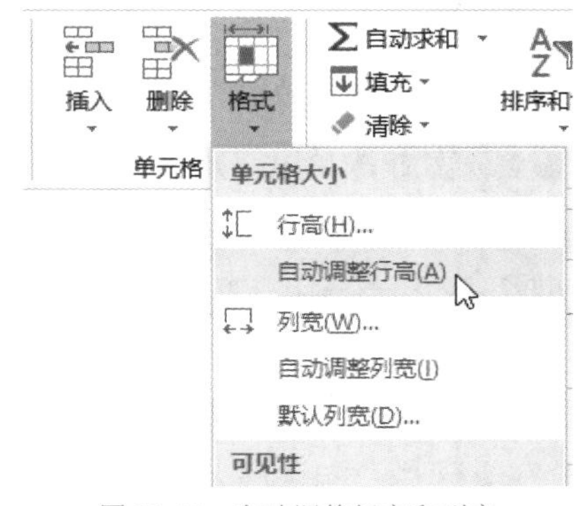


图 10-24　自动调整行高和列宽

# 10.2 套用单元格样式

样式就是字体、字号和缩进等格式设置特性的组合，将这一组合作为集合加以命名和存储。应用某一种样式时，将同时应用该样式中所有的格式设置指令。Excel自带了多种单元格样式，可以对单元格方便地套用这些样式。同样，也可以自定义所需的单元格样式。

## 10.2.1 套用内置单元格样式

如果要使用Excel的内置单元格样式，可以先选中需要设置样式的单元格或单元格区域，然后再对其应用内置的样式。

【例10-5】自动套用样式。视频

01 启动Excel，打开“星点公司通讯录”工作簿的“通讯录”工作表，然后选定要套用样式的单元格区域。

02 在【开始】选项卡的【样式】组中单击【单元格样式】按钮，在弹出的列表中选择【输出】选项，如图10-25所示。

03 此时选定的单元格区域会自动套用该样式，效果如图10-26所示。

图 10-25 选择【输出】选项

| | A | B | C | D | E | F |
|---|---|---|---|---|---|---|
| 1 | | | 员工通讯录 | | | |
| 2 | 序号 | 部门 | 姓名 | 职务 | 手机 | 办公电话 |
| 27 | 25 | 测评与服务实验室（安全服务部） | 张成 | 专员 | 13232124580 | 1082982247 |
| 28 | 26 | | 李云胜 | 专员 | 13232124581 | 1082982248 |
| 29 | 27 | | 赵小月 | 专员 | 13232124582 | 1082982249 |
| 30 | 28 | | 刘大为 | 专员 | 13232124583 | 1082982250 |
| 31 | 29 | | 唐艳霞 | 专员 | 13232124584 | 1082982251 |
| 32 | 30 | | 张恬 | 专员 | 13232124585 | 1082982252 |
| 33 | 31 | | 李丽丽 | 专员 | 13232124586 | 1082982234 |
| 34 | 32 | | 马小燕 | 专员 | 13232124587 | 1082982234 |
| 35 | 33 | | 李长青 | 专员 | 13232124588 | 1082982234 |
| 36 | 34 | | 张锦程 | 专员 | 13232124589 | 1082982234 |
| 37 | 35 | | 卢晓鸥 | 专员 | 13232124590 | 1082982234 |
| 38 | 36 | | 李芳 | 专员 | 13232124591 | 1082982234 |
| 39 | 37 | | 杜月 | 专员 | 13232124592 | 1082982234 |
| 40 | 38 | | 张锦程 | 专员 | 13232124593 | 1082982234 |
| 41 | 39 | | 李小笑 | 专员 | 13232124578 | 1082982245 |

图 10-26 套用样式后的效果

## 10.2.2 自定义单元格样式

除了套用内置的单元格样式外，还可以创建自定义的单元格样式，并将其应用到指定的单元格或单元格区域中。

【例10-6】套用自定义样式。

01 启动Excel，打开“星点公司通讯录”工作簿的“通讯录”工作表。

02 在【开始】选项卡的【样式】组中单击【单元格样式】按钮，从弹出的菜单中选择【新建单元格样式】命令，如图10-27所示。

03 打开【样式】对话框，在【样式名】文本框中输入文字“自定义样式1”，然后单击【格式】按钮，如图10-28所示。

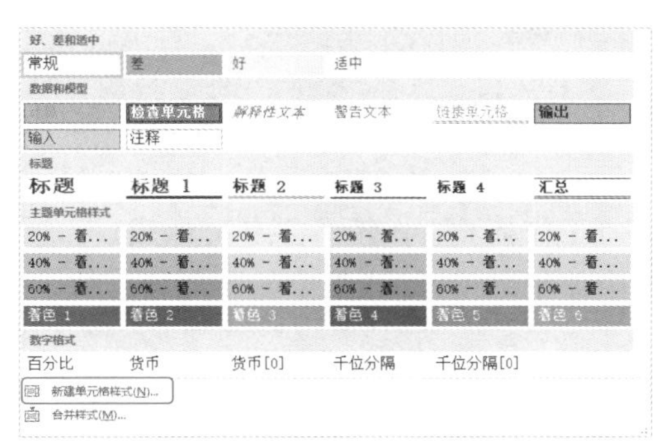


图 10-27 选择【新建单元格样式】命令

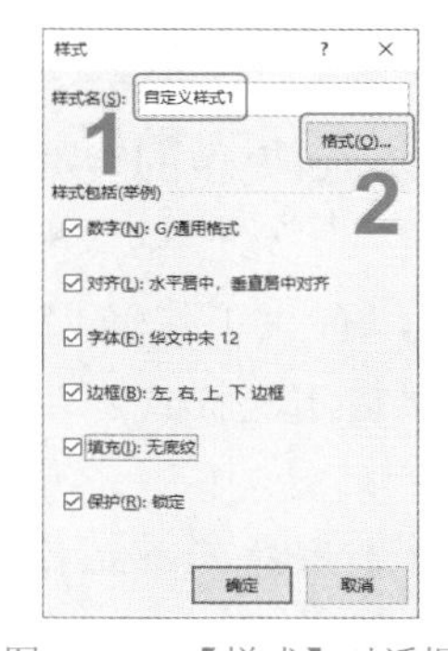


图 10-28 【样式】对话框

04 打开【设置单元格格式】对话框，选择【对齐】选项卡，在【水平对齐】和【垂直对齐】下拉列表中分别选择【居中】选项，如图10-29所示。

05 选择【填充】选项卡，在【背景色】选项区域中选择一种色块，然后单击【确定】按钮，如图10-30所示。

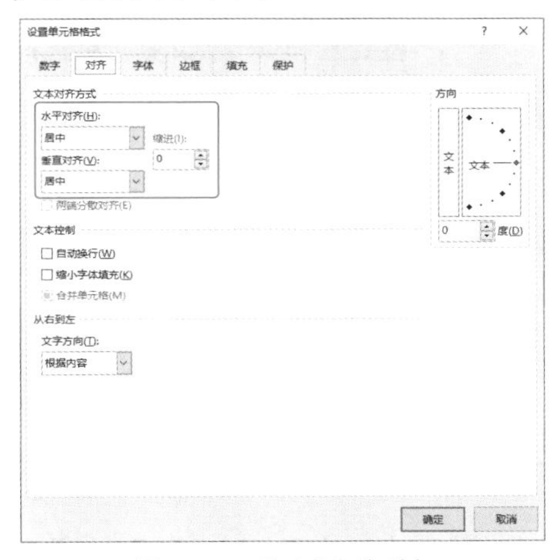


图 10-29 【对齐】选项卡

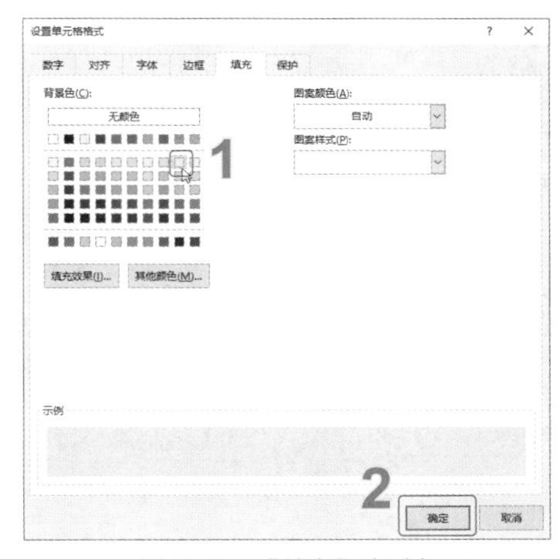


图 10-30 【填充】选项卡

06 返回【样式】对话框，单击【确定】按钮，此时在单元格样式菜单中将出现【自定义样式1】选项，如图10-31所示。

07 选定标题之外的数据单元格区域，在单元格样式菜单中选择【自定义样式1】选项即可应用该样式，应用样式后的效果如图10-32所示。

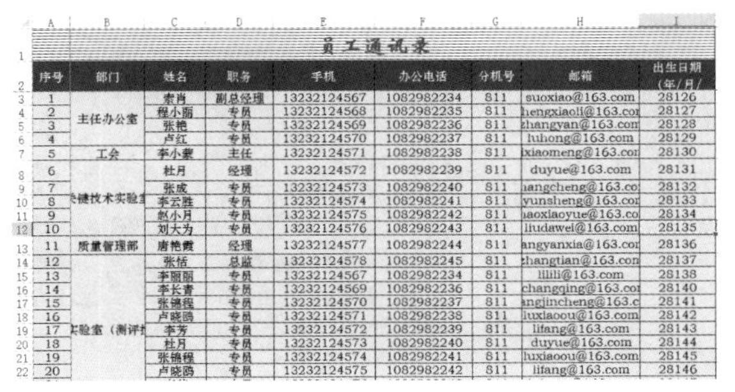

员工通讯录

| 序号 | 部门 | 姓名 | 职务 | 手机 | 办公电话 | 分机号 | 邮箱 | 出生日期(年/月/ |
|---|---|---|---|---|---|---|---|---|
| 1 | 主任办公室 | 索肖 | 副总经理 | 13232124567 | 1082982234 | 811 | suoxiao@163.com | 28126 |
| 2 | | 程小丽 | 专员 | 13232124568 | 1082982235 | 811 | hengxiaoli@163.cor | 28127 |
| 3 | | 张艳 | 专员 | 13232124569 | 1082982236 | 811 | zhangyan@163.com | 28128 |
| 4 | | 卢红 | 专员 | 13232124570 | 1082982237 | 811 | luhong@163.com | 28129 |
| 5 | 工会 | 李小蒙 | 主任 | 13232124571 | 1082982238 | 811 | ixiaomeng@163.cor | 28130 |
| 6 | 关键技术实验室 | 杜月 | 经理 | 13232124572 | 1082982239 | 811 | duyue@163.com | 28131 |
| 7 | | 张成 | 专员 | 13232124573 | 1082982240 | 811 | angcheng@163.co | 28132 |
| 8 | | 李云胜 | 专员 | 13232124574 | 1082982241 | 811 | yunsheng@163.cor | 28133 |
| 9 | | 赵小月 | 专员 | 13232124575 | 1082982242 | 811 | aoxiaoyue@163.co | 28134 |
| 10 | | 刘大为 | 专员 | 13232124576 | 1082982243 | 811 | liudawei@163.com | 28135 |
| 11 | 质量管理部 | 唐艳霞 | 经理 | 13232124577 | 1082982244 | 811 | angyanxia@163.cor | 28136 |
| 12 | 实验室（测评 | 张恬 | 总监 | 13232124578 | 1082982245 | 811 | zhangtian@163.com | 28137 |
| 13 | | 李丽丽 | 专员 | 13232124567 | 1082982234 | 811 | lilili@163.com | 28138 |
| 14 | | 李长青 | 专员 | 13232124569 | 1082982236 | 811 | changqing@163.cor | 28140 |
| 15 | | 张锦程 | 专员 | 13232124570 | 1082982237 | 811 | angjincheng@163.c | 28141 |
| 16 | | 卢晓鸥 | 专员 | 13232124571 | 1082982238 | 811 | luxiaoou@163.com | 28142 |
| 17 | | 李芳 | 专员 | 13232124572 | 1082982239 | 811 | lifang@163.com | 28143 |
| 18 | | 杜月 | 专员 | 13232124573 | 1082982240 | 811 | duyue@163.com | 28144 |
| 19 | | 张锦程 | 专员 | 13232124574 | 1082982241 | 811 | luxiaoou@163.com | 28145 |
| 20 | | 卢晓鸥 | 专员 | 13232124575 | 1082982242 | 811 | lifang@163.com | 28146 |

图 10-31 显示【自定义样式 1】选项

图 10-32 应用样式后的效果

### 10.2.3 合并单元格样式

应用Excel提供的合并样式功能，可以从其他工作簿中提取想要的样式，共享给当前工作簿。

例如，有“工作簿1”和“工作簿2”，“工作簿1”中有“自定义样式1”，“工作簿2”中有“自定义样式2”；要在“工作簿1”中使用“工作簿2”中的单元格样式，操作方法如下。

01 先打开这两个工作簿。

02 切换至“工作簿1”，在【开始】选项卡的【样式】组中单击【单元格样式】按钮，在弹出的【单元格样式】下拉列表中选择【合并样式】命令，如图10-33所示。

03 打开【合并样式】对话框，选中“工作簿2.xlsx”选项，然后单击【确定】按钮，如图10-34所示。

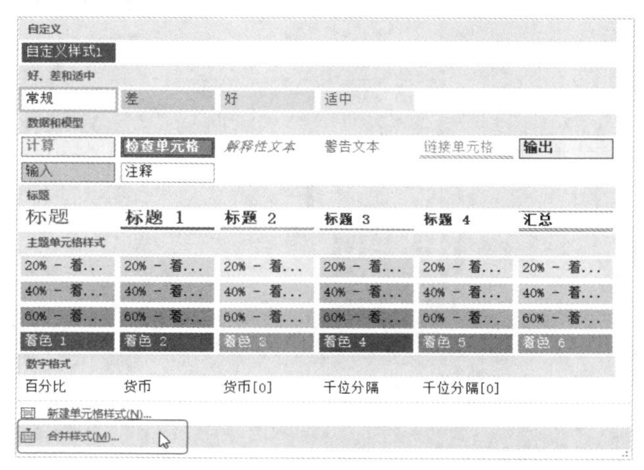


图 10-33 选择【合并样式】命令

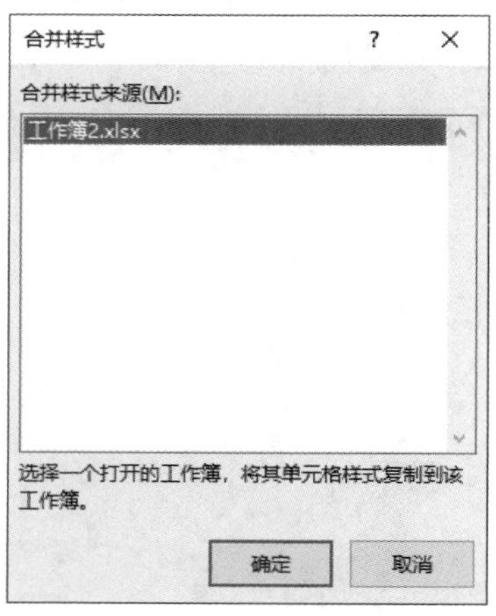


图 10-34 【合并样式】对话框

此时将“工作簿2”中的自定义样式合并到“工作簿1”中，在“工作簿1”的【开始】选项卡中，单击【单元格样式】下拉按钮，会出现“工作簿2”中的“自定义样式2”选项，如图10-35所示。

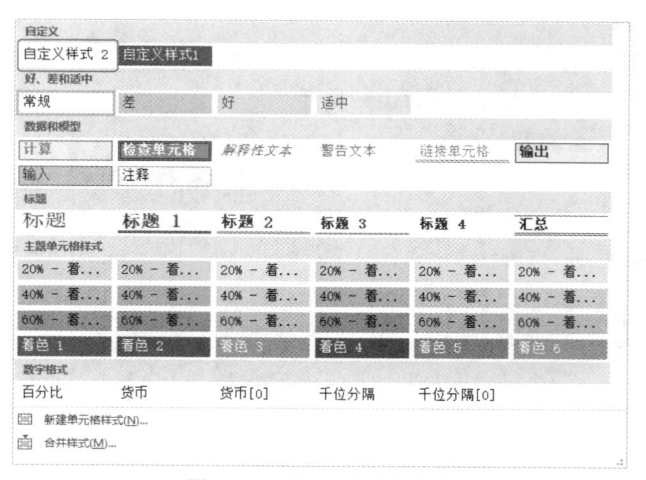


图 10-35 显示自定义的样式

### 10.2.4　删除单元格样式

如果想要删除某个不再需要的单元格样式，可以在单元格样式菜单中右击要删除的单元格样式，在弹出的快捷菜单中选择【删除】命令，如图10-36所示。

**提示**

选择【修改】命令，可对自定义的样式进行修改；选择【将库添加到快速访问工具栏】命令，可将该样式添加到快速访问工具栏，以方便套用。

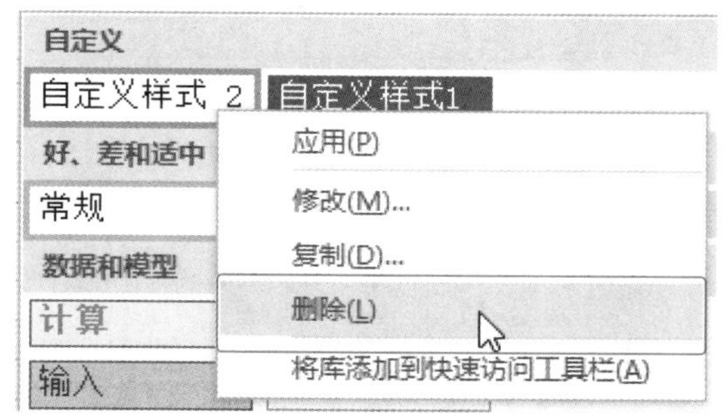


图 10-36　选择【删除】命令

## 10.3　设置工作表样式

除了通过格式化单元格来美化电子表格外，在Excel 2016中，还可以通过设置工作表样式和工作表标签颜色等来达到美化工作表的目的。

### 10.3.1　套用预设的工作表样式

在Excel中，预设了丰富的样式，为工作表套用这些样式，节省了格式化表格的时间。

【例10-7】套用预设的工作表样式。视频

01 启动Excel，打开“星点公司通讯录”工作簿的“通讯录”工作表。

02 打开【开始】选项卡，在【样式】组中单击【套用表格格式】按钮，弹出工作表样式菜单，选择一种工作表样式，如图10-37所示。

03 打开【套用表格式】对话框，如图10-38所示，单击文本框右边的按钮。

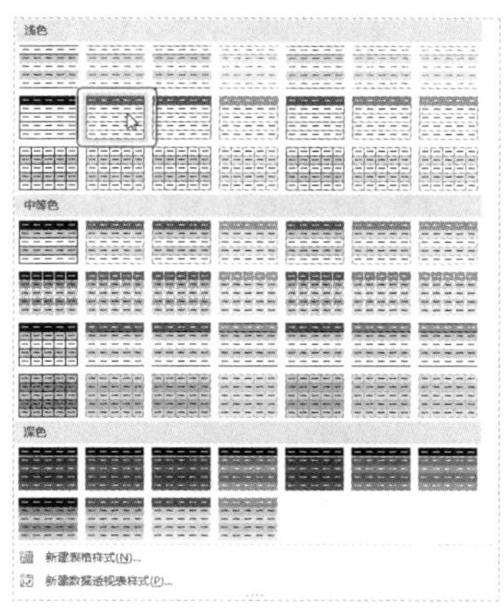

图 10-37　工作表样式菜单

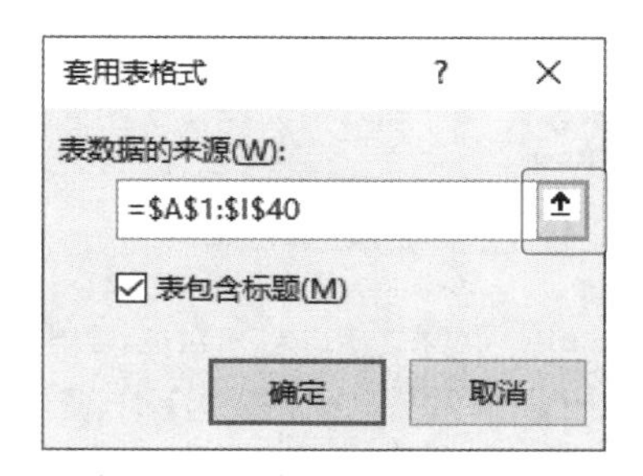


图 10-38　【套用表格式】对话框

04 在表格中选定标题行和数据区域，然后单击【套用表格式】对话框右侧的按钮，如图10-39所示。

**05** 打开图10-40所示的【创建表】对话框，然后单击【确定】按钮。

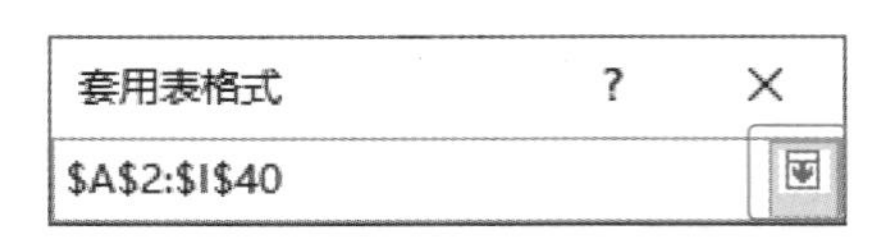


图 10-39　单击按钮

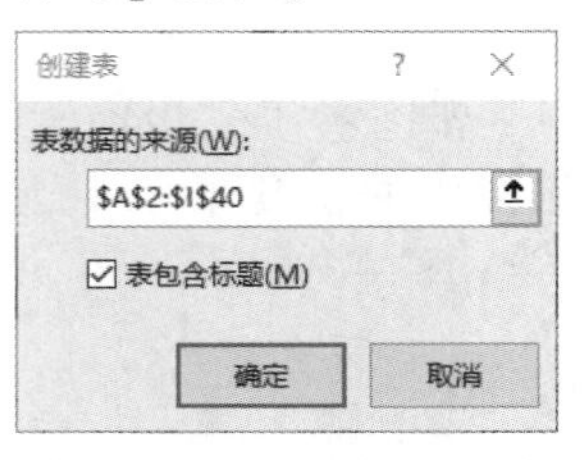


图 10-40　【创建表】对话框

**06** 此时选定的单元格区域将自动套用工作表样式，效果如图10-41所示。

员工通讯录

| 序号 | 部门 | 姓名 | 职务 | 手机 | 办公电话 | 分机号 | 邮箱 | 出生日期（年/月/日） |
|---|---|---|---|---|---|---|---|---|
| 1 | 主任办公室 | 索肖 | 副总经理 | 13232124567 | 1082982234 | 811 | suoxiao@163.com | 28126 |
| 2 | | 程小丽 | 专员 | 13232124568 | 1082982235 | 811 | hengxiaoli@163.coı | 28127 |
| 3 | | 张艳 | 专员 | 13232124569 | 1082982236 | 811 | zhangyan@163.com | 28128 |
| 4 | | 卢红 | 专员 | 13232124570 | 1082982237 | 811 | luhong@163.com | 28129 |
| 5 | 工会 | 李小蒙 | 主任 | 13232124571 | 1082982238 | 811 | ixiaomeng@163.cor | 28130 |
| 6 | 关键技术实验室 | 杜月 | 经理 | 13232124572 | 1082982239 | 811 | duyue@163.com | 28131 |
| 7 | | 张成 | 专员 | 13232124573 | 1082982240 | 811 | hangcheng@163.co | 28132 |
| 8 | | 李云胜 | 专员 | 13232124574 | 1082982241 | 811 | yunsheng@163.cor | 28133 |
| 9 | | 赵小月 | 专员 | 13232124575 | 1082982242 | 811 | haoxiaoyue@163.co | 28134 |
| 10 | | 刘大为 | 专员 | 13232124576 | 1082982243 | 811 | liudawei@163.com | 28135 |
| 11 | 质量管理部 | 唐艳霞 | 经理 | 13232124577 | 1082982244 | 811 | angyanxia@163.cor | 28136 |
| 12 | 实验室（测评 | 张恬 | 总监 | 13232124578 | 1082982245 | 811 | zhangtian@163.com | 28137 |
| 13 | | 李丽丽 | 专员 | 13232124567 | 1082982234 | 811 | lilili@163.com | 28138 |
| 14 | | 李长青 | 专员 | 13232124569 | 1082982236 | 811 | changqing@163.cor | 28140 |
| 15 | | 张锦程 | 专员 | 13232124570 | 1082982237 | 811 | angjincheng@163.c | 28141 |
| 16 | | 卢晓鸥 | 专员 | 13232124571 | 1082982238 | 811 | luxiaoou@163.com | 28142 |
| 17 | | 李芳 | 专员 | 13232124572 | 1082982239 | 811 | lifang@163.com | 28143 |
| 18 | | 杜月 | 专员 | 13232124573 | 1082982240 | 811 | duyue@163.com | 28144 |

图 10-41　套用工作表样式后的效果

**提示**

套用表格样式后，Excel会自动打开【表格工具】的【设计】选项卡，在其中可以进一步设置表样式以及相关选项。

## 10.3.2　改变工作表标签颜色

在Excel中，可以通过设置工作表标签颜色，以达到突出显示该工作表的目的。

要改变工作表标签颜色，只需右击该工作表标签，从弹出的快捷菜单中选择【工作表标签颜色】命令，弹出子菜单，从中选择一种颜色，如图10-42所示。

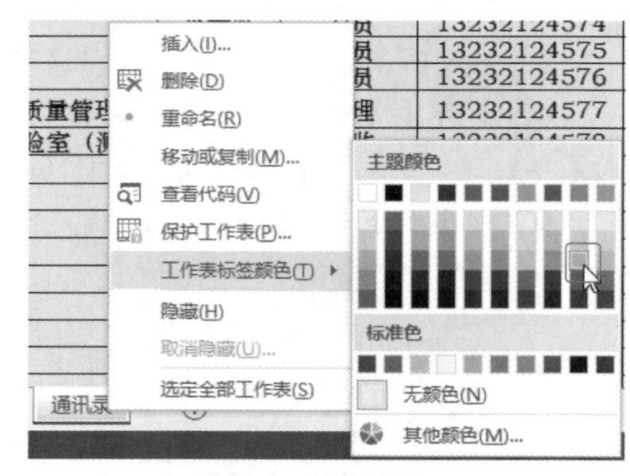


图 10-42　选择颜色

**提示**

在【工作表标签颜色】子菜单中的【主题颜色】和【标准色】列表中可以直接选择一种色块；选择【无颜色】命令，可设置工作表标签无颜色。

## 10.3.3　设置工作表背景

在Excel中，除了可以为选定的单元格区域设置底纹样式或填充颜色之外，还可以为整个工作表添加背景效果，以美化工作表。

【例10-8】设置工作表背景。 视频

**01** 启动Excel，打开一个工作表。

02 打开【页面布局】选项卡，在【页面设置】组中单击【背景】按钮，弹出【插入图片】窗格，选择图片来源位置，如图10-43所示。

03 打开【工作表背景】对话框，选择要作为背景的图片文件，单击【插入】按钮，如图10-44所示。

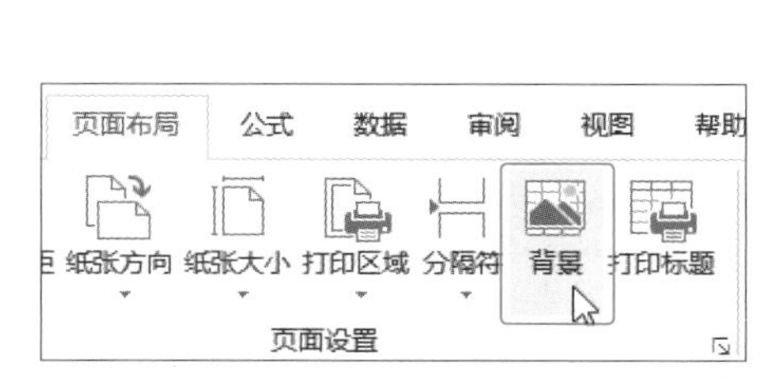


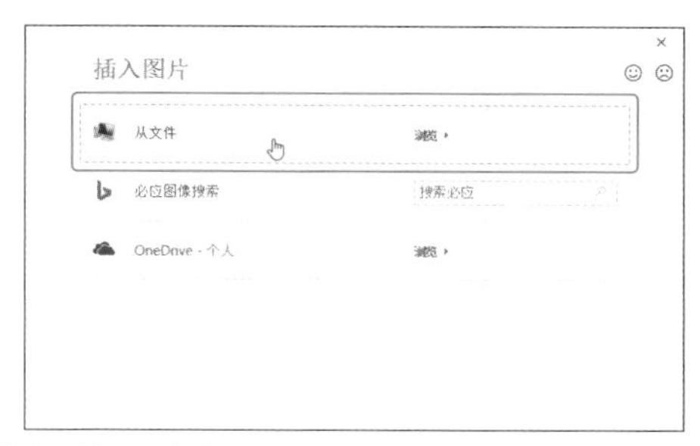


图 10-43　单击【背景】按钮选择图片来源位置

04 此时即可在工作表中添加该背景图片，效果如图10-45所示。若要取消工作表的背景图片，再回到【页面布局】选项卡的【页面设置】组，之前的【背景】按钮变成了【删除背景】按钮，单击该按钮即可。需要注意的是，已经套用了系统预设样式的区域，无法应用背景图片，需要将预设的样式去除才能使设置的背景图片生效。

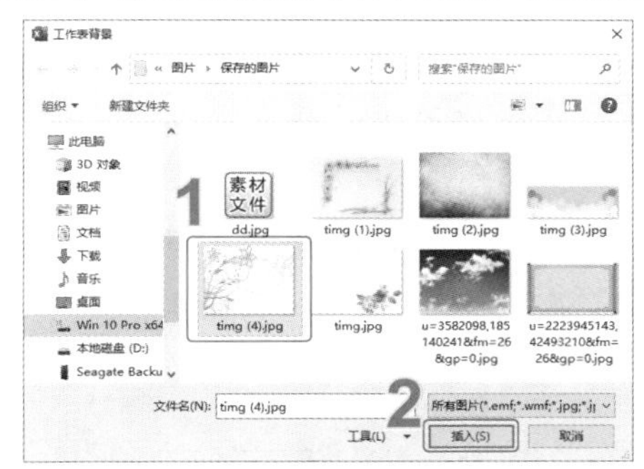


图 10-44　【工作表背景】对话框

图 10-45　插入背景图片

# 10.4　设置条件格式

Excel的条件格式功能可以根据指定的公式或数值来确定搜索条件，然后将格式应用到符合搜索条件的选定单元格中，并突出显示要检查的动态数据。例如，希望使单元格中的负数用红色显示，超过1000的数字字号增大等。

## 10.4.1　使用数据条效果

在Excel中，条件格式功能提供了数据条、色阶、图标集3种内置的单元格图形效果样式。其中数据条效果可以直观地显示数值大小对比的程度，使表格数据效果更为直观。

【例10-9】制作数据条。

01 打开“星点公司通讯录”工作簿的“通讯录”工作表，增加“工作年限”列。

02 选定“工作年限”列的数据单元格区域，在【开始】选项卡的【样式】组中单击【条件格式】按钮，在弹出的下拉列表中选择【数据条】命令，在弹出的下拉列表中选择【渐变填充】列表里的【浅蓝色数据条】选项，如图10-46所示。

03 此时工作表内的【工作年限】一列中的数据单元格内添加了浅蓝色渐变填充的数据条效果，可以直观地对比数据，如图10-47所示。

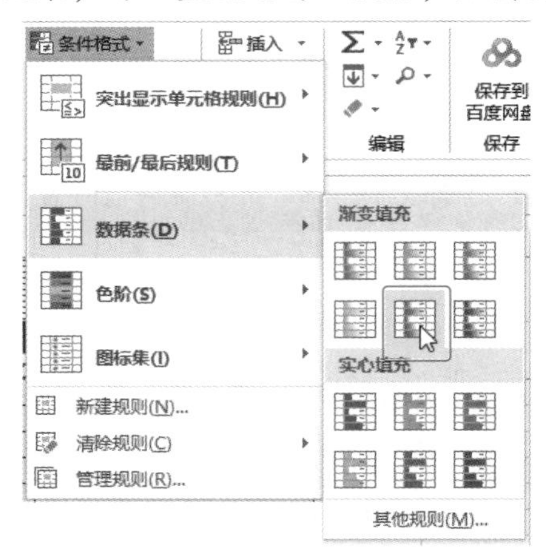

| 序号 | 分机号 | 邮箱 | 出生日期（年/月/日） | 工作年限 |
|---|---|---|---|---|
| 1 | 811 | suoxiao@163.com | 28126 | 14 |
| 2 | 811 | hengxiaoli@163.cor | 28127 | 13 |
| 3 | 811 | zhangyan@163.com | 28128 | 12 |
| 4 | 811 | luhong@163.com | 28129 | 11 |
| 5 | 811 | xiaomeng@163.cor | 28130 | 10 |
| 6 | 811 | duyue@163.com | 28131 | 9 |
| 7 | 811 | hangcheng@163.co | 28132 | 8 |
| 8 | 811 | yunsheng@163.cor | 28133 | 7 |
| 9 | 811 | haoxiaoyue@163.co | 28134 | 6 |
| 10 | 811 | liudawei@163.com | 28135 | 5 |
| 11 | 811 | angyanxia@163.cor | 28136 | 4 |

图 10-46　选择数据条效果　　图 10-47　显示效果

04 还可以通过设置将单元格数据隐藏起来，只保留数据条效果。先选中“工作年限”单元格区域里的任意单元格，单击【条件格式】按钮，在弹出的下拉列表中选择【管理规则】命令，如图10-48所示。

05 打开【条件格式规则管理器】对话框，选中【数据条】规则，单击【编辑规则】按钮，如图10-49所示。

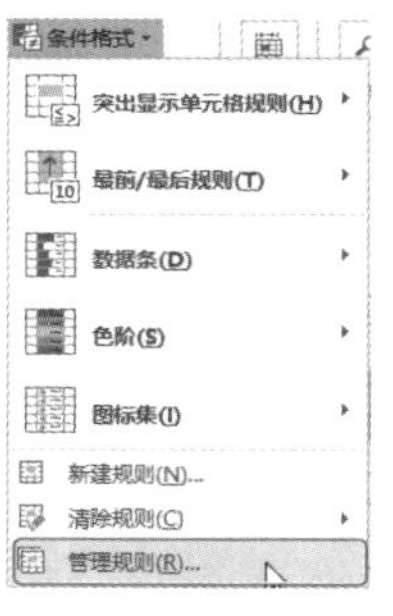


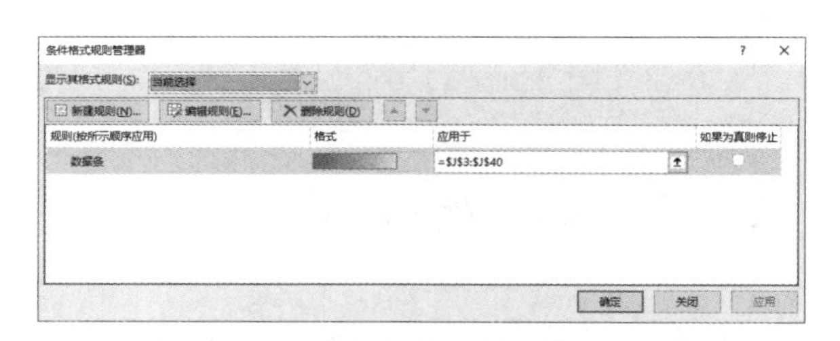


图 10-48　选择【管理规则】命令　　图 10-49　【条件格式规则管理器】对话框

06 打开【编辑格式规则】对话框，在【编辑规则说明】选项区域选中【仅显示数据条】复选框，然后单击【确定】按钮，如图10-50所示。

**提示**

在【编辑格式规则】对话框中，用户还可对数据条的其他参数进行设置，例如，设置最大值和最小值的显示方式、数据条的填充颜色等。

07 返回【条件格式规则管理器】对话框，单击【确定】按钮即可完成设置。此时单元格区域J3:J41只有数据条的显示，没有具体数值，效果如图10-51所示。

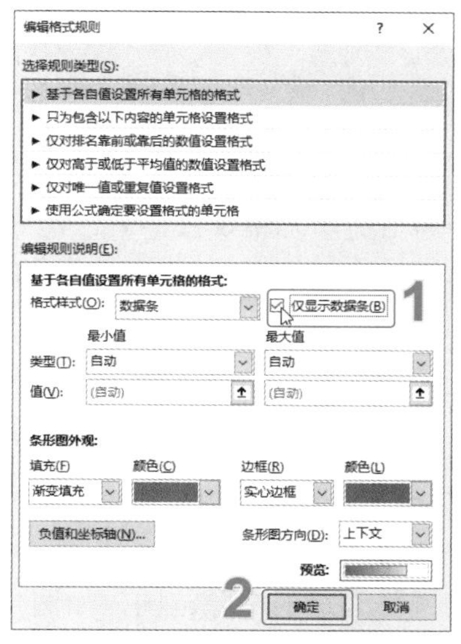


图 10-50　【编辑格式规则】对话框

| 邮箱 | 出生日期（年/月/日） | 工作年限 |
| --- | --- | --- |
| suoxiao@163.com | 28126 | |
| hengxiaoli@163.coı | 28127 | |
| zhangyan@163.com | 28128 | |
| luhong@163.com | 28129 | |
| ixiaomeng@163.coı | 28130 | |
| duyue@163.com | 28131 | |
| hangcheng@163.co | 28132 | |
| yunsheng@163.coı | 28133 | |
| aoxiaoyue@163.co | 28134 | |
| liudawei@163.com | 28135 | |
| angyanxia@163.coı | 28136 | |
| zhangtian@163.com | 28137 | |
| lilili@163.com | 28138 | |

图 10-51　只显示数据条

## 10.4.2　自定义条件格式

用户可以自定义电子表格的条件格式，来查找或编辑符合条件格式的单元格。

【例10-10】自定义条件格式。 视频

01 启动Excel，打开工作簿。

02 创建一列“日期”。选定“日期”列的单元格区域，在【开始】选项卡的【样式】组中单击【条件格式】按钮，在弹出的菜单中选择【突出显示单元格规则】|【大于】命令，如图10-52所示。

03 打开【大于】对话框，在【为大于以下值的单元格设置格式】文本框中输入“1988/1/4”，在【设置为】下拉列表中选择【浅红填充色深红色文本】选项，然后单击【确定】按钮，如图10-53所示。

图 10-52　选择【大于】命令

图 10-53　【大于】对话框

04 此时在“日期”列中，所有满足条件的单元格都将会自动套用浅红填充色深红色文本的单元格格式，效果如图10-54所示。

| | A |
|---|---|
| 1 | 日期 |
| 2 | 1987/1/1 |
| 3 | 1986/1/2 |
| 4 | 1988/1/3 |
| 5 | 1990/1/4 |
| 6 | 1995/1/5 |
| 7 | 1998/1/6 |
| 8 | 1987/1/1 |
| 9 | 1986/1/2 |
| 10 | 1988/1/3 |
| 11 | 1990/1/4 |
| 12 | 1995/1/5 |
| 13 | 1998/1/6 |
| 14 | 1987/1/13 |

图 10-54　显示符合条件格式的单元格

> **提示**
>
> 【突出显示单元格规则】命令下的子命令可以对包含文本、数字或日期/时间值的单元格设置格式，也可以对唯一值或重复值设置格式。

## 10.4.3　清除条件格式

当用户不再需要条件格式时可以清除条件格式，清除条件格式主要有以下两种方法：

- 在【开始】选项卡的【样式】组中单击【条件格式】按钮，在弹出的菜单中选择【清除规则】命令，然后继续在弹出的子菜单中选择合适的清除范围，如图10-55所示。
- 在【开始】选项卡的【样式】组中单击【条件格式】按钮，在弹出的菜单中选择【管理规则】命令，打开【条件格式规则管理器】对话框，选中要删除的规则后单击【删除规则】按钮，如图10-56所示，然后单击【确定】按钮即可清除条件格式。

图 10-55　选择【清除规则】命令

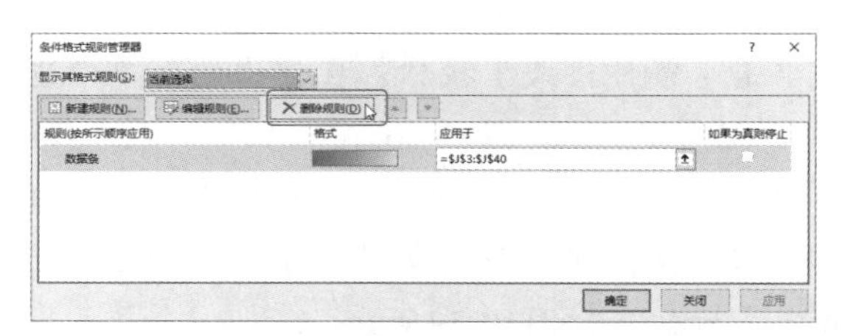


图 10-56　【条件格式规则管理器】对话框

# 10.5　预览和打印设置

Excel提供打印预览功能，可以通过该功能查看打印效果，如页面设置、分页符效果等。若不满意可以及时调整，避免打印后不能使用而造成浪费。

## 10.5.1　预览打印效果

选择【文件】|【打印】命令，在最右侧显示预览效果窗格，如图10-57所示，如果是多页表格，可以单击左下角的左右翻页按钮选择页数进行预览。单击右下角的【缩放到页面】按钮，可以以原始页面大小进行预览，单击旁边的【显示边距】按钮可以显示默认页边距，如图10-58所示。

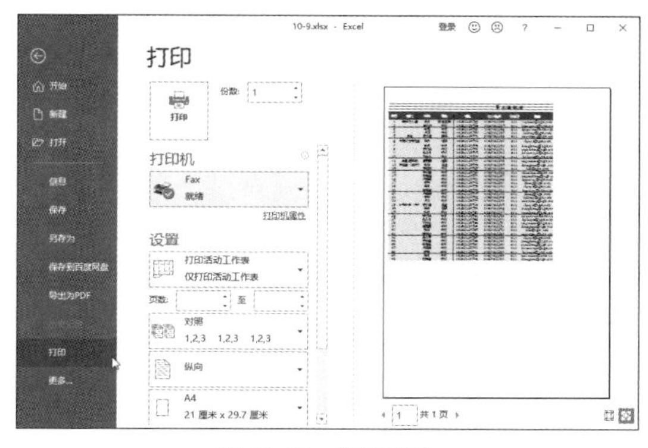

图 10-57　预览表格

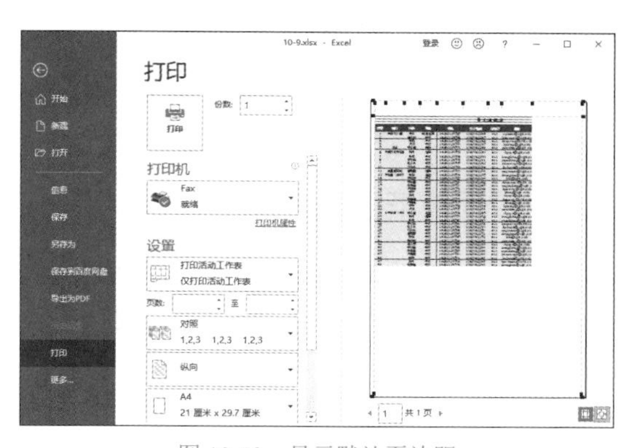

图 10-58　显示默认页边距

## 10.5.2　设置页边距

Excel提供了多种预设的页边距方案，分别为【常规】【宽】与【窄】，其中默认使用的是【常规】页边距方案。

要使用系统预设的页边距方案，可打开【页面布局】选项卡，在【页面设置】组中单击【页边距】按钮，在弹出的菜单中选择相应的预设方案即可，如图10-59所示。

如果预设的3种页边距方案不能满足用户的需要，也可在【页边距】菜单中选择【自定义页边距】命令，打开【页面设置】对话框的【页边距】选项卡，在该选项卡中可以自定义页边距大小，如图10-60所示。

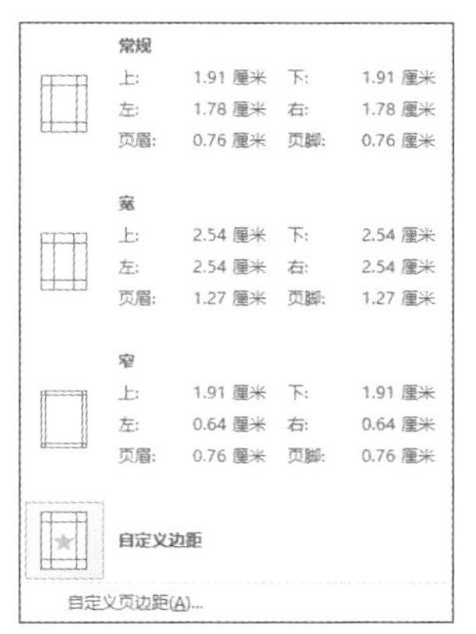


图 10-59　选择预设方案

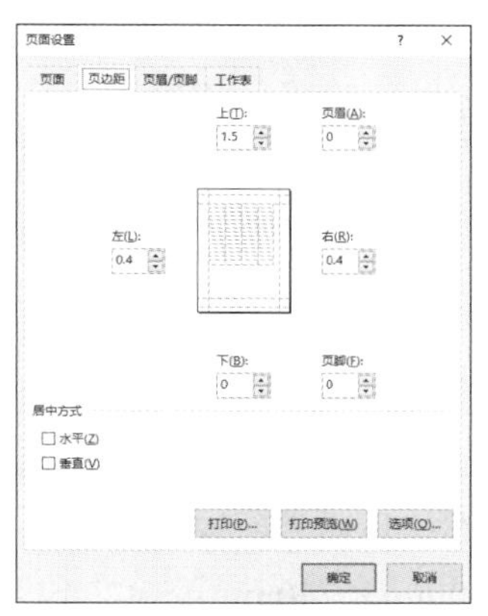

图 10-60　打开【页边距】选项卡

## 10.5.3　设置纸张方向

在设置打印页面时，打印方向可设置为纵向和横向。打开【页面布局】选项卡，在【页面设置】组中单击【纸张方向】按钮，在弹出的菜单中选择【纵向】或【横向】命令，可以设置打印方向，如图10-61所示。

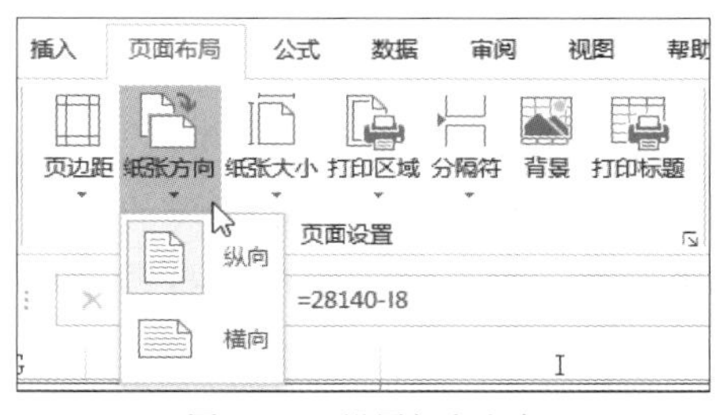


图 10-61　设置打印方向

**提示**

纵向打印常用于打印窄表，而横向打印常用于打印宽表。

## 10.5.4 设置纸张大小

在设置打印页面时，应选用与打印机中打印纸大小对应的纸张大小。在【页面设置】组中单击【纸张大小】按钮，在弹出的菜单中可以选择纸张大小，如图10-62所示。

选择【其他纸张大小】命令，打开【页面设置】对话框，在该对话框中可进行更加详细的设置，如图10-63所示。

常用纸张按尺寸可分为A和B两类：

- A类就是通常所说的大度纸，整张纸的尺寸是889mm×1194mm，可裁切A1(大对开，570mm×840mm)、A2(大四开，420mm×570mm)、A3(大八开，285mm×420mm)、A4(大十六开，210mm×285mm)、A5(大三十二开，142.5mm×210mm)。

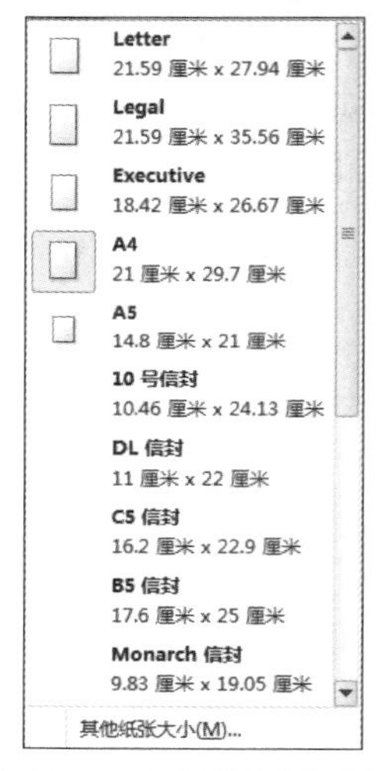

图 10-62 【纸张大小】菜单

图 10-63 【页面设置】对话框

- B类就是通常所说的正度纸，整张纸的尺寸是787mm×1092mm，可裁切B1(正对开，520mm×740mm)、B2(正四开，370mm×520mm)、B3(正八开，260mm×370mm)、B4(正十六开，185mm×260mm)、B5(正三十二开，130mm×185mm)。

## 10.5.5 设置打印区域

在打印工作表时，可能会遇到不需要打印整张工作表的情况，此时可以设置打印区域，只打印工作表中所需的部分。

例如，只需打印工作表的前若干行，可选定表格的这些行，在【页面布局】选项卡的【页面设置】组中单击【打印区域】按钮，在弹出的下拉菜单中选择【设置打印区域】命令，如图10-64所示。

此时选择【文件】|【打印】命令，可以看到预览窗格中只显示表格中选中的行，表示打

印区域为表格中选中的行，如图10-65所示。

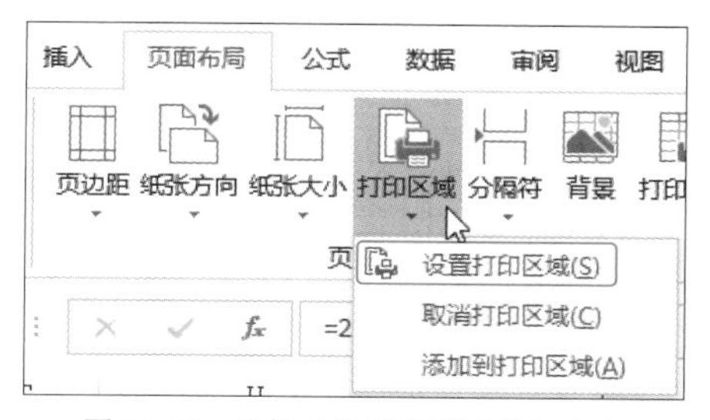


图 10-64　选择【设置打印区域】命令

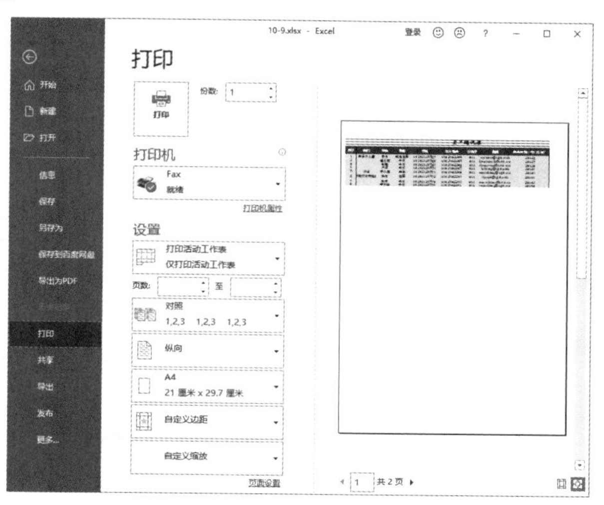


图 10-65　预览打印效果

## 10.5.6　打印Excel工作表

完成对工作表的页面设置，并在打印预览窗格确认打印效果之后，就可以打印该工作表了。选择【文件】|【打印】命令，在【打印】窗口中可以选择要使用的打印机并设置打印范围、打印内容等选项，如图10-66所示。设置完成后，单击【打印】按钮即可开始打印工作表。

单击【打印机属性】链接，可打开打印机属性设置对话框，在该对话框中可对用户所使用的打印机的各项参数进行设置，如图10-67所示。需要注意的是，当前【打印机】选项的选择不同时，单击【打印机属性】链接后，弹出对话框中的设置选项也不同。

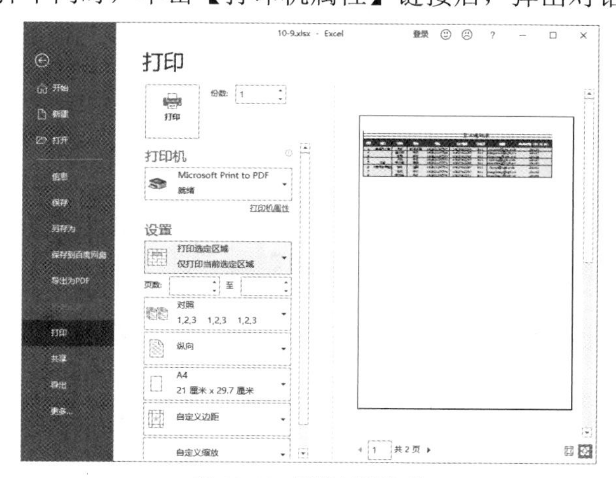


图 10-66　设置打印选项

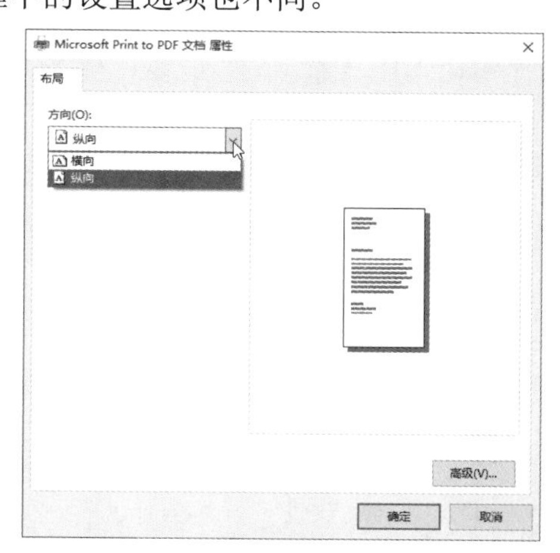


图 10-67　设置打印机属性

# 10.6　上机练习

本章主要介绍了设置表格格式和打印表格的基本操作方法，本次上机练习通过一个具体实例来使读者进一步巩固本章所学的内容。本次上机练习要求如下：(1) 对“员工通讯录”工作簿中的工作表进行页面设置；(2) 将该工作表打印10份，并要求打印出行号和列标。

## 10.6.1 对通讯录进行页面设置

01 启动Excel，打开制作好的“员工通讯录”工作簿，效果如图10-68所示。

02 为工作表设置打印选项。打开【页面布局】选项卡，在【页面设置】组中单击 按钮，如图10-69所示，打开【页面设置】对话框。

03 选择【工作表】选项卡，选中【打印】选项区域中的【行和列标题】复选框，然后单击【确定】按钮，如图10-70所示。

| | A | B | C | D | E | F | G | H |
|---|---|---|---|---|---|---|---|---|
| 1 | 员工通讯录 | | | | | | | |
| 2 | 部门 | 姓名 | 职务 | 办公电话 | 手机 | 办公室 | 住址 | 其他 |
| 3 | 销售部 | 李云胜 | 营业员 | 23654789 | 15112321245 | 101 | 海淀区 | 一二休 |
| 4 | 销售部 | 赵小月 | 营业员 | 26584965 | 17123457689 | 101 | 海淀区 | 一二休 |
| 5 | 销售部 | 刘大为 | 营业员 | 26598785 | 18876567908 | 101 | 海淀区 | 三四休 |
| 6 | 销售部 | 唐艳霞 | 营业员 | 24598738 | 18876567908 | 101 | 海淀区 | 三四休 |
| 7 | 销售部 | 张恬 | 营业员 | 26587958 | 18876567908 | 101 | 海淀区 | 五六休 |
| 8 | 销售部 | 李丽丽 | 营业员 | 25478965 | 18876567908 | 101 | 海淀区 | 五六休 |
| 9 | 销售部 | 杜月 | 门市经理 | 26895326 | 13521345689 | 101 | 海淀区 | |
| 10 | 销售部 | 张成 | 经理助理 | 26849752 | 13321456789 | 101 | 海淀区 | |
| 11 | 企划部 | 张锦程 | 职员 | 25986746 | 15112321245 | 102 | 朝阳区 | |
| 12 | 企划部 | 卢晓鸥 | 职员 | 26359875 | 15112321245 | 102 | 朝阳区 | |
| 13 | 企划部 | 李芳 | 职员 | 23698754 | 15112321245 | 102 | 朝阳区 | |
| 14 | 企划部 | 马小燕 | 经理 | 24698756 | 15112321245 | 102 | 朝阳区 | |
| 15 | 企划部 | 李长青 | 处长 | 26985496 | 15112321245 | 102 | 朝阳区 | |
| 16 | 行政部 | 卢晓鸥 | 职员 | 26359875 | 13321456791 | 103 | 东城区 | |
| 17 | 行政部 | 李芳 | 职员 | 23698754 | 13321456792 | 103 | 东城区 | |
| 18 | 行政部 | 杜月 | 职员 | 26579856 | 13321456793 | 103 | 东城区 | |
| 19 | 行政部 | 张艳 | 职员 | 26897862 | 13321456795 | 103 | 东城区 | |
| 20 | 行政部 | 卢红 | 职员 | 26897862 | 13321456796 | 103 | 东城区 | |
| 21 | 行政部 | 李小蒙 | 职员 | 26897862 | 13321456797 | 103 | 东城区 | |

图 10-68 打开工作簿

图 10-69 【页面设置】组

## 10.6.2 预览并打印通讯录

04 选择【文件】|【打印】命令，预览打印效果，显示行号和列标，如图10-71所示。

图 10-70 【页面设置】对话框

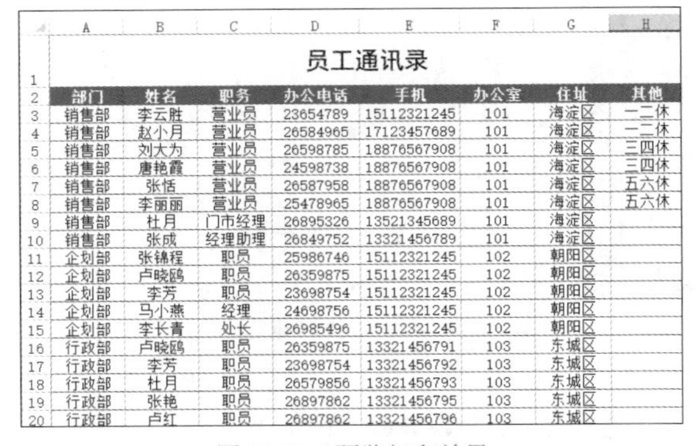

| | A | B | C | D | E | F | G | H |
|---|---|---|---|---|---|---|---|---|
| 1 | 员工通讯录 | | | | | | | |
| 2 | 部门 | 姓名 | 职务 | 办公电话 | 手机 | 办公室 | 住址 | 其他 |
| 3 | 销售部 | 李云胜 | 营业员 | 23654789 | 15112321245 | 101 | 海淀区 | 一二休 |
| 4 | 销售部 | 赵小月 | 营业员 | 26584965 | 17123457689 | 101 | 海淀区 | 一二休 |
| 5 | 销售部 | 刘大为 | 营业员 | 26598785 | 18876567908 | 101 | 海淀区 | 三四休 |
| 6 | 销售部 | 唐艳霞 | 营业员 | 24598738 | 18876567908 | 101 | 海淀区 | 三四休 |
| 7 | 销售部 | 张恬 | 营业员 | 26587958 | 18876567908 | 101 | 海淀区 | 五六休 |
| 8 | 销售部 | 李丽丽 | 营业员 | 25478965 | 18876567908 | 101 | 海淀区 | 五六休 |
| 9 | 销售部 | 杜月 | 门市经理 | 26895326 | 13521345689 | 101 | 海淀区 | |
| 10 | 销售部 | 张成 | 经理助理 | 26849752 | 13321456789 | 101 | 海淀区 | |
| 11 | 企划部 | 张锦程 | 职员 | 25986746 | 15112321245 | 102 | 朝阳区 | |
| 12 | 企划部 | 卢晓鸥 | 职员 | 26359875 | 15112321245 | 102 | 朝阳区 | |
| 13 | 企划部 | 李芳 | 职员 | 23698754 | 15112321245 | 102 | 朝阳区 | |
| 14 | 企划部 | 马小燕 | 经理 | 24698756 | 15112321245 | 102 | 朝阳区 | |
| 15 | 企划部 | 李长青 | 处长 | 26985496 | 15112321245 | 102 | 朝阳区 | |
| 16 | 行政部 | 卢晓鸥 | 职员 | 26359875 | 13321456791 | 103 | 东城区 | |
| 17 | 行政部 | 李芳 | 职员 | 23698754 | 13321456792 | 103 | 东城区 | |
| 18 | 行政部 | 杜月 | 职员 | 26579856 | 13321456793 | 103 | 东城区 | |
| 19 | 行政部 | 张艳 | 职员 | 26897862 | 13321456795 | 103 | 东城区 | |
| 20 | 行政部 | 卢红 | 职员 | 26897862 | 13321456796 | 103 | 东城区 | |

图 10-71 预览打印效果

05 预览无误并正确连接打印机后，在【打印】区域的【份数】微调框中设置数值为10，然后单击【打印】按钮，即可打印10份该工作表，如图10-72所示。

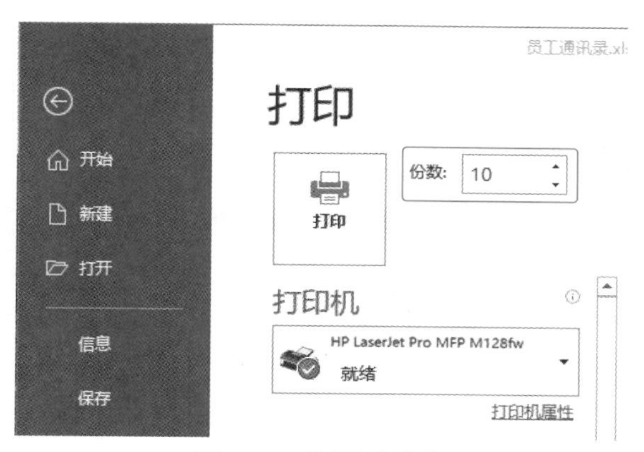


图 10-72　设置打印份数

## 10.7　习题

1. 如何设置表格的背景颜色和底纹？
2. 如何套用单元格样式？
3. 如何改变工作表标签的颜色？
4. 打印电子表格之前有哪些常用的打印设置？
5. 对上机练习中的“员工通讯录”更改套用的样式。

# 第11章 PowerPoint 2016 基本操作

## 学习目标

PowerPoint是一款专门用来制作演示文稿的应用软件，可以制作出集文字、图形、图像、声音、视频等多媒体元素为一体的演示文稿，使演讲者能够以更简单的方式将要传达的信息传送给听众，因此，演示文稿更容易连接演讲者和听众，提高了二者之间的沟通效率。本章将介绍PowerPoint 2016的基本操作。

## 本章重点

- PowerPoint 2016的工作界面
- 创建演示文稿
- 幻灯片的基本操作
- 幻灯片的视图方式
- 在幻灯片中输入文本
- 设置占位符和文本框格式
- 设置文本和段落格式

# 11.1　认识PowerPoint 2016

在使用PowerPoint制作演示文稿之前，首先要了解一下什么是演示文稿，什么是幻灯片，PowerPoint 2016的工作界面，制作幻灯片的流程，以及各种对象的使用技巧等。本节就来介绍这些知识。

## 11.1.1　认识演示文稿和幻灯片

演示文稿由“演示”和“文稿”两个词语组成，其实这已经很好地表达了它的作用，也就是用于演示而制作的文档，主要用于会议、产品展示和教学课件等场合。演示文稿可以很好地拉近演示者和观众之间的距离，让观众更容易理解演示者要传达的意思。图11-1所示为演讲者制作的商务PPT的演示文稿，其中显示的页面就是一张幻灯片。从图中可以看出，一个演示文稿是由许多张幻灯片组成的。

图 11-1　制作完成的演示文稿

**提示**

利用PowerPoint制作出来的文件叫作演示文稿，它是一个文件。演示文稿中的每一页叫作幻灯片，每张幻灯片都是演示文稿中既相互独立又相互联系的内容。

## 11.1.2　PowerPoint 2016的工作界面

PowerPoint 2016的工作界面主要由快速访问工具栏、【文件】按钮、标题栏、功能区、幻灯片浏览窗格、幻灯片编辑窗口、备注窗格、状态栏以及快捷按钮和显示比例滑杆等部分组成，如图11-2所示。

PowerPoint 2016的工作界面中，除了包含与其他Office软件相同的界面元素外，还有许多其特有的组件，如幻灯片浏览窗格、幻灯片编辑窗口和备注窗格。

- 幻灯片浏览窗格：位于操作界面的左侧，在幻灯片浏览窗格中列出了当前演示文稿中所有幻灯片的缩略图。
- 幻灯片编辑窗口：它是编辑幻灯片内容的场所。在该区域中可对幻灯片内容进行编辑、查看和添加对象等操作。
- 备注窗格：用于输入内容，可以为幻灯片添加说明，以使放映者能够更好地讲解幻灯片中展示的内容。

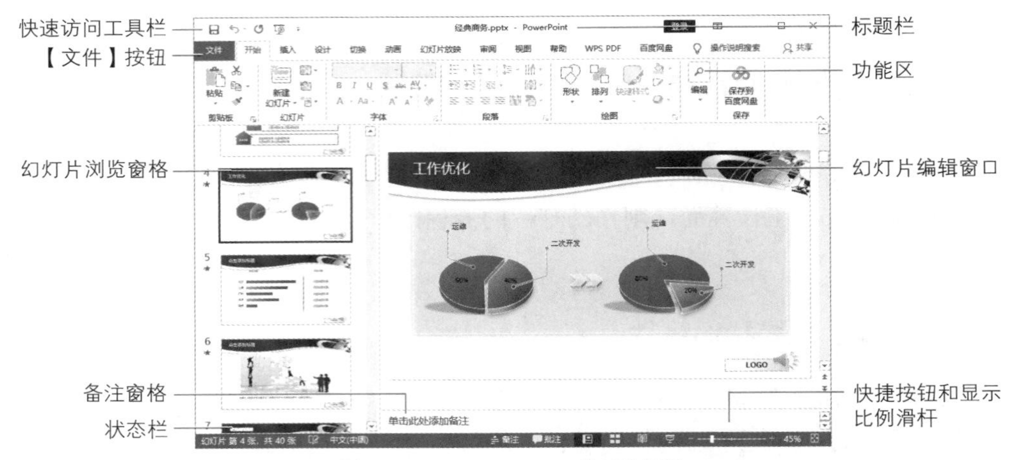


图 11-2　PowerPoint 2016 的工作界面

# 11.2　创建演示文稿

使用PowerPoint 2016可以轻松地创建演示文稿。本节将介绍多种创建演示文稿的方法，例如使用模板和根据现有内容等方法创建。

## 11.2.1　创建空白演示文稿

空白演示文稿是一种形式最简单的演示文稿，没有应用模板设计、配色方案以及动画方案，可以自由设计。创建空白演示文稿的方法主要有以下两种。

- 启动PowerPoint自动创建空白演示文稿：无论是使用【开始】按钮启动PowerPoint，还是通过桌面快捷图标启动，都将自动打开空白演示文稿。
- 使用【文件】按钮创建空白演示文稿：单击【文件】按钮，在弹出的菜单中选择【新建】命令，在打开的【新建】窗格中选择【空白演示文稿】选项，即可新建一个空白演示文稿，如图11-3所示。

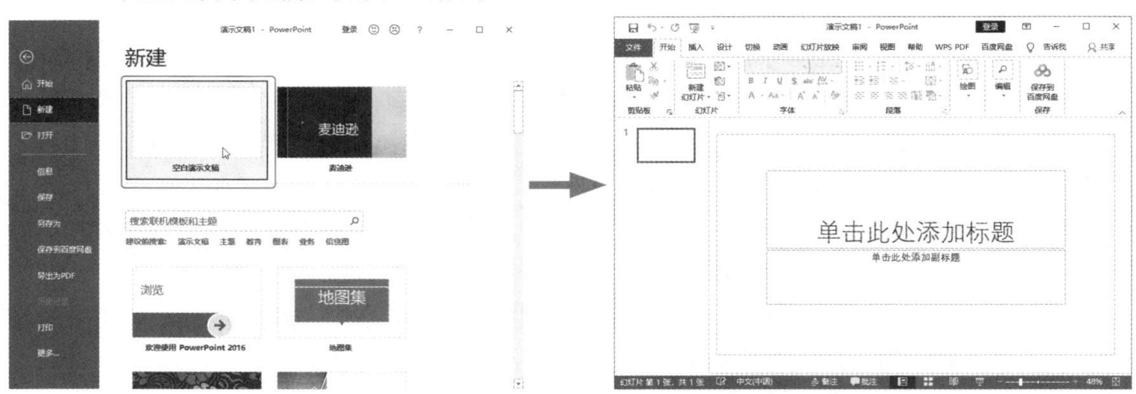


图 11-3　创建空白演示文稿

## 11.2.2　根据模板创建演示文稿

模板是一种以特殊格式保存的演示文稿，一旦应用了一种模板后，幻灯片中的背景图形、配色方案等就已经确定。通过模板，可以创建多种风格的精美演示文稿。PowerPoint提供了许多联机模板供用户使用。模板分为本地模板和联机模板两种。

### 1. 根据本地模板创建演示文稿

本地模板是驻留在本地计算机的模板，一般是已经下载的联机模板。模板将演示文稿的样式、风格，包括幻灯片的背景、装饰图案、文字布局及颜色、大小等均预先定义好。在设计演示文稿时可以先选择演示文稿的整体风格，再进行进一步的编辑和修改。

【例11-1】根据本地模板创建演示文稿。视频

01 启动PowerPoint，单击【文件】按钮，从弹出的菜单中选择【新建】命令，右边窗格中显示可以使用的已下载到本地的模板，如图11-4所示。

02 单击需要使用的模板，如图11-5所示，然后单击【创建】按钮。

图 11-4　本地模板

图 11-5　单击【创建】按钮

03 此时该模板将应用到新建的演示文稿中，效果如图11-6所示。

图 11-6　新建的演示文稿

> **提示**
>
> PowerPoint为用户提供了具有统一格式与框架的演示文稿模板。根据模板创建演示文稿后，只需对演示文稿中相应位置的内容进行修改，即可快速制作出需要的演示文稿。

### 2. 根据联机模板创建演示文稿

若没有本地模板，也可以使用联机模板来创建演示文稿。启动PowerPoint，单击【文件】按钮，从弹出的菜单中选择【新建】命令，打开【新建】界面，在【搜索联机模板和主题】下方选择需要的联机模板，如图11-7所示。

系统弹出选中模板的对话框，在其中单击【创建】按钮，如图11-8所示，此时，系统将会从远程下载所选的联机模板，如图11-9所示；下载完成后自动新建一个基于所选模板的演

示文稿，如图11-10所示。

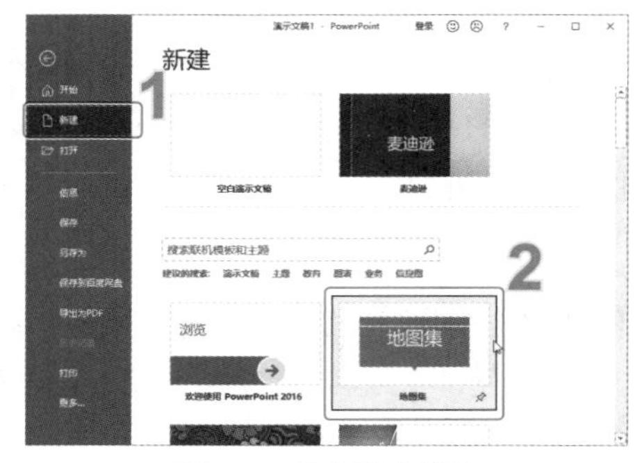


图 11-7　选择联机模板

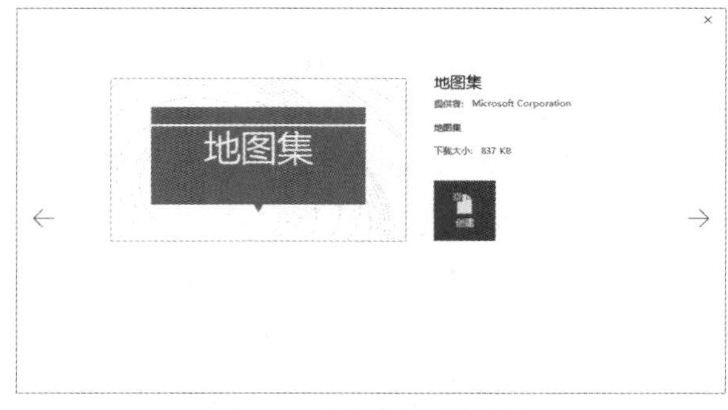


图 11-8　单击【创建】按钮

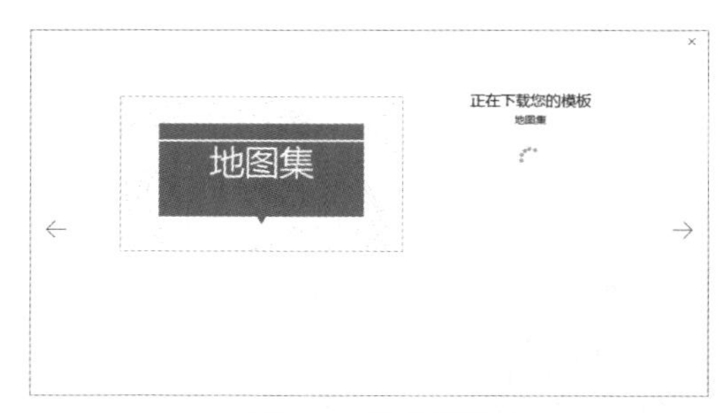


图 11-9　下载模板

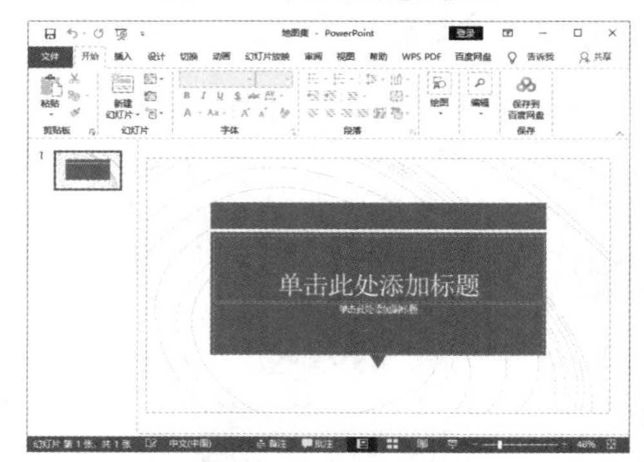


图 11-10　演示文稿效果

## 11.2.3　根据现有内容创建演示文稿

如果想使用现有演示文稿中的一些内容或风格来设计其他的演示文稿，可以使用PowerPoint的根据现有内容创建演示文稿，这样就能够得到一个和现有演示文稿具有相同内容和风格的新演示文稿，然后按照需求在原有的基础上进行适当修改即可。

【例11-2】根据现有内容创建演示文稿。视频

01 打开创建的“培训新员工”演示文稿。

02 将光标定位至幻灯片的最后位置，在【开始】选项卡的【幻灯片】组中单击【新建幻灯片】按钮右下方的下拉箭头，在弹出的菜单中选择【重用幻灯片】命令，如图11-11所示。

03 打开【重用幻灯片】任务窗格，单击【浏览】按钮，如图11-12所示。

04 打开【浏览】对话框，选择需要使用的现有演示文稿，单击【打开】按钮，如图11-13所示。

05 此时【重用幻灯片】任务窗格中显示现有演示文稿中所有可用的幻灯片，在幻灯片列表中单击需要的幻灯片，即可将其插入指定位置，如图11-14所示。

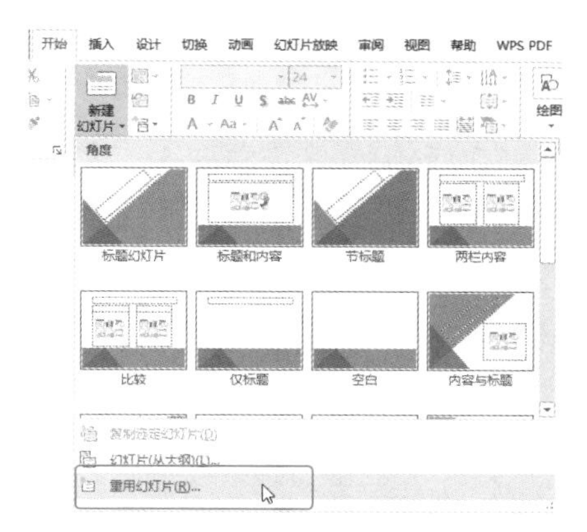

图 11-11 选择【重用幻灯片】命令

图 11-12 【重用幻灯片】任务窗格

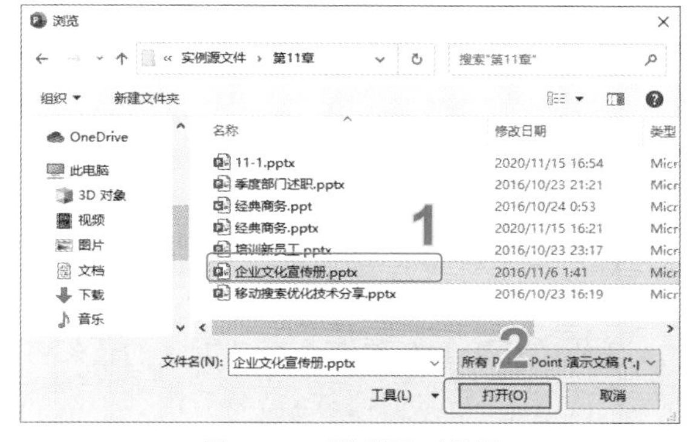

图 11-13 【浏览】对话框

图 11-14 插入现有幻灯片

# 11.3 幻灯片的基本操作

幻灯片是演示文稿的重要组成部分，要想制作出精美的演示文稿，一定要熟练掌握幻灯片的基本操作，主要包括选择幻灯片、插入幻灯片、移动与复制幻灯片以及删除与隐藏幻灯片等。

## 11.3.1 选择幻灯片

在PowerPoint中，可以选中一张或多张幻灯片，然后对选中的幻灯片进行操作。以下是在普通视图中选择幻灯片的方法。

- 选择单张幻灯片：无论是在普通视图还是在幻灯片浏览视图下，只需单击需要的幻灯片，即可选中该张幻灯片。
- 选择编号相连的多张幻灯片：首先单击起始编号的幻灯片，然后在按住Shift键的同时，单击结束编号的幻灯片，此时两张幻灯片之间的多张幻灯片被同时选中，如图11-15所示。
- 选择编号不相连的多张幻灯片：在按住Ctrl键的同时，依次单击需要选择的每张幻灯片，即可同时选中单击的多张幻灯片，如图11-16所示。在按住Ctrl键的同时再次单击已选中的幻灯片，则取消选择该幻灯片。

- 选择全部幻灯片：无论是在普通视图还是在幻灯片浏览视图下，按Ctrl+A组合键，即可选中当前演示文稿中的所有幻灯片。

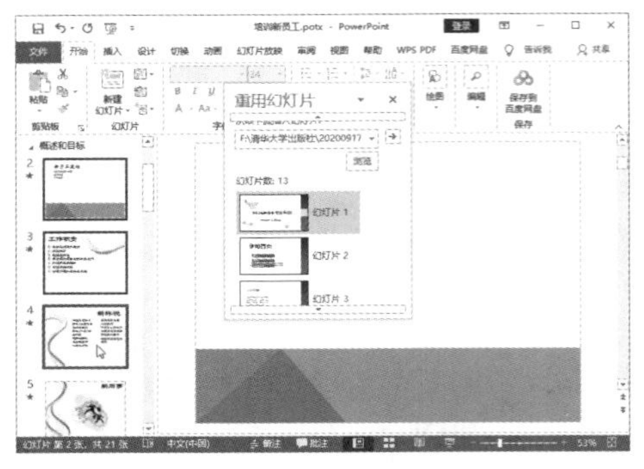

图 11-15　选择编号相连的多张幻灯片

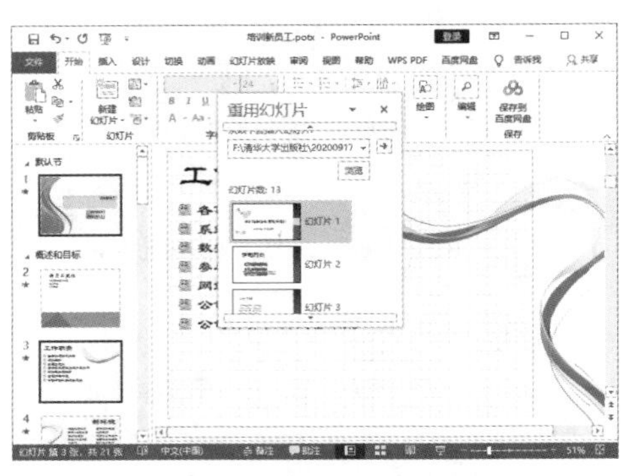

图 11-16　选择编号不相连的多张幻灯片

## 11.3.2　插入幻灯片

插入幻灯片的方法：可以通过【幻灯片】组插入，也可以通过右击插入，还可以通过键盘操作插入。下面将介绍这几种插入幻灯片的方法。

### 1. 通过【幻灯片】组插入

在幻灯片预览窗格中，选择一张幻灯片，打开【开始】选项卡，在功能区的【幻灯片】组中单击【新建幻灯片】按钮，即可插入一张默认版式的幻灯片。当需要应用其他版式时，单击【新建幻灯片】按钮右下方的下拉箭头，在弹出的版式菜单中选择【空白】选项，即可插入该样式的幻灯片，如图11-17所示。

### 2. 通过右击插入

在幻灯片预览窗格中，选择一张幻灯片，右击该幻灯片，从弹出的快捷菜单中选择【新建幻灯片】命令，如图11-18所示，即可在选择的幻灯片之后插入一张新的幻灯片。该幻灯片与选中的幻灯片具有同样的版式。

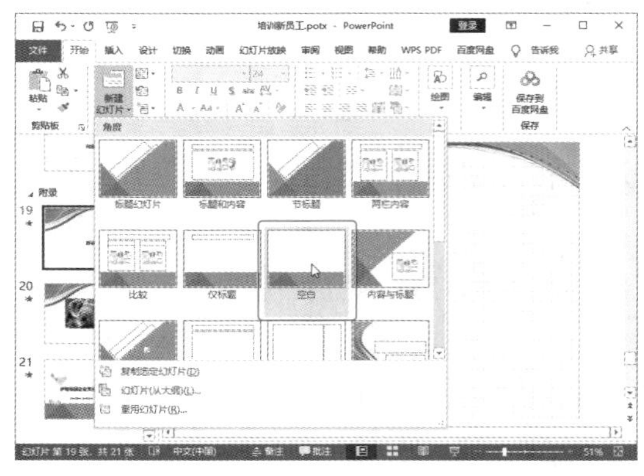

图 11-17　插入特定版式的幻灯片

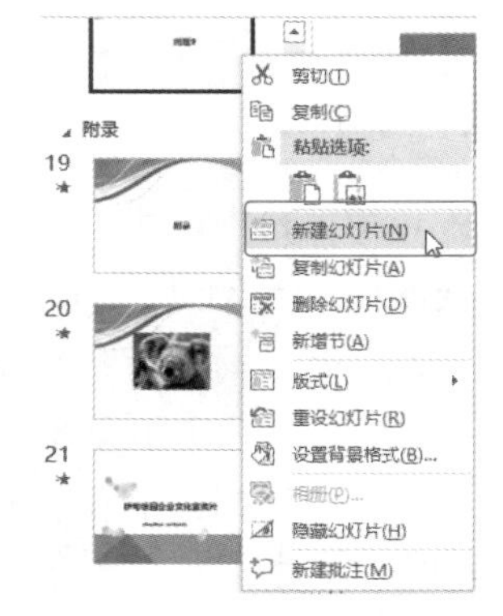


图 11-18　通过右击插入新幻灯片

### 3. 通过键盘操作插入

通过键盘操作插入幻灯片的方法是最快捷的方法。在幻灯片预览窗格中，选择一张幻灯片，然后按Enter键，或按Ctrl+M快捷键，即可快速插入一张与选中幻灯片具有相同版式的新幻灯片。

## 11.3.3　移动与复制幻灯片

在PowerPoint中，可以方便地对幻灯片进行移动与复制操作。

### 1. 移动幻灯片

在制作演示文稿时，为了调整幻灯片的播放顺序，需要移动幻灯片的位置。移动幻灯片的基本操作步骤如下：

01 选中需要移动的幻灯片，在【开始】选项卡的【剪贴板】组中单击【剪切】按钮，或者右击选中的幻灯片，从弹出的快捷菜单中选择【剪切】命令，或者按Ctrl+X快捷键。

02 在需要插入幻灯片的位置单击，然后在【开始】选项卡的【剪贴板】组中单击【粘贴】按钮，或者在目标位置右击，从弹出的快捷菜单中选择【粘贴选项】命令中的选项，或者按Ctrl+V快捷键。

### 2. 复制幻灯片

PowerPoint支持以幻灯片为对象的复制操作。在制作演示文稿时，为了使新建的幻灯片与已经建立的幻灯片保持相同的版式和设计风格，可以利用幻灯片的复制功能，复制出一张相同的幻灯片，然后再对其进行适当的修改。

复制幻灯片的基本操作步骤如下：

01 选中需要复制的幻灯片，在【开始】选项卡的【剪贴板】组中单击【复制】按钮，或者右击选中的幻灯片，从弹出的快捷菜单中选择【复制】命令，或者按Ctrl+C快捷键。

02 在需要插入幻灯片的位置单击，然后在【开始】选项卡的【剪贴板】组中单击【粘贴】按钮，或者在目标位置右击，从弹出的快捷菜单中选择【粘贴选项】命令中的选项，或者按Ctrl+V快捷键。

**知识点**

还可以通过鼠标左键拖动的方法复制幻灯片，方法很简单，选择要复制的幻灯片，按住Ctrl键，然后按住鼠标左键拖动选定的幻灯片，在拖动的过程中，出现一条竖线表示选定幻灯片的新位置，此时释放鼠标左键，再松开Ctrl键，选择的幻灯片将被复制到目标位置。

## 11.3.4　删除与隐藏幻灯片

在演示文稿中删除多余幻灯片是清除大量冗余信息的有效方法。删除幻灯片的方法主要有以下两种：

- 选择要删除的幻灯片，右击该幻灯片，从弹出的快捷菜单中选择【删除幻灯片】命令。
- 选择要删除的幻灯片，直接按Delete键，即可删除所选的幻灯片。

制作好的演示文稿中有的幻灯片可能不是每次放映时都需要放映出来，此时就可以将暂时不需要的幻灯片隐藏起来。例如，右击要隐藏的幻灯片，从弹出的快捷菜单中选择【隐藏幻灯片】命令，即可隐藏该幻灯片，在幻灯片预览窗口中隐藏的幻灯片编号上将显示隐藏标志19。

# 11.4 幻灯片的视图模式

PowerPoint 2016提供了普通视图、大纲视图、幻灯片浏览视图、备注页视图、阅读视图和幻灯片放映视图5种视图模式。通过【视图】选项卡的【演示文稿视图】组及工作界面右下角的视图栏，可以找到相应的视图功能按钮，单击按钮即可切换至对应的视图模式。

## 11.4.1 普通视图和大纲视图

普通视图的左侧是幻灯片预览区域，右侧是幻灯片编辑区，显示当前选中的幻灯片，可以在此对幻灯片进行编辑操作，如图11-19(a)所示。

大纲视图的左侧是幻灯片的标题预览区域，右侧是幻灯片编辑区，显示当前选中的幻灯片，可以在此对幻灯片进行编辑操作，如图11-19(b)所示。

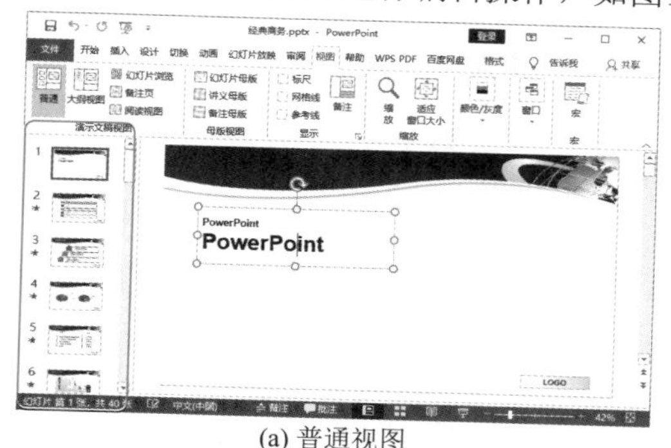


(a) 普通视图

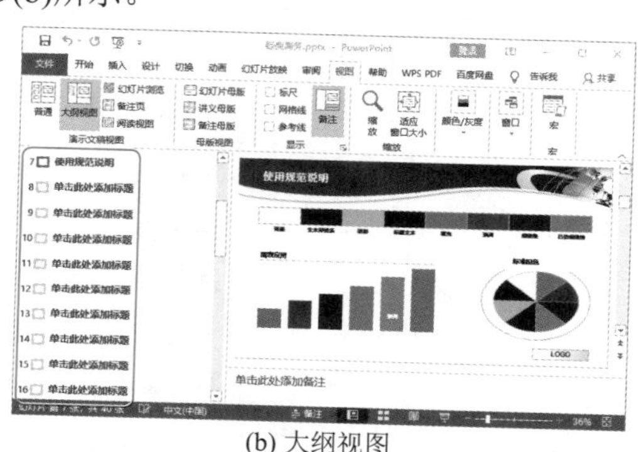

(b) 大纲视图

图 11-19　普通视图和大纲视图

## 11.4.2 幻灯片浏览视图

使用幻灯片浏览视图，可以在屏幕上同时看到演示文稿中的所有幻灯片，这些幻灯片以缩略图方式显示在同一窗口中，如图11-20所示。在幻灯片浏览视图中，可以查看幻灯片的背景、配色方案或更换模板后演示文稿发生的整体变化，也可以检查各个幻灯片是否前后协调、图标的位置是否合适等问题。

## 11.4.3 备注页视图

在备注页视图模式下，用户可以方便地添加和更改备注信息，也可以添加图形等信息，如图11-21所示。

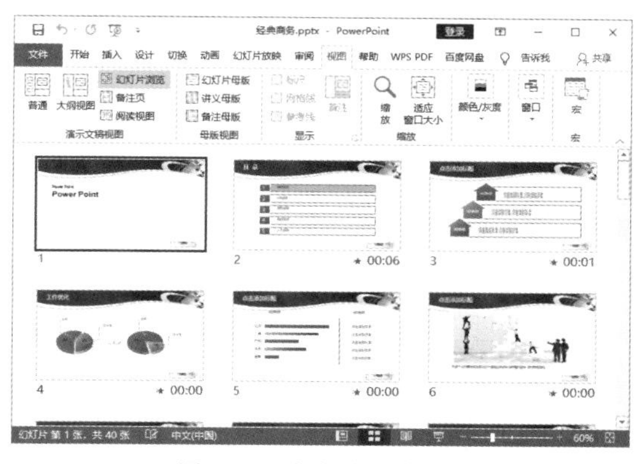

图 11-20　幻灯片浏览视图

图 11-21　备注页视图

### 11.4.4　阅读视图

在阅读视图中所看到的演示文稿就是观众将看到的效果，其中包括在实际演示中图形、计时、影片、动画效果和切换效果的状态，如图11-22所示。在阅读视图中放映幻灯片时，用户可以对幻灯片的放映顺序、动画效果等进行检查，按Esc键可以退出阅读视图。

### 11.4.5　幻灯片放映视图

幻灯片放映视图是演示文稿的最终效果。在幻灯片放映视图下，用户可以看到幻灯片的最终效果。幻灯片放映视图并不是显示单个静止的画面，而是以动态的形式显示演示文稿中的各个幻灯片，如图11-23所示。

按下F5键或者单击按钮可以直接进入幻灯片的放映模式，按下Shift+F5快捷键则可以从当前幻灯片开始向后放映；在放映过程中，按下Esc键可退出放映。

图 11-22　阅读视图

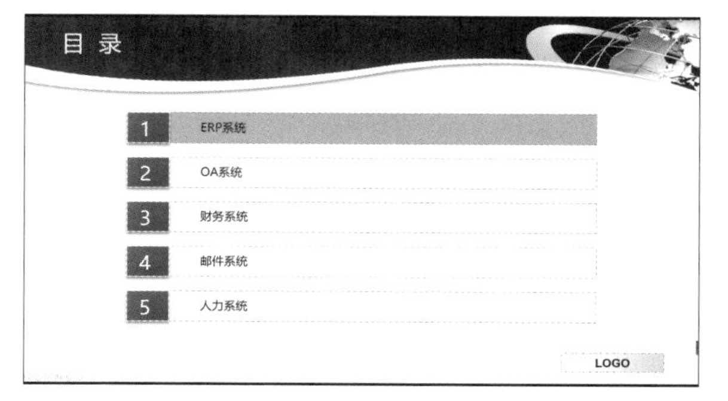


图 11-23　幻灯片放映视图

## 11.5　输入文本

文本是演示文稿中至关重要的组成部分，简洁的文字说明使演示文稿更为直观明了。本节介绍如何在幻灯片中输入文本。

## 11.5.1 使用占位符

占位符是包含文字和图形等对象的容器，其本身是构成幻灯片内容的基本对象，具有自己的属性。可以对占位符中的文字进行操作，也可以对占位符本身进行大小调整、移动、复制、粘贴及删除等操作。

### 1. 选择文本占位符

要在幻灯片中选择占位符，有以下3种方法：

- 在文本编辑状态下，单击其边框，即可选中该占位符。
- 在幻灯片中可以拖动鼠标选择占位符。当鼠标光标处在幻灯片的空白处时，按下鼠标左键并拖动，此时将出现一个虚线框，当释放鼠标时，处在虚线框内的占位符都会被选中。
- 在按住键盘上的Shift键或Ctrl键时依次单击多个占位符，可同时选中它们。

占位符的文本编辑状态与选中状态的主要区别是边框的形状，如图11-24所示。单击占位符内部，在占位符内部出现一个光标，此时占位符处于编辑状态。

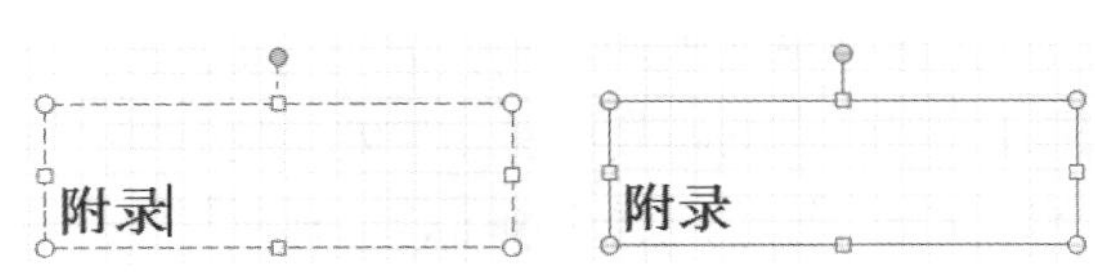


图 11-24　占位符的编辑与选中状态

### 2. 在文本占位符中输入文本

新建一个空白演示文稿，在普通视图的幻灯片编辑窗格中，单击【单击此处添加文本】占位符内部，进入编辑状态，即可开始输入文本，如图11-25所示。

图 11-25　在文本占位符中输入文本

## 11.5.2 使用文本框

文本框是一种可移动、可调整大小的文字容器，它与文本占位符非常相似。使用文本框可以在幻灯片中放置多个文字块，使文字按照不同的方向排列。也可以突破幻灯片版式的制约，实现在幻灯片中任意位置添加文字信息的目的。

PowerPoint提供了两种形式的文本框：横排文本框和竖排文本框，分别用来放置水平方向的文字和垂直方向的文字。

打开【插入】选项卡，在【文本】组中单击【文本框】按钮下方的下拉箭头，在弹出的下拉菜单中选择【绘制横排文本框】命令，移动鼠标指针到幻灯片的编辑窗口，当指针形状变为↓形状时，在幻灯片页面中按住鼠标左键并拖动，鼠标指针变成+字形状。当拖动到合适大小的矩形框后，释放鼠标完成横排文本框的插入，如图11-26所示。同样在【文本】组中单击【文本框】按钮下方的下拉箭头，在弹出的下拉菜单中选择【竖排文本框】命令，移动鼠标指针可在幻灯片中绘制竖排文本框。绘制完文本框后，光标自动定位在文本框内，即可输入文本。

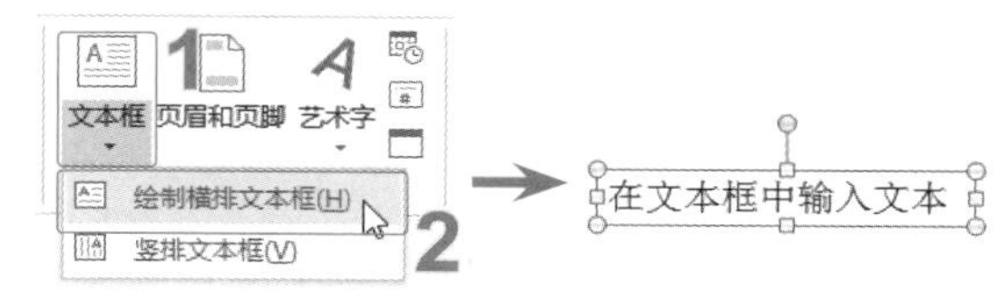


图 11-26　绘制横排文本框

【例11-3】在演示文稿中添加文本。

01 启动PowerPoint，新建空白演示文稿。

02 选择第1张幻灯片，选中【单击此处添加标题】文本占位符，直接输入文本“2020年第三季度工作述职”，如图11-27所示。

03 选中【单击此处添加副标题】文本占位符，直接输入文本“研发中心”，效果如图11-28所示。

图 11-27　输入主标题

图 11-28　输入副标题

04 打开【插入】选项卡，在【文本】组中单击【文本框】按钮下方的下拉箭头，在弹出的下拉菜单中选择【绘制横排文本框】命令，在幻灯片中绘制一个横排文本框，如图11-29所示。

05 绘制完文本框后，光标自动定位在文本框内，直接输入文本“星点科技有限公司”，效果如图11-30所示。

图 11-29　绘制横排文本框

图 11-30　输入文本

# 11.6　设置占位符和文本框格式

文本存在于文本占位符或文本框中，要想对文本进行编辑，先要掌握如何设置占位符和

文本框的格式。在PowerPoint 2016中，占位符、文本框及自选图形等对象具有相似的属性，如对齐方式、颜色、形状等，因此设置它们的属性的操作也是相似的。

## 11.6.1 调整大小和位置

调整占位符和文本框主要是指调整它们的大小和位置。当占位符或文本框处于选中状态时，将鼠标指针移动到占位符或文本框右下角的控制点上，此时鼠标指针变为形状。按住鼠标左键并向内拖动，调整到合适大小时释放鼠标即可缩小占位符或文本框，如图11-31所示。

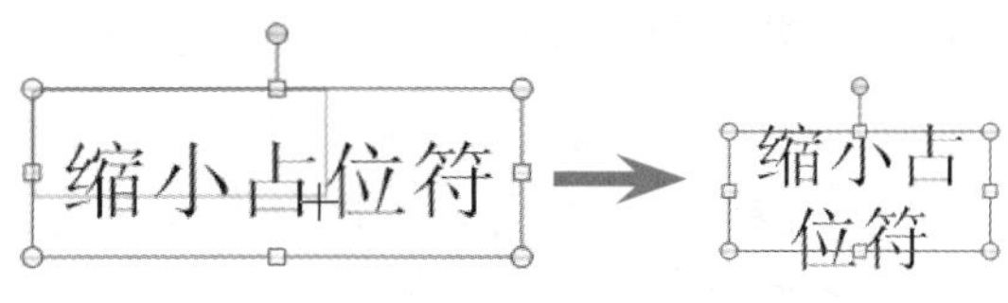

图 11-31 缩小占位符

另外，当占位符或文本框处于选中状态时，系统会自动打开【绘图工具】的【格式】选项卡，在如图11-32所示的【大小】组的【高度】和【宽度】文本框中可以精确地设置占位符或文本框的大小。

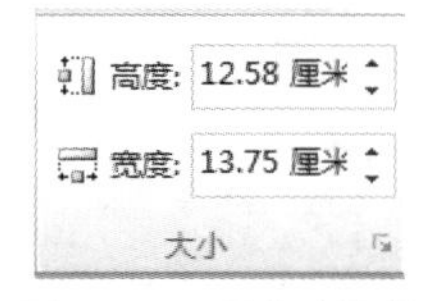

图 11-32 【大小】组

要调整占位符或文本框的位置，可先选中占位符或文本框，将鼠标指针移动到占位符或文本框的边框，当鼠标指针变为形状时，按住鼠标左键并拖动占位符或文本框到目标位置，然后释放鼠标即可移动占位符或文本框。当占位符或文本框处于选中状态时，可以通过键盘方向键来移动它们的位置。使用方向键移动的同时按住Ctrl键，可以实现占位符或文本框的微移。

## 11.6.2 旋转对象

在设置演示文稿时，占位符和文本框可以任意角度旋转。选中占位符或文本框，在【格式】选项卡的【排列】组中单击【旋转】按钮，在弹出的菜单中选择相应命令即可实现按指定角度旋转占位符或文本框，如图11-33所示。

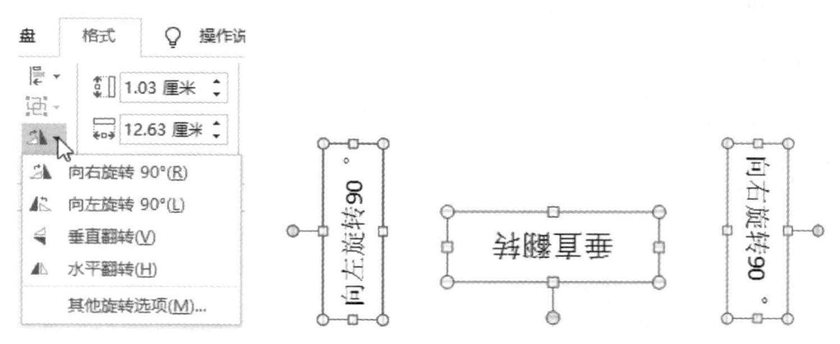

图 11-33 水平放置的占位符向左旋转 90°、垂直翻转和向右旋转 90 ° 后的效果

单击【旋转】按钮后，在弹出的菜单中选择【其他旋转选项】命令，将打开如图11-34所示的【设置形状格式】任务窗格。在【大小】选项区域中设置【高度】为【2.5厘米】，【宽度】为【5.2厘米】，【旋转】角度为30 °。单击【关闭】按钮，得到的占位符或文本框效果如图11-35所示。

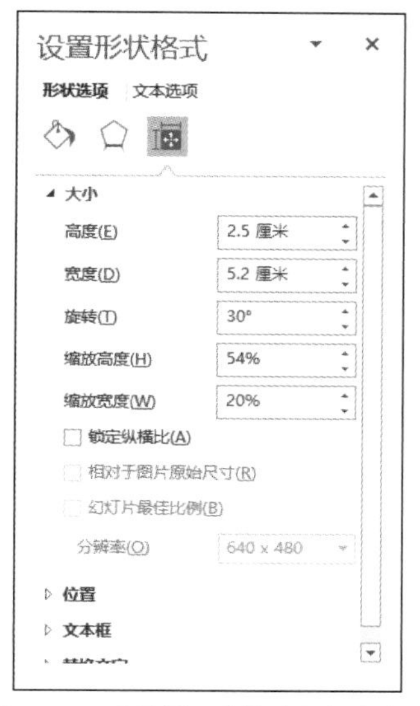


图 11-34　【设置形状格式】任务窗格

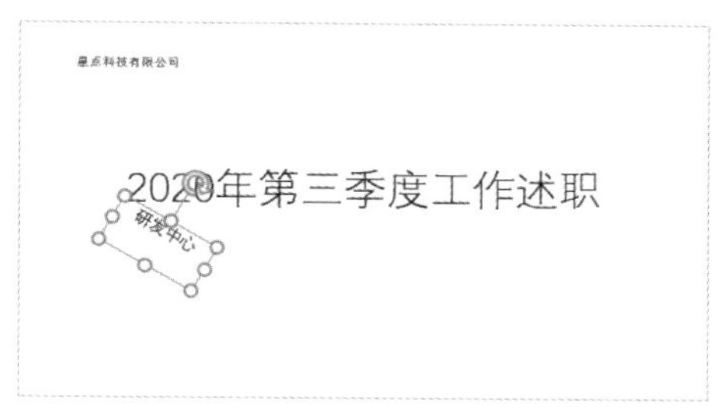


图 11-35　旋转后的效果

**提示**

此外，通过鼠标同样可以旋转占位符：选中占位符后，将光标移至占位符的绿色调整柄上，按住鼠标左键，此时光标变成形状，旋转占位符至合适方向即可。

## 11.6.3　对齐对象

如果一张幻灯片中包含两个或两个以上的占位符或文本框，用户可以通过选择相应的命令来左对齐、右对齐、水平居中或横向分布占位符或文本框。

在幻灯片中选中多个占位符或文本框，在【格式】选项卡的【排列】组中单击【对齐】按钮，此时在弹出的菜单中选择相应命令，即可设置占位符或文本框的对齐方式，如图11-36所示。

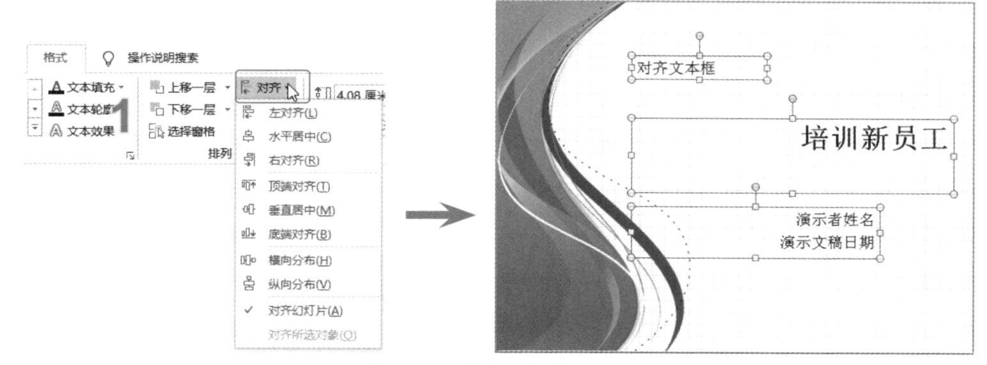


图 11-36　设置占位符左对齐

## 11.6.4　设置样式

占位符或文本框的样式设置包括形状样式、形状填充颜色、形状轮廓和形状效果等的设

置。通过设置占位符或文本框的形状，可以自定义内部纹理、渐变样式、边框颜色、边框粗细、阴影效果和反射效果等。

【例11-4】设置样式。

01 启动PowerPoint，打开“培训新员工”演示文稿，然后选中一张幻灯片。

02 选中占位符，打开【绘图工具】的【格式】选项卡，在【形状样式】组中单击对话框启动器按钮，打开【设置形状格式】任务窗格。

03 展开【填充】选项区域，选中【纯色填充】单选按钮；单击【颜色】选项右侧的油漆桶按钮，从弹出的颜色面板中选择色块，在【透明度】文本框中输入30%，如图11-37所示。

04 展开【线条】选项区域，选中【渐变线】单选按钮，如图11-38所示。

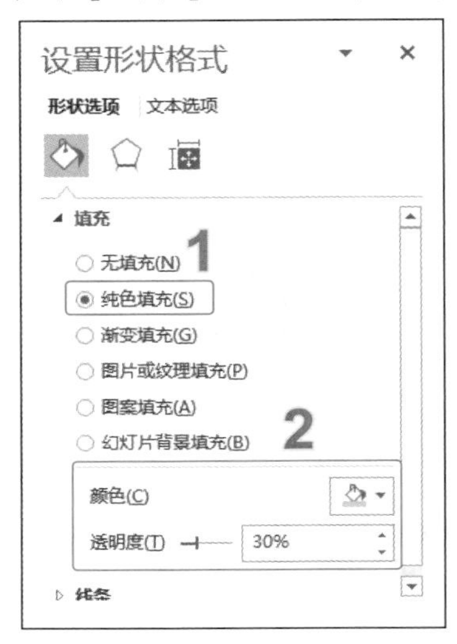


图 11-37　设置【填充】属性

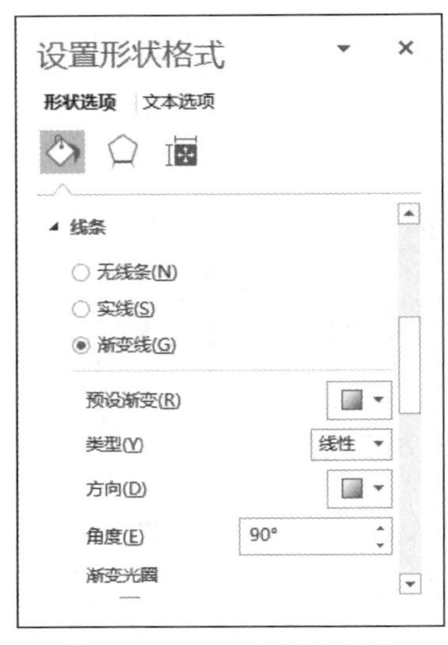


图 11-38　设置【线条】属性

05 在【宽度】微调框中输入“3磅”，如图11-39所示。

06 单击【关闭】按钮，此时占位符效果如图11-40所示。

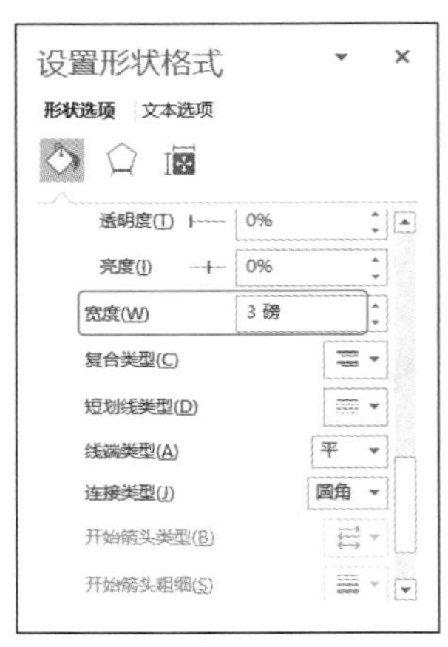


图 11-39　设置宽度

图 11-40　占位符效果

07 在幻灯片中选中“演示者姓名”占位符，打开【绘图工具】的【格式】选项卡，在【形状样式】组中单击【其他】按钮，然后选择一种样式，如图11-41所示。

08 设置样式后，调整占位符的大小和位置，效果如图11-42所示。

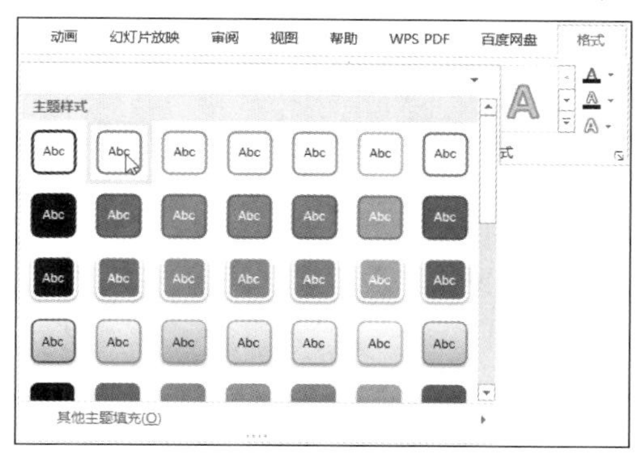


图 11-41 选择样式

图 11-42 套用样式后的效果

09 在幻灯片中选中“演示者姓名”占位符，打开【绘图工具】的【格式】选项卡，在【形状样式】组中单击【形状填充】下拉按钮，从弹出的下拉列表中为占位符选择一种渐变填充效果，如图11-43所示。设置完成后，占位符效果如图11-44所示。

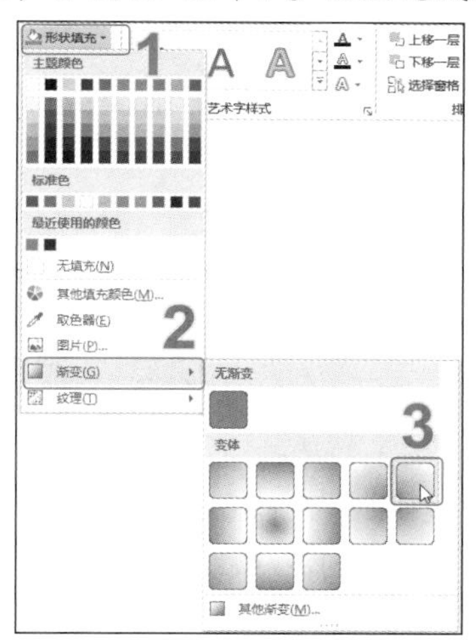


图 11-43 设置填充效果

图 11-44 设置后的效果

# 11.7 设置文本和段落格式

为了使演示文稿更加美观、清晰，通常需要对文本和段落格式进行设置，包括字体、字号、字体颜色、段落对齐方式以及项目符号和编号等。

## 11.7.1 设置字体格式

在PowerPoint 2016中，为幻灯片中的文字设置合适的字体、字号、字形和字体颜色等，可以使幻灯片的内容清晰明了。通常情况下，设置字体、字号、字形和字体颜色的方法有3种：通过【字体】组设置、通过浮动工具栏设置和通过【字体】对话框设置。

### 1. 通过【字体】组设置

在PowerPoint 2016中，选择相应的文本，打开【开始】选项卡，在如图11-45所示的【字体】组中可以设置字体、字号、字形和颜色。

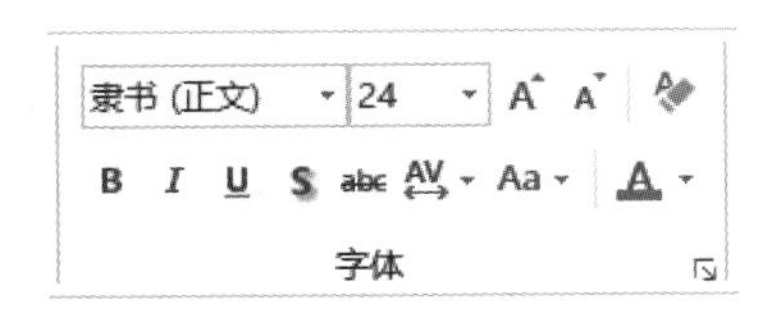

图 11-45 【字体】组

### 2. 通过浮动工具栏设置

选择要设置的文本后，PowerPoint 2016会自动弹出如图11-46所示的【格式】浮动工具栏，或者右击选取的字符，也可以打开【格式】浮动工具栏。在该浮动工具栏中可以设置文本的字体、字号、字形和颜色。

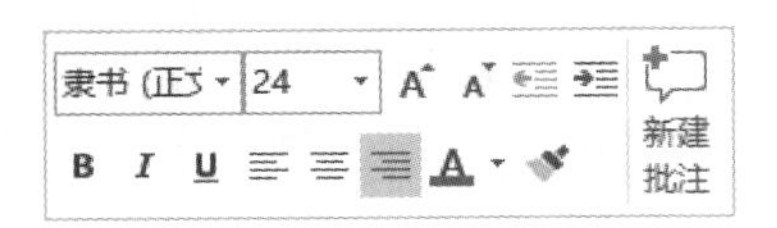

图 11-46 【格式】浮动工具栏

### 3. 通过【字体】对话框设置

选择相应的文本，打开【开始】选项卡，在【字体】组中单击对话框启动器，打开【字体】对话框的【字体】选项卡，在其中可设置文本的字体、字号、字形和颜色，如图11-47所示。

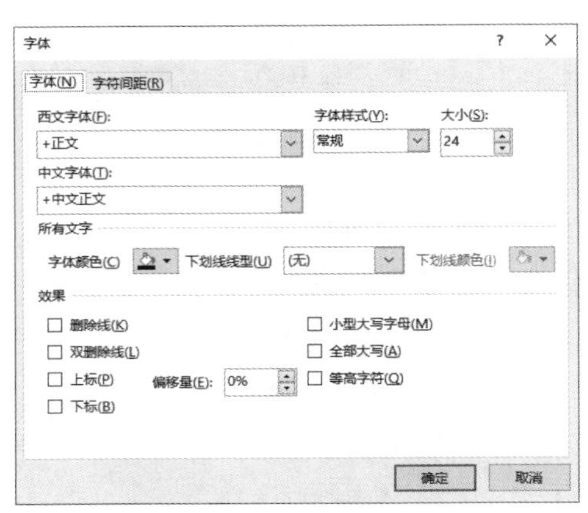

图 11-47 【字体】对话框

**提示**

在【字体】选项卡的【效果】选项区域中，提供了多种特殊的文本格式供用户选择，可以很方便地为文本设置删除线、上标和下标等。

**【例11-5】** 设置字体格式。

**01** 启动PowerPoint，打开“培训新员工”演示文稿，首先为相关幻灯片设置一个蓝色主题背景(关于幻灯片背景的设置方法请参考后面章节中的介绍)。

**02** 在第2张幻灯片中，选择“新员工定位”占位符，在【开始】选项卡【字体】组的【字体】下拉列表中选择【华文新魏】选项，在【字号】下拉列表中选择54选项，然后单击【文字阴影】按钮，此时标题文本将自动应用设置的字体格式，效果如图11-48所示。

**03** 选中文本“开始了解您的新工作分配”，在弹出的浮动工具栏的【字体】下拉列表中选择【华文新魏】选项，单击【字体颜色】按钮，从弹出的颜色面板中选择【蓝色】色块，如图11-49所示。

**04** 选中“熟悉新环境”“认识新同事”文本行，在【开始】选项卡的【字体】组中单击对话框启动器按钮，打开【字体】对话框。

**05** 打开【字体】选项卡，如图11-50所示。在【中文字体】下拉列表中选择【华文新魏】选项，在【字体样式】下拉列表中选择【倾斜】选项，在【大小】微调框中输入24，在【字体颜色】下拉列表中选择【灰色】选项。

**06** 单击【确定】按钮，完成字体格式设置，此时文本框中文字的效果如图11-51所示。

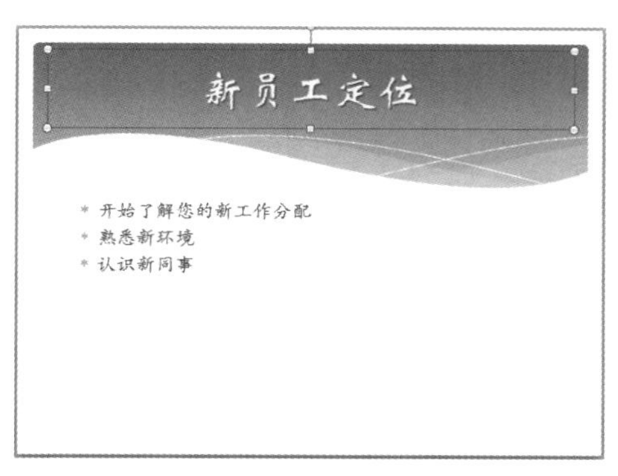


图 11-48　显示设置后的文本

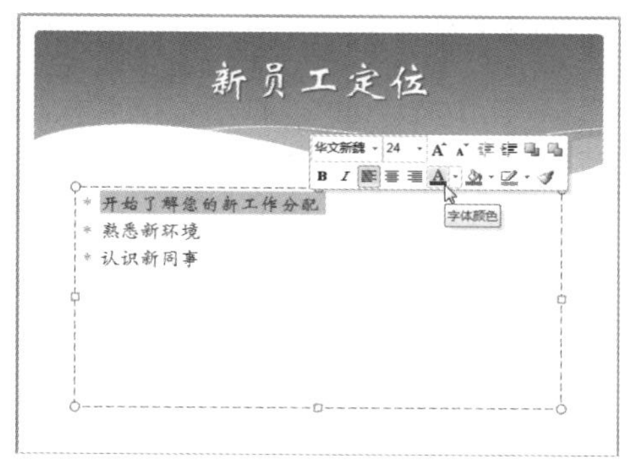


图 11-49　通过浮动工具栏设置

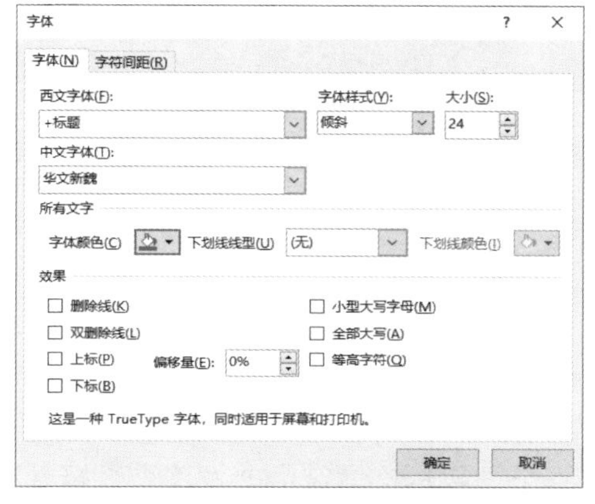


图 11-50　【字体】选项卡

图 11-51　显示设置后的文本效果

**提示**

在【开始】选项卡的【字体】组中单击【字符间距】按钮Aa，从弹出的菜单中选择相应命令，可以大致地设置占位符中文本的间距，如很紧、紧密、稀疏和很松等。

### 11.7.2　设置段落对齐方式

段落对齐是指段落边缘的对齐方式，包括左对齐、右对齐、居中对齐、两端对齐和分散对齐。这5种对齐方式说明如下。

- 左对齐：左对齐时，段落左边对齐，右边参差不齐。
- 右对齐：右对齐时，段落右边对齐，左边参差不齐。
- 居中对齐：居中对齐时，段落居中排列。
- 两端对齐：两端对齐时，段落左右两端都对齐分布，但是段落最后不满一行的文字右边是不对齐的。
- 分散对齐：分散对齐时，段落左右两边均对齐，而且当每个段落的最后一行不满一行时，将自动拉开字符间距使该行均匀分布。

设置段落格式时，首先选定要对齐的段落，然后在【开始】选项卡的【段落】组中可分别单击【左对齐】按钮、【右对齐】按钮、【居中】按钮、【两端对齐】按钮和【分散对齐】按钮。

【例11-6】 设置段落对齐方式。

01 启动PowerPoint，打开“培训新员工”演示文稿。

02 在第3张幻灯片中输入文本，效果如图11-52所示。

03 选中标题占位符，在【开始】选项卡的【段落】组中单击【居中】按钮，设置标题居中对齐。

04 选中正文占位符，在【段落】组中单击【左对齐】按钮，设置正文文本左对齐，效果如图11-53所示。

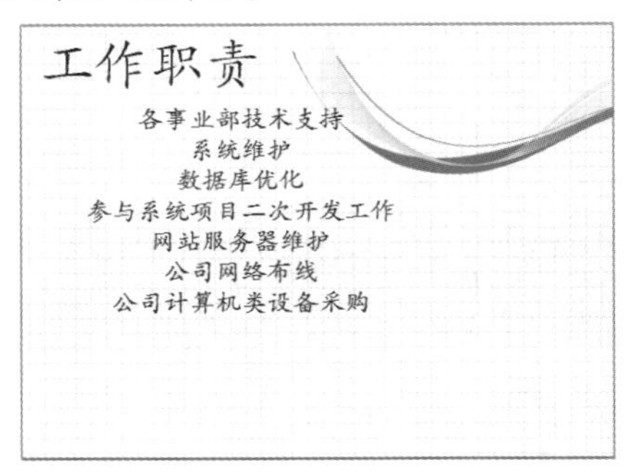


图 11-52　输入文本

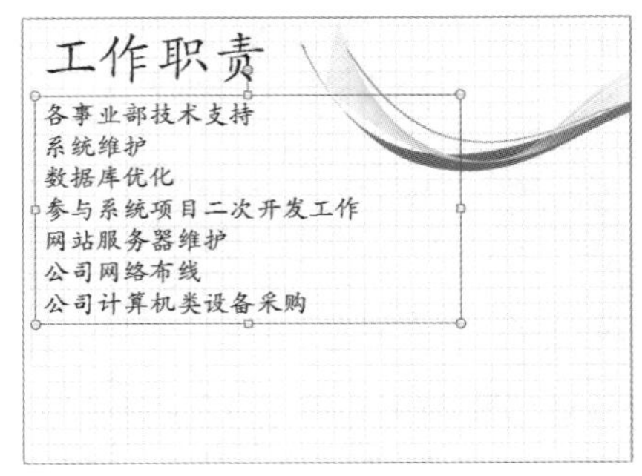


图 11-53　设置段落对齐方式

## 11.7.3　使用项目符号和编号

在PowerPoint 2016演示文稿中，为了使某些内容更为醒目，经常需要设置项目符号和编号。项目符号用于强调一些特别重要的观点或条目，从而使主题更加美观、突出。此外，使用编号可以使主题层次更加分明、有条理。

项目符号在演示文稿中使用频率很高。在并列的文本内容前都可添加项目符号，默认的项目符号以实心圆点形状显示。要添加项目符号，可将光标定位在目标段落中，在【开始】选项卡的【段落】组中单击【项目符号】按钮右侧的下拉箭头，弹出如图11-54所示的项目符号菜单，在该菜单中选择需要使用的项目符号命令即可。若在项目符号菜单中选择【项目符号和编号】命令，可打开【项目符号和编号】对话框，如图11-55所示。

图 11-54　项目符号菜单

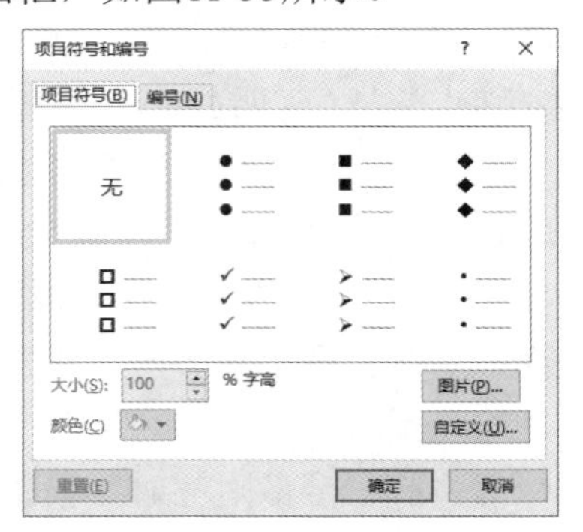


图 11-55　【项目符号和编号】对话框

PowerPoint允许用户将图片或系统符号库中的各种字符设置为项目符号，这样丰富了项目符号的形式。在【项目符号和编号】对话框中单击【图片】按钮，打开【插入图片】窗格，单击【从文件】按钮，弹出如图11-56所示的【插入图片】对话框，在其中选择图片作为项目符号即可；在【项目符号和编号】对话框中单击【自定义】按钮，打开【符号】对话框，如图11-57所示，在其中可选择字符作为项目符号。

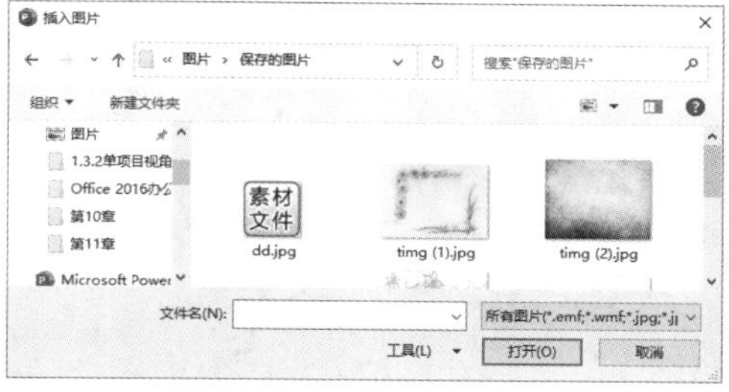


图 11-56　打开【插入图片】对话框

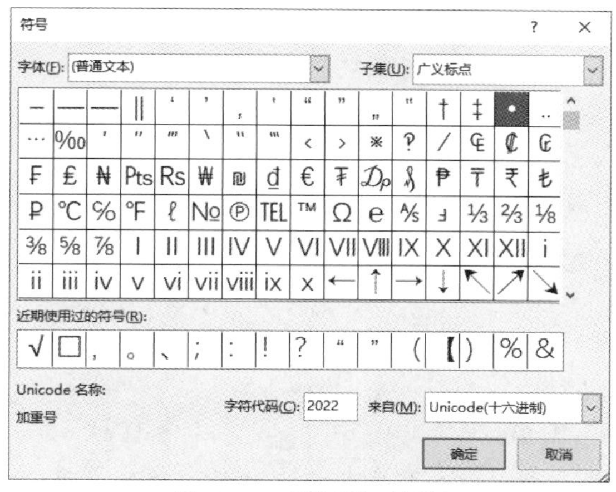


图 11-57　【符号】对话框

在默认状态下，项目编号由阿拉伯数字构成。在【开始】选项卡的【段落】组中单击【编号】按钮右侧的下拉箭头，在弹出的编号菜单中可选择内置的编号样式，如图11-58所示。

PowerPoint还允许用户使用自定义编号样式，打开【项目符号和编号】对话框的【编号】选项卡，可以根据需要选择和设置编号样式，如图11-59所示。

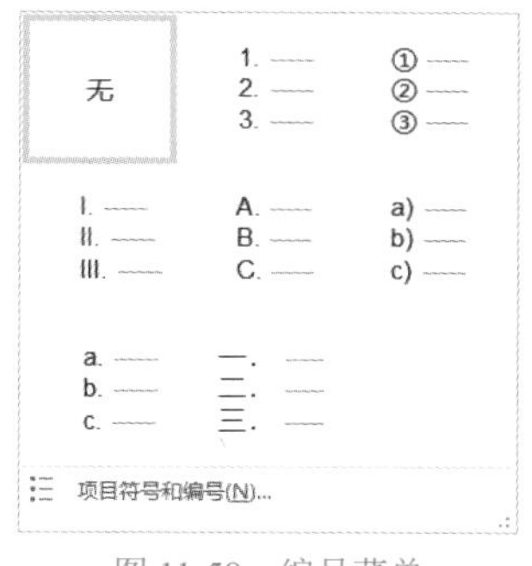


图 11-58　编号菜单

图 11-59　【编号】选项卡

【例11-7】设置项目符号。

01 启动PowerPoint，打开“培训新员工”演示文稿。在幻灯片预览窗格中选择第3张幻灯片缩略图，将其显示在幻灯片编辑窗口中，然后选中如图11-60所示的文本。

02 在【开始】选项卡的【段落】组中单击【项目符号】按钮右侧的下拉箭头，从弹出的菜单中选择【项目符号和编号】命令，打开【项目符号和编号】对话框，如图11-61所示。

03 单击【图片】按钮，打开【插入图片】窗格，然后单击【浏览】按钮，如图11-62所示。

04 打开【插入图片】对话框，选择要作为项目符号的图片，然后单击【插入】按钮，如图11-63所示。

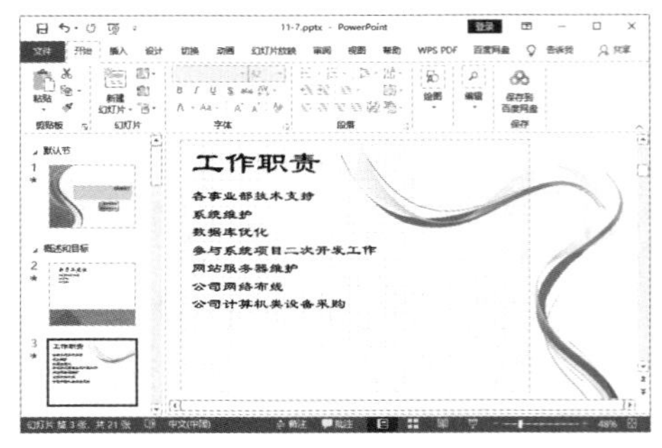

图 11-60 选中文本

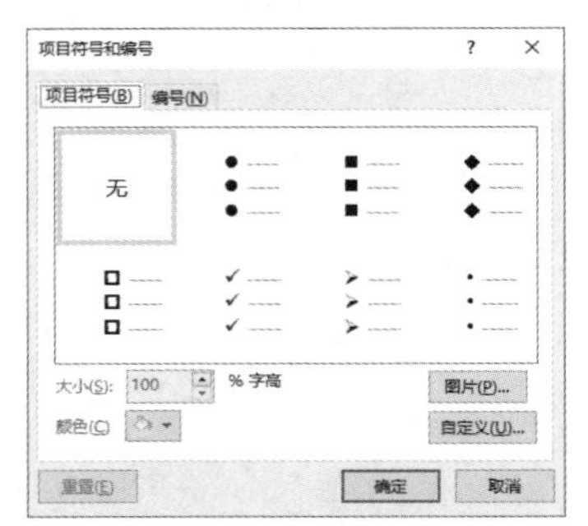


图 11-61 【项目符号和编号】对话框

图 11-62 单击【浏览】按钮

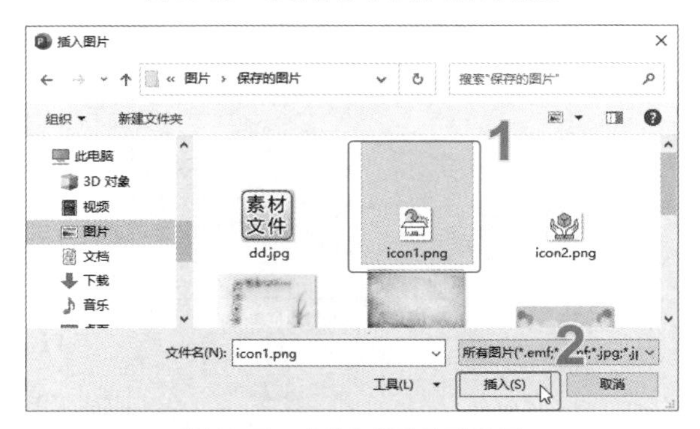


图 11-63 【插入图片】对话框

05 此时对“工作职责”内容添加新建的项目符号，效果如图11-64所示。

06 打开【项目符号】下拉菜单，可发现图片已添加到项目符号列表框中，如图11-65所示。

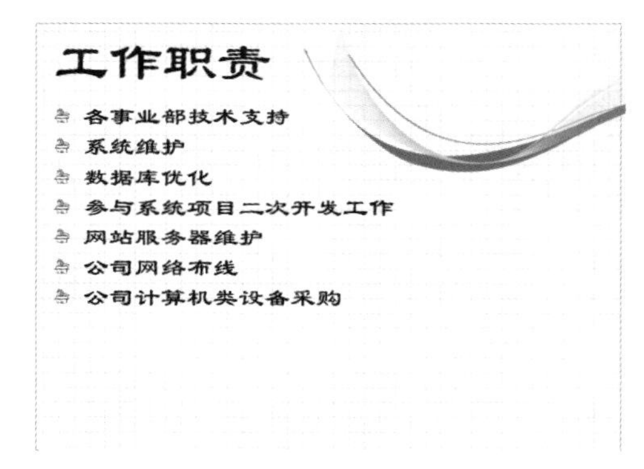


图 11-64 添加项目符号后的效果

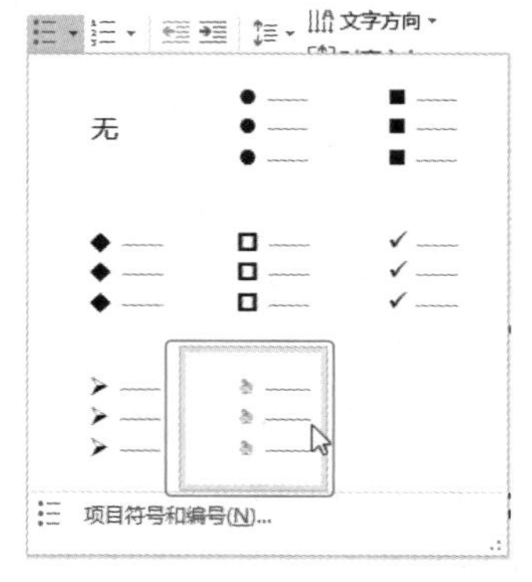


图 11-65 添加图片至列表框中

## 11.7.4 设置分栏显示文本

分栏的作用是将文本段落按照两列或更多列的方式排列。下面以具体实例来介绍设置分栏显示文本的方法。

【例11-8】设置文本分栏。

01 启动PowerPoint 2016应用程序，打开“培训新员工”演示文稿。

02 在演示文稿中添加第4张幻灯片并输入文本，然后选中正文占位符，如图11-66所示。

03 在【开始】选项卡的【段落】组中单击【分栏】按钮，从弹出的菜单中选择【更多栏】命令，如图11-67所示。

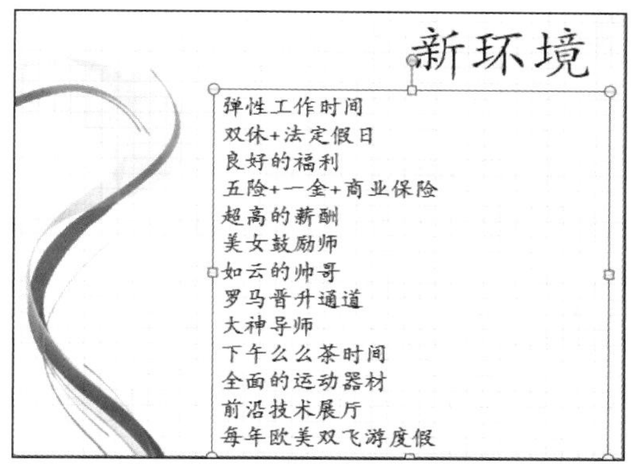


图 11-66 输入文本并选中占位符

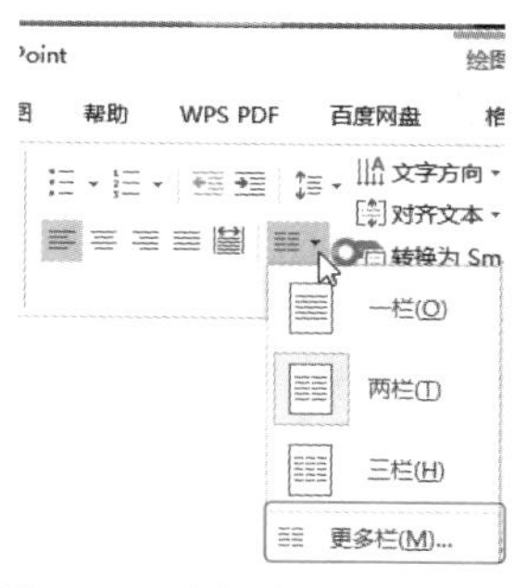


图 11-67 选择【更多栏】命令

04 打开【栏】对话框，在“数量”微调框中输入2，在【间距】微调框中输入“2厘米”，然后单击【确定】按钮，如图11-68所示。

05 此时，文本占位符中的文本将分两栏显示，效果如图11-69所示。

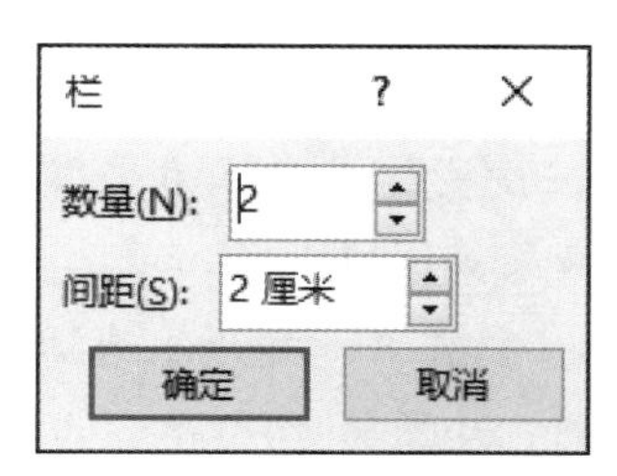


图 11-68 【栏】对话框

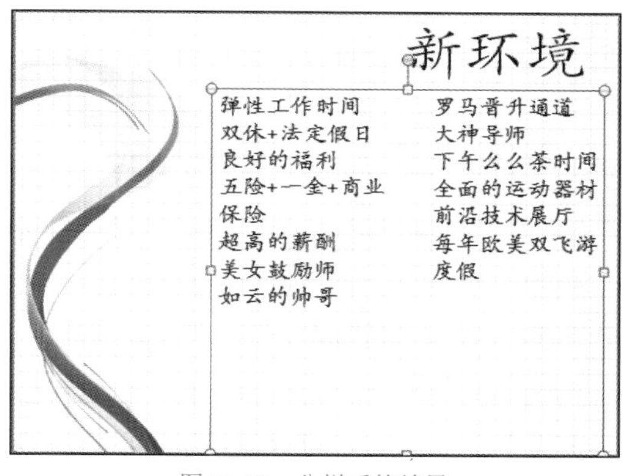


图 11-69 分栏后的效果

# 11.8 上机练习

本章主要介绍了PowerPoint 2016的基础操作，本次上机练习通过一个具体实例来使读者进一步巩固本章所学的内容。

## 11.8.1 制作宣传册首页

01 启动PowerPoint，创建一个空白演示文稿，将其以“企业文化宣传册”为名保存。

02 打开【设计】选项卡，在【主题】组中单击【其他】按钮，从弹出的【所有主题】

列表框中选择一种主题样式，如图11-70所示。

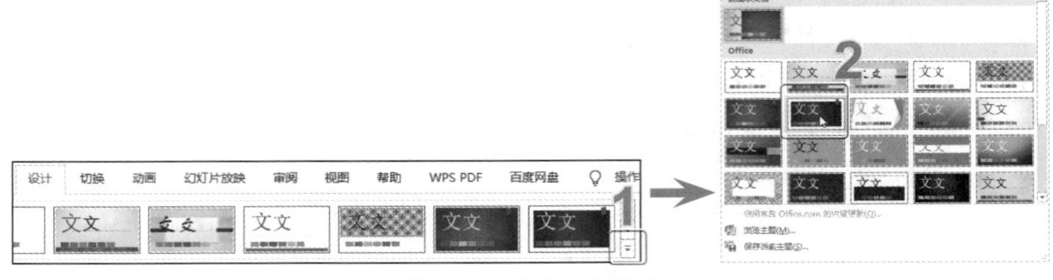


图 11-70　选择主题样式

03 此时该主题即可应用到当前演示文稿中，在【单击此处添加标题】占位符中输入文字“伊甸妆园企业文化宣传片”，设置文字字体为【微软雅黑】，字号为40，字体效果为【加粗】，效果如图11-71所示。

04 插入文本框，输入副标题，“关注美丽 打造经典”，字体为“华文新魏”、字号为24、加粗、颜色为淡紫色，效果如图11-72所示。

图 11-71　设置主标题文本

图 11-72　设置副标题文本

## 11.8.2　制作宣传册其他页

05 在【开始】选项卡的【幻灯片】组中单击【新建幻灯片】按钮，添加一张新幻灯片。

06 在【单击此处添加标题】文本占位符中输入文本，设置标题字体为【微软雅黑】，字号为60，字形为【加粗】，字体效果为【文字阴影】，效果如图11-73所示。

07 在【插入】选项卡的【插入】组中单击【SmartArt】按钮，打开【选择SmartArt图形】对话框，选择【垂直框列表】选项，单击【确定】按钮，如图11-74所示。

图 11-73　输入和设置主标题文本

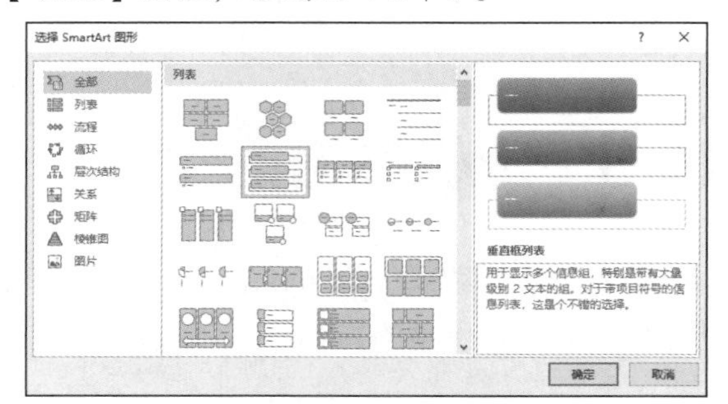


图 11-74　【选择 SmartArt 图形】对话框

08 选中第一个文本占位符，输入“走进伊甸”，设置文本格式为：华文新魏、15磅字、左对齐，效果如图11-75所示，然后输入其他文本，效果如图11-76所示。

图 11-75　设置文本格式

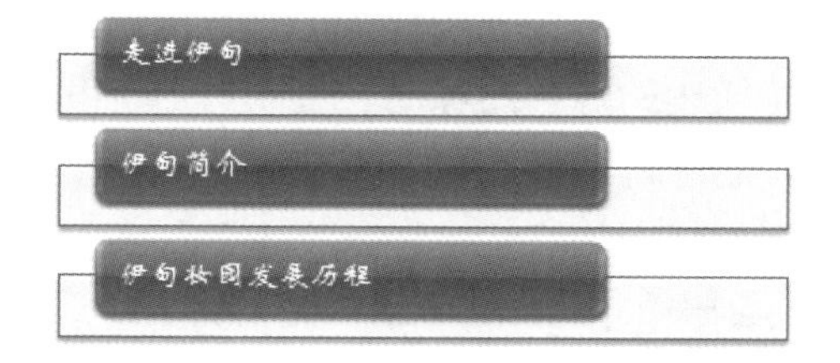


图 11-76　其他文本效果

09 在【开始】选项卡的【幻灯片】组中单击【新建幻灯片】按钮，添加一张新幻灯片。

10 在幻灯片文本占位符中输入文本。设置标题文字字体为【微软雅黑】，字号为60，字形为【加粗】，字体效果为【文字阴影】，效果如图11-77所示。

11 插入一个横排文本框，输入简介文字，设置字体为【微软雅黑】，字号为16，左对齐，文字颜色为淡紫色，效果如图11-78所示。

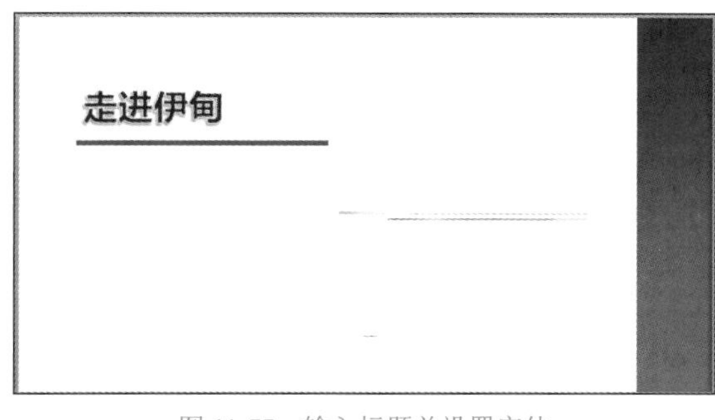


图 11-77　输入标题并设置字体

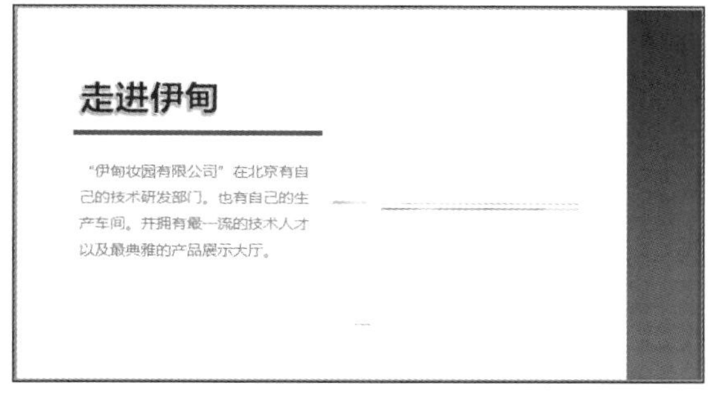


图 11-78　输入简介文字

12 使用同样的方法制作"伊甸简介"幻灯片，效果如图11-79所示。

13 使用"伊甸首页"幻灯片类似的方法制作"伊甸妆园发展历程"幻灯片，效果如图11-80所示。

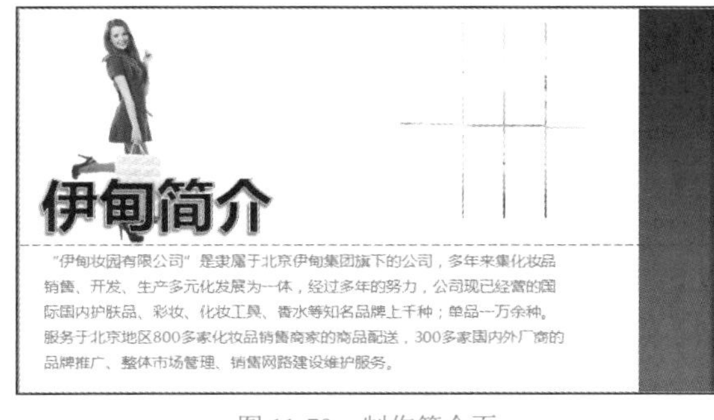


图 11-79　制作简介页

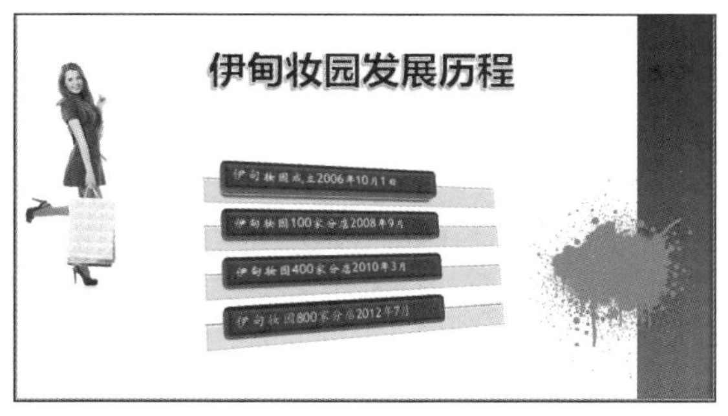


图 11-80　制作发展历程页

14 演示文稿制作完成后，在快速访问工具栏中单击【保存】按钮，将"企业文化宣传册"演示文稿保存。

# 11.9 习题

1. 简述创建演示文稿的常用方法。
2. 分别简述选择和插入幻灯片的方法。
3. 简述幻灯片的移动、复制、删除和隐藏操作。
4. 幻灯片的视图方式有哪几种？
5. 如何向幻灯片中输入文本？
6. 制作如图11-81所示的幻灯片。

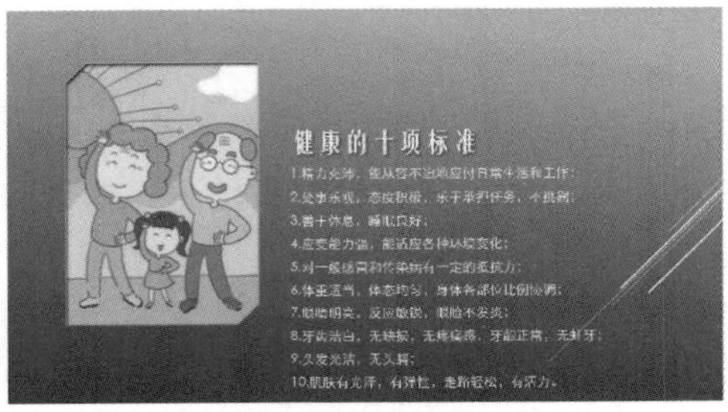


图 11-81　习题 6 幻灯片效果

# 第12章

# 丰富幻灯片

## 学习目标

如果在演示文稿上堆砌一堆文字，向观众演讲，便发挥不出演示文稿的优势了。演示文稿的优势在于它富含有表现力的对象，能够制作出容易传达含义的幻灯片，除此之外，还可以从本地磁盘插入或从网络上复制需要的图片，制作图文并茂的演示文稿，使演示文稿直观且富有表现力。本章就来介绍这些能够丰富幻灯片的多媒体对象。

## 本章重点

- 插入图片
- 插入表格
- 插入SmartArt图形
- 创建互动式演示文稿
- 插入艺术字
- 插入图表
- 插入声音和视频

# 12.1 使用图片

在演示文稿中插入图片，使幻灯片图文并茂，能够更生动形象地阐述其主题和所要表达的思想。在插入图片时，要充分考虑幻灯片的主题，使图片和主题相一致。

## 12.1.1 插入剪贴画

PowerPoint 2016的联机图片库中，附带的剪贴画库内容非常丰富，所有的图片都经过专业设计和筛选，都是人们日常表达中经常用到的事物，它们能够表达不同的主题，适用于制作各种不同风格的演示文稿。

要插入剪贴画，可以在【插入】选项卡的【图像】组中单击【图片】按钮，选择【联机图片】命令，如图12-1所示，打开【插入图片】窗格，单击搜索按钮，如图12-2所示。

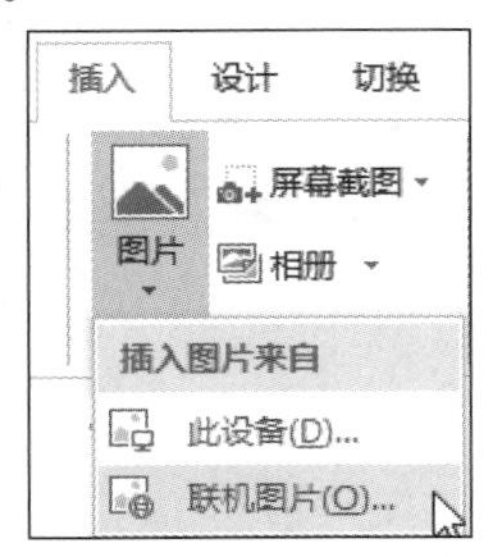


图 12-1 选择【联机图片】命令

PowerPoint将搜索联机图片，然后打开【联机图片】窗格，显示搜索到的图片分类。单击某一个分类进行筛选，如图12-3所示。PowerPoint将该分类的图片展示出来，单击其中的筛选按钮，从弹出的快捷菜单中选择【剪贴画】命令，如图12-4所示。

图 12-2 【插入图片】窗格

PowerPoint将该分类下的剪贴画都筛选出来，显示在当前窗格中，如图12-5所示。双击所需的剪贴画，将联机下载该剪贴画，如图12-6所示。

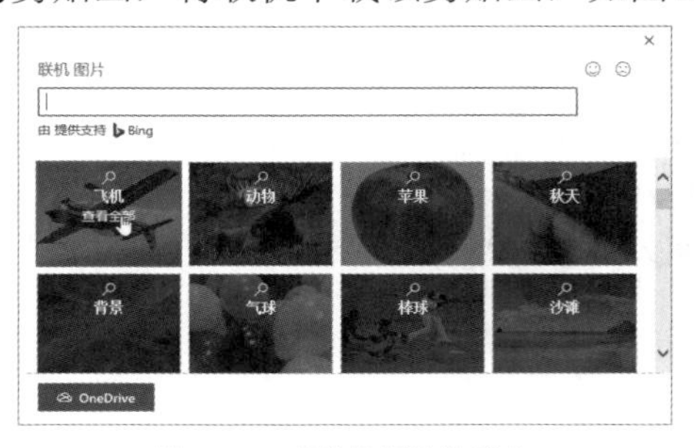


图 12-3 【联机图片】窗格

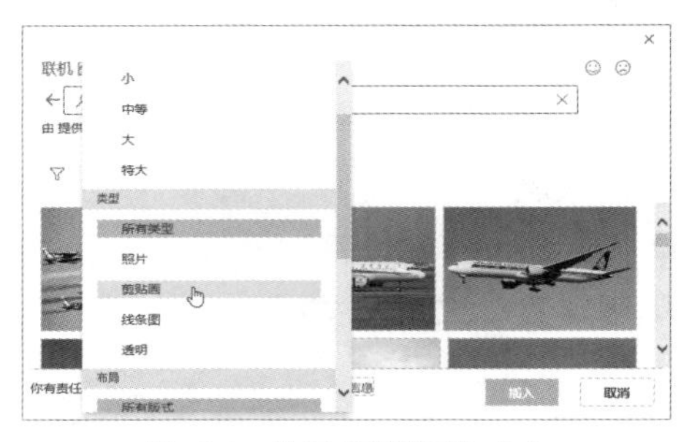


图 12-4 选择【剪贴画】命令

图 12-5 筛选出来的剪贴画

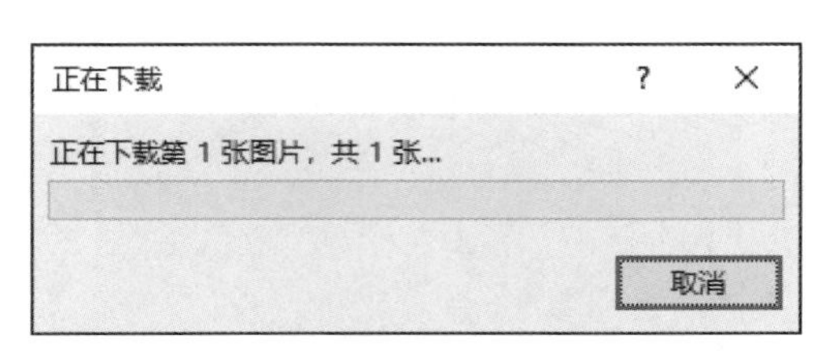


图 12-6 下载剪贴画

剪贴画下载成功后，插入当前幻灯片中，如图12-7所示。

图 12-7　插入的剪贴画

## 12.1.2　插入来自文件的图片

在PowerPoint中，除了可以插入剪贴画和联机图片之外，还可以插入本地的图片文件。如可以插入BMP、JPEG、PNG、GIF格式的图片，也可以插入由其他应用程序创建的图片，还可以插入从互联网下载的或通过扫描仪及数码相机输入的图片等。

打开【插入】选项卡，在【图像】组中单击【图片】按钮，从弹出的下拉菜单中选择【此设备】命令，打开【插入图片】对话框，在对话框中选择需要的图片后，单击【插入】按钮，即可在幻灯片中插入图片。

【例12-1】 插入图片。 视频

01 启动PowerPoint，新建演示文稿。

02 打开【插入】选项卡，在【图像】组中单击【图片】按钮，从弹出的菜单中选择【此设备】命令，如图12-8所示。

03 打开【插入图片】对话框，选择一张猫的图片，然后单击【插入】按钮，如图12-9所示。

图 12-8　选择【图片】|【此设备】命令

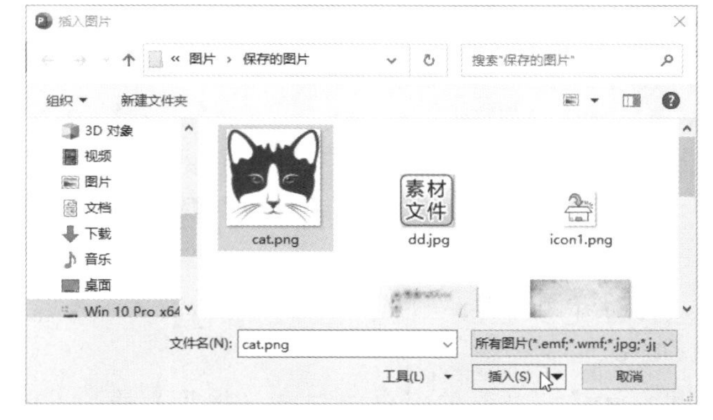


图 12-9　【插入图片】对话框

04 所选的图片插入幻灯片中，调整图片的大小及位置，效果如图12-10所示。

05 在主标题占位符中输入“猫的道歉方式”，在副标题占位符中输入“猫宠研究

院”，一张简单的幻灯片制作完成了，效果如图12-11所示。

图 12-10　插入的图片效果

图 12-11　输入标题后的幻灯片效果

## 12.1.3　插入截图

除了可以插入联机剪贴画和本地计算机中的图片外，还可以对当前计算机屏幕进行截图，然后将截图插入幻灯片中。

【例12-2】插入截图。视频

01 启动PowerPoint，打开例12-1制作的演示文稿。

02 打开【开始】选项卡，单击【新建幻灯片】按钮，选择【空白】选项，如图12-12所示。

03 插入空白幻灯片，效果如图12-13所示。

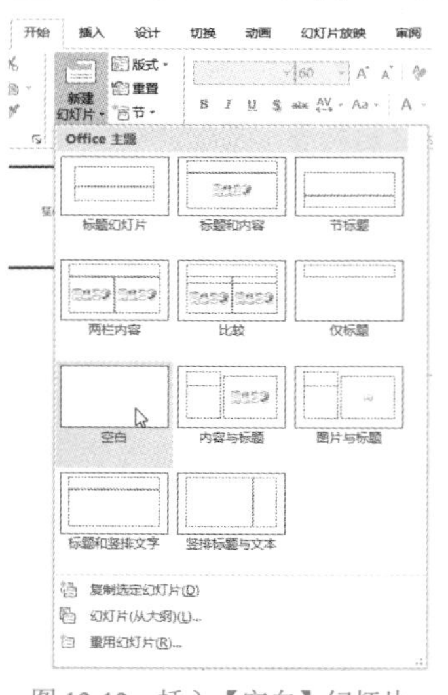

图 12-12　插入【空白】幻灯片

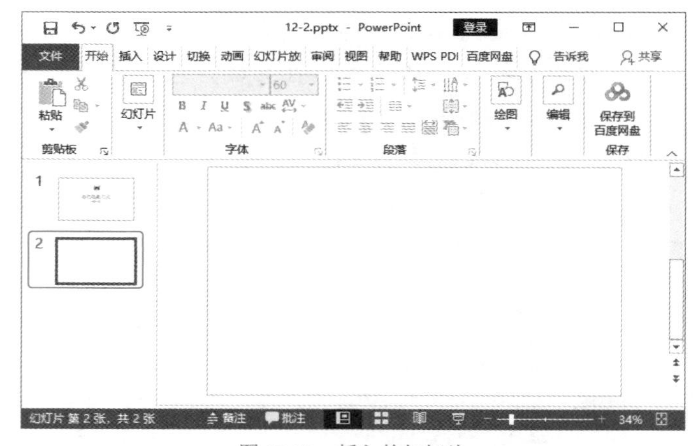

图 12-13　插入的幻灯片

04 打开浏览器，利用百度查找猫的道歉方式，打开文章，作为待截取内容区域，如图12-14所示。

05 切换到插入的空白幻灯片。打开【插入】选项卡，在【图像】组中单击【屏幕截图】按钮，从弹出的菜单中选择【屏幕剪辑】命令，如图12-15所示。

06 此时计算机屏幕将变成蒙版状，按住鼠标左键并拖动，截取图片内容，如图12-16所示。释放鼠标左键，完成截图操作，此时在幻灯片中将显示截取的图片，如图12-17所示。

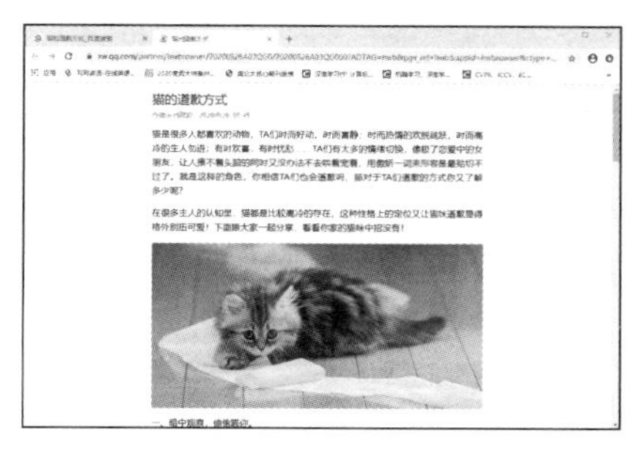

图 12-14　待截屏的页面内容

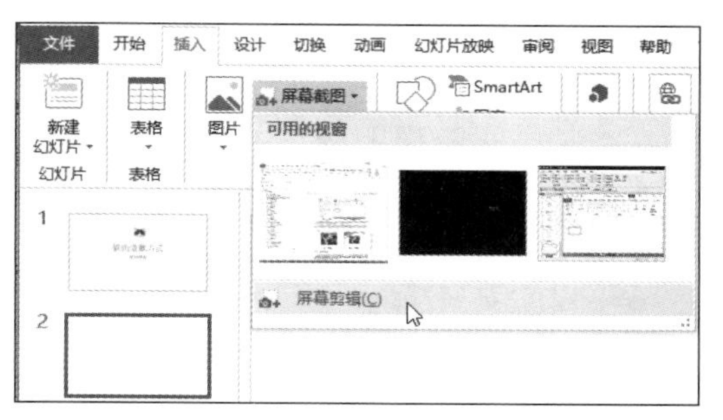

图 12-15　选择【屏幕截图】|【屏幕剪辑】命令

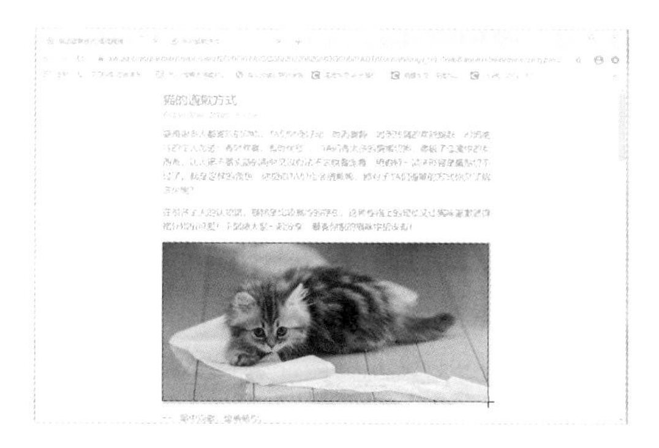

图 12-16　截取图片

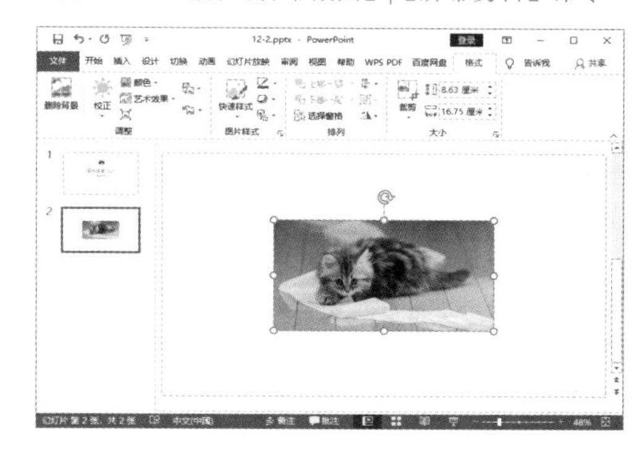

图 12-17　完成截图

## 12.1.4　设置图片格式

在演示文稿中插入图片后，可以调整其位置、大小，还可以根据需要进行裁剪、调整对比度和亮度、添加边框等操作。选中图片后，通过功能区的【图片工具】的【格式】选项卡可对图片的各项参数进行设置，如图12-18所示。

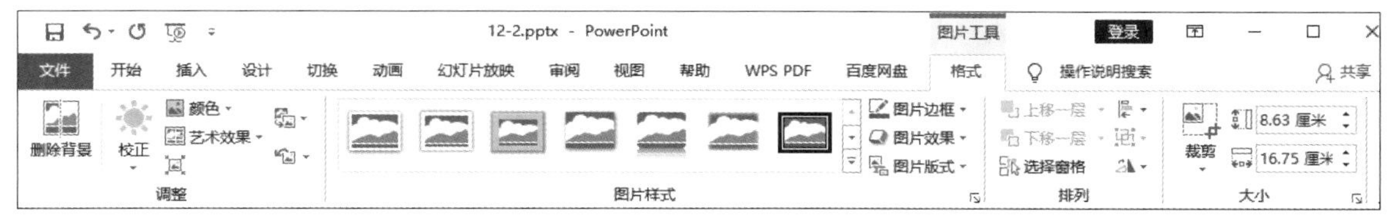


图 12-18　【图片工具】的【格式】选项卡

【例12-3】设置图片格式。

01 启动PowerPoint，打开演示文稿。

02 在第6张幻灯片中，选中图片，将鼠标指针移至图片四周的控制点上，按住鼠标左键拖动至合适的大小后，释放鼠标，即可调整图片的大小。

03 打开【图片工具】的【格式】选项卡，在【图片样式】组中单击【其他】按钮，从弹出的列表中选择一种样式，为图片设置样式，如图12-19所示。

04 选中第7张幻灯片，选中中间的人物图片，打开【图片工具】的【格式】选项卡，在【调整】组中单击【校正】按钮，从弹出的菜单中选择【亮度:0%(正常)对比度:-40%】选项，为图片应用该亮度和对比度效果，如图12-20所示。

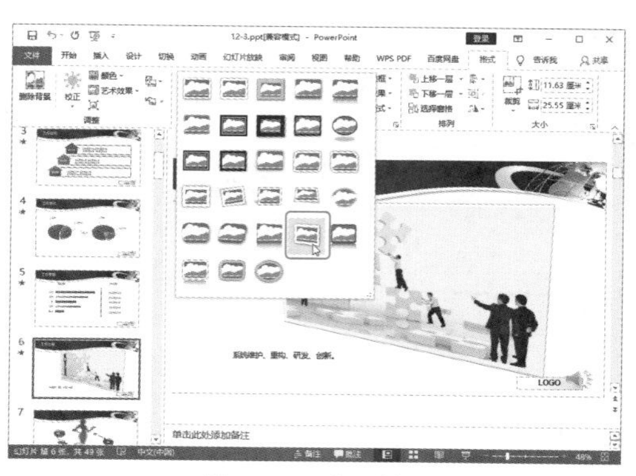

图 12-19　应用样式

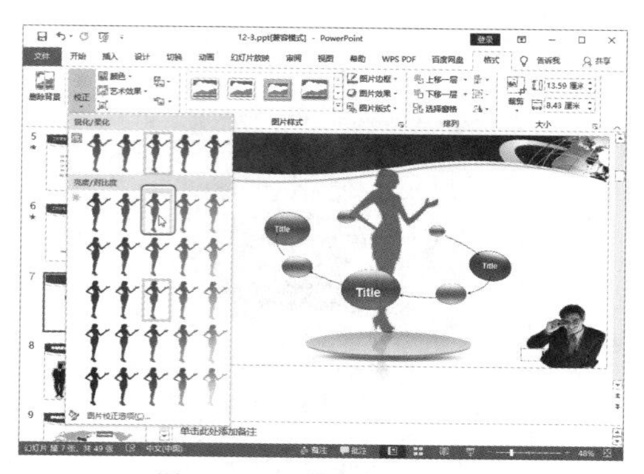

图 12-20　调整亮度和对比度

**知识点**

打开【图片工具】的【格式】选项卡，在【调整】组中单击【颜色】按钮，可以为图片重新着色；在【图片样式】组中单击【图片边框】按钮，可以为图片添加边框；在【图片样式】组中单击【图片效果】按钮，可以为图片设置阴影、发光和三维旋转等效果。

**05** 选中人物图片，打开【图片工具】的【格式】选项卡，在【图片样式】组中单击【其他】按钮，从弹出的列表中选择【映像右透视】选项，为图片设置该样式，如图12-21所示。然后调整图片的大小和位置，效果如图12-22所示。

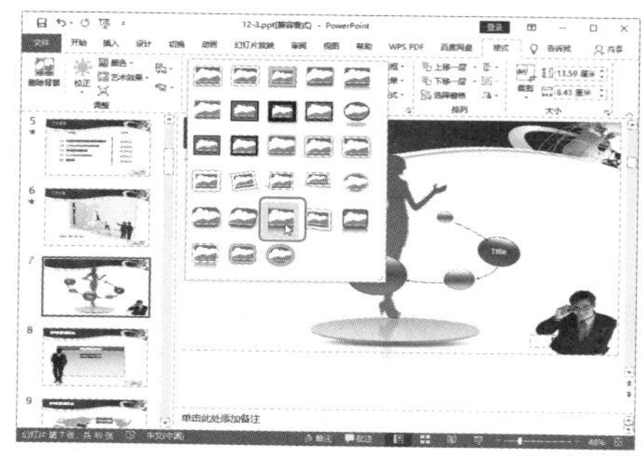

图 12-21　选择图片样式

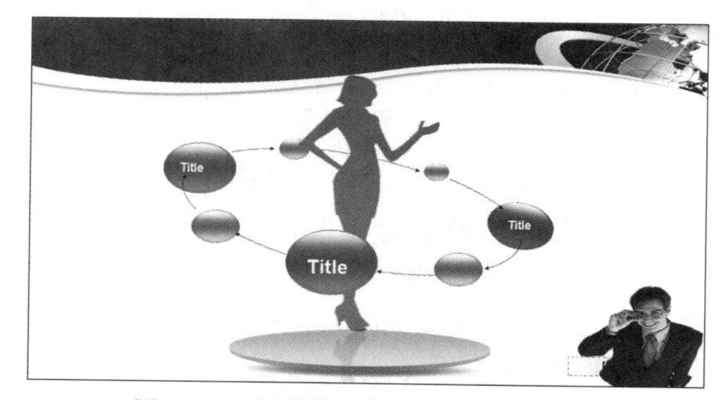


图 12-22　调整图片大小和位置后的效果

**06** 选中第8张幻灯片，选中其中的人物图片，在【格式】|【图片样式】组中单击【图片效果】按钮，从弹出的列表框中选择【阴影】|【外部】|【向左偏移】选项，如图12-23所示，为图片应用该效果，效果如图12-24所示。

图 12-23　应用阴影效果

图 12-24　幻灯片效果

### 12.1.5　绘制自选图形

在PowerPoint中，除了可以插入图片外，还可以绘制自选图形，PowerPoint提供了许多几何图形供用户选择。

【例12-4】绘制自选图形。

01 启动PowerPoint，新建一个空白演示文稿。

02 单击【插入】选项卡，在【插图】组中单击【形状】下拉按钮，在弹出的下拉列表中选择【标注】|【思想气泡：云】选项，如图12-25所示。

03 在幻灯片中拖动鼠标，绘制一个气泡图形，如图12-26所示。

图 12-25　选择【思想气泡：云】选项

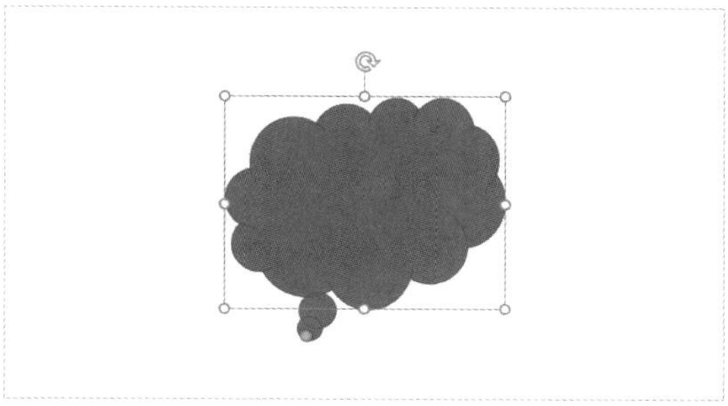

图 12-26　绘制气泡图形

04 选中气泡图形并右击，在弹出的快捷菜单中选择【编辑文字】命令，如图12-27所示。

05 在气泡图形内输入文本内容，并设置文字的字体和大小，效果如图12-28所示。

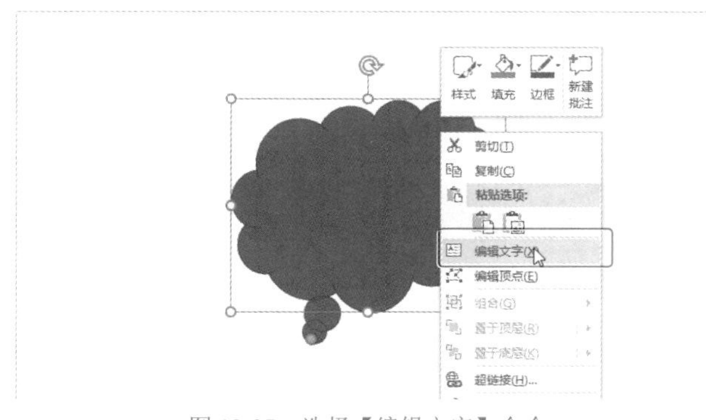


图 12-27　选择【编辑文字】命令

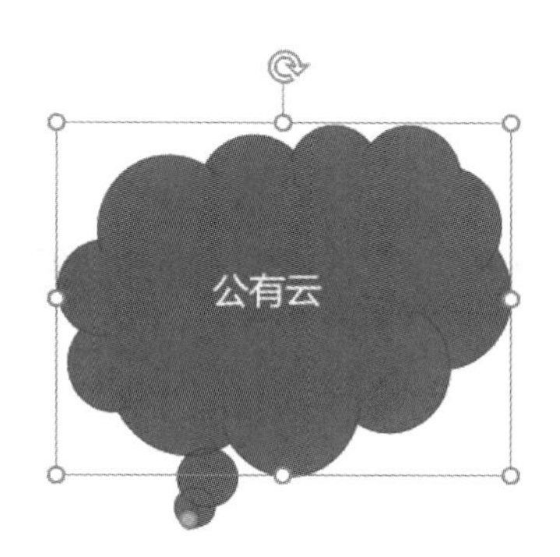


图 12-28　输入文本内容

## 12.2　使用艺术字

艺术字是一种特殊的图形文字，比起普通的文字，更有表现力，常被用来表现幻灯片的标题文字。在PowerPoint中，可以像对普通文字一样设置艺术字的字号、加粗、倾斜等效果，也可以像图形对象那样设置它的边框、填充等属性，还可以对其进行大小调整、旋转或添加阴

影、三维效果等。

### 12.2.1 添加艺术字

为幻灯片添加艺术字的方法：选中需要添加艺术字的幻灯片，打开【插入】选项卡，在功能区的【文本】组中单击【艺术字】按钮，打开艺术字样式列表，单击需要的样式，即可在幻灯片中插入艺术字。

【例12-5】添加艺术字。 视频

01 启动PowerPoint 2016，打开“经典商务”演示文稿，在幻灯片预览窗格中选择第10张幻灯片。

02 打开【插入】选项卡，在【文本】组中单击【艺术字】按钮，打开艺术字样式列表，选择一种艺术字样式，如图12-29所示。

03 在幻灯片中插入艺术字样式，艺术字内容为【请在此放置您的文字】，效果如图12-30所示。

04 选中艺术字，输入内容“人才培养”，将鼠标指针移至艺术字四周的控制点上，按住鼠标左键拖动，调整艺术字的大小及位置，效果如图12-31所示。

05 使用同样的方法，添加艺术字“完备的人才晋升通道。。。”，效果如图12-32所示。

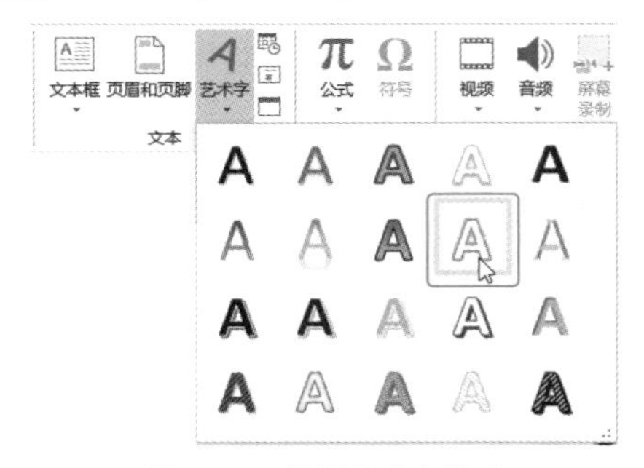


图 12-29 选择艺术字样式

图 12-30 插入艺术字

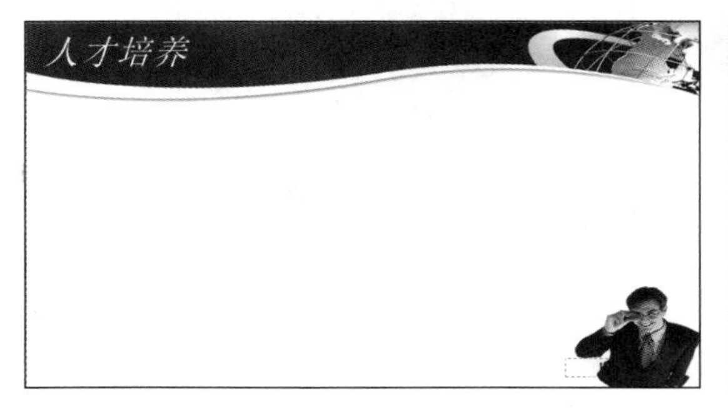


图 12-31 调整艺术字后的效果

图 12-32 其他艺术字效果

### 12.2.2 编辑艺术字

插入艺术字后，如果对艺术字的效果感到不满意，可以对其进行修改。选中艺术字，在【绘图工具】的【格式】选项卡中进行编辑即可。

【例12-6】编辑艺术字。

01 启动PowerPoint，打开“经典商务”演示文稿。

02 选择第10张幻灯片，选中艺术字“完备的人才晋升通道。。。”。

03 打开【格式】选项卡，在【艺术字样式】组中单击【其他】下拉按钮，在弹出的样式列表框中选择所需的样式，为艺术字应用该样式，如图12-33所示。

04 调整艺术字的大小和位置，效果如图12-34所示。

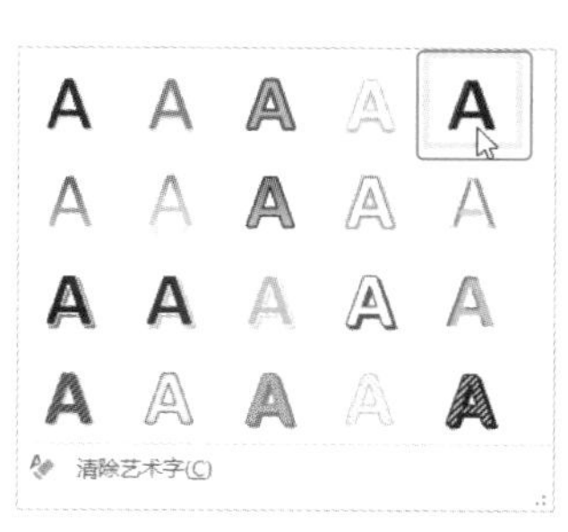

图 12-33 为艺术字设置样式

图 12-34 设置后的效果

05 选中艺术字“人才培养”，打开【格式】选项卡，在【艺术字样式】组中单击【其他】按钮，从弹出的样式列表框中选择一种样式，如图12-35所示，为艺术字应用该样式，最终效果如图12-36所示。

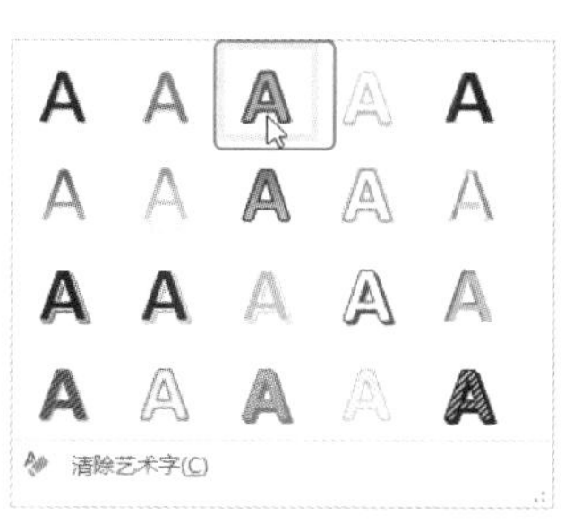

图 12-35 选择艺术字样式

图 12-36 幻灯片最终效果

# 12.3 使用表格

与Word文档一样，在幻灯片中表示数据时也会用到表格。例如，销售统计表、财务报表等。表格采用行列形式排版，可以更好地表示结构化数据。

## 12.3.1 插入表格

PowerPoint支持多种表格插入方式，例如，可以在幻灯片中直接插入表格，也可以绘制表格。

### 1. 直接插入表格

当需要在幻灯片中直接添加表格时，可以使用【插入】选项卡的【表格】按钮插入或为该幻灯片选择含有表格内容的版式。

- 使用【表格】按钮插入表格：打开【插入】选项卡，在【表格】组中单击【表格】按钮，从弹出菜单的【插入表格】选取区域中拖动鼠标选择列数和行数，如图12-37所示。或者选择【插入表格】命令，打开【插入表格】对话框，设置表格的列数和行数。
- 新幻灯片自动带有包含表格的版式：此时在【单击此处添加文本】文本占位符中单击【插入表格】按钮，如图12-38所示，打开【插入表格】对话框，设置表格的列数和行数。

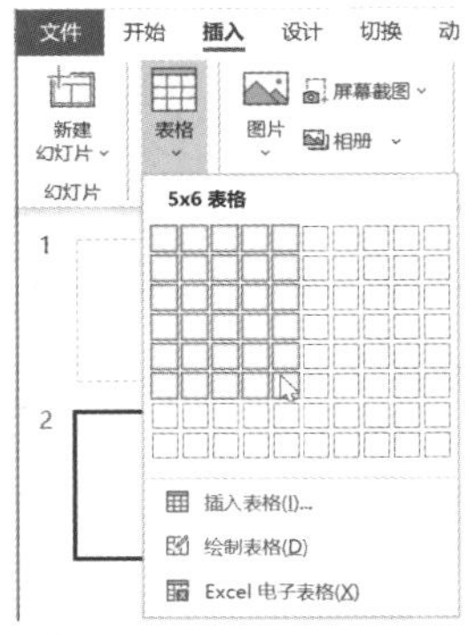


图 12-37　使用【表格】按钮

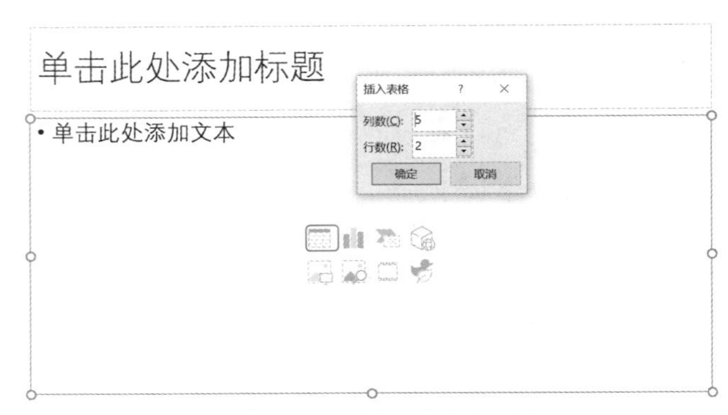


图 12-38　打开【插入表格】对话框

**知识点**

使用PowerPoint的插入对象功能，可以在幻灯片中直接调用Excel应用程序，从而将表格以外部对象插入PowerPoint中。其方法为：在【插入】选项卡的【文本】组中单击【对象】按钮，打开【插入对象】对话框，在【对象类型】列表框中选择【Microsoft Office Excel工作表】选项，然后单击【确定】按钮即可。

### 2. 手动绘制表格

除了上面介绍的方法外，还可以直接在幻灯片中绘制表格，这种情况多用于绘制不规则表格。绘制表格的操作方法：打开【插入】选项卡，在【表格】组中单击【表格】按钮，从弹出的菜单中选择【绘制表格】命令，当鼠标指针变为✎形状时，即可拖动鼠标在幻灯片中进行绘制，如图12-39所示。

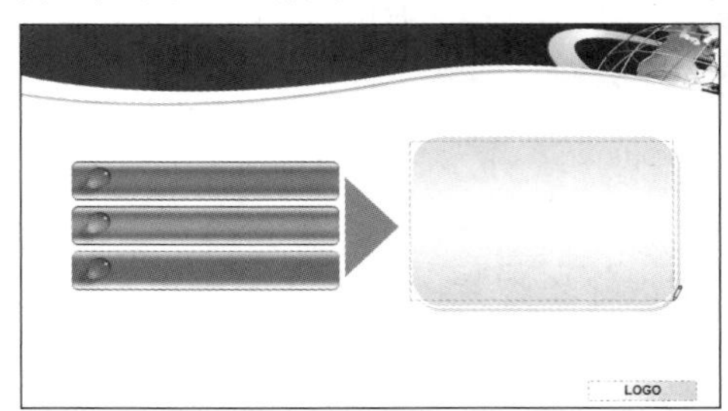


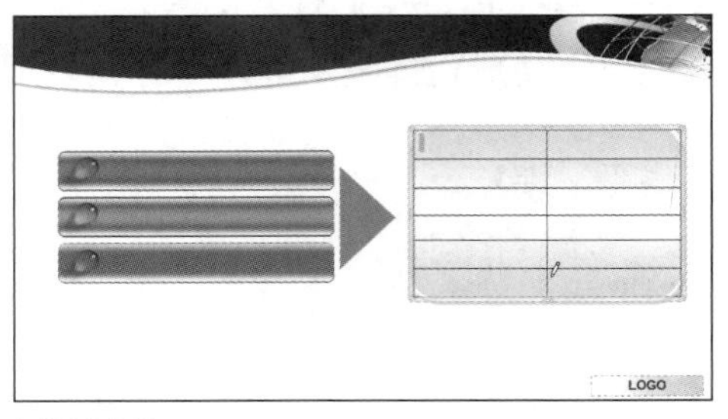


图 12-39　手动绘制表格

## 12.3.2　设置表格格式

幻灯片中的表格对象可以被选中、移动、调整大小及删除，还可以为其添加底纹、设置边框样式、应用阴影效果等。

插入表格后，自动打开【表设计】和【布局】选项卡，通过这两个选项卡可以设置表格相关的属性，如图12-40所示。

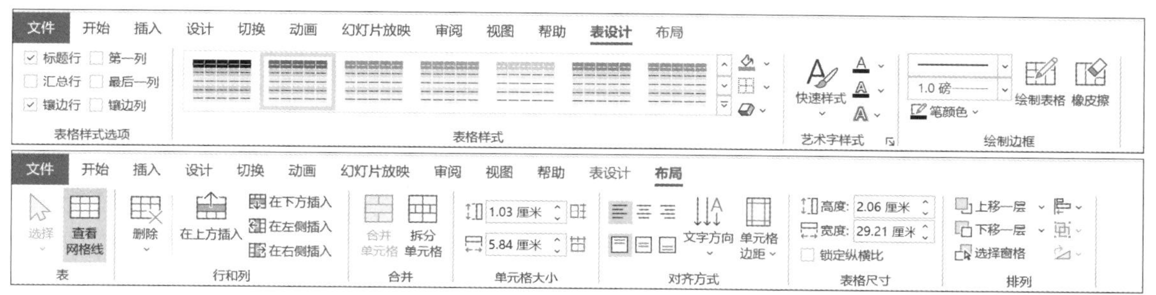


图 12-40　【表设计】和【布局】选项卡

**【例12-7】**设置表格样式。

**01** 启动PowerPoint，打开“经典商务”演示文稿。

**02** 添加一张新幻灯片，在【单击此处添加标题】占位符中输入标题“日常事务统计”，效果如图12-41所示。

**03** 打开【插入】选项卡，在【表格】组中单击【表格】按钮，从弹出的菜单中选择【插入表格】命令，如图12-42所示。

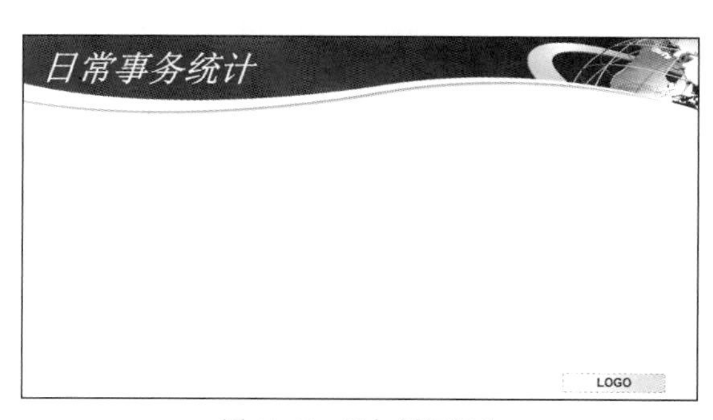


图 12-41　添加新幻灯片

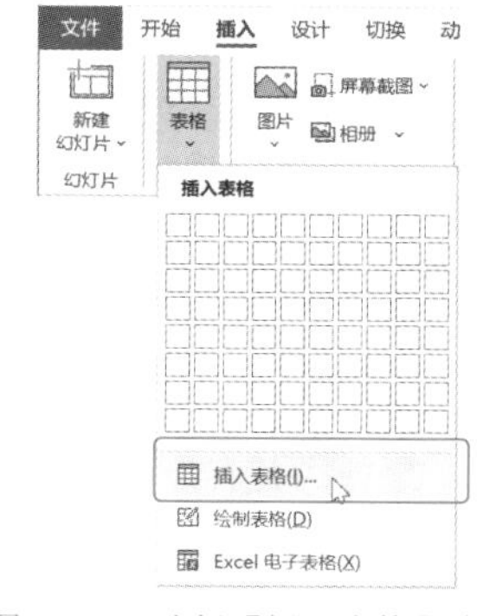


图 12-42　选择【插入表格】命令

**04** 打开【插入表格】对话框，在【列数】微调框中输入2，在【行数】微调框中输入6，然后单击【确定】按钮插入表格，如图12-43所示。

**05** 调整表格的大小和位置，效果如图12-44所示。

**06** 选中表格，打开【布局】选项卡，在【对齐方式】组中单击【居中】按钮☰和【垂直居中】按钮▤，设置文本对齐方式为水平和垂直方向均居中，然后输入文本，效果如图12-45所示。

**07** 打开【表设计】选项卡，在【表格样式】组中单击【其他】按钮，在打开的表格样式列表中为表格选择一种浅色样式，效果如图12-46所示。

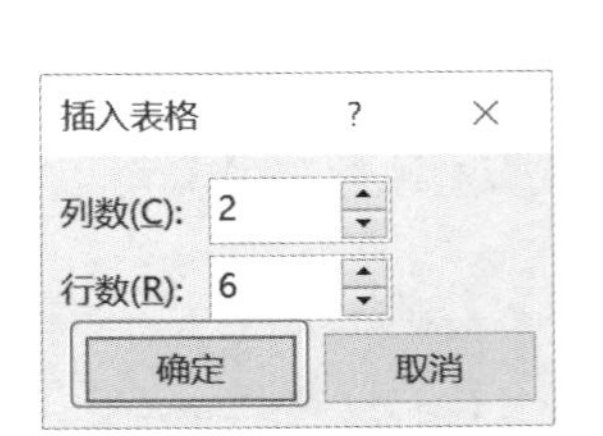


图 12-43 【插入表格】对话框

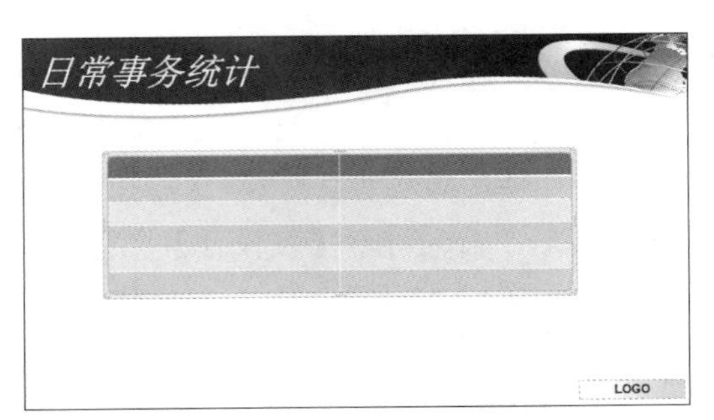


图 12-44 插入表格后的效果

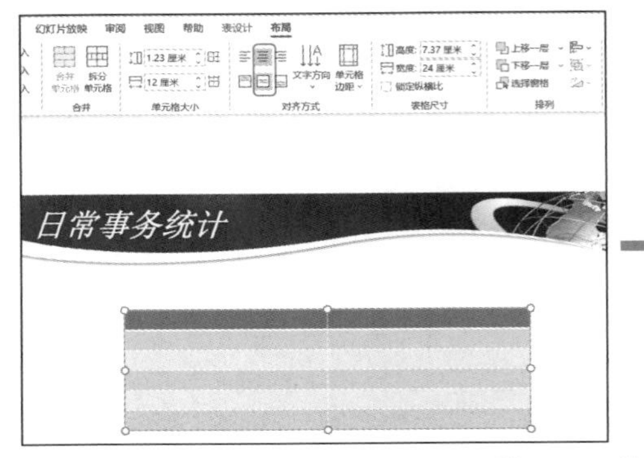


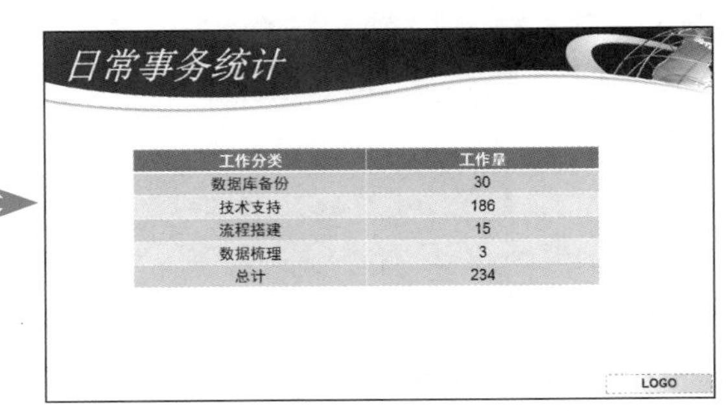


图 12-45 设置表格文本的对齐方式

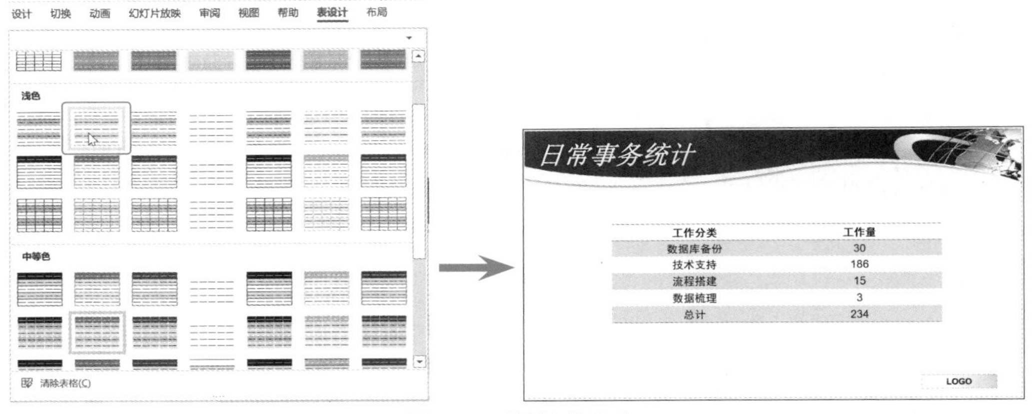


图 12-46 设置表格样式

# 12.4 使用图表

与文字数据相比，形象直观的图表更容易让人理解，它以简单易懂的方式表达数据与数据之间的关系。PowerPoint提供各种不同的图表工具，使得制作图表的操作方便且快捷。

## 12.4.1 插入图表

在功能区打开【插入】选项卡，在【插图】组中单击【图表】按钮，打开【插入图表】

对话框，该对话框提供了多种图表类型，每种类型可以分别用来表示不同的数据关系，如图12-47所示。

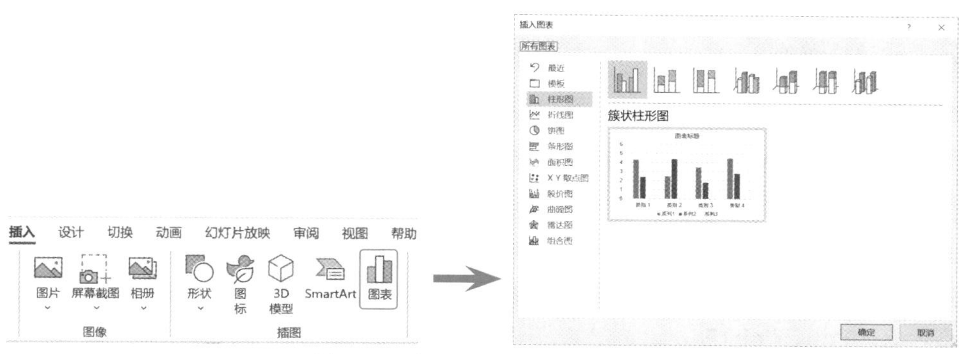


图 12-47　打开【插入图表】对话框

【例12-8】 插入图表。 视频

01 启动PowerPoint，打开“经典商务”演示文稿。

02 新建幻灯片，在【单击此处添加文本】占位符中单击【插入图表】按钮，如图12-48所示。

03 打开【插入图表】对话框，在【柱形图】选项卡中选择第一个选项，然后单击【确定】按钮，如图12-49所示。

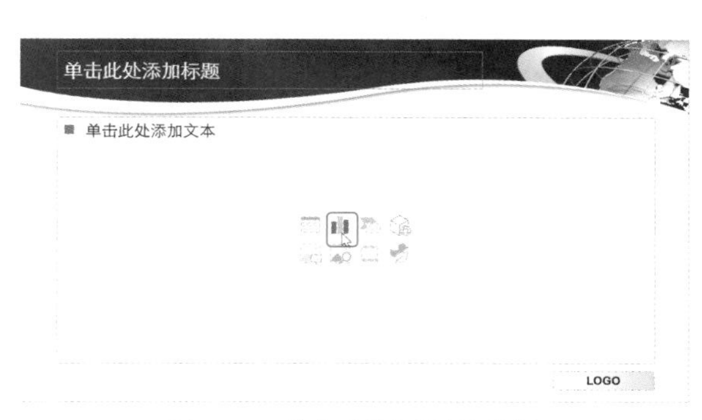


图 12-48　单击【插入图表】按钮

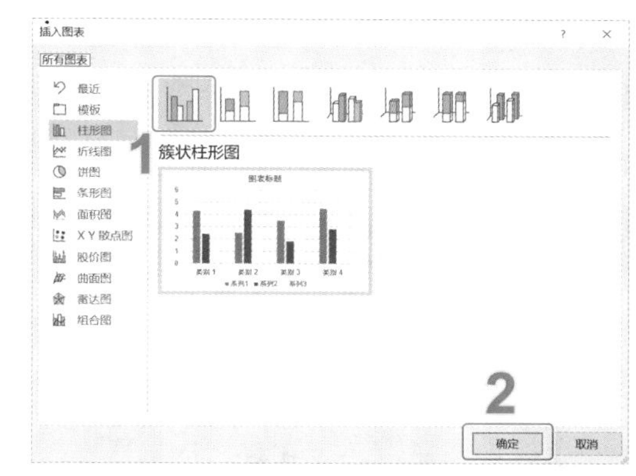


图 12-49　【插入图表】对话框

04 此时打开Excel应用程序，在其工作界面中修改类别值和系列值，如图12-50所示。

05 关闭Excel应用程序，此时所选的柱形图添加到幻灯片中，效果如图12-51所示。

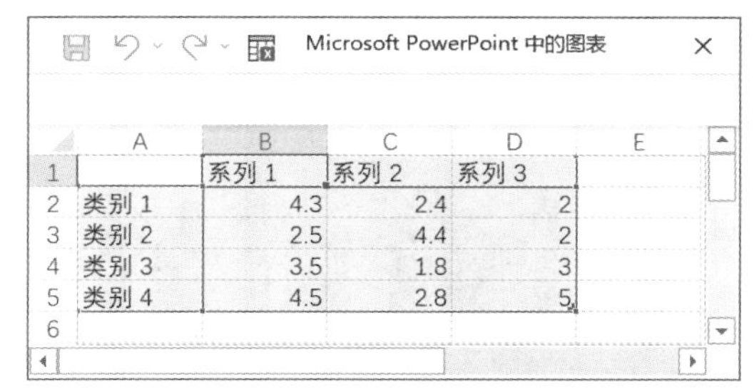


|  | A | B | C | D | E |
|---|---|---|---|---|---|
| 1 |  | 系列 1 | 系列 2 | 系列 3 |  |
| 2 | 类别 1 | 4.3 | 2.4 | 2 |  |
| 3 | 类别 2 | 2.5 | 4.4 | 2 |  |
| 4 | 类别 3 | 3.5 | 1.8 | 3 |  |
| 5 | 类别 4 | 4.5 | 2.8 | 5 |  |
| 6 |  |  |  |  |  |

图 12-50　修改类别值和系列值

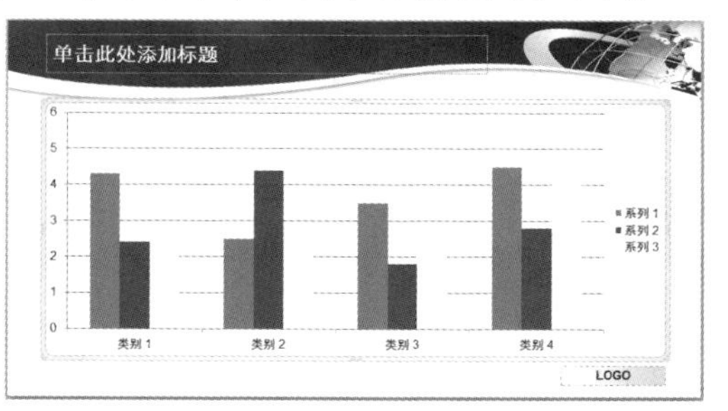


图 12-51　插入图表

## 12.4.2 编辑图表

在PowerPoint中，不仅可以对图表进行移动、调整大小，还可以设置图表的颜色、图表中某个元素的属性等。

【例12-9】编辑图表。

01 启动PowerPoint，打开“经典商务”演示文稿，切换至要编辑的幻灯片。

02 在幻灯片上选定图表，拖动图表边框，调整图表至合适的大小和位置。

03 右击图表，从弹出的快捷菜单中选择【编辑数据】命令，如图12-52所示，打开Excel 2016，显示柱形图的关联数据，如图12-53所示，修改数据，然后单击关闭按钮，关闭Excel窗口，此时返回PowerPoint可以看到，柱形图随着数据的改变发生了变化，如图12-54所示。

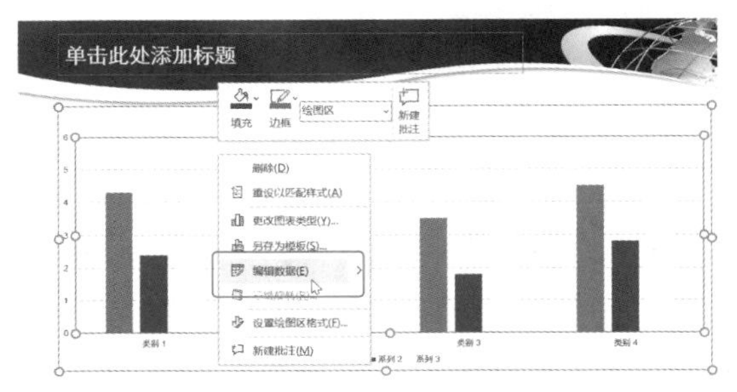


图 12-52 调整图表的大小和位置

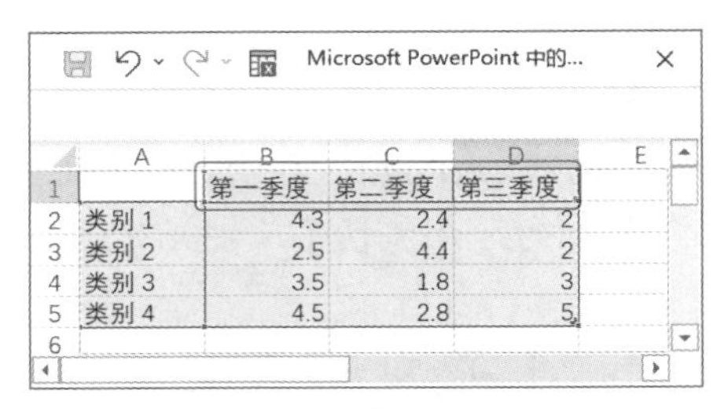


| | A | B | C | D |
|---|---|---|---|---|
| 1 | | 第一季度 | 第二季度 | 第三季度 |
| 2 | 类别 1 | 4.3 | 2.4 | 2 |
| 3 | 类别 2 | 2.5 | 4.4 | 2 |
| 4 | 类别 3 | 3.5 | 1.8 | 3 |
| 5 | 类别 4 | 4.5 | 2.8 | 5 |

图 12-53 打开 Excel 2016

04 选定图表，打开【图表设计】选项卡，在【图表布局】组中单击【添加图表元素】按钮，在弹出的菜单中选择【坐标轴标题】|【主要横坐标轴】命令，如图12-55所示，图表下方将显示标题编辑区域，输入横轴的标题文本“产品分类”。

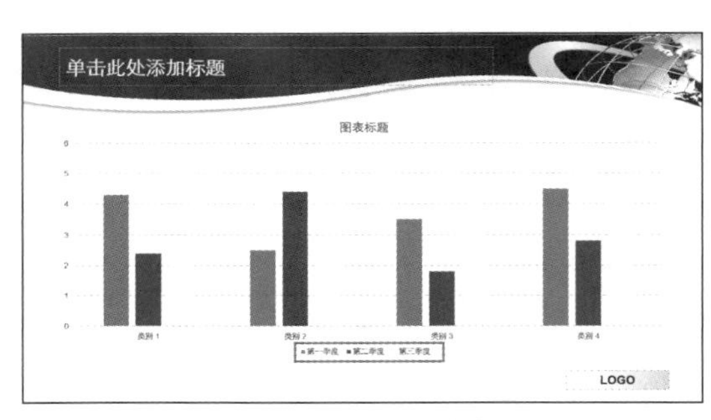


图 12-54 柱形图发生变化

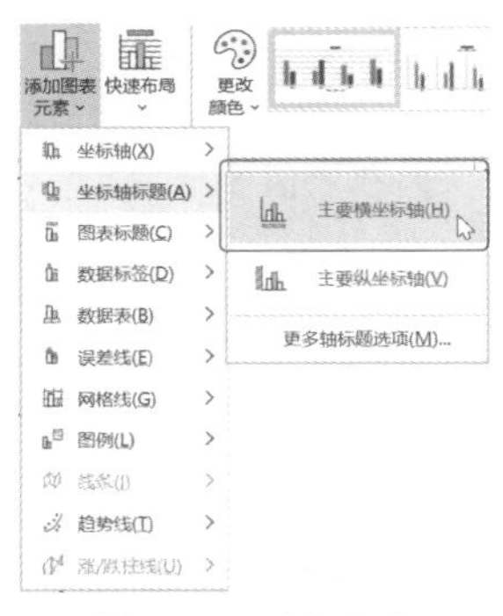


图 12-55 选择命令

05 选定图表，打开【图表设计】选项卡，在【图表布局】组中，单击【添加图表元素】按钮，在弹出的菜单中选择【坐标轴标题】|【主要纵坐标轴】命令，输入文本“产量”，效果如图12-56所示。

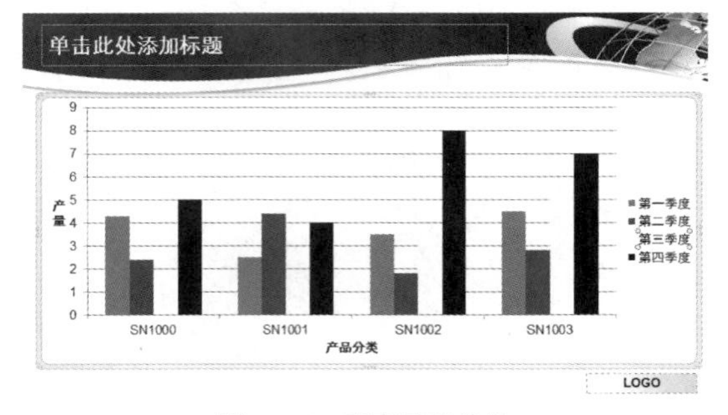


图 12-56 图表最终效果

**知识点**

打开【格式】选项卡，在【形状样式】组中可以为图表设置填充色、线条样式和效果等，单击【其他】按钮，可以在弹出的样式列表框中为图表应用预设的形状或线条的外观样式。

# 12.5　使用SmartArt图形

在制作演示文稿时，经常需要制作流程图，用于说明各种业务流程或业务逻辑。使用PowerPoint中的SmartArt图形功能可以在幻灯片中快速地插入SmartArt图形。

## 12.5.1　插入SmartArt图形

PowerPoint提供了多种SmartArt图形类型，如流程、层次结构等。要插入SmartArt图形，可打开【插入】选项卡，在【插图】组中单击SmartArt按钮，打开【选择SmartArt图形】对话框，可根据需要选择合适的类型，然后单击【确定】按钮，如图12-57所示。

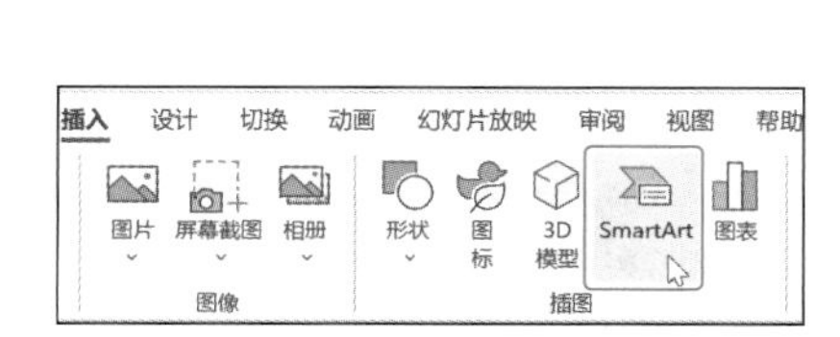


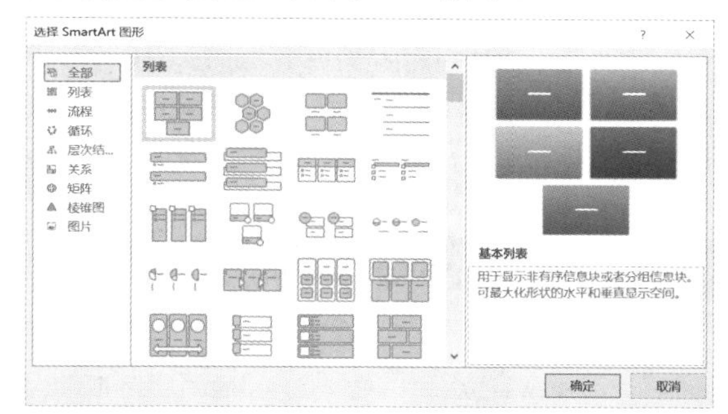


图 12-57　打开【选择 SmartArt 图形】对话框

## 12.5.2　设置SmartArt图形格式

PowerPoint创建的SmartArt图形会自动采用默认的格式。插入SmartArt图形后，系统会自动打开【SmartArt工具】的【设计】和【格式】选项卡，如图12-58所示，通过这两个选项卡，可以对SmartArt图形进行格式设置。

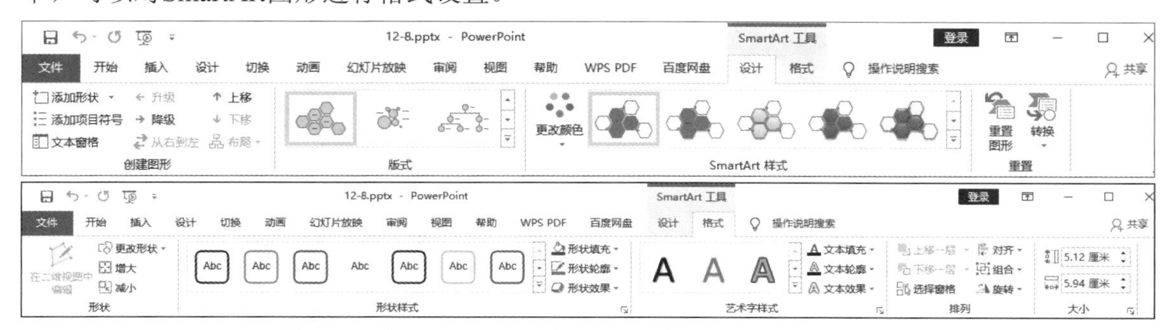


图 12-58　【SmartArt 工具】的【设计】选项卡和【格式】选项卡

【例12-10】插入SmartArt图形。 视频

01 启动PowerPoint，打开“经典商务”演示文稿。

02 添加一张新幻灯片，如图12-59所示，在【单击此处添加标题】占位符中输入标题，在【单击此处添加文本】占位符中单击【插入SmartArt图形】按钮。

03 打开【选择SmartArt图形】对话框。在【全部】选项卡中选择【六边形群集】选项，然后单击【确定】按钮，如图12-60所示。

图 12-59 添加一张新幻灯片

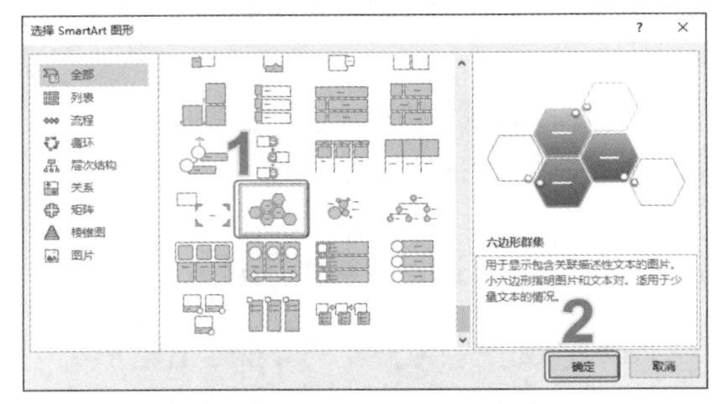


图 12-60 【选择 SmartArt 图形】对话框

04 此时向当前幻灯片中插入该SmartArt图形。在文本框中输入文本，并拖动鼠标调整图形的大小和位置，如图12-61所示。

05 单击【插入图片】按钮，选择【此设备】命令，打开【插入图片】对话框，在该对话框中选择需要使用的图片，然后单击【插入】按钮，如图12-62所示。

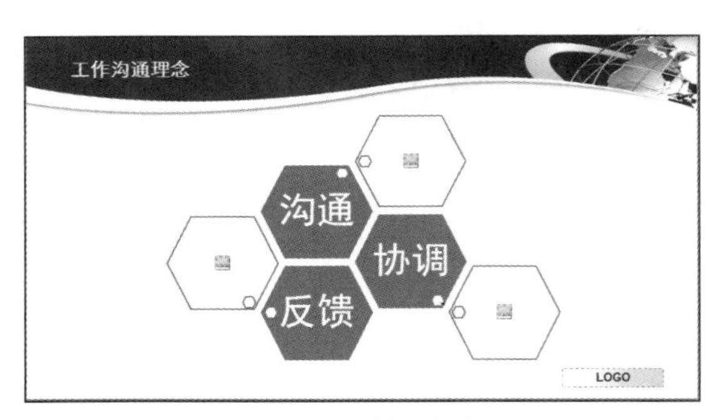


图 12-61 输入文本

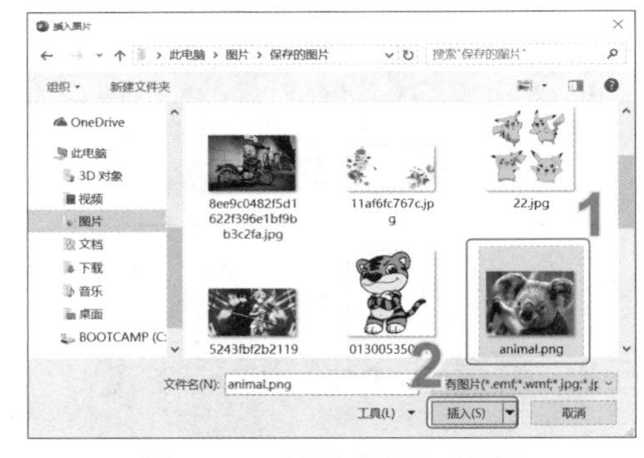


图 12-62 【插入图片】对话框

06 在SmartArt图形中插入的图片效果如图12-63所示，使用同样的方法在图形的其他位置插入图片，效果如图12-64所示。

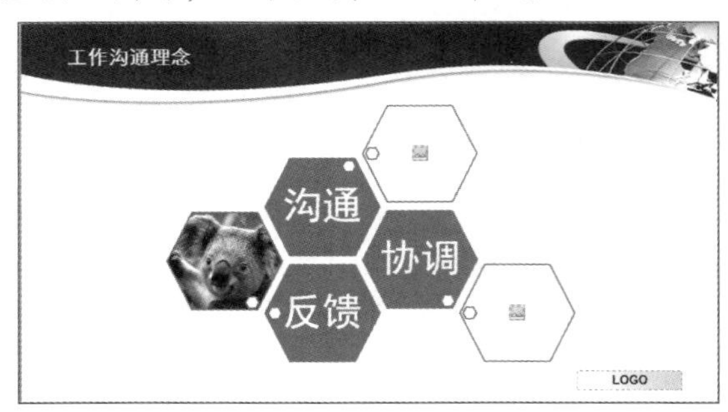


图 12-63 插入一幅图片

图 12-64 插入多幅图片

07 选中SmartArt图形中“协调”所在的六边形，在【格式】选项卡中，单击【形状填充】按钮，从弹出的列表框中选择橙色，如图12-65所示，为选中的文本框填充橙色。

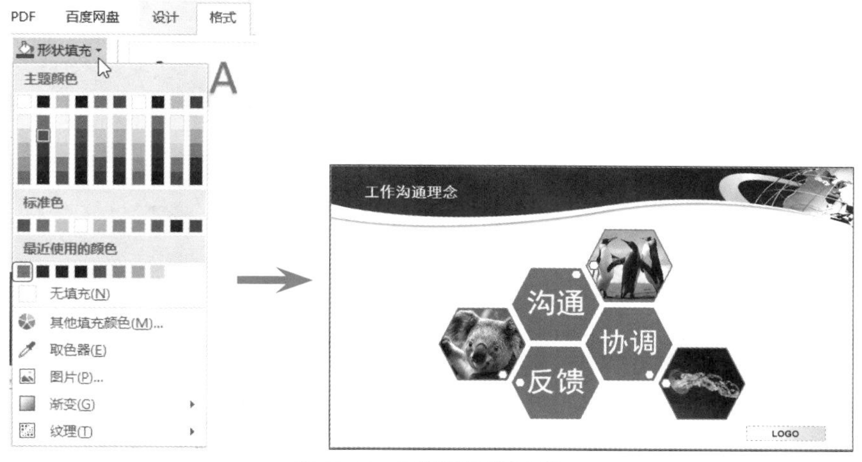

图 12-65　为图形设置填充色

08 使用同样的方法，为SmartArt图形中其他多边形设置填充色，最终效果如图12-66所示。

图 12-66　幻灯片最终效果

**提示**

在【设计】选项卡的【SmartArt样式】组中，用户可以为SmartArt图形套用软件内置的图形样式。

# 12.6　使用音频和视频

在PowerPoint中，可以方便地向幻灯片插入音频和视频等多媒体对象，使演示文稿从画面到声音，多方位地向观众传递信息。

## 12.6.1　插入音频

在制作幻灯片时，可以根据需要插入音频，以增加向观众传递信息的通道，增强演示文稿的感染力。

打开【插入】选项卡，在【媒体】组中单击【音频】下拉按钮，在弹出的下拉菜单中可以选择需要插入的音频形式，包括【PC上的音频】和【录制音频】，如图12-67所示。例如，要插入本机上的音频，可选择【PC上的音频】命令，打开【插入音频】对话框，如图12-68所示，选择需要插入的音频，然后单击【插入】按钮。

插入音频后，在幻灯片中将出现一个声音图标，选中该声音图标，功能区将出现【音频工具】的【格式】和【播放】选项卡，使用这两个选项卡可以设置声音效果。一般的声音文件并不需要设置声音效果，如果要循环播放声音，则可在【播放】选项卡的【音频选项】组中选中【循环播放，直到停止】复选框，如图12-69所示。

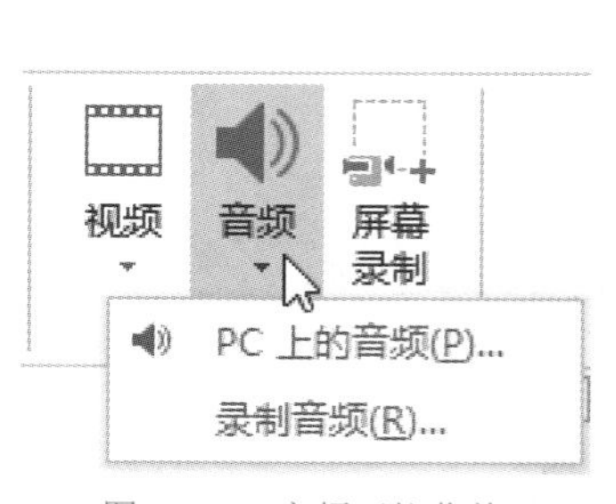


图 12-67　音频下拉菜单

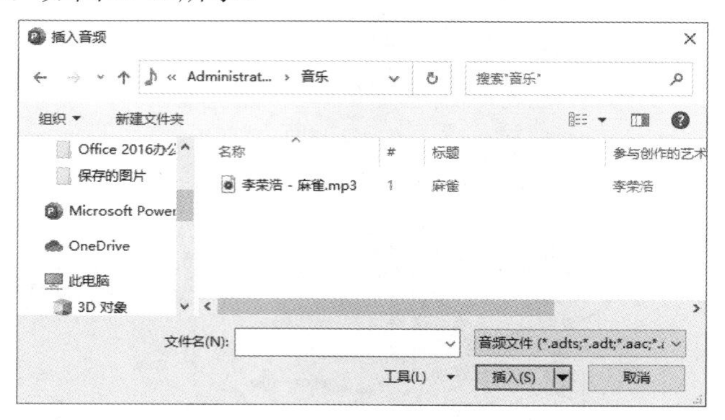


图 12-68　【插入音频】对话框

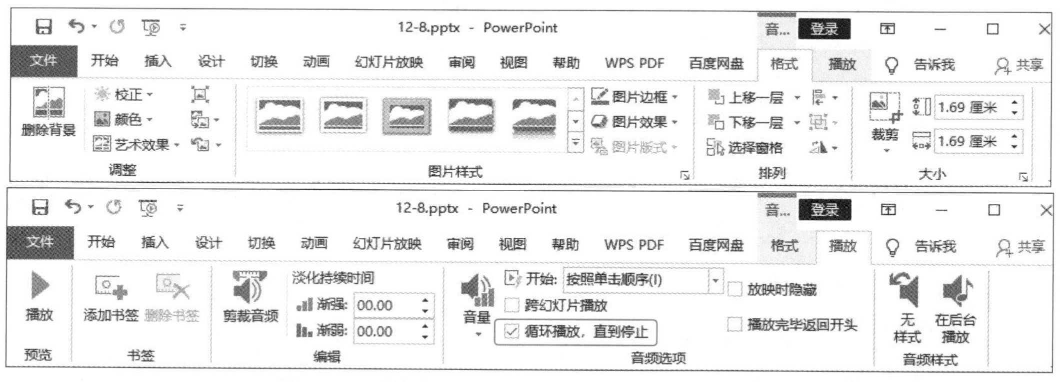


图 12-69　【音频工具】的【格式】和【播放】选项卡

## 12.6.2　插入视频

用户可以根据需要插入PowerPoint自带的视频和计算机中存放的影片，用于丰富幻灯片的内容。

打开【插入】选项卡，在【媒体】组中单击【视频】下拉按钮，在弹出的下拉菜单中选择需要插入的视频形式，包括【联机视频】和【PC上的视频】两种，如图12-70所示。例如，要插入本机上的视频，可选择【PC上的视频】命令，打开【插入视频文件】对话框，如图12-71所示，选择所需的视频文件，然后单击【插入】按钮。

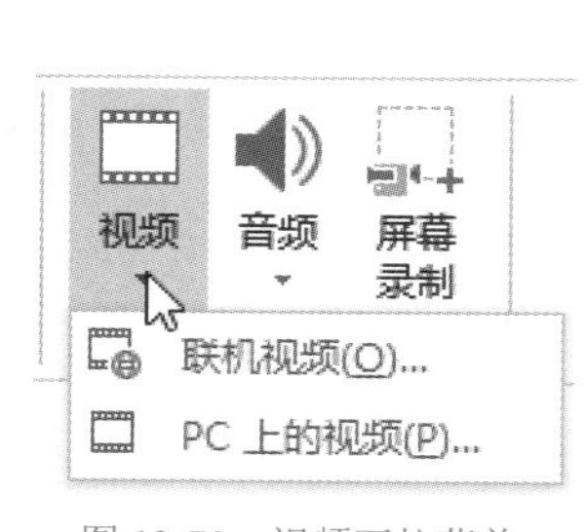


图 12-70　视频下拉菜单

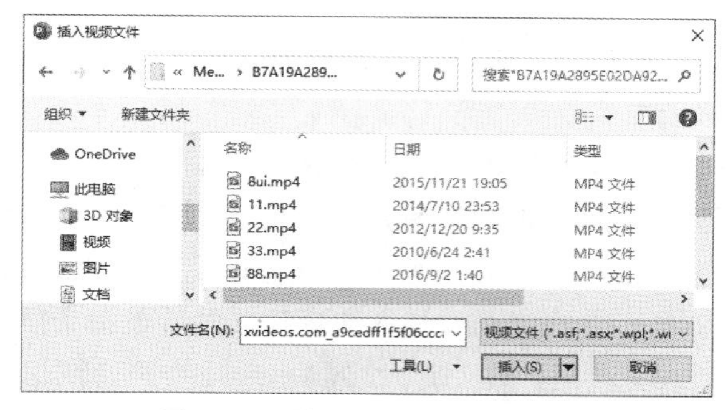


图 12-71　【插入视频文件】对话框

对于插入幻灯片中的视频，不仅可以对它们的位置、大小、亮度、对比度、旋转等进行设置，还可以进行裁剪、设置透明色、重新着色及设置边框线条等操作，这些操作都与图片的操作相同。

**提示**

PowerPoint中插入的影片都是以链接方式插入的，如果要在另一台计算机上播放该演示文稿，则必须在复制该演示文稿的同时复制它所链接的影片文件。

# 12.7　创建互动式演示文稿

在PowerPoint中，可以为幻灯片中的文本、图形、图片等对象添加超链接或者动作。当放映幻灯片时，单击链接和动作按钮，程序将自动跳转到指定的幻灯片页面，或者执行指定的程序。此时演示文稿具有了一定的交互性，在适当的时间放映指定内容或做出相应的反应。

## 12.7.1　添加超链接

超链接是指向特定位置或文件的一种链接方式，可以利用它指定程序的跳转位置。超链接只有在幻灯片放映时才有效，当鼠标移至超链接文本时，鼠标将变为手形指针。在PowerPoint中，超链接可以跳转到当前演示文稿中的特定幻灯片、其他演示文稿中特定的幻灯片、自定义放映、电子邮件地址、文件或Web页上。

【例12-11】设置超链接。视频

01 启动PowerPoint，打开“经典商务”演示文稿。

02 在打开的第15张幻灯片中选中文本“幻灯片1”，然后右击，在弹出的快捷菜单中选择【超链接】命令，如图12-72所示，打开【插入超链接】对话框。

03 在【链接到】选项区域中单击【现有文件或网页】按钮，在【现有文件或网页】列表框中选择【当前文件夹】选项下的【季度部门述职.pptx】文件，如图12-73所示。

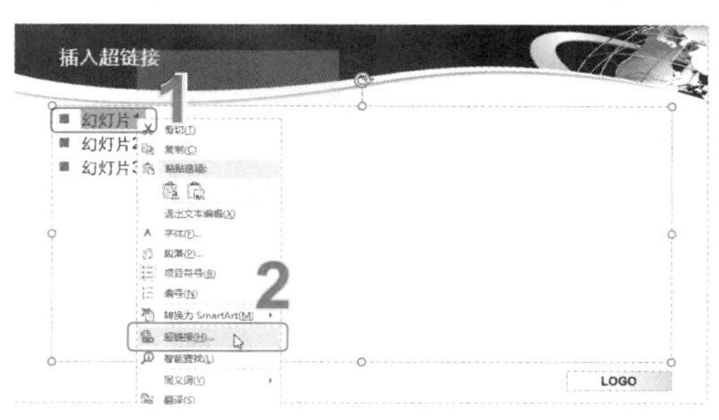


图 12-72　选择【超链接】命令

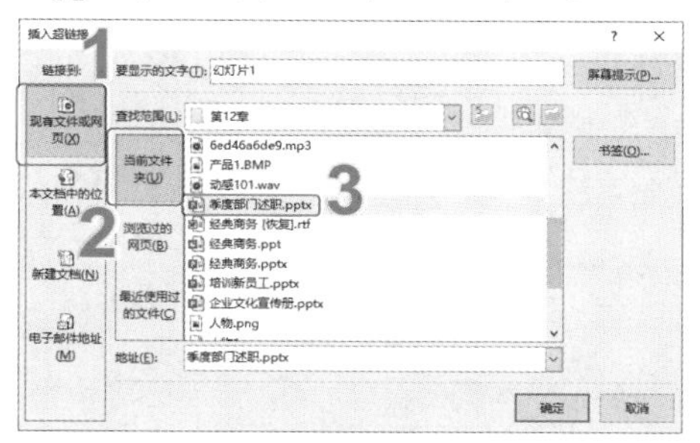


图 12-73　【插入超链接】对话框

04 单击【确定】按钮，此时文字“幻灯片1”添加了超链接，文字下方出现下画线，文字颜色被更改为淡蓝色。

05 按下F5键放映幻灯片，此时将鼠标指针移动到文字“幻灯片1”上时，鼠标指针变为手形形状，如图12-74所示，单击鼠标，演示文稿将自动跳转到第1张幻灯片中，如图12-75所示。

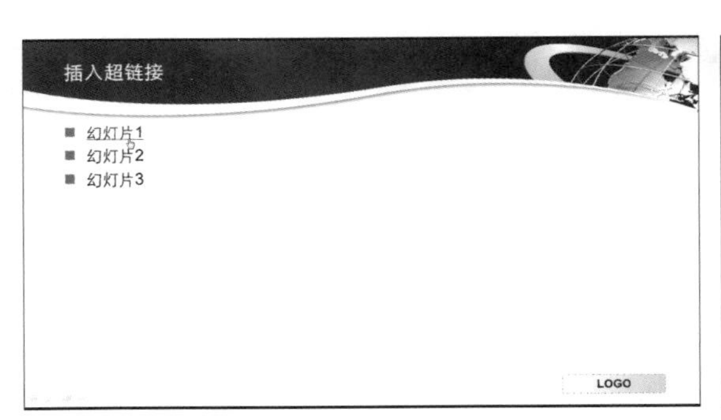


图 12-74　单击超链接

图 12-75　跳转至目标幻灯片

**提示**

只有幻灯片中的对象才能添加超链接，备注、讲义等内容不能添加超链接。幻灯片中可以显示的对象几乎都可以作为超链接的载体。

## 12.7.2　添加动作按钮

动作按钮是PowerPoint中预先设置好的一组带有特定动作的图形按钮，这些按钮被预先设置为指向前一张、后一张、第一张、最后一张幻灯片，播放声音及播放电影等链接，可以方便地应用这些预置好的按钮，实现在放映幻灯片时跳转的目的。

动作与超链接有很多相似之处，几乎包括了超链接可以指向的所有位置，动作还可以设置其他属性，比如设置当鼠标移过某一对象上方时的动作。

**【例12-12】** 添加动作按钮。 视频

**01** 启动PowerPoint，打开“经典商务”演示文稿。

**02** 在幻灯片预览窗格中选择第15张幻灯片缩略图，将其显示在幻灯片编辑窗口中。

**03** 打开【插入】选项卡，在【插图】组中单击【形状】按钮，在打开菜单的【动作按钮】选项区域中选择【动作按钮：转到主页】选项，在幻灯片的右下角拖动鼠标绘制形状，如图12-76所示。

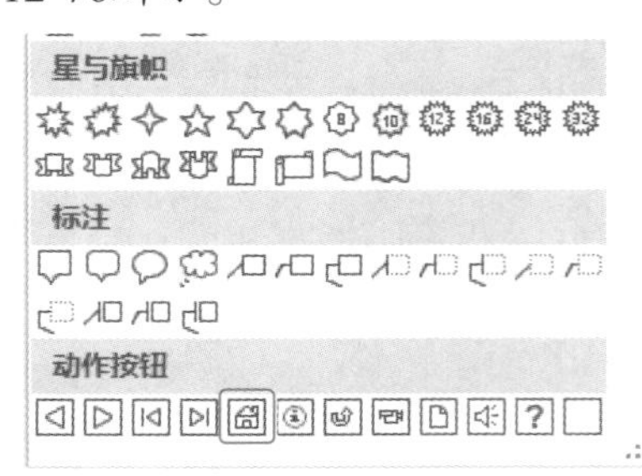


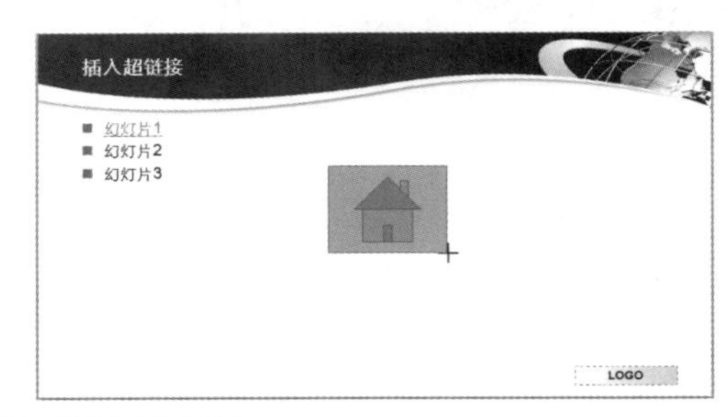


图 12-76　绘制动作按钮

**04** 释放鼠标，自动打开【操作设置】对话框，在【单击鼠标时的动作】选项区域中选中【超链接到】单选按钮，然后选择【第一张幻灯片】选项，选中【播放声音】复选框，并在其下拉列表中选择一个声音文件，如图12-77所示。

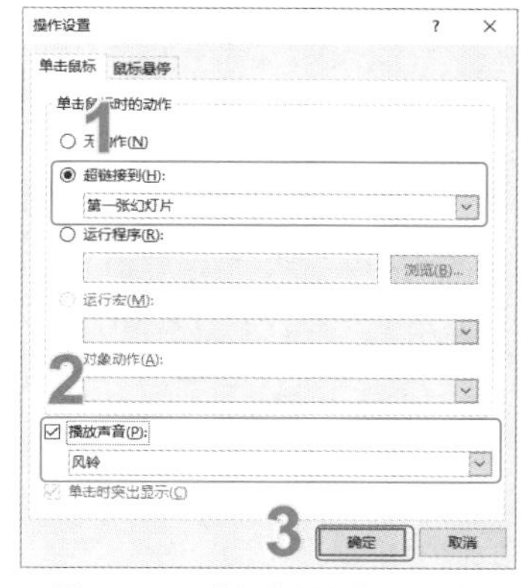


图 12-77　【操作设置】对话框

**知识点**

如果在【操作设置】对话框的【鼠标悬停】选项卡中设置超链接的目标位置，那么在放映演示文稿的过程中，当鼠标悬停在该动作按钮(无须单击)时，演示文稿将直接跳转到目标幻灯片。

05 单击【确定】按钮，此时幻灯片效果如图12-77所示。

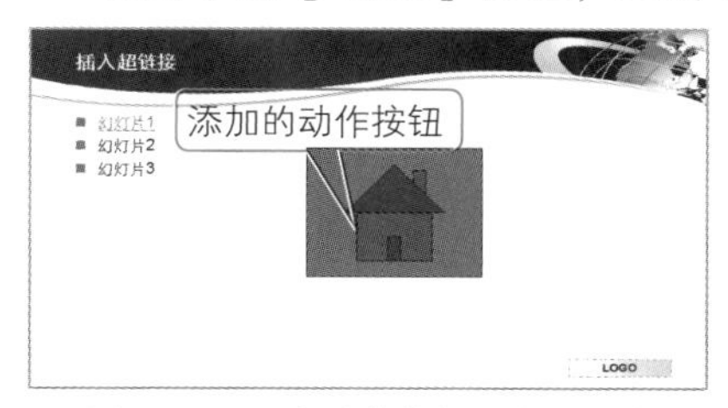


图 12-78　添加动作按钮后的幻灯片

**知识点**

添加在幻灯片中的动作按钮，本身也是自选图形的一种，用户可以像编辑其他自选图形那样，用鼠标拖动其位置、旋转、调整大小及更改颜色等。

### 12.7.3　隐藏幻灯片

通过添加超链接或动作将演示文稿的结构设置得较为复杂时，有时希望某些幻灯片只在单击指向它们的链接时才会被显示出来。要达到这样的效果，可以使用幻灯片的隐藏功能。

在普通视图模式下，右击幻灯片预览窗格中的幻灯片缩略图，从弹出的快捷菜单中选择【隐藏幻灯片】命令，或者打开【幻灯片放映】选项卡，在【设置】组中单击【隐藏幻灯片】按钮，即可将正常显示的幻灯片隐藏。被隐藏的幻灯片编号上将显示一个带有斜线的灰色小方框1，这表示幻灯片在正常放映时不会被显示，只有当单击指向它的超链接或动作按钮后才会显示。

【例12-13】隐藏幻灯片。 视频

01 启动PowerPoint，打开“经典商务”演示文稿。

02 在幻灯片预览窗格中选择需要隐藏的幻灯片，将其显示到编辑窗口。

03 打开【幻灯片放映】选项卡，在【设置】组中单击【隐藏幻灯片】按钮，如图12-79所示，即可将正常显示的幻灯片隐藏。

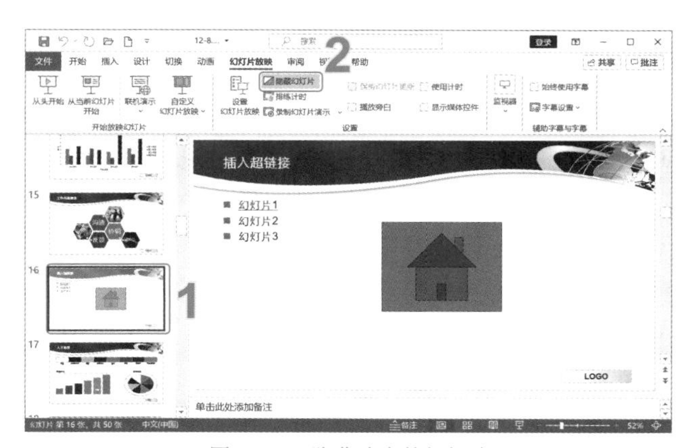


图 12-79　隐藏选中的幻灯片

计算机基础与实训教材系列

04 此时按下F5键放映幻灯片，当放映到第15张幻灯片时，单击鼠标，则PowerPoint将自动播放第17张幻灯片，隐藏了第16张幻灯片，跳过不放映。

**知识点**

如果要取消幻灯片的隐藏，只需再次右击该幻灯片，在弹出的快捷菜单中选择【隐藏幻灯片】命令，或者在【幻灯片放映】选项卡的【设置】组中单击【隐藏幻灯片】按钮。

# 12.8 上机练习

本章主要介绍了如何在幻灯片中插入多媒体元素，包括插入图片和艺术字、插入表格和图表、插入SmartArt图形以及插入声音和视频等内容。本章上机练习通过实例来巩固本章所学的内容。

## 12.8.1 为宣传册添加背景音乐

01 启动PowerPoint，打开第11章“上机练习”中制作的“企业文化宣传册”演示文稿。

02 选中第一张幻灯片，打开【插入】选项卡，在【媒体】组中单击【音频】按钮，从打开的下拉菜单中选择【PC上的音频】命令，如图12-80所示，打开【插入音频】对话框，如图12-81所示。

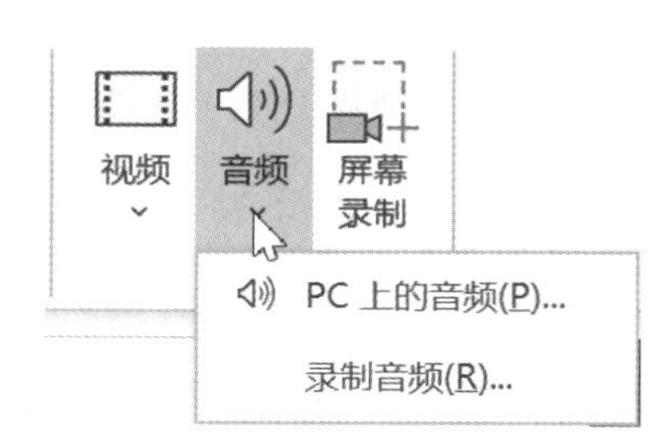


图 12-80　选择【PC上的音频】命令

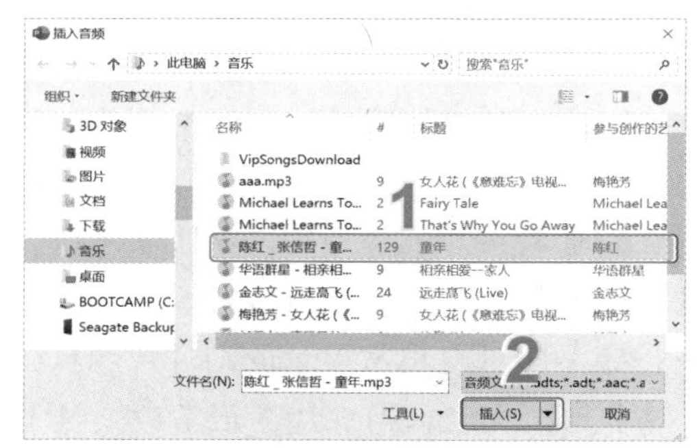


图 12-81　【插入音频】对话框

03 选择一个音频文件，然后单击【插入】按钮，在当前幻灯片中插入一个音频图标，如图12-82所示，选中音频图标，会出现一个音频控制面板，单击播放按钮可以预览声音效果。

图 12-82　插入的音频

04 选中音频，窗口顶部出现【音频工具】的【播放】选项卡。在【音频工具】|【播放】|【音频选项】组中，设置【开始】为【自动】，选中【跨幻灯片播放】复选框，使声音一直伴随幻灯片播放直到幻灯片播放结束；选中【放映时隐藏】复选框，这样在播放的时候不会显示音频图标；选中【循环播放，直到停止】复选框，如图12-83所示。

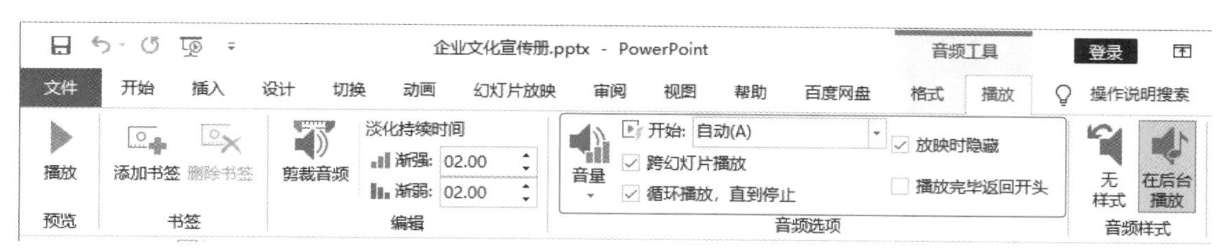


图 12-83　设置音频

## 12.8.2　为宣传册添加产品页

**05** 插入一张幻灯片，打开【插入】选项卡，在【插图】组中单击【形状】按钮，选择【矩形】工具，如图12-84所示。

**06** 在右侧和中间分别绘制两个矩形。选中矩形，通过出现的【绘图工具】的【格式】选项卡中的【形状样式】组的【形状填充】命令，将这两个矩形填充为【白色】，无边框线，效果如图12-85所示。

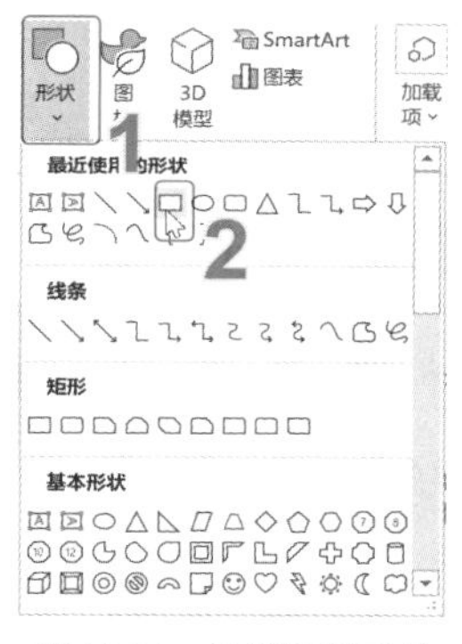


图 12-84　选择矩形工具

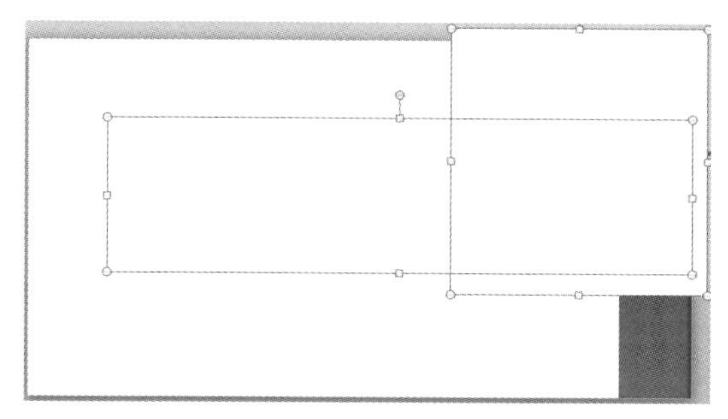

图 12-85　设置矩形填充颜色和边框线

**07** 打开【插入】选项卡，在【图像】组中单击【图片】按钮，从弹出的下拉菜单中选择【此设备】命令，如图12-86所示。

**08** 打开【插入图片】对话框，选择要插入的图片，单击【插入】按钮，如图12-87所示。

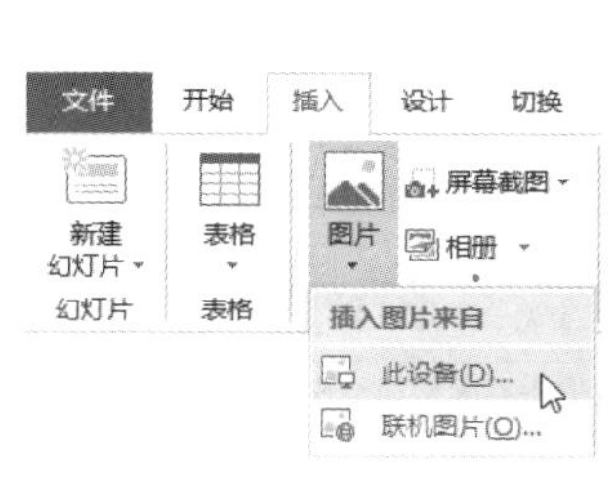


图 12-86　选择【此设备】命令

图 12-87　【插入图片】对话框

**09** 调整图片的大小和位置，效果如图12-88所示。

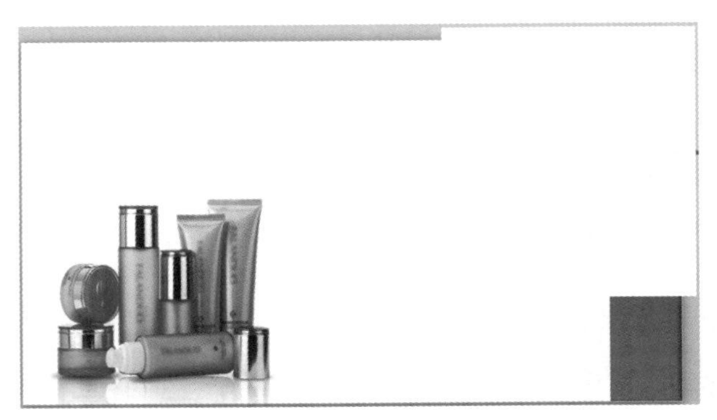

图 12-88　插入图片

### 12.8.3　制作发展历程页

10 下面再来介绍一下前面所展示的“伊甸妆园发展历程”页面的SmartArt图形制作。打开【插入】选项卡，在【插图】组中单击SmartArt按钮，打开【选择SmartArt图形】对话框，如图12-89所示，选择【垂直框列表】选项，然后单击【确定】按钮。

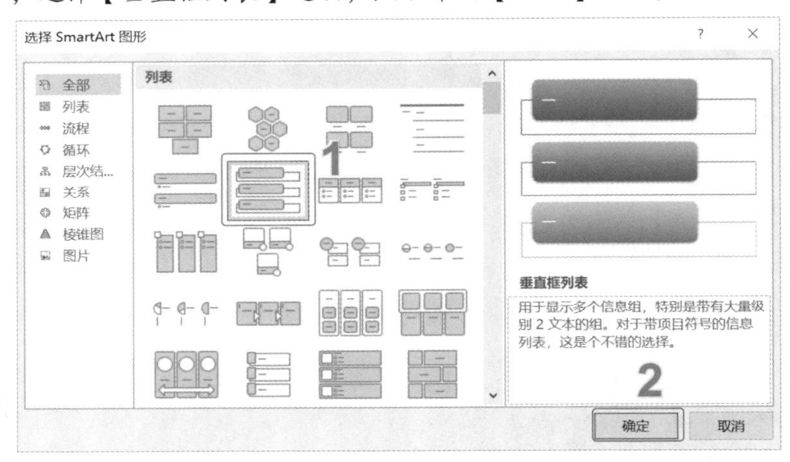


图 12-89　【选择 SmartArt 图形】对话框

11 插入的SmartArt图形效果如图12-90所示。选中最后一个“文本”行子项目，按Ctrl+C组合键复制，然后按Ctrl+V组合键粘贴，增加一个子项目，如图12-91所示。

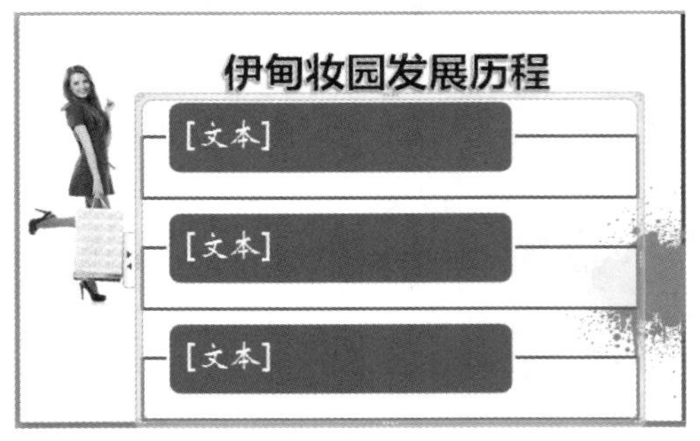


图 12-90　插入的垂直框列表

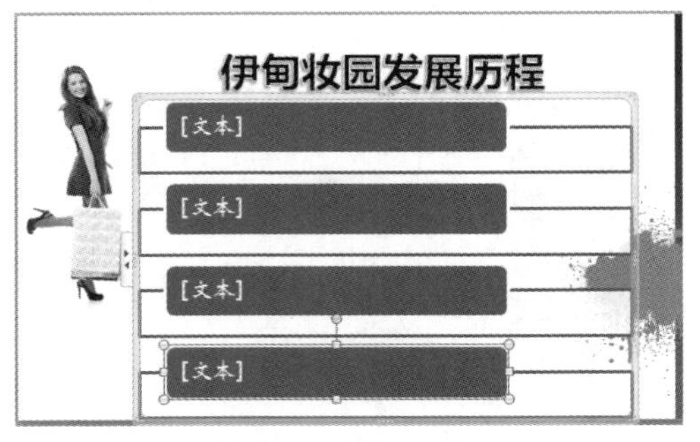


图 12-91　增加子项目

12 选中插入的垂直框对象，出现【SmartArt设计】选项卡，如图12-92所示，在

【SmartArt样式】组中单击【其他】按钮展开样式列表，选择【日落场景】样式，效果如图12-93所示。

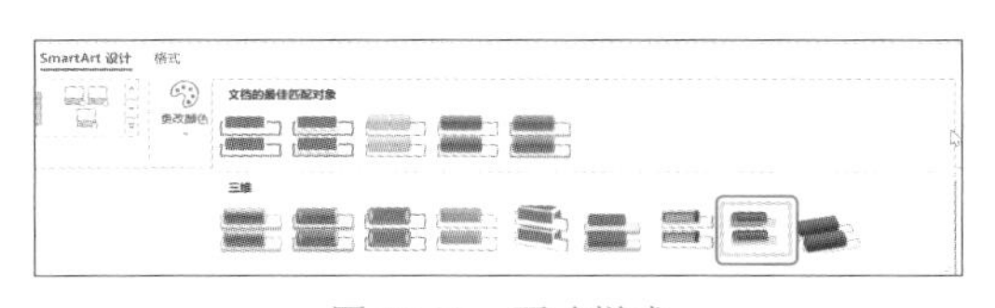


图 12-92　更改样式

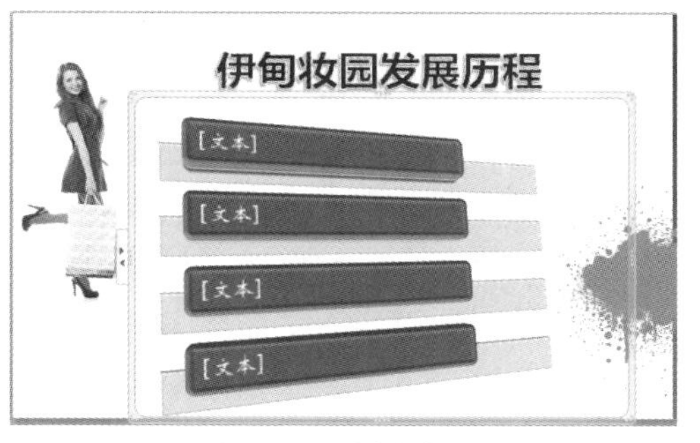


图 12-93　样式效果

13 保持图形的选中状态，在【SmartArt设计】选项卡中单击【更改颜色】按钮，在【个性色2】列表中选择第二个选项，如图12-94所示。更改颜色后的效果如图12-95所示。

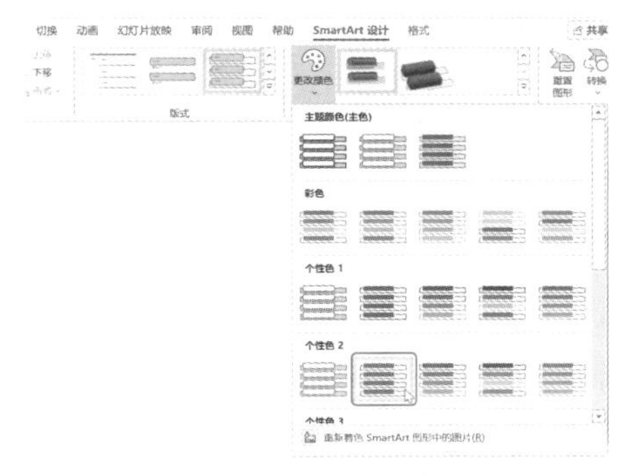


图 12-94　更改颜色

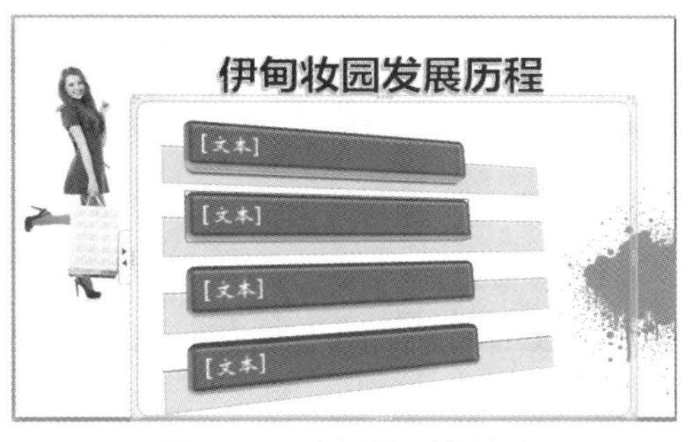


图 12-95　更改颜色后的效果

14 分别在每个“[文本]”项上单击并输入内容，效果如图12-96所示。

图 12-96　最终效果

## 12.9　习题

1. 如何向幻灯片中插入图片？

2. 如何使用艺术字美化幻灯片？
3. 如何在幻灯片中使用二维表格来组织数据？
4. 如何在幻灯片中使用图表来可视化数据？
5. 如何使用音频和视频来丰富幻灯片？
6. 放映幻灯片时如何实现跨越幻灯片进行播放？
7. 使用本章所介绍的方法，制作如图12-97所示的“风景如画”演示文稿。

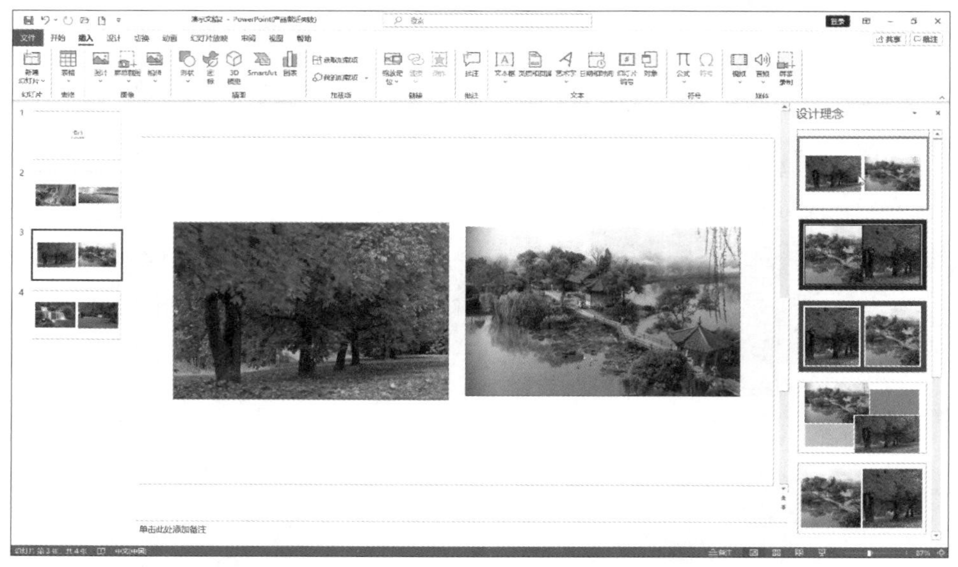


图 12-97　习题 7 效果

# 第13章 幻灯片高级操作

## 学习目标

在设计幻灯片时，可以使用PowerPoint提供的预设格式，如设计模板、主题颜色、动画方案及幻灯片版式等，轻松地制作出具有统一风格的演示文稿，显得专业、大方；加入动画效果，在放映幻灯片时，可产生特殊的视觉或声音效果，使幻灯片更富有表现力；还可以加入页眉和页脚等信息，使演示文稿具有良好的导航功能。

## 本章重点

- 设置幻灯片母版
- 设置主题和背景
- 预定义动画效果
- 设置动画效果
- 幻灯片的切换效果

# 13.1 设置幻灯片母版

利用母版，可以为演示文稿统一风格。母版是一张可以预先定义背景颜色、文本颜色、字体大小和格式的特殊幻灯片，可以根据需要对母版的前景色、背景色、图形格式以及文本格式等属性重新设置。对母版的修改会直接作用到演示文稿中使用该母版的幻灯片上。

## 13.1.1 幻灯片母版简介

母版是演示文稿中所有幻灯片或页面格式的样式，它包括了所有幻灯片具有的公共属性和布局信息，主要用于统一幻灯片风格，可以设置或修改母版中的内容，从而快速地创建出具有统一风格的幻灯片，使演示文稿具有统一风格。

PowerPoint中的母版类型分为幻灯片母版、讲义母版和备注母版3种类型，不同母版的作用和视图都是不相同的。打开【视图】选项卡，在【母版视图】组中单击相应的视图按钮，即可切换至对应的母版视图，如图13-1所示。

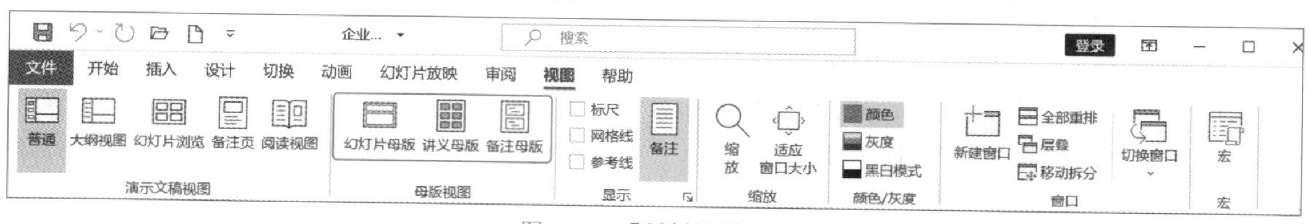


图 13-1 【母版视图】组

例如，单击【幻灯片母版】按钮，可打开幻灯片母版视图，并同时打开【幻灯片母版】选项卡，如图13-2所示，幻灯片母版中的信息包括字形、占位符大小和位置、背景设计和配色方案，通过更改这些信息，可更改整个演示文稿中幻灯片的外观。

图 13-2 【幻灯片母版】选项卡

**提示**

无论在幻灯片母版视图、讲义母版视图还是备注母版视图中，如果要返回到普通模式，在相应的母版选项卡中单击【关闭母版视图】按钮即可。

PowerPoint提供的幻灯片母版、讲义母版和备注母版，分别用于控制演示文稿中的幻灯片、讲义和备注的格式。

1. 幻灯片母版

如果要对多张幻灯片设置统一的外观格式，或要修改多张幻灯片使它们具有统一的格式，那么不必一张张地去修改，只需在幻灯片母版上修改即可。修改母版后，PowerPoint会自动更新这些幻灯片，并对以后新添加的幻灯片应用这些更改。

选择【视图】|【母版视图】|【幻灯片母版】命令，这时出现当前演示文稿所使用的幻灯片母版，如图13-3所示。

在幻灯片母版中，可以按照提示单击某处，对该部分进行编辑。例如，可以单击【自动版式的对象区】中的【第二级】，将其设置为四号、黑色、斜体字，那么演示文稿的所有幻灯片和以后新添加的幻灯片的段落文本的第二级标题都是四号、黑色、斜体字，也可以为幻灯片母版设置一个新的背景，那么这个背景就能应用于演示文稿的所有幻灯片和以后新建的幻灯片。

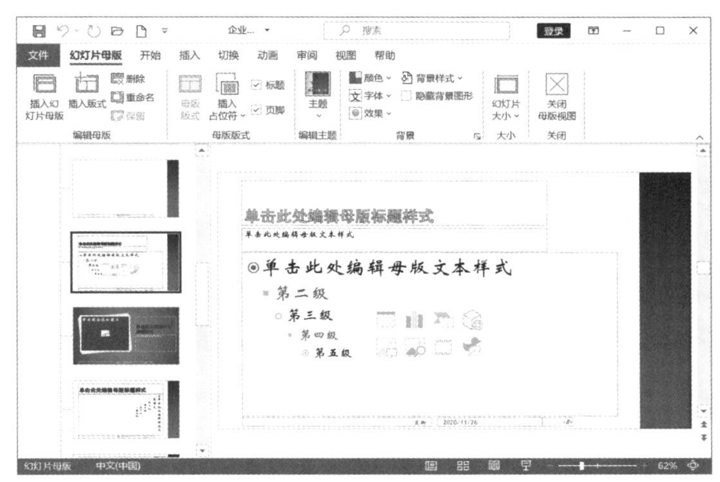


图 13-3 幻灯片母版

用户可以在幻灯片母版上添加一些其他对象，为所有幻灯片设计出一个统一的风格，从而使演示文稿更加专业。例如，添加一幅剪贴画、图标或图形，那么演示文稿中的所有幻灯片和以后新建的幻灯片上都有这幅剪贴画、图标或图形。例如，添加一段文本，那么演示文稿的所有幻灯片和以后新添加的幻灯片上都有这段文本。

**知识点**

幻灯片母版中包括【自动版式的标题区】(编辑标题文本的样式)、【自动版式的对象区】(编辑幻灯片段落文本的样式)、【日期区】【页脚区】和【数字区】(标注幻灯片的序号)。

2. 讲义母版

选择【视图】|【母版视图】|【讲义母版】命令，出现【讲义母版】幻灯片。在【讲义母版】幻灯片中，上面是【页眉区】和【日期区】，下面是【页脚区】和【数字区】，中间是打印幻灯片格式示意图，如图13-4所示。系统默认的打印幻灯片格式是一页纸打印6张幻灯片，可以根据需要，使用讲义母版工具栏中的按钮，设置成一页纸打印2、3、4或9张幻灯片。

3. 备注母版

选择【视图】|【母版视图】|【备注母版】命令，出现【备注母版】幻灯片，如图13-5所示。可以根据需要，对【备注母版】进行重新设置。对【备注母版】的修改将直接作用于当前演示文稿的备注页。

图 13-4　讲义母版

图 13-5　备注母版

## 13.1.2　设计母版版式

在PowerPoint中创建的演示文稿都带有默认的版式，这些版式一方面决定了占位符、文本框、图片、图表等内容在幻灯片中的位置，另一方面决定了幻灯片中文本的样式。在幻灯片母版视图中，可以按照需求设置母版版式。

【例13-1】设计幻灯片母版。

01 启动PowerPoint，新建一个空白演示文稿。

02 选中第1张幻灯片，连续按5次Enter键，插入5张新幻灯片，如图13-6所示。

03 打开【视图】选项卡，在【母版视图】组中单击【幻灯片母版】按钮，切换到幻灯片母版视图，如图13-7所示。

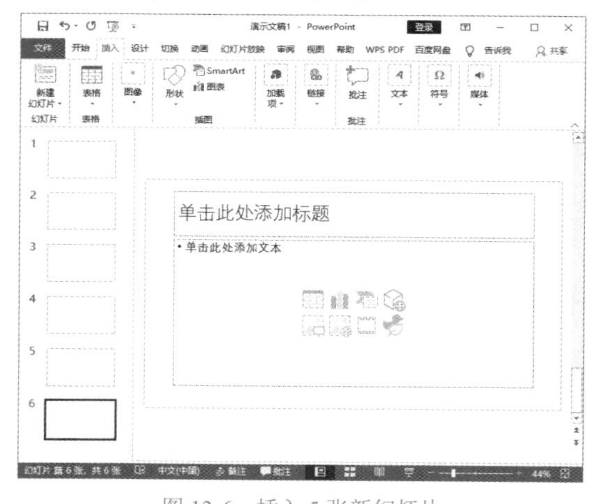


图 13-6　插入 5 张新幻灯片

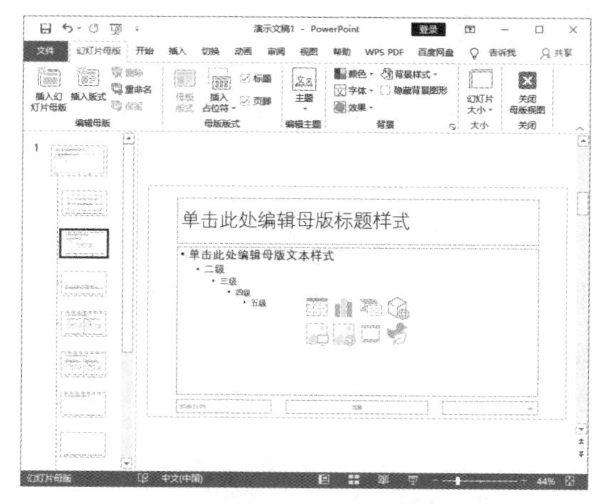


图 13-7　幻灯片母版视图

04 选中第1张幻灯片，然后选中【单击此处编辑母版标题样式】占位符，打开【开始】选项卡，在【字体】组中设置字体为【华文行楷】、字号为44、字体颜色为【黑色】、字形为【加粗】，如图13-8所示。

05 选择第2张幻灯片，选中【单击此处编辑母版副标题样式】占位符，设置字体为【华文新魏】，字号为32，字形为【加粗】，如图13-9所示。

图 13-8　设置母版标题样式

图 13-9　设置母版文本样式

06 选择第3张幻灯片，将该幻灯片母版显示在编辑区域。打开【插入】选项卡，在【图像】组中单击【图片】按钮，选择【此设备】命令，如图13-10所示。

07 打开【插入图片】对话框，选择要插入的背景图片，然后单击【插入】按钮，如图13-11所示。

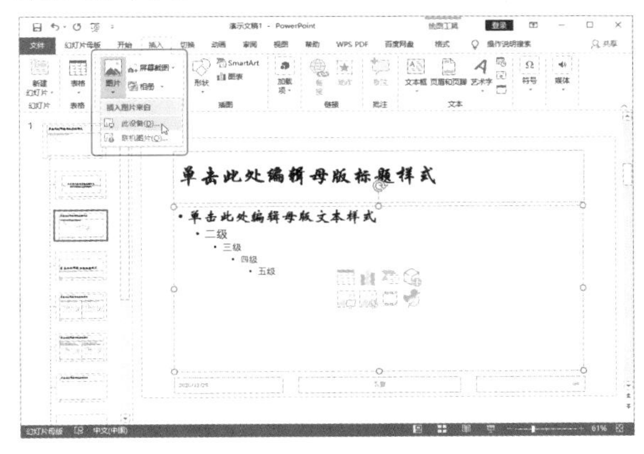

图 13-10　选择【此设备】命令

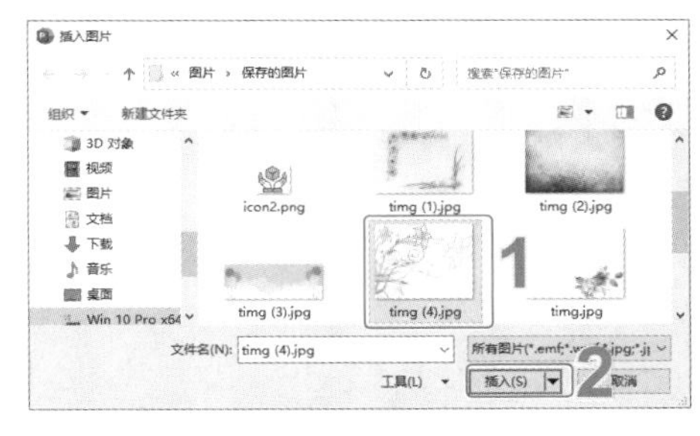

图 13-11　【插入图片】对话框

08 此时在幻灯片中插入图片，并打开【图片工具】的【格式】选项卡，调整图片的大小，然后在【排列】组中单击【下移一层】下拉按钮，在弹出的下拉列表中选择【置于底层】命令，将图片置于底层。

09 右击选中的图片，然后在弹出的快捷菜单中选择【设置图片格式】命令，打开【设置图片格式】窗格，如图13-12所示，将【清晰度】选项设置为50%，然后设置亮度为20%，对比度为40%。

10 打开【幻灯片母版】选项卡，在【关闭】组中单击【关闭母版视图】按钮，返回到普通视图模式。此时除第1张幻灯片外，其他幻灯片中都自动带有添加的图片，如图13-13所示。在快速访问工具栏中单击【保存】按钮进行保存。

图 13-12 【设置图片格式】窗格

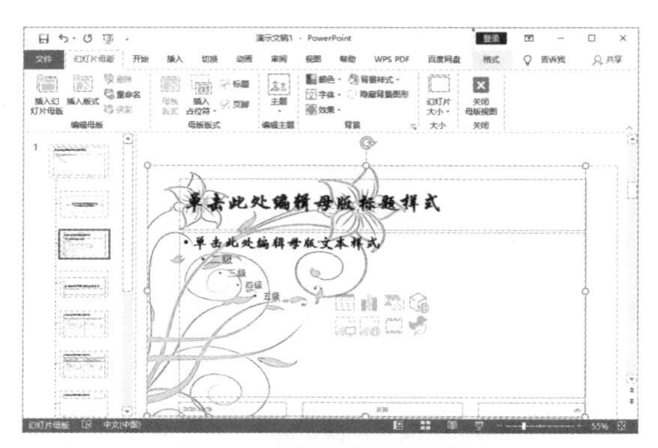


图 13-13 设置母版后的效果

## 13.1.3 设置页眉和页脚

在制作幻灯片时，使用PowerPoint提供的页眉和页脚功能，可以为每张幻灯片添加页眉和页脚。

要插入页眉和页脚，只需在【插入】选项卡的【文本】组中单击【页眉和页脚】按钮，如图13-14所示，打开【页眉和页脚】对话框，在其中进行相关操作即可，如图13-15所示。插入页眉和页脚后，可以在幻灯片母版视图中对其格式进行统一设置。

图 13-14 单击【页眉和页脚】按钮

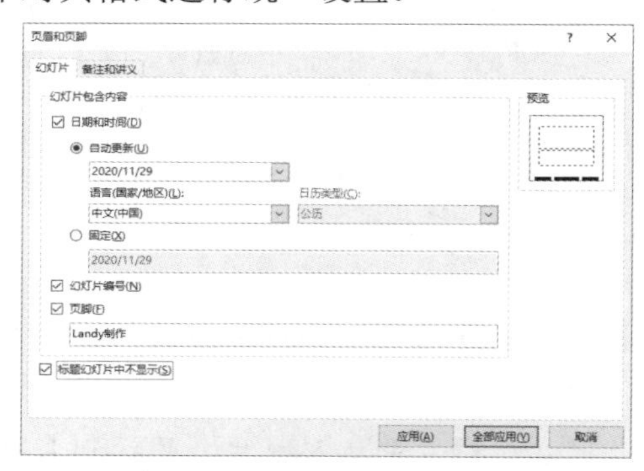


图 13-15 【页眉和页脚】对话框

【例13-2】设置页眉和页脚。

01 启动PowerPoint，打开演示文稿。

02 打开【插入】选项卡，在【文本】组中单击【页眉和页脚】按钮。

03 打开【页眉和页脚】对话框，选中【日期和时间】【幻灯片编号】【页脚】【标题幻灯片中不显示】复选框，并在【页脚】文本框中输入文本“Landy制作”，单击【全部应用】按钮，为除第1张幻灯片以外的幻灯片添加页脚，如图13-15所示。

04 打开【视图】选项卡，在【母版视图】组中单击【幻灯片母版】按钮，切换到幻灯片母版视图。

05 选择第1张幻灯片，将该幻灯片母版显示在编辑区域。

06 选中所有的页脚文本框，在【开始】选项卡中设置字体为【华文隶书】，字形为【加粗】，字体颜色为【黑色】，如图13-16所示。

07 打开【幻灯片母版】选项卡，在【关闭】组中单击【关闭母版视图】按钮，返回到普通视图模式，效果如图13-17所示。在快速访问工具栏中单击【保存】按钮。

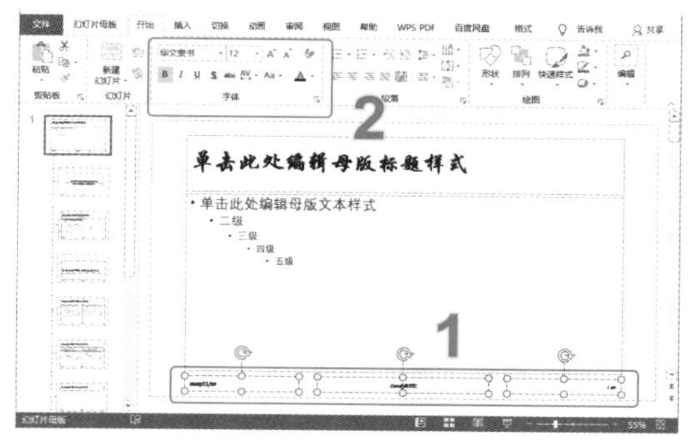


图 13-16　设置页脚格式

图 13-17　保存后的幻灯片效果

**知识点**

要删除页眉和页脚，可以直接在【页眉和页脚】对话框中，选择【幻灯片】或【备注和讲义】选项卡，取消选择相应的复选框即可。如果想删除几张幻灯片中的页眉和页脚信息，需要先选中这些幻灯片，然后在【页眉和页脚】对话框中取消选择相应的复选框，单击【应用】按钮即可；如果单击【全部应用】将会删除所有幻灯片中的页眉和页脚。

# 13.2　设置主题和背景

PowerPoint提供了多种主题颜色和背景样式，使用这些主题颜色和背景样式，可以使幻灯片具有丰富的色彩和良好的视觉效果。本节将介绍为幻灯片设置主题和背景的方法。

## 13.2.1　应用设计模板

使用幻灯片设计模板可以快速统一演示文稿的外观。一个演示文稿可以应用多种设计模板，使幻灯片具有不同的外观。

同一个演示文稿中应用多个模板与应用单个模板的步骤非常相似，打开【设计】选项卡，在【主题】组中单击【其他】按钮，从弹出的下拉列表框中选择一种模板，即可将该模板应用于整个演示文稿中，然后再选择要应用模板的幻灯片，在【设计】选项卡的【主题】组中单击【其他】按钮，从弹出的下拉列表框中右击需要的模板，从弹出的快捷菜单中选择【应用于选定幻灯片】命令，此时，该模板将应用于所选中的幻灯片上，如图13-18所示。

**提示**

在同一演示文稿中应用了多个模板后，添加幻灯片时，所添加的新幻灯片会自动应用与其相邻的前一张幻灯片所应用的模板。

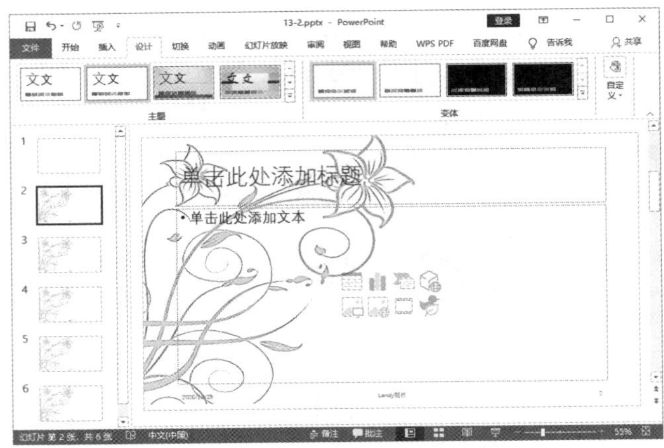

图 13-18 应用模板

## 13.2.2 设置主题颜色

PowerPoint为每种设计模板提供了几十种内置的主题颜色，用户可以根据需要选择不同的颜色来设计演示文稿。这些颜色是预先设置好的协调色，自动应用于幻灯片的背景、文本线条、阴影、标题文本、填充、强调和超链接。

应用设计模板后，打开【设计】选项卡，单击【变体】组中的【其他】按钮，将弹出下拉菜单，在该菜单中选择【颜色】命令，在展开的列表中可以选择内置的主题颜色，如图13-19所示，若选择【自定义颜色】命令，打开【新建主题颜色】对话框，可以自定义主题颜色，如图13-20所示。

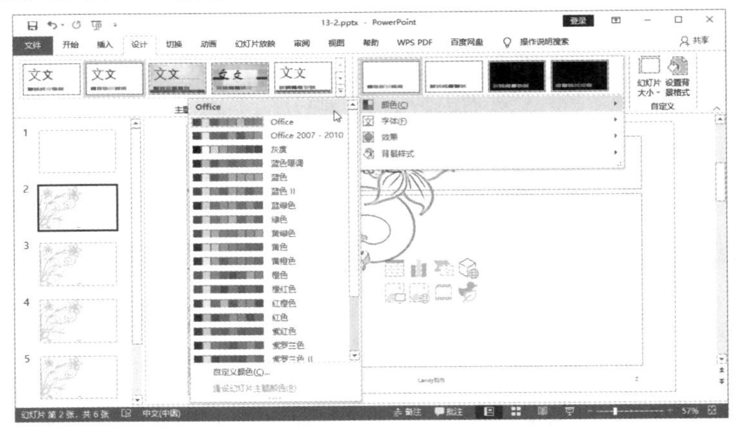

图 13-19 颜色菜单

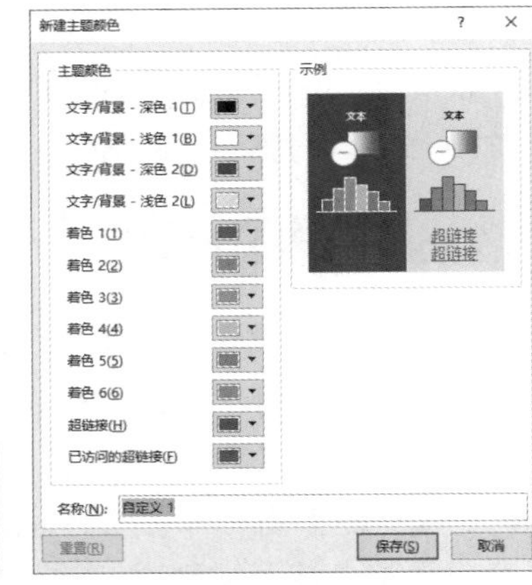

图 13-20 【新建主题颜色】对话框

**提示**

在【变体】下拉菜单中选择【字体】命令，在弹出的内置字体命令中选择一种字体类型，或选择【自定义字体】命令，打开【新建主题字体】对话框，在该对话框中可自定义幻灯片中文字的字体，并将其应用到当前演示文稿中；选择【效果】命令，在弹出的内置主题效果中选择一种效果，为演示文稿应用该主题效果。

## 13.2.3　设置幻灯片背景

在设计演示文稿时，除了在应用模板或改变主题颜色时更改幻灯片的背景外，还可以根据需要任意更改幻灯片的背景颜色和背景设计，如添加底纹、图案、纹理或图片等。

要应用PowerPoint自带的背景样式，可以打开【设计】选项卡，在【变体】组中单击【其他】按钮，在弹出的菜单中选择【背景样式】命令，从弹出的背景样式列表中选择需要的背景样式。

当PowerPoint提供的背景样式不能满足需求时，可以在弹出的背景样式列表中选择【设置背景格式】命令，打开【设置背景格式】窗格，在该窗格中设置背景的填充样式、渐变以及纹理格式等。

【例13-3】设计幻灯片背景。视频

01 启动PowerPoint，打开一个演示文稿。

02 打开【设计】选项卡，在【变体】组中单击【其他】按钮，选择【背景样式】|【设置背景格式】命令，如图13-21所示，打开【设置背景格式】窗格。

03 打开【填充】选项卡，选中【图片或纹理填充】单选按钮，单击【纹理】下拉按钮，从弹出的样式列表框中选择【蓝色面巾纸】选项，如图13-22所示。

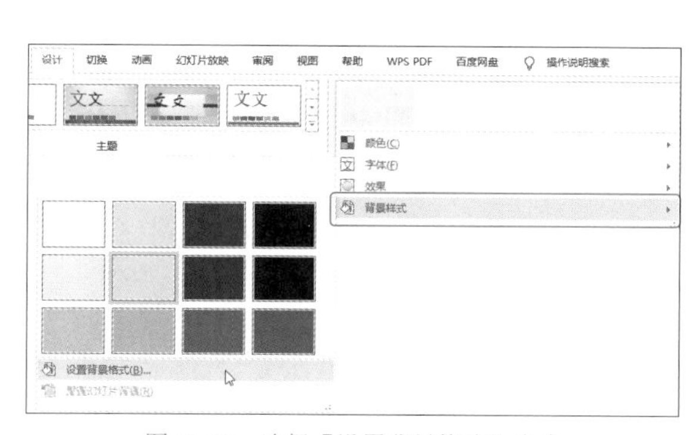


图 13-21　选择【设置背景格式】命令

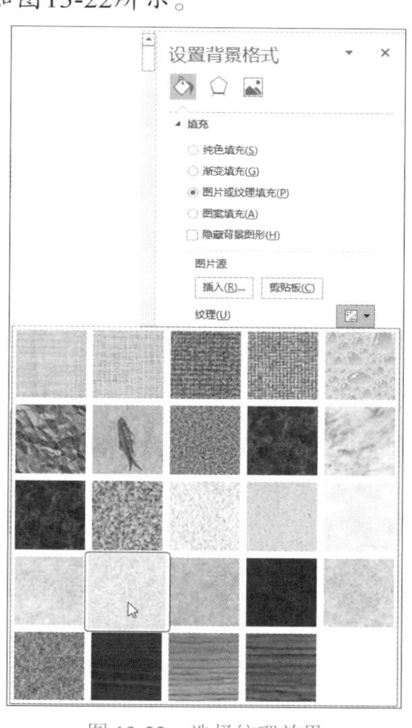


图 13-22　选择纹理效果

04 单击窗格底部的【应用到全部】按钮，将该纹理样式应用到演示文稿中的每张幻灯片中。

05 在【图片源】选项区域单击【插入】按钮，如图13-23所示，打开【插入图片】面板，单击【从文件】按钮，打开【插入图片】对话框，如图13-24所示，选择一幅图片后，单击【插入】按钮。

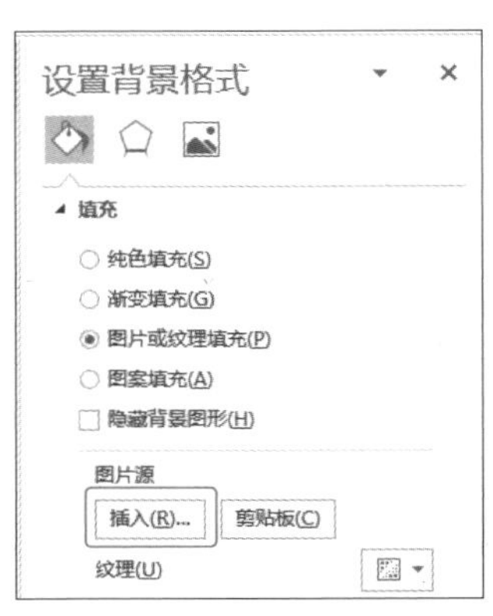


图 13-23　单击【插入】按钮

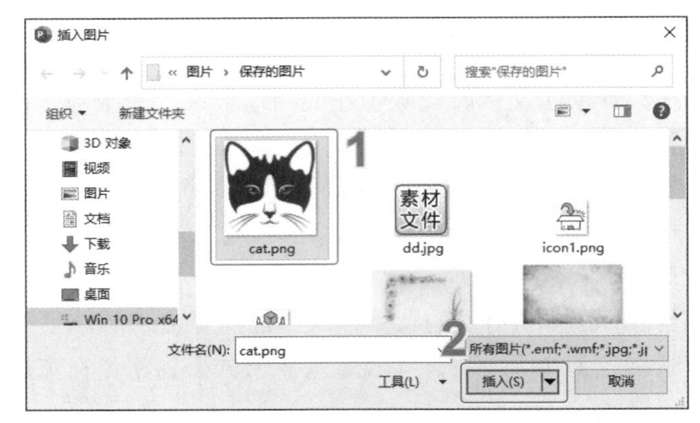


图 13-24　【插入图片】对话框

**06** 返回【设置背景格式】窗格，单击【关闭】按钮，此时图片被设置为幻灯片的背景，效果如图13-25所示。

图 13-25　插入图片后的背景

**知识点**

在【设计】选项卡的【背景】组中单击【背景样式】按钮，从弹出的菜单中选择【重置幻灯片背景】命令，可以重新设置幻灯片背景。

## 13.2.4　使用内置主题

PowerPoint提供了多种内置的主题效果，可以直接使用内置的主题效果为演示文稿设置统一的外观。如果用户对内置的主题效果不满意，还可以配合使用内置的其他主题颜色、主题字体、主题效果等。

**【例13-4】** 使用内置主题。

**01** 启动PowerPoint，打开演示文稿，如图13-26所示。

**02** 选中第1张幻灯片，单击【设计】选项卡，在【主题】组中单击【其他】按钮，在弹出的下拉列表中选择一种主题，如图13-27所示，可以看到选中的演示文稿中的幻灯片应用了该主题效果。

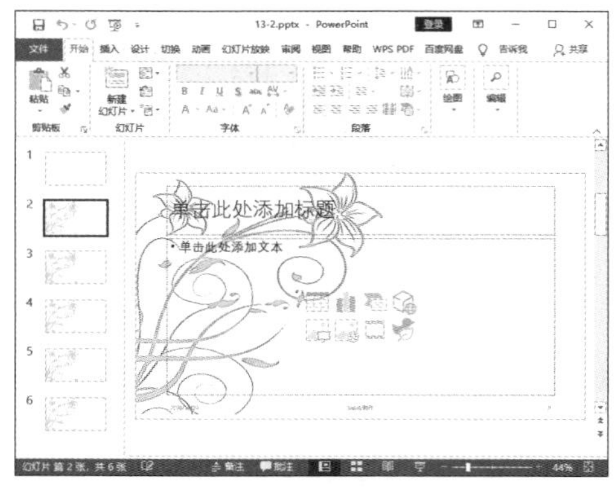


图 13-26　打开演示文稿

图 13-27　选择主题样式

03 选中标题文字对象，单击【设计】选项卡，在【变体】组中单击【其他】按钮，从弹出的菜单中选择【颜色】，从【颜色】下拉列表中选择【灰度】选项，如图13-28所示，可以修改【标题文字】的颜色。

04 选中标题文字对象，单击【设计】选项卡，在【变体】组中单击【其他】按钮，从弹出的菜单中选择【字体】，从【字体】下拉列表中选择【微软雅黑】选项，可以修改标题的字体为微软雅黑，如图13-29所示。

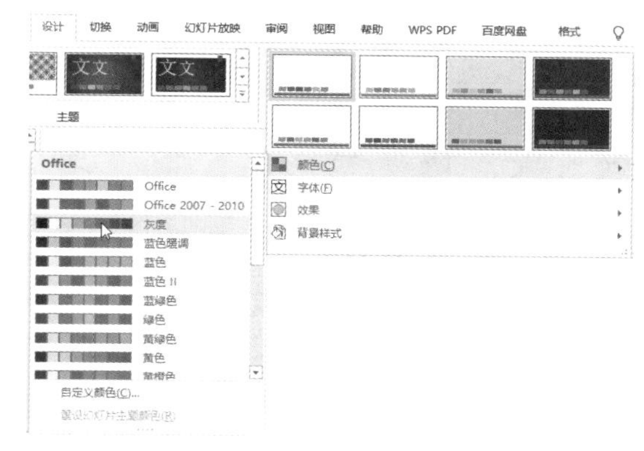


图 13-28 设置标题的颜色

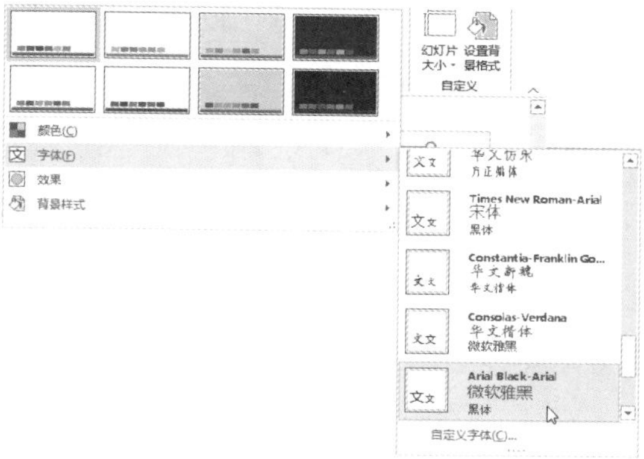

图 13-29 设置标题的字体

# 13.3 幻灯片动画设计

动画是为文本或其他对象添加的在幻灯片放映时产生的特殊视觉或声音效果。在PowerPoint中，演示文稿中的动画有两种主要类型：一种是幻灯片切换动画；另一种是对象的自定义动画。

**提示**

幻灯片切换动画又称为翻页动画，是指幻灯片在放映时更换幻灯片的动画效果；自定义动画是指为幻灯片内部各个对象设置的动画。

## 13.3.1 设置幻灯片切换效果

幻灯片切换效果是指一张幻灯片如何从屏幕上消失，以及另一张幻灯片如何显示在屏幕上的方式。幻灯片切换方式可以是简单地以一个幻灯片代替另一个幻灯片，也可以创建一种特殊的效果，使幻灯片以不一样的方式出现在屏幕上。既可以为一组幻灯片设置同一种切换方式，也可以为每张幻灯片设置不同的切换方式。

【例13-5】设置幻灯片切换动画效果。 视频

01 启动PowerPoint，打开演示文稿。

02 打开【视图】选项卡，在【演示文稿视图】组中单击【幻灯片浏览】按钮，将演示文稿切换到幻灯片浏览视图，如图13-30所示。

03 打开【切换】选项卡，在【切换到此幻灯片】组中单击【其他】按钮，从弹出的列表框中选择【随机线条】选项，如图13-31所示。

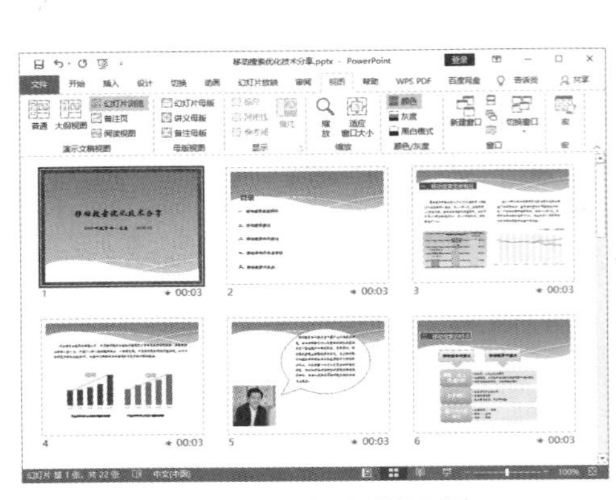

图 13-30　幻灯片浏览视图

图 13-31　选择【随机线条】选项

04 在【切换】选项卡的【计时】组中，单击【声音】下拉按钮，在打开的下拉列表中选择【风铃】选项，然后单击【应用到全部】按钮，使演示文稿的所有幻灯片都应用该切换方式，如图13-32所示。此时幻灯片预览窗格显示的幻灯片缩略图左下角都将出现动画标志，如图13-33所示。

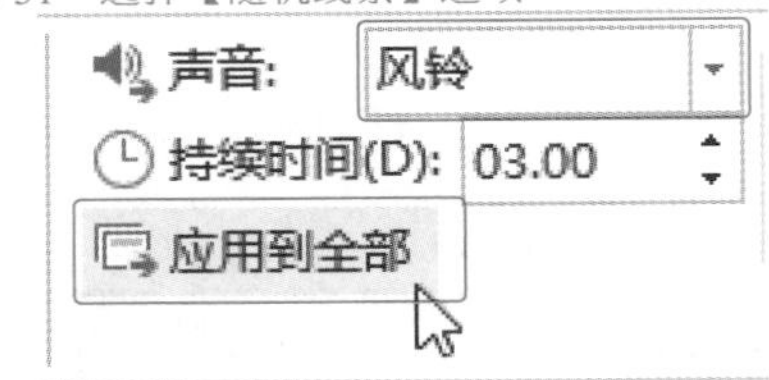


图 13-32　单击【应用到全部】按钮

图 13-33　显示动画标志

05 在【切换】选项卡的【计时】组中选中【单击鼠标时】复选框，选中【设置自动换片时间】复选框，并在其右侧的文本框中输入00:03.00，如图13-34所示，单击【应用到全部】按钮，使演示文稿的所有幻灯片都应用该换片方式。

06 打开【幻灯片放映】选项卡，在【开始放映幻灯片】组中单击【从头开始】按钮，此时演示文稿将从第1张幻灯片开始放映。单击鼠标，或者等待3秒钟后，幻灯片切换效果如图13-35所示。

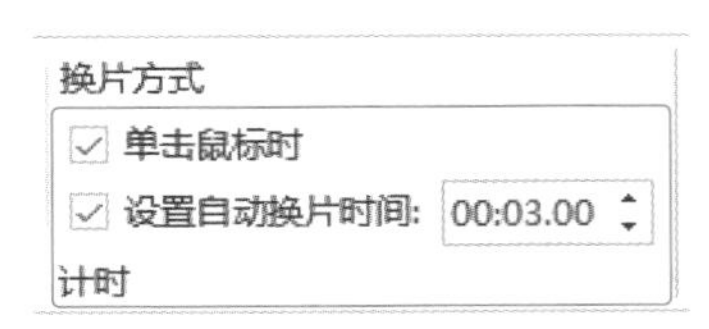


图 13-34　设置换片方式和等待时间

图 13-35　放映演示文稿时的切换效果

**知识点**

在【切换】选项卡的【切换到此幻灯片】组中单击【效果选项】按钮，从弹出的下拉列表中可以选择【垂直】或【水平】切换效果。

## 13.3.2　为对象添加动画效果

动画效果是指为幻灯片内部各个对象设置的动画效果。用户可以对幻灯片中的文本、图形、表格等对象添加不同的动画效果，如进入动画、强调动画、退出动画和动作路径动画等。

### 1. 添加进入动画效果

进入动画可以让文本或其他对象以多种动画效果进入放映屏幕。在添加动画效果之前，需要像设置其他对象属性时那样，首先选中对象。对于占位符或文本框来说，选中占位符、文本框，以及进入其文本编辑状态时，都可以为它们添加动画效果。

选中对象后，打开【动画】选项卡，单击【动画】组中的【其他】按钮▾，在弹出的如图13-36所示的【进入】列表框中选择一种进入效果，即可为对象添加该动画效果。选择【更多进入效果】命令，将打开【更改进入效果】对话框，如图13-37所示，在其中可以选择更多的进入动画效果。

另外，在【高级动画】组中单击【添加动画】按钮，同样可以在弹出的【进入】列表框中选择内置的进入动画效果，若选择【更多进入效果】命令，则打开【添加进入效果】对话框，如图13-38所示，在其中同样可以选择更多的进入动画效果。

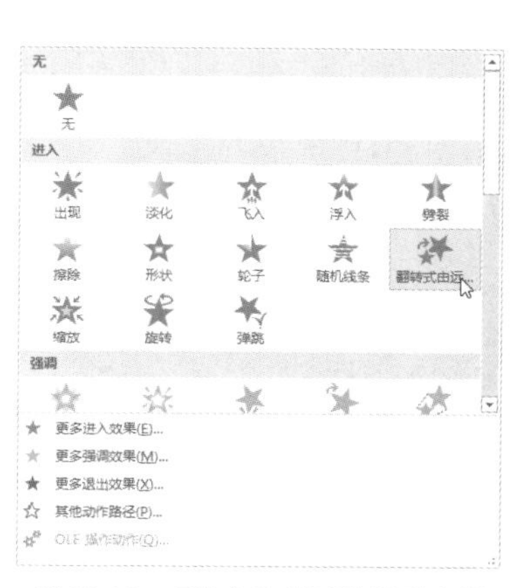


图 13-36　【进入】动画效果列表框

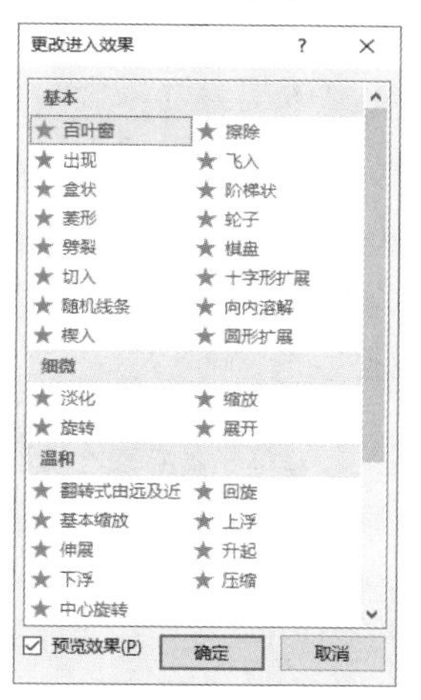


图 13-37　【更改进入效果】对话框

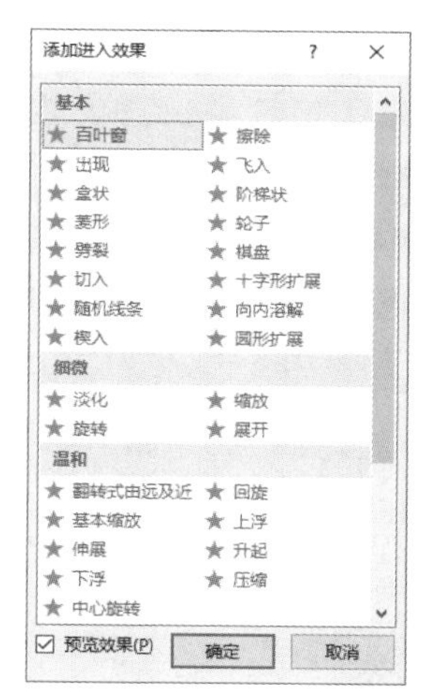


图 13-38　【添加进入效果】对话框

**【例13-6】** 设置对象动画效果。

**01** 启动PowerPoint，打开“移动搜索优化技术分享”演示文稿。

**02** 在第2张幻灯片中，选择目录文本，打开【动画】选项卡，在【动画】组中单击【其他】按钮▾，在弹出的如图13-39所示的【进入】列表框中选择【旋转】进入效果，使该标题应用旋转效果。

**提示**

当幻灯片中的对象被添加动画效果后，在每个对象的左侧都会显示一个带有数字的矩形标记。这个小矩形表示已经对该对象添加了动画效果，中间的数字表示该动画在当前幻灯片中的播放次序。在【动画】选项卡的【高级动画】组中单击【动画窗格】按钮，打开【动画窗格】任务窗格，如图13-40所示。在该窗格中会按照添加的顺序依次向下显示当前幻灯片添加的所有动画效果。

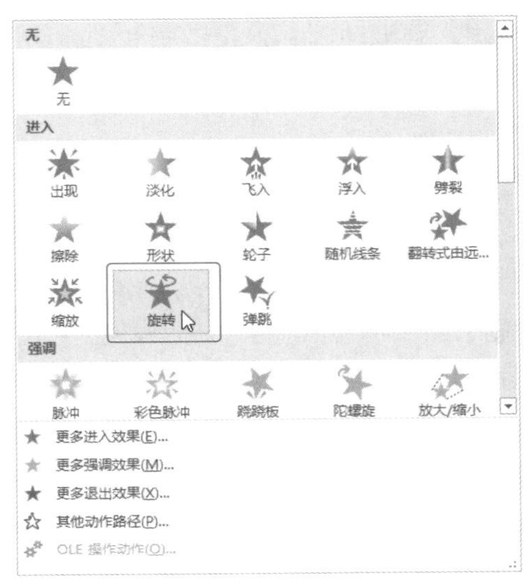


图 13-39　选择动画效果

图 13-40　【动画窗格】任务窗格

**03** 选择第2张幻灯片的目录文本，打开【动画】选项卡，在【高级动画】组中单击【添加效果】下拉按钮，从弹出的下拉菜单中选择【更多进入效果】命令，打开【添加进入效果】对话框。

**04** 在【温和】选项区域中选择【翻转式由远及近】选项，如图13-41所示。

**05** 单击【确定】按钮，为所选文本应用效果，如图13-42所示。

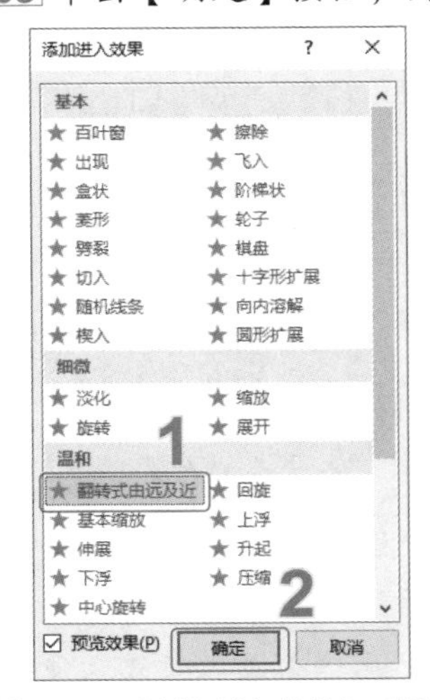


图 13-41　【添加进入效果】对话框

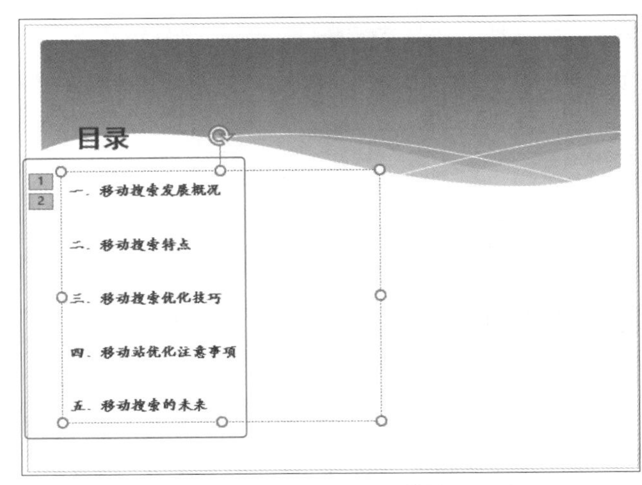


图 13-42　应用动画效果

### 2. 添加强调动画效果

强调动画是为了突出幻灯片中的某部分内容而设置的特殊动画效果。添加强调动画效果的过程和添加进入效果大致相同。选择对象后，在【动画】组中单击【其他】按钮，在弹出的【强调】列表框中选择一种强调效果，即可为对象添加该动画效果。选择【更多强调效果】命令，将打开【更改强调效果】对话框，在该对话框中可以选择更多的强调动画效果。

另外，在【高级动画】组中单击【添加动画】按钮，同样可以在弹出的【强调】列表框中选择一种强调动画效果，若选择【更多强调效果】命令，则打开【添加强调效果】对话框，在该对话框中可以选择更多的强调动画效果。

【例13-7】添加强调动画效果。

01 启动PowerPoint，打开“移动搜索优化技术分享”演示文稿。在幻灯片预览窗格中选择第5张幻灯片缩略图，将其显示在幻灯片编辑窗口。

02 选中文本占位符，打开【动画】选项卡，在【动画】组中单击【其他】按钮，在弹出的菜单中选择【更多强调效果】命令，打开【更改强调效果】对话框，在【华丽】选项区域中选择【加粗展示】选项，单击【确定】按钮，如图13-43所示。

03 即可为文本添加【加粗展示】效果，并显示如图13-44所示的动画效果。

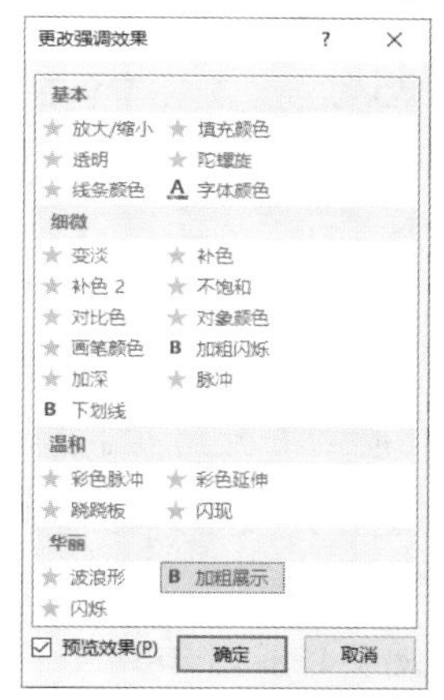


图 13-43 【更改强调效果】对话框

图 13-44 动画预览效果

### 3. 添加退出动画效果

退出动画效果用于设置幻灯片中的对象退出屏幕的效果。添加退出动画效果的过程和添加进入、强调动画效果大致相同。

在幻灯片中选中需要添加退出动画效果的对象，在【动画】组中单击【其他】按钮，在弹出的【退出】列表框中选择一种退出动画效果，即可为对象添加该动画效果。选择【更多退出效果】命令，将打开【更改退出效果】对话框，在该对话框中可以选择更多的退出动画效果。

另外，在【高级动画】组中单击【添加动画】按钮，在弹出的【退出】列表框中选择一种退出动画效果，若选择【更多退出效果】命令，则打开【添加退出效果】对话框，在该对话框中可以选择更多的退出动画效果。

**提示**

退出动画效果名称有很大一部分与进入动画效果名称相同，不同的是，它们的运动方向存在差异。

【例13-8】设置退出动画效果。

01 启动PowerPoint，打开“移动搜索优化技术分享”演示文稿，在幻灯片预览窗格中选择第6张幻灯片缩略图，将其显示在幻灯片编辑窗口中。

02 选中文本列表，打开【动画】选项卡，在【高级动画】组中单击【添加动画】下拉按钮，从弹出的【退出】列表框中选择【收缩并旋转】选项，如图13-45所示。该动画预览效果如图13-46所示。

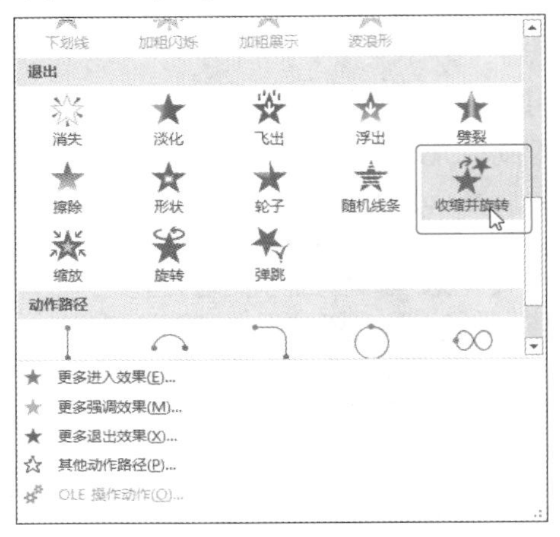


图 13-45　选择退出动画效果

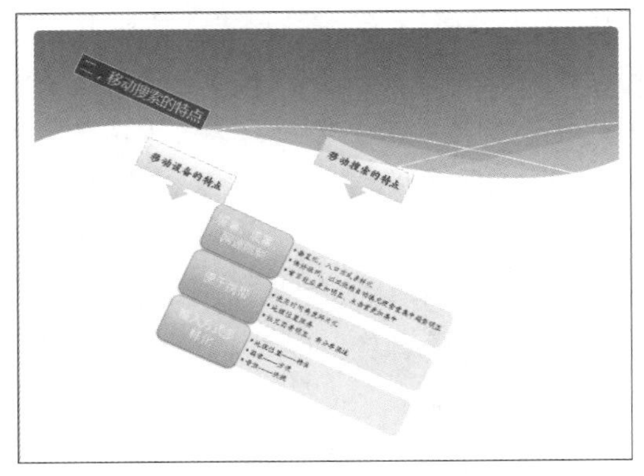


图 13-46　动画预览效果

03 选中第10张幻灯片，选中所有对象，在【高级动画】组中单击【添加动画】下拉按钮，在弹出的下拉菜单中选择【更多退出效果】命令，打开【添加退出效果】对话框。

04 在【基本】选项区域中选择【十字形扩展】选项，如图13-47所示。

05 单击【确定】按钮，为对象添加动画效果，该动画的预览效果如图13-48所示。

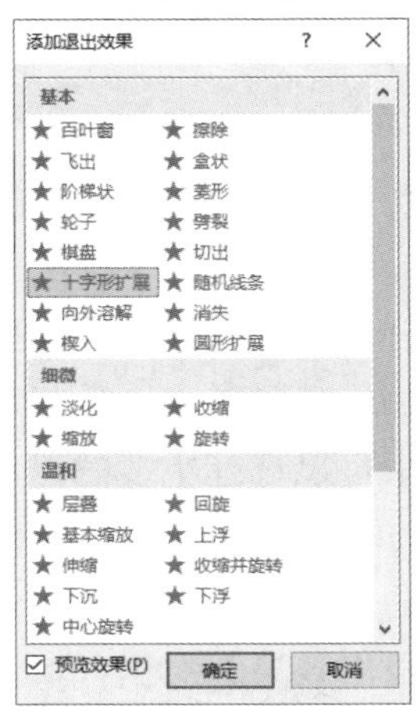


图 13-47　【添加退出效果】对话框

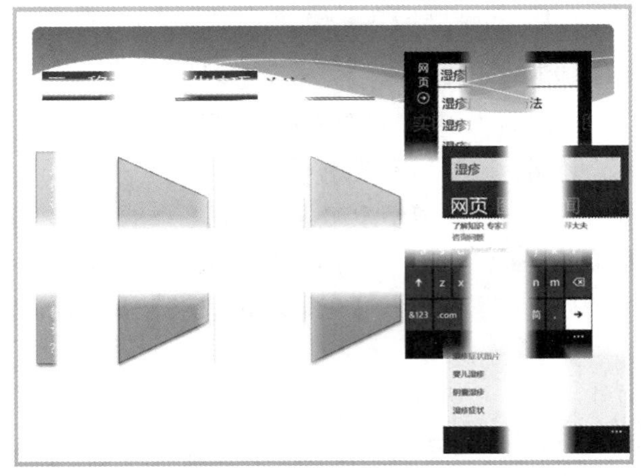

图 13-48　动画预览效果

### 4. 添加动作路径动画效果

动作路径动画又称为路径动画，指定对象沿预定的路径运动。PowerPoint中的动作路径动画不仅提供了大量可供用户简单编辑的预设路径效果，还可以由用户自定义路径，进行更为个性化的编辑。

添加动作路径动画效果的步骤与添加进入动画的步骤基本相同，在【动画】组中单击【其他】按钮，在弹出的【动作路径】列表框中选择一种动作路径效果，即可为对象添加该动画效果。若选择【其他动作路径】命令，在打开的【更改动作路径】对话框中，可以选择其他的动作路径效果。另外，在【高级动画】组中单击【添加动画】按钮，在弹出的【动作路径】列表框中同样可以选择一种动作路径效果；选择【其他动作路径】命令，打开【添加动作路径】对话框，同样可以选择更多的动作路径。

【例13-9】设置动作路径动画效果。

01 启动PowerPoint，打开“移动搜索优化技术分享”演示文稿，选择第3张幻灯片。

02 选中正文文本，打开【动画】选项卡，在【高级动画】组中单击【添加动画】下拉按钮，在弹出的【动作路径】列表框中选择【自定义路径】命令，如图13-49所示。

03 此时鼠标指针变为十字形，在幻灯片中绘制曲线路径，释放鼠标后，幻灯片显示动画的运动路径，如图13-50所示。

**知识点**

绘制完的动作路径起始端将显示一个绿色的标志，结束端将显示一个红色的标志，两个标志以一条虚线连接；在绘制路径时，当路径的终点与起点重合时双击鼠标，此时的动作路径变为闭合状，路径上只有一个绿色的标志。

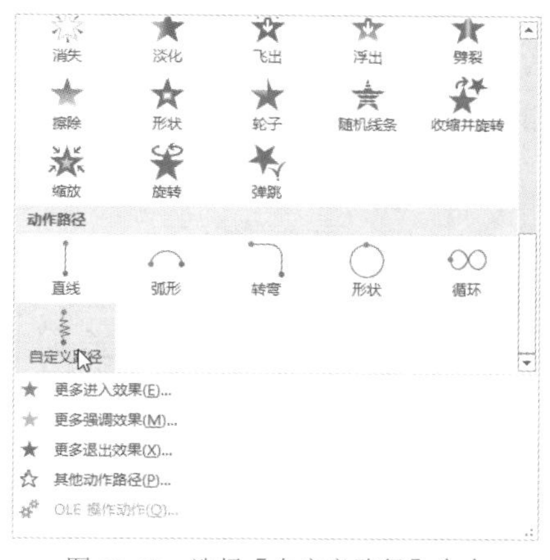


图 13-49 选择【自定义路径】命令

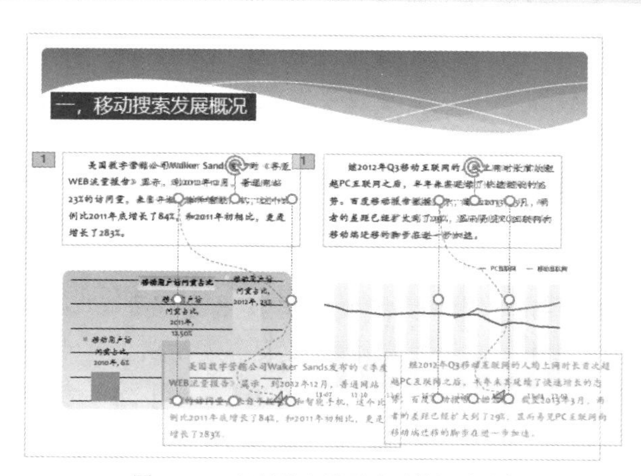


图 13-50 幻灯片中显示动画的运动路径

04 在【动画窗格】任务窗格中，单击【全部播放】按钮，此时将放映该张幻灯片，幻灯片路径动画效果如图13-51所示。

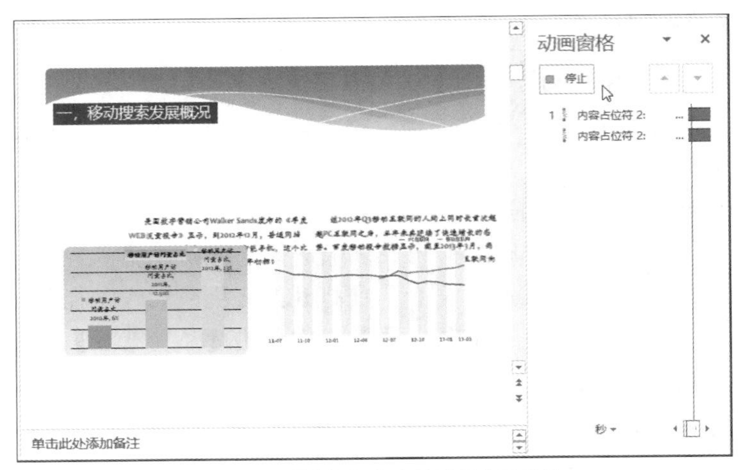


图 13-51　预览幻灯片中的路径动画效果

## 13.3.3　设置动画效果选项

为对象添加了动画效果后，该对象就应用了默认的动画格式。这些动画格式主要包括动画开始运行的方式、变化方向、运行速度、延时方案、重复次数等。

打开【动画窗格】任务窗格，在动画效果列表中单击动画效果，在【动画】选项卡的【动画】和【高级动画】组中重新设置对象的效果；在【动画】选项卡的【计时】组中的【开始】下拉列表中设置动画开始方式，在【持续时间】和【延迟】微调框中设置运行速度。

另外，在动画效果列表中右击动画效果，从弹出的快捷菜单中选择【效果选项】命令，打开该动画效果的设置对话框，如图13-52所示。该对话框的选项因动画效果类型的不同而有所不同。

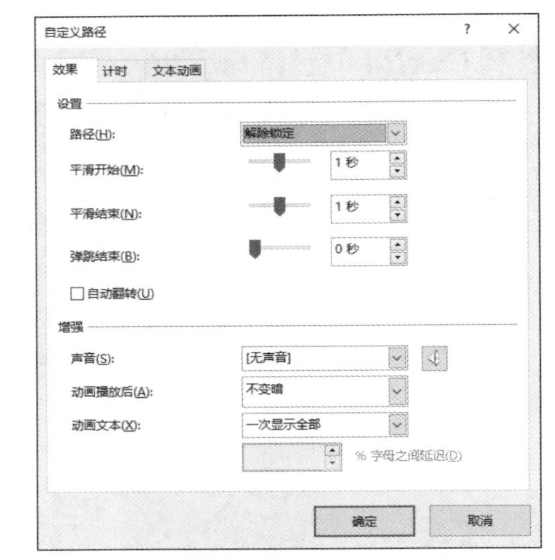


图 13-52　效果设置对话框

【例13-10】更改动画效果。

01 打开“移动搜索优化技术分享”演示文稿，选择【动画】选项卡，在【高级动画】组中单击【动画窗格】按钮，打开【动画窗格】任务窗格，如图13-53所示。

02 选中第10张幻灯片，在动画效果列表框中单击第2个动画效果，在【动画】组中单击【其他】按钮，在弹出的菜单中选择【更多进入效果】命令，弹出【更改进入效果】对话框，在【基本】选项区域中选择【圆形扩展】选项，单击【确定】按钮，如图13-54所示。

03 在【计时】组的【开始】下拉列表中选择【上一动画之后】选项，在【持续时间】微调框中输入5秒，单击【动画窗格】任务窗格中的【播放自】按钮，该动画预览效果如图13-55所示。

图 13-53　打开【动画窗格】任务窗格

图 13-54　【更改进入效果】对话框

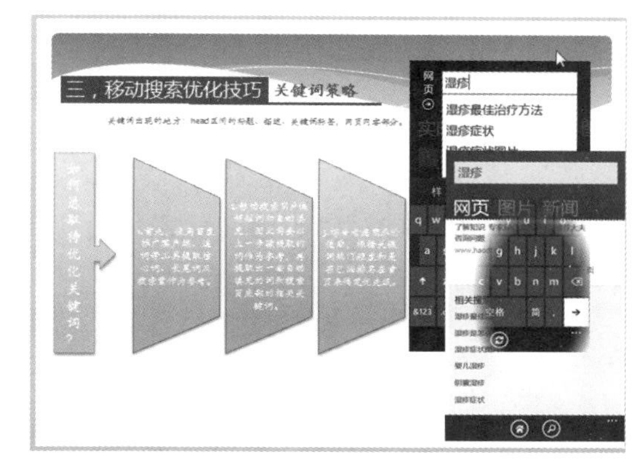

图 13-55　预览动画效果

04 使用同样的方法，将后面的文本对象强调效果更改为【字体颜色】，如图13-56所示。

05 在【动画窗格】任务窗格的动画列表中右击该动画效果，在弹出的快捷菜单中选择【效果选项】命令，打开【字体颜色】对话框，在【字体颜色】下拉列表中选择一种粉红色块，其他设置如图13-57所示，单击【确定】按钮。

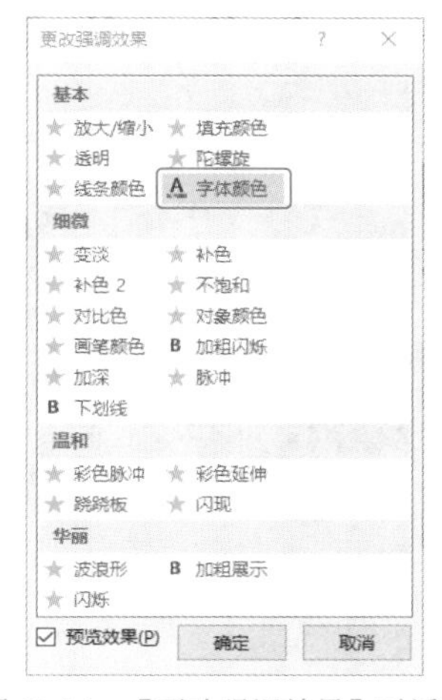

图 13-56　【更改强调效果】对话框

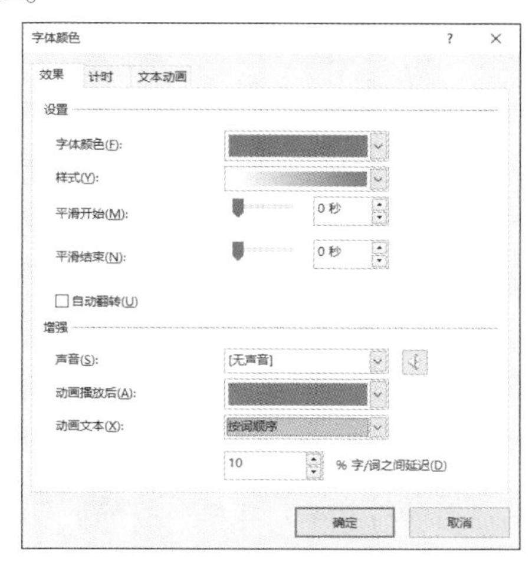

图 13-57　【字体颜色】对话框

06 选中第10张幻灯片，在【动画窗格】任务窗格中选中所有的动画，在【计时】组中的【持续时间】微调框中调整持续时间，如图13-58所示。

图 13-58　设置动画的持续时间

**提示**

在【计时】组中，用户还可设置动画的延迟时间。

**知识点**

在【动画窗格】任务窗格的列表中选中动画效果，单击上移按钮或下移按钮可以调整该动画的播放次序。其中，上移按钮表示将该动画的播放次序向前移一位，下移按钮表示将该动画的播放次序向后移一位。

# 13.4　上机练习

本次上机练习通过对“企业文化宣传册”演示文稿添加对象动画和幻灯片切换动画，来巩固本章所学内容。

## 13.4.1　为宣传册标题添加动画

01 启动PowerPoint，打开“企业文化宣传册”演示文稿。

02 选中第2张幻灯片，选择标题“伊甸首页”，打开【动画】选项卡，在【动画】组中单击【其他】下拉按钮，在弹出的【进入】列表框中选择【随机线条】选项，如图13-59所示。

03 此时为主标题文本应用该进入动画效果，预览效果如图13-60所示。

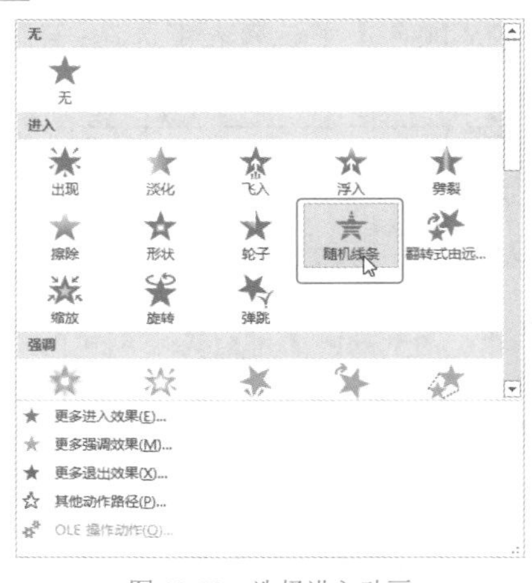

图 13-59　选择进入动画

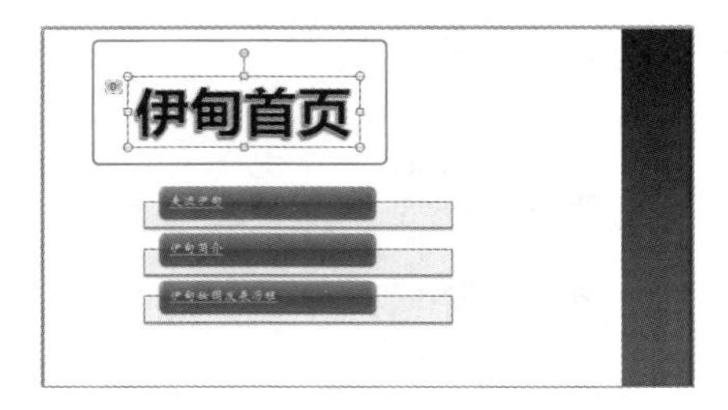

图 13-60　动画预览效果

04 使用同样的方法，为随后的两张幻灯片的标题添加【随机线条】的进入动画效果，如图13-61所示。

05 下面为“伊甸简介”幻灯片中的人物图片添加多种动画效果。首先打开该幻灯片，选中人物图片。打开【动画】选项卡，在【动画】组中单击【其他】下拉按钮，在弹出的【进入】列表框中选择【弹跳】选项；然后在【计时】组中的【开始】下拉列表中选择【单击时】，将【持续时间】设置为2秒，如图13-62所示。

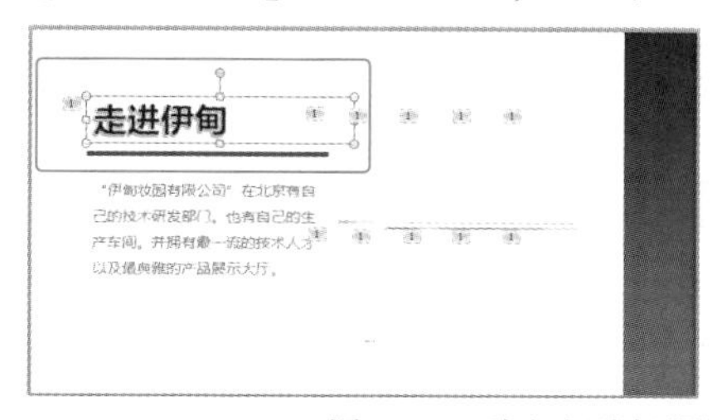

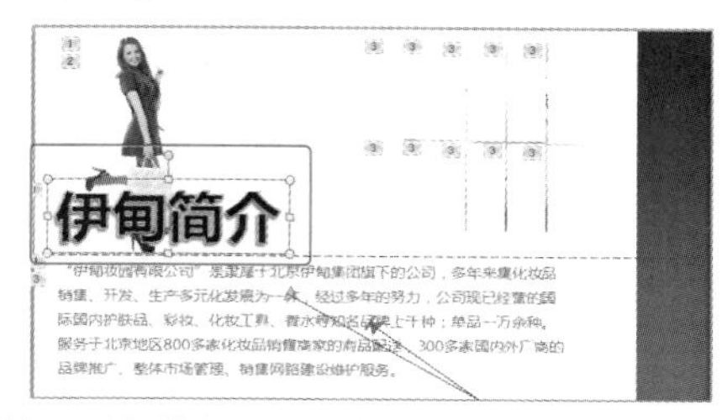


图 13-61 为幻灯片标题添加“随机线条”动画效果

图 13-62 设置动画

**06** 保持人物图片处于选中状态，打开【动画】选项卡，在【动画】组中单击【其他】下拉按钮，在弹出的【强调】列表框中选择【放大/缩小】选项；然后在【计时】组中的【开始】下拉列表中选择【单击时】，将【持续时间】设置为3秒，如图13-63所示。

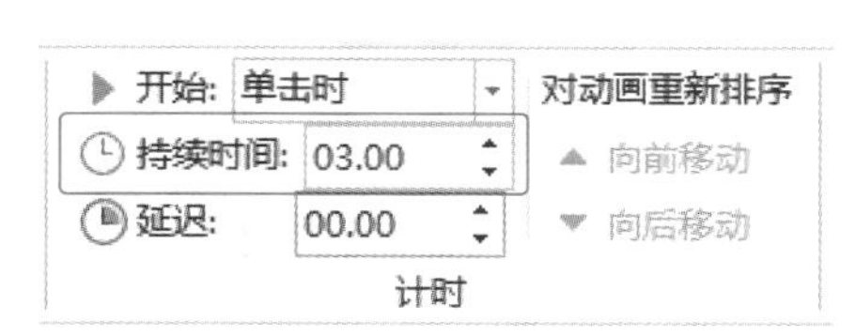


图 13-63 添加强调动画

## 13.4.2 为宣传册添加页面切换效果

**07** 下面设置幻灯片的切换方式。首先选中第1张幻灯片，打开【切换】选项卡，在【切换到此幻灯片】组中，设置换片方式为【闪光】，【持续时间】为1秒，选中【单击鼠标时】和【设置自动换片时间】复选框，设置自动换片时间为00:05.00，如图13-64所示。

图 13-64　设置切换动画参数

**08** 下面设置其他幻灯片的切换方式。选中第2张幻灯片，打开【切换】选项卡，在【切换到此幻灯片】组中，设置换片方式为【立方体】，在【效果选项】下拉列表中选择【自右侧】选项，设置【持续时间】为1.20秒，选中【单击鼠标时】和【设置自动换片时间】复选框，设置自动换片时间为00:05.00，如图13-65所示。

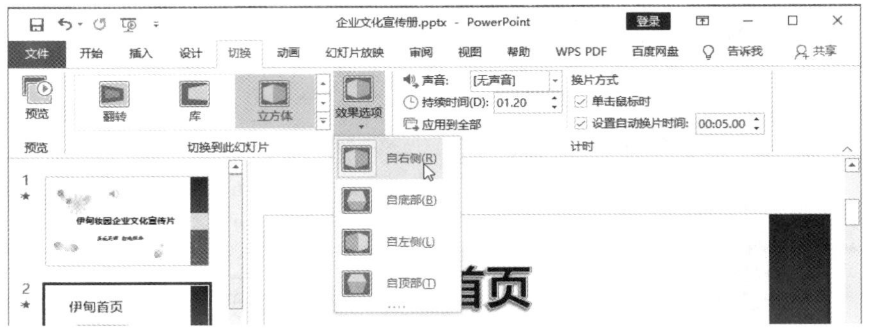


图 13-65　设置第 2 张幻灯片的动画

## 知识点

同时选中【单击鼠标时】和【设置自动换片时间】复选框，表示若在自动换片的等待时间结束时，仍然没有单击操作，那么演示文稿将自动切换至下一张幻灯片。

**09** 设置完成后，单击【应用到全部】按钮，将设置应用到所有幻灯片中。打开【设计】选项卡，在【主题】组中单击【其他】按钮，选择【回顾】主题风格，如图13-66所示。

图 13-66　设置演示文稿的主题风格

10 在快速访问工具栏中单击【保存】按钮，保存该演示文稿。按F5键播放幻灯片，观看幻灯片上标题文字的动画效果及幻灯片之间的切换效果，如图13-67所示。

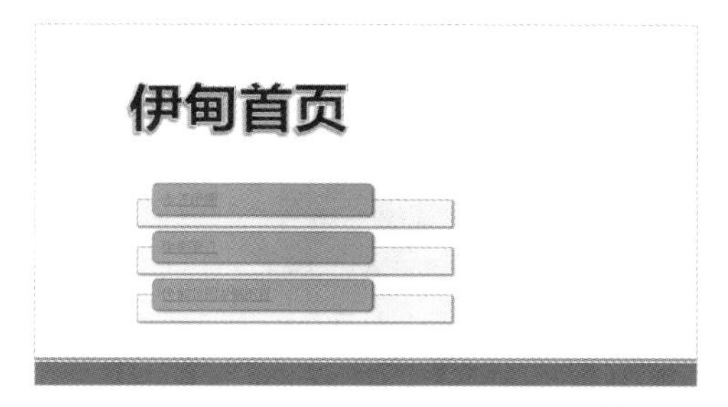


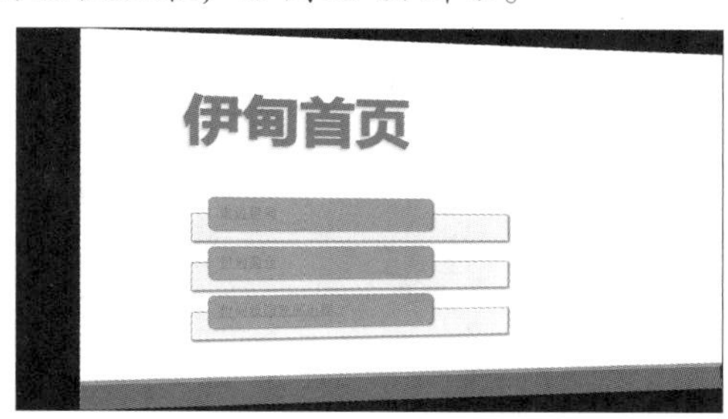


图 13-67 播放效果

# 13.5 习题

1. 幻灯片母版的作用是什么？
2. 如何设置幻灯片的页眉和页脚？
3. 如何设置幻灯片的主题和背景？
4. 动画有哪两种类型？如何为幻灯片中的对象添加动画效果？
5. 为第12章习题7制作的“风景如画”演示文稿添加动画效果，如图13-68所示。

图 13-68 习题 5 动画预览效果

# 第14章

# 演示文稿的放映、打印和打包

## 学习目标

PowerPoint 2016提供了多种放映幻灯片、控制幻灯片和输出演示文稿的方法，用户可以选择最为理想的放映速度与放映方式，使幻灯片的放映节奏明快、过程流畅，还可以将PowerPoint制作出来的演示文稿输出为多种形式，以满足不同的播放需求。本章将介绍幻灯片的放映、幻灯片放映的控制、演示文稿的打印和输出等内容。

## 本章重点

- 设置放映方式
- 设置放映类型
- 控制幻灯片放映时间
- 打印演示文稿
- 输出演示文稿

# 14.1　设置放映方式

PowerPoint提供了多种幻灯片放映的控制方法以及适合不同场合的幻灯片放映类型，更有利于主题的阐述及思想的表达，使演讲者的演讲更为顺畅、有效。

## 14.1.1　定时放映幻灯片

在设置幻灯片切换效果时，可以设置每张幻灯片在放映时的放映时长，当等待到设定的时间后，幻灯片将自动向下放映。

打开【切换】选项卡，如图14-1所示，在【计时】组中选中【单击鼠标时】复选框，则单击鼠标或按下Enter键和空格键时，放映的演示文稿将切换到下一张幻灯片；选中【设置自动换片时间】复选框，并在其右侧的文本框中输入时间(时间为秒)，在放映演示文稿时，当幻灯片等待了设定的秒数之后，将自动切换到下一张幻灯片。

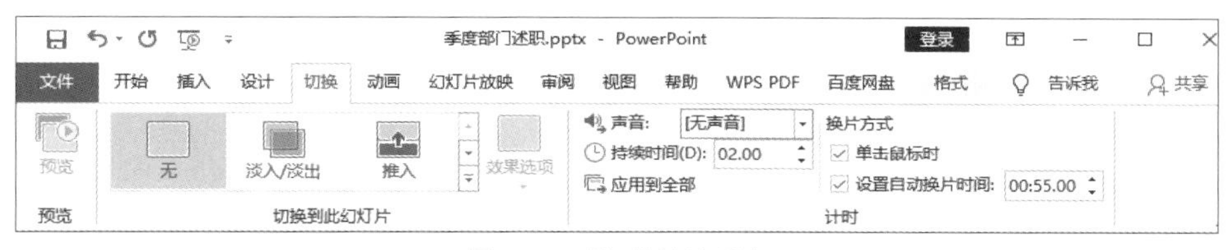


图 14-1　【切换】选项卡

## 14.1.2　连续放映幻灯片

在【切换】选项卡的【计时】组中选中【设置自动换片时间】复选框，为当前选定的幻灯片设置自动换片时间，然后单击【应用到全部】按钮，为演示文稿中的每张幻灯片设定相同的换片时间，即可实现幻灯片的连续自动放映。

需要注意的是，由于每张幻灯片的内容不同，放映的时间可能不同，因此设置连续放映的常见方法是通过【排练计时】功能完成的。

**提示**

排练计时功能的设置方法将在14.3.1节中详细介绍。

## 14.1.3　循环放映幻灯片

将制作好的演示文稿设置为循环放映，可以应用于如展览会的展台等场合，让演示文稿自动运行并循环播放。

打开【幻灯片放映】选项卡，在【设置】组中单击【设置幻灯片放映】按钮，打开【设置放映方式】对话框，如图14-2所示。在【放映选项】选项区域中选中【循环放映，按Esc键终止】复选框，则在播放完最后一张幻灯片后，会自动跳转到第1张幻灯片，而不是结束放映，直到按Esc键退出放映状态。

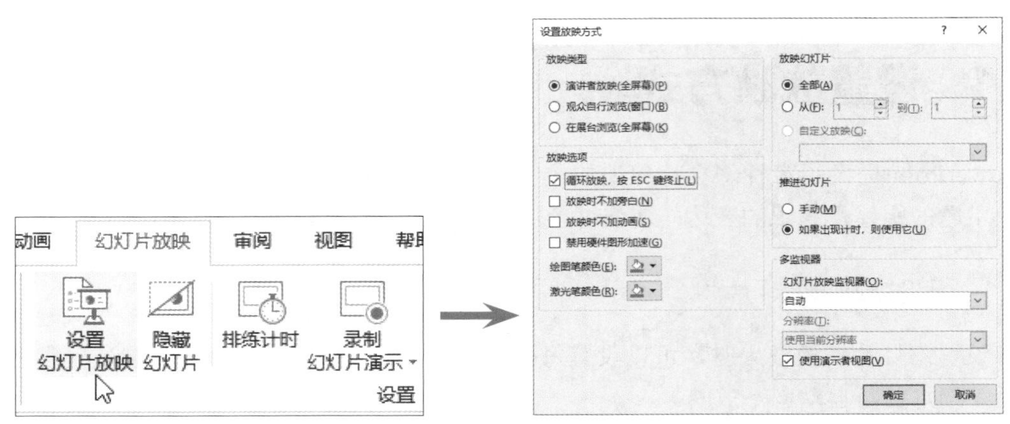

图 14-2 打开【设置放映方式】对话框

## 14.1.4 自定义放映幻灯片

自定义放映是指可以自定义幻灯片放映的张数，使一个演示文稿适用于多种观众，即可以将一个演示文稿中的多张幻灯片进行分组，以便在特定的观众前放映演示文稿中的特定部分。可以用超链接分别指向演示文稿中的各个自定义放映，也可以在放映演示文稿时只放映其中的某个自定义放映。

【例14-1】自定义放映幻灯片。 视频

01 启动PowerPoint，打开“经典商务”演示文稿。

02 打开【幻灯片放映】选项卡，单击【开始放映幻灯片】组的【自定义幻灯片放映】按钮，在弹出的菜单中选择【自定义放映】命令，打开【自定义放映】对话框，然后单击【新建】按钮，如图14-3所示。

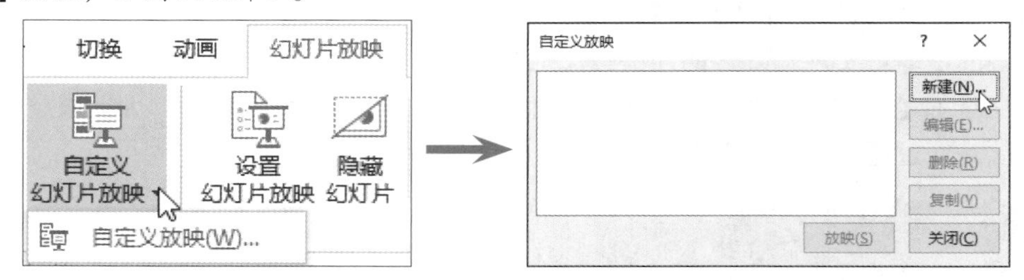

图 14-3 打开【自定义放映】对话框

03 打开【定义自定义放映】对话框，在【幻灯片放映名称】文本框中输入文字“自定义放映1”，在【在演示文稿中的幻灯片】列表框中选择第3张～第6张幻灯片，然后单击【添加】按钮，将幻灯片添加到【在自定义放映中的幻灯片】列表中，如图14-4所示。

04 单击【确定】按钮，关闭【定义自定义放映】对话框，则刚刚创建的自定义放映名称将会显示在【自定义放映】对话框的【自定义放映】列表中，如图14-5所示。

05 单击【关闭】按钮，关闭【自定义放映】对话框。打开【幻灯片放映】选项卡，在【设置】组中单击【设置幻灯片放映】按钮，打开【设置放映方式】对话框，在【放映幻灯片】选项区域中选中【自定义放映】单选按钮，然后选择需要的自定义放映名称，如图14-6

所示。

06 单击【确定】按钮，关闭【设置放映方式】对话框。此时按下F5键时，PowerPoint将自动播放自定义放映的幻灯片，效果如图14-7所示。

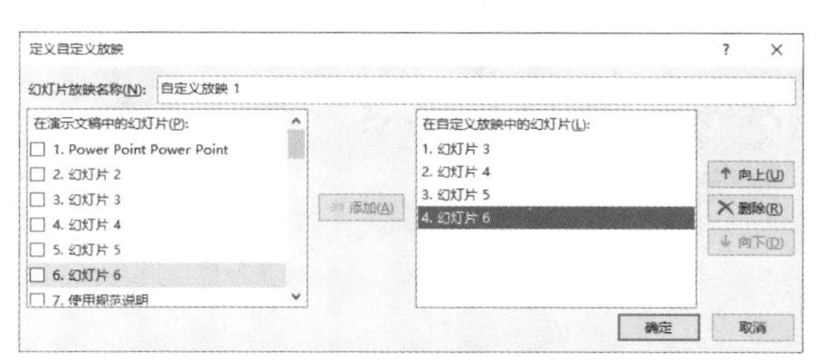

图 14-4　【定义自定义放映】对话框

图 14-5　【自定义放映】对话框

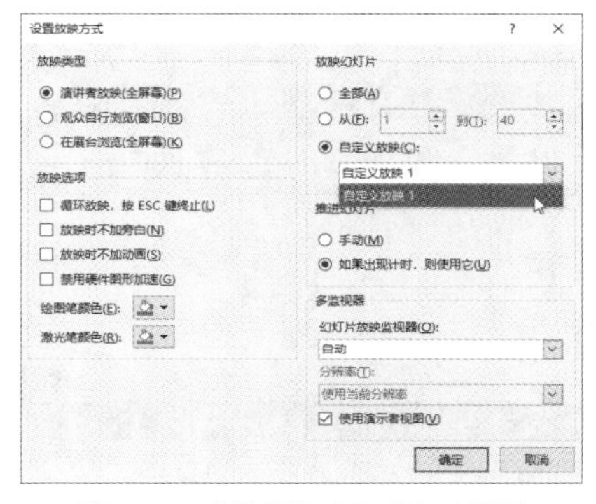

图 14-6　【设置放映方式】对话框

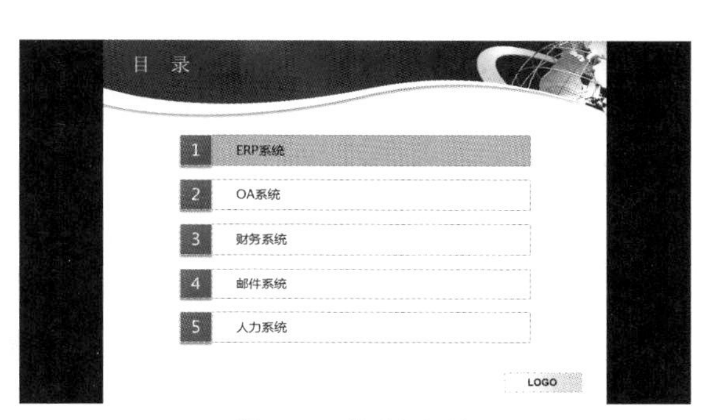


图 14-7　放映幻灯片

**提示**

在【自定义放映】对话框中，可以新建其他的自定义放映，或者对已有的自定义放映进行编辑，还可以删除或复制已有的自定义放映。

# 14.2　设置放映类型

PowerPoint 2016为用户提供了演讲者放映、观众自行浏览及在展台浏览3种不同的放映类型，供用户在不同的环境中选用。

## 14.2.1　演讲者放映——全屏幕

演讲者放映是系统默认的放映类型，也是最常见的全屏放映方式，如图14-8所示。在这种放映方式下，演讲者现场控制演示节奏，具有放映的完全控制权。

演讲者可以根据观众的反应随时调整放映速度或节奏，还可以暂停下来进行讨论或记录观众即席反应，甚至可以在放映过程中录制旁白。一般用于召开会议时的大屏幕放映、联机会议等。

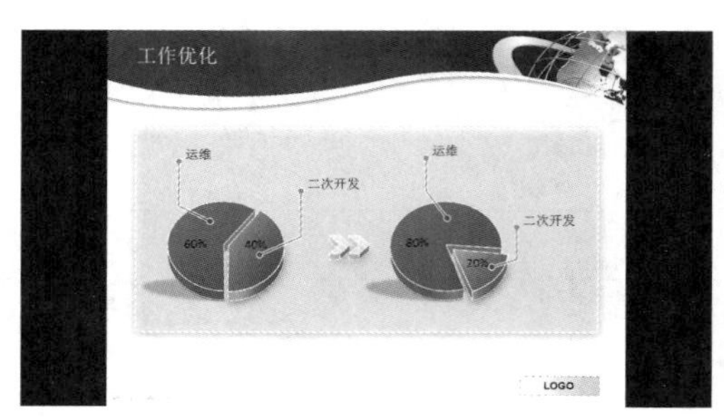


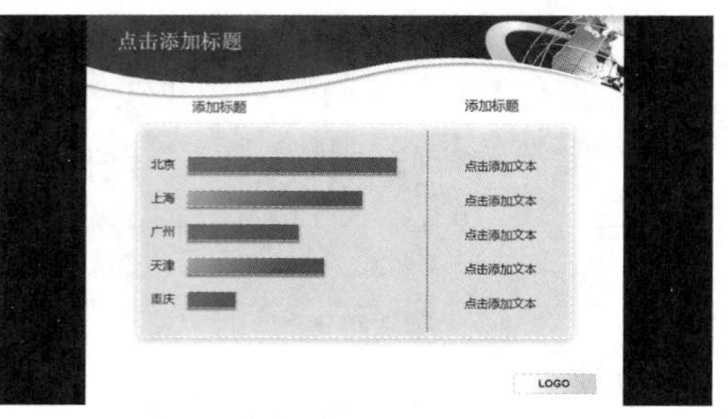


图 14-8　演讲者放映

## 14.2.2　观众自行浏览——窗口

观众自行浏览是在标准Windows窗口中显示的放映形式，类似于浏览网页的效果，便于观众自行浏览，如图14-9所示。该放映类型用于在局域网或Internet中浏览演示文稿。

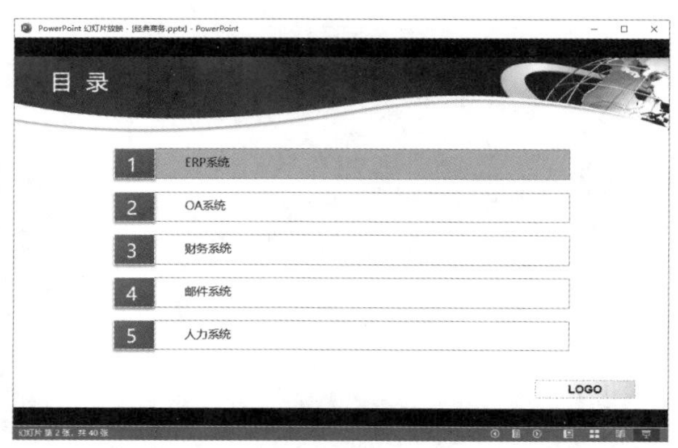


图 14-9　观众自行浏览

**提示**

使用该放映类型时，可以在放映时复制、编辑及打印幻灯片，并可以使用滚动条或Page Up/Page Down按钮控制幻灯片的播放。

## 14.2.3　在展台浏览——全屏幕

采用该放映类型，最主要的特点是不需要专人控制就可以自动运行，在使用该放映类型时，如超链接等控制方法都失效。当播放完最后一张幻灯片后，会自动从第一张重新开始播放，直至按下Esc键才会停止播放。该放映类型主要用于展览会的展台或会议中的某部分需要自动演示等场合，效果如图14-10所示。需要注意的是，使用该放映类型时，用户不能对其放映过程进行干预，必须设置每张幻灯片的放映时间或预先设定排练计时，否则可能会长时间停留在某张幻灯片上。

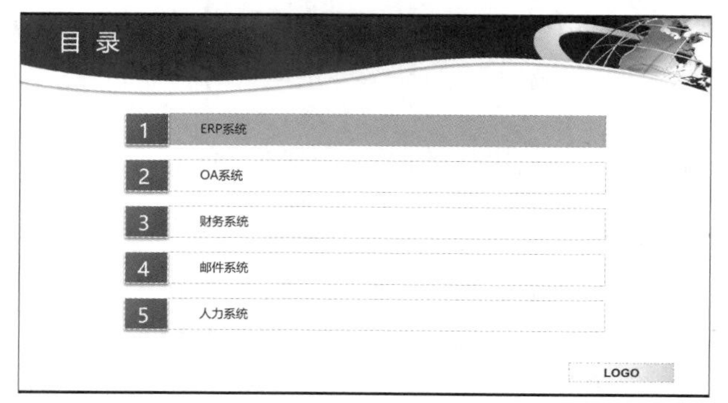


图 14-10　在展台浏览

# 14.3　控制幻灯片的放映

在放映幻灯片时，还可对放映过程进行控制，例如，设置排练计时、切换幻灯片、添加注释和录制旁白等。

## 14.3.1　排练计时

当完成演示文稿内容的制作之后，可以运用PowerPoint的排练计时功能来排练整个演示文稿放映的时间。在排练计时的过程中，演讲者可以确切了解每一页幻灯片需要讲解的时间，以及整个演示文稿的总放映时间。

【例14-2】排练计时。视频

01 启动PowerPoint，打开“经典商务”演示文稿。

02 打开【幻灯片放映】选项卡，在【设置】组中单击【排练计时】按钮，演示文稿将自动切换到幻灯片放映状态，此时演示文稿左上角将显示【录制】工具栏，如图14-11所示。

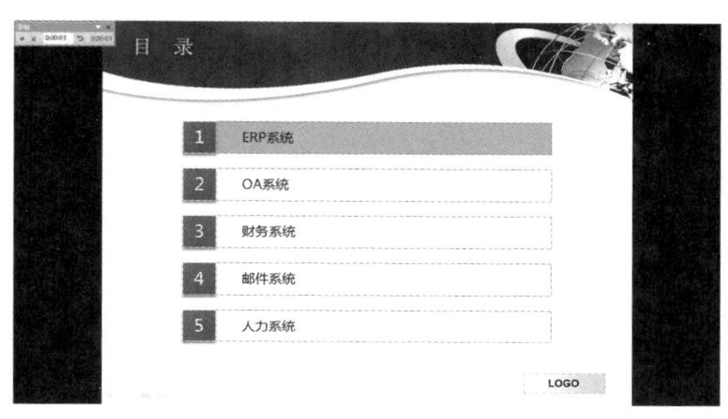


图 14-11　播放演示文稿时显示【录制】工具栏

**提示**

在排练计时过程中，用户不必关心每张幻灯片的具体放映时间，主要应该根据幻灯片的内容确定幻灯片应该放映的时间。预演的过程和时间，应尽量接近实际演示的过程和时间。

03 整个演示文稿放映完成后，将打开Microsoft PowerPoint对话框，该对话框显示幻灯片播放的总时间，并询问是否保留该排练时间，如图14-12所示。

04 单击【是】按钮，此时演示文稿将切换到幻灯片浏览视图，从幻灯片浏览视图中可以看到，每张幻灯片下方均显示各自的排练时间，如图14-13所示。

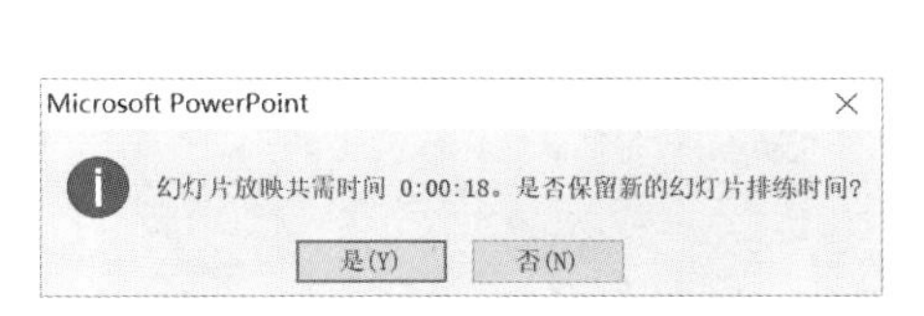


图 14-12　Microsoft PowerPoint 对话框

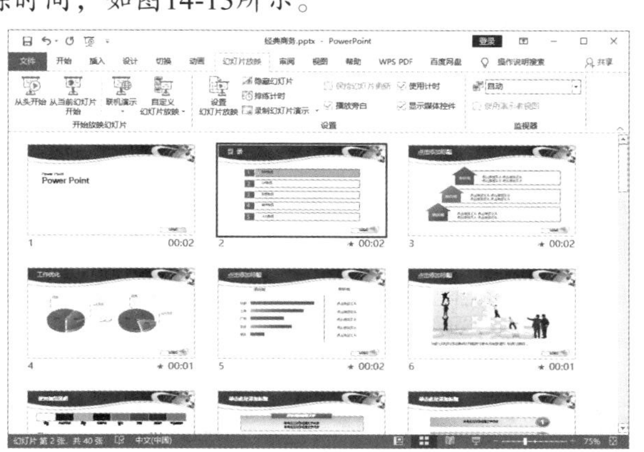


图 14-13　排练计时结果

**知识点**

在放映幻灯片时，可以选择是否启用设置好的排练时间。打开【幻灯片放映】选项卡，在【设置】组中单击【设置放映方式】按钮，打开【设置放映方式】对话框，如果在对话框的【推进幻灯片】选项区域中选中【手动】单选按钮，则存在的排练计时不起作用，此时在放映幻灯片时只有通过单击鼠标或按Enter键、空格键才能切换幻灯片。

### 14.3.2 控制放映过程

在放映演示文稿的过程中，根据需要可以按放映次序依次放映、快速定位幻灯片。

#### 1. 按放映次序依次放映

如果需要按放映次序依次放映，则有以下操作方法：

- 单击鼠标左键。
- 在放映屏幕的左下角单击按钮。
- 在放映屏幕的左下角单击按钮，在弹出的菜单中选择【下一张】命令。
- 单击鼠标右键，在弹出的快捷菜单中选择【下一张】命令。

#### 2. 快速定位幻灯片

如果不需要按照指定的顺序进行放映，则可以快速切换或直接定位幻灯片。在放映屏幕的左下角单击按钮，从弹出的如图14-14所示的菜单中选择【上一张】或【下一张】命令进行切换。

另外，单击鼠标右键，在弹出的快捷菜单中选择【上次查看的位置】命令，如图14-15所示，可以快速定位到上一个播放位置。

图 14-14　定位幻灯片

图 14-15　快捷菜单

**知识点**

在放映幻灯片的过程中，可以将幻灯片黑屏或白屏显示。具体方法为：在右键菜单中选择【屏幕】|【黑屏】命令或【屏幕】|【白屏】命令。

### 14.3.3 添加墨迹注释

使用PowerPoint提供的绘图笔可以为重点内容添加墨迹，常用于强调或添加注释。用户可以选择绘图笔的形状和颜色，也可以随时擦除绘制的墨迹。

【例14-3】添加墨迹注释。视频

01 启动PowerPoint，打开演示文稿，按下F5键，播放演示文稿。

02 当放映幻灯片时，单击按钮，或者在屏幕中右击，在弹出的快捷菜单中选择【指针选项】|【荧光笔】命令，将绘图笔设置为荧光笔样式；右击屏幕，在弹出的快捷菜单中选择【指针选项】|【墨迹颜色】命令，在打开的色板中选择【黄色】选项，如图14-16所示。

03 此时鼠标变为一个小矩形形状，可以在需要绘制重点的地方拖动鼠标绘制注释，如图14-17所示。

图 14-16　选择墨迹颜色

图 14-17　在幻灯片中拖动鼠标绘制注释

04 按下Esc键退出放映状态，此时系统将弹出对话框，询问用户是否保留在放映时所做的墨迹注释，如图14-18所示，单击【保留】按钮，将绘制的注释保留在幻灯片中。

05 在绘制注释的过程中出现错误时，可以在右键快捷菜单中选择【指针选项】|【橡皮擦】命令，如图14-19所示，然后在墨迹上单击，将墨迹按需要擦除；选择【指针选项】|【擦除幻灯片上的所有墨迹】命令，可一次性删除幻灯片中的所有墨迹。

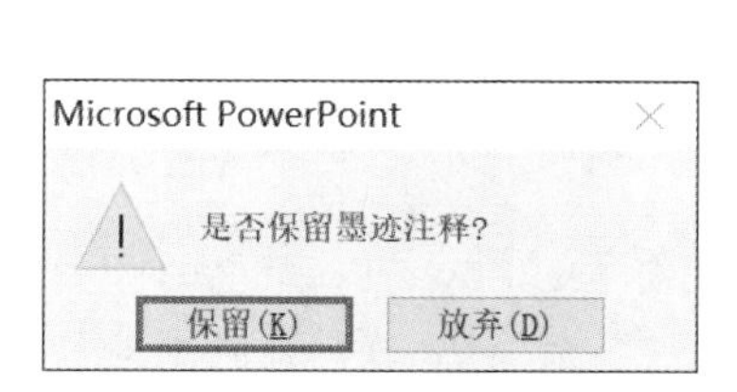


图 14-18　信息提示框

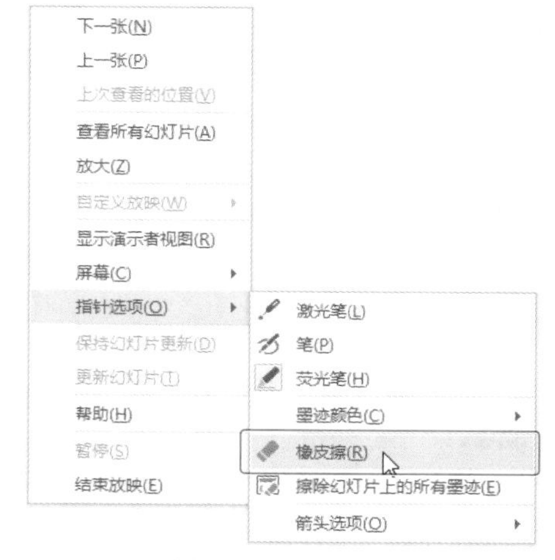


图 14-19　右键菜单

## 14.3.4　录制旁白

在PowerPoint中，可以为指定的幻灯片或全部幻灯片录制旁白。使用录制旁白可以为演示文稿增加解说词，使演示文稿在放映状态下主动播放语音说明。

【例14-4】录制旁白。

01 启动PowerPoint，打开演示文稿。

02 打开【幻灯片放映】选项卡，在【设置】组中单击【录制幻灯片演示】按钮，从弹出的菜单中选择【从头开始录制】命令，如图14-20所示。

03 打开【录制幻灯片演示】对话框，保持默认设置，如图14-21所示。

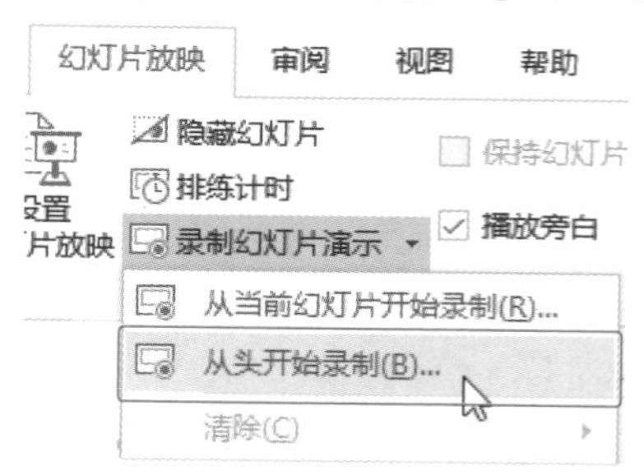


图 14-20 选择【从头开始录制】命令

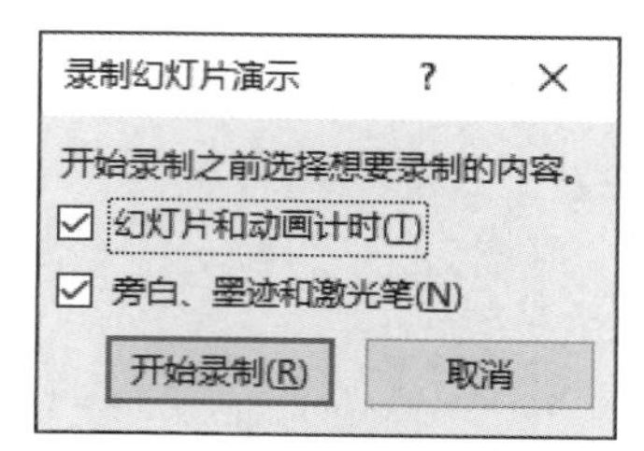


图 14-21 【录制幻灯片演示】对话框

04 单击【开始录制】按钮，进入幻灯片放映状态，同时开始录制旁白，单击鼠标或按Enter键切换到下一张幻灯片，如图14-22所示。

05 当旁白录制完成后，按下Esc键或者单击鼠标左键，此时演示文稿将切换到幻灯片浏览视图，从幻灯片浏览视图中可以看到每张幻灯片下方均显示了排练时间，也就是该张幻灯片的播放时间，如图14-23所示。

图 14-22 录制旁白

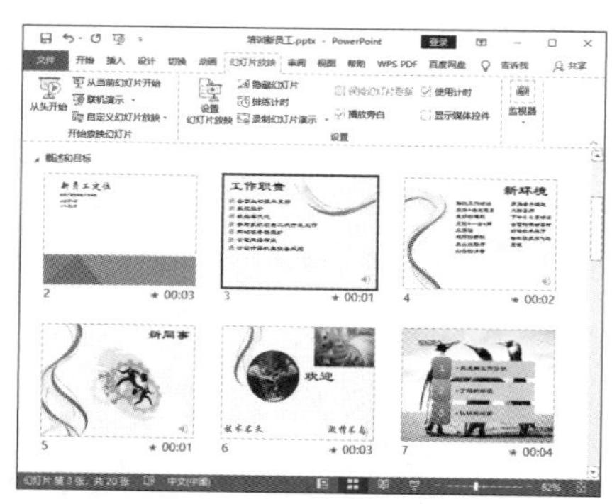

图 14-23 显示各自的排练时间

**提示**

在录制了旁白的幻灯片右下角都会显示一个声音图标，PowerPoint中的旁白声音优于其他声音文件，当幻灯片同时包含旁白和其他声音文件时，在放映幻灯片时只放映旁白。选中声音图标，按键盘上的Delete键可删除旁白。

## 14.4 打印演示文稿

在PowerPoint 2016中，可以将制作好的演示文稿通过打印机打印出来。在打印时，可以先根据需求设置演示文稿的页面，再将演示文稿打印出来。

### 14.4.1　设置演示文稿页面

在打印演示文稿前，用户可以根据需要对打印页面进行设置，使打印效果更符合需求。

打开【设计】选项卡，在【自定义】组中单击【幻灯片大小】按钮，在弹出的菜单中选择【自定义幻灯片大小】命令，打开【幻灯片大小】对话框，如图14-24所示，在其中可对幻灯片的大小、编号和方向进行设置。

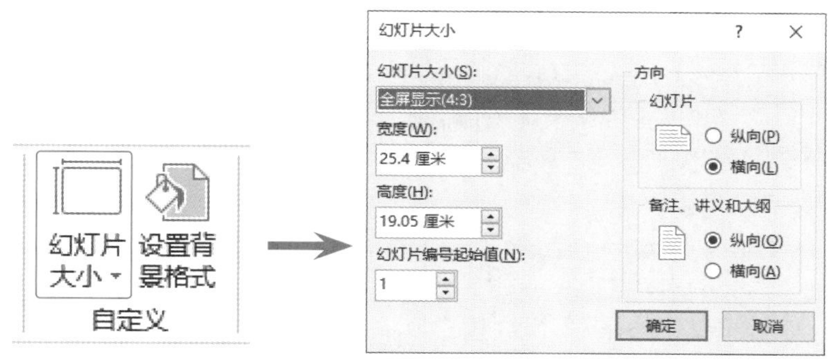


图 14-24　打开【幻灯片大小】对话框

【例14-5】设置幻灯片页面属性。

01 启动PowerPoint，打开演示文稿。

02 打开【设计】选项卡，在【自定义】组中单击【幻灯片大小】按钮，在弹出的菜单中选择【自定义幻灯片大小】命令，打开【幻灯片大小】对话框。

03 在【宽度】文本框中输入36厘米，在【高度】文本框中输入20厘米，在【幻灯片】选项区域中选中【横向】单选按钮，如图14-25所示。

04 单击【确定】按钮，设置幻灯片大小，按F5键放映幻灯片，幻灯片放映效果如图14-26所示。

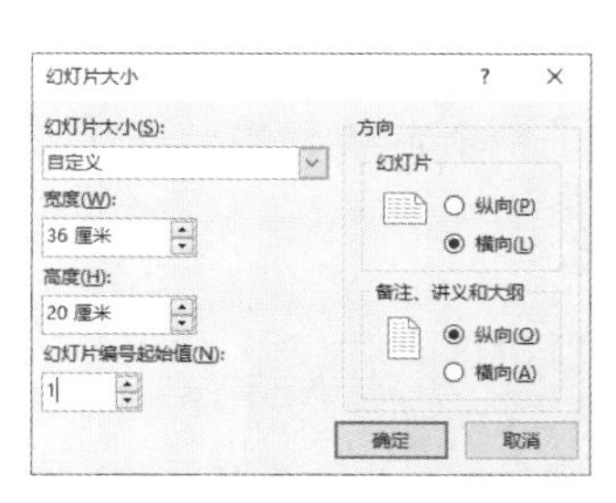


图 14-25　设置幻灯片大小

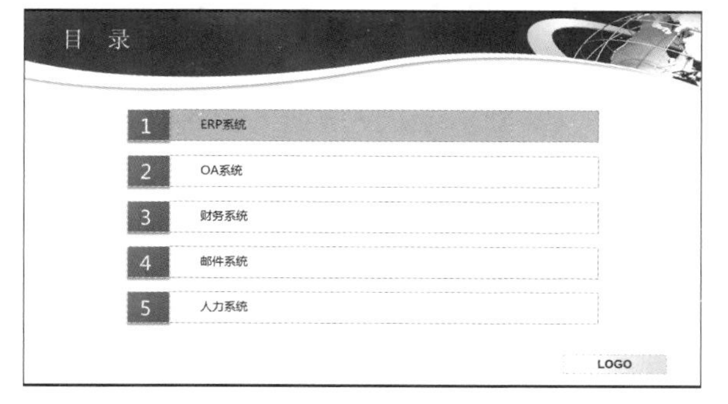


图 14-26　幻灯片放映效果

### 14.4.2　打印预览

在实际打印之前，可以使用打印预览功能先预览一下打印的效果。预览的效果与实际打印出来的效果非常相近。

【例14-6】 打印预览。

01 启动PowerPoint，打开演示文稿。

02 单击【文件】按钮，从弹出的菜单中选择【打印】命令，在最右侧的窗格中可以查看幻灯片的打印效果，如图14-27所示。

03 单击预览页中的【下一页】按钮▸，查看每一张幻灯片效果。

04 在【显示比例】进度条中拖动滑块，调整幻灯片的显示比例，查看其中的显示内容，如图14-28所示。

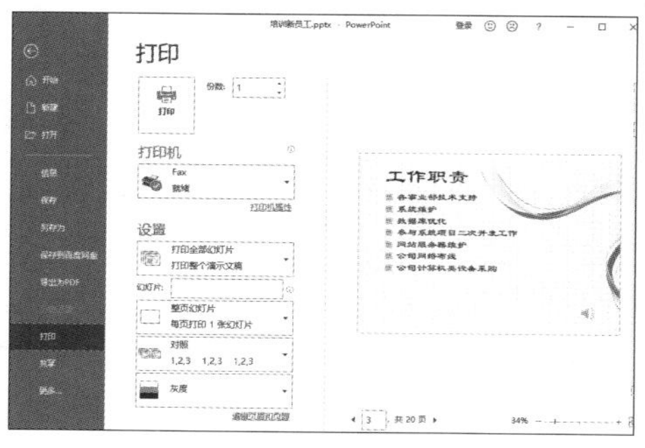

图 14-27　打印预览模式

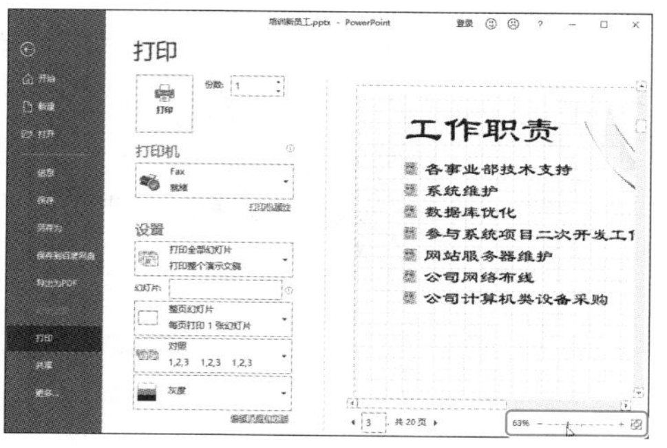

图 14-28　设置显示比例查看内容

05 打印预览完毕后，单击【返回】按钮，返回到幻灯片普通视图。

## 14.4.3　开始打印

对当前的打印设置及预览效果满意后，可以连接打印机并开始打印演示文稿。单击【文件】按钮，从弹出的菜单中选择【打印】命令，在中间的【打印】窗格中进行相关设置。

【例14-7】 打印演示文稿。

01 启动PowerPoint，打开演示文稿，然后单击【文件】按钮，从弹出的菜单中选择【打印】命令。

02 在中间的【份数】微调框中输入2；单击【整页幻灯片】下拉按钮，在弹出的下拉列表中选择【4张垂直放置的幻灯片】选项，取消【幻灯片加框】命令前的打钩；在【灰度】下拉列表中选择【颜色】选项，如图14-29所示。

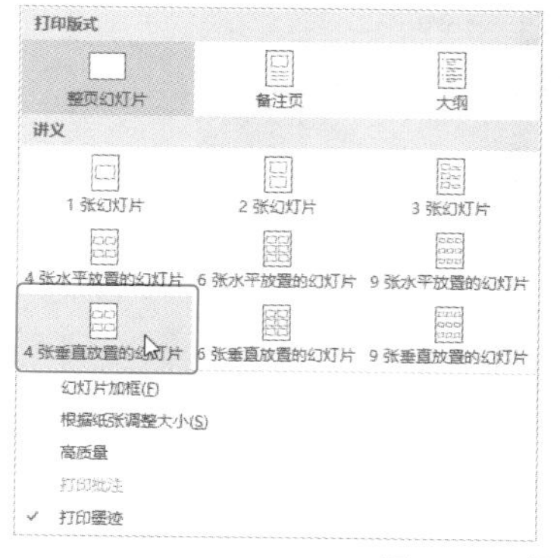

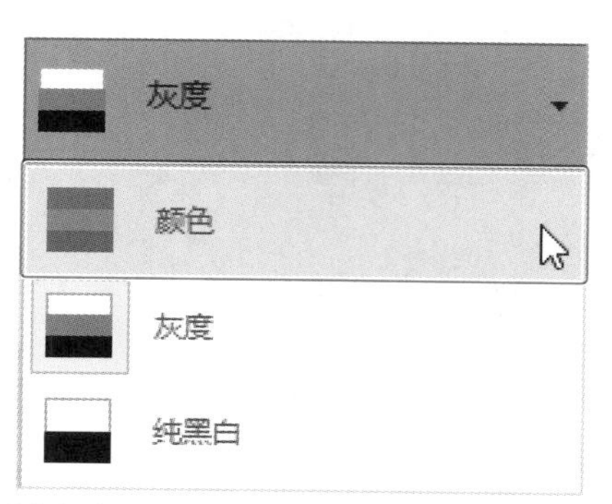

图 14-29　设置和打印演示文稿

03 设置完毕后，单击【打印】按钮，即可开始打印幻灯片。

# 14.5　输出演示文稿

用户可以方便地将PowerPoint制作的演示文稿输出为其他形式，以满足多种播放需求。在PowerPoint中，可以将演示文稿输出为视频、多种图片格式、大纲/RTF文件等。

## 14.5.1　输出为视频

使用PowerPoint可以方便地将极富动感的演示文稿输出为视频文件，从而与其他用户共享该视频。

【例14-8】将演示文稿输出为视频。

01 启动PowerPoint，打开演示文稿。

02 单击【文件】按钮，从弹出的菜单中选择【导出】|【创建视频】命令，然后单击【创建视频】按钮，如图14-30所示。

03 打开【另存为】对话框，设置视频文件的名称和保存路径，单击【保存】按钮，如图14-31所示。

图 14-30　单击【创建视频】按钮

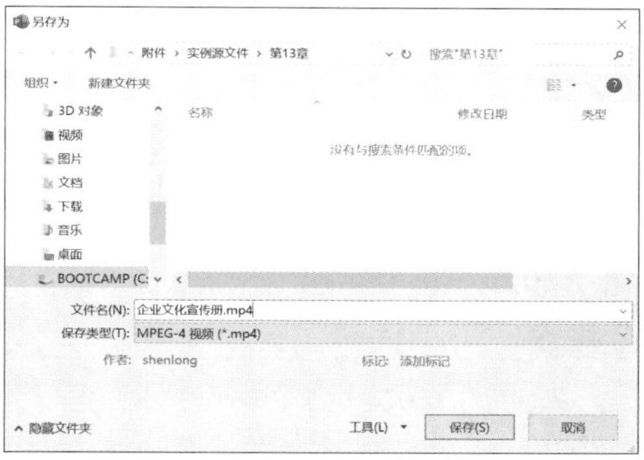

图 14-31　【另存为】对话框

04 此时PowerPoint窗口任务栏中将显示制作视频的进度，如图14-32所示。

05 稍等片刻制作完毕后，打开视频存放路径，双击视频文件，即可使用计算机中的视频播放器来播放该视频，如图14-33所示。

图 14-32　显示制作视频的进度

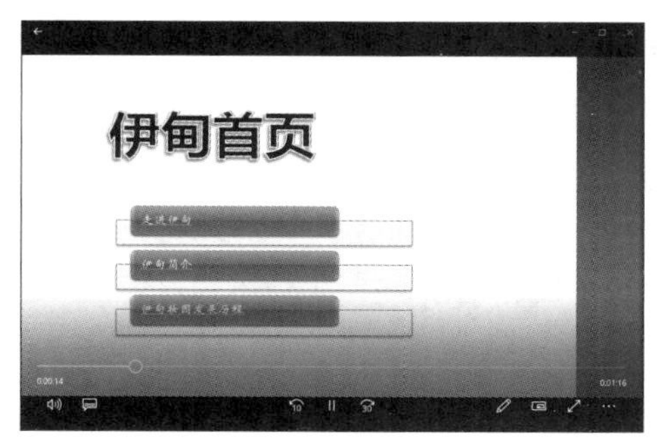


图 14-33　输出的视频文件的播放效果

**知识点**

在PowerPoint演示文稿中，打开【另存为】对话框，在【保存类型】中选择【MPEG-4视频】选项，单击【保存】按钮，同样可以执行输出视频操作。

## 14.5.2　输出为图形文件

PowerPoint支持将演示文稿中的幻灯片输出为GIF、JPG、PNG、TIFF、BMP、WMF及EMF等格式的图形文件。这有利于在更大范围内交换或共享演示文稿中的内容。

【例14-9】将演示文稿输出为图形文件。

01 启动PowerPoint，打开演示文稿。

02 单击【文件】按钮，从弹出的菜单中选择【导出】命令，在中间打开的窗格的【文件类型】选项区域中选择【更改文件类型】选项，在右侧窗格的【图片文件类型】选项区域中选择【JPEG文件交换格式(*.jpg)】选项，单击【另存为】按钮，如图14-34所示。

03 打开【另存为】对话框，设置存放路径和文件名，单击【保存】按钮，如图14-35所示。

图 14-34　选择输出的文件类型

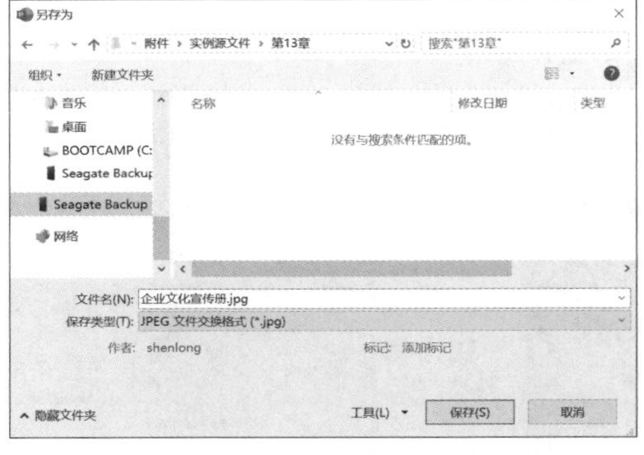


图 14-35　【另存为】对话框

04 此时系统会弹出提示对话框，供用户选择输出为图片文件的幻灯片范围，单击【所有幻灯片】按钮，如图14-36所示。

05 完成将演示文稿输出为图形文件后，弹出提示框，提示用户每张幻灯片都以独立文件的方式保存到文件夹中，单击【确定】按钮，如图14-37所示。

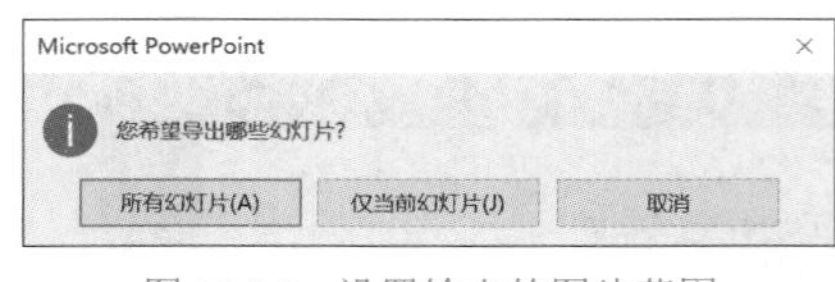

图 14-36　设置输出的图片范围

图 14-37　Microsoft PowerPoint 提示框

06 打开保存的文件夹，此时幻灯片以图形格式显示在该文件夹中，双击某张图片，即可打开该图片查看内容，如图14-38所示。

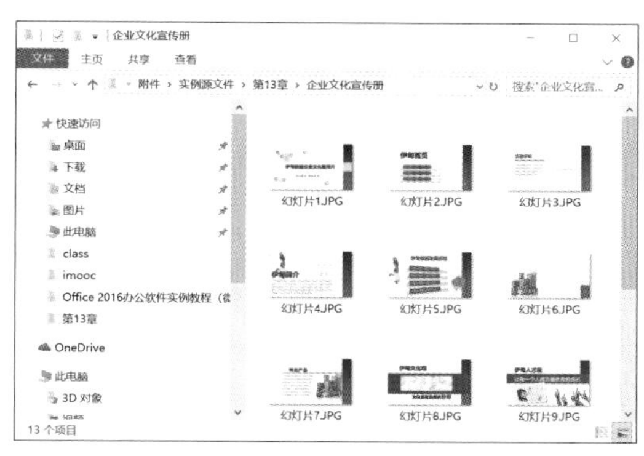
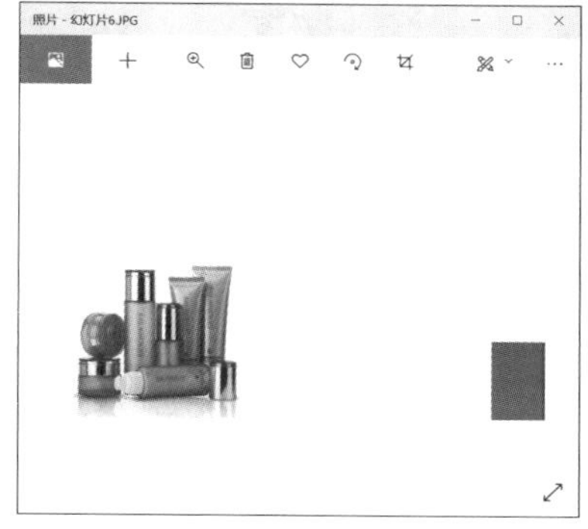

图 14-38 输出的图形文件浏览效果

## 14.5.3 输出为大纲/RTF文件

在PowerPoint中经常用到的输出格式还有幻灯片放映和大纲。PowerPoint输出的大纲文件是按照演示文稿中的幻灯片标题及段落级别生成的标准RTF文件，可以被其他(如Word等)文字处理软件打开或编辑。

【例14-10】将演示文稿输出为大纲文件。

01 启动PowerPoint，打开“培训新员工”演示文稿。

02 单击【文件】按钮，从弹出的菜单中选择【另存为】命令，在打开的界面中单击【浏览】按钮，打开【另存为】对话框。在对话框中设置文件的保存位置及文件名，并在【保存类型】下拉列表中选择【大纲/RTF文件】选项，如图14-39所示。

03 单击【保存】按钮，生成“培训新员工.rtf”文件，双击该文件，该RTF文件效果如图14-40所示。

**提示**

生成的RTF文件中不包括幻灯片中的图形、图片，也不包括用户添加的文本框中的文本内容。

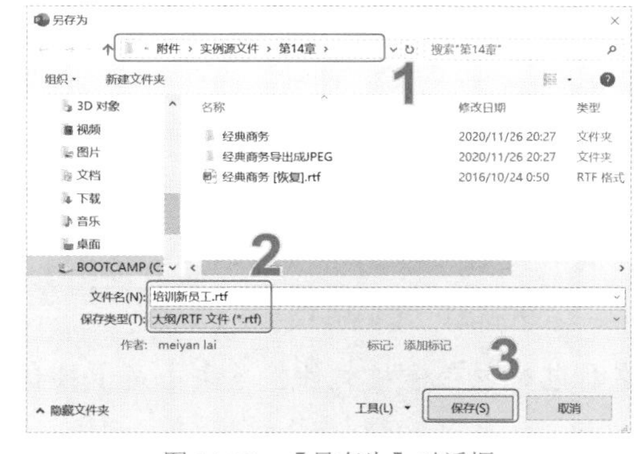


图 14-39 【另存为】对话框

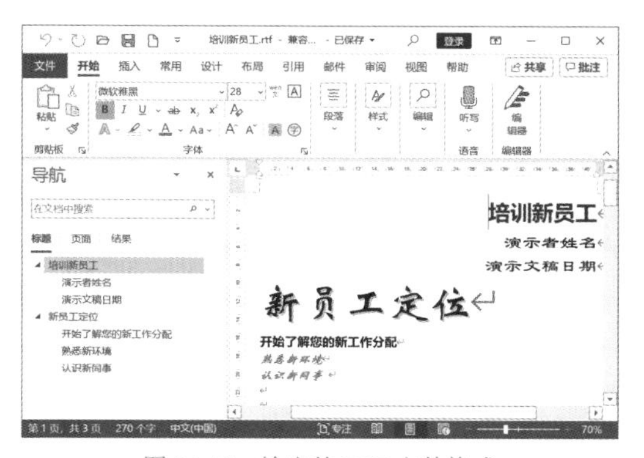


图 14-40 输出的 RTF 文件格式

# 14.6 上机练习

本章主要介绍了演示文稿的放映、打印和输出等内容。通过本次上机练习介绍如何将演示文稿进行打包。

PowerPoint提供了打包成CD功能，在有刻录光驱的计算机上可以方便地将制作的演示文稿及其链接的各种媒体文件一次性打包到CD上，轻松实现演示文稿的分发或转移到其他计算机上进行演示。下面介绍如何将“经典商务”演示文稿进行打包。

01 启动PowerPoint，打开“经典商务”演示文稿。

02 单击【文件】按钮，在弹出的菜单中选择【导出】命令，在打开的窗格的【文件类型】选项区域中选择【将演示文稿打包成CD】选项，并在右侧的窗格中单击【打包成CD】按钮，如图14-41所示。

03 打开【打包成CD】对话框，在【将CD命名为】文本框中输入“演示文稿CD”，如图14-42所示。

图 14-41　选择保存类型

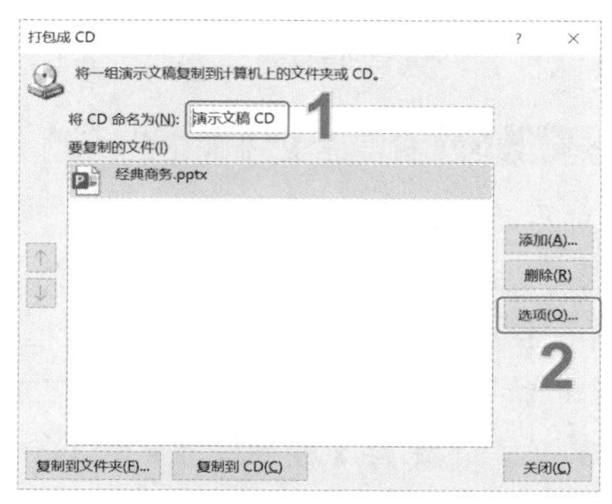


图 14-42　【打包成 CD】对话框

04 单击【选项】按钮，打开【选项】对话框，保持默认设置，单击【确定】按钮，如图14-43所示。

05 返回【打包成CD】对话框，单击【复制到文件夹】按钮，打开【复制到文件夹】对话框，设置文件夹的名称和存放位置，单击【确定】按钮，如图14-44所示。

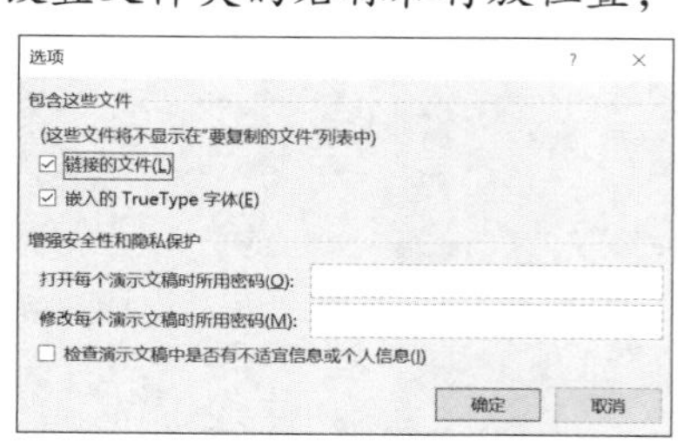


图 14-43　【选项】对话框

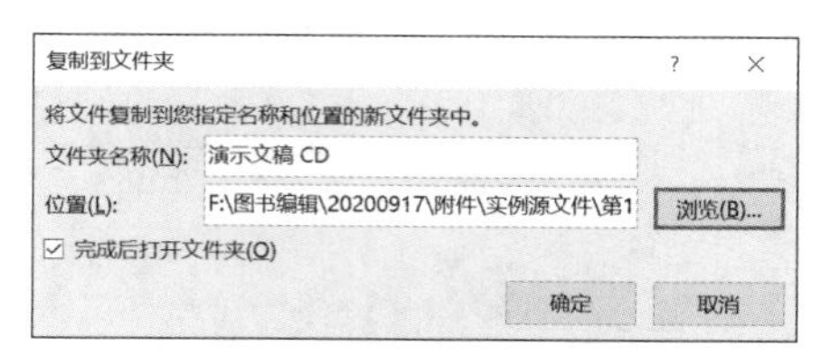


图 14-44　【复制到文件夹】对话框

06 此时PowerPoint将弹出提示框，询问是否在打包时包含链接文件，单击【是】按钮，如图14-45所示。

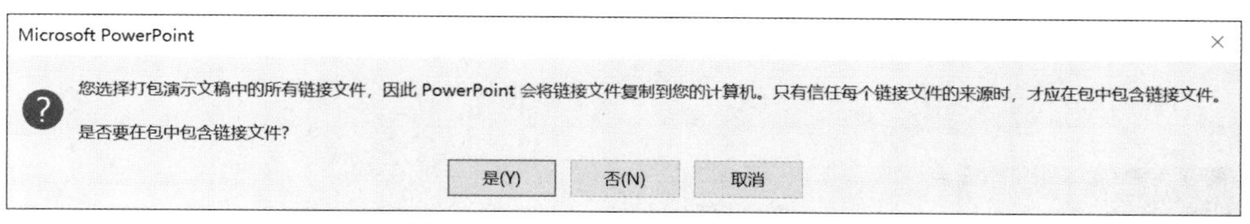


图 14-45　是否包含链接文件的提示框

07 打开另一个提示框，提示是否要保存批注、墨迹等信息，单击【继续】按钮，此时PowerPoint将自动开始打包文件，如图14-46所示。

08 打包完毕后，将自动打开保存文件的“演示文稿CD”文件夹，并显示打包后的所有文件，如图14-47所示。

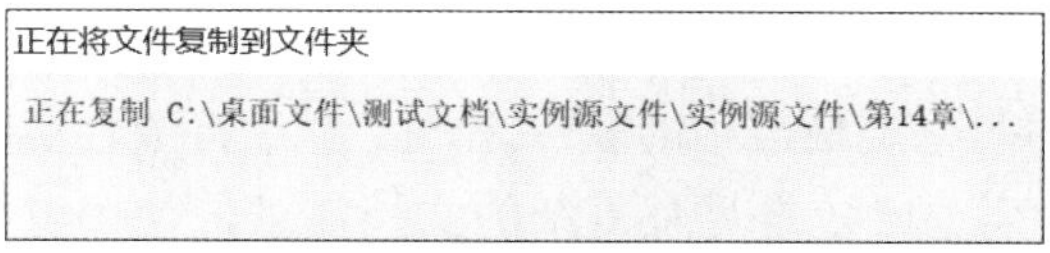

正在将文件复制到文件夹

正在复制 C:\桌面文件\测试文档\实例源文件\实例源文件\第14章\...

图 14-46　自动打包文件

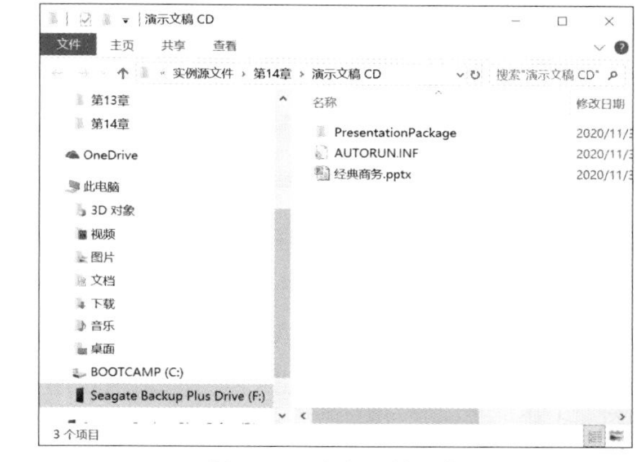


图 14-47　打包后的文件

# 14.7　习题

1. 在放映幻灯片时，如何进行排练计时？
2. 如何打印演示文稿？
3. 可以将演示文稿输出为哪些格式的文件？怎么操作？
4. 将本章的所有实例练习一遍。

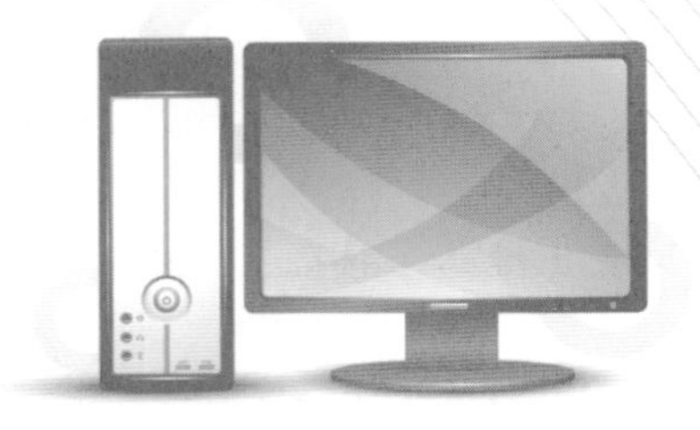

# 第15章 综合应用

## 学习目标

前面介绍了Office的主要组件Word、Excel、PowerPoint的使用。无论是在学校还是在企业，在日常办公中，Office是不可缺少的应用软件，也是最常用的软件之一。本章将结合实际办公需求，将这3个Office组件进行综合，处理办公中比较常见且复杂的文档需求，使读者能够巩固前面所学习的内容。

## 本章重点

- Office在人力资源管理中的应用
- Office在市场营销中的应用
- Office组件之间的协同办公

# 15.1 Office之人力资源管理规划

一般来讲，HR(公司人事部门)工作可以分为以下几大模块：人力资源规划、工作分析与设计、组织与岗位管理、招聘与面试、测评、培训、绩效、薪酬、职业生涯管理、劳动关系、员工关系、企业文化。在上述几大模块中，都会涉及Office软件的应用。例如，人力资源规划文档的编写需要用到Word；绩效、薪酬等主要以数字为主，则用Excel表格来组织；而培训则需要用到PowerPoint来制作演示文稿进行演讲等。

本节将以人力资源管理规划文档的制作，来讲解Office软件在人力资源管理中的使用。

## 15.1.1 内容排版

01 打开录入好文本内容的“年度人力资源规划方案”文档，效果如图15-1所示。

02 单击【开始】选项卡【样式】组右下角的按钮，或者按Alt+Ctrl+Shift+S组合键，打开【样式】任务窗格，如图15-2所示。

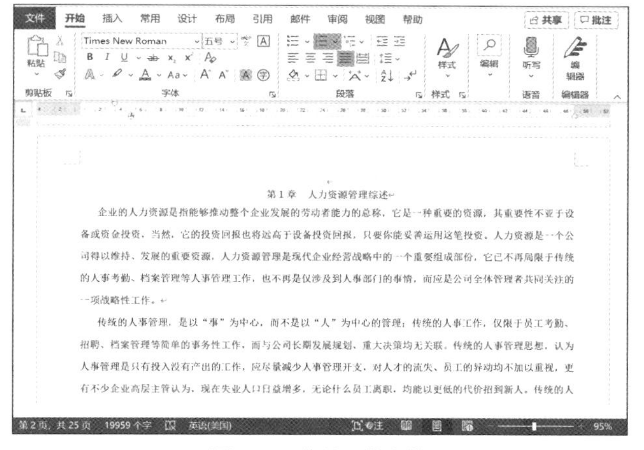

图 15-1 待处理的文档

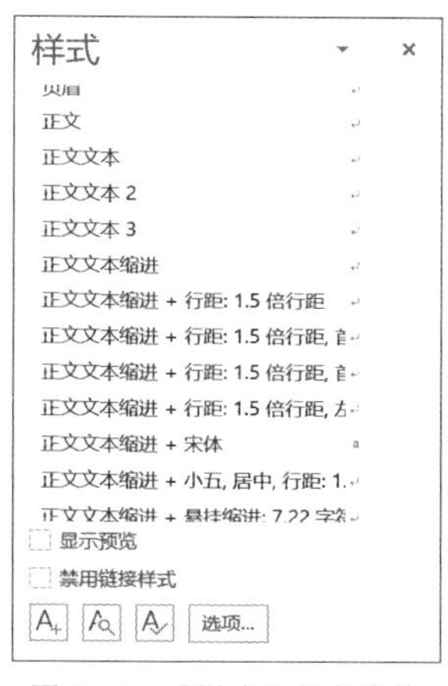


图 15-2 【样式】任务窗格

03 单击【样式】任务窗格底部的【新建样式】按钮，打开【根据格式化创建新样式】对话框，如图15-3所示。

04 设置【根据格式化创建新样式】对话框。在【名称】文本框中输入【正文样式】，设置【样式类型】为【段落】，【样式基准】为【正文文本缩进】，【后续段落样式】为【正文样式】，然后单击【格式】按钮，从弹出的菜单中选择【段落】选项，在弹出的对话框中设置行距为【1.5倍行距】，单击【确定】按钮，返回【根据格式化创建新样式】对话框。

05 单击【确定】按钮，完成样式的创建。

06 全选文本，单击【样式】任务窗格中刚创建的“正文样式”，如图15-4所示，先对全文应用“正文样式”。

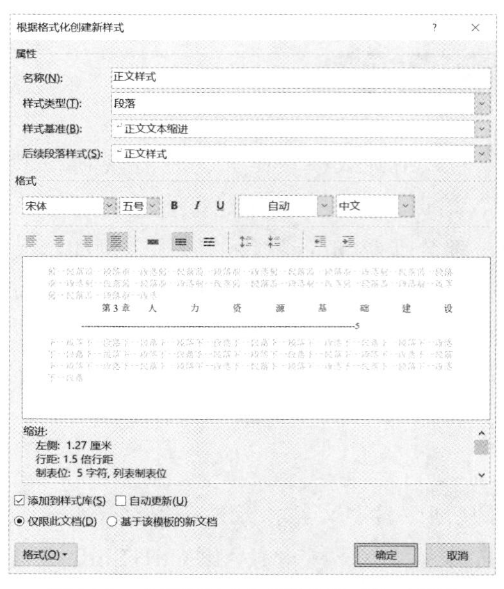

图 15-3 【根据格式化创建新样式】对话框

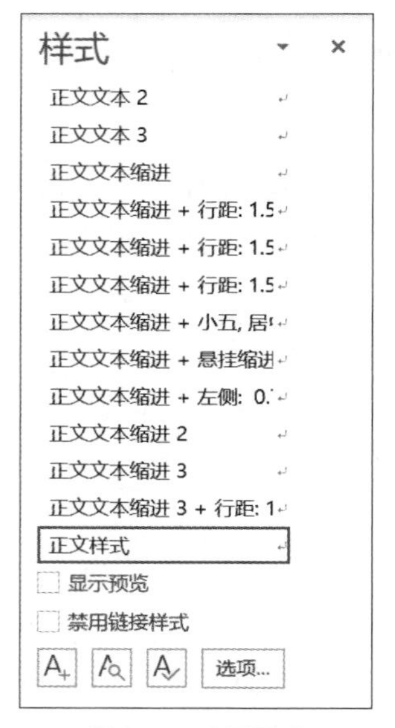

图 15-4 应用样式

## 15.1.2 文档标题的设置

07 接下来设置文档标题的样式。使用同样的方法创建文档标题样式。在【根据格式化创建新样式】对话框中，在【名称】文本框中输入“文档标题”，设置【样式类型】为【段落】，【样式基准】为【正文】，【后续段落样式】为【正文】，如图15-5所示。

08 然后单击【格式】按钮，从弹出的菜单中选择【段落】命令，打开【段落】对话框，设置【段前】和【段后】为0行，【行距】为1.5倍行距，如图15-6所示。单击两次【确定】按钮。

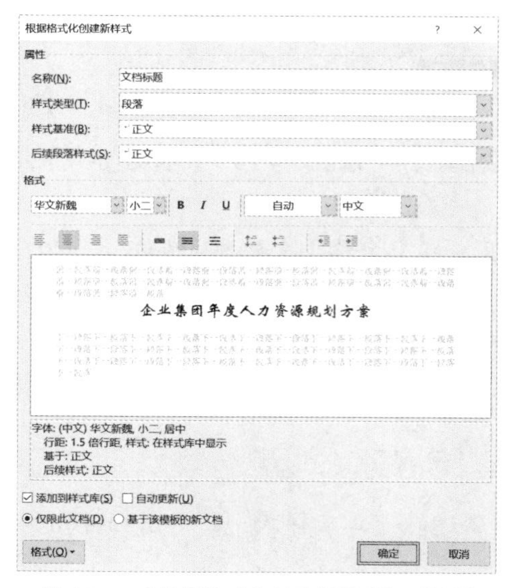

图 15-5 【根据格式化创建新样式】对话框

图 15-6 设置【段落】样式

09 选中文档标题“企业集团年度人力资源规划方案”，在【样式】任务窗格中单击并应用“文档标题”样式，效果如图15-7所示。

10 将光标置于标题末尾，然后在【插入】选项卡的【页面】组中单击【分页】按钮，如图15-8所示，将文档内容另起一页。

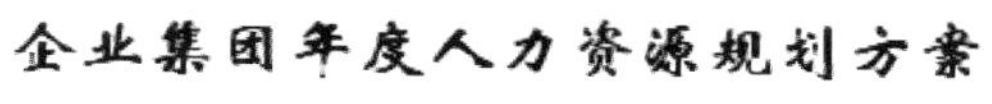

企业集团年度人力资源规划方案

图 15-7 文档标题效果

文件
开始
插入
封面
空白页
分页
页面

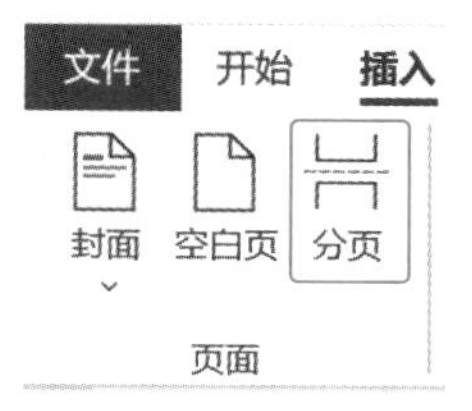

图 15-8 单击【分页】按钮

11 下面来设置正文中的章节标题。首先定义章标题样式“标题一”。在【根据格式化创建新样式】对话框中，设置【名称】为“标题一”，【样式类型】为【段落】，【样式基准】为【标题1】，【后续段落样式】为【正文文本缩进】，如图15-9所示。

12 选中第1章的标题“第1章 人力资源管理综述”，然后单击【样式】列表中刚才创建的“标题一”样式，给章标题应用此样式，效果如图15-10所示。然后给第2章~第12章的章标题应用此样式。

根据格式化创建新样式
属性
名称(N):
标题一
样式类型(T):
段落
样式基准(B):
标题 1
后续段落样式(S):
正文文本缩进
格式
宋体
二号
B
I
U
自动
中文
第 1 章 人力资源管理综述
缩进:
左侧: 0 厘米
悬挂缩进: 8.55 字符, 居中
制表位: 4.07 字符, 列表制表位, 多级符号 + 级别: 1 + 编号样式: 一, 十, 百 ... + 起始编号: 1
添加到样式库(S)
自动更新(U)
仅限此文档(D)
基于该模板的新文档
格式(O)
确定
取消

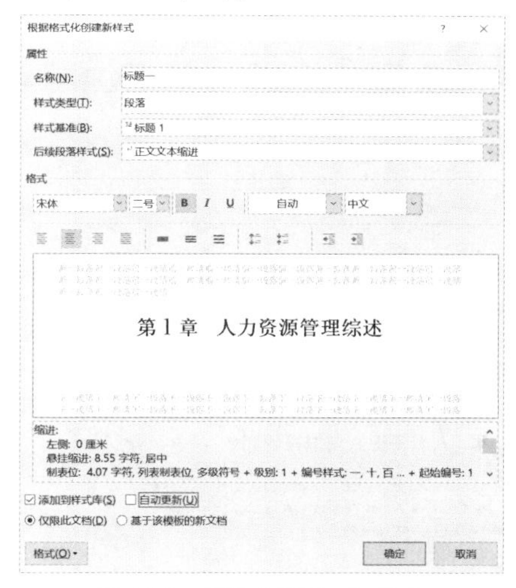

图 15-9 创建“标题一”样式

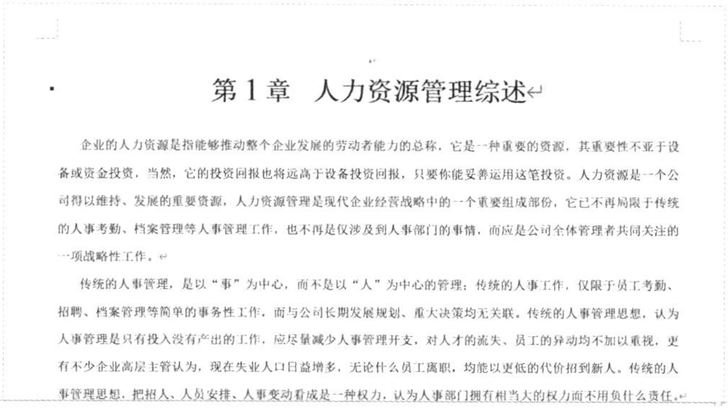

第 1 章 人力资源管理综述
企业的人力资源是指能够推动整个企业发展的劳动者能力的总称，它是一种重要的资源，其重要性不亚于设备或资金投资，当然，它的投资回报也将远高于设备投资回报，只要你能妥善运用这笔投资。人力资源是一个公司得以维持、发展的重要资源，人力资源管理是现代企业经营战略中的一个重要组成部份，它已不再局限于传统的人事考勤、档案管理等人事管理工作，也不再是仅涉及到人事部门的事情，而应是公司全体管理者共同关注的一项战略性工作。
传统的人事管理，是以“事”为中心，而不是以“人”为中心的管理；传统的人事工作，仅限于员工考勤、招聘、档案管理等简单的事务性工作，而与公司长期发展规划、重大决策均无关联。传统的人事管理思想，认为人事管理是只有投入没有产出的工作，应尽量减少人事管理开支，对人才的流失、员工的异动均不加以重视，更有不少企业高层主管认为，现在失业人口日益增多，无论什么员工离职，均能以更低的代价招到新人。传统的人事管理思想，把招人、人员安排、人事变动看成是一种权力，认为人事部门拥有相当大的权力而不用负什么责任。

图 15-10 “标题一”样式效果

13 创建节标题。使用同样的方法创建节标题。设置【根据格式设置创建新样式】对话框，【名称】为“节标题”，【样式类型】为【段落】，【样式基准】为【标题2】，【后续段落样式】为【正文】，行距为【单倍行距】，【段前】和【段后】都为0行，如图15-11所示。

14 为正文文本中的节标题应用样式。选中需要添加节样式的文本行，然后单击【样式】任务窗格中的【节标题】样式，效果如图15-12所示。

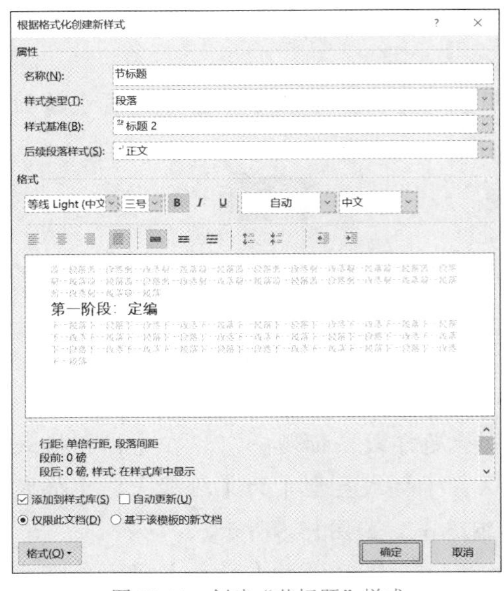


图 15-11　创建“节标题”样式

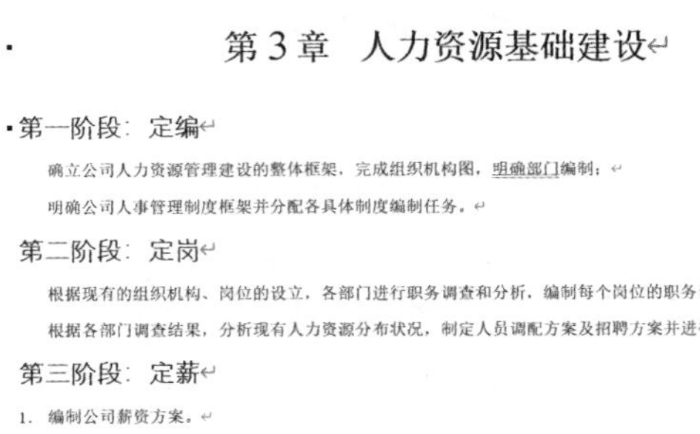

第 3 章　人力资源基础建设

第一阶段：定编

确立公司人力资源管理建设的整体框架，完成组织机构图，明确部门编制；

明确公司人事管理制度框架并分配各具体制度编制任务。

第二阶段：定岗

根据现有的组织机构、岗位的设立，各部门进行职务调查和分析，编制每个岗位的职务说明书。

根据各部门调查结果，分析现有人力资源分布状况，制定人员调配方案及招聘方案并进行调整。

第三阶段：定薪

1. 编制公司薪资方案。

图 15-12　应用“节标题”样式

## 15.1.3　合理分页

**15** 设置每一章都另起一页排版。将鼠标置于每一章标题之前，然后打开【插入】选项卡，在【页面】组中单击【分页】按钮，如图15-13所示。

**16** 使用同样的方法，对第3~12章进行分页操作。

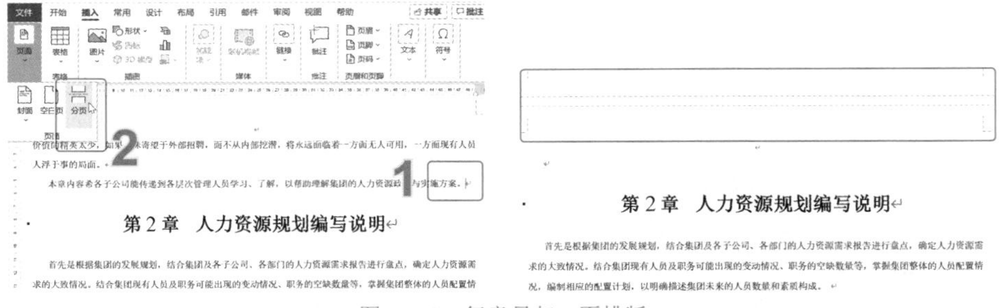


图 15-13　每章另起一页排版

## 15.1.4　页眉和页脚的设置

**17** 在【插入】选项卡的【页眉和页脚】组中单击【页眉】按钮，从弹出的下拉菜单中选择【编辑页眉】选项，如图15-14所示。

**18** 页眉变成可编辑状态，输入“年度人力资源规划方案”，然后将其右对齐，效果如图15-15所示。

**19** 在【页眉和页脚】选项卡的【选项】组中，选中【奇偶页不同】复选框，如图15-16所示。

**20** 设置偶数页页眉。此时将光标定位到第一章的偶数页页眉处，输入“第1章　人力资源管理综述”，如图15-17所示。

文件
开始
插入
常用
设计
布局
引用
邮件
审阅
视图
帮助
共享
批注
页面
表格
图片
形状
图标
3D 模型
插图
媒体
页眉
内置
空白
空白(三栏)
奥斯汀
边线型
花丝
第 2 章 人力资
Office.com 中的其他页眉(M)
编辑页眉(E)
删除页眉(R)

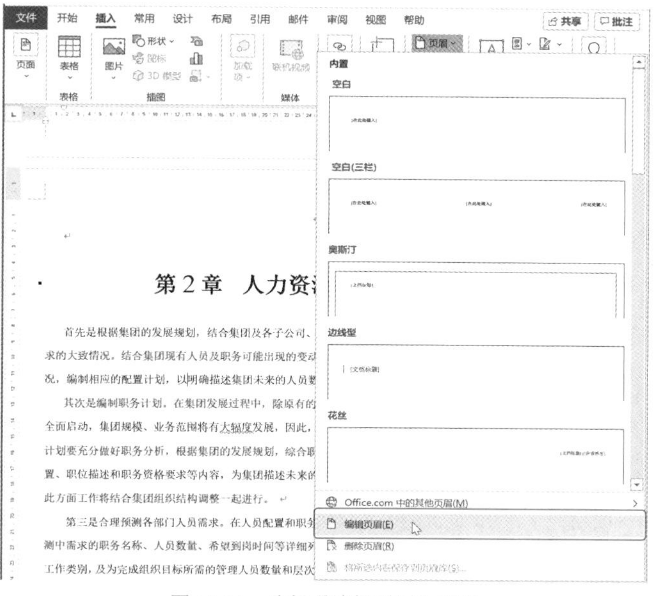

图 15-14 选择【编辑页眉】选项

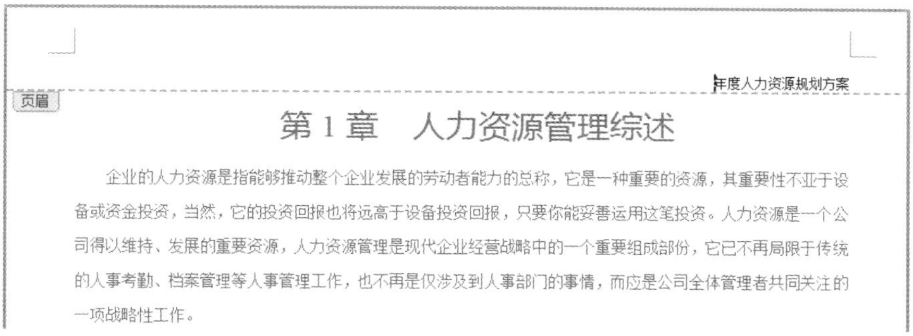

年度人力资源规划方案
页眉
第 1 章 人力资源管理综述
企业的人力资源是指能够推动整个企业发展的劳动者能力的总称，它是一种重要的资源，其重要性不亚于设备或资金投资，当然，它的投资回报也将远高于设备投资回报，只要你能妥善运用这笔投资。人力资源是一个公司得以维持、发展的重要资源，人力资源管理是现代企业经营战略中的一个重要组成部份，它已不再局限于传统的人事考勤、档案管理等人事管理工作，也不再是仅涉及到人事部门的事情，而应是公司全体管理者共同关注的一项战略性工作。

图 15-15 设置页眉内容

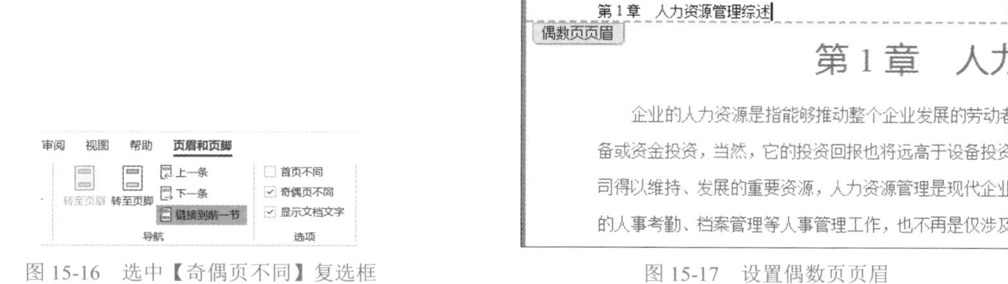

审阅
视图
帮助
页眉和页脚
转至页眉
转至页脚
上一条
下一条
链接到前一节
导航
首页不同
奇偶页不同
显示文档文字
选项

图 15-16 选中【奇偶页不同】复选框

第 1 章 人力资源管理综述
偶数页页眉
第 1 章 人力

图 15-17 设置偶数页页眉

**21** 设置首页页眉不同。在【页眉和页脚】选项卡的【选项】组中，选中【首页不同】复选框，如图15-18所示，然后将每一章的首页页眉删除。

**22** 选择【文件】选项卡中的【选项】命令，打开【Word选项】对话框，打开【显示】选项卡，选中【显示所有格式标记】复选框，如图15-19所示，单击【确定】按钮。

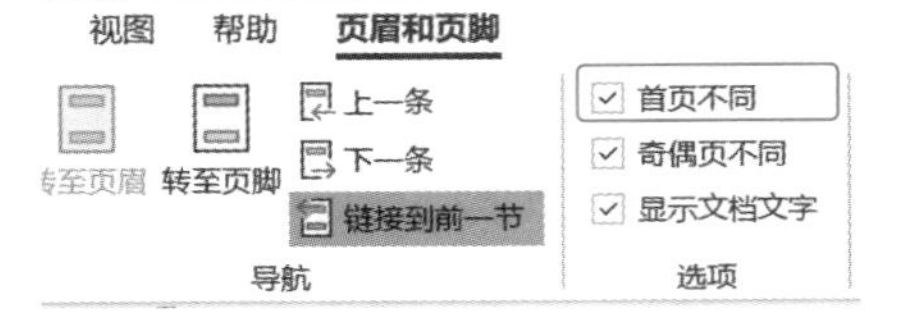


图 15-18　选中【首页不同】复选框

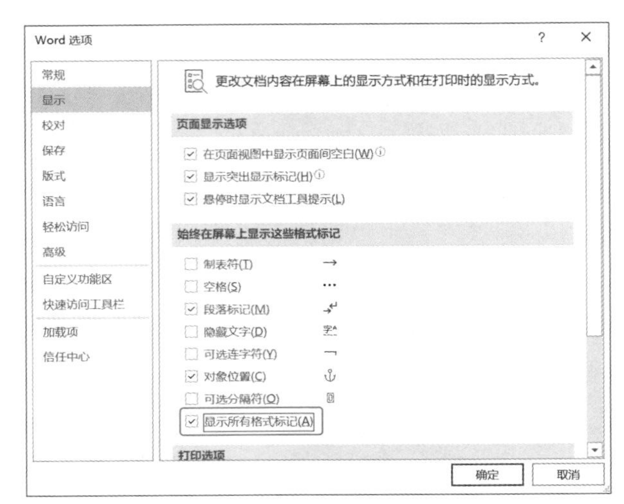


图 15-19　选中【显示所有格式标记】复选框

23 双击任意一个页眉，打开页眉和页脚的编辑状态。在【页眉和页脚】选项卡的【导航】组中单击【转至页脚】按钮，如图15-20所示。

24 在【页眉和页脚】选项卡的【页眉和页脚】组中，单击【页码】按钮，从打开的菜单中选择【设置页码格式】命令，如图15-21所示。

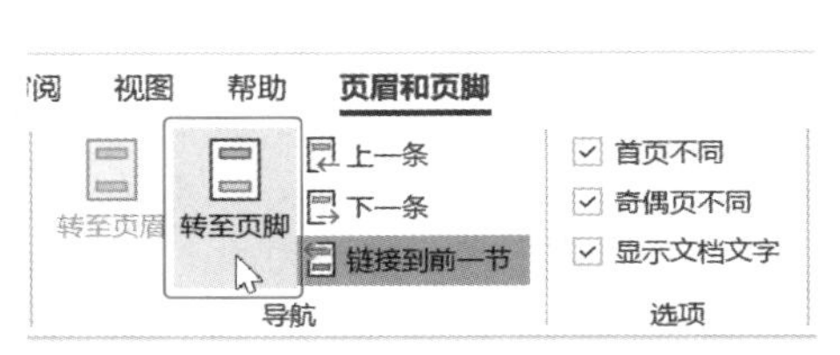


图 15-20　单击【转至页脚】按钮

图 15-21　选择【设置页码格式】命令

25 打开【页码格式】对话框，设置【编号格式】如图15-22所示，单击【确定】按钮。

26 在【插入】选项卡的【页眉和页脚】组中，单击【页码】按钮，从弹出的菜单中选择【页面底端】|【普通数字2】选项，如图15-23所示。

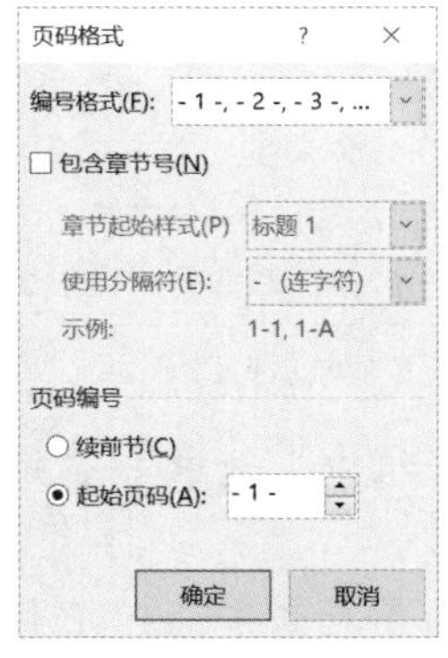


图 15-22　设置页码格式

图 15-23　在页脚插入页码

27 取消【奇偶页不同】复选框的选中状态，使每一页的页脚都相同。

### 15.1.5 不同章节不同页眉

28 至此，所有的章标题页眉都是一样的，章标题一律显示第1章的章节标题。但是，实际的文档处理需求中，一般每一章的页眉是不一样的。因此，首先将光标置于第1章末尾，就是之前分页符标志的右侧。

29 在【布局】选项卡的【页面设置】组中，单击【分隔符】按钮，从弹出的下拉菜单中选择【分节符】中的【下一页】命令，如图15-24所示，插入分节符，效果如图15-25所示。

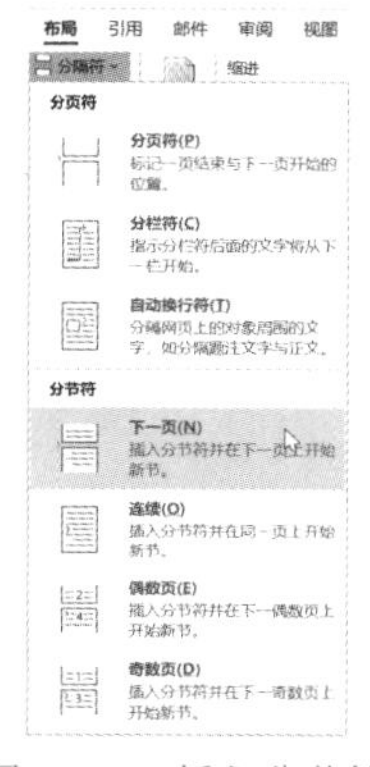


图 15-24 插入分节符

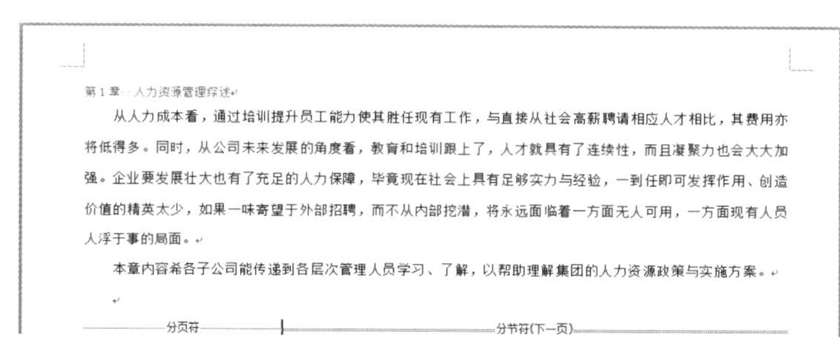
第 1 章 人力资源管理综述

从人力成本看，通过培训提升员工能力使其胜任现有工作，与直接从社会高薪聘请相应人才相比，其费用亦将低得多。同时，从公司未来发展的角度看，教育和培训跟上了，人才就具有了连续性，而且凝聚力也会大大加强。企业要发展壮大也有了充足的人力保障，毕竟现在社会上具有足够实力与经验，一到任即可发挥作用、创造价值的精英太少，如果一味寄望于外部招聘，而不从内部挖潜，将永远面临着一方面无人可用，一方面现有人员人浮于事的局面。

本章内容希各子公司能传递到各层次管理人员学习、了解，以帮助理解集团的人力资源政策与实施方案。

分页符 分节符(下一页)

图 15-25 分节符效果

30 将鼠标移动到第2章的显示章标题的页面，双击变成可编辑状态，先取消【页眉和页脚】选项卡【导航】组里的【链接到前一条】的选中状态，如图15-26所示。然后输入第2章的章名作为本章的偶数页页眉，如图15-27所示，而奇数页页眉不变。

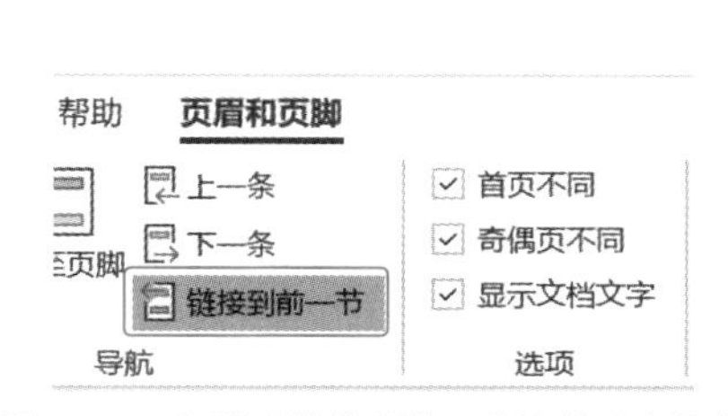


图 15-26 取消【链接到前一节】的选中状态

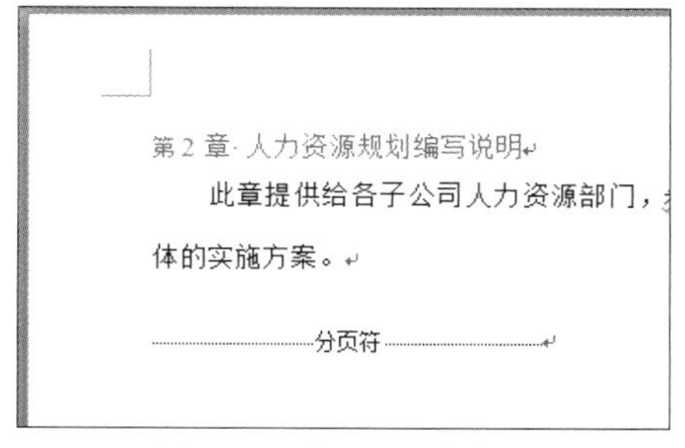
第 2 章 人力资源规划编写说明

此章提供给各子公司人力资源部门，

体的实施方案。

分页符

图 15-27 输入第 2 章章名

31 使用同样的方法设置其他章的偶数页页眉，即可实现每章偶数页页眉不同的效果。

### 15.1.6 不同章节连续页码

32 此时还发现，每一章页脚上的页码，都是从第1页开始计数。但是，现实需求中，所有章节的页码是连续的，后一章页码是上一章最末尾的页码加1。因此，这里重新设置页脚上的页码。

33 移动到第2章第一处页脚处，然后单击【插入】选项卡【页眉和页脚】组的【页码】

下拉按钮，选择【设置页码格式】命令。

34 弹出【页码格式】对话框，在【页码编号】选项区域中，选中【续前节】单选按钮，如图15-28所示，使页码在第1章的基础上连续计算页码，效果如图15-29所示。

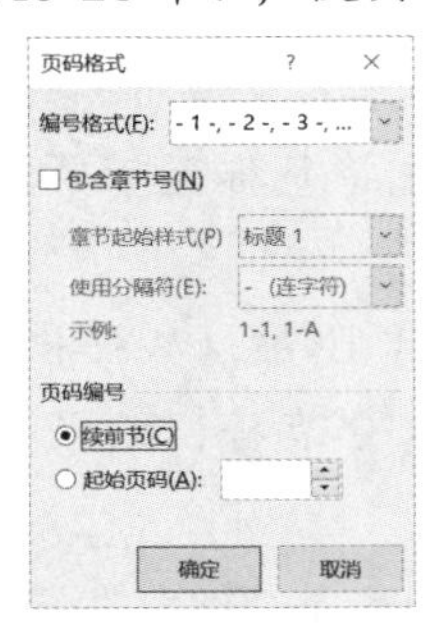

图 15-28　【页码格式】对话框

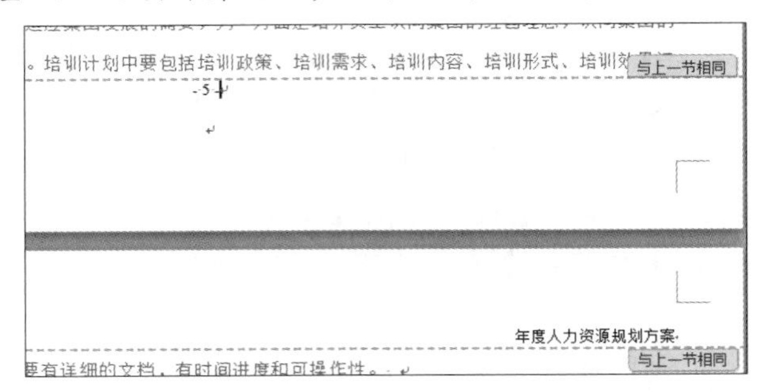

图 15-29　页脚效果

35 给其他章的页脚做同样的设置。

### 15.1.7　制作文档目录

36 在文档标题的下方输入“目录”，然后设置其样式。

37 将光标定位在“目录”右侧，按Enter键另起一行。

38 打开【引用】选项卡，单击【目录】按钮，在弹出的菜单中选择【自定义目录】命令，如图15-30所示。

39 在打开的对话框中选择只显示1个目录级别，即抽取章标题作为本书的目录。确定后，目录效果如图15-31所示。

到此为止，该文档已基本处理完毕。读者可以进行深入处理。由于篇幅有限，这里不再展开叙述。

图 15-30　选择【自定义目录】命令

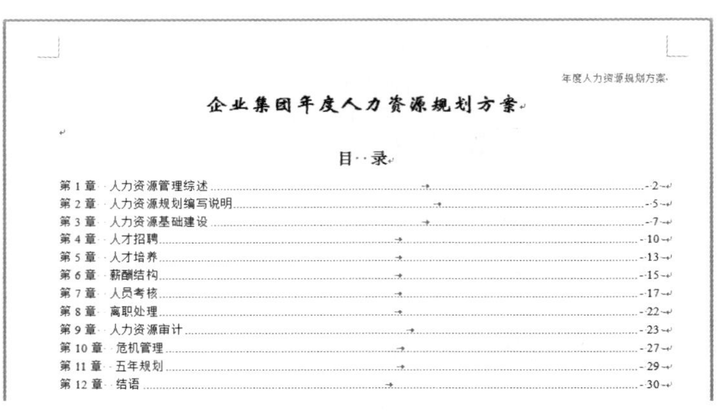

图 15-31　目录效果

# 15.2 Office之销售统计表

销售统计表主要用来统计和反映企业的销售状况。本节讲述制作销售统计表的方法和对工作表进行数据的排序与汇总，分组显示与创建组，显示与打印分类汇总的结果等。

## 15.2.1 创建销售统计表

01 启动Excel，新建一个空白工作簿，如图15-32所示。

02 输入信息，如图15-33所示。

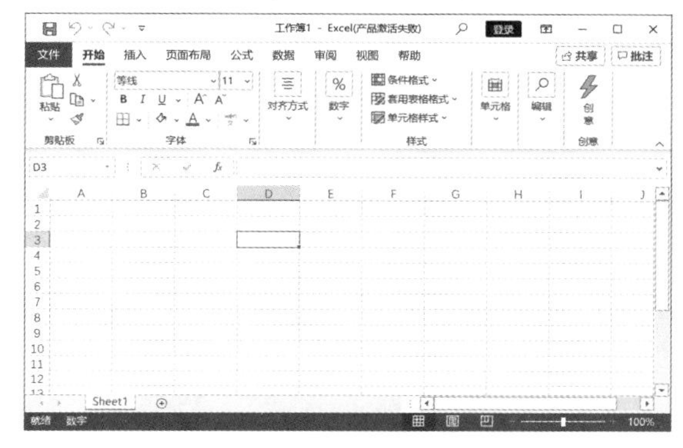

图 15-32 新建空白工作簿

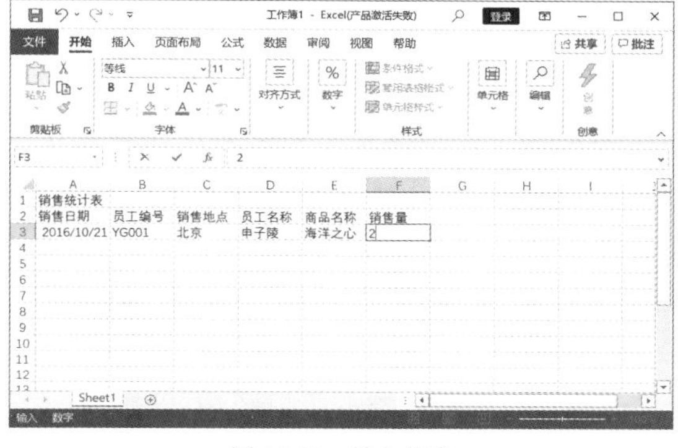

图 15-33 输入信息

03 添加记录单。首先在【Excel选项】对话框的【自定义功能区】选项卡中，单击【新建选项卡】按钮，然后在【记录单(自定义)】下添加【记录单】按钮，然后单击【确定】按钮返回。

04 选择工作表中数据区域内的任一单元格，然后单击【新建选项卡】选项卡的【记录单】组中的【记录单】按钮，弹出Sheet1对话框，如图15-34所示，输入各种数据，单击【关闭】按钮，结果如图15-35所示。

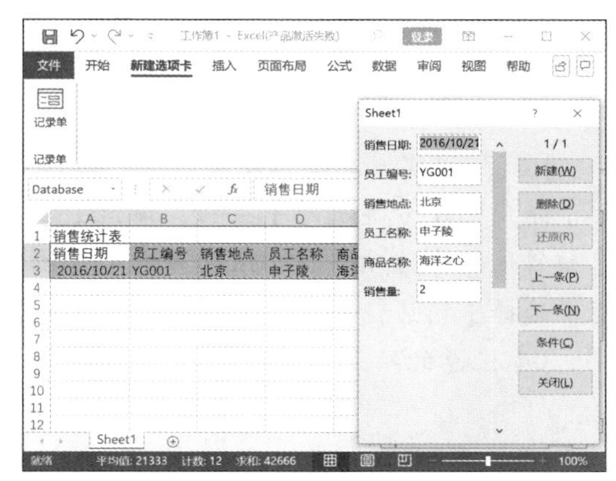

图 15-34 添加记录单

05 将工作簿保存为“销售统计.xlsx”。

| | A | B | C | D | E | F | G | H |
|---|---|---|---|---|---|---|---|---|
| 1 | 销售统计表 | | | | | | | |
| 2 | 销售日期 | 员工编号 | 销售地点 | 员工名称 | 商品名称 | 销售量 | | |
| 3 | 2016/10/21 | YG001 | 北京 | 申子陵 | 海洋之心 | 2 | | |
| 4 | 2016/10/22 | YG002 | 北京 | 扬子 | 倾城之恋 | 1 | | |
| 5 | 2016/10/23 | YG003 | 上海 | 德邦 | 海洋之心 | 4 | | |
| 6 | 2016/10/24 | YG004 | 上海 | 申龙 | 倾城之恋 | 2 | | |
| 7 | 2016/10/25 | YG005 | 上海 | 嘉鱼 | 海洋之心 | 5 | | |
| 8 | 2016/10/26 | YG006 | 苏州 | 赵大山 | 倾城之恋 | 3 | | |
| 9 | 2016/10/27 | YG007 | 苏州 | 张柏 | 海洋之心 | 2 | | |
| 10 | 2016/10/28 | YG008 | 苏州 | 瑟瑟 | 倾城之恋 | 5 | | |
| 11 | 2016/10/29 | YG009 | 苏州 | 席建宇 | 海洋之心 | 2 | | |
| 12 | 2016/10/30 | YG010 | 深圳 | 于文华 | 倾城之恋 | 3 | | |

图 15-35　输入数据后的工作表效果

## 15.2.2　对销售统计表排序和汇总

对数据进行排序和汇总的具体步骤如下。

**01** 将C列进行降序排列。单击C列数据区域内的任一单元格，在【数据】选项卡中单击【排序和筛选】组中的【降序】按钮，如图15-36所示。

**02** 对“销售地点”列的降序排列后的效果如图15-37所示。

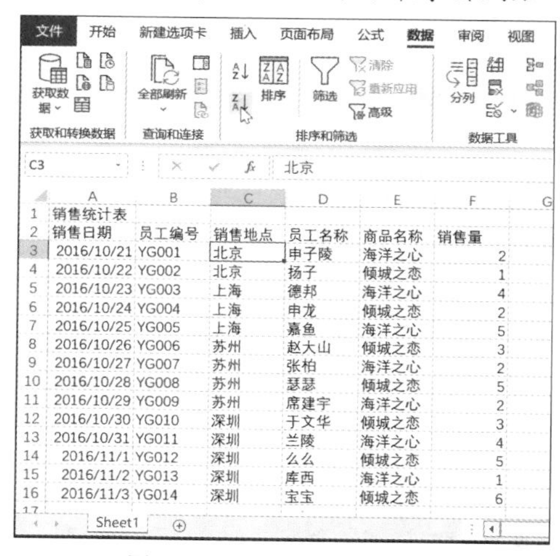

| | A | B | C | D | E | F |
|---|---|---|---|---|---|---|
| 1 | 销售统计表 | | | | | |
| 2 | 销售日期 | 员工编号 | 销售地点 | 员工名称 | 商品名称 | 销售量 |
| 3 | 2016/10/21 | YG001 | 北京 | 申子陵 | 海洋之心 | 2 |
| 4 | 2016/10/22 | YG002 | 北京 | 扬子 | 倾城之恋 | 1 |
| 5 | 2016/10/23 | YG003 | 上海 | 德邦 | 海洋之心 | 4 |
| 6 | 2016/10/24 | YG004 | 上海 | 申龙 | 倾城之恋 | 2 |
| 7 | 2016/10/25 | YG005 | 上海 | 嘉鱼 | 海洋之心 | 5 |
| 8 | 2016/10/26 | YG006 | 苏州 | 赵大山 | 倾城之恋 | 3 |
| 9 | 2016/10/27 | YG007 | 苏州 | 张柏 | 海洋之心 | 2 |
| 10 | 2016/10/28 | YG008 | 苏州 | 瑟瑟 | 倾城之恋 | 5 |
| 11 | 2016/10/29 | YG009 | 苏州 | 席建宇 | 海洋之心 | 2 |
| 12 | 2016/10/30 | YG010 | 深圳 | 于文华 | 倾城之恋 | 3 |
| 13 | 2016/10/31 | YG011 | 深圳 | 兰陵 | 海洋之心 | 4 |
| 14 | 2016/11/1 | YG012 | 深圳 | 么么 | 倾城之恋 | 5 |
| 15 | 2016/11/2 | YG013 | 深圳 | 库西 | 海洋之心 | 1 |
| 16 | 2016/11/3 | YG014 | 深圳 | 宝宝 | 倾城之恋 | 6 |

图 15-36　单击【降序】按钮

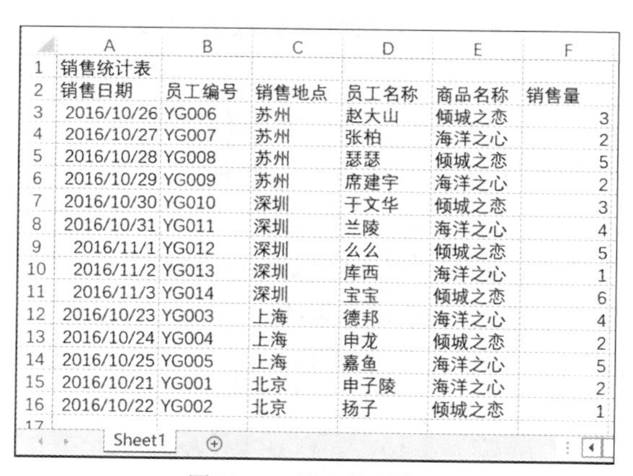

| | A | B | C | D | E | F |
|---|---|---|---|---|---|---|
| 1 | 销售统计表 | | | | | |
| 2 | 销售日期 | 员工编号 | 销售地点 | 员工名称 | 商品名称 | 销售量 |
| 3 | 2016/10/26 | YG006 | 苏州 | 赵大山 | 倾城之恋 | 3 |
| 4 | 2016/10/27 | YG007 | 苏州 | 张柏 | 海洋之心 | 2 |
| 5 | 2016/10/28 | YG008 | 苏州 | 瑟瑟 | 倾城之恋 | 5 |
| 6 | 2016/10/29 | YG009 | 苏州 | 席建宇 | 海洋之心 | 2 |
| 7 | 2016/10/30 | YG010 | 深圳 | 于文华 | 倾城之恋 | 3 |
| 8 | 2016/10/31 | YG011 | 深圳 | 兰陵 | 海洋之心 | 4 |
| 9 | 2016/11/1 | YG012 | 深圳 | 么么 | 倾城之恋 | 5 |
| 10 | 2016/11/2 | YG013 | 深圳 | 库西 | 海洋之心 | 1 |
| 11 | 2016/11/3 | YG014 | 深圳 | 宝宝 | 倾城之恋 | 6 |
| 12 | 2016/10/23 | YG003 | 上海 | 德邦 | 海洋之心 | 4 |
| 13 | 2016/10/24 | YG004 | 上海 | 申龙 | 倾城之恋 | 2 |
| 14 | 2016/10/25 | YG005 | 上海 | 嘉鱼 | 海洋之心 | 5 |
| 15 | 2016/10/21 | YG001 | 北京 | 申子陵 | 海洋之心 | 2 |
| 16 | 2016/10/22 | YG002 | 北京 | 扬子 | 倾城之恋 | 1 |

图 15-37　降序排列效果

**03** 对销售地点进行分类汇总。选择任一单元格，在【数据】选项卡中，单击【分级显示】组中的【分类汇总】按钮，弹出【分类汇总】对话框。在【分类字段】下拉列表中选择【销售地点】选项，在【汇总方式】下拉列表中选择【求和】选项，在【选定汇总项】列表框中选择【销售量】复选框，单击【确定】按钮，如图15-38所示。

**04** 汇总的结果如图15-39所示。

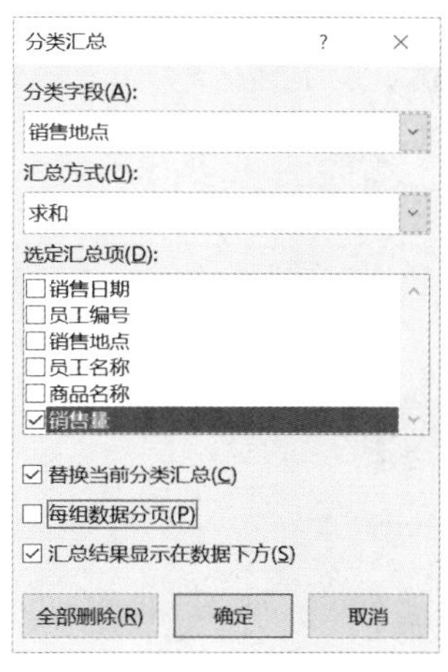

图 15-38 对销售地点进行分类汇总

| | A | B | C | D | E | F |
|---|---|---|---|---|---|---|
| 1 | 销售统计表 | | | | | |
| 2 | 销售日期 | 员工编号 | 销售地点 | 员工名称 | 商品名称 | 销售量 |
| 3 | 2016/10/26 | YG006 | 苏州 | 赵大山 | 倾城之恋 | 3 |
| 4 | 2016/10/27 | YG007 | 苏州 | 张柏 | 海洋之心 | 2 |
| 5 | 2016/10/28 | YG008 | 苏州 | 瑟瑟 | 倾城之恋 | 5 |
| 6 | 2016/10/29 | YG009 | 苏州 | 席建宇 | 海洋之心 | 2 |
| 7 | | | 苏州 汇总 | | | 12 |
| 8 | 2016/10/30 | YG010 | 深圳 | 于文华 | 倾城之恋 | 3 |
| 9 | 2016/10/31 | YG011 | 深圳 | 兰陵 | 海洋之心 | 4 |
| 10 | 2016/11/1 | YG012 | 深圳 | 么么 | 倾城之恋 | 5 |
| 11 | 2016/11/2 | YG013 | 深圳 | 库西 | 海洋之心 | 1 |
| 12 | 2016/11/3 | YG014 | 深圳 | 宝宝 | 倾城之恋 | 6 |
| 13 | | | 深圳 汇总 | | | 19 |
| 14 | 2016/10/23 | YG003 | 上海 | 德邦 | 海洋之心 | 4 |
| 15 | 2016/10/24 | YG004 | 上海 | 申龙 | 倾城之恋 | 2 |
| 16 | 2016/10/25 | YG005 | 上海 | 嘉鱼 | 海洋之心 | 5 |
| 17 | | | 上海 汇总 | | | 11 |

图 15-39 汇总结果

## 15.2.3 对销售统计表分级和创建组合

分级显示和创建组的具体操作步骤如下。

**01** 隐藏和显示明细数据。选择任一单元格，在【数据】选项卡中，单击【分级显示】组中的【隐藏明细数据】按钮，可以隐藏明细数据，如图15-40所示。单击【显示明细数据】按钮，可以显示明细数据。

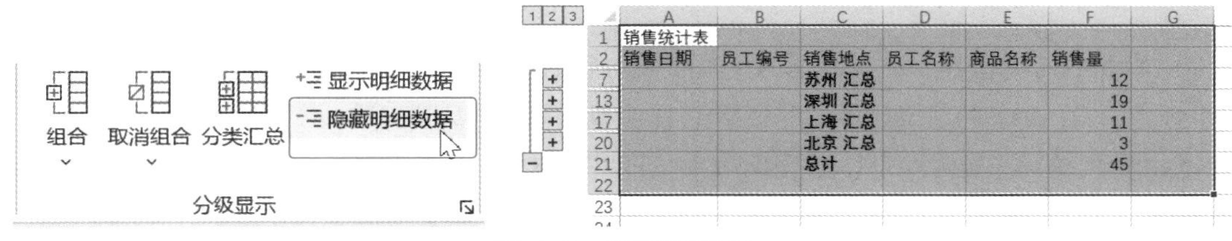


图 15-40 隐藏明细数据

**02** 创建按行的组合。在【数据】选项卡中，单击【分级显示】组中的【组合】下拉按钮，在弹出的下拉列表中选择【组合】选项，弹出【组合】对话框，选中【行】单选按钮，单击【确定】按钮，如图15-41所示。

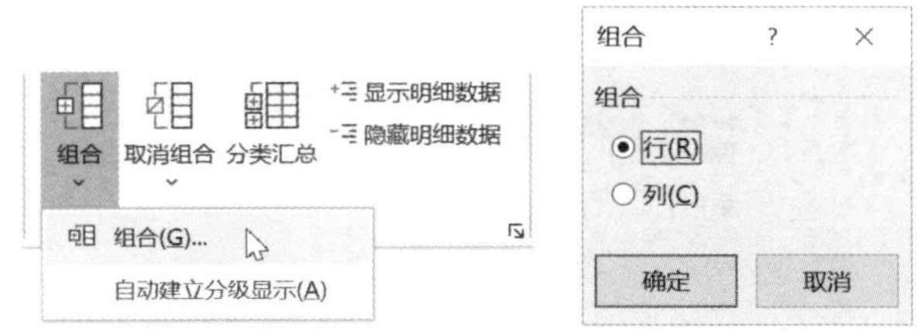


图 15-41 创建按行的组合

**03** 创建完成后的效果如图15-42所示。

**04** 取消组合。单击【取消组合】按钮，在弹出的下拉列表中选择【取消组合】命令，在弹出的【取消组合】对话框中可以取消【行】或【列】的组合。

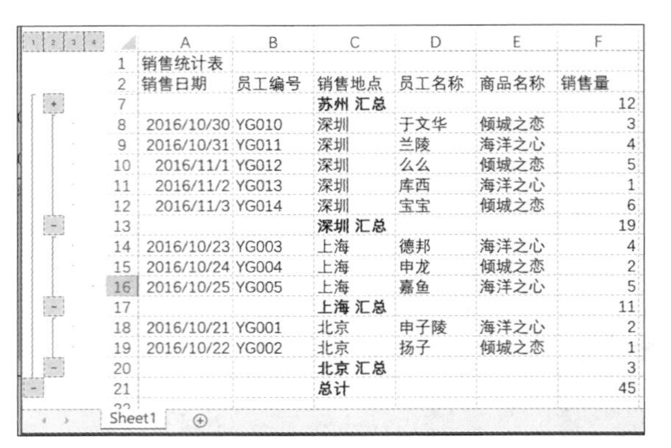

| | A | B | C | D | E | F |
|---|---|---|---|---|---|---|
| 1 | 销售统计表 | | | | | |
| 2 | 销售日期 | 员工编号 | 销售地点 | 员工名称 | 商品名称 | 销售量 |
| 7 | | | 苏州 汇总 | | | 12 |
| 8 | 2016/10/30 | YG010 | 深圳 | 于文华 | 倾城之恋 | 3 |
| 9 | 2016/10/31 | YG011 | 深圳 | 兰陵 | 海洋之心 | 4 |
| 10 | 2016/11/1 | YG012 | 深圳 | 么么 | 倾城之恋 | 5 |
| 11 | 2016/11/2 | YG013 | 深圳 | 库西 | 海洋之心 | 1 |
| 12 | 2016/11/3 | YG014 | 深圳 | 宝宝 | 倾城之恋 | 6 |
| 13 | | | 深圳 汇总 | | | 19 |
| 14 | 2016/10/23 | YG003 | 上海 | 德邦 | 海洋之心 | 4 |
| 15 | 2016/10/24 | YG004 | 上海 | 申龙 | 倾城之恋 | 2 |
| 16 | 2016/10/25 | YG005 | 上海 | 嘉鱼 | 海洋之心 | 5 |
| 17 | | | 上海 汇总 | | | 11 |
| 18 | 2016/10/21 | YG001 | 北京 | 申子陵 | 海洋之心 | 2 |
| 19 | 2016/10/22 | YG002 | 北京 | 扬子 | 倾城之恋 | 1 |
| 20 | | | 北京 汇总 | | | 3 |
| 21 | | | 总计 | | | 45 |

图 15-42　按行组合

## 15.2.4　显示并打印销售统计表

显示并打印销售统计表的具体操作步骤如下。

**01** 分类汇总。选择任一单元格，在【数据】选项卡中单击【分级显示】组中的【分类汇总】按钮，弹出【分类汇总】对话框。

**02** 设置分类汇总。将【分类字段】设置为【销售地点】，选中【每组数据分页】复选框，其他选项保持默认设置，如图15-43所示。

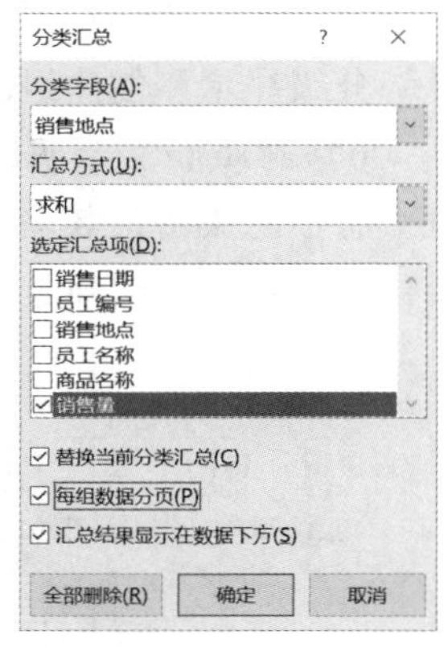


图 15-43　【分类汇总】对话框

**03** 单击【确定】按钮，汇总结果如图15-44所示。

**04** 在【页面布局】选项卡下设置【页面设置】对话框。对话框的打开方法为：切换到【页面布局】选项卡，单击【页面设置】组中右下角的【页面设置】按钮，弹出【页面设置】对话框，如图15-45所示。

| | A | B | C | D | E | F |
|---|---|---|---|---|---|---|
| 1 | 销售统计表 | | | | | |
| 2 | 销售日期 | 员工编号 | 销售地点 | 员工名称 | 商品名称 | 销售量 |
| 3 | 2016/10/26 | YG006 | 苏州 | 赵大山 | 倾城之恋 | 3 |
| 4 | 2016/10/27 | YG007 | 苏州 | 张柏 | 海洋之心 | 2 |
| 5 | 2016/10/28 | YG008 | 苏州 | 瑟瑟 | 倾城之恋 | 5 |
| 6 | 2016/10/29 | YG009 | 苏州 | 席建宇 | 海洋之心 | 2 |
| 7 | | | 苏州 汇总 | | | 12 |
| 8 | 2016/10/30 | YG010 | 深圳 | 于文华 | 倾城之恋 | 3 |
| 9 | 2016/10/31 | YG011 | 深圳 | 兰陵 | 海洋之心 | 4 |
| 10 | 2016/11/1 | YG012 | 深圳 | 么么 | 倾城之恋 | 5 |
| 11 | 2016/11/2 | YG013 | 深圳 | 库西 | 海洋之心 | 1 |
| 12 | 2016/11/3 | YG014 | 深圳 | 宝宝 | 倾城之恋 | 6 |
| 13 | | | 深圳 汇总 | | | 19 |
| 14 | 2016/10/23 | YG003 | 上海 | 德邦 | 海洋之心 | 4 |
| 15 | 2016/10/24 | YG004 | 上海 | 申龙 | 倾城之恋 | 2 |
| 16 | 2016/10/25 | YG005 | 上海 | 嘉鱼 | 海洋之心 | 5 |
| 17 | | | 上海 汇总 | | | 11 |
| 18 | 2016/10/21 | YG001 | 北京 | 申子陵 | 海洋之心 | 2 |

图 15-44　汇总结果

图 15-45　【页面设置】对话框

**05** 设置打印时的标题。选择【工作表】选项卡，单击【顶端标题行】文本框右侧的【折叠】按钮，选择工作表的第1、2行，这是为了打印时每一页都能显示标题，如图15-46所示。

06 设置完成后单击【确定】按钮，完成页面的设置，然后选择【文件】菜单中的【打印】选项，可以看到每页中只有一个销售地点的汇总情况，如图15-47所示，单击【打印】按钮，打印销售统计表。

图 15-46　设置打印标题

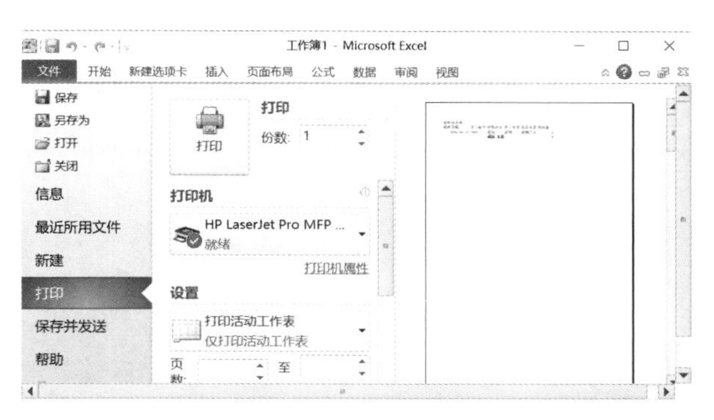

图 15-47　打印销售统计表

# 15.3　Office之协同办公

Office 2016中各个组件之间不仅可以实现资源共享，还可以相互调用，这样可以提高工作效率。通过本章的学习，用户可以了解Office系列办公软件的相互协作应用。

## 15.3.1　Word和Excel的协作

### 1. 在 Word 中创建 Excel 工作表

在Word中可以直接创建Excel工作表，这样就不用在两个软件之间来回切换了。

01 单击【插入】选项卡【文本】组中的【对象】按钮，弹出【对象】对话框，在【对象类型】列表框中选择【Microsoft Excel Worksheet】选项，然后单击【确定】按钮，如图15-48左图所示。

02 文档中就会出现Excel工作表的状态，如图15-48右图所示，直接在工作表中输入需要的数据即可。

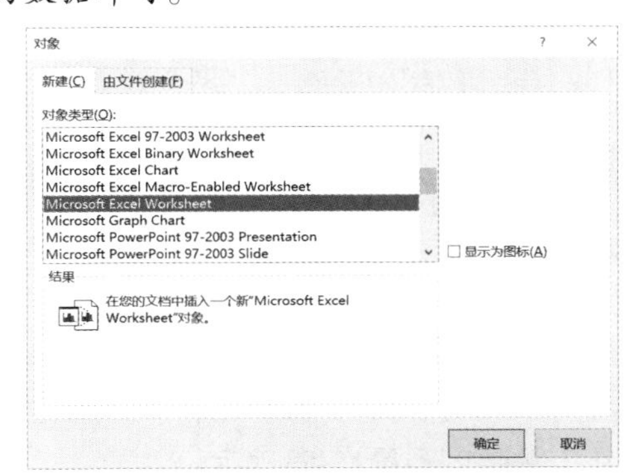

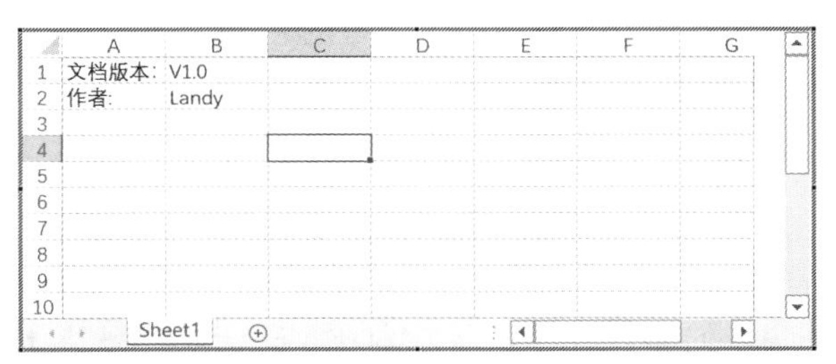

图 15-48　在 Word 中创建 Excel 工作表

### 2. 在 Word 中调用 Excel 工作表

在Word中也可以调用Excel工作表或图表编辑数据，调用Excel工作表的具体操作如下。

**01** 打开Word软件，单击【插入】选项卡【文本】组中的【对象】按钮，在弹出的【对象】对话框中选择【由文件创建】选项卡，单击【浏览】按钮，如图15-49所示。

**02** 在弹出的【浏览】对话框中选择需要插入的Excel文件，这里选择需要的工作表文件，然后单击【插入】按钮，如图15-50所示。

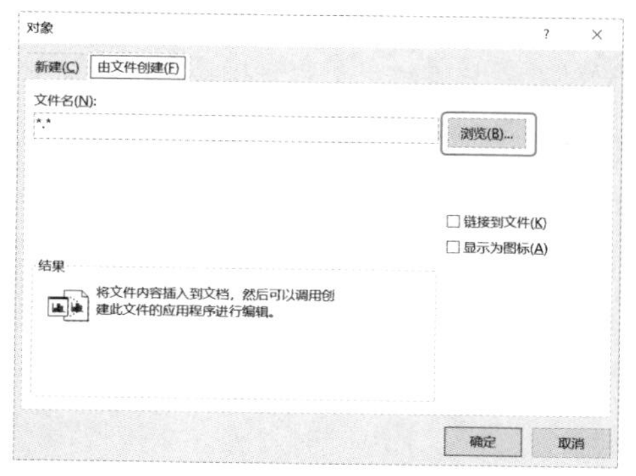


图 15-49　单击【浏览】按钮

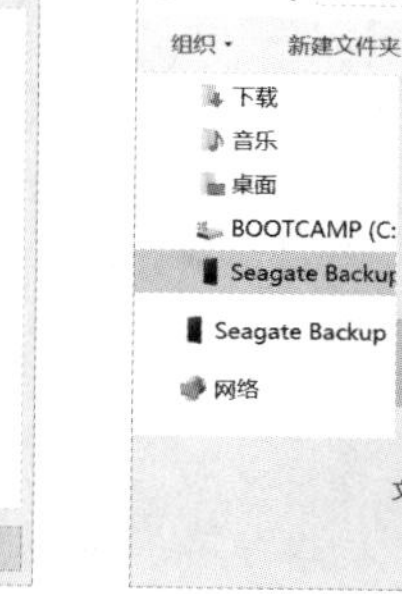


图 15-50　打开【浏览】对话框

**03** 单击【对象】对话框的【确定】按钮，如图15-51所示，即可将Excel工作表插入Word文档中。

**04** 插入Excel工作表后，可以通过工作表四周的控制点调整工作表的位置和大小，如图15-52所示。

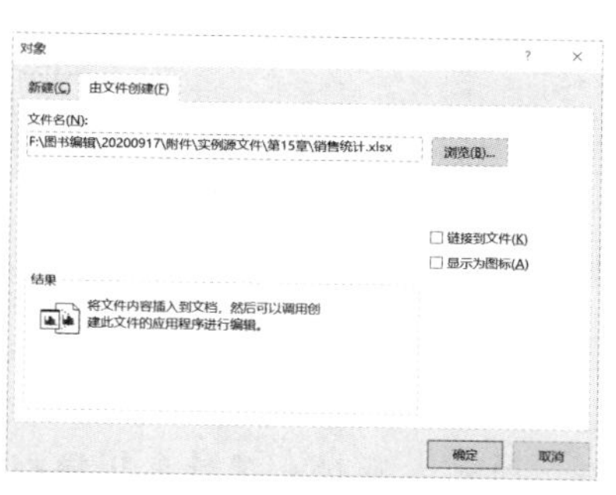


图 15-51　单击【确定】按钮

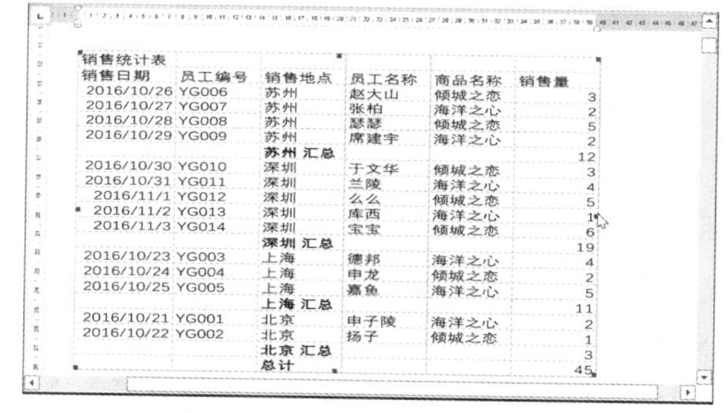

销售统计表

| 销售日期 | 员工编号 | 销售地点 | 员工名称 | 商品名称 | 销售量 |
|---|---|---|---|---|---|
| 2016/10/26 | YG006 | 苏州 | 赵大山 | 倾城之恋 | 3 |
| 2016/10/27 | YG007 | 苏州 | 张柏 | 海洋之心 | 2 |
| 2016/10/28 | YG008 | 苏州 | 瑟瑟 | 倾城之恋 | 5 |
| 2016/10/29 | YG009 | 苏州 | 席建宇 | 海洋之心 | 2 |
| | | 苏州 汇总 | | | 12 |
| 2016/10/30 | YG010 | 深圳 | 于文华 | 倾城之恋 | 3 |
| 2016/10/31 | YG011 | 深圳 | 兰陵 | 海洋之心 | 4 |
| 2016/11/1 | YG012 | 深圳 | 么么 | 倾城之恋 | 5 |
| 2016/11/2 | YG013 | 深圳 | 库西 | 海洋之心 | 1 |
| 2016/11/3 | YG014 | 深圳 | 宝宝 | 倾城之恋 | 6 |
| | | 深圳 汇总 | | | 19 |
| 2016/10/23 | YG003 | 上海 | 德邦 | 海洋之心 | 4 |
| 2016/10/24 | YG004 | 上海 | 申龙 | 倾城之恋 | 2 |
| 2016/10/25 | YG005 | 上海 | 嘉鱼 | 海洋之心 | 5 |
| | | 上海 汇总 | | | 11 |
| 2016/10/21 | YG001 | 北京 | 申子陵 | 海洋之心 | 2 |
| 2016/10/22 | YG002 | 北京 | 扬子 | 倾城之恋 | 1 |
| | | 北京 汇总 | | | 3 |
| | | 总计 | | | 45 |

图 15-52　调整工作表的位置和大小

## 15.3.2　Word和PowerPoint的协作

Word与PowerPoint之间的信息共享不是很常用，但偶尔也会需要在Word中调用PowerPoint演示文稿。

### 1. 在 Word 中调用 PowerPoint 演示文稿

用户可以将PowerPoint演示文稿插入Word中编辑和放映，具体的操作步骤如下。

**01** 打开Word软件，单击【插入】选项卡【文本】组中的【对象】按钮，在弹出的【对象】对话框中选择【由文件创建】选项卡，单击【浏览】按钮，如图15-53所示。

02 在弹出的【浏览】对话框中选择需要插入的PowerPoint文件，这里选择需要的演示文稿文件，然后单击【插入】按钮，如图15-54所示。

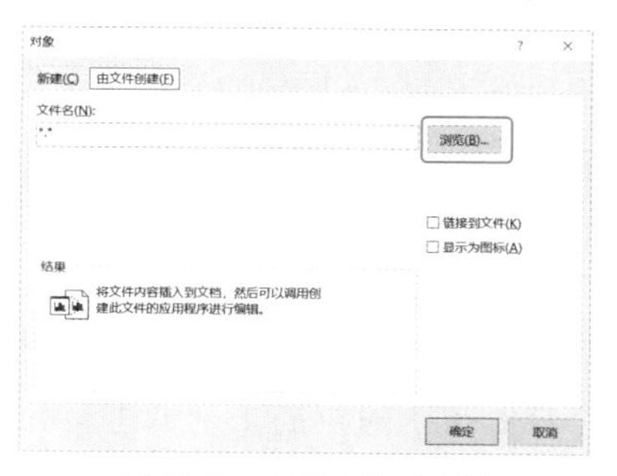

图 15-53 【对象】对话框

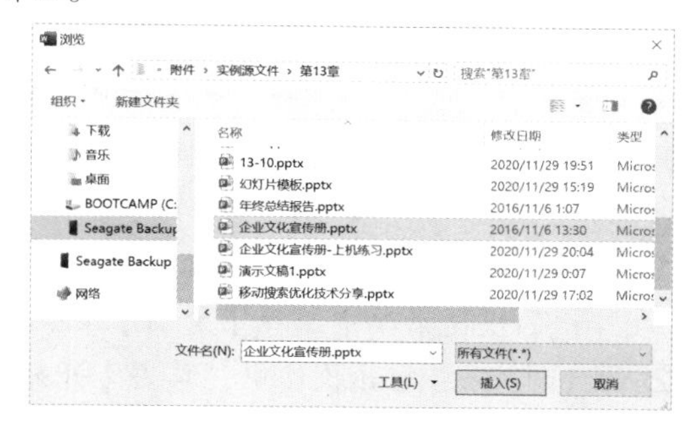


图 15-54 【浏览】对话框

03 单击【对象】对话框中的【确定】按钮，如图15-55所示，即可将演示文稿插入Word文档中。

04 插入演示文稿后，可以通过演示文稿对象四周的控制点调整幻灯片的位置和大小，如图15-56所示。

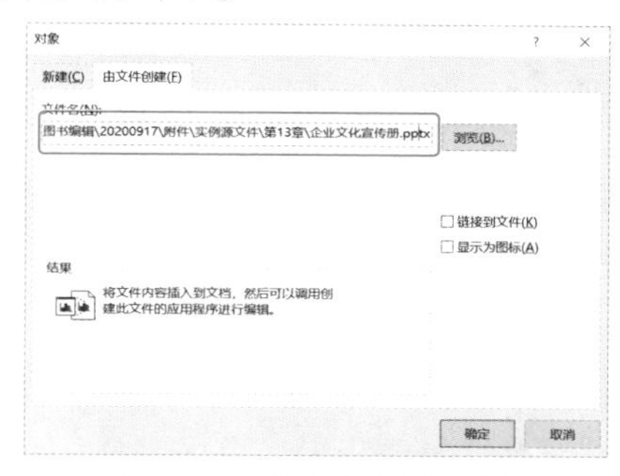


图 15-55 单击【确定】按钮

图 15-56 调整幻灯片的位置和大小

## 2. 在 Word 中调用单张幻灯片

根据不同的需要，用户可以在Word中调用单张幻灯片。具体操作步骤如下。

01 打开一个演示文稿文件，在演示文稿中选择需要插入Word中的单张幻灯片，然后单击鼠标右键，在弹出的快捷菜单中选择【复制】命令，如图15-57所示。

02 切换到Word软件中，单击【开始】选项卡【剪贴板】组中的【粘贴】下拉按钮，在弹出的下拉菜单中选择【选择性粘贴】命令，弹出【选择性粘贴】对话框，选中【粘贴】单选按钮，在【形式】列表框中选择【Microsoft PowerPoint幻灯片对象】选项，然后单击【确定】按钮，效果如图15-58所示。

图 15-57 选择【复制】命令

图 15-58 调用单张幻灯片

### 15.3.3 Excel和PowerPoint的协作

Excel与PowerPoint之间也存在着信息的共享和调用关系。

#### 1. 在 PowerPoint 中调用 Excel 工作表

用户可以将在Excel中制作的工作表调用到PowerPoint中放映，这样可以为讲解省去很多麻烦。

01 复制数据区域。打开Excel工作簿文件，将需要复制的数据区域选中，然后单击鼠标右键，在弹出的快捷菜单中选择【复制】命令，如图15-59所示。

02 切换到PowerPoint软件中，单击【开始】选项卡【剪贴板】组中的【粘贴】按钮，效果如图15-60所示。

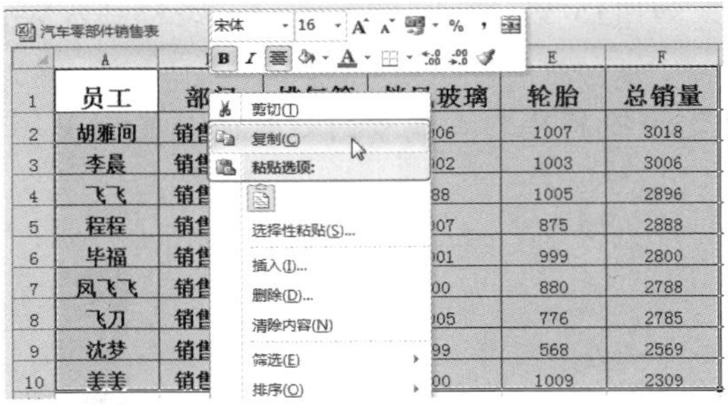

图 15-59 复制数据区域

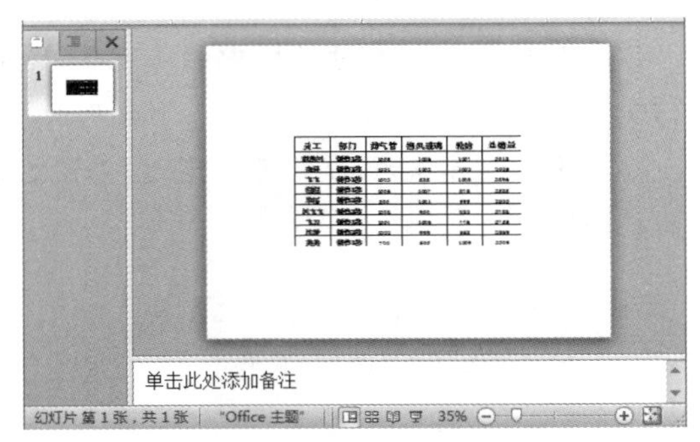


图 15-60 调用工作表后的效果

#### 2. 在 PowerPoint 中调用 Excel 图表

用户也可以在PowerPoint中调用Excel图表，具体操作步骤如下。

01 打开Excel工作簿文件，选中需要复制的图表，然后单击鼠标右键，在弹出的快捷菜单中选择【复制】命令，如图15-61所示。

02 切换到PowerPoint软件中，单击【开始】选项卡【剪贴板】组中的【粘贴】按钮，效果如图15-62所示。

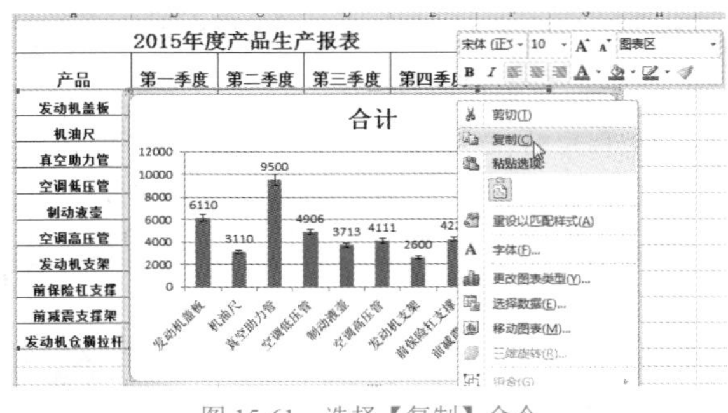


图 15-61 选择【复制】命令

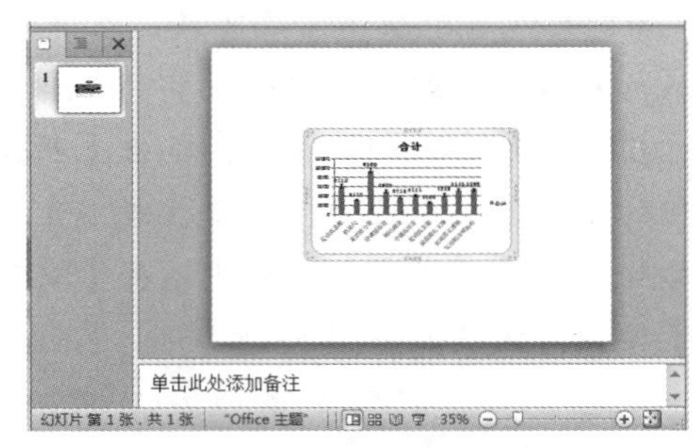


图 15-62 调用图表后的效果

# 参考文献

[1] 凤凰高新教育. 中文版Office 2016三合一办公基础教程[M]. 北京：北京大学出版社，2014.

[2] 王国胜. Office 2016实战技巧精粹辞典(全技巧视频版). 北京：中国青年出版社，2018.

[3] 徐日，张晓昆. 微软办公软件国际认证MOS Office 2016大师级通关教程. 北京：清华大学出版社，2018.

[4] 陈树平，等. 大学计算机基础[M]. 北京：电子工业出版社，2014.

[5] 德胜书坊. 最新Office 2016高效办公三合一：Word/Excel/PPT. 北京：中国青年出版社，2017.

[6] 李秀，等. 计算机文化基础[M]. 5版. 北京：清华大学出版社，2005.

[7] June jamrich Parsons，Dan Oja. 计算机文化[M]. 北京：机械工业出版社，2001.

[8] 山东省教育厅组. 计算机文化基础[M]. 东营：中国石油大学出版社，2006.

[9] 龙马工作室. Office 2013从新手到高手[M]. 北京：人民邮电出版社，2014.

[10] 王国胜. Office 2013实战技巧精粹辞典[M]. 北京：中国青年出版社，2013.

[11] 杰诚文化. Office 2013高效办公三合一[M]. 北京：中国青年出版社，2013.

[12] 龙马高新教育策划，许倩莹. 新编Office 2016从入门到精通[M]. 6版. 北京：人民邮电出版社，2016.

[13] 李建东. 计算机操作系统[M]. 4版. 西安：西安电子科技大学出版社，2014.

[14] 鲁宏伟，等. 多媒体计算机技术[M]. 4版. 北京：电子工业出版社，2011.

[15] 钟玉琢，等. 多媒体技术基础及应用[M]. 3版. 北京：清华大学出版社，2012.

[16] T Imothy J.O'Leary. Computing Essentials(影印版)[M]. 北京：高等教育出版社，2000.

[17] 陶树平，等. 计算机科学技术导论[M]. 北京：高等教育出版社，2002.

[18] 侯冬梅，等. 计算机应用基础实训指导与习题集(第三版)[M]. 北京：中国铁道出版社，2012.

[19] 谭浩强. 计算机应用基础实训指导与习题集[M]. 北京：中国铁道出版社，2002.

[20] 新奇e族. 21天精通Windows 7+Office 2010电脑办公[M]. 北京：化学工业出版社，2014.

[21] 神龙工作室. Word/Excel/PPT2013办公应用从入门到精通[M]. 北京：人民邮电出版社，2015.

[22] 龙马高新教育. 新手学Office 2016 [M]. 北京：北京大学出版社，2017.

# 丛书书目

本套教材涵盖了计算机各个应用领域，包括计算机硬件知识、操作系统、数据库、编程语言、文字录入和排版、办公软件、计算机网络、图形图像、三维动画、网页制作以及多媒体制作等。众多的图书品种可以满足各类院校相关课程设置的需要。已出版的图书书目如下表所示。

| 图书书名 | 图书书名 |
| --- | --- |
| 《中文版Photoshop CC 2018图像处理实用教程》 | 《中文版Office 2016实用教程》 |
| 《中文版Animate CC 2018动画制作实用教程》 | 《中文版Word 2016文档处理实用教程》 |
| 《中文版Dreamweaver CC 2018网页制作实用教程》 | 《中文版Excel 2016电子表格实用教程》 |
| 《中文版Illustrator CC 2018平面设计实用教程》 | 《中文版PowerPoint 2016幻灯片制作实用教程》 |
| 《中文版InDesign CC 2018实用教程》 | 《中文版Access 2016数据库应用实用教程》 |
| 《中文版CorelDRAW X8平面设计实用教程》 | 《中文版Project 2016项目管理实用教程》 |
| 《中文版AutoCAD 2019实用教程》 | 《中文版AutoCAD 2018实用教程》 |
| 《中文版AutoCAD 2017实用教程》 | 《中文版AutoCAD 2016实用教程》 |
| 《电脑入门实用教程(第三版)》 | 《电脑办公自动化实用教程(第三版)》 |
| 《计算机基础实用教程(第三版)》 | 《计算机组装与维护实用教程(第三版)》 |
| 《新编计算机基础教程(Windows 7+Office 2010版)》 | 《中文版After Effects CC 2017影视特效实用教程》 |
| 《Excel财务会计实战应用(第五版)》 | 《Excel财务会计实战应用(第四版)》 |
| 《Photoshop CC 2018基础教程》 | 《Access 2016数据库应用基础教程》 |
| 《AutoCAD 2018中文版基础教程》 | 《AutoCAD 2017中文版基础教程》 |
| 《AutoCAD 2016中文版基础教程》 | 《Excel财务会计实战应用(第三版)》 |
| 《Photoshop CC 2015基础教程》 | 《Office 2010办公软件实用教程》 |
| 《Word+Excel+PowerPoint 2010实用教程》 | 《AutoCAD 2015中文版基础教程》 |
| 《Access 2013数据库应用基础教程》 | 《Office 2013办公软件实用教程》 |
| 《中文版Photoshop CC 2015图像处理实用教程》 | 《中文版Office 2013实用教程》 |
| 《中文版Flash CC 2015动画制作实用教程》 | 《中文版Word 2013文档处理实用教程》 |
| 《中文版Dreamweaver CC 2015网页制作实用教程》 | 《中文版Excel 2013电子表格实用教程》 |

(续表)

| 图书书名 | 图书书名 |
| --- | --- |
| 《中文版Illustrator CC 2015平面设计实用教程》 | 《中文版PowerPoint 2013幻灯片制作实用教程》 |
| 《中文版InDesign CC 2015实用教程》 | 《中文版Access 2013数据库应用实用教程》 |
| 《中文版CorelDRAW X7平面设计实用教程》 | 《中文版Project 2013实用教程》 |
| 《电脑入门实用教程(第二版)》 | 《电脑办公自动化实用教程(第二版)》 |
| 《计算机基础实用教程(第二版)》 | 《计算机组装与维护实用教程(第二版)》 |
| 《中文版Photoshop CC图像处理实用教程》 | 《中文版Office 2010实用教程》 |
| 《中文版Flash CC动画制作实用教程》 | 《中文版Word 2010文档处理实用教程》 |
| 《中文版Dreamweaver CC网页制作实用教程》 | 《中文版Excel 2010电子表格实用教程》 |
| 《中文版Illustrator CC平面设计实用教程》 | 《中文版PowerPoint 2010幻灯片制作实用教程》 |
| 《中文版InDesign CC实用教程》 | 《中文版Access 2010数据库应用实用教程》 |
| 《中文版CorelDRAW X6平面设计实用教程》 | 《中文版Project 2010实用教程》 |
| 《中文版AutoCAD 2015实用教程》 | 《中文版AutoCAD 2014实用教程》 |
| 《中文版Premiere Pro CC视频编辑实例教程》 | 《电脑入门实用教程(Windows 7+Office 2010)》 |
| 《Oracle Database 12c实用教程》 | 《ASP.NET 4.5动态网站开发实用教程》 |
| 《AutoCAD 2014中文版基础教程》 | 《Windows 8实用教程》 |
| 《Mastercam X6实用教程》 | 《C#程序设计实用教程》 |
| 《中文版Photoshop CS6图像处理实用教程》 | 《中文版Office 2007实用教程》 |
| 《中文版Flash CS6动画制作实用教程》 | 《中文版Word 2007文档处理实用教程》 |
| 《中文版Dreamweaver CS6网页制作实用教程》 | 《中文版Excel 2007电子表格实用教程》 |
| 《中文版Illustrator CS6平面设计实用教程》 | 《中文版PowerPoint 2007幻灯片制作实用教程》 |
| 《中文版InDesign CS6实用教程》 | 《中文版Access 2007数据库应用实用教程》 |
| 《中文版Premiere Pro CS6多媒体制作实用教程》 | 《中文版Project 2007实用教程》 |
| 《网页设计与制作(Dreamweaver+Flash+Photoshop)》 | 《AutoCAD机械制图实用教程(2018版)》 |
| 《Access 2010数据库应用基础教程》 | 《计算机基础实用教程(Windows 7+Office 2010版)》 |
| 《ASP.NET 4.0 动态网站开发实用教程》 | 《中文版3ds Max 2012三维动画创作实用教程》 |
| 《AutoCAD机械制图实用教程(2012版)》 | 《Windows 7实用教程》 |
| 《多媒体技术及应用》 | 《Visual C# 2010程序设计实用教程》 |
| 《AutoCAD机械制图实用教程(2011版)》 | 《AutoCAD机械制图实用教程(2010版)》 |